中国轻工业"十三五"规划教材

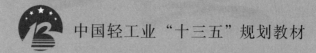

食品加工机械与设备

（第二版）

主编　刘东红　崔建云

U0219687

中国轻工业出版社

图书在版编目（CIP）数据

食品加工机械与设备/刘东红，崔建云主编.—2版.
—北京：中国轻工业出版社，2024.6
ISBN 978-7-5184-3618-7

Ⅰ.①食… Ⅱ.①刘…②崔… Ⅲ.①食品加工机械
②食品加工设备 Ⅳ.①TS203

中国版本图书馆CIP数据核字（2021）第166088号

责任编辑：马　妍
策划编辑：马　妍　责任终审：白　洁　封面设计：锋尚设计
版式设计：霸　州　责任校对：朱燕春　责任监印：张　可

出版发行：中国轻工业出版社（北京鲁谷东街5号，邮编：100040）
印　　刷：三河市国英印务有限公司
经　　销：各地新华书店
版　　次：2024年6月第2版第2次印刷
开　　本：787×1092　1/16　印张：26.75
字　　数：640千字
书　　号：ISBN 978-7-5184-3618-7　定价：68.00元
邮购电话：010-85119873
发行电话：010-85119832　010-85119912
网　　址：http://www.chlip.com.cn
Email：club@chlip.com.cn
版权所有　侵权必究
如发现图书残缺请与我社邮购联系调换
241593J1C202ZBQ

本书编写人员

主　　编　　刘东红　浙江大学

　　　　　　崔建云　中国农业大学

副 主 编　　叶盛英　华南农业大学

　　　　　　周建伟　浙大宁波理工学院

参编人员　（按姓氏笔画排列）

　　　　　　王云阳　西北农林科技大学

　　　　　　王晓晴　南京农业大学

　　　　　　代建武　四川农业大学

　　　　　　司徒文贝　华南农业大学

　　　　　　吕瑞玲　浙江大学宁波研究院

　　　　　　张志伟　天津商业大学

　　　　　　张泽俊　中国农业大学

　　　　　　陈　野　天津科技大学

　　　　　　陈润洁　合肥通用机械研究院

　　　　　　赵振刚　华南理工大学

　　　　　　戴　宁　江南大学

第二版前言 | Preface

改革开放四十多年来，食品产业得到了快速发展，成为国民经济发展的重要支柱产业（超过 9 万亿），我国也成为世界第一的食品生产大国。食品加工机械承担为食品产业提供技术支撑和装备支持的重要任务，当前我国食品加工机械总体上已基本满足食品产业的需求，量大面广产品的综合性能逐步改善，产品结构向多元化、优质化、功能化方向发展，高科技、高附加值产品的比例稳步提高，实现了关键成套装备从长期依赖进口到基本国产化并成套出口的跨越。

食品加工机械化的意义主要体现在以下几个方面：①规范生产程序，保证产品质量，通过设定合理的操作程序，利用机械自动完成作业，因减少了传统生产过程中人的直接参与和操作的随意性，产品质量的均一性更好，卫生质量更高，这是保证产品的标准化这一现代食品工业的重要特征的主要手段。②降低生产成本，由于劳动生产率和产品质量的提高，加上利用机械可以更为充分合理地使用原料，降低了物耗，使得生产成本得以有效降低。③减轻了劳动强度，提高了劳动生产率，一个操作人员可以同时管理一台或者几台，甚至一套具有高生产能力的设备。④改善了劳动环境。⑤能完成人工无法完成的作业。学习食品加工机械与设备的意义在于现代食品工业的产品开发与生产过程运行需要合理的加工工艺和完善适用的机械设备两个方面的配合，它们是一有机的整体。工艺是装备的前提，而机械设备是工艺的保证，相辅相成，互相促进，不可偏颇。合理的工艺可以促进新型机械设备的研究开发，同时，新型机械设备的出现为合理工艺的制定提供了更多的选择。在工业化生产中，工艺的最终实现是通过机械设备完成的，了解装备有利于制定出更为合理的工艺。因此，学习食品加工机械与设备是从事现代食品工业工作所必需。

食品机械的基本构成：①动力部分，完成能量的转换，如电能转换为机械能，化学能转换为热能。②传动部分，完成运动方式的转换，如变速、变向、旋转-直线、旋转-曲线、直线-曲线、等速-变速。③执行部分，直接完成作业功能，如切割、破碎、过滤、混合、乳化。④支撑部分，将设备各部分有机连接在一起，并确定它们的位置关系。⑤连接部分，与前后相关设备连接在一起，如进出料、定向、排序装置。⑥控制部分，用于控制设备的工作状态和操作过程，如控制柜、开关、安全保护装置。

食品机械与设备的类型因作业特点及加工对象繁杂，分类方法较多，主要有按原料或产品分类和按功能分类。按制品原料分类，如果蔬加工机械、畜产品加工机械、水产品加工机械等；按产品分类，如糕点机械、糖果机械、调味品加工机械、方便食品加工机械等；按功能分类，如输送机械、粉碎机械、混合机械、成型机械、换热设备、浓缩设备、杀菌设备、包装机械等。食品机械与设备的特点：①类别繁杂，原料、产品、物料特性繁杂多样。②结构形式多样，非定型产品多，非标设备多。③通用性好，尤其是食品制造的主要原料——农产品的产出季节性强，为便于提高设备利用率而注重一机多用。④卫生要求高，尤其是与物料直接接触部分，应采用无毒、耐腐蚀材料，有易于清洗、消毒的光滑表面，有避免润滑油泄漏的严格传动密封等。⑤自动化程度高，包括工艺过程控制等。

食品机械设备课程的学习一般是在学习完食品工程原理等专业基础课后进行，学习过程中必须注意与工程力学、机械基础、食品工程原理、食品工艺学等课程的结合，还需要注意与同步进行的食品加工工艺学课程的结合。本教材主要面向以学习食品科学和食品加工工艺为主的食品科学与工程专业的本科生，通过学习了解现代食品工业主要机械设备的整体情况，并了解、掌握其基本工作原理、基本结构、性能特点、选型及操作要点，使学生能够在食品加工机械设备的选型、应用和改进方面具有一定的能力。

本书以"更新、丰富、章节重新编排、知识点图例更新"为宗旨进行修订，使其与生产实际联系更加紧密，更符合食品产业的发展趋势，增强实用性和适用性，注重前沿性和权威性，更系统、全面地阐述本课程要求掌握的基本理论与知识。教材以单元操作进行分章，部分多功能机械设备考虑其主功能划分。针对该专业学习的特点，编写中重视对于各种机械设备诸方面共性内容的定性介绍，而对于实际应用中所涉及的具体机械设备定量内容较少，通过学习可以抓住要领，对同一类机械设备有深入而整体的掌握，有利于在实践中具体掌握和应用。为有助于理解，设置了大量附图，并力求简洁明了。为便于学习，在各章前提出学习目标，各章之后设定部分思考题和学习参考书目供参考。

本书由浙江大学刘东红、中国农业大学崔建云主编，邀请华南农业大学、南京农业大学、浙大宁波理工学院、合肥通用机械研究院、四川农业大学、西北农林科技大学、华南理工大学、天津科技大学、天津商业大学、浙江大学宁波研究院、江南大学共 13 所院校一同编写。编写分工如下：前言（刘东红）、第一章（刘东红、陈润洁、吕瑞玲）、第二章（赵振刚、张泽俊）、第三章（戴宁）、第四章（王云阳）、第五章（陈野）、第六章（王晓晴）、第七章（陈野）、第八章（代建武）、第九章（张志伟）、第十章（赵振刚）、第十一章（叶盛英、司徒文贝）、第十二章（崔建云、周建伟）。全书由刘东红统稿。

本书涉及面广，内容丰富，图文并茂，覆盖面较宽，可根据使用学校和专业的特点，有选择地讲授与自学。除可作为食品科学与工程专业的教材外，也可供从事农产品加工、食品加工、生物工程专业的教学、科研、管理、工厂企业和设备经营单位的有关人员参考使用。

由于编写人员的水平所限，缺点错误之处在所难免，敬请读者批评指正。

编　者

2021 年 6 月

目录 |Contents

第一章

CHAPTER

绪论

1

食品机械设备是指把食品原料加工成食品（或半成品）过程中所使用的机械和设备，也是完成食品加工过程的机械设备及自动化、智能化的系统集成。包括：食品加工单元操作机械和过程装备；食品包装机械和仓储设备；食品加工过程系统集成及智能化。食品机械设备是食品加工先进科学技术应用的载体，是实现食品产业工业化、标准化、智能化发展的重要支撑，在推动食品产业转型升级和可持续发展中起着重要作用。

第一节　食品机械设备的分类和特点

一、食品机械设备的类型

食品机械设备类型众多，分类的方式各异，根据 GB 7635.1—2002《全国主要产品分类与代码　第 1 部分：可运输产品》对于机械和设备分类的规定，可将其分为通用机械设备和专用机械设备，通用机械设备中与食品加工直接相关的有：输送机械、蒸馏设备、冷藏冷冻设备、过滤机械、分离设备、传热设备、清洗机械、杀菌设备、包装机械等。

专用机械设备中与食品相关主要体现在第 445 条目粮油等食品、饮料加工机器中，主要有乳品、谷物、果汁饮料、粮油食品、食品包装、糕点、饼干、糖果、果品、肉类、水产品、罐头食品、蛋品、豆制品、蔬菜、薯类、果蔬保鲜专用、调味品加工、淀粉类食品加工等专用机械及制糖、制盐机械。

根据国家标准和通常的使用习惯也可将食品机械按照以下两种方式进行分类：

1. 按照加工工艺单元操作的机械设备功能进行分类

具体如图 1-1 所示。

2. 按照机械设备应用的行业原料或产品分类

具体如图 1-2 所示。

二、食品机械设备的特点

食品机械设备的加工对象主要为动植物等生物质原料，加工的产品服务对象是满足人的需求，而人们对食品的要求不但有食品的营养价值需求和安全保障，还有食品的色、香、味、形等感官需求。食品的品质不仅取决于原料成分，更取决于加工工艺与设备，因此食品

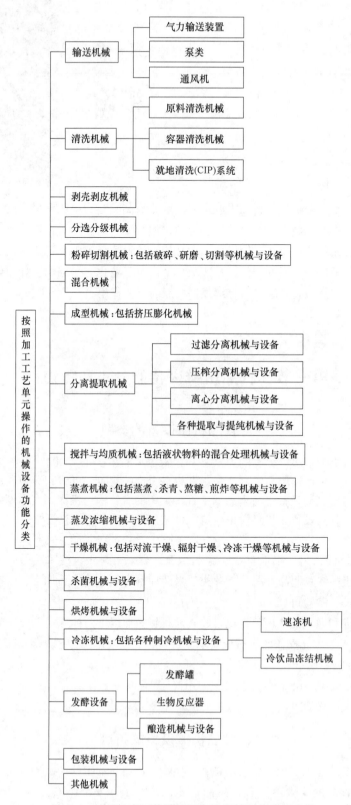

图 1-1　按照加工工艺单元操作的机械设备功能分类

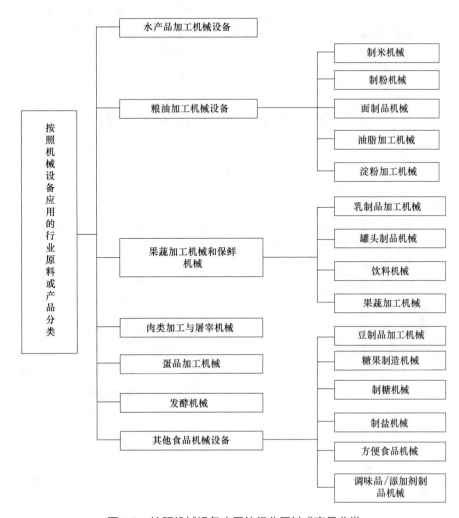

图 1-2 按照机械设备应用的行业原料或产品分类

机械设备与其他机械相比，具有以下特殊的要求：

（1）食品物料在成分、性质、形状等方面存在较大差别，由此决定了食品机械设备的多样性以及强单机性。

（2）食品花色品种多，且加工物料具有多品种、多种类和多特性等因素，因此要求食品机械适应性强，一机多用、便于调节。

（3）食品工厂生产季节性强，食品加工原料，特别是果蔬等农产品，具有很强的季节性，更换加工原料时，生产车间内专用性设备需要更换，改变加工产品规格时需更换模具以适应不同品种、规模的生产，由此食品机械的主要构件需有系列零部件并能满足一机多用的要求。

（4）食品机械设备要求运行安全可靠、操作简便、经久耐用、生产效率高、成本低。

现代食品生产加工高度机械化、自动化，食品工厂多是连续流水线生产方式且不间断运行。若某个生产环节中的设备出现故障，将势必影响整条生产线，甚至导致全部停产。由此可见食品机械设备性能的重要性。

（5）食品机械设备要求不污染食品以及不受食品侵蚀，因此要求设备结构简单、无毒、无味、防腐、防锈、防潮。

第二节　食品机械设备的基本要求

一、食品机械设备的安全与卫生

食品机械与设备除关乎食品品质和生产效率外，同样也和食品安全及人身健康密切相关。在安全问题上，将机械安全引入食品机械与设备的设计与制造中，可有效规避安全风险对工作人员的伤害，防止各类伤亡事故的发生，保障食品企业的安全生产。在卫生问题上，将机械设计的卫生要求引入食品机械与设备的设计与制造中，可有效防止食品机械与设备材料有害成分向食品迁移，防止食品加工过程中微生物超标，保障加工的食品安全与卫生。

中国国家标准化管理委员会（SAC）发布的国家标准 GB 16798—1997《食品机械安全卫生》，规定了食品机械与装备的材料选用、设计、制造、配置的安全与卫生要求，食品机械与设备以及具有产品接触表面的液体、固体和半固体等食品包装机械的安全卫生要求。

欧洲卫生设备设计组织（EHEDG）为食品加工设备的设计和制造制定了系列的指导原则，其中《欧洲卫生工程设计指引》给出了食品机械与设备卫生设计准则，其主要目标为避免微生物污染。

1. 食品机械与设备对材料的要求

食品机械与设备在生产过程中常与水接触，同时往往在高湿度环境和在高温或低温环境下操作，所受温差大；工作中与食品或具腐蚀作用的介质直接接触，设备清洗时也与酸、碱、热水等介质直接接触，因此，在选择食品机械与设备的用材，特别是与食品直接接触的材料时，不仅需要考虑一般机械设计所必需的机械特性，如材料的表面和涂层应耐用、平滑、无裂纹、抗开裂、抗碎裂、抗剥落等，还要考虑食品加工所需的耐侵蚀、抗腐蚀、抗锈蚀、耐磨损，适应高温和低温等不同环境，且能在预期使用中防止有害物质侵入。因此食品机械与设备的用材选择需要注意以下原则：

① 易清洗、消毒，耐热、耐化学，机械作用且长期保持不变色，符合食品卫生；

② 不含有害或超过食品卫生标准中规定数量而有害于人体健康的物质；

③ 产品、洗涤剂、消毒剂与材料相互作用，不应因相互作用而产生有害或超过食品卫生标准中规定数量而有害于人体健康的物质；在材料表面或深入其内部形成的化合物的类型或其数量，不应造成需要对设备进行补充加工，以清除这些化合物的不良后果。

目前食品机械与设备常用材料如下：

（1）钢铁材料　普通碳钢和铸铁耐腐蚀性较差，易生锈，不宜直接接触腐蚀性食品介质。碳钢材料在食品机械与设备中主要用于承受载荷、干物料磨损的结构件；铸铁材料主要用于机座、压辊以及要求耐振动、耐磨损的结构件；球墨铸铁则用于综合性能要求较高的结构件。钢铁材料可通过表面处理的方法提高其耐腐蚀性。

不锈钢是指空气中或在化学腐蚀介质中能够抵抗腐蚀的合金钢。不锈钢因其在大多数食品用途中具有抗腐蚀性和持久性，是食品接触表面的首选通用金属。不锈钢的基本成分为铁（Fe）-铬（Cr）合金和铁-铬-镍（Ni）合金。另外，还可添加其他合金元素，如锆、钛、锰、钼、钨等。通常情况下，不锈钢的特性和其所包含的铬、镍成分有关。耐腐蚀性因其含铬程度的不同而不同，结构强度因其含镍程度的不同而不同。这些成分的相对水平经常会以百分比的形式给出。

国家标准中标识不锈钢的基本方法为：化学元素符号与含量相组合。标识主要反映不锈钢防腐蚀性和质构性的元素与含量，不标出铁元素及其含量，不标示碳元素（C），只标示其含量的特定数字，并放在其他元素标识符序列之前。1 表示 C≤0.15%，0 表示 C≤0.08%（为低碳含量），00 表示 C≤0.03%（为超低碳含量）。

国际上，一些国家常采用三位序列号对不锈钢进行标识，如表1-1所示。

表1-1 不同国家的不锈钢序列号

中国	美国	日本	中国	美国	日本
1Cr13	410	SUS410	0Cr17Ni12Mo2	316	SUS316
0Cr18Ni9	304	SUS304	00Cr17Ni142Mo2	316L	SUS316L
00Cr18Ni9	304L	SUS304L			

不锈钢的耐腐蚀性能随其化学组成、加工状态、使用条件和环境介质类型不同而改变。因此，须依据生产、清洗或消毒所使用的条件，如离子特性、pH 和温度等来选用适当的不锈钢材料。一些型号的不锈钢通常情况下具有良好的抗腐蚀能力，然而条件改变就会生锈。如 AISI-304 型和 AISI-316 型不锈钢，304 型不锈钢可满足一般的耐腐蚀要求，但耐氯离子性能差；316 型不锈钢因其镍含量较 304 高，并添加了钼元素，其耐腐蚀能力比 304 型好。

因此，当产品 pH 在 6.5~8，含氯化物浓度≤50mg/L 以及温度≤25℃的低温状态下，通常可选用 304 型不锈钢，或是易焊接的 304L 型低碳钢。若氯化物浓度>100mg/L 且操作温度>50℃，则需改用抗腐蚀能力更强的材料，以抵抗氯离子所引发的孔洞及裂缝，避免氯离子残留，例如 316 型不锈钢材料。一般建议 316 型不锈钢材料用于阀门、泵浦气缸、旋转叶片和轴心等建构材料，而低碳钢 316L 型有较好的焊接特性，建议用于管路和罐槽工程。

当操作温度接近 150℃，且处于高氯化物浓度环境中，316 型不锈钢仍有腐蚀的可能性，此时可以选用 329 型、409 型和 410 型不锈钢材料。

（2）有色金属材料 食品机械与设备中的有色金属材料主要是铝合金和铜合金等。

铝合金具有众多优点：耐腐蚀性；良好的导热性能、低温性能、加工性能；无毒性；无吸收性；质量轻等。但有机酸等腐蚀性物质在一定条件下可腐蚀铝及其合金。当要求设备重量较轻时，铝合金可被用于食品接触表面的复杂零部件中，因其抗腐蚀性差，持续使用会造成凹痕和裂缝，其中砷、镉、铅的含量应≤0.01%。

铜最初用于酿造工业的设备中，具有一定的耐腐蚀性，但其对某些食品成分如维生素 C，有直接破坏作用；与某些产品（如乳制品）直接接触会产生异味；在加工酸性物质时，铜残余物可能会被过滤到食品中，因此一般用于制造非直接接触食品物料的机械与设备。由于铜具有热导率高的特点而被广泛应用于制冷系统中的换热器等。

（3）高分子聚合材料　选用高分子聚合材料作为食品机械与设备材料时，应根据食品介质卫生安全的要求以及国家食品安全的有关规定，慎重选择适宜材料。通常情况下，凡是直接与食品接触的聚合材料应确保对人体无毒无害，无附加的不良风味，不影响食品味感，不在食品介质中溶化或膨胀，更不能和食品产生化学反应。因此，不宜在食品机械与设备中使用含水或含硬质单体的低分子聚合物（该类聚合物往往含毒）。

一般而言，使用高分子聚合材料作为建构材料时，应考虑以下要求：兼容于食品与原物料，对油、脂肪及防腐剂、清洁和消毒剂具有化学抗性；对于操作环境具有温度抗性（包含最高温和最低温）；对压力从形变抗性；对低温流动具抗性；同时要求表面平滑，具有表面疏水性和易清洁特性，不累积残余物；具有不吸附也不溶出特性；具有适当的硬度、弹性和耐磨损性；具有良好的加工特性。

食品机械与装备常用高分子聚合物有：乙缩醛（Homo-或 Co-Polymer，POM）、乙烯-四氟乙烯共聚物（ETFE）、聚碳酸酯（PC）、高密度聚乙烯（HDPE）、聚丙烯（PP）等。常用作垫片、衬垫和连接 O 环的弹性聚合物材料有：乙烯丙烯二烯单体（Ethylene Propylene Diene Monomer，EPDM，不具耐油或耐脂性）、氟化橡胶（Fluoroelastomer，FKM，应用温度最高可达 180℃）、氢化亚硝酸丁基橡胶（Hydrogenated Nitrile Butyl Rubber，HNBR）、天然橡胶（Natural Rubber，NR）、亚硝酸/丁基橡胶（Nitrile/Butyl Rubber，NBR）、硅橡胶（Silicone Rubber，VMQ，应用温度最高可达 180℃）和全氟化橡胶（Perfluoroelastomer，FFKM，可应用于高温，最高可超过 300℃）。

（4）覆盖层　食品通常为弱酸性、中性或弱碱性，其中有机酸具有有别于强酸、强碱的腐蚀特性，在特殊环境中具有独特的腐蚀作用。对于腐蚀防护，通常可对材料进行耐蚀抗磨的表面处理，形成覆盖层，赋予表面美观、防腐蚀的效果。

食品机械与设备中，用作产品接触面和与产品相接触的覆盖层的材料均应符合国家食品安全卫生法规的要求，不得采用铅、锌及其合金制作产品接触面，也不得用作覆盖层；不得采用镉、镍、铬、搪瓷、发泡塑料和以酚醛为基础的塑料作为覆盖层；不得采用含玻璃纤维、石棉的材料；不得采用木材（除用于分割原料的硬木砧板及酿酒生产的特殊场合外）、玻璃以及具有彩色蜡克图层的制品；一般不采用铜及其合金制作产品接触表面或覆盖层，当该表面层在生产中产生的化合物数量不致引起产品中铜离子含量$>5\times10^{-6}$时，可允许使用。

2. 食品机械与设备和食品产品接触面的表面质量及其要求

食品机械和设备与食品接触的表面，应无凹痕、折痕、裂纹和裂缝类缺陷。与食品直接接触的机械表面必须可清洗且无有害溶出物质污染食品，所有产品接触面在设备生产环境下必须抵抗食品、清洁剂及消毒剂的侵蚀。食品接触面需由不具吸收性的材料构建，产品接触面必须光滑无裂缝，具体要求如下：

（1）表面抛光/表面粗糙度（Ra）应符合标准。一般设备，$Ra\leq1.6\mu m$，要求无菌操作的区域，$Ra\leq0.8\mu m$。塑料制品、橡胶制品的 $Ra\leq0.8\mu m$。

不锈钢加工方法与其表面特性关系如表 1-2 所示。表面粗糙度影响清洗清洁度，而孔洞、弯曲、裂缝及表面破裂与不连续都会造成部分区域形变而难以清洗。非产品接触面必须足够平滑以确保容易清洗。

表 1-2 不锈钢加工方法与其表面特性关系

表面加工方法	表面粗糙度/μm	该加工方法的典型特征
热轧	>4	连续的表面
冷轧	0.2~0.5	光滑的连续表面
玻璃珠击法	<1.2	表面局部破裂
陶瓷珠击法	<1.2	表面局部破裂
微击法	<1	表面形变不连续
刮花	0.6~1.3	表面局部裂缝
酸洗	0.5~1.0	表面凸起与凹陷
电解抛光		减少表面凸起但没有一定减少表面粗糙度

（2）表面所有连接处应平滑，装配后易于自动清洗。除焊接外，应避免金属与金属相接，以免缝隙堆积污物与微生物；对于无菌加工设备，金属与金属之间的密封通常无法防止细菌进入，而须改以蒸汽屏障或改为定位变形密封。永久连接处不应间断焊接，焊口应平滑，焊缝不允许存在凹坑、针孔、碳化等缺陷，焊缝成形后必须经过喷砂、抛光或钝化处理，抛光可采用机械抛光或电化学抛光，表面微观不平度高度特性用 Ra 表示，其 $Ra \leq 3.2\mu m$。

（3）表面不得喷漆、不得采用有损产品卫生的涂镀等工艺方法进行处理。用于加热工作的表面应采用耐腐蚀金属材料或采用镀面的方式，不得使用油漆。如属于清洁部位，则应采用不锈钢制造。

（4）手工清洗部位，结构上应保证操作者手部可到达清洗范围。设备表面及管路内部表面必须可自行排空且易清洁，避免水平表面。设备等的底部向排水口方向应有一定斜度，以便清洗液流干；排气管水平段应向下倾斜不小于 25°，使其上凝结的液体只能向外流出。倘若为设备表面，则应使任何液体远离产品生产或包装区域。

（5）若使用密封或垫圈时，必须为无缝隙设计，避免污物残留与细菌累计滋长；除非 O 环垫圈可被压缩成为静态密封状态，否则应避免在设备及管路系统之产品端使用；与产品直接接触的部分不得采用吸水性衬垫；不采用螺纹与产品直接接触之设计。

（6）采用不锈钢盘管加热的设备和装置，在未设自动清洗系统的情况下，盘管间距离≤70mm；盘管与内壁间距离≤80mm；排管间距离≤90mm。

（7）设备转角半径应尽可能≥6mm，其角度也须避免<90°。但若设备转角为密封处，则其缝隙应尽可能小且与金属表面形成紧密贴合，在此情况下需留有 0.2mm 以下之空间，以避免密封因热胀冷缩造成的损害。

（8）对焊接也有一定的要求。若相焊接材料中有一件厚度<5mm，则允许加嵌条焊接；对垂直方向倾斜角度在 15°~45° 的侧壁、可以进行机械清理的水平上部表面、互搭焊接的焊接材料单件厚度<0.4mm 可以允许互搭焊接；工作空气接触表面上的焊缝应连续、严密，不能让未经过滤的空气透入，也不能形成卫生死角。焊接过程中，接合处的内部与外部均需利用惰性气体保护，避免金属因高温而氧化。若焊接品质良好，表面后加工处理不必强制执行。

3. 食品机械与设备非食品接触表面的要求

食品机械与设备的非食品接触表面是食品病原体在设备中的良好潜伏部位，也是昆虫和啮齿类动物的安全避难所。因此，对设备表面进行有关安全构造及设计时应当谨慎。通常，设备的非食品接触表面应可合理清洁、抗腐蚀、并免于维护。在切实可行的情况下，管状钢铁设备框架应完全密封不可穿透，以避免产生微生物缺口。避免存在灰尘积附死角，设备顶部、防护罩、盒状物都应保持≥45°的倾斜度。为避免产生微生物繁殖的细小区域，设备的支架应在底部封闭，而非空中设计。

4. 操作安全对机械与设备的要求

为保证操作者人身安全，机械设备应符合如下要求。

（1）机械设备的齿轮、皮带、链条、摩擦轮等外露运动部件应设置防护罩，有效避免运行时触碰人体任意部位。

（2）机械设备的电路、所选择的电动机、置于设备上的二次仪表及操作控制单元以及它们的接线和安装，都应妥善考虑到具体工作环境所需的防水、防尘或防爆等方面的特定需求。

（3）设备上具有潜在危险因素的，对人身和设备安全可能构成威胁的孔盖、储罐上的罐盖、可能经常开启的转动部分的防护罩，应具有连锁装置。

（4）在正常运行（或空载运行）的情况下，设备的噪声不应超过85dB。

二、食品机械设备的高效与可靠

由于食品工业行业众多、原料种类各异、产品形式复杂，食品机械设计精密复杂，既要满足既定食品工艺要求，反映工艺的适用性和先进性，又要考虑机械结构的合理性、可靠性和耐久性。

机械可靠性是指机械产品在规定的使用条件下、规定的时间内完成规定功能的能力。由于工程材料特性的离散性以及测量、加工、制造和安装误差等因素的影响，使机械产品的系统参数具有固有的不确定性，因此考虑这种固有随机性的可靠性设计技术至关重要。机械产品的可靠性要受到诸多因素的影响，从产品的设计、制造、试验，到产品使用和维护，都会涉及可靠性问题，也就是说它贯穿于产品的整个寿命周期之内。如何使产品在整个寿命周期内失效率最小、有效度高、维修性好、经济效益大、经济寿命长，是进行可靠性设计的根本目的。机械产品的可靠性设计并不是一种崭新的设计方法，而是在传统机械设计的基础上引入以概率论和数理统计为基础的可靠性设计方法。这样的设计可以更科学合理地获得较小的零件尺寸、体积和重量，同时也可使所设计的零件具有可预测的寿命和失效率，从而使产品的设计更符合工程实际。

机械与设备的可靠性和耐久性是两个不可分割的概念，是指机械与设备在规定的工作条件下，在规定的使用寿命内保持原定功能的程度；与机械设备整体结构和零件的强度、刚度、耐磨性、耐腐蚀性、抗干扰性等因素有关。

机械与设备可靠性包括设计可靠性、制造可靠性、运行可靠性、维修可靠性和管理可靠性等。其中，设计可靠性和制造可靠性保证了产品生产过程中的可靠性水平，属于"先天因素"；而运行可靠性与设备使用条件、所处环境、使用时间、零件退化失效等因素有关，具有时变性、动态性和特殊性，属于"后天因素"。同一台设备，在不同的运行条件与环境下，其运行可靠性必然不同。部分食品的加工季节性强，因而要求食品加工机械与设备在生产过程中可以快速更换备件，以满足食品生产的需要。

在现代机械工程中，可靠性是一项不可忽视的重要指标，对食品机械来说，其工作要求往往是自动化、连续化的生产线。若某个环节出现故障，将导致整条生产线停工，甚至所投原料全部报废。因此明确机械与设备零部件的寿命及组合方式，以达到机械设备最可靠的使用性能是十分必要的。

机械可靠性设计，包括整机产品的设计和零部件的设计。整机产品可将其作为一个系统进行设计，设计的方式主要有两种，第一种是根据零部件的可靠性预测结果，计算产品系统的可靠性指标，这就是系统的可靠性预测，其结果满足指标要求即可。如果不能满足要求，就要按第二种方式对零部件进行可靠性分配，即把系统指标分配到零部件上。可靠性分配方法主要有等分配法、再分配法、比例分配法和综合评分分配法。零部件设计时，应尽量采用标准件或质量成熟稳定的零件，一般零部件可按类比的原则设计，重要零件应按概率法设计，对一些关键零部件还应进行可靠性试验。对产品的可靠性应进行评审、修改、再评审、再修改，直到满足指标要求为止。

可靠性分析是指综合运用概率论与数理统计学、材料和结构学、故障物理学等科学知识，研究和度量机械产品在规定时间内和规定条件下完成规定功能的能力的整个过程。通过可靠性分析可以预测机械产品期望的可靠性，可以进行比较研究，找出并排除薄弱环节。按照本质属性，可靠性可分为固有可靠性和使用可靠性两类；在机械产品研发过程中，也可针对具体的极限状态和失效模式进行可靠性分类，并考虑失效模式间的相关性，综合进行可靠性分析与设计。

食品机械设备可靠性研究越来越受到机械工程学科与行业的重视，应用最新的研究成果对食品机械进行可靠性设计，可以节省大量的人力、物力和财力，提高设计水平、缩短设计周期，对合理安排试验项目、验证可靠性设计的合理性、指出产品的薄弱环节有着重要的作用，有显著的经济效益和社会效益。在食品机械的可靠性设计中，可以采用事故分析法和故障模式危害及影响分析等去查找机械中的故障点，及时预防改进、维护和保养。可以优化与改良关键的零部件，如食品生产线上使用的各种减速器、机械中使用的各类螺栓连接和弹簧轴等，以切实提高机械设备的可靠性。

第三节　食品机械设备发展的现状与趋势

生产效率严重滞后是当前食品机械领域发展过程中必须高度关注并加以解决的问题。大众对于工业食品需求量正呈现出不断上升的趋势，食品行业必须在相应时间内生产出更多品质优良的食品，以满足行业发展。面对资源、能源及环境约束，熟练工人短缺以及劳动力成本上升等现实问题，促进食品加工机械设备的生产自动化、智能化、绿色化发展，对于缩短食品生产周期，提高食品行业水平及快速发展均有重要意义。

一、高度自动化、智能化

自动化是指机器设备、系统或过程（生产、管理过程）在没有人或较少人的直接参与下，按照人的要求，经过自动检测、信息处理、分析判断、操纵控制，实现预期目标的过程。智能化是指事物在网络、大数据、物联网和人工智能等技术的支持下，所具有的能动地满足人的各种需求的属性。

第一个打败围棋世界冠军程序的出现，第一辆自动驾驶汽车的上路，人工智能，或者说机器智能（Machine Intelligence，MI），已开始悄悄渗透企业、公共事务，在全球范围影响着人们的工作和生活。机器智能显而易见的战略地位，使其快速融入各国顶层设计，日渐获得产投研各界热情。智慧制造是指利用物联网技术和设备监控技术实现制造过程的信息管理和服务。目前各国都在尝试在该领域率先应用和突破。美国的一个乳品生产企业已成功应用微机电系统实现整个生产流程从原料到产品和物流的管理，并通过自行开发的自动配管系统实现全流程的自动生产，除此之外该系统还具备数据搜集与管理、提供数据分析报告等功能，可根据订单自动进行生产调度并实现整个生产过程自动化。加拿大、法国、英国也将 MI 写入国家级战略，并确保其使用将尊重隐私、公平、透明。我国在《中华人民共和国国民经济和社会发展第十四个五年规划和 2035 年远景目标纲要》指出要深入实施智能制造和绿色制造工程，发展服务型制造新模式，推动制造业高端化智能化绿色化。深入实施增强制造业核心竞争力和技术改造专项，鼓励企业应用先进适用技术、加强设备更新和新产品规模化应用。建设智能制造示范工厂，完善智能制造标准体系。

智能化是智能制造装备的重要发展趋势，主要表现为装备能根据用户要求完成制造过程自动化，并对制造对象和制造环境具有高度适应性，实现制造过程的优化。不同行业智能化的内涵有所不同，食品智能制造将更主要地应用在产品质量和运行设备的监控，以及研发、工艺过程的仿真、优化等基础性智能管控方面。

国家《"十三五"食品科技创新专项规划》指出要高度关注未来食品制造，其已从"传统机械化加工和规模化生产"向"工业 4.0"与"大数据时代"下的"智能互联制造"方向发展，智能化食品装备可助推全球食品产业快速转型升级。智能控制、自动检测、传感器与机器人及智能互联等新技术可大幅度提高食品装备的智能化水平；规模化、自动化、成套化和智能化的食品装备先进制造能力已成为实现食品产业现代化的重要保障。针对"国际食品工业 4.0"与世界性"大数据时代"下的食品智能互联制造技术快速发展的新趋势，重点探索数字化智能互联制造、合成生物工程、分子食品制造、生物高效转化、适度最少加工与非热制造、云技术与"互联网+"及 3D 制造等食品智慧制造理论与新技术，由此探索开发未来食品。

未来食品装备在加大智能化研究开发力度下，可实现如下方面的发展：①食品装备感知技术及建立自律系统；②食品装备智能制造的人机交互系统；③可重构和自组织智能制造系统；④可智能学习、自我维护的知识库；⑤食品机械和包装机械的大数据分析处理系统。

全球新一轮科技革命和产业变革加紧孕育兴起，与我国食品装备制造业转型升级形成历史性交汇。智能制造在全球范围内快速发展，已成为食品装备制造业重要发展趋势，对产业发展和分工格局带来深刻影响，推动形成新的生产方式、产业形态、商业模式。发达国家实施"再工业化"战略，不断推出发展食品装备智能制造的新举措，通过政府、行业组织、企业等协同推进，积极培育食品装备业未来竞争优势。但是，相对工业发达国家，推动我国食品装备业智能转型，环境更为复杂，形势更为严峻，任务更加艰巨。加快发展智能食品装备产业，是传统产业升级改造、实现生产过程自动化、智能化、绿色化的基本工具，是培育和发展战略性新兴产业的支撑，是实现生产过程节能减排的重要手段，对于推动我国食品工业供给侧结构性改革，提高食品品质与安全性，打造我国食品工业及其装备业竞争新优势，实现"食品智造"具有重要战略意义。以《中国制造2025》、互联网+等先进技术为引领，加快信息化与工业化、工艺技术与装备的深度融合，促进我国食品装备制造业的转型升级，使我国成为食品加工装备智造强国。

二、高效节能、绿色环保

我国在《中华人民共和国国民经济和社会发展第十四个五年规划和2035年远景目标纲要》将生态文明建设实现新进步作为"十四五"时期经济社会发展主要目标。指出要坚持生态优先、绿色发展和共抓大保护、不搞大开发，协同推动生态环境保护和经济发展，打造人与自然和谐共生的美丽中国样板。推进农业绿色转型，加强产地环境保护治理，发展节水农业和旱作农业，推进秸秆综合利用和畜禽粪污资源化利用。完善绿色农业标准体系，加强绿色食品、有机农产品和地理标志农产品认证管理。

《中华人民共和国国民经济和社会发展第十四个五年规划和2035年远景目标纲要》指出S改造提升传统产业，推动石化、钢铁、有色、建材等原材料产业布局优化和结构调整，扩大轻工、纺织等优质产品供给，加快化工、造纸等重点行业企业改造升级，完善绿色制造体系。聚焦新一代信息技术、生物技术、新能源、新材料、高端装备、新能源汽车、绿色环保以及航空航天、海洋装备等战略性新兴产业，加快关键核心技术创新应用，增强要素保障能力，培育壮大产业发展新动能。

近年来食品装备不仅向高速、高精度、复合加工、自动化和智能化方向发展，也越发重视环保化。绿色食品装备开始成为研究热点并日益受到重视，其强调了食品装备、环境、人三者之间的关系，目的在于大幅度提高生产效率的同时降低对环境的影响以及对操作者健康的危害，近年来已成为食品装备行业的发展趋势。绿色化不仅是指其本身对环境资源的保护能力，更重要的是为食品行业提供资源消耗少、可清洁生产的技术装备。这是市场需求，也是全球食品安全及可持续发展的基础。资源及能源压力使食品装备必须考虑从设计、制造、包装、运输、使用到报废处理的全生命周期中，对环境的负面影响力及资源利用率，协调优化企业经济效益和社会效益。绿色制造是提高智能制造装备资源循环利用效率和降低环境排放的关键途径。纵观全球，非热杀菌、节能冷冻等绿色制造工艺在欧洲快速发展，同时各食品装备制造企业也均采取一切措施防止或避免冷却液、润滑液对周围环境造成生态危害，设计开发环保产品。

绿色制造是一个综合考虑环境影响和资源效益的现代化制造模式，其目标是使产品从设计、制造、包装、运输、使用到报废处理的整个产品全寿命周期中，对环境的影响（副作用）最小，资源利用率最高，并使企业经济效益和社会效益协调优化。工业绿色低碳发展、工业绿色化的现代化制造模式，对资源、能源高效利用、环境友好提出了更高的要求，符合节约资源、保护环境基本国策及国际趋势。节能减排是工业绿色化的重中之重，资源综合利用可以收到提高资源能源效率、减少污染物排放的效果。保护环境、节约资源、可持续发展是人类面临的共同课题和挑战，绿色低碳生活和生产是我们的必然选择。

食品工业是高能耗、高污染、高耗水的产业，解决这些突出问题必须通过食品机械设备设计制造的绿色化、使用过程的绿色化、设备回收利用绿色化的技术发展路径，构建食品装备绿色制造体系，实现生产方式的转变和绿色生产。绿色制造体系由清洁制造（清洁生产）、循环制造（循环经济）低碳制造（低碳经济）、绿色制造（绿色经济、生态经济）组成。对清洁制造最粗浅的理解就是达标排放，这是底线。循环制造支撑低碳制造通向绿色制造。对食品及其装备制造业来说，绿色制造还应加上"食品安全"，这更是底线。

实现食品装备绿色发展，必须采用先进技术、新材料、新工艺，改造传统制造方法，提高食品装备制造的专业化、规模化生产水平。在传统分离、提取、干燥、杀菌等高耗能单元操作，以保证食品品质、提升效率、降低能耗为出发点，紧密围绕节能减排、安全生产和重大装备制造的国家目标，以负压、真空、红外、微波、热泵、太阳能、超声波、强光脉冲、超高压、膜分离、超临界萃取等食品加工高新技术交叉与综合，形成食品装备的安全、高效和绿色化技术与装备。

现代食品绿色加工与低碳制造技术的创新发展，已成为跨国食品企业参与全球化市场扩张的核心竞争力和实现可持续发展的不竭驱动力。围绕快节奏、营养化、多样性的国民健康饮食消费需求新变化与新兴产业发展新需求，针对我国食品产业整体上仍处于能耗和水耗高、资源利用率低、食品加工制造技术有待提高、加工副产物综合利用相对不足、加工前沿性基础研究相对薄弱等紧迫问题，必须要实现食品加工制造理论的新突破，并重点开展绿色制造、低碳制造等一批核心关键技术开发研究，实现加工制造过程的智能高效利用与清洁生产，全面提升产业科技创新能力和核心竞争力。

三、会聚技术，改变食品的未来

NBIC 会聚技术是 21 世纪初提出的最新技术，它是指把纳米技术、生物技术、信息技术、认知科学四个科学技术领域会聚在一起而组合起来的技术。

纳米食品不仅是指原子修饰食品或纳米设备生产的食品，而且是指用纳米技术对食物进行分子、原子的重新编程，某些结构会发生改变，从而能大大提高某些成分的吸收率，加快营养成分在体内的运输，延长食品的保质期。食品生物制造是以微生物细胞或酶蛋白为催化剂或以经过改造的新型生物质为原料制造食品的新模式，基因工程、细胞工程、发酵工程、酶工程等生物技术促进了食品新材料和新技术的发展，大大提高了生物质原料的利用效率，有效改善了食品品质和营养结构。食品信息技术运用大数据分析、人工智能等现代信息手段，整合食品从农田到餐桌的全部数据，并结合个性化营养需求，不仅能保障食品质量安全，还能提高精准个性化需求。食品认知科学是涉及食品的生物学、心理学、细胞学、脑科学、遗传学、神经科学、语言学、逻辑学、信息科学、人工智能、数学、人类学等多科学交叉研究的学科，在会聚技术中起着设计、指挥和协调的重要作用。

会聚技术将极大改变整个食品行业，食品机械将拥有大量的成本低廉的各种量级的传感器网络和实时信息系统，所有的器件均由智能新型材料构成，食品机械和产品将更体现精准化、个性化和柔性化。

食品工业在高速发展几十年后进入了重要的转型阶段，对科技创新提出了更高的要求。展望食品先端制造技术，以碳为核心元素的生命科学领域即将接棒以硅为核心元素的计算机互联网领域。后机器人时代的食品制造将由中央计算机全程控制，并将食品与互联网连接起来，进行实时信息交换和通讯。NBIC 会聚技术的协同与融合，将改变食品机械设备的未来。

清洗与分选机械

学习目标

1. 了解食品行业中常用清洗与分选设备的工作原理及结构。
2. 了解清洗与分选设备的发展方向及应用前景。
3. 发散思维考虑如何改进现有食品清洗加工设备。

第一节　清洗机械

清洗过程的本质是利用清洗介质来分离污染物与清洗对象。各类清洗机械与设备一般利用化学与物理原理相结合的方式进行清洗。

物理原理主要利用机械力（如洗刷、水冲等）将污染物与被清洗对象分开；而化学原理是利用水及清洗剂（如表面活性剂、酸、碱等）使污染物从被清洗物表面溶解下来。

常使用的清洗剂根据去污能力及机理的不同，可分为溶剂类清洗剂和水基清洗剂两种。

溶剂类清洗剂的去污机理是溶解作用。清洗剂将污垢溶解于溶液内，从黏附基体上清除污垢。在该清洗体系中，以"相似相溶"理论为基础，清洗剂是溶剂，污垢是溶质；某一溶剂仅能溶解相对应的溶质，根据污垢种类选择不同清洗剂。"相似相溶"理论主要从溶质、溶剂的分子结构角度来解释。无论是溶质（油污）或溶剂（清洗剂）都可根据其分子结构而区分为极性、弱极性和非极性分子。分子结构不对称、含各种极性基团的烃类（如羟基、羧基、羰基、硝基等）都是极性分子，极性的强弱取决于分子链的长短和极性基的多少与种类。分子结构对称，不含极性基团的多种烃类都属非极性。"相似相溶"即极性溶剂溶解极性污垢，非极性溶剂溶解非极性污垢，且溶剂与溶质分子结构越相似，溶解能力越强。

水基清洗剂一般是指以水为基体，再配以一定比例的表面活性剂及其他助剂所组成的清洗剂。根据其 pH 可分为酸性、碱性与中性。无机酸如盐酸、硝酸，可电离出大量 H^+，从而促使化学溶解反应；有机酸利用其自身酸性及所带活性基团优异的螯合能力，将附着在金属表面的氧化层等特殊污垢螯合、溶解、分散至清洗液中，达到清洗目的。碱性清洗剂常用清洗方法是将溶液加热至一定温度后，对污件进行浸泡、喷洗或机械清洗，以化学除油为理论基础，是碱性清洗剂与动植物油的皂化作用以及矿物油的乳化作用综合的结果。

含表面活性剂清洗剂的去污理论，遵循三个基本机理，即卷离机理、乳化机理和溶解机理。

1. 卷离机理

由于表面活性剂的正吸附作用，使油污与清洗剂（即含表面活性剂的清洗液）、金属与清洗剂、气体与清洗剂的界面能减小，润湿能力增强。由此，当清洗剂与黏附有油污的金属零件接触后，一方面清洗剂中的表面活性剂分子的极性基团溶于水中，非极性基团伸入油污中，削弱了污垢-基质间的金属键；另一方面，分子在润湿状态下，进入油污空隙，置换出空气，渗透到金属与油污之间，改变了油污与金属的接触角。两方面综合作用使油污与金属间黏附力松弛，接触角越大，油污与金属间黏附力越松弛，在机械搅拌和加热的情况下，油污便脱离金属。当接触角达到180°时，油污会自动脱离金属，这个过程称为卷离。

2. 乳化机理

乳化机理可从两方面来理解，一方面是黏附在基质上的油污经卷离后进入 O/W 乳化系统，分散于清洗剂；搅动清洗剂使油污分散成细小液滴，当液滴直径达到乳化直径 d 时，由于表面活性剂的存在而形成稳定乳化滴。另一方面，当黏附有油污的基质浸泡于清洗剂中，黏附油污的厚度达到乳化直径，且由于润湿、渗透作用，油污膨胀、界面增加，些许油污夹杂固体污垢，使油污更易分割，清洗剂也会直接乳化基质上的油污使之进入溶液。进入溶液的固体污垢，在分散的作用下，积存在清洗剂中。

3. 溶解机理

溶解机理是近年来众多学者广泛研究的课题之一，此处的油污溶解是表面活性剂作用的结果。卷离作用并不能将油污从基质上彻底分离下来，特别是基质上的油污量极少时，卷离作用不易将其去除，这就需要溶解作用。要使含表面活性剂的清洗剂起到像真正的溶剂分子提取污垢一样的效果，需两个途径，一是上述提及的直接从黏附油污的基质上溶解油污，这是目前正在发展中的理论；另一方面为通常所提的胶体化学中的加溶作用。

在含表面活性剂清洗剂的去污过程中，卷离机理、乳化机理、溶解机理相辅相成、不可分割；实质上油污的去除是以上三者综合作用的结果。食品工厂中可利用机械设备完成清洗操作的对象主要有原料、包装容器和加工设备三大类。

一、原料清洗机械

清洗在食品加工中非常重要，通常采用紊流或机械力（如摩擦力、振动力）使黏附在原料表面的污物脱落。由于食品原料在性质、形状、大小等方面差异巨大，洗涤方法和机械设备的型式也繁多，但所采用的手段不外乎刷洗、浸洗、喷洗和淋洗等。原料清洗效果与清洗工艺、清洗介质、清洗条件及清洗对象等密切相关，其影响因素有：清洗时间、温度、清洗力作用方式，以及清洗液体的 pH、矿物质含量等。

现阶段常见原料清洗设备有以下几种。

1. 毛刷式清洗机

毛刷式清洗机机身为水平放置的柱形体（图 2-1），柱体顶部装有喷淋设备，设备内部装有动力装置、螺旋输送辊和水箱。其工作原理是原料在多组毛刷辊带动下不断滚动，物料间相互摩擦且被毛刷刷洗，同时又受一定压力的水流冲洗，物料表面的汁液、泥土及其他污物被清洗干净后由螺旋输送辊推送至出料口。

毛刷式清洗机主要部件为喷淋设备、清洗毛刷辊、动力装置、水箱以及螺旋输送辊。其中清洗毛刷辊的刷毛有韧性，左右对称、分布均匀；螺旋输送辊可调节转速，以保证果蔬品质。

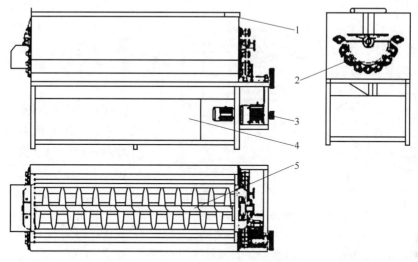

图 2-1　毛刷式清洗机结构图

1—喷淋设备　2—清洗毛刷辊　3—动力装置　4—水箱　5—螺旋输送辊

2. 振动喷淋式蔬菜清洗机

振动喷淋式蔬菜清洗机有两个清洗池，一边为振动清洗池，另一边为喷淋式清洗池。其工作原理是蔬菜先在振动清洗池中作往复运动，进行初步清洗；后进入喷淋池中用清水喷淋，完成整个清洗过程。

振动喷淋式蔬菜清洗机的振动清洗部分的主要构件有无级变速器、往复振动发生器、可调式曲柄滑块、振动床、轴承、清洗池、装菜篮等。如图 2-2 所示，振动发生器含两个移动的可调式曲柄滑块机构，无级变速器与往复振动发生器相连接，往复振动发生器与振动床相连，使振动床带动盛菜篮在清洗液中往复振动。其工作原理是被清洗蔬菜（已除去了烂叶、黄叶、菜根）放置于振动清洗池的菜篮里（池内注入清水及清洗剂）先浸泡 2~3min，后做往复运动，黏附在蔬菜表面上的污染物和残留农药在往复振动惯性力和水的切向阻力以及清洗剂的综合作用下洗脱。

振动喷淋式蔬菜清洗机的喷淋清洗部分的主要构件有三通球阀、过滤器、水泵、旁通阀、文丘里管、压力计、振动器、分配水管、喷嘴、振动床、接水槽、泥沙过滤收集器等。其工作原理是经振动清洗的蔬菜放入喷淋清洗池中，喷淋清

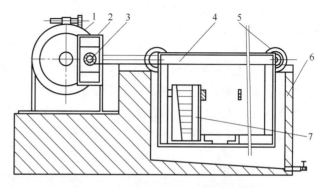

图 2-2　蔬菜清洗机振动清洗部分结构图

1—无级变速器　2—往复振动发生器　3—可调式曲柄滑块
4—振动床　5—轴承　6—清洗池　7—装菜篮

洗池内带软管的喷头一边往复摆动，一边高速喷水作进一步的喷淋清洗。喷水顺序为先上方、后下方、后前后方，喷淋水开始为一定浓度的杀菌液，最后为净水。在喷淋清洗池内电机通过偏心轮带动喷头做往复摆动、顺序喷淋清洗。水泵、三通球阀、过滤器、旁通阀、文丘里管、压力计等组成供水部分，振动器、喷淋罩、分配水管、喷嘴、振动床组成喷淋部分，接水槽、泥沙过滤收集器组成水回收部分（图 2-3）。前期喷淋使用循环水，最后使用净水。机架走轨上的菜篮可从喷淋罩的一端进去，另一端排出，实现流水作业。

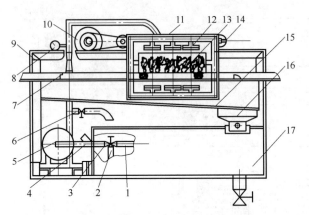

图 2-3 蔬菜清洗机喷淋部分结构图

1,2,3—三通球阀 4—过滤器 5—水泵 6—旁通阀 7—文丘里管
8—压力计 9,11—喷淋罩 10—振动器 12—分配水管 13—喷嘴
14—振动床 15—接水槽 16—泥沙过滤收集器
17—喷淋清洗池

3. 鼓风式清洗机

鼓风式清洗机由洗槽、输送机、喷水装置、鼓风机、空气吹泡管、传动系统等构成。该设备原理是鼓风机将具有一定压头的空气送入洗槽内，使清洗原料的水产生剧烈翻动，物料再在空气对水的剧烈搅拌下进行清洗。利用空气进行搅拌，可使原料在较强烈翻动而不损伤的条件下，加速去除表面污物，因而适合清洗果蔬原料。该清洗机结构如图 2-4 所示。

4. 超声波清洗装置

冲洗、刷洗等方式适用于清洗马铃薯、红薯等根茎类蔬菜，因清洗时对蔬菜损伤较大，不适用于叶类蔬菜。对于易破损的叶类蔬菜及水果，目前常用超声波果蔬清洗装置。

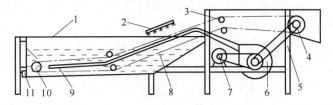

图 2-4 鼓风式清洗机结构图

1—洗槽 2—喷淋管 3—改向压轮 4—输送机驱滚筒 5—支架
6—鼓风机 7—电动机 8—输送网带 9—吹泡管
10—张紧滚筒 11—排污口

超声波清洗装置主要由超声波发生器、转换器、排水阀、加热板、清洗槽、果蔬输送链装置、支架、超声波电源等构件组成。该设备主要利用超声波发生器，将高频振荡信号转化为高频机械振荡，由此，超声波产生空化效应并形成剧烈紊流，在剧烈振动作用下完成果蔬清洗。由于超声有杀菌效应，因此该清洗设备还可起到减菌作用。其结构如图 2-5 所示。根

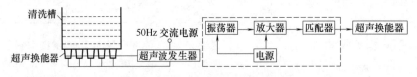

图 2-5 超声波果蔬清洗机结构简图

据超声换能器布置方式的不同，可分为侧面超声、底部超声和三面环式超声。

随着技术和市场需求的发展，集分选和清洗于一体的多功能原料清洗设备越发普遍，如图 2-6 所示。

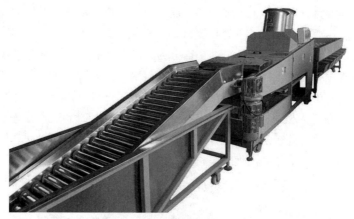

图 2-6　水果保鲜清洗分选机

设备可满足保鲜浸泡、上线初选、清洗风干、大小或重量分级等多功能要求，且多为可移动式。其主要结构包括：机壳，机壳内设原料仓；原料仓上部配备加料槽，旁边分别设有小等品筛网、中等品筛网、大等品筛网；小等品筛网上部设有小等品过渡仓，中等品筛网上部设有中等品过渡仓，大等品筛网上部设有大等品过渡仓；在小等品过渡仓、中等品过渡仓、大等品过渡仓的旁边分别设有小等品收集仓、中等品收集仓、大等品收集仓；在小等品收集仓、中等品收集仓、大等品收集仓的旁边还分别设有小等品风干仓、中等品风干仓、大等品风干仓。同时机壳下部设有水箱，所述机壳内装有抽水泵，抽水泵上装有通至水箱的抽水管，以及通至原料仓的喷水管。本实用新型有益效果是：所述水果清洗分选风干机节能环保、结构简单、操作方便、可减轻人工劳动强度，清洗过程中果蔬处于漂浮状态，可减轻挤压作用，保护果蔬不受损伤，提高农产品附加值。

二、包装容器清洗机械

包装容器的清洗主要是两种类型：一种是清洗空包装容器如玻璃瓶、塑料瓶和制造罐头用的金属空罐等，进行清洗后再灌装；另一种是清洗包装后的实罐。其主要设备如下：

1. 洗瓶机

现在生产线上常用的洗瓶设备有两大类：回转式洗瓶机和连续浸冲式洗瓶机。回转式洗瓶机，又称冲瓶机，用于喷冲清洗预洗后的玻璃瓶或新塑料瓶。该类清洗机结构简单，但清洗功能单一，生产效率低，且多为半机械方式。连续浸冲式洗瓶机，用于清洗玻璃瓶内外，以满足使用要求，在酒类、酱油、食醋类生产线中使用较多。按照进出瓶方式可分为单端式洗瓶机和双端式洗瓶机。单端式洗瓶机，其进瓶系统和出瓶系统布置于洗瓶机的同一端；双端式洗瓶机，进瓶系统和出瓶系统分别布置于洗瓶机的前后两端。

（1）立式超声波洗瓶机　立式超声波洗瓶机（图 2-7）主要由理瓶机构、进瓶机构、洗瓶机构、出瓶机构、主传动系统、清洗水循环系统、气控制系统、加热系统等组成。

洗瓶机工作原理。首先，输送带在长度方向与变距螺杆成 90°衔接，变距螺杆位于提升框架底部前侧；输送带将瓶子送入系统，由变距螺杆送瓶至提升框架，后由提升架将玻璃瓶送入夹爪机械手；回转机构的中间转鼓由一对内齿轮构成环形喷针架，位于机械手下方，喷针架往复跟踪运动的传动基准与大转鼓运动基准一致，喷针先提升进入玻璃瓶与大转鼓同步转动进行喷淋，喷淋完毕后下降退出玻璃瓶，返回初始位置开始下一循环动作；出瓶机构采用拨瓶盘结构，玻璃瓶从夹爪机械手处移至出瓶拨瓶盘。

洗瓶过程中的洗瓶机构分为两部分：一部分为超声波洗瓶，另一部分采用喷淋洗瓶。超声波洗瓶在进瓶过程中完成，输送带将瓶子送至水箱水位上方时，注水箱将瓶子注满水，利用超声波微振动对瓶子进行初洗。喷淋洗瓶时，瓶子跟随机械手回转，起初为正立状态，翻转后，下方喷针跟踪插入瓶中进行喷淋冲洗，冲洗后将瓶回归为正立状态。整套机械手动作，由一对内啮合齿轮、翻转凸轮及夹开闭凸轮联合完成；喷针跟踪由摆动机构完成。可根据瓶子调整喷针高度，此动作由高度调整机构完成。

图 2-7　立式超声波洗瓶机

（2）双端连续式全自动洗瓶机　双端连续式全自动洗瓶机又称直通式洗瓶机（图 2-8），因其进、出瓶分别在机器前后两端。主要由进出瓶装置，预浸和碱液浸泡装置，温度、压力、浓度控制装置，喷淋清洗装置，电器自动控制装置等组成。内部结构主要由箱式壳体、进出瓶机构、输瓶机构、预泡槽、洗涤液浸泡槽、喷射机构、加热器以及具有热量回收作用的集水箱及其净化机构等构成。

双端连续式洗瓶机工作原理。传动链条带动瓶套在箱体内做周期转动，使瓶子完成以下流程：预冲洗 → 预浸泡 → 洗涤剂浸泡 → 洗涤剂喷射 → 热水预喷射 → 热水喷射 → 温水喷射 → 冷水喷射 → 出瓶。

待清洗瓶子由进瓶装置送至链条上的瓶盒中，在合适温度和浓度的洗涤液中经足够时间浸泡，使瓶内外污物疏松，标纸脱落，后由一定压力的喷射液喷洗瓶内外，最后用热水、温水、冷水冲去瓶内外的污物和洗涤液，由出瓶装置将瓶子送入检测工序，完成瓶子的清洗和消毒。喷管架前进时与由大链带动的瓶盒运行保持同步，喷管喷嘴与瓶盒内的玻璃瓶口对齐进行瓶内喷射，紧接着喷管架带着喷管快速返回，完成一个工作循环，如图 2-9 所示。

清洗过程中经碱液、热水、温水、冷水等多级浸泡、喷淋，除去瓶子标签及瓶内外附着物，达到洗瓶和消毒目的。后面采用热水、温水、冷水几个喷洗区域采用不同的水温，主要

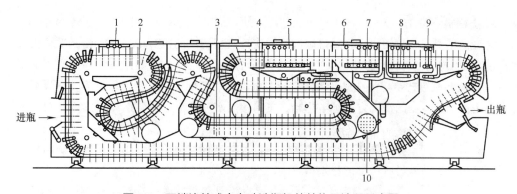

图 2-8　双端连续式全自动洗瓶机的结构及流程示意图

1—预冲刷　2—预泡槽　3—洗涤剂　4—洗涤剂喷射槽　4—洗涤剂喷射区　6,7—热水预喷区

8—温水喷射区　9—冷水喷射区　10—中心加热器

是为防止瓶子因温度变化过大造成应力集中而损坏。喷洗靠高压喷头对瓶内逐个进行多次喷射清洗而实现（图2-9）。

（3）单端式全自动洗瓶机　单端式全自动洗瓶机又称来回式洗瓶机（图2-10），其进、出瓶在机器同一端。其清洗过程分为六个区域：第一洗涤剂浸泡槽、第二洗涤剂浸泡槽、第一热水喷射区、第二热水喷射区、温水喷射区、冷水喷射区、新鲜水喷射区。

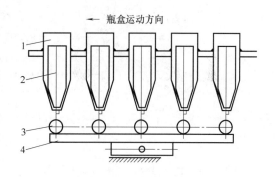

图 2-9　移动跟踪喷射装置

1—瓶盒　2—待洗瓶　3—喷射管　4—喷管架

单端式全自动洗瓶机的清洗流程为：

瓶子→预泡槽(对瓶子进行初步清洗及消毒)→第一洗涤剂浸泡槽(溶解杂质，乳化脂肪)→改向滚筒（倒置瓶身，倒出瓶内洗液于下方未倒转瓶子外表，对其有淋洗作用）→洗涤剂喷射区（设喷头，对瓶子进行大面积喷洗）→第二洗涤剂浸泡槽（充分软化溶解瓶上未被去除的少量污物)→第一热水喷射区→第二热水喷射区→温水喷射区→冷水喷射区→新鲜水喷射区

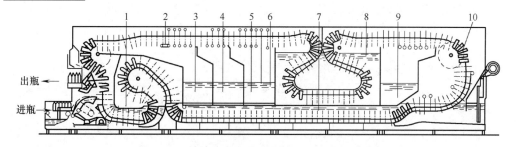

图 2-10　单端式全自动洗瓶机结构及流程示意图

1—预泡槽区　2—新鲜水喷射区　3—冷水喷射区　4—温水喷射区　5—第二热水喷射区　6—第一热水喷射区　7—第一洗涤剂浸泡槽　8—第二洗涤剂浸泡槽　9—洗涤剂喷射区　10—改向滚筒

2. 洗罐机

洗罐机是对未装料的空罐和封口杀菌后的实罐进行清洗的机械设备。因此，洗罐机分空罐清洗机和实罐清洗机两类。

（1）旋转圆盘式空罐清洗机　清洗空罐与清洗回收玻璃瓶相比要容易得多。空罐清洗机分不同类型，但采用的清洗方法基本相同，多采用热水冲洗，必要时配以蒸汽杀菌或干燥热空气吹干。

空罐清洗机间差异主要在于空罐传送方式以及对空罐类型适应性不同。各种洗罐机有一个共同特点，即清洗过程中罐内积水可自动流出。

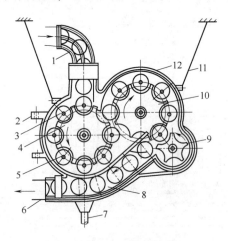

图 2-11　旋转圆盘式空罐清洗机结构图

1—进罐槽　2—固定机盖的铰链孔　3—空罐

4,9,10—星形轮　5—喷嘴　6—出罐口　7—排水

管　8—出罐轨道　11—连杆　12—机壳

旋转圆盘式空罐清洗机结构如图 2-11 所示。工作时，清洗圆盘由连接杆固定于天花板上。空罐经由进罐槽进入逆时针方向转动的星形轮中。洗罐用热水通过星形轮的空心轴，再由分配管送入 8 个喷嘴（喷嘴与星形轮是一体化的，即同步转动），喷出的热水对空罐内部进行冲洗。热水清洗过的空罐离开星形轮后，即进入第二个星形轮中，在此空罐受蒸汽喷射消毒。消毒后的空罐由第三个星形轮送至出罐轨道进入装罐工序。空罐在清洗机中回转时有一定倾斜，使罐内水流出，污水由排水管排入下水道。

洗罐机的生产能力与星形轮齿数及每罐清洗时间有关。星形轮越大，所需清洗时间越短，生产能力越大，反之则越小。该类空罐清洗机结构简单，生产率较高，耗水、耗汽量较少，但对多罐型生产的适应性差。

（2）实罐清洗机　实罐加工（排气、封口和杀菌）过程中，由于内容物外溢或破裂外泄，实罐（尤其是肉类罐头）外壁受污，因此在进行贴标或外包装前需加以清洗。

实罐清洗机，又称实罐表面清洗机或洗油污机。与空罐清洗机不同的是，实罐清洗机一般需要与擦干或烘干机相配成为机组。

GCM 系列实罐洗擦干机组如图 2-12 所示，由热水洗罐机、三刷擦罐机、擦干机及实罐烘干机组成。清洗时实罐以滚动方式连续经过洗涤剂溶液浸洗、三刷擦洗、热水冲淋去污、布轮擦干和蒸汽烘干等过程处理，以去除实罐表面油污及黏附物。

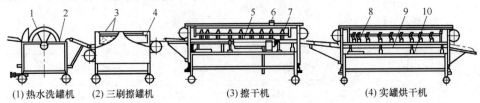

（1）热水洗罐机　　（2）三刷擦罐机　　　　（3）擦干机　　　　　　（4）实罐烘干机

图 2-12　GCM 系列实罐洗擦干机组结构图

1—装罐圆盘　2—洗液槽　3—毛刷　4—刷擦输送带　5—布轮组　6—上油装置

7,8—实罐输送装置　9—烘干轨道　10—烘干箱

三、加工设备清洗机械

食品加工生产设备应在使用前后甚至使用中进行清洗。一是因为在使用过程中其表面可能会结垢，从而直接影响操作效能及产品质量；二是因为设备中的食品残留物会成为微生物繁衍场所和产生不良化学反应，这种受到微生物或不良化学作用过的食品残留物，若进入下批食品中，会带来安全卫生质量问题。因此食品加工设备必须及时或定期清洗。CIP（Cleaning in Place），就地清洗或现场清洗，是指在不拆卸、不挪动机械设备的情况下，利用清洗液在封闭的清洗管线中流动冲刷及喷头喷洗作用，清洗输送食品的管线及与食品接触的机械表面。

CIP 往往与 SIP（Sterilizing in Place，就地消毒）配合操作，有的 CIP 系统本身就可用作 SIP 操作。一般来说，输送食品的管路、储存或加工食品用的罐器、槽器、塔器、运输工具以及各种加工设备都可应用 CIP 方式进行清洗。CIP 特别适用于乳品、饮料、啤酒及制药等生产设备的班前、班后清洗消毒，以确保达到严格的卫生要求。

1. 典型 CIP 就地清洗系统

CIP 就地清洗系统结构如图 2-13 所示。它们与管路、阀门、泵以及清洗液储罐等构成了 CIP 循环回路。同时，借助管阀组的配合，可允许部分设备或管路在清洗的同时，另一些设备正常运行。图中的容器 1 正在进行就地清洗；容器 2 正在泵入生产过程中的用料；容器 3 正在出料。管路上的阀门均为自动截止阀，根据控制系统的讯号执行开闭动作。

图 2-13　三罐式 CIP 系统

1—控制柜　2—酸液罐　3—碱液罐　4—热水罐　5—片式热交换器　6—过滤器　7—供液泵

CIP 就地清洗系统的运行过程主要包括水洗、碱洗、水洗、酸洗、再水洗。例如：当物料行将结束，即用水清洗，以排除残余物料；当设备中流出的水变清，水洗结束；在碱液槽中配成 2% 的氢氧化钠溶液，加热至 80℃，循环约 30min，以溶解蛋白和乳脂肪；排出碱液后用水冲洗 15min；再在酸液槽中配成 2% 硝酸溶液，加热至 80℃，循环约 30min；排出酸后用水冲洗 15min。

　　该设备清洗方法清洗成本低，水、洗涤剂、杀菌剂及蒸汽耗量少；清洗时间短，设备利用率短，设备利用率高；无须拆卸设备，清洗过程可实现半自动化或全自动化控制，劳动效率高、安全可靠。但该方法所用酸碱溶液对环境造成一定危害。

　　CIP 清洗效果与 CIP 清洗能及清洗时间有关。CIP 洗净能有三种，运动能、热能、化学能。一般 CIP 系统均需围绕以上三种洗净能及清洗时间，有机结合进行设计。

　　动能：来自洗液的循环流动。流体动能是否达到要求可用雷诺数（Re）衡量。

$$Re = Lv\rho/\mu$$

式中　L——流场的几何特征尺寸（如管道的直径），m；

　　　　v——流体流动速度，m/s；

　　　　ρ——流体的密度，kg/m^3；

　　　　μ——流体的黏度。

　　增大雷诺数可缩短洗净时间。一般认为罐内壁面下淌薄液的 Re 应大于 200；管道内液流的 Re 应大于 3000（$Re>30000$ 时效果最好）。

　　热能：来自洗液的温度。洗液流量一定时，温度升高，其黏度下降，而 Re、与污物的化学反应速度以及污物中可溶物质的溶解量均会增大。

　　化学能：来自洗液的化学性质。化学能是三种清洗能中对洗净效果影响最大的一种，应针对污物的性质和量、水质、设备材料和清洗方法等选用合适的洗涤剂。

　　2. 就地清洗系统（CIP）构成元素与分类

　　必要构成部件：清洗液（包括净水）储罐、加热器、送液泵、管路、管件、阀门等。

　　可选构成部件：过滤器、清洗头、回液泵、待清洗的设备以及程序控制系统等组成。

系统主要分为两类：一是固定式，是指洗液罐固定不动，与之配套的系统部件也保持相对固定。多数生产设备可采用固定式 CIP 系统。二是移动式，通常是指只有一个洗液罐，并且与泵等构成一个可移动单元的 CIP 装置，多用于独立存在的小型设备清洗。如图 2-14 所示。

（1）洗液储罐　洗液储罐用于洗液和热水储存。分为单罐式与多罐式 CIP 系统两类，单罐式多用于移动 CIP 清洗装置，多罐式 CIP 系统可供多台设备清洗用。储罐数量一般由

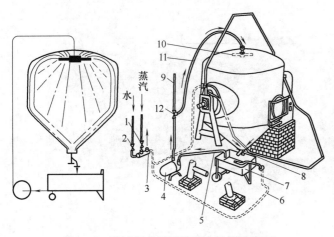

图 2-14　摔油机就地清洗组合结构示意图

1—蒸汽阀　2—水阀　3—水汽混合器　4—泵　5—吸入管
6—蒸汽软管　7—承受槽小车　8—排放软管　9—奶油制
造设备　10—喷洗头　11—软管　12—三通阀

（包括热水在内的）清洗液种类和系统对储罐洗液进出操作控制方案决定。

　　储罐型式分为立式和卧式两类。图 2-15 所示为三罐立式 CIP 系统。卧式储液槽通常由隔板隔成若干区的卧放圆筒。有时一个 CIP 系统的储液容器既有卧式，也有立式，如图 2-16 所

图 2-15　三罐立式 CIP 系统

1—控制柜　2—酸液罐　3—碱液罐　4—热水罐　5—片式热交换器　6—过滤器　7—供液泵

图 2-16　卧式储液槽 CIP 系统

1—配管板　2—控制柜　3—酸液槽　4—碱液槽　5—清水罐

示。卧罐分为两间，可分别储存酸性洗液（如 $1\% \sim 3\%$ HNO$_3$ 溶液）、碱性洗液（如 $1\% \sim 3\%$ NaOH 溶液），立式罐为热水罐。

（2）加热器　加热器可独立于储液罐而串联在输液管路上，形式可用片式也可用套管式；可装在储液罐（槽）内；可与蒸汽冷水直接混合加热形式，单机清洗用的单罐式 CIP 系统常采用该种加热器。

（3）喷头　储罐、储槽和塔器等的清洗，均需要清洗喷头。喷头可固定安装在需要清洗的容器内，也可做成活动形式，需清洗时再装至容器内。根据洗涤状态，可将喷头分为固定式和旋转式。无论是哪种形式，射程和喷头覆盖的角度都为关键考量因素。

① 固定式喷头：清洗时喷头相对于接管静止不动。

一般为球形喷头：在球面上按一定方式开有许多小孔。清洗时，具有一定压力（$1.01325 \times 10^5 \sim 3.01325 \times 10^5$ Pa）的清洗液从球面小孔向四周外射，冲洗设备器壁。喷头水流的方向由喷头上的小孔位置与取向决定，常见的喷洗角度有 120°，240°，180°和 360°等。由于开孔较多，上述喷头喷出的水射程有限（一般为 1~3m），所以一般用于较小的设备清洗。也可根据设备的具体情况进行专门设计，例如，图 2-17（3）所示为一种用于清洗布袋过滤器的喷头。

(1) (2) (3)

图 2-17　固定式 CIP 喷头

(1) 喷射角 = 120°/240°　(2) 喷射角 = 180°/360°

(3) 用于布袋过滤器的喷头

② 旋转式喷头：对于体积较大的容器，往往需要采用旋转式喷头。旋转式喷头的喷孔数较少，因此，在一定的压力（一般为 $3.01325 \times 10^5 \sim 1.01325 \times 10^6$ Pa）作用下，可以获得射程较远（最远可达 10m 以上）以及覆盖面较大（270°~360°）的喷射。

除了射程及覆盖面以外，旋转式喷头的旋转速度也对清洗效果有较大影响。一般情况下，低旋转速度冲击清洗效果较好。旋转式喷头可进一步分为单轴旋转式和双轴旋转式两种类型。

a. 单轴旋转式喷头：单轴旋转式一般为单个球形或柱形喷头。如图 2-18 和图 2-19 所示。在球面上适当位置开孔（孔的形状多为偏形），可得到 270°~360°覆盖面不等的喷射。单轴旋转喷头的喷射距离一般不大（一般淋洗距离约为 5m，清洗距离约为 3m）。

图 2-18　单轴旋转式不锈钢 CIP 喷头

单轴旋转喷头在容器内喷洗情形如图 2-20 所示。

b. 双轴旋转式喷头：双轴旋转式喷头可做水平和垂直两个方向的圆周运动，能对设备内壁进行 360°全方位喷洗；喷头数不多，一般为 2，3，4 和 6 等；喷射距离较远（淋洗 12m，清洗 7.5m）。如图 2-21 所示。

图 2-19　单轴旋转式工程塑料 CIP 喷头

三喷头双轴旋转喷头在容器内喷洗情形如图 2-22 所示。

c. 供液系统：

• 管道：CIP 系统的管道由两部分构成，一是被清洗的物料管道，二是将清洗液引入被清洗系统的管道。这些管道对产品应有安全性，内表面光滑，接缝处不应有龟裂和凹陷。

图 2-20　单轴旋转 CIP 喷头的喷洗情形

图 2-21　双轴旋转式 CIP 喷头

CIP 清洗系统的水平管路有一定的倾斜度要求。

　　● 泵：CIP 系统中的泵分供液泵和回液泵两类。供液泵将清洗液送至清洗位置，为清洗液提供动能，以便以一定速度在管内流动和提供喷头所需压力。一般系统均带有独立供液泵。回液泵将清洗过的液体回收到储液罐，供洗液回收使用，一些简单的系统可不设回液泵。CIP 系统一般采用不锈钢或耐腐蚀材料制造的离心泵。泵规格由 CIP 清洗

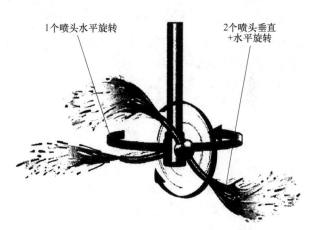

1个喷头水平旋转　　2个喷头垂直+水平旋转

图 2-22　三喷头双轴旋转喷头的喷射情形

系统所需液体循环流量、管路长度及喷头所需压力决定。

　　d. 阀和管件：控制各种液流（清洗液、料液等）流向。阀的形式包括不锈钢蝶阀、球阀、座阀和组合座阀等。CIP 系统可采用手动阀或自动阀。简单系统采用手动阀，复杂清洗系统往往采用自动阀。CIP 系统供液管路上还需要有弯头、活接头。这些管件均应满足卫生要求。手动控制的 CIP 系统中，为将不同清洗液分配到各个需要清洗的设备，常采用管路分配板。

　　3. CIP 系统的控制

　　控制 CIP 储液罐的液位、浓度和温度等；各洗涤工序（如酸洗工序、碱洗工序、中间清

洗工序、杀菌工序、最后洗涤工序等）的时间（如乳品加工中的清洗程序表 2-1）；不同被清洗设备的清洗操作时段切换。

表 2-1 　　　　　　　　　　　　牛乳和乳饮料的 CIP 清洗工序

工序	时间/min	溶液种类与温度
洗涤工序	3~5	常温或 60℃以上水
酸洗工序	5~10	1%~2%酸溶液,60~80℃
中间洗涤工序	5~10	常温或 60℃以上水
碱洗工序	5~10	1%~2%碱溶液,60~80℃
中间洗涤工序	5~10	常温或 60℃以上水
杀菌工序	10~20	氯水 1.50×10^{-4} mol/m^3
最后洗涤工序	3~5	清水

第二节　分级分选机械

食品原料多为农、畜、水产品，如大豆、小麦、稻谷、牛乳等，这些原料在收获、运输过程中，经常混入一些杂质如：杂草枝叶、石子、土块等，加工前须将杂物除去；此外，食品原料中一些发育不成熟的、病虫害籽粒将对加工产品质量造成影响。食品原料的分选（选别）机械是根据原料中杂物的不同性质而设计的。例如各种谷物、豆类、咖啡等粉粒料中含有泥土、金属等杂物；甜菜糖厂的加工原料甜菜中不仅含有泥土、沙石、金属等，还混有杂草、茎叶等杂物；乳品厂的原料牛乳中可能带有毛、毛屑等。

物料分级是将一种混合物料按照一定的原则分成两种或两种以上具有不同特点的物料的操作过程。在整个食品加工生产过程中，根据产品品质控制、生产过程控制、设备安全等不同目标，对于固体物料进行分选的操作很多，包括原料预处理、成品分离、残次品剔除等。例如，利用金属物料有磁性与非金属物料（食品原料）无磁性的差异，通过电磁去除食品原料中的磁性金属杂质；利用杂草枝叶与大豆密度间的差异，通过气流的流动实现杂草枝叶与大豆的分离。由于食品原料千差万别，清理方法各有利弊。清理要素可分为三大类：①物理性状：水分含量、粒度、重量、表面形状、质地、颜色、磁性；②化学性状：成分、游离脂肪酸指数、含脂肪食物的酸败度、风味、气味；③生物性状：发芽情况、虫害、病害、成熟度、含菌数。

根据食品原料中杂物性质的不同，清理与分选机械可分为除石机、除草机、除铁机、过滤器等。根据清理原理的不同，可分为尺寸、重量、形状、密度、气流、光学、电磁学等机械。

一、分选机械

（一）气流法分选机械

气流法是根据物料颗粒的空气动力学特性进行物料清理的方法。不同尺寸、表面形状、表面状态、密度的物料与空气产生相对运动时受到空气的作用力也不同，以致在外力（包括空气作用力、重力及浮力）作用下表现出不同的运动状态。在气流清理中，物料的空气动力学特性通常用悬浮速度表示，是进行气流分选的依据。当沉降速度为 v_t 的粒子在垂直管道中受到垂直向上的速度为 v_a 的气流作用，而粒子的绝对速度为零时，即粒子在气流中保持悬浮状态，此时的气流速度 v_a 称为该粒子的悬浮速度。$v_a = v_t$，但方向相反。物料悬浮速度越小，其获得气流方向加速度的能力越强。

1. 垂直气流清选机

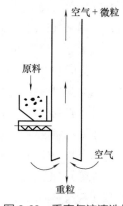

该类机器气流沿铅垂方向由下向上流动。在异物清除的操作中，气流常用于谷物中轻杂物的清选分离。例如在豆腐制作工艺中，首先要对大豆进行气流清选，去除轻草、枝叶。垂直气流清选机结构示意图如图 2-23 所示。当谷物原料由喂料口喂入后，因轻杂物的悬浮速度小于气流速度而上升，饱满谷粒则因悬浮速度大于气流速度而下降，两种物料将在上下两个不同的位置被收集起来，从而实现谷物与轻杂物的清选分离。通过该原理也可进行谷物大小颗粒的分级。

图 2-23　垂直气流清选机
结构示意图

2. 水平气流清选机

该类机器气流沿水平方向流动，颗粒在气流和自身重力的共同作用下因着陆位置的不同而完成分选。水平气流清选机结构示意图如图 2-24 所示。当物料在水平气流作用下降落时，大的颗粒获得气流方向加速度的能力小，落在近处，小的颗粒被吹到远处，而更为细小的颗粒则随气流进入后续分离器（如布袋除尘器、旋风分离器）被分离收集。水平气流重力型分级机适合较粗颗粒（$\geqslant 200\mu m$）的分级，不适于具有凝聚性的微粉的分级。

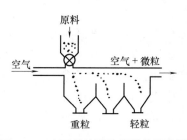

图 2-24　水平气流清选机结构示意图

（二）筛选机械

筛选法清理机是一种根据颗粒的几何形状及其粒度，利用带有孔眼的筛面对物料进行分选的机器，具有去杂、分级两个功能，应用极为广泛。该类机械筛分的主要对象是尺寸较小的球形、椭球形和多面体散粒体物料。这种散粒体由较均匀颗粒组成，在受到振动或以某种状态运动时，会因其密度、粒度、形状和表面状态的不同而分成不同级别的物料。密度小、颗粒大而扁、表面粗糙的物料浮在上层，密度大、颗粒小而圆、表面光滑的物料位于下层，中间层为混合物料。散粒体的这种现象称为自动分层现象（或称离析现象），为筛分操作提供了有利条件。即当有一定厚度的物料要进行分选时，通过振动或运动，密度大、颗粒小的位于下层，与筛面充分接触并通过筛面实现分离。

1. 筛面结构

筛体多为平面结构，少数为柱面（圆柱面和棱柱面）结构。筛有冲孔筛、编织筛、栅筛等；常见的筛孔形状有圆形、正方形和长方形；筛面材料有金属、蚕丝、锦纶丝等。

冲孔筛面是在金属板材上按一定排列形式冲制出所需筛孔，其规格直接用孔径标出。这种筛面的孔径精确、均匀，可冲制的孔型较多，适宜于筛分精度要求较高的场合，专用筛分机械多采用该种筛面。

　　编织筛面采用金属丝或非金属丝编织而成，通常为正方形筛孔，其规格一般用网目（即单位长度筛面上的筛孔数量）表示，网目数字越大，筛孔越小。这种筛面简单易造，开孔率高，凹凸不平的表面对物料的摩擦作用较强，便于物料自动分层，利于筛理。但因网丝易滑动，引起筛孔变形，影响筛分的准确性。

　　物料一般由长、宽、厚三维尺寸组成，通常规定为长>宽>厚。筛分是根据颗粒的宽度和厚度的不同来进行的。圆孔筛根据物料宽度不同进行分离，宽度大于筛孔直径的颗粒将被截留在筛面上方，称为筛上物；宽度小于筛孔直径的颗粒将通过筛孔落到筛面下方，称为筛下物。因分选时物料颗粒需竖起来才能通过筛孔，而当物料长度大于筛孔直径两倍以上时，物料无法竖立穿过筛孔，故不适于长颗粒的分选。

　　长方形筛孔按照颗粒厚度进行分选。厚度大于筛孔宽度的颗粒将被截留在筛面上方，而厚度小于筛孔宽度的颗粒将通过筛孔落到筛面下方。为保证筛理质量，筛面只需做水平往复振动，筛孔长边应与振动方向一致。

　　为保障筛分正常进行，除需要物料与筛面保持足够的接触时间以便于筛孔度量颗粒外，还需要物料与筛面间形成相对运动，包括平行和垂直于筛面两个方向的运动，以促使小于筛孔的物料通过筛孔。一般而言，物料在筛面上最大可移动距离（称为筛程）越长，筛分效率越高，但单位筛面的生产能力越低；物料沿筛面平行运动速度越大，越不易穿过筛孔，筛分效率越低；物料沿垂直于筛面的运动速度越大，细小颗粒越易穿过筛孔，但动力消耗较大。

　　2. 筛面运动形式

　　常见筛面有静止倾斜筛面、往复运动筛面、高速振动筛面、平面回转筛面、滚动旋转筛面。

　　（1）静止倾斜筛面　结构简单、无须动力，物料在自重作用下沿筛面做单向平行于筛面的直线滑动，小于筛孔的颗粒穿过筛孔分离出去，筛程短，筛分效率低。

　　（2）往复振动筛面　筛面做往复直线运动，振动频率较低而振幅较大，物料沿筛面做往复滑动。筛程较长，用于流动性好而杂物细小的物料筛选，筛分效率及生产能力较高。

　　（3）高速振动筛面　筛面在铅垂面内做圆形、椭圆形或往复直线运动，振动频率高而振幅小，物料在筛面上做微小跳动，不易堵塞筛孔，适用于流动性较差的细颗粒或非球形多面体物料。

　　（4）平面回转筛面　筛面在水平面内做回转运动，筛面一般水平或微倾布置，物料在离心力及摩擦力作用下做螺旋线运动，筛程长，自动分层效果明显，筛分效率高，需采用较大筛面，通常为多层结构，适用于流动性差、自动分层困难物的筛分，如细粉、谷糙等。

　　（5）滚动旋转筛面　筛面呈圆柱面或棱柱面，倾斜布置，绕自身轴线转动，物料在筛筒内翻滚而被筛选。因物料不便于穿过筛孔，筛分效率低，且物料只与部分筛面接触，筛分生产能力低。通常用于物料的初清理或增加强制性构件提高物料通过筛孔的能力后用于粉料的筛分。

　　选择筛分机械时，首先要掌握原料颗粒的形状、粒度分布、水分含量、温度、流动性等物性，据此选择适宜机型，并根据原料处理量选择机械的容量。

　　3. 振动筛

　　振动筛是应用最为广泛的谷物类物料筛选与风选相结合的清理设备，其功能为清除物料中的轻杂、大杂和小杂。

振动筛主要由进料装置、筛体、吸风除尘装置、振动装置和机架等部分组成。图2-25所示的小麦清杂机是典型的振动筛清理机。

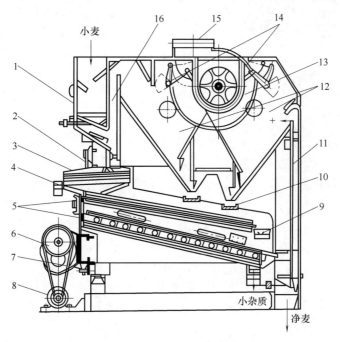

图 2-25　小麦清杂机结构图

1—进料斗　2—吊杆　3—筛体　4—大杂出料槽　5—筛格　6—自衡振动器　7—弹簧限振器　8—电动机　9—中杂出料槽　10—轻杂出料槽　11—后吸风道　12—沉降室　13—风机　14—风门　15—排风口　16—前吸风道

进料装置可保证进入筛面的物料流量稳定并沿筛面均匀分布，提高筛分效率。进料量可以调节。

进料装置由进料斗和流量控制活门构成。流量控制活门有喂料辊和压力门两种结构。其中，喂料辊进料装置喂料均匀，但需配置传动装置，结构较为复杂，一般在筛面较宽时采用。压力门结构简单，操作方便，可根据进料量自动调节流量，故筛选设备多采用重锤式压力门。

筛体是振动筛的主要工作部件，由筛框、筛面、筛面清理装置、吊杆、限振机构等组成。筛体内装有三层筛面。第一层为接料筛面，筛孔最大，筛上物为大型杂质，筛下物均匀落到第二层筛面的进料端。第二层为大杂筛面，用以进一步清理略大于粮粒的大杂。第三层为小杂筛面，小杂穿过筛孔排出，因筛孔较小而易造成堵塞，为保证筛选效率，设有筛面清理装置。图示振动筛采用的是橡胶材质的振球。

限振装置用于降低筛体振动。筛体工作频率一般处于超共振频率区，在启动和停机过程中需通过共振区，筛体振幅会突然增大，易损坏机件。通过限幅减振可使设备安全通过共振区。常用的限振装置有弹簧式和橡胶缓冲器。

这种振动筛的筛面属于往复运动筛面，物料在筛面顺序向前、后滑动而不跳离筛面，且每次向前滑动的距离大于向后滑动的距离。因物料只在筛面上滑动，故适宜于分选流动性较好的散粒体物料。对于流动性较差的粉体，宜采用频率较高而振幅较小的高速振动筛，筛选

图 2-26 Russell Compact Sieve
紧凑型振动筛

1—底盘 2—磁铁分离器 3—筛网 4—筛板

时物料存在垂直于筛面的运动，物料呈蓬松状态，易于到达并穿过筛孔，同时筛孔不易堵塞。

图 2-26 所示为 Russell Finex 公司设计的 Russell Compact Sieve 紧凑型振动筛。该种振动筛设计简捷，物料筛分直接通过，能确保无延误无死角，过大颗粒及异物可快速通过筛孔分离，经大尺寸出口排出。仪器易于清理维护，无须工具。

Russell Finex 公司设计的紧凑型振动筛安装具多重选择，图 2-27 所示为 Russell 三合一振动筛结构示意图，具有适合操作员高度的加料平台，其紧凑型筛能清除过大颗粒、异物磁铁分离器可吸附小于筛孔的铁屑；图 2-28 所示为 Russell Airswept Sieve 气扫型振动筛结构示意图，该设备为全封闭系统，可安装于任何真空管线，用于气动输送并进行筛分，全过程防爆；图 2-29 所示为 Russell 自载振动筛结构示意图，该设备为完全独立系统，其负载、筛分和卸载物料操作简单，通过真空器将物料吸进动筛，通过整体安装于自动装载筛盖的过滤实现气料分离。

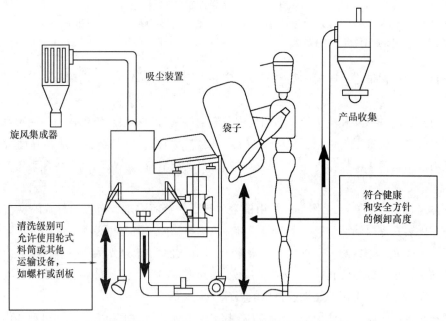

图 2-27 Russell 三合一振动筛结构示意图

4. 谷糙平转筛

谷糙平转筛（图 2-30）属于平面回转式筛分设备，结构紧凑、占地面积小、流程简短、物料提升次数少、筛面利用率高并且操作管理较方便，是碾米加工厂必不可少的定型设备。

谷糙平转筛主要利用谷糙混合物自动分级的特性，使物料和糙米在筛面上充分分层，并

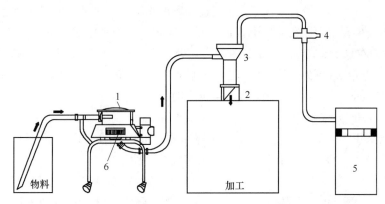

图 2-28　Russell Airswept Sieve 气扫型振动筛结构示意图

1—防尘盖　2—灰尘套筒　3—真空接收器　4—真空安全阀　5—真空泵　6—Russell 气吹式振动筛

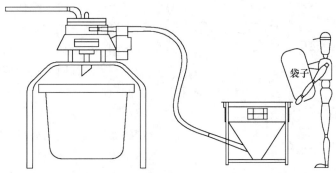

图 2-29　Russell 自载振动筛结构示意图

配备大小适当的筛孔，使底层糙米及时分出，从而达到谷糙分离目的。谷糙平转筛的主要设备有圆形和长方形两类，由进料装置、筛体、偏心回转机构、传动调速机构和筛面角度调节机构等部件组成。长方形谷糙平转筛结构形式较多，按筛体固定方式不同可为分支撑式和悬吊式。

（三）重力分选机械

重力清理法分为干法重力清理及湿法重力清理两类。

干法重力清理以散粒体自动分层为基础，利用物料因密度及表面状态而产生的流动性差异进行分选清理。为提高分选效率，一般安排在筛选后使用，可用于清除并肩石或在粒径均匀一致的基础上获得密度和表面状态也均匀一致的散粒体物料。

湿法重力清理利用不同密度的颗粒在水中所受浮力及下降阻力的差异大于在气流中的差异而进行分选清理。密度小于水的颗粒及杂物因上浮而被分离，密度大于水的颗粒下沉。按沉降速度

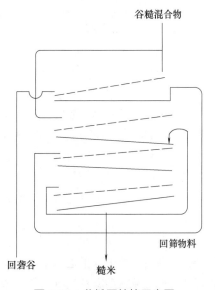

图 2-30　谷糙平转筛示意图

不同可将不同密度的颗粒分开。由于水的密度和黏度比空气大得多，体积相同而密度不同的颗粒，其比密度值在水中比在空气中差别更大。例如，小麦的比密度为 1.3，并肩石的比密度为 2.6，它们在水中及在空气中的比密度之比分别为 5.33 和 2。显然，分离小麦中的并肩石，用水选比用气流选更为有效。如小麦与并肩石在水中同时沉降，其自由沉降速度分别为 100mm/s 和 240mm/s，二者速度之差比在空气中的大。

1. 密度去石机

该类机器采用干法重力分选，为专门清除密度比粮粒大的"并肩石（石子大小类似粮粒）"等重杂质的机械，一般在气流分选及筛分完成后使用。

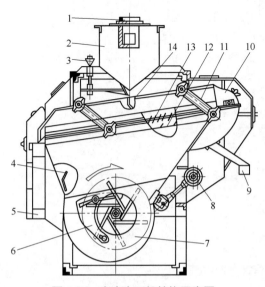

图 2-31　密度去石机结构示意图

1—进料口　2—进料斗　3—进料调节手轮　4—导风板
5—出料口　6—进风调节装置　7—风机　8—偏心调节
机构　9—出石口　10—精选室　11—吊杆
12—匀风板　13—去石筛面　14—缓冲匀流板

如图 2-31 所示，密度去石机由进料装置、筛体、风机、传动机构等部分组成。传动机构常采用曲柄连杆机构或振动电机。进料装置包括进料斗、缓冲匀流板、流量调节装置等。筛体与风机外壳固定连接，风机外壳又与偏心传动机构相连，因此是同一振动体。筛体通过吊杆支撑于机架上。去石筛面一般用薄钢板冲压成双面凸起鱼鳞形筛孔。筛面的高端逐渐变窄，尾部为聚石区，ϕ1.5mm 圆孔筛板和其上部的弧形调节板构成精选室，如图 2-32 所示，改变弧形调节板位置可改变反向气流方向，以控制石子出口区含粮粒状况。鱼鳞形冲孔去石筛面的孔眼均指向石子运动方向（后上方），对气流进行导向和阻止石子下滑，并不起筛理作用。

密度去石机工作时，物料不断进入去石筛面中部，由于物料颗粒的密度及空气动力特性不同，在适当振动及气流作用下，密度较小的谷粒浮于上层，密度较大的石子沉入底层与筛面接触，自动分层。由于自下而上穿过物料的气流作用，使物料间孔隙度增大，降低了料层间的正压力及摩擦力，物料处于流化状态，促进物料自动分层。因去石筛面前方略微向下倾斜，上层物料在重力、惯性力及连续进料的推力作用下，以下层物料为滑动面，相对于去石筛面下滑至净粮粒出口。与此同时，石子等杂物逐渐从粮粒中分出进入下层。下层石子及未悬浮的重粮粒在振动及气流作用下沿筛面向高端上滑，上层物料越来越薄，压力减小，下层粮粒又不断进入上层，在达到筛面高端时，下层物料中粮粒已很少。在反吹气流作用下，少量粮粒被吹回，石子等重物则从排石口排出。密度

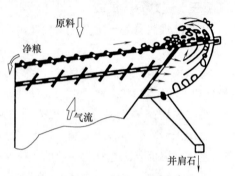

图 2-32　密度去石机精选室示意图

去石机工作时，要求下层物料能沿倾斜筛面向高端上滑而不在筛面上跳动，是通过筛面的振动频率、振幅和倾角等共同作用来实现的。

2. 去石洗麦甩干机

该机采用湿法重力清理分选。去石洗麦甩干机结构如图 2-33 所示。麦粒从进料口 1 落于洗槽 2 内。进料口可沿槽左右移动，用以调节麦粒在洗涤槽内的停留时间。洗涤槽内上方装有直径较大的洗麦螺旋 6，下方装有较小的去石螺旋 5，两螺旋输送方向相反，上下螺旋轴不位于同一铅垂面上，以减少石子及麦粒下沉时的相互干扰。麦粒进入洗槽后受上螺旋搅动而不易下沉，在上螺旋的推送下进入甩干机甩干；而石子等杂质密度较大，迅速下沉到下螺旋内，下螺旋将石子等重杂物从右向左送入集石斗 4 内。

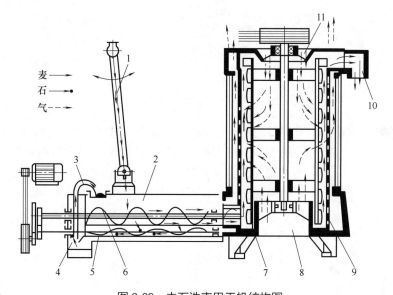

图 2-33　去石洗麦甩干机结构图

1—进料口　2—洗槽　3—喷砂管　4—集石斗　5—去石螺旋　6—洗麦螺旋
7—甩料叶板　8—机座　9—筛板圆筒　10—出麦口　11—上帽

甩干机由筛板圆筒 9 和搅拌器组成。在搅拌器上装有多片具有向上输送角的可旋转甩料叶片 7。进入筒内的小麦由搅拌器向上输送，洗涤水从圆筒上的孔中流出。另外，被搅拌器加速后的小麦，在离心力作用下甩掉附着在表面的水，并从设在上部的出麦口 10 排出。此时的甩干能力由搅拌器的形状、速度、圆筒孔形状决定。

部分洗涤污水可回收再利用。用水量为原料的 1.5~2.0 倍。值得注意的是，有时会发生麸皮、胚芽脱落，甚至损伤小麦等问题。

（四）磁力分选机械

农产品在加工前须经过严格磁选，除去金属杂物，以保护加工机械及人身安全。在以粮食为原料的初级食品加工全过程中，凡是高速运转的机器，前部应装有磁选设备。

磁选设备的主要工作部件是磁体，其周围存在磁场。磁体分永久磁体和电磁体，粮食清理多采用永久磁体。磁选设备分为永磁溜管和永磁滚筒。

永磁溜管是指配置着固定有磁铁的盖板的一段溜管，如图 2-34 所示。该设备结构简单，占用空间小，需定期取下盖板除去磁性杂质。

为保证磁选效果，永磁溜管内物料通过磁极表面的速度不宜过快，一般应控制在 0.15~ 0.25m/s，永磁滚筒的圆周速度一般为 0.6m/s 左右。利用电磁感应原理，可检测出食品中的铁、铜、铝、铅、不锈钢等金属物质。

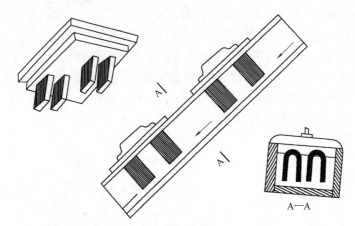

图 2-34　永磁溜管结构示意图

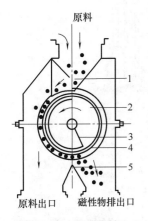

图 2-35　永磁滚筒
结构示意图
1—挡板　2—磁性滚筒　3—磁心　4—滚筒隔板　5—刮刷

永磁滚筒结构示意图如图 2-35 所示，主要由进料装置、滚筒、磁心、机壳和传动装置等部分组成。磁心由锶钙铁氧体永久磁铁和铁隔板按一定顺序排列成圆弧形，安装于固定轴上，形成多极头开放磁路。磁心扇形圆柱表面与滚筒内表面间隙小而均匀（<2mm），滚筒由非磁性材料制成，外表面敷有无毒耐磨涂料聚氨酯作保护层以延长使用寿命。工作时，磁心固定不动，而滚筒由电动机通过蜗轮蜗杆机构带动旋转。滚筒质量轻，转动惯量小。永磁滚筒能自动连续排除磁性杂质，除杂效率高（98%以上），特别适合于除去粒状物料中的磁性杂质。

二、尺寸分级机械

单体尺寸和质量较大的块状物料经常需要逐个测定后进行分级。根据测定项目，块状物料的分级分为尺寸分级、重量分级、色选和图像分选等。

该类机械通过测量物料的某一个方向的尺寸或某一个尺寸（如最小球径）来分级，常用于果蔬。此设备简单、易操作、分选速度快，分级后果蔬外形一致性较好，但分选精度低。常见的果蔬尺寸分级机有滚筒式、三辊式等。

（一）滚筒式水果分级机

如图 2-36 所示，滚筒式水果分级机在转动的滚筒表面设有大量分级孔，果实流经转动着的滚筒外表面时，比分级孔小的果实落下，后由输送带沿滚筒轴向从滚筒内部排出。使用时，沿果实移动方向顺序横向排列数个滚筒，每个滚筒上的分级孔均有规格，沿前进方向按分级径由小到大依次排列。滚筒设计为可自由拆卸式，在实际生产中，可根据需要进行自由组合。

该种分级机结构简单，但由于滚筒的圆周速度低（约 10m/min），有效分选面积小，所以单位长度滚筒的分选能力较差。在运行中易发生堵塞现象，需时常有人看管。该机的缺点是落差大，果实易受损，同时果实在分级孔处相对静止的情况下进行检测，分级精度差。

图 2-36　滚筒式水果分级机

图 2-37 所示为大型规模化柑橘分级流水线。作业流程主要包括接收、分箱上线、分级、洗净涂蜡、装箱包装。

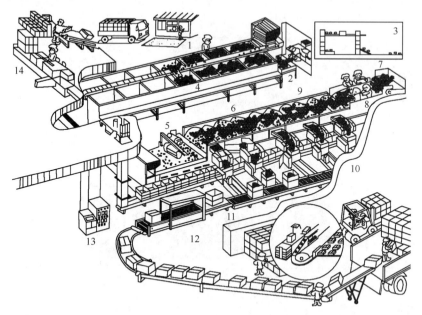

图 2-37　柑橘分选分级过程示意图

1—地秤　2—接收站　3—提升机　4—贮仓　5—清洗机　6—涂蜡机　7—初选机　8—分选台
9—滚筒式分级机　10—自动秤　11—运箱机　12—封箱机　13—控制台　14—自动制箱机

接收：接收果实，并称重记录。

分箱上线：先由铲车将果实箱放置于操作平台上，再由专用分离设备进行果、箱分离。

果实倒出方法多种多样，主要应保证果实不受或少受机械损伤。

清洗除杂：果实从箱中被倒出后，进入除尘清洗装置，除去树叶、灰尘、农药及其他附着物。

分选分级：分选分级是整个工作的核心，在该过程中，首先剔除残次果，后按照一定标准对果蔬进行尺寸、品质等级的分选操作。

洗净涂蜡：对于符合标准的果实进行涂蜡保鲜处理。常用液体蜡进行喷淋涂抹，而后，进行干燥处理，以保证下一工序顺利进行。

装箱包装过程：该步是商品进入流通前的最后一项工作。果实经分选后，按规格要求装入纸箱中并封好，装车上市。

在各类果蔬中，柑橘类果实的分选设施自动化水平最高、应用技术最先进、分级流程最完善。

（二）三辊式果蔬分级机

该机械用于苹果、柑橘、桃子等球形果蔬的尺寸分级，工作时按果蔬最小球径进行分级。如图 2-38 所示，整机主要由进料斗、理料滚筒、辊轴链带、出料输送带、升降滑道、驱动装置等组成。分级部分为一条由竹节形辊轴通过两侧链条连接构成的链带，辊轴分固定辊和升降辊两种连接形式，其中固定辊与链条铰接，位置固定，而升降辊浮动安装于链条连接板的长孔内，升降辊与两侧相邻固定辊形成一系列分级菱形孔（图 2-39）。链带两侧设有升降辊用升降滑道。

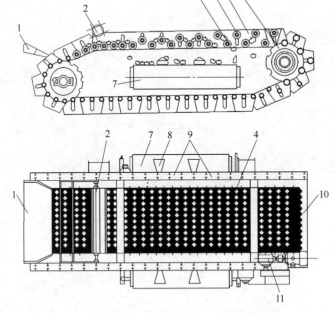

图 2-38　三辊式水果分级机结构示意图

1—进料斗　2—理料滚筒　3—分级辊（固定）　4—分级辊（升降）　5—链条连接板
6—驱动链轮　7—出料输送带　8—隔板　9—升降滑道　10—机架　11—蜗轮减速器

工作时，链带在链轮驱动下连续运行，同时各辊轴因两侧滚轮与滑道间的摩擦作用而连续顺时针自转。果蔬通过进料斗送上辊轴链带，小于菱形孔的果蔬直接穿过而落入集料斗内。较大的果蔬由理料滚筒整理成单层，果蔬进入因升降辊处于低位而在菱形孔处形成的凹坑，随后被连续移至分级工作段，此段内的升降滑道呈倾斜状，使得升降辊逐渐上升，所形成的菱形孔逐渐变大。各孔处的果蔬在辊轴摩擦作用下不断滚动而调整与菱形孔间的位置关系，当某方向尺寸小于当时菱形孔尺寸时，即穿过菱形孔落到下面横向输送带的由隔板分割的相应位置上，并被输送带送出。大于孔的果蔬继续随链带前移，在升降辊处于高位时仍不能穿过菱形孔的果蔬将从末端排出。

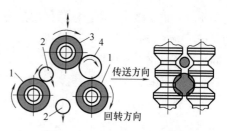

图 2-39　三辊分级原理图

1—固定分级辊　2—物料（小）
3—升降辊　4—物料（大）

　　此种分级机生产能力强，因在分级作业中，果蔬不断改变菱形孔间的位置关系，分级准确，同时果蔬始终保持与辊轴的接触，无冲击现象，果蔬损伤小，但结构复杂、造价高，适用于大型水果加工厂。

（三）果蔬光电分级机

　　该机器采用光电传感器以检测物料尺寸。当果蔬等速通过光电检测器时，通过检测果实遮挡光束时间或经过光束时遮挡的光束数量计算出果高、果径、面积，经与设定值比较后，控制卸料执行机构，使果实落入相应位置，实现分级。

　　1. 光束遮断式果蔬分级机

　　双单元同时遮光式分选原理如图 2-40（1）所示。L 为发光器，R 为接收器，一个发光器与一个接收器构成一个单元，两单元间距 d 由分级尺寸决定，沿输送带前进方向，间距 d 逐渐变小。果实在输送带上随带前进，经分级区域时，若果实尺寸大于 d，两条光束同时被遮挡，这时，通过光电元件和控制系统使推板或喷嘴工作，把果实横向排出输送带，作为该间距 d 所分选的果实。双单元的数量即为果实的分选规格数。该分级机适用于单方向尺寸分级。

　　2. 脉冲计数式果蔬分级机

　　图 2-40（2）所示为脉冲计数式分选原理图。该分级机发光器 L 与接收器 R 分别置于果实输送托盘的上、下方，且对准托盘中间开口处。当托盘移动距离为 a 时，发光器发出一个脉冲光束，果实在运行中遮挡脉冲光束次数为 n，则果实的直径 $D=na$，后通过微处理机，将 D 与设定值进行比较，分成不同的尺寸规格。

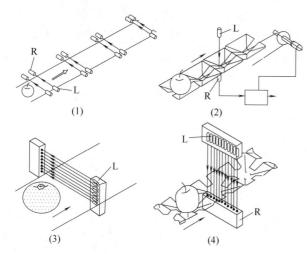

图 2-40　光学式尺寸分级原理图

（1）遮断式　（2）脉冲计数式　（3）水平屏障式　（4）垂直屏障式

　　3. 水平屏障式果蔬分级机

　　如图 2-40（3）所示，将发光器和接收器多个一列排列，形成光束屏障。随输送带前进的果实经光束屏障时，由遮挡的光束数求出果高，并结合各光束遮挡时间，经积分求出果实的平行于输送带移动方向的侧向投影面积，并与设定值比较，在相应位置果实被排出而分成不同的尺寸规格，在规定处排出。

4. 垂直屏障式果蔬分级机

如图2-40（4）所示，该机器与水平屏障式相仿，但测定物料宽度方向的最大尺寸及水平方向的果蔬横截面积。

三、重量式分级机

与尺寸式分级不同，重量式分级依据物料单体重量，分级后，产品重量一致性较好，但外形一致性通常不如尺寸式分级。重量式分级设备较尺寸式复杂，分级精度较高。根据称重及控制方式，重量式分级机分为机械式和电子式两种。

（一）机械式重量分级机

机械式重量分级机按感重原理分为杠杆秤式和弹簧秤式两种。

图2-41所示为称重滑道式重量分级机原理图。被称重物料盛放于料斗内，料斗前端与牵引链条铰接，并支撑于滑道上，而尾端自由支撑于滑道上，滑道分固定段和称重段，其中称重段由感重弹簧保持与固定段形成直线滑道，在牵引链条牵引下料斗连续移动。当料斗尾端支撑杆移至

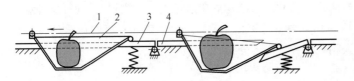

图2-41 称重滑道式重量分级机原理图

1—牵引链条 2—料斗 3—称重活动滑道与弹簧 4—固定滑道

滑道称重段时即进行称重，当因物料而作用于称重段的向下摆动的力矩超过感重弹簧提供的支撑力矩时，称重段被压下，料斗脱离固定滑道水平面，物料滑落至下方横向输送带上被送出，料斗翻下后，称重段在弹簧作用下迅速复位。若物料较小，作用力矩不足以大于弹簧支持力矩时，料斗将继续承载物料沿滑道前移。称重段滑道设置数量与分级档位数相同，相应于分级档位由重到轻，弹簧预紧力也由大到小。根据相应重量档位，调节弹簧预紧力。为提高生产能力，通常并行设置多列料斗，每列料斗对应一组滑道。此分级机结构简单、分级速度快，但分级精度低、要求级差较大。

图2-42所示为机械秤分选原理图，其平面布置如图2-43所示，主要由装有果实的循环移动秤及固定在分级机机架上的固定秤组成。将果实装载于果盘上，当移动秤进入计量点时，移动秤的测量挂钩从控制滑道进入测量滑道。当测量挂钩

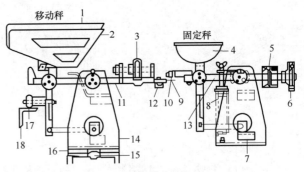

图2-42 机械秤分选原理图

1—海绵 2—称重果盘 3—移动秤调整砝码 4—砝码盘
5—固定秤调整砝码 6—辅助砝码 7—固定秤支架 8—弹簧 9—测量滑道 10—挂钩 11—移动秤臂 12—挂钩弹簧 13—固定秤臂 14—移动秤支架 15—滚链
16—移动秤安装平台 17—滚子 18—导向轨道

向上的力（果实的重量）大于测量滑道向下的力时，测量滑道被抬起，到达落下区域时，果盘倾斜，果实被倒出。若果实重量小于测量侧的设定重量，则移动秤继续前移，经过分离针，进入控制滑道，移向下一个计量点。该机适合苹果、梨、桃、番茄的分选。

（二）电子秤式重量分级机

该机利用了左右平衡状态下测量重量的天平原理。工作时，由链传动输送的称量托盘移至测量轨道上时脱离链传动，呈现浮动状态，此时，可测得果实及托盘的重量。在该称量装置中，由于重量增加导致称量轨道从基准位置下降，使差动变压器产生位移。变位后，差动变压器输出由放大电路放大并反馈至负荷线圈产生磁力。磁力使差动变压器的位移复零，即称量轨道恢复到基准位置后达到平衡状态。此时，负荷线圈中的电流变换成脉冲信号，作为重量的测量信号进入控制装置。该信号与事

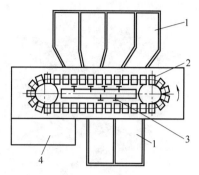

图 2-43　机械秤平面布置图
1—接料盘　2—移动秤
3—固定秤　4—喂料台

先设定的基准值比较，大小规格信息被储存。当托盘被移送于规定位置时，旋转编码器转动，按各尺寸规格进行分选。该秤特点为负荷线圈起强力减振器作用，不易受由称量托盘移动引起的振动影响。图 2-44 所示为电子秤分级原理图。

与果蔬分级不同，鸡蛋的机械分级通常仅采用重量式，同时，由于鸡蛋比果蔬更易因操作不当而损伤，分级过程中执行机构的动作应尽可能柔和。小型鸡蛋分级机采用简单杠杆秤进行工作，鸡蛋供送采用步进机构。在大型鸡蛋分级机上，

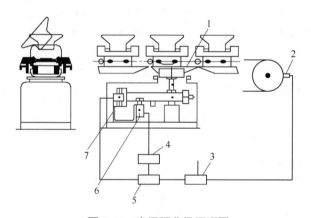

图 2-44　电子秤分级原理图
1—称量轨　2—旋转编码器　3—尺寸判断装置　4—放大电路　5—变换电路　6—差动变压器　7—负荷线圈

通常采用连续的链条输送，在链条上安装一系列抓取架，在连续输送过程中，对各鸡蛋进行称重，后在指定位置卸下鸡蛋。图 2-45 所示为荷兰 Moba 公司生产的大型鸡蛋分级包装机结构图，其中 Omnia330 型的最大生产能力达 120000 枚/h。该设备主要包括以下装置：卸蛋装置、调向整理装置、照蛋标识装置、电磁破蛋检测装置、倒蛋装置、悬挂输送称重系统、码盘装置、封盒装置和微机控制系统等，整套设备的所有操作均由微机控制。

首先利用真空吸盘将鸡蛋从蛋托内卸下并放置于分级机的辊轴链带上，其中辊轴为竹节形，随链条移动的同时，也做自转。在摩擦力作用下鸡蛋被调整为长轴平行于辊轴轴线方向，同时鸡蛋小头端调至"竹节"中部，形成稳定状态。因第二链带低于第一段辊轴链带，中间用滑槽过渡，当已调好方位的鸡蛋由第一段辊轴链带通过滑槽转到第二辊轴链带时，特殊设计的滑槽使得鸡蛋小头朝下落到第二段链带的凹坑内，至此鸡蛋全部呈小头朝下状态向前供送。

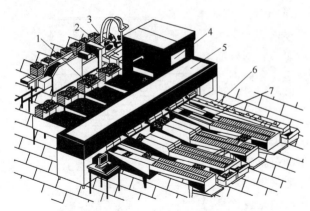

图 2-45 大型鸡蛋分级包装设备结构图

1—空蛋盒 2—调向机构 3—真空卸蛋装置 4—照蛋装置 5—分级装盒装置 6—人工包装线 7—封盒机

在由第二段链带供送的过程中，进入照蛋室。照蛋室内设电磁破蛋装置检查各鸡蛋蛋壳的微小损伤，同时通过人工观测，均按下问题鸡蛋所在蛋窝处的标记按钮，以此形式通知计算机。对于检测装置和人工观测所发现的问题蛋，在后续处理时，均直接排至问题蛋出口，而合格蛋将进行正常分级。

鸡蛋分级设备运送鸡蛋的装置为连续运行的链条，链条上设有三爪夹持器。在通过照蛋室出口处时，夹持器拾起鸡蛋，因大头朝下，夹持稳定。夹持输送过程中通过位置固定的电子计量秤称重，并将该蛋重量通知计算机，随后鸡蛋由计算机控制被卸在相应重量挡位的缓冲盘内，并顺序摆放。当缓冲盘装满后，落入其下方的包装蛋盒内。蛋盒随即送到封盒装置内封盒、送出。

四、图像处理分级机

上述机械式尺寸分级并非严格依据形状进行，而是依据某一尺寸。依据形状分级需要同时检测多个方向的尺寸，从而形成对于物料的平面或立体形状的测定，计算机图像处理的分级机即属于该类分选设备，其系统配置如图 2-46 所示。它与机械式机构的最大不同就是利用电荷耦合元件（Charge Coupled Device，CCD）摄像机进行非接触摄像，并进行形状判断。图像式分级机在应用上具有稳定的十分精确的精度和加工处理能力，可用于果蔬分选。当分选大尺寸果实时，每条线的生产能力为 3000 个/h，小尺寸时为 10000 个/h，直径、长度、粗细等的检测精度可确保在±1mm 左右。检测项目越来越细，还可以判断直径、最大径、各种平均径、长度、各种形状系数是否异常等，比如，黄瓜的弯曲程度、粗蒂、细蒂等这些项目不仅是尺寸分选，还是等级分选的一部分。

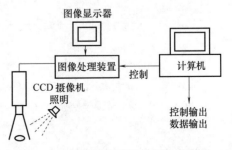

图 2-46 图像处理分级机系统配置图

图像处理的一般方法为，首先将由摄像机摄取的图像变换成二维图像，后计算出有利于果实等级、尺寸分选的长度、宽度、面积等特征值，再与设定的基准值进行比较分选。更精确的方法是在计算出特征值之后，进一步细线化处理，明确形状特征，或进行微分处理，利用图形连接性获得更准确的检测方法。根据这些特征值进行分级时，一旦特征值偏离基准值，即使很小，等级也要发生变化，与人工判断产生差距。为改善该方法，已开发出对于判断具有兼容性的模糊方式；对于用特征值不能进行形状评价时，试用人工神经网络；以傅里叶级数代替单纯特征值（直径、长度、扁平度）评价果实形状。

图 2-47 所示为美国 Key 公司设计的 Manta 数字化 & 激光分选机，Manta 设计特点是将生产能力最大化并提供卓越的分选性能，其用途是去除残次产品、异物（FM）和杂质（EVM）。在增加产量的同时保障最优的产品品质及食品安全性，Manta 有两种不同宽度的机型 Manta1600 和 Manta2000。

图 2-48 所示为美国 Key 公司设计的 Optyx 数字化 & 激光分选机，该分选机配有独特的可以识别颜色、形状、尺寸和组织结构的高分辨率相机。相机可使用可见光/红外线、彩色或紫外线

图 2-47　Manta 数字化 & 激光分选机

照明、配合使用红外线或者 Fluo 激光确保即使是微小的不良品也能被准确地识别并定位，以提高剔除效率。同时，该分选机智能化的剔除系统配有精准快速的气枪以准确可靠剔除异物、杂质。可供选择的三向分选方式大大提高了出成率。

图 2-48　Optyx 数字化 & 激光分选机

图 2-49　Python 智能激光分选机

图 2-49 所示为美国 Key 公司设计的 Python 智能激光分选机，该设备可根据颜色、物质结构、形状和尺寸不同来检测和剔除异物、杂质以及不良品。Python 可检测极小不良品（甚至 <1mm），并易将异物（玻璃、石头、木头和塑料等）和产品本身衍生的不良品（果壳、果皮、果梗和树叶等）剔除。结合高端形状识别技术，Python 可实现形状分选，是现今分选行业中最先进的"异物+产品本身衍生的不良品"检测剔除的分选机之一。

图 2-50 所示为美国 Key 公司设计的 Tegra 空中检测数字化分选机，该智能分选剔除系统由 256 个 6mm 宽的气枪组成，以确保充分剔除不良品和异物并将间接损害降低至最小。超快速的气动阀反应时间和准确的定位，实现精准剔除，提高出成率。上下四个相机可全方位观测产品，通过对产品大小、形状或颜色的检测，剔除残次品。可基于产品需求进行轮廓或中心剔除不良品和异物。

图 2-51 所示为美国 Key 公司设计的 Cayman 生物印迹分选机，可区分异物或优良品的生

物印迹（化学成分或 DNA 指纹）。基于此特殊唯一的生物印迹，即使进料中的异物掺杂量非常高，也易于检测并剔除异物（如果壳、石头、梗茎、木头等）。Cayman 生物印迹分选机在分选坚果和果干的应用中，可用于生产线的任何环节，既可当作预分选机，也可用于最终的质量检测工序。

图 2-50　Tegra 空中检测数字化分选机

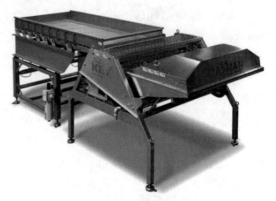

图 2-51　Cayman 生物印迹分选机

图 2-52 所示为柑橘品质分级过程示意图。其分级操作包括排列、分离、摄像、无损伤检测、计算机处理判断等过程。为保证所摄图像准确无误，避免柑橘间出现摞列粘连现象，通过 V 形布置的两速度不同的输送带将摞列在一起的柑橘形成单列，因辊轴链带的设计速度大于分离输送带的速度，粘连在一起的柑橘得以分离。5 台 CCD 摄像机配置于传送带上方及周边，可全方位摄取柑橘图像，但为获得柑橘上下两面图像，特设柑橘翻转机构。在传送带的两侧设有无损伤检测装置，可进行糖度、酸度、腐烂损伤程度、有无皱皮现象的检测。当柑橘通过 CCD 摄像机时，其颜色、大小、形状、内部质量、糖度和酸度、表面损伤情况等均被

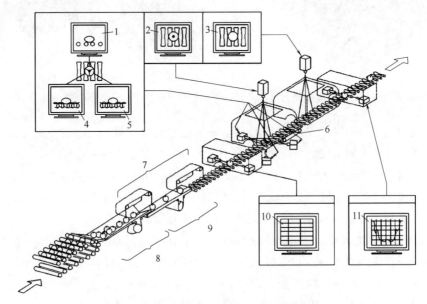

图 2-52　品质等级分选机分级过程示意图

1,2,3,4,5—CCD 摄像机　6—辊轴链带　7—分选爪　8,9—分离输送带
10—糖酸度在线分选装置　11—皱皮果分选装置

记录并通过计算机信息处理即可完成分级作业。

五、内在品质分选设备

（一）近红外分选设备

1. 近红外分析技术

波长为 $0.8\sim2.5\mu m$ 的红外线称为近红外线。近红外分析法，即通过近红外光谱，利用化学计量学进行成分、理化特性分析的方法。目前此方法应用最多最广，技术相对成熟。现代近红外光谱分析技术是 20 世纪 90 年代以来发展最快、最引人注目的光谱分析技术。因近红外光谱是由于分子振动的非谐振动性产生的，主要是含氢基团（—OH、—SH、—CH、—NH 等）振动的倍频及合频吸收，由于动植物性食品和饲料的成分多由上述基团构成，基团的吸收频谱能表征这些成分的化学结构，测量的近红外谱区信息量极为丰富，所以它适合果蔬的糖酸度以及内部病变的测量分析，例如食品和农产品的常见成分水、糖度、酸度的吸收反映出基团—CH 的特征波峰。经实验验证，用近红外线测得的糖度值与用光学方法测得的糖度值之间呈直线相关，在波长为 914，769，745，786nm 时测量精度最高，相关系数约为 0.989，标准偏差约为 $2.8°Bx$。

因有机物对近红外线吸收较弱，近红外线能深入果实内部，所以可从透射光谱中获得果实深部信息，易实现无损检测。此外，近红外光子的能量比可见光还低，不会对人体造成伤害。但近红外分析是属于从复杂、重叠、变动的光谱中提取弱信息的技术，需要用现代化学计量学的方法建立相应数学模型，一个稳定性好、精度高模型的建立是近红外光谱分析技术应用的关键。

建立近红外分析方法的步骤有四点：选择有代表性的校正样本并测量其近红外光谱；采用标准或认可的方法测定被测组分或性质数据；根据测量所得光谱和基础数据通过合理的化学计量学方法建立校正模型，在光谱与基础数据关联前，对光谱进行预处理；对未知样本组成性质进行测定。

2. 近红外技术糖酸度分选装置

近红外线在果实检测方面，主要用于测量糖度和酸度。图 2-53 所示为水果无损伤内在品质含糖量检测分选系统，可同步完成糖度分选、酸度分选、颜色、大小分选、瑕疵分选、多等级分选。该系统采用近红外全透过型（左边使用近红外光照射，右边使用受光传感器接收），数据不受水果头尾特征不一的影响，其结果比反射式和半透射式更准确。

图 2-54 所示为便携式糖酸度分选装置。与固定式相比，除可检测糖酸度，进行品质分级外，还可在果实成长过程中，随时监测其内部成分变化，提供生长记录。测量数据可存入 PC 卡中，

图 2-53　果蔬内部品质检测分选系统

图 2-54 便携式糖酸度分选装置

以备分析使用。

（二）紫外线分选装置

1. 紫外线分析技术

紫外线波长在 100~380nm，尤其是被称为化学线的 320~380nm 间的紫外线能激发分子运动，使化学能转变成分子运动能。因受损后柑橘果皮中的精油细胞遭到破坏而析出表面，在暗室中，当受到紫外光源照射时，分子由基态被激发到激发态，当分子从激发态回到基态时，损伤部位将通过发出荧光的形式放出辐射能，而荧光属可见光，便于检测。与之相反，正常部位理论上无可见光。由此，正常部与损伤部间可形成明暗反差。损伤果正是利用此反射差异，通过摄像、计算机图像处理后进行检测。

2. 紫外分选装置

图 2-55 为在线柑橘损伤果紫外光分选装置示意图，由摄像机、紫外灯、输送带、光源罩等组成。暗室由光源罩和橡胶帘构成，其作用是切断可见光源，减少影响因素。光源多采用灯管型日光灯，为更有效地增强光源强度，将光源罩制成半圆筒形，内表面涂成白色，增加反射效果，其圆心为柑橘的摄像位置。在光源罩上开一圆孔，作为摄像通路。当柑橘进入暗室，到达摄像机下时，摄像机开始摄像，后由计算机进行图像处理并判断。观察同一柑橘损伤分选时的照片，从常规照片中很难看出有受损现象，但在紫外线光源的照射下，柑橘上部发出荧光，而柑橘的正常部位几乎无可见光出现，运用计算机进行图像处理，白色面积代表受损面积。计算白色面积大小，即可算出损伤面积的大小并做出判断。

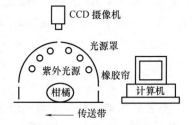

图 2-55 紫外分选装置示意图

图 2-56 为同一柑橘损伤分选时的一组照片，从左图的常规照片中很难看出有受损现象，但在紫外线光源的照射下，柑橘上部发出荧光（中图），而柑橘的正常部位几乎无可见光出现，右图为计算机图像处理后的画面，白色面积代表受损面积。计算白色面积大小，即可算出损伤面积的大小并做出判断。

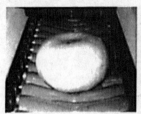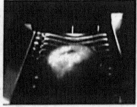

图 2-56 紫外光分选柑橘损伤

柑橘表面损伤检测精度受紫外光源强度、紫外光源峰值波长、光源距离、柑橘损伤程度、柑橘温度、柑橘种类等因素影响。紫外光源的峰值波长影响荧光强度大小，选择峰值波长为 352nm、经特殊加工（可见光少）的光源效果较佳。因紫外光源过强，其效果增加不明显，所以一般以 60W 为宜。为减少干扰，常在摄像机前加滤光片。有无荧光现象关键是看果皮中是否存在发荧光的物质，部分品种柑橘受损后，在紫外光源照射下，荧光效果较明显，而部分柑橘类果实则无荧光现象，如柠檬。值得注意的是，有些附着在柑橘表面上的农药等物质也会发出荧光，图像处理后呈白色，这些白色除发光点多、分布分散、形状与损伤部略显不同外，还无其他更好的方法将它们区别开来，有出现错误判断的可能。此外，此技术还可用于检测蔬菜的新鲜程度。

（三） X 射线分选设备

1. X 射线分析技术

X 射线具有很强的穿透能力，受物质密度影响，密度大，穿透能力小；密度小，穿透能力大。所谓软 X 射线是指长波长区域的 X 射线，比一般的 X 射线能量低、物质穿透能力差。在果蔬检测方面，果蔬密度较小，所需 X 射线强度很弱，软 X 射线可满足实际检测需要。应用软 X 射线可检测如马铃薯、西瓜内部的空洞，柑橘皱皮等内部缺损现象。柑橘在生长过程中受环境条件影响，常出现皱皮现象（果皮大，果肉小）。皱皮果水分少、味道差，属于等外品，在进行分级时须将其分选出来。人们常对 X 射线检测果蔬存有各种顾虑，担心残留问题。首先，X 射线不是放射能，不存在残留问题；检测用 X 射线能量低，果蔬不会被放射化，不会损伤果蔬营养或改变果蔬风味。

2. X 射线分选设备

（1）西瓜空洞分选装置

图 2-57 为西瓜空洞分选装置示意图。以被测西瓜为中心，X 射线发生器设于上方，向下发射 X 射线，下方为 X 射线照相机。

X 射线照相机的检测直径范围最大为 150mm，对于大尺寸西瓜，虽只能检测 150mm 范围内的中心部，不能观察全貌，但由于空洞现象常发生在西瓜中心部位附

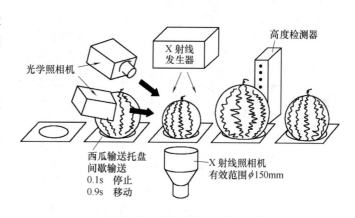

图 2-57 西瓜空洞分选装置示意图

近，对检测效果影响较小。空洞检测范围与西瓜大小的关系如图 2-58 所示。西瓜的直径大小差异很大，不同大小的西瓜需要不同的 X 射线强度，为及时调节 X 射线强度，先用光电管测量西瓜的大小，后根据测量值调节 X 射线的发射强度。包括输送带在内，整个 X 射线检测装置置于安全保护罩内。

在由 X 射线照相机摄取的西瓜内部图像中，白色代表空洞部分，黑色代表果肉，易于判断。实际判断情况如图 2-59 所示。

（2）柑橘皱皮果分选装置 图 2-60 为柑橘皱皮果分选装置检测装置示意图及其检测波形。检测装置由 X 射线发射、接收、遮挡罩板，输送带，计算机等组成。为人身安全，用 2.3mm 厚的铁板制成防护罩，防止 X 射线泄漏。X 射线发射装置与接收装置分别布置在输送

1. 外圆表示西瓜的实际大小。
2. 内圆表示有效检测范围，约150mm。
3. 圆环部分为不能检测的范围。

1. 检测有效范围由要检测的最小西瓜决定。
2. 实际检测范围要大于有效检测范围的30mm以上。

1. 检测大尺寸西瓜时，只能检测大西瓜的中心附近。
2. 如果按照大西瓜决定检测范围，小西瓜则不能检测。

1. 中心实心部分为小西瓜。
2. 当西瓜小于检测范围时，X射线直接进入照相机，图像处理将这部分视为空洞果误断，所以不能正确选果。

外圆为西瓜的实际尺寸，阴影部分为有效检测范围；图像处理后的空洞该图表明空洞多发生在这些部位，所以能做出正确判断。

图例的空洞虽然没有在中心部，也可以做出正确判断。但不能检测出空洞的大小。

该图为一特例，当空洞在周边时无法进行检测，这种情况的发生概率极低。

图2-58　空洞检测范围与西瓜大小之间的关系　　　图2-59　三种空洞判断情况

带两侧，当输送带上无柑橘时，接收装置接收全部X射线信号，并变换成电信号，经A/D变换后进入计算机，此时信号数值最大，当有柑橘通过时，信号数值将随密度增减而变化。

　　检测结果不以图像形式给出，而以波形形式出现，以减少成像时间，实现快速检测。由图2-60中的下图正常果与皱皮果的波形可以看出，正常果的波形圆滑过渡，而皱皮果由于局部密度的突然减小，波形中途出现突变。根据波形中有无突变现象或突变大小，即可检测出有无皱皮现象。

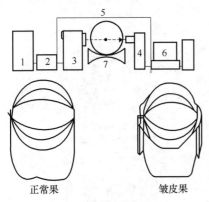

图2-60　柑橘皱皮果的分
选装置及检测波形

1—电源　2—控制系统　3—X射线发射装置　4—接收装置　5—防护罩　6—计算机　7—输送带

　　在实际检测中，精度是决定该技术能否应用的关键之一。检测精度受多种因素影响，诸如柑橘检测位置、柑橘大小、X射线强度、输送带速度、判断值选择等。皱皮为生理现象，因常发生于柑橘的柄及花蒂附近，所以X射线扫描区域和计算分析的重点也为两端，中间可忽略；X射线强度过强或过弱，均无法识别波形有无突变，在检测前，应根据实际情况进行调节；输送带速度过快，检测精度降低，过慢将影响生产率；判断值的选择须根据大量实验找出合理数值。

　　按照国际组织FAD/IAEA/WHO的规定，当射线吸收剂量在10kGy以下时无须进行安全实验，而本系统的吸收剂量为0.03kGy以下，符合规定要求。

　　（3）X射线去石机　图2-61所示为一个利用X射线通过番茄与石块时透射率的差异，进行番茄中石块清选作业的装置。当物料由输送带送至X射线检测部时受X射线照射，像石块一样的密度大、X射线不易通过的物料就被检测出来，此时，设置于下落轨迹上由尼龙制成的分选爪下垂，使得石块等异物落到输送带上并排出。较小的异物从分选爪的缝隙落到输送带上，从而实现去石目的。

（4）X射线异物分离机　食品在加工过程中，时常发生异物混入现象，如铁、非磁性金属、氯乙烯、碎骨、小贝壳、小石子、曲别针、玻璃、食品包装用铝箔等。如不及时发现上述异物，会造成人身安全事故隐患。图2-62所示在线检测装置可检测出如上述食品中的多种异物。其由X射线管、输送带、风机、线形检测器、电机、显示器等组成。当食品通过X射线区域时，若有异物存在，由图像可观测到，或波形产生突变，通过计算机软件进行分析处理，并做出判断。此类检测机的特点是检测精度高（钢球 $\phi0.3mm$，玻璃球 $\phi2.0mm$）、输送带洗涤方便、在线操作简单、安全可靠。

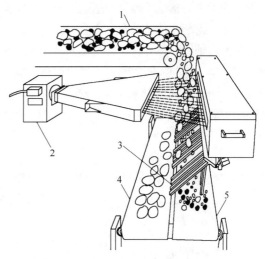

图2-61　X射线去石机装置示意图

1—输送带A　2—X射线照射装置　3—分选爪　4—输送带B　5—输送带C

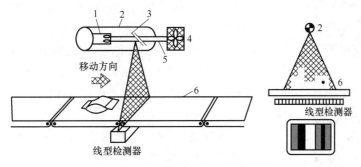

图2-62　X射线异物分离机示意图

1—阳板　2—X射线管　3—阴板　4—冷却风机　5—铜　6—输送带

第三节　皮核剥离机械

一、剥 壳 机 械

过去，国内有些加工企业和科研院所已逐步研制并开发出部分坚果类剥壳加工设备，但多数剥壳机具一次性剥壳率偏低，碎仁率偏高，致使生产效率低，加工损失大的问题。目前，国内常见的剥壳加工设备按剥壳方法可分为：挤压式剥壳机、撞击式剥壳机、剪切式剥壳机和碾搓式剥壳机。

（一）挤压式剥壳机

挤压法借助轧辊的挤压作用使壳破碎，如核桃剥壳机等。为减少破壳后的碎仁率，较有效的机械破壳方法是采用定间隙多点挤压方式。该方法的有效性取决于两个重要因素，一是核桃尺寸大小与挤压间隙要相适应。核桃尺寸大于挤压间隙过多则会造成过高的核桃仁破碎率；反之，则会漏破或破壳不完全。二是核桃进入挤压空间的姿态，当呈椭圆形核桃的长轴与挤压滚筒轴线平行时，核桃可随挤压滚筒一起转动，核桃破壳完全，取仁容易，破碎少；反之，核桃不能随滚筒转动而造成沿核桃长轴方向的剪切破裂，出现两半破裂，造成仁壳分离困难。因此解决好核桃分级与导向是提高核桃破壳取仁质量的关键所在。本文将介绍6HP-150型核桃破壳机，锯口挤压式核桃破壳机，滚压式核桃破壳机以及多辊挤压式核桃破壳机等。

1. 6HP-150型核桃破壳机

图2-63所示为20世纪初的6HP-150型核桃破壳机结构图。该剥壳机主要由分级滚筒、

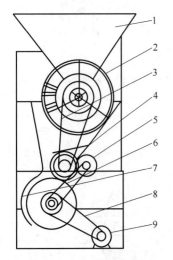

图2-63 6HP-150型核桃破壳机结构图

1—料斗 2—分级滚筒 3—传动链条 4—导向辊 5—传动齿轮 6—挤压滚筒 7—凹板 8—传动链条 9—电机减速器

导向机构、破壳机构、传动机构及动力所组成，依靠物料自身重力自上而下形成系统作业流水线。其工作原理是，核桃从料斗进入锥形分级滚筒，不同尺寸大小的核桃经锥形分级滚筒分级，核桃按从大到小沿锥体轴线从小锥向大锥排列，随锥形滚筒旋转落到导向辊，后进入挤压滚筒，经挤压滚筒挤压破壳后排出机外。

该剥壳机特点：①该机械能依次自动完成分级、导向、破壳作业，无须人工参与，提高劳动生产率，降低生产成本；②分级采用锥型滚筒栅式分级机构，该机构具有功耗低、振动小、可实现无级分级、对工位数适应性强等特点；③破壳装置采用滚筒-弧齿板式结构，采用此结构有利于得到完整核桃仁。

尽管6HP-150型核桃破壳机具备上述优点，但在实践中发现：①分级滚筒由四个滑轮支撑，调整困难，运转阻力大，转动不平稳；②原导向机构起不到应有的导向作用；③壳仁分离尚未得到解决。面对种种不足，现阶段研制出来的核桃破壳机层出不穷，如锯口挤压式核桃破壳机，滚压式核桃破壳机，多辊挤压式核桃破壳机等。

2. 锯口挤压式核桃破壳机

图2-64所示为锯口挤压式核桃破壳机的结构图，其主要由机架、电机、喂料装置、运输装置、锯口装置、挤压装置、出料斗等装置组成。核桃破壳的主要过程：核桃从喂料斗经回拨轮的拨动，落入运料滚筒，运料滚筒将单个核桃输出，正好落入下方放核槽内，在槽轮机构带动下，放核槽在弯板链条上向前间歇运动；当运动至锯口装置一端时，挤压装置的定位杆靠自身重力压在放核槽的核桃上，对核桃进行定位，同时锯口装置对核桃进行锯口；锯口装置在复位弹簧的作用下自动离开锯口核桃，之后对核桃再进行挤压破壳；最后凸轮带动曲柄滑块将定位杆抬起，从而将整个挤压装置抬起，被破壳的核桃在运送装置的转动下靠自身重力落下，最终落入出料斗。

核桃壳的主要成分是木素，物理结构适合进行锯口。锯口挤压式核桃破壳机先对核桃进行锯口，后对核桃进行挤压两次破壳。锯口之后再次进行挤压破壳，"应力集中"原理、"四点加压"原理为核桃壳破壳奠定基础理论。其锯口装置结构如图2-65所示，挤压装置结构

如图 2-66 所示。

　　其中锯口装置主要由锯片、伸缩杆、凸轮等部件构成。锯片为圆形，锯齿下方有凸起，当锯片切入核桃壳时，由于突起挡住锯片的继续切入，保证核桃锯口时不伤及核桃仁。锯片动力由大功率微型电机提供，电机安装在伸缩架上。伸缩架的伸缩运动由凸轮及复位弹簧完成。凸轮呈斜圆柱形状，由凸轮不停转动从而推动伸缩架往复运动。该装置能在核桃上进行锯口而不伤及核桃仁，为下一步"应力集中"破壳提供便利。

　　挤压装置主要包括挤压头、挤压杆、定位杆、调节螺丝、凸轮、曲柄滑块等构件。挤压头安装于定位杆端部，其形状如方型，每个面中间部位带有缺口，中间带有圆锥状凸起。挤压杆安装于定位杆上，通过自身摆动带动挤压头对核桃进行挤压破壳。

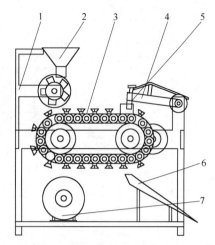

图 2-64　锯口挤压式核桃破壳机结构图
1—机架　2—喂料装置　3—运送装置　4—挤压装置　5—锯口装置　6—出料斗　7—电机

挤压杆端部有调节螺丝，通过调整调节螺丝可实现挤压杆活动头的长度调节。定位杆通过与轴的间隙配合安装在机架上，可绕轴转动。定位杆通过凸轮和滑块的带动向上抬起，靠自身重力落下，用于核桃定位，从而进行锯口并挤压。该挤压装置优点在于靠自身重力压在核桃上，对核桃形成定位，无固定摆动范围，所以对任何大小的核桃都适用。挤压头的长度调节可适应任何厚度的核

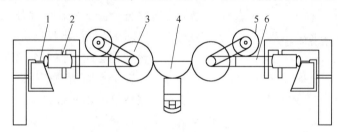

图 2-65　锯口装置结构图
1—凸轮　2—复位弹簧　3—锯片　4—放核槽　5—大功率微型电机　6—伸缩杆

桃，适用范围广。

　　锯口挤压式核桃破壳机具有以下优点：①该机的挤压装置是靠自身重力压于核桃上，对核桃形成定位（可根据核桃自身大小确定定位位置，对任何大小核桃都适用，省去前期核桃分级，节省成本）；②该机的运送装置采用了市面常见的弯板链条（结构简单、节省空间、降低了成本）；③该机对核桃壳先进行锯口，后进行挤压两次破壳，破壳充分，而且高路仁率高，更加有效破除核桃的外壳；④该机整体结构简单、紧凑、成本低、操作简单、适于推广。

　　3. 滚压式核桃破壳机

　　滚压式核桃破壳机主要由送料装置、动螺旋槽筒、定锥形筒、挤压间距调节螺

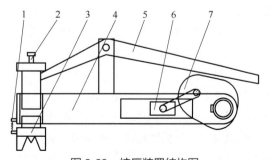

图 2-66　挤压装置结构图
1—复位弹簧　2—调节螺丝　3—挤压头　4—定位杆　5—挤压杆　6—滑块　7—凸轮

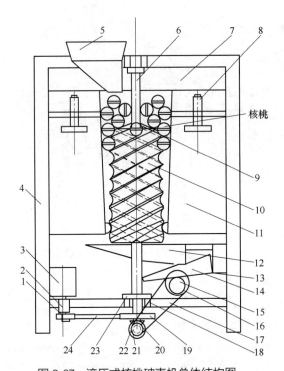

图 2-67　滚压式核桃破壳机总体结构图

1,16,19,21—带轮　2—减速器　3—电动机　4—机架　5—进料口　6—动螺旋槽筒轴　7—支撑板　8—挤压间距调节螺钉　9—布料盖板　10—动螺旋槽筒　11—定锥形桶　12—收集装置　13—铰链　14—分离斗　15—偏心轮　17,24—传送带　18—轴承　20,22—锥齿轮　23—轴承座

钉、核桃壳仁分离装置、布料盖板、收集装置、减速器、电机等组成，其总体结构如图 2-67 所示。其中动螺旋槽筒和定锥形筒是破壳机的两个主要部件，螺旋槽筒通过带座轴承安装于机架上，两筒构成间隙不等的挤压破壳工作区。

滚压式核桃破壳机的工作原理是：核桃在挤压破壳工作区的滚压作用力下，其表面裂纹得以扩展，完成破壳；喂入部分主要是送料斗和布料盖板，布料盖板与水平面成 18°~22° 夹角，便于核桃自动向边缘移动进入螺旋槽；壳仁分离装置的设计利用核仁与核桃壳固有频率不同，分离斗在偏心轮作用下振动，使得还未完全分离的核桃仁和外壳分离，并分别从不同的出料口输出；调节偏心轮的偏心距可控制分离斗的振幅，以满足不同品种核桃的分离要求。该装置利用核桃自身重力自上而下形成系统作业流水线，具有较高生产率。

滚压式核桃破壳机影响破壳效果的因素除核桃本身品种、形状及水分含量外，主要为动螺旋槽筒转速及两筒破壳间隙。对于槽筒转速，若转速过高，进入挤压破壳工作区的核桃在槽筒旋转带动下会快速通过工作区，同时由于滚压作用力过大及机器振动等原因，核桃仁易被压碎。因此，工作时须严格控制槽筒转速。两筒破壳间隙大小是影响核桃破壳率和破碎率的重要因素。过小的挤压间距可提高一次性破壳率，但会降低高路仁得率，相反过大的挤压间距可保证核桃仁完整率，但会造成部分核桃未经破壳完全便进入收集装置。因此破壳机作业时，应根据实际核桃果径差异，通过调节挤压间距调节螺钉，适用于不同级别和大小的核桃。

4. 多辊挤压式核桃破壳机

多辊挤压式核桃破壳机结构如图 2-68 所示，其主要由机架、喂料斗、破壳辊、辅助破壳辊（数量 3~5 个）、挤压间距调节机构、挡板、出料斗、带传动、电机等构成。破壳辊与辅助破壳辊为破壳机的主要部件，两辊构成间断性挤压破壳。

多辊挤压式核桃破壳机工作原理：破壳辊与辅助破壳辊形成由大到小间断性的多工位挤压破壳工作区，当两辊以一定速度相对旋转时，伸进喂料斗内的辅助破壳辊带动料斗内核桃均匀的单层进入挤压破壳工作区，由于该区大于核桃横径，核桃未受挤压，此时破壳辊带动核桃做匀速转动并均匀平动到下一工作区；核桃在下一工作区受微量挤压，被挤压核桃由破壳辊再次带动至下一工作区；循环往复，被挤压程度逐渐加深，当核桃被挤压到核桃壳最大挤压变形量时，核桃破裂，破裂的核桃由出料口排出。

（二）撞击式剥壳机

撞击式剥壳机借助打板或壁面的高速撞击作用使皮壳变形直至破裂，适用于壳脆而仁韧的物料如用离心式剥壳机剥松子壳等。撞击式剥壳机的结构如图 2-69 所示。该剥壳机工作部件是转盘（甩盘）及挡板。

撞击式剥壳机工作原理：果实通过可调节料门落下，从转盘中心进入，经高速转盘的挡块或叶片导向及加速作用，高速脱离转盘；当果实以较大离心力撞击壁面时，壁面对果实产生同样大小的反作用力，使果实外壳形变并裂纹；外壳弹性变形的恢复使果实离开壁面，而果仁因惯力作用继续向前运动，且于紧靠外壳变形处产生弹性变形；当果实离开壁面时，由于外壳与果仁具有不同的弹性，其运动速度也不同，果仁将阻止外壳迅速向回

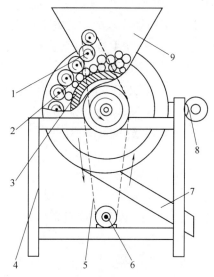

图 2-68　多辊挤压式核桃破壳机结构图
1—辅助破壳辊　2—挡板　3—破壳辊　4—机架
5—带传动　6—电机　7—出料斗
8—挤压间距调节机构　9—喂料斗

移动致使外壳在裂纹处拉开破裂，完成外壳剥离。当转盘外缘圆周线速为 $30 \sim 38\text{m/s}$ 时，上述撞击式剥壳机适宜于进行松子的剥壳。

（三）剪切式剥壳机

剪切式剥壳机借助锐利面的剪切作用使壳破碎，如板栗剥壳机等。该剥壳机的主要构件是进料装置、分料装置、刀盘、出料装置。图 2-70 所示为离心剪切式板栗剥壳机结构简图，双工位结构。

该剪切式剥壳机作用原理：板栗被提升机构从料斗装入后，提升至分料管，分别被导入两个刀盘；在刀盘上，板栗受旋转刀盘离心力作用，向边缘高速滚动；而后，安装在盘面成轮辐状的锯齿刀对板栗外壳不断进行钩削、剪切，最终把壳剥离；一定的时间间隔后，出料口开启，壳和仁从出料口排出，完成一个剥壳循环（提升、导料、剥壳和出料）；紧接着由电气控制自动进行第二、第三循环，达到分批连续生产。此方法脱壳率较高，但栗仁损伤严重，经脱壳后的栗仁需进一步加工才能满足要求。

板栗去壳方法除了机械法外运用较多的

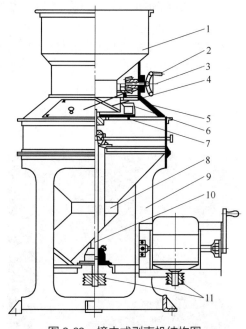

图 2-69　撞击式剥壳机结构图
1—料斗　2—调节手轮　3—检修门　4—可调节
料门　5—挡板　6—打板　7—转盘　8—卸料斗
9—机架　10—转动轴　11—传动带轮

还有手工法、化学法、热力法、能量法等。目前能量法是板栗脱壳较成功的方法，脱皮效果好，下文会介绍微波辅助板栗去壳去皮的案例。

（四）碾搓式剥壳机

碾搓式剥壳机（图2-71）利用在农村常见的石磨盘工作原理，对小粒径农作物种子进行破壳。即借助粗糙面的碾搓作用使皮壳破坏而破碎，除下的皮壳较整齐，碎块较大，该方法适用于皮壳较脆的物料，如油菜籽。目前运用较多的动、定齿盘碾搓法破壳装置主要由喂料器、均料盘、动齿盘、定齿盘、卸料器和机壳等部件组成，如碾米机。

碾搓式剥壳机工作原理：经清理、烘干等预处理的成品油菜籽由料斗加至破壳装置，被高速旋转的均料盘冲击并被加速后甩出撞击于定齿盘上，菜籽受定齿盘剧烈撞击后，外壳出现部分裂缝，并使油菜籽壳、仁间结合力减小；失去动能

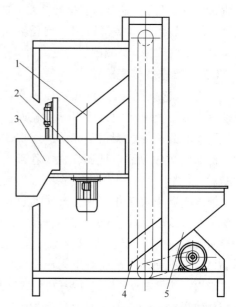

图2-70　离心剪切式板栗剥壳机结构图

1—分料管　2—刀盘　3—出料口　4—提升斗　5—料斗

的菜籽因自重落入动定齿盘间的楔形环状剪切间隙，在动、定齿盘的相互碾搓剪切作用下，发生破裂、脱壳和部分粉碎；最后，破壳混合物（包括脱壳油菜籽仁、油菜籽壳、破碎的粉末和部分未脱净的油菜籽粒）从动、定齿盘间隙处以较大速度沿螺旋线切向甩出，撞击锥形下料器，在实现卸料的同时，混合物各组分也被疏松散开，进入后续分离作业。

板栗脱壳机利用碾搓法对板栗进行脱壳，该设备可在一般农家见到，说明碾搓法脱壳技术在实践中已相当成熟。如图2-72的立式板栗脱壳机，该板栗脱壳机大小为：长×宽×高为1000mm×430mm×940mm/1400mm×580mm×1050mm（立式/卧式），电机功率为1.5kW/2.2kW（立式/卧式），电压为常见的220V。设备小巧轻便，生产效率高，可剥壳300kg/h以上，此外类似的卧式板栗剥壳机可实现剥壳600~1000kg/h的生产量，满足一般食品加工厂要求；

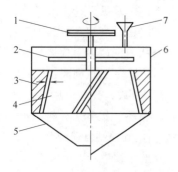

图2-71　破壳装置的结构图

1—带轮　2—均料盘　3—定齿盘　4—动齿盘

5—卸料器　6—机壳　7—喂料器

图2-72　立式板栗脱壳机

该设备操作简单，果肉破损率较低，还能完成分选工作。

二、去皮机械

去皮机专门用于削去带皮水果及蔬菜外皮，可用于马铃薯、萝卜、苹果等茎、果类等食物中。果蔬脱皮是果蔬食品加工中的重要环节，影响产品外观质量，且对产品成本和生产过程中的环境污染有一定影响。随果蔬食品加工业的发展，果蔬脱皮方法和设备正经历着显著变化，过去的单一机械脱皮法已发展成化学、物理、生物形形色色的方法。有化学机械脱皮法、高压蒸汽脱皮法、冷冻脱皮法以及酶渍入脱皮法等。本文将介绍利用上述几种方法原理设计而成的去皮机械。如传统去皮机、淋碱去皮机、碱液浸泡去皮机、干法去皮机、高压蒸汽去皮机、冻结去皮机、真空去皮机、微波辅助板栗脱壳去皮机及酶制剂水果去皮设备等。

（一）传统去皮机

去皮机的结构主要包括壳体、机座以及采用铝合金铸造或薄钢板卷焊而成的顶部。老式机械去皮机工作原理简单：剥皮轮旋转，投入果菜，同时间歇性加水以便将剥下的皮屑冲到下方果皮盒内，也有利于将果菜的表皮剥削干净。

如图 2-73 所示去皮机，其工作原理：黏附有粗砂粒的剥皮轮在电动机带动下旋转，轮上的粗沙粒像无数把微刃，在旋转过程中刨去茎、果表皮，并给被去皮物以作用力，使其滚动，使食物整个表面得以处理。同时，因轮盘上凸筋的作用，被加工物在运动过程中，不断被抛起，落下时由于重力作用与轮盘发生碰撞，增加相互间作用力，使得沙粒对于果菜表皮的切削力增大，从而加快去皮速度，并提高果菜表面洁净程度。部分产品将沙子粘在筒壁上，旋转盘做成带筋圆盘，其作用原理相同。

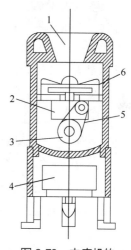

图 2-73　去皮机的
结构图

1—投料口　2—蜗轮变速箱
3—电动机　4—果皮盒
5—传动皮带　6—剥皮轮

（二）化学法去皮机

1. 淋碱去皮机

淋碱去皮机常用于桃子、梨、杏等水果的去皮，即利用碱液的腐蚀作用使其皮肉分离，达到去皮效果。其主要构件为传动系统、输送链条、淋碱腐蚀段、活动滤网以及水力冲洗段等。

图 2-74 所示为淋碱去皮结构简图，其工作原理：将经切半去核后的桃子（或杏、梨）切面朝下放置于回转式链带传动系统，通过输送装置，使其通过淋碱腐蚀段，在其上方喷淋热的稀碱液 5～10s，再使其通过腐蚀段 25～30s，最后通过冲洗段，以高压冷水喷射冷却并去皮。

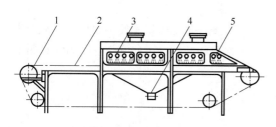

图 2-74　淋碱去皮结构图

1—传动系统　2—输送链带　3—淋碱腐
蚀段　4—底部活动滤网　5—水力冲洗段

该淋碱去皮机特点：排除碱液蒸汽以及隔离碱液的效果好，去皮效率高，机构紧凑，调速方便等。缺点是进料需人工放置切半后的桃片（或杏片、梨片）、劳动强度大，效率低、碱液浓度及温度由于未实现自控而不稳定。因此除淋碱去皮机外，有人研制了碱液浸泡去皮机。

2. 碱液浸泡去皮机

碱液浸泡去皮机结构与淋碱去皮机相似，其工作原理：将果蔬浸泡于碱液中，经一定时间腐蚀，而后用水冲洗将皮除去。该方法实现了碱液浓度和温度、碱液作用时间可控的期望。根据果蔬品种以及成熟度，可调整碱液浸泡去皮机的作用参数。

上述两种化学方法均使用碱液作用去皮，因此存在一定缺点。由于苛性钠的强烈腐蚀与降解作用，会造成果肉组织解体，去皮多、消耗大、果肉表面粗糙、凹凸不平等问题。若处理不当，还会引起果肉变色，影响果蔬商业价值（如白桃的去皮）。这不仅会降低原材料利用率，还影响产品外观质量。同时，苛性钠的腐蚀性可能会对手工操作人员造成伤害。此外，生产过程中产生的废水中的残碱，会严重污染环境。

3. 干法去皮装置

干法去皮机是基于淋碱法以及浸泡碱液湿法去皮的弊端考虑，而发展出的一种仍需要泡碱，只是用碱量减少的去皮设备。其主要构件是电动机、支柱、铰链、进料口、夹板、阻挠性挡板圆盘等，结构如图 2-75 所示。

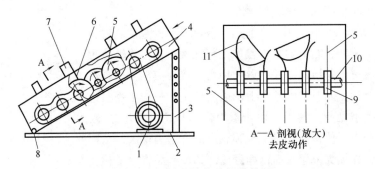

图 2-75　碱液干法去皮机结构图

1—电动机　2—底座　3—支柱　4—进料口　5—脱皮机　6—阻挠性挡板圆盘　7—构件架
8—铰链　9—夹板　10—轴　11—正在脱皮的水果

干法去皮装置工作原理：去皮作业主要靠圆盘旋转完成，圆盘用夹板夹固于轴上，轴上两相邻圆盘相互错开（圆盘要求柔软并富有弹性，一般用橡胶板制成）；为阻滞并强迫果蔬在圆盘间通过而不是在圆盘上通过，在构件架上悬挂阻挠性挡板；碱液处理后表皮松软的果蔬由进料口进入去皮装置，物料由于本身重量向下滑移，在移动过程中，由于圆盘旋转速度快于物料下落，因而由相对运动产生了揩擦运动，可在不损伤果肉情况下去皮；随着物料往下移动，物理与圆盘接触不断变化，最后表皮全部去除。

该干法去皮装置结构简单，去皮效率高，适用于多种果蔬去皮。使用此法去皮只产生一种浓缩的含果皮的半固体废料，在燃烧后的灰中可萃取碳酸钠，因此它不仅节约大量用水及能源，还可减少环境污染。

（三）物理去皮机

1. 高压蒸汽去皮机

蒸汽去皮机主要构件为蒸汽灭菌器、蒸汽发生装置锅炉等。适用于马铃薯、胡萝卜、番茄、梨、桃、苹果、李子、南瓜等，尤其是马铃薯。其主要根据体积膨胀原理，即在高压高温蒸汽下，使待去皮物料内的水成为受压水，当高压蒸汽一旦排出，物料内的受压水迅速蒸发，使皮肉分离，从而达到去皮目的。其结构如图 2-76 所示。

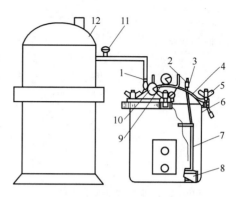

图 2-76 高压蒸汽去皮机结构图

1—蒸汽入口 2—放气阀 3—放气软管 4—顶盖
5—紧固螺栓 6—容器主体 7—物料桶 8—底架
9—压力表 10—温度表 11—锅炉出气阀 12—锅炉

蒸汽去皮机工作原理与高压灭菌锅类似：洗净的马铃薯放于容器主体中的多层筛板上，盖好容器顶盖，连接好装置；打开放气阀以便排出容器内空气，后打开锅炉出气阀，调整锅炉出气温度，使进入容器内的蒸汽温度达到预定值，当放气阀中有大量蒸汽排出时将其关闭；观察压力表变化，压力达到预定值后开始计时，并通过调节锅炉出气阀保持压力在预定值；达到预定时间后，关闭锅炉出气阀，打开放气阀将蒸汽排出。打开容器顶盖，取出马铃薯，高温状态下用毛刷人工刷削表皮。去皮效果主要值去皮率和马铃薯的表皮熟化度，取决于蒸汽温度和加热时间两个因素。

用蒸汽剥皮机脱皮比采用碱液法脱皮生产成本低；不采用碱液，对环境污染小；采用适合的工作参数，其得率相比碱液法更高；去皮完整均匀，可保持果蔬理化性能，较好保持其原有品质。去除的果皮由于不受其他未知污染，可用作动物饲料。

2. 冻结去皮机

冻结去皮机主要用于葡萄脱皮除梗。其主要结构有冻结装置、除梗装置、浸泡解冻池及输送装置。该去皮机结构如图 2-77 所示，工作过程中，将整串葡萄放入搅拌器（搅拌器桶内充入一定水），通过搅拌除梗。接着将果实在间隔比果实直径稍狭且转动的一对滚筒间通过，使皮肉分离。

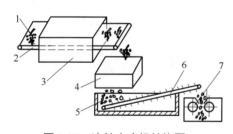

图 2-77 冻结去皮机结构图

1—葡萄串 2—皮带输送机 3—冻结装置 4—除梗装置 5—浸泡解冻池 6—抓爪输送带 7—滚轮

该冻结去皮机工作原理：将洗净并除去表面水分的葡萄串用皮带输送机送入冻结装置，用液氮作冷冻剂对葡萄串做冷冻处理；为避免除梗过程中因果梗完全冻实而不能与果实分离、发脆折断，以致果实上残留断梗，同时为防止因果实未冻结使其在处理过程中造成果汁流失，因此应调整皮带输送机的移动速度和冷冻温度，使果实达到完全冻结而梗为半冻结状态，或者果实为半冻结状态而梗为不冻结状态；经冻结处理的葡萄串，通过自动除梗装置将梗除去；由自动除梗装置中分离出的葡萄果实，落入浸泡解冻池中，果实在常温水中浸泡约 10s，一般可达到果皮解冻要求，此时果肉仍处于冻结状态；经解冻的葡萄，由带有抓爪的皮带运输机将其送入一对间隔略小于果实直径的转动滚筒，使果皮与果肉分离。由于此时果肉仍处于冻结状态，因此果皮易剥离，而果汁不会流出。

3. 真空去皮机

真空去皮机常伴随热加工过程，较适于蔬菜。主要构造有进出料转阀、蒸汽处理器、真空

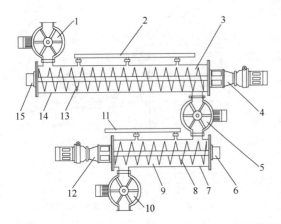

图 2-78 螺旋推进式恒压热烫和真空处理设备结构图

1—进料转阀 2—蒸气管 3—蒸汽处理器 4—减速电机 A
5—过渡转阀 6—轴承座 B 7—筒体 B 8—螺旋 B 9—真
空处理器 10—出料转阀 11—真空管 12—减速
电机 B 13—螺旋 A 14—筒体 A 15—轴承座 A

处理器、减速电机等，螺旋推进式恒压热烫和真空处理去皮设备的结构如图 2-78 所示。如番茄于热水中处理几十秒，使果皮与果皮下层分离后，在真空状态下，采用适当技术处理，除去松散的皮，达到去皮效果。

该真空去皮机工作时，番茄由进料转阀上部入料口输进，不间断充满转阀叶片间空腔，并随转阀逆时针旋转，运行至转阀下部出料口，落入蒸汽处理器。在蒸汽处理器内部，番茄被螺旋带动，由左至右运行，直至在右端出料口落入过渡转阀内腔。在该过程中，蒸汽管输入蒸汽，充满蒸汽处理器内部，番茄在运行中接受蒸汽热烫。由于蒸汽处理器入料口和出料口分别装有入料转阀

及过渡转阀，因此其内部形成一个密闭的独立空间，可确保其内蒸汽不泄漏，维持气压及温度恒定。落入过渡转阀内腔的番茄，随叶片顺时针旋转至下部出料口，进入真空处理器。在真空处理器内部，番茄被螺旋带动，由右至左运行，直至在左端出料口落入出料转阀内腔。在该过程，真空泵系统通过真空管对真空处理器抽真空，使其内部处于真空状态，实现番茄真空处理。落入出料转阀内腔的番茄，随叶片逆时针旋转至下部出料口。

番茄热烫后即时经过真空处理的加工工艺特点：在压差作用下，表皮与果肉组织间包含的薄层气体快速膨胀，致皮肉加速及全面离解；同时，真空处理可实现快速降温，并有效回收番茄热烫皮裂后析出的汁液，又可除去其皮屑、残余水分及气体；此外螺旋推进式恒压热烫和真空处理设备结构较简单，易维护。

4. 微波辅助板栗脱壳去皮机

微波辅助板栗脱壳去皮机利用微波协同机械揉搓，可高效节能实现板栗脱壳去皮。微波作为电磁波可产生高频电磁场，并伴有能量产生。介质中的极性分子在电磁场中随电磁方向变化改变极性取向，使分子来回振动，产生摩擦热。其设备结构如图 2-79 所示，主要构件有隧道式微波炉、斗式提升机、揉搓脱壳机等。

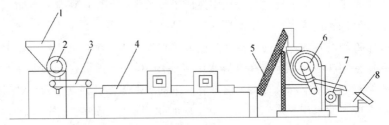

图 2-79 板栗脱壳去衣设备结构图

1—进料斗 2—划痕机 3—输送带 4—隧道式微波炉
5—斗式提升机 6—揉搓脱壳体 7—风机 8—板栗仁容器

该设备工作原理主要依靠微波作用于板栗（包括栗仁、内衣和外壳），板栗仁内水分子在交变电磁场作用下极性取向而高频振动，产生类似摩擦的效应，使内能升高；栗仁中的部分结合水分转变为自由水分汽化逸出，导致栗仁失水收缩，同时汽化逸出的自由水分以一定压力作用于板栗内衣，破坏栗仁与内衣间贴合；此外，内衣和坚硬的外壳在微波能作用下其结合水分减少，纤维组织韧性下降、强度降低；由于板栗的栗仁、内衣和外壳在微波能作用下的变形不一，导致栗仁与内衣间的分离，为板栗去壳提供良好的前提条件。

放入去皮设备前，先将板栗分级，再由料斗倒入划痕机对板栗外壳进行划痕，机上装有锯齿状圆盘划痕刀，其径向尺寸可调整以适应不同级别大小的板栗；后由输送带送往隧道式微波炉，在微波能作用下使板栗壳衣与栗仁分离。后由斗式提升机将物料送往揉搓脱壳机，在揉搓脱壳机作用下使板栗壳衣与栗仁完全脱离，实现板栗去壳目的。隧道式微波炉为连续式，其微波功率可调。揉搓脱壳机的揉搓滚筒由耐磨橡胶制成，其径向尺寸也可调。风机可将脱去的板栗外壳和内衣吹到板栗仁容器外侧。所得栗仁可送往真空包装机进行包装或直接用于板栗制品的加工工序。

目前板栗去壳存在的主要问题：脱壳效率高的设备价格昂贵，中小企业买不起，而价格较低的板栗脱壳设备，技术指标不过关，栗仁破损率高，加工能量损耗大。利用微波技术再辅以机械搓揉方法，不仅可有效、节能地除去板栗外壳，而且设备投资少。数据显示，若生产能力为80kg/h，应用该项技术除去板栗外壳，一套设备价格在10万~15万元。

5. 机械去皮装置

市面上看到的机械法苹果去皮机如图2-80所示。该设备主要构造是削皮刀组、去核刀组、切片刀组，因此可实现削皮、去核及切片等工作要求。其适应于直径为55~85mm大小的果蔬，去核直径为20mm或者23mm，切瓣规格可选2，4，6，8，12，16，24mm，切片厚度可选3.5，4.5，5.5，7.5，10，14，20mm，该去皮设备只有35kg，机子大小为：660mm×300mm×400mm，轻便简单。

图2-80 苹果去皮机

图2-81为美国Magnuson公司设计的NF系列薯类去皮机，该设备通过旋转的笼体及滚杠、绞龙之间的对转方式，进而取得最佳去皮效果。NF系列维护费用低廉。整机为不锈钢制造，水润滑轴承，只有8个注油点。

（四）生物去皮机

酶制剂水果去皮设备主要利用生物技术，在果蔬领域多应用于柑橘罐头工业，该技术刚兴起时引起国内外较大关注。酶制剂水果去皮设备主要构造有水泵、控制装置、管路系统、加热系统、工作槽等，结构如图2-82所示。

(1)

(2)

(3)

图 2-81   NF 系列薯类去皮机

（1）笼体   （2）绞龙   （3）滚杠

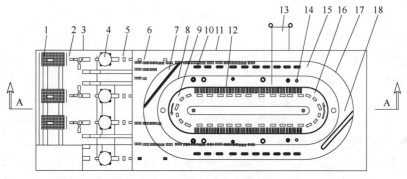

图 2-82   酶制剂水果去皮设备

1—水泵   2—控制装置   3—底座   4—精滤器   5—回流管路   6—管路   7—加热器   8—容水腔

9—环状工作槽   10—粗滤头   11—外壳   12—过滤板   13—放料口   14—溢水管

15—隔板   16—环状工作槽   17—回流槽   18—加热器

　　生物去皮法主要有微生物法去皮和生物酶法去皮，工业上多选用后者。以新鲜、成熟的柑橘类水果为原料，先对柑橘进行选果并清洗，进一步热烫去皮除脉络，后将带囊衣橘瓣加入已配制的酶解液中进行酶解，去除囊衣得到柑橘全脱囊衣橘瓣。橘瓣囊衣由 10~20 层薄壁细胞组成，内层细胞大且排列不规则，表层细胞较小，排列整齐且紧密，细胞间有果胶质及纤维素相粘连。酶处理时利用果胶酶与纤维素酶组合制剂分解囊衣中果胶质和纤维素组分，使囊衣组织细胞相互间失去连接，导致组织细胞松散，实现囊衣崩解，进而使囊衣与汁胞分离。

　　酶制剂水果去皮设备工作原理：首先将柚子或橘子划碎痕，即先将洗净的水果用传送带传递到一个机械部位，用刀刃将其在果皮上划上数道碎痕，以渗出果皮汁为宜；再置于容器中，抽真空，以将水果内少量空气抽出呈负压；随后将稀释的果胶酶（不同果皮采用相应其成分的酶解液，目前工业中常使用果胶酶、纤维素酶以及部分企业自行研发的高效复合酶）溶液吸入真空容器中，使水果浸没于果胶酶液中；后恢复常压，当压力正常时，果胶酶被吸渗入水果皮内，发生酶液化作用，经 15~60min，皮肉自然解离。此工艺更适于柑橘的剥皮加工，划碎皮的柑橘，受真空与果胶酶液化后不仅橘皮自然剥开，橘瓣也随之快速绽裂，而可食用的果肉丝无损伤，酶也不会改变柑橘风味。由此不仅可解决水果罐头产品生产中的去皮问题，又可解决汁胞生产中的脱囊衣问题。酶法去皮还可减少 1/3 用工成本，缩短

40%生产时间，并可提高工厂自动化程度与食品卫生质量。酶法脱囊衣技术既可解决酸碱法脱囊衣造成的产品重金属残留、产品安全性低等问题，又可减少橘瓣罐头生产所产生的大量酸碱废水污染环境问题。影响酶解去皮效率的因素为多方面，包括采用的真空度，酶种类、酶工作温度及工作时间。

三、果蔬去核机

水果去核是果品加工过程中，尤其是加工水果罐头和果脯时一项重要的作业工序。水果去核机按照水果种类可分成仁果去核及核果去核，按照去核设备结构特点和工作部件可分为剖分式、对辊式、捅杆式、打浆式、刮板式及凸齿滚筒分离凹板式。

（一）仁果去芯设备

仁果去芯机主要用于仁果类水果，如苹果、梨、山楂和海棠等。以苹果为例，需要削皮、去芯和切瓣工序。该联合作用机械结构如图 2-83 所示，其主要构造为去芯管、输送带、去核刀组和胶果膜等。

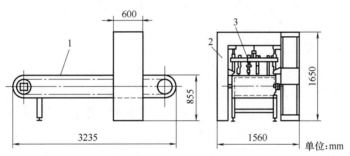

图 2-83　苹果去芯机结构图
1—输送带　2—机身　3—去芯管

该仁果去芯机工作原理：设备上装有 8 把去核刀，其上下运动由液压系统驱动；输送链条上装有 8 排橡胶果模，由分度机构驱动；苹果经化学去皮后，由输送带进入橡胶果膜，其凹坑用于水果固定，人工只需将苹果扶正。水果去芯刀可分为整体式和活刃式，前者为下端带刃的薄壁不锈钢管，有 3 种规格以适应不同规格的苹果。工作时，刀具边旋转边切入并穿透水果，果芯进入刀管内，靠捅核杆推出。活刃式刀具去芯不必穿透水果，三片刀刃在活塞下行时张开并切入水果，活塞上行时，三片刀刃前端合拢将果芯夹住抽出，刀刃张开时果芯先行掉落，由输送系统带走，依次作业。相比前者，后者在一定程度上可减少果肉损失。

再以山楂去核为例，山楂去核机的特点主要表现在可连续加工作业，加工规格一致，主体上采用流水线式自动生产方式，其结构由定位传动机构、去核刀具、凸轮机构、振动分离机构、气压系统等组成。其结构如图 2-84 所示。

山楂去核机工作原理：在小功率电机驱

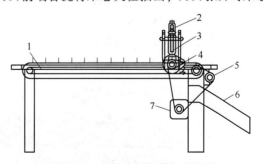

图 2-84　山楂去核机整机结构图
1—定位传动机构　2—气缸　3—去核刀具　4—凸轮机构　5—齿形带　6—振动分离机构　7—电机

动下，利用齿型带轮带动传动轴，由定位传动机构输送山楂至去核刀具下方，通过凸轮机构实现间隔悬停，气压系统控制去核刀具下落，实现等间隔去核，最后通过振动分离机构实现加工废料与成品分离。

因山楂体积较小，果实质地松软，形状不规则，所以采用气压冲击去核刀具，其过程包括落刀、压紧、刀具下落去核、提升、自动分离、脱落收果等。自动去核过程中，去核刀台在上下运动中设计有凸轮结构及链轮传动机构以实现相关机械运动，采用独立气压系统驱动去核刀具，简化机构，提高可操作性，有效保证去核刀具快速运动的精确性。采用凸轮结构实现去核刀具准确下落及定位，以及后续退刀。去核刀台被固定在两边滑板上，利用凸轮机构实现升降，其结构如图 2-85 所示。

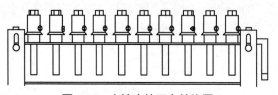

图 2-85　山楂去核刀台结构图

该山楂去核设备设计精巧耐用，重量轻，故障少，操作、维修、移动、清洗方便快捷；耗能低、噪声小、密封性好、粉尘污染少；高抗压强度、耐磨性好，工作稳定可靠、去核效率高；适应野外作业。

（二）核果去芯设备

核果去芯机主要用于核果类水果，如桃子、樱桃、红枣和橄榄等。在有核类水果罐头生产过程中，对水果的处理工序通常包括传送、切瓣、去核、分拣等。

以桃子为例，由于其本身形状独特，使得去核工作有一定难度。需将果子定位好后劈成两半，最后通过机械方法将果核去除。桃子定位杯的结构如图 2-86 所示，桃子切瓣挖核机如图 2-87 所示。该定位部位主要构造有转轴、果杯及夹板；切瓣挖核机主要构造有上料出料机构、切瓣去核机构、摆正机构等。该设备总共配有 14 个摆正小杯对桃子进行定位和输送；各杯子底部有一带凸起的小转轴，小轴在链条带动下始终旋转，只要杯内桃子凹部不在小凸起上方，桃子外圆就会与凸起接触并被其带动旋转，直到图示正确位置为止；此时桃子保持直立状态。劈刀将果肉部分劈成两半后，夹持桃子的两个橡胶夹板相向转动

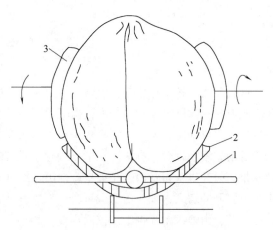

图 2-86　桃子自动定位杯结构示意图
1—转轴　2—果杯　3—夹板

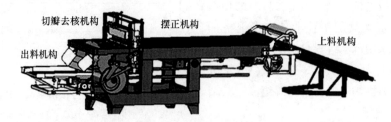

图 2-87　桃子切瓣挖核机

150°，使果肉与桃核分离。

首先桃子由右侧进料口进入，由传送带输送至摆正机构，经摆正后桃子将以大头朝下形式放置；由链板带动桃子运动至切瓣去核机构，切瓣刀率先下降将桃子切瓣，随后切半刀上升收回；此时挖核刀下降，到达底部后旋转数周将桃核与果肉分离；完成挖核工作后，挖核刀上升收回，桃核通过底部预留的漏洞落入收集箱中，果肉继续由传送带运送至出料口，离开挖核机。

该装置上料结构由主电机通过连杆传递动力，上料机构顶部设有滚动毛刷，对桃子起到清洗作用。摆正机构由单独电机带动拨片将桃子摆放成特定位置，为下一步切瓣去核做准备。切瓣去核机构主要由气动提供给刀具动力，完成切瓣、旋核、去核动作。工作时，由主电机带动整个刀架上下运动，此过程要求链板的横向运动与刀架的纵向运动能够准确配合，否则将损坏刀具。动力带动上下两个破瓣刀相向运动，将传送带穴位中的桃子从上下两端切开，再通过拨叉的旋转，挖出桃核，最后通过分拣筛进行桃瓣桃核分拣。出料机构是一个较简单机构，由电机带动该机构振动，将切瓣后的桃子振动到指定的收集装置。

再以红枣为例，红枣去核机需实现自动供料、定向输送、夹持定位、去核、卸料等工艺过程，该设备由电磁振动供料器、拨枣轮、供料管、枣盘、去核机构、曲柄连杆机构、槽轮分度机构、出核槽、出料槽、减速电机、伞齿轮箱、机架等构件组成，其结构如图 2-88 所示。

该红枣去核机工作原理：在电磁振动供料器的作用下，红枣按纵向排列，后分成 n 路（不同规模的生产线有不同设置，一般为 5 路左右）通往供料管，供料管下端与枣杯口对应。在供料管前端设有一弹性片，自然状态下弹性片将管口挡住。位于弹性片上方装有拨枣轮，轮上设有拨枣片，拨枣轮每转动一周拨枣片拨一个红枣，红枣在拨枣片作用下将弹性片顶开，进入供料管，实现红枣的间隔上料。进入枣杯的红枣在枣盘间歇转动下依次进入扶正、去核、卸料工位，枣核落

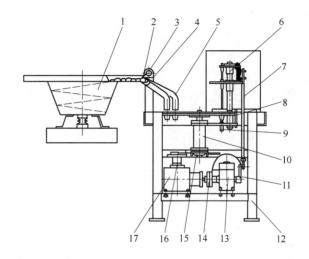

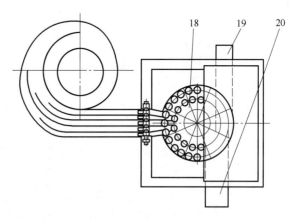

图 2-88 红枣去核机结构图

1—电磁振动供料器 2—拨枣片 3—拨枣轮 4—弹性片 5—供料管 6—去核机构 7—连杆 8—枣杯 9—托枣装置 10—传动轴 11—曲柄 12—机架 13—减速电机 14—联轴器 15—槽轮 16—弹性联轴器 17—伞齿轮箱 18—枣盘 19—出核槽 20—出枣槽

入出核槽，加工好的空心枣落入出枣槽。本机枣盘的 8 个区域中有 4 个工作区，对应 4 个工位，其中上料占一个工位，另 4 个区域为空工位。在实际生产应用中，可增加各工位的加工数量来提高生产率，在结构上就需要增加上料工位以满足上料要求，这时可将空工位改成上料工位。

1. 剖分式水果去核机

剖分式水果去核机常作用于体积较大的核果类水果如桃、杏、李等，常采用剖分分割式去核机，其主要采用剖分刀将水果分成两半，再通过振动筛或手工辅助脱核。如上述苹果、桃子去核设备。该类设备结构简单且工作可靠。但对于粘核类果品存在去核率不高且果肉损失率大以及人工劳动强度高等缺点。

2. 对辊式水果去核机

对辊式水果去核机常用于果肉与果核易分离的核果类水果。该类型去核机主要构件有料斗、刮料板、窝眼辊、快辊、慢辊、机架、压簧调节手轮等。

对辊式水果去核机工作原理：果品由推压装置送至两辊子之间，在两辊子挤压下，大部分果肉被挤入不锈钢齿辊中的齿间间隙，而果核则使橡胶辊子的表面胶层变形并凹入其中；再经两辊子下方的核肉分离调节装置使核肉分离，分离后的果核在橡胶层弹性作用下脱离橡胶辊子落入果核收集装置，而果肉则由类似梳子式的回收装置将嵌在齿盘间的果肉梳出，流入果肉收集斗中，从而达到核果自动分离。如山茱萸去核机的快辊设计，其结构如图 2-89 所示。

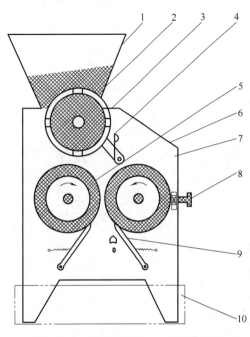

图 2-89　山茱萸对辊式去核机结构图

1—料斗　2—刮料板　3—窝眼辊　4—推
料片　5—慢辊　6—机架　7—快辊
8—压簧调节手轮　9—刮板　10—接料槽

该山茱萸对辊式去核机工作原理：料斗中的山茱萸靠自身重力充入窝眼辊表面的窝眼内，随窝眼辊运动到橡胶刮料板处，刮料板刮掉窝眼上方果实，使其内只保留一粒果实；充有山茱萸的窝眼孔继续运动至推料片处，推料片使果实迅速可靠地排出；由于窝眼孔间有一定角度（多为 30°）相位差，所以窝眼孔内的山茱萸果以一定时间间隔，单粒进入去核间隙；在去核间隙内，山茱萸受去核辊的挤压和撕裂，将果肉从果核上剥下，核肉基本分离后，掉入放置在机器下部容器内；个别黏附在去核辊表面的果肉与果核，由两个刮板刮下落入容器中。加工后的果肉和果核混在一起，晒至半干后，因果核大部分与果肉分离，且果肉比重和尺寸与果核相差较大，易于分离。

该加工设备特点：与果实和果肉接触的所有部件均采用非金属材料，果肉不会变色；充填可靠，单粒喂料，保证去核性能；去核间隙和快辊浮动弹簧压力调整方便，能适应不同品种及尺寸的水果；生产率高，约为人工的 30 倍；结构紧凑，重量轻，操作轻便，适合山区及其他场地搬运使用。但该机械去核后，果肉损失率较高，去净率不够理想，果肉损失率可高达 16%，因此仅适用于果汁与饮料加工。

3. 捅杆式水果去核机

捅杆式去核机通过粗细与果核基本相同的捅杆将果核捅出的方法为水果去核。典型案例如上文提及的山楂去核设备。其由上刀、下刀、果模以及传动装置等组成。工作时需人工将山楂放入果模，由专门组成机构推动果模进入或退出工作状态，当果模进入至工作位置时，去核机上下刀几乎同时切入果肉中，下刀在花萼处切入一定深度后即自行落下，上刀则继续下行，直至将果核从圆形切口中捅出，捅出物一般为灯笼状。

该捅杆式去核机适用于大小一致、核易脱离的水果的去核作业，果肉完整性较好。还可对海棠、黄太平果去芯，若配置相应刀具和果模，也适用于鲜果去核及莲籽去芯作业，但也存在工作效率低、果肉损失等问题。

4. 打浆式去核机

打浆式去核机仅适用于果核坚硬、不易击碎的核果，如芒果打浆去核机。果肉经打浆后粉碎率极大，只能用于生产果汁、饮品等。

5. 刮板式去核机

刮板式去核机主要由螺旋输送器、网筛、带齿刮板、搓板等构成。其工作原理：果料等由进料口经螺旋输送器进入筛网，利用刮板的转动作用和螺旋输送器作用，使果品沿圆筒筛向出口端移动，其轨迹为螺旋线；果肉在刮板、圆筒筛网和搓板间的移动过程中受离心力及摩擦力作用而变成小碎块，穿过筛网孔落入果肉收集斗，果核则从圆筒另一端出口排出，以达到果肉分离。由于设有搓板机构，使果肉快速变碎易穿过筛网孔，又可保护果核不被击碎。果肉去净率高，适用于粘核类核果的去核作业。如荔枝刮板打浆机，其结构如图 2-90 所示。

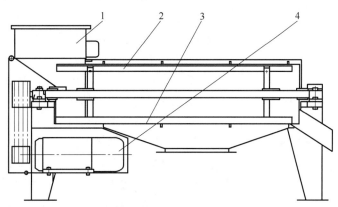

图 2-90　荔枝刮板式去核机结构图

1—喂料斗　2—刮浆板　3—圆筒筛　4—动力传动系统

用刮板式去核机对荔枝去核时，已剥壳的荔枝从喂料斗进入圆筒筛，受旋转刮浆板作用，被甩至圆筒筛内壁附近，进一步被刮浆板打击撕裂；被撕成碎块的果肉在刮浆板与圆筒筛的间隙中受挤压摩擦，细小的果肉颗粒和汁液从筛孔流出，而较粗大的颗粒（如果核和残留的枝、蒂、皮等）则被刮浆板在回转作用和导程角（刮浆板与轴线的倾角）推进作用下，沿圆筒筛面向出口端移动，从排渣口排出。由于该设备加工时果子果肉损失率较高，因此主要用于生产果汁、果酒。

6. 凸齿滚筒分离凹板式去核机

凸齿滚筒分离凹板式去核机主要由齿轮齿条、顶压板、去核夹及限位开关等构成。该设备工作原理：转动的滚筒上带有螺旋排列的凸齿抓取物料，并在滚筒切线力和离心力共同作用下使果沿着分离凹板的螺旋槽向下运动；滚筒凸齿和分离凹板的挤压及凸齿的连续抓剥，使果肉从滚筒核分离凹板间的间隙抛出；果核仍沿着凹板螺旋槽出口端排出，达到果肉与果核自动分离。该机器结构简单、动力消耗少、去核后果肉成片状，可加工罐头、果脯和果干等，也可加工成带肉果汁饮料、果浆、果汁饮料等，加工能力、动力消耗，果肉自动剥离率均较理想。

例如龙眼凸齿滚筒分离凹板式去核机，其示意图如图 2-91 所示。该机械机构的主要组成部分为一组配合的齿轮齿条、顶压板、去核夹和工作台。弹簧把两个半边夹连接在一起，其中间有一球型凹槽，凹槽底圆弧上有凸起锋利的尖刀刃，在外力作用下，尖刀刃可快速切开龙眼皮和龙眼肉，且因刀刃是凸起的，使去核后的龙眼肉留在凹槽内。去核夹其中的一边半边夹通过螺钉固定于工作台上。

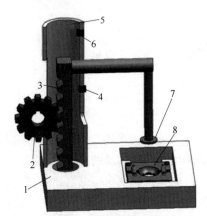

图 2-91　龙眼凸齿滚筒分
离凹板式去核机结构图
1—工作台　2—齿轮　3—齿条
4—限位开关2　5—齿条套
6—限位开关1　7—顶压板
8—去核夹

实际操作过程是将待去核龙眼置于去核夹的球型凹槽上，并按下操作面板上的启动按钮，齿条上升，直至直杆接触限位开关，齿条向下移动；当齿条上的顶压板接触龙眼，开始对龙眼施加向下压力，在顶压板压力和弹簧拉力作用下，龙眼肉被尖刀刃切开；齿条继续往下移动，龙眼核被挤出，从孔中落下，被切开的龙眼皮与龙眼肉则留置凹槽内；当齿条继续向下移动，直杆接触到限位开关，电动机改变旋转方向，齿轮成逆时针旋转，带动齿条向上移动。齿条向上移动的同时完成卸料及装料工作：龙眼皮与龙眼肉卸下的同时，将龙眼皮从龙眼肉中挑拣出来，由于龙眼肉、皮不粘连，当龙眼肉与龙眼皮被刀刃切开，肉皮几乎分离，工作人员可轻而易举地将皮从肉中挑拣出来。所以在卸下龙眼肉的同时，把龙眼皮从中挑拣出来。可把新的待加工龙眼放在凹槽内，继续下一个循环。

虽然现阶段部分果蔬加工机械和设备的研制对我国果蔬行业具有明显积极作用，如解放生产力，提高工作效率，减少果蔬腐烂量，降低生产成本等，但运用机械设备对果蔬去核仍存在些许弊端。例如：果肉损失率较高，不少去核机果肉与果核分离不彻底，果肉去净率不够理想，这类问题主要出现于粘核类核果的去核作业上，如剖分式去核机；去核后果肉完整性差，对辊式、刮板式、打浆式等去核机虽生产率高，但去核后果肉成碎块状，严重破坏果肉完整性；由于果品形状、成熟度不一、果核形状不规则等原因，使去核机存在性能不稳定、适应差等缺点；通用性差，通常去核机具仅能用于某一类品种水果的去核作业，对加工其他不同品种的水果，不能通过更换主要工作部件以适应去核需要；作业成本偏高，我国水果去核机具多数为单机制造，未能进行大批量生产和应用，因此制造成本高，使得水果加工作业成本偏高；科技含量低，目前所使用的去核机，多数制造的工艺水平不高，不能满足当今高科技需求；生产效率低，部分果实长径比给其去核定位造成一定困难，加工时人工摆放和扶正，使得加工频率受到较大限制。

图 2-92 为现阶段食品厂中常用的大型去核设备，适用于多种品种的桃子或黄桃。黄桃去核机主要材质为不锈钢、铝和铜，机身长×宽×高：6000mm×1500mm×1800mm；功率为 3kW，耗水量约为 20L/min，该设备可实现 1.8～2.5t/h 产量。适用小、中、大三种规格的桃子。机器结构稳定坚固，数控机床制造的部件可容易互换。与水果接触的部件均由不锈钢制造。机器操作简单，清洗方便。输送带和黄桃杯采用特制材料覆膜，以保证卫生要求和营养要求。

该去皮机工作原理是：桃子从分级机出来后被送至输入装料斗，它们在装料斗内可被自动、单个装入运送装置上的杯体里面。随传送装置通过校位区，桃子由校位轮转动，校位轮从杯底的一个洞中突出。随桃梗位被校位轮找到，桃子停止转动。从桃梗位发现区，水果经三道找缝区，在其位置上桃缝可对准分离刀。在分离区，刀子由桃子底部和顶部同时开始切入，由桃梗处将桃肉分离出来。所有传送、调整和去核动作均有重型机械凸轮完成，该凸轮是为了校准所有操作而特别设计的。

图 2-92　黄桃挖核去核机设备

思　考　题

1. 简述 3 种或 3 种以上果蔬清洗设备的主要构件及工作原理。

2. 选择一种洗瓶设备，简要画出其工作流程图。

3. 什么是自动分级现象？它在筛分及重力分选中是如何被利用的？该现象对于其他设备（如输送机械、混合机械等）的作业会有什么影响？

4. 采用筛选能清除掉"并肩石"吗？简述其中原因。

5. 试述筛程的概念，比较各种运动形式筛面的筛程长短。

6. 分析比较密度去石机和重力分级机的结构及其工作原理。

7. 分析比较窝眼筒和碟片精选机的结构与性能特点。

8. 分析三辊式水果分级机提高分级精度的措施。

9. 分析尺寸及重量水果分级机的局限性。

10. 分析图像识别分级机的优势与局限性。

11. 观察苹果、梨、柑橘等水果以及鸡蛋的外形特点，并分析对于分级机的要求。

12. 6HP-150 型核桃破壳机有何特点？

13. 列出据口挤压式核桃破壳机的优缺点。

14. 选用 2~3 种合适的板栗去壳脱皮加工设备，并说明其工作原理。

15. 介绍 1~2 种果蔬加工设备的优缺点，并提出改进建议。

16. 简述龙眼凸齿滚筒分离凹板式去核机的注意事项。

17. 选择一种合适的设备，对桃子或者板栗进行分级。

第三章

CHAPTER

3

粉碎切割机械

学习目标

1. 了解物料尺寸减小的原理与方法。
2. 了解分切刀具的运动原理。
3. 掌握分切、粉碎和均质乳化机械的主要类型及性能特点。
4. 掌握常见分切、粉碎和均质乳化机械的基本原理、基本结构及应用特点。
5. 了解提高分切质量和粉碎效率的方法。

第一节　尺寸减小的原理和方法

对物料施加一定的外力，克服分子间的内聚力，将物料分裂破碎获得尺度更小的物料，这种操作称为尺寸减小。在食品加工中，物料的切割与粉碎属于最为常见的尺寸减小单元操作。尺寸的减小始终伴随着物料的体积由大变小，单位体积的表面积（比表面积）由小变大的过程，物料的物理形态发生改变，而化学性质不会发生变化。

尺寸减小的主要目的是：清除不宜使用的部分、提高食物的消化吸收率、加工制成多种形式食品、利于均匀混合、增快反应速度。

在食品的尺寸减小的过程中，各类食品物料的形状很多，为简化表达，一般采用不同的尺寸特征加以描述。其中，块状产品为三维尺寸（长×宽×高）、片状产品为厚度、粉料类为颗粒个体直径或所通过筛孔的规格、浆料类为过网规格（目数）、茎秆、叶类碎段为碎段长度。

一、尺寸减小的原理

（一）物料的力学性质

根据物料应变与应力的关系以及极限应力的不同，其力学性质分为：

（1）硬度是根据物料弹性模数大小来划分的性质，有硬与软之分。物料的硬度是确定尺寸减小作业程序、选择设备类型和尺寸的主要依据。

（2）强度是根据物料弹性极限应力的大小来划分的性质，有强与弱之分。

（3）脆性是根据物料塑变区域长短来划分，有脆性和可塑性之分。

（4）韧性是一种抵抗物料裂缝扩展能力的特性，韧性越大则裂缝末端的应力集中越容易解决。

对一种具体的物料来说，这四种力学特性之间有着内在的联系，导致物料综合性质的复杂化，这些对尺寸减小时所需的变形力均有影响。总的来说，凡是强度越强、硬度越小、脆性越小而韧性越大的物料，其所需的变形能就越大。

（二）物料在尺寸减小过程中的变化

通常认为，物料受到各种不同机械力作用后，首先要产生相应的应变并以变形内能形式积蓄于物料内部。当局部积蓄的变形能超过某临界值时，裂解就发生在脆弱的断裂线上。从这一角度分析，尺寸减小至少需要两方面的能量：一是裂解发生前的变形能，这部分能量与颗粒的体积有关；二是裂解发生后出现新表面所需的表面能，这部分能量与新出现表面积的大小有关。

到达临界状态（未裂解）的变形能与颗粒的体积有关，这是因为粒度越大的颗粒存在脆弱的断裂线和疵点的可能性就越大。大颗粒所需的临界应力比小颗粒所需的小，因而消耗的变形能也较少。这就是尺寸减小操作随着粒度减小而变得越困难的原因。

在粒度相同的情况下，由于物料的力学性质不同，所需的临界变形能也不相同。物料受到应力作用时，在弹性极限应力以下则发生弹性变形；当作用的应力在弹性极限应力以上时就会出现永久变形，直至应力达到屈服应力。在屈服应力以上，物料开始流动，经历塑变区域直至达到破坏应力而断裂。

颗粒中的裂纹隙在结构上总是脆弱的，在应力作用下它可以发展成为裂缝。在粉碎中的有用功，与所产生新裂缝的长度是成正比的。颗粒吸收应变能并在剪切力或正应力作用下变形，直至能量超过最弱的裂纹隙从而引起颗粒的破碎或开裂。

二、尺寸减小的方法

尺寸减小的方法很多，主要归纳为以下几种（图3-1）。

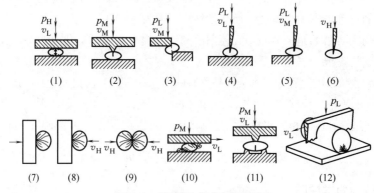

图3-1　常见尺寸减小的方法

（1）挤压　（2）劈裂　（3）剪切　（4）（5）（6）切碎　（7）（8）（9）冲击　（10）研磨　（11）折断　（12）锯切

P_H、P_M、P_L——作业时所需压力大、中、小　　v_H、v_M、v_L——作用时所需速度高、中、低

（一）挤压

挤压是指利用低速运动的钝工作面挤压物料使之产生弹性变形、塑性变形直至破裂或破

碎。采用这种方法所得到的破碎料粒度不匀，但操作过程的功耗低、噪声小，适用于淀粉含量高的坚硬脆性物料，可作为粗粉碎工序使用；对于韧性或塑性物料，通过控制两工作面的间隙，可制取部分断裂的片状产品（如麦片）。常见的挤压式尺寸减小机械有光辊式磨粉机、对辊式压片机等。

（二）剪切

利用中低速的利刃压入、高速利刃切入或小间隙高速相对运动的两钝刃剪切使物料断裂。所得到的碎段的尺寸均匀，断面整齐，操作过程的噪声低、适用于纤维状或含水量较高的韧性或低强度脆性物料，如果蔬、肌肉。常见的剪切式尺寸减小机械有各种分切机械、胶体磨等。

（三）冲击

利用物料与工作部件或物料与物料间的高速相对运动产生的撞击，使物料内部产生的拉应力超过物料强度而破碎。所用速度与物料性质及所需产品粒度有关。这种方法所得到的破碎物料粒径分布宽，设备的空载功耗大，结构简单，通用性好，适用于淀粉含量高的脆性物料，如各种谷物。常见的冲击式尺寸减小机械有锤片式粉碎机、气流粉碎机等。

（四）研磨

利用粗糙工作面并在一定压力作用下，在垂直于压力的方向上与物料相对运动，形成挤压与剪切综合作用，使物料内部产生裂纹而破碎或逐层剥落而破碎，其作用柔和，但摩擦热高，粒度不匀，适用于韧性物料。

（五）劈裂

利用低速刃口压入，使物料内部产生应力集中及裂纹扩展而破碎，耗能低，但粒度大且不均匀，适用于脆性物料。

（六）折断

通过低速工作部件使物料产生弯曲变形直至折断，粉碎度低，适于长度尺寸较大或厚度尺寸较小的脆性物料，一般仅用于粗破碎工序。

（七）锯切

利用齿形利刃在一定压力作用下的中低速运动使物料逐层断开而破碎，适用于含水量较高的纤维性物料、高韧性物料或高强度物料的截断。

在实际应用中，一种机械可采用某一方式，也可采用几种方式的组合，需要根据原料及产品的要求正确选择尺寸减小的方法及设备。

三、尺寸减小设备的类型

根据尺寸减小所采用的方法以及最终成品的形态，尺寸减小设备可以分成三大类：

（1）分切机械通过刀具的剪切作用力将大块的食品原料切割成块、片、条、丁及糜状等形态，应用于加工果蔬、肉类制品的不同形态处理工序中。

（2）粉碎机械通过工作构件的冲击、挤压、研磨、剪切等综合作用力将大块、大颗粒的食品原料破碎成细微粉体颗粒，主要应用于大米、玉米、小麦等谷物粮食的磨粉工序中。

（3）均质及乳化机械通过工作构件的挤压、研磨、剪切等综合作用力以及在流动过程中的压力突变等方法将湿态的食品原料加工成颗粒细微、均匀质地的液态成品，主要应用于牛乳、豆乳、果汁、果酱等液态食品的加工中。

第二节　分切机械

分切在食品加工中的应用十分广泛，是将果蔬、肉类制品的物料切割成块、片、条、丁及糜状等形态。分切可使成品粒度均匀一致，被切割表面光滑，消耗功率较少。分切机械属于原料预处理机械，更换不同形状刀片便可获得不同形状和粒度的成品，但对于不同的原料一般不通用。

一、刀具运动原理

刀具的刃形和运动方式是影响切削阻力的两个重要因素。刃形可分为直线刃形和曲线刃形，运动方式可分为直线往复运动、摆动和旋转运动。

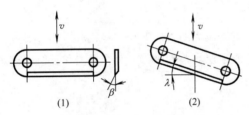

图 3-2　直角刃形往复运动

（1）直角切削　（2）斜角切削

v—切削速度　β—楔角　λ—倾斜角

直线刃形往复运动如图 3-2 所示，刀刃做往复直线运动。直角切削中，刀刃全长同时切入物料，故切削力变化很大；斜角切削由于是逐渐切入物料的，故切削力变化比较平缓。

直线刃形摆动运动方式如图 3-3 所示，刀具做水平摆动或振动，物料做垂直运动，刀具的水平运动速度相当于割速度，物料的垂直运动速度相当于切速度。这种割运动和切运动分别由刀具和物料产生的切削方式，可以实现大的割切比，在食品切割机械中被广泛采用。

直线刃形旋转运动如图 3-4 所示，图 3-4（1）中刀刃通过旋转中心，刀刃上各点的切削速度方向均与刀刃垂直，故为直角切削。图 3-4（2）中刀刃不通过旋转中心，刀刃上各点的切削速度方向与切削刃均不垂直，并且各点的割切比均不相同，从刀刃根部至尖部割切比逐渐减小，切割阻力逐渐增大，因此，刀刃各点的磨损将会不均匀，降低了刀具的耐用度。

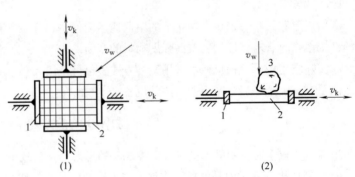

图 3-3　直角刃形刀具的运动合成

1—刀座　2—刀片　3—待切物料

v_k—割速度　v_w—切速度

根据图 3-4（2）中刀刃线不通过旋转中心的斜角切削分析可知，从刀刃根部至尖部切割

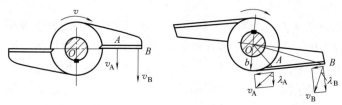

(1) 刀刃通过回转中心,$\lambda_A=\lambda_B=0$ (2) 刀刃不通过回转中心,$\lambda_A>\lambda_B$

图 3-4 直角刃形旋转运动

v—刀具转速 v_A—A 点切削速度 v_B—B 点切削速度 λ_A、λ_B—切割比

比逐渐减小,切割阻力逐渐增大。最理想的切割方式应是刀刃上各点的割切比相同,切割阻力相等。通过理论分析知,若刀刃刃形按对数螺旋线制作,可使刃形曲线上各点的割切比均相等,从而各点的切割阻力也相等。

二、切割方式与常见结构

（一）切割方式

在进行切割时,在切割平面内的切割方向上刀片与物料之间必须保持一定的相对运动,才能完成切入直至切断。动刀片刃口某点与物料间相对运动在切割平面上的分速度与其在刃口于该点处法平面上投影间的夹角 τ 称为滑切角（图 3-5）,$tg\tau = v_t/v_n$,v_t 为切向速度,v_n 为滑动速度,而 $tg\tau$ 称为滑切系数,滑切系数取决于动刀片自身刃口形状、动刀片安装位置及切割过程中物料在切割平面上的运动。

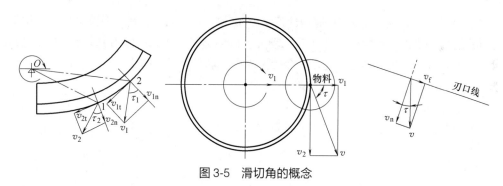

图 3-5 滑切角的概念

1. 砍切

当 $\tau=0$ 时的切割形式称为砍切,切割阻力大,切割过程中物料变形较大,物料汁液流失较多。

2. 斜切

当 $0<\tau<\varphi$（φ 为刀片与物料间的摩擦角）时,$tg\gamma' = \cos\tau \cdot tg\gamma$,其中 γ 为刀片结构刃角,即刃口法平面与两平面形成的交线间的夹角（图 3-6）,而 γ' 为刀片实际切割工作刃角,显然 $\gamma'<\gamma$,虽未形成滑切,仍较为省力,有时为使切割过程阻力均匀,采用斜置刃口逐渐完成对于整个切割断面的切割而形成斜切。

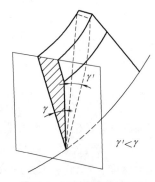

图 3-6 刀片刃角与斜切

3. 滑切

当 $\tau > \varphi$ 时，形成滑动切割，微观上呈锯切割，故省力，切割过程中物料变形较小，所得片状物料的厚度较为均匀，且失水较少。该参数（τ）属于运动参数，它表明该切割器在切割过程中滑切作用的大小，滑切系数越大，滑切作用越强，切割越省力。

（二）切割器常见结构

切割器是指直接完成切割作业的部件，是切割机械的核心。切割器的类型及结构直接影响着切割机械的功能及整体性能。切割器一般可按切割方式和结构形式划分。

1. 按切割方式分

按切割方式，切割器分为有支撑切割器和无支撑切割器两种（图 3-7）。

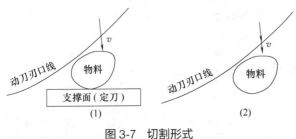

图 3-7　切割形式

（1）有支撑切割器　（2）无支撑切割器

（1）有支撑切割器　即在切割点附近有支撑面，切割物料起阻止物料沿刀片刃口运动方向移动的作用。这种切割器在结构上表现为由动刀和定刀（或另一动刀）构成切割系统。为保证整齐稳定的切割断面质量，要求动刀与定刀之间在切割点处的刀片间隙尽可能小且均匀一致。这种切割器所需刀片切割速度较低，碎段尺寸均匀、稳定，动力消耗少，多用于切片、段、丝等要求形状及尺寸稳定一致的场合。

（2）无支撑切割器　是指物料在被切割时，由物料自身的惯性和变形力阻止其沿切割方向移动。这种切割器仅包含有一个（组）动刀，而无定刀（或另一动刀）。所需刀片切割速度高，碎段尺寸不均匀，动力消耗多，多用于碎块、浆、糜等形状及尺寸一致性要求不高的场合。

2. 按结构形式分

按结构形式，切割器分为盘刀式、滚刀式和组合刀式三种（图 3-8）。

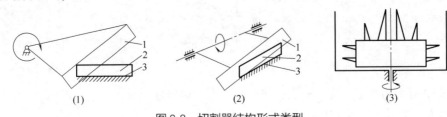

图 3-8　切割器结构形式类型

（1）盘刀式　（2）滚刀式　（3）组合刀式

1—动刀片　2—喂入口　3—定刀

（1）盘刀式切割器　动刀刃口工作时所形成的轨迹近似为圆盘形，即刃口所在平（曲）面近似垂直回转轴线，所得到的产品断面为平面，是应用广泛的一种切割器。这种切割器便于布置，切割性能好，易于切制出几何形状规则的片状、块状产品。切制出产品的尺寸（如切片的厚度）：当物料喂入进给方向与动刀主轴方向垂直时，取决于相邻刀片的间距；当物料喂入进给方向与动刀主轴方向平行时，取决于相邻两次切割过程中物料进给量。

盘刀式刀片刃口基本类型有直刃口、凸刃口和凹刃口。

① 直刃口［图3-9（1）］：随着切割点由近而远，滑切角减小，参与切割的刃口增长，因而切割阻力矩变化幅度大；同时近端钳住角较大，但制造、刃磨容易。

② 凸刃口［图3-9（2）］：有偏心圆和螺线。随切割点渐远，滑切角增大，切割阻力矩较为稳定，但远端钳住角较大，将形成推料，使刀片刃口磨损不均匀；但不便于刃磨，常需要配置专用刃磨架，对于连续进给场合的刀片间隙调整困难。常见的圆盘刀也属于凸刃口，一般速度较高，滑切作用强烈，切割断面质量好，尤其适合于刚度较差的物料切片。

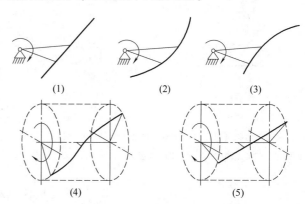

图3-9　切割器刀片刃口基本类型
（1）盘刀直刃口　（2）盘刀凸刃口　（3）盘刀凹刃口
（4）滚刀螺旋刃口　（5）滚刀直刃口

③ 凹刃口［图3-9（3）］：与凸刃口相比，其钳住性能好，切割阻力矩均匀，但滑切现象不明显，且制造、刃磨困难。

其他专用刃口（如锯齿形、缺口形等）形状均属于上述基本类型的衍生异形。

（2）滚刀式切割器　动刀刃口工作时所形成的轨迹近似为圆柱面，即刃口所在平（曲）面近似平行回转轴线，所切出的断面呈圆柱面。在一些对产品形状要求不严格的场合，为便于收集切制出的产品，切割刀片固定在机壳上，而物料移动。滚刀式切割器的刀片主要有直刃口、螺旋刃口。

① 螺旋刃口［图3-9（4）］：易于保证滑切性能和切割阻力均匀，但刀片形状复杂，一般沿外圆进行刃磨，可用内置磨刀装置完成，阻力较均匀，间隙均匀。

② 直刃口［图3-9（5）］：简单易造、易磨，但阻力不均匀，间隙调整困难，在大型机械上，可将刀片制造成呈若干段的短的刀片结构，按螺旋线布置安装。切制出的产品的尺寸取决于相邻两次切割的物料进给量。

③ 组合刀式切割器：呈群刀结构，其中部分按盘刀式布置，部分按滚刀式布置。切割速度快，但所得到的碎段尺寸不匀，多用于纤维性物料的切碎和多汁物料的打浆。

（三）刀片常见结构形式

在实际生产中使用的刀片形状多种多样，常见的类型如图3-10所示，选用时取决于被切割物料的种类、几何形状、物理特性、成品的形状及质量要求。

切割坚硬和脆性物料时，常采用带锯齿的圆盘刀［图3-10（1）］，其两侧都有磨刃斜面；切割塑性和非纤维性的物料时，一般采用光滑刃口的圆盘刀［图3-10（2）］；圆锥形切刀［图3-10（3）］的刚度好，切割面积大，常用来切割脆性物料；梳齿刀［图3-10（6）］刃口呈梳形，两个缺口间有一定的距离，切下的产品呈长条状，常将前后两个刀片的缺口交错配置，可得到方断面长条产品；波浪形鱼鳞刃口刀［图3-10（7）］切下的产品断面为半圆形，切割过程无撕碎现象。带状锯齿刀常用来切割塑性和韧性较强的物料，如用于枕形面包的切片，但会产生碎屑。

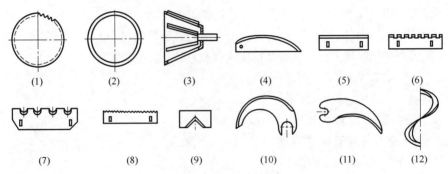

图 3-10　切割器刀片结构类型

（1）锯齿刃口圆盘刀　（2）光滑刃口圆盘刀　（3）光滑刃口锥形刀　（4）凸刃口刀　（5）直刃口刀　（6）梳齿刃口刀　（7）鱼鳞刃口刀　（8）锯齿刀　（9）三角形刃口刀　（10）凸刃刀　（11）凹刃刀　（12）光刃螺旋刀

三、分切机械

分切机械按照食品物料破碎的形态分为切段机械、切片机械、切丁机械和绞切机械。

（一）切段机械

切段机械是指那些用于将细长形物料切割成具有一定长度的碎段的机械，工作过程中要求能够稳定地喂入，并保持在切割过程中能够稳定地压紧物料，使得碎段长度均匀一致，而且产品断口整齐。

1. 结构及工作原理

高效多功能切菜机是一种典型通用定长切割机械，其系统如图 3-11 所示。主切割器是由切片（段）刀片、切丝刀片和切条刀片构成的复合型盘刀式切割器，可以完成各种细长形和块状蔬菜的切片、切条和切丝作业。副切割器为双圆盘刀组，用于完成肉块等柔软物料的切片。

2. 主要构件

主切割器的主轴上有三种切割刀片，切片（段）刀片为简单的直刃口盘刀，切丝刀与切条刀联合使用进行切丝，三种刀片由快速连接机构套装在主轴上。切丝时，前一刀片切割的同时，通过附在切条刀处的切丝刀对物料沿垂直切片方向划切，当后一刀片切割时，物料即呈丝状被切下，避免先切片再切丝工艺所引起的切丝形状不稳定、切丝成品率低的问题。

喂入机构由喂入皮带和浮动皮带压紧机构构成，二者同步运动，物料被夹持于二者之间被喂入到切割器处进行切割。浮动的压紧机构通过拉力弹簧进行控制，能够保持作业过程中物料能够被有效压紧，不会因料层厚度变化而影响进给和切割。

电动机的动力经皮带调速机构分流，一路通过蜗轮蜗杆减速器、齿轮调速器和双万向节轴传至喂入皮带后，再通过同步性能较好的链传动传至浮动皮带压紧机构；另一路通过离合器传至主切割器的主轴。通过微调手轮调整可以调节传往喂入机构的皮带轮及传往主轴的皮带轮的直径，改变喂入机构与切割器主轴间的速度关系，从而无级调整切割产品的厚度或长度，即微调；通过调节喂入机构前方的齿轮调速器可有级（两级）调节碎段长度，即粗调。主切割器前方的离合器用于临时切断主轴动力。

副切割器系统独立于主切割器之外，通过皮带传动、牙嵌式离合器将电机动力传递到圆盘刀组，两组圆盘刀等速相向转动，切制出的刀片由挡梳强制卸出。

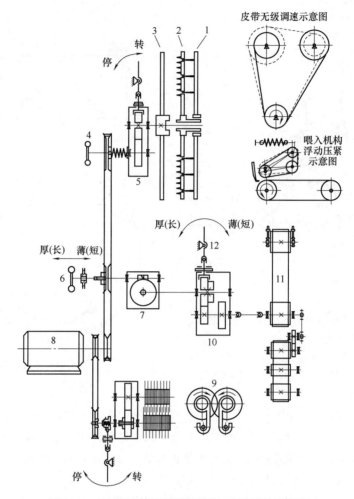

图 3-11 高效多功能切菜机构成与传动系统示意图

1—切条刀 2—动刀/切丝刀 3—切片刀 4,6—微调手轮 5—离合器 7—减速器
8—电动机 9—切片圆盘刀组 10—变速器 11—喂入皮带 12—粗调手柄

（二）切片机械

切片机械是指那些通过对物料的切割获得厚度均匀一致的片状产品的机械。为了获得预定的厚度，切片机械需要通过喂入机构沿切片的厚度方向进行稳定的定量进给，然后由切割器完成定位切割。在切片作业中，有些不需要按物料的特定方向进行切片，有些则需要按指定的方向进行切片。

1. 离心式切片机

（1）结构及工作原理 离心式切片机结构参见图 3-12。其主要由壳体部分、轴承室部分、刀框与挡板、刀架筒体部分、转鼓部分、提刀装置、润滑系统、传动系统等部分组成。原料经喂料斗进入切片室内，受到回转转鼓的驱动而绕机壳内壁转动，在离心力和蜗形叶片的驱动下压紧在机壳内壁上，遇到伸入内侧的刀片后被切成片状，从缝隙里排出。

（2）主要构件 刀框与挡板：刀框由护板、框体、压力板及刀片构成。刀片由压力板及压力板螺钉固定在框体上，然后插入刀架筒体的刀框穴中，并可上下移动。挡板上部与刀框

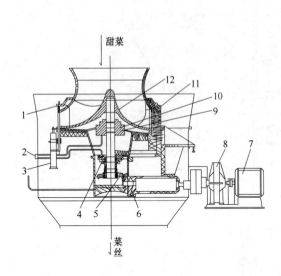

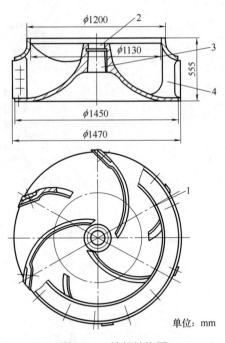

图 3-12   TLX1500 离心式切片机结构图

1—刀框   2—润滑系统   3—液压提刀装置

4,6,9,10—轴承   5—齿轮   7—电动机

8—减速器   11—刀架   12—蜗形转鼓

单位：mm

图 3-13   转毂结构图

1—转毂   2—上摩擦环   3—下摩擦环   4—刮板

联结。可在刀架的刀穴中上下移动。正常工作时，挡板起着支撑刀框的作用。当换刀时，在提刀装置的作用下，挡板升至刀框的位置，堵死刀穴，以阻止原料漏入出料通道中。

刀架筒体部分：刀架筒体是由刀架与刀架盖组成。刀架筒体是一个圆柱筒体，其上开有刀框穴，用以安装刀框，四面与支座相连，起着支承和连接整个机体的作用。

转毂部分：如图 3-13 所示，转毂部分由转毂、上摩擦环、下摩擦环及刮板组成。上、下摩擦环磨损后可以更换，使转毂寿命延长。转毂由其圆锥孔与主轴相连，在主轴转动时，转毂在筒体内做回转运转，并通过转毂上的六个蜗形叶片推动物料。

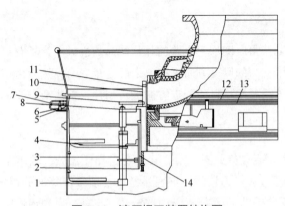

图 3-14   液压提刀装置结构图

1、4—油管   2—调节螺栓   3—油缸   5—滑阀回油管   6—滑阀

7—滑阀进油管   8—连接板   9—回拉框装置   10—压板

11—刀框   12—油箱出油管   13—油箱回油管   14—堵板

提刀装置：液压式提刀装置的结构如图 3-14 所示。它由油箱、滤油器、油泵、卸荷阀、单向阀、手动滑阀、油缸等组成。提刀时开动油泵，将相应的手动滑阀手柄向右推，通过油缸活塞杆将挡板及刀框提升，完成提刀换刀工作。降刀时将手动滑阀手柄向左推、油缸活塞杆将挡板及刀框拉下完成降刀工作。

（3）应用   离心式切片机的结构简单，生产能力较大，具有良好的通用性。但切割时的切割阻力大，物料受到较大的挤压作用，并且无法实现定向切片，故适用于有一定刚度、能够保持稳定形状的块状物料，如苹果、马铃薯、萝卜等球形果蔬。

2. 定向式切片机

（1）蘑菇定向切片机 蘑菇呈伞状结构，属于非球形原料，为提高感官质量，一般要求进行定向切割，获得形状一致的切片。

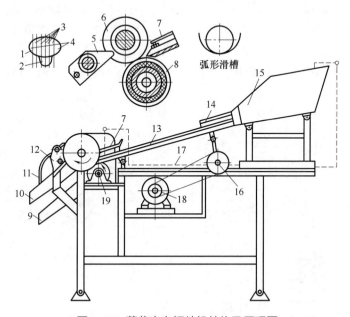

图 3-15 蘑菇定向切片机结构及原理图

1—菇盖 2—菇柄 3—正片 4—边片 5—挡梳 6—圆盘刀 7—下压板 8—垫辊 9—边片出料斗
10—正片出料斗 11—护罩 12—挡梳轴承座 13—弧形定向滑板 14—上压板 15—进料斗
16—偏心回转轴 17—供水管 18—电动机 19—垫辊轴承

① 结构及工作原理：蘑菇定向切片机如图 3-15 所示，主要由定向供料装置、切割装置和卸料装置等构成。蘑菇被提升机送入料斗，在料斗下方的上压板控制蘑菇定量地进入滑槽，形成单层单列队式，因曲柄连杆机构的作用，滑槽做轻微振动。供水管连续向滑槽供水。由于蘑菇的重心靠近菇盖一端，在滑槽振动、滑槽形状和水流等的共同作用下，使得蘑菇呈菇盖朝下的稳定状态向下滑动，从而定向进入圆盘刀组被定向切割成数片，最后由卸料装置从刀片间取出，并将正片和边片分开后，从出料斗排出。

② 主要构件：蘑菇定向切片机的切割装置包括一组按一定间距组装的圆盘刀和橡胶垫辊，二者均主动旋转，圆盘刀的间距可调，以适应不同的切割厚度要求。淋水管在切割处的淋水用于降低切割过程中的摩擦阻力。卸料装置主要包括挡梳板，安装于圆盘刀之间，固定不动。定向供料装置包括曲柄连杆机构、料斗、滑槽、供水管等，滑槽的横截面为弧形，其曲率半径略大于菇盖的半径，整体呈下倾布置。供水管提供的水流可减少蘑菇在滑槽内滑动的阻力。

③ 应用：这种切片机圆盘刀的刃口锋利，滑切作用强，切割时的正压力小，物料不易破碎；切片厚度均匀，断面质量好；钳住性能差。对于刚度较大的物料，使用这种数片同时切割的刀组，刀片对于片料的正压力较大，切割的摩擦阻力大，强制卸出的片料易破碎。

（2）菠萝切片机　菠萝切片机对已去皮、通心或未通心、切端的菠萝果筒或其他类似的柔软物料切片。具有切片外形规则、厚薄均匀、切面组织光滑、机器结构简单、调整方便、易于清洗和生产率高的特点。

图 3-16 所示为刀头箱结构图，主要由进料套筒 1，导向套筒 2，左右送料螺旋 3，切刀 4，出料套筒 5 及传动系统等组成。

果筒从进料输送带送至导向套筒后，由送料螺旋紧夹住并往前推送。送料螺旋的螺距与切片厚度大体相同，导向套筒的内径刚好等于菠萝果筒的外径，切片时可给予必要的侧面支承。送料螺旋每旋转一周，果筒就前进一个螺距，这个螺距可略大于片厚，高速旋转的刀片旋转一周便切下一片菠萝圆片。切好的菠萝圆片整齐连续地由出料套筒 5 排出。

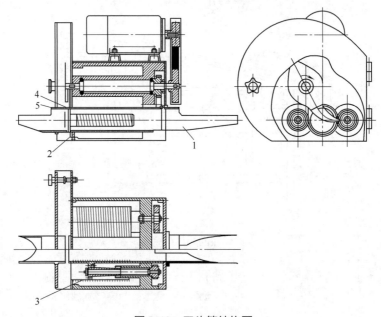

图 3-16　刀头箱结构图

1—进料套筒　2—导向套筒　3—左右送料螺旋　4—切刀　5—出料套筒

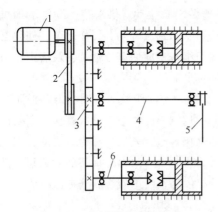

图 3-17　刀头箱传动示意图

1—电动机　2—皮带传动　3—过桥齿轮系统
4—刀头轴　5—切刀　6—送料螺旋轴

图 3-17 所示为刀头箱的传动示意图。电动机 1 通过皮带传动 2 直接驱动装有切刀 5 的刀头轴，刀头轴 4 通过一套过桥齿轮系统 3，把动力传至送料螺旋轴 6，带动螺旋旋转，切刀和螺旋以同样转速旋转，以保证切刀在果筒上的切线与果筒上螺旋"印痕"相重。

（3）荸荠切片机　典型的荸荠切片机有水力定向、梳轮竖式旋转；梳轮水平旋转带修端刀装置；中心料斗锥盘及引向导轨定向、6 个梳轮装置及上下或水平面 2 个梳轮装置等类型。

① 结构及工作原理：AS-1 型荸荠自动切片机的结构如图 3-18 所示，采用中央料斗与中心锥盘定向，同一平面上配有 6 个梳轮同向旋转，可同时切片，

但定位效率还需提高。该机由料斗、中心锥盘、纳料梳轮、切片刀组、安全离合器、传动系统、机架、出料斗及防护罩等组成，外形呈正六棱柱体，料斗采用中央料斗集中供料。旋转的中心锥盘立于料斗正中下方，在锥盘底缘四周由 6 个纳料梳轮围绕，每个梳轮由 4 片间叠而成，梳轮周缘开有 13 个纳料槽，梳轮与阶梯形固定的刀组配成一对切片装置，6 个梳轮同向旋转并与中心锥盘旋转方向相反，出料斗围绕在机身四周，集中于一边出料。

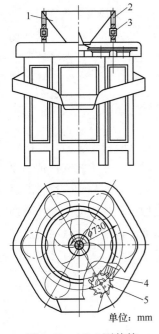

图 3-18　AS-1 型荸荠
自动切片机结构图
1—料斗　2—淋水管　3—调
节螺母　4—刀片　5—梳轮

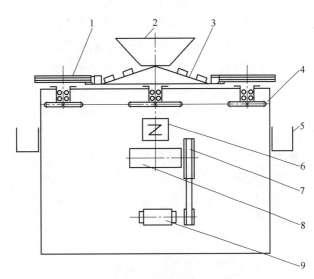

图 3-19　荸荠自动切片机工作原理图
1—梳轮　2—料盘　3—中心锥盘　4—链轮　5—出料斗
6—安全联轴器　7—V 带轮　8—蜗轮减速器　9—电动机

其工作原理参见图 3-19。当荸荠倒入中央料斗，料斗下口与中心锥盘表面的距离调整到 23~24mm，此间隙小于荸荠的最大横径而略大于荸荠的厚度，这样使漏出的荸荠平贴在锥盘体表面，在水力、重力及离心力的作用下，沿着引向导轨滑到锥盘下部的环形平面上，这时的荸荠呈水平状态，达到了定向的目的，随着锥盘的旋转，离心力的作用下进入梳轮的纳料槽，随着梳轮的旋转，把荸荠推向切片刀组进行分层切片。

② 主要构件：该机的关键构件有 2 个。

a. 中心锥盘与中央下料斗及其升降微调机构该部件保证分料均匀，定向控制可靠。

b. 梳轮结构如图 3-20，采用 $\delta = 2mm$ 的

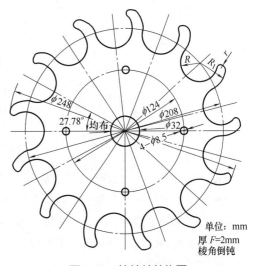

图 3-20　梳轮片结构图

1Cr18Ni9Ti 钢板冲压成型，外径 248mm，分为 13 等份，即开有 13 个纳料槽，根据当地荸荠的大小，分成若干等级，然后根据这些等级制成相应级别的梳轮，也即确定纳料槽的大小。如该机分成大、中、小三种规格。每个梳轮由四片相同的叠合而成，二片间隔直径 $\Phi160mm$，厚 3mm 的垫片，使旋转的梳轮外缘纳料槽中刀片能平稳地切片而顺利地通过。

（三）切丁机械

果蔬切丁机如图 3-21 所示主要用于将各种瓜果蔬菜切成立方体、块状或条状。

切丁机由切片、切条和切丁三个装置共同构成。切片装置为离心式切片机构，其结构与前述的离心式切片机相仿，工作原理相同。主要部件为回转叶轮和定刀片。切条装置中的横切刀驱动装置内设有平行四杆机构，用来控制切刀在整个工作中不因刀架旋转而改变其方向，从而保证两断面间垂直，刀架转速确定着切条的宽度。切丁圆盘刀组中的圆盘刀片按一定间隔安装在转轴上，刀片间隔决定着"丁"的长度。

果蔬切丁机工作过程如图 3-21（2）所示。原料经喂料斗进入离心切片室内，在回转叶片 1 的驱动下，因离心力作用，迫使原料靠紧机壳的内表面，同时回转叶轮的叶片带动原料在通过定刀片三处时被切成片料。片料经机壳顶部出口通过定刀刃口向外移动。片料的厚度取决于定刀刃口和相对应的机壳内壁之间的距离，通过调整定刀伸入切片室的深度，可调整定刀刃口和相对应的机壳内壁之间的距离，从而实现对于片料厚度的调整。片料在露出切片室机壳外后，随即被横切刀切成条料，并被推向纵切圆盘刀，切成立方体或长方体，并由梳状卸料板卸出。

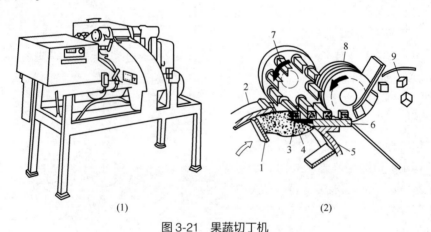

（1）　　　　　　　　　　　　（2）

图 3-21　果蔬切丁机

（1）外形　（2）工作过程

1—回转叶片　2—外机壳　3—定刀片　4—原料　5—内机壳　6—刀座
7—横向切刀　8—纵向圆盘刀　9—切丁块

为保证生产过程中的操作安全，切丁机上设置有安全连锁开关，即通过防护罩控制一常开触电开关，防护罩一经打开，机器立即停止工作。

在使用这种切丁机时，为保证最终产品形状的整齐一致，需要被切割物料能够在整个切割过程中保持稳定的形状。这种切丁机与离心式切片机相同，一般只适用于果蔬。

（四）绞切机械

在生产肉制品的过程中，经常需要将肉料切制成保持原有组织结构的细小肉粒，这种作业使用的设备即为绞肉机。

绞肉机主要由进料斗、喂料螺杆、螺套及十字绞刀、孔板等构成。进料斗断面一般为梯形或 U 形结构，喂料螺杆为变螺距结构用来将肉料逐渐压实并压入刀孔，螺套内加工有防止肉类随螺杆同速转动的螺旋形膛线。为便于制造和清洗，有些机型的膛线为可拆卸的分体结构。图 3-22 所示为 SGT3B1 绞肉机的结构图，该机用于生产午餐肉罐头的腌制肉条，高温火腿、香熏火腿的拉条或切块，只要更换相应孔径的孔板可以生产各种灌肠肉料和鱼糜，生产能力大，大块肉（30kg 左右）在机内进行绞碎或拉条升温只有 0.5℃。

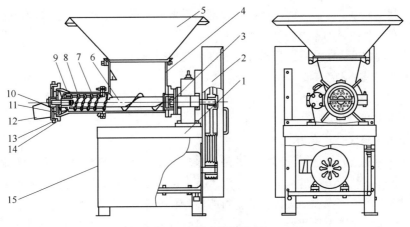

图 3-22　绞肉机结构图

1—机体　2—减速系统　3—密封皮碗　4—绞槽　5—料斗　6—送料螺旋轴　7—工作圆筒　8—挤压螺旋
9—螺旋压缩弹簧　10—切割刀　11—孔板　12—出料斗　13—锁紧螺帽　14—孔板压紧盖　15—维修门

（1）传动部件　由机体 1 和电机及减速系统 2 组成。螺旋轴还配置有止推轴承，用以承受送料螺旋及挤压螺旋在送料、挤压、切割时所产生的强大的反作用力。

（2）进料部件　由料斗 5、绞槽 4、送料螺旋轴 6 组成，料斗由不锈钢薄板焊成，表面抛光，其四壁的倾斜度大于肉料的休止角，保证肉料能在自重作用下流入绞槽，由送料螺旋轴将肉料压入切割区，螺旋轴还带动切刀绞割肉料，并使切好的肉粒从格板的孔中挤出。

送料螺旋轴与传动轴分成两段，便于螺旋的拆洗，也便于螺旋的加工。螺旋按作用分为两段：进料段和挤压段。进料段的螺旋其螺牙较深，螺距较大。挤压段处在工作圆筒 7 内，此段螺旋螺距小，螺牙高度浅，目的是增强挤压力，挤压段后部采用双头螺旋，一方面减小螺距，另一方面形成中断螺旋，有利于挤碎冻结肉料，便于推进。

（3）机头筒体　绞肉机的机头筒体内孔为圆筒形，它包括送料段，挤压段和切割段与螺旋轴配合以输送物料，形成切割空间，并具有冷却散热之功能。

圆筒内径与螺旋间的间隙要保证在 1~2mm，太小易产生磨损，太大将会降低螺旋的工作效率。圆筒内圆表面开有绞槽槽纹，可防止肉料在原地滑动，更有反抗推压力的能力。

（4）切割部件　由切刀 10 和孔板 11 组成，两把切刀，具有直线刀刃，便于制造和修磨。孔板是一种多孔圆板，利用孔口锐边形成刃口，孔板上圆孔按正三角形排列，以最有效利用面积，切刀与孔板的拉紧度是靠螺旋压缩弹簧 9 来实现，可微量调节。

第三节　粉　碎　机　械

一、概　　述

（一）基本概念

粉碎是利用机械的方法克服固体物料内部的凝聚力而将其破碎的一种操作，它是食品加工中特别是在食品原料加工中的基本操作之一。

根据粉碎的粒度大小，可以将粉碎分成以下几种级别：

（1）粗粉碎成品粒度为 5~50mm。

（2）中粉碎成品粒度为 5~10mm。

（3）微粉碎成品粒度为 100μm 以下。

（4）超微粉碎成品粒度为 10~25μm 以下。

粉碎是一种复杂的过程，粉碎机械的种类繁多。在所有的粉碎机中，都存在着多种破坏物料的方式，如在制米工艺过程中脱壳和碾米机也可以看作是一种特殊的选择性粉碎机。对于各种不同物料的粉碎操作，应根据其物料的性质和粉碎要求，采用不同的机械，才能得到较好的工艺效果。对于大多数粉碎机而言，大量的机械能由于摩擦等因素转化成热能，引起物料和机器强烈的温升，因此，必须防止机械过热损坏和食品物料的热敏变质。

粉碎物料的基本原则是只需粉碎到所需的粉碎程度后应立即使物料离开，而不做过度的粉碎。当所需粉碎比较大时，应分成几个步骤进行粉碎，实验证明当粉碎比在 4 左右时操作效率最高。

（二）设备类型和分类

采用不同的尺寸减小方法对物料进行粉碎的作用力是复杂的，主要的粉碎力为冲击力、挤压力、研磨力、剪切力，其他如弯曲、扭转等则为附带的作用力。在实际粉碎操作中，作用力是由上述几种力作用的结果。按粉碎过程中实施的主要作用力，最常见的粉碎设备包括：冲击式粉碎机、研磨式粉碎机等。

根据成品粒度大小，粉碎设备可分为普通粉碎机、微粉碎机和超微粉碎机。

按处理的物料状态可分为干法粉碎和湿法粉碎两类。干法粉碎是指物料在整个粉碎过程中始终呈现干燥松散状态，成品为干燥粉体，这类粉碎操作工艺简单，但易产生过热和粉尘。湿法粉碎是指将原料悬浮于液态载体（常用水）中进行粉碎，这类操作可克服过热和粉尘问题，尤其适用于粉碎后需要用溶剂浸出或直接制浆的场合。

二、冲击式粉碎机械

这类粉碎设备是借助较大的相对速度运动，物料颗粒产生碰撞，在受到冲击时其内部产生的最大正应力大于其强度即发生碎裂。这类粉碎设备对于原料状态要求不严格，粉碎速度快，主要适用于脆性物料的粉碎；但粉碎粒度不能严格控制，粒径分布宽，需要配置专门的分选设备获取所需粒度的产品。冲击式粉碎机大致可分为机械冲击式和气流冲击式两类。

（一）锤片式粉碎机

1. 结构及工作原理

锤片式粉碎机因具有良好的通用性而最为常见。可以用来粉碎的物料包括谷物籽粒、果蔬、茎秆、饼粕和矿物等，其结构简单、生产效率高，产品的粒度便于控制。

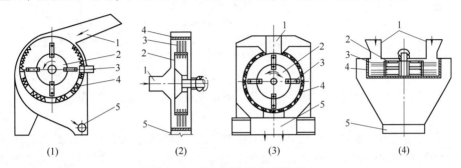

图 3-23　锤片式粉碎机结构形式
（1）切向喂入式粉碎机　（2）轴向喂入式粉碎机　（3）径向喂入式粉碎机　（4）立式粉碎机
1—进料口　2—转子辐板　3—锤片　4—筛片　5—出料口

如图 3-23 所示，锤片式粉碎机主要由进料口 1、转子辐板 2、锤片 3、筛片 4 及出料口 5 等构成。圆形或方形辐板、转轴及锤片共同构成粉碎机的转子。其中，辐板与转轴固定连接，根据不侧向推料、锤片轨迹不重复或少重复、主轴受到的动载荷对称均匀、锤片磨损均匀等原则，锤片按一定排列规律分别通过若干个销轴铰接于转子的辐板上，锤片之间由隔套隔开。在使用过程中，锤片的排列不得随意改变，否则易出现动不平衡，引起振动，影响粉碎效率，降低使用寿命。安装位置和转子转向确定后，仅一个锤角参与粉碎，但因结构对称，可通过调整铰接安装或转向使用不同的锤角，保持锐利面，提高粉碎效率，并可提高锤片材料的利用率。在未运转时，锤片因重力的作用呈下垂状态；运转时，锤片在离心力的作用下呈辐射状态。在某些机型中，机盖的内侧面装有齿板，使物料受锤片锤击后撞到齿板上，更易被击碎。

工作时，原料从喂料斗进入粉碎室，受到高速回转锤片（锤片最外端的线速度一般为 70~90m/s）的打击而破裂，以较高的速度飞向齿板，与齿板撞击进一步破碎，如此反复打击撞击，使物料粉碎成小碎粒。在打击、撞击的同时还受到锤片端部与筛面的摩擦、搓擦作用而进一步粉碎。在此期间，较细颗粒由筛片的筛孔漏出，留在筛面上的较大颗粒，再次受到粉碎，直到从筛片的筛孔漏出。从筛孔漏出的物料细粒由风机吸出并送入集料筒。

2. 主要构件

（1）锤片　锤片是粉碎机的最主要的，易损的工作部件。其形状、尺寸和工作密度、排列方法对粉碎效率、产品质量有一定的影响。

各种锤片形状如图 3-24 所示，采用最广泛的是板条状矩形锤片，它通用性好，形状简单，易制造，有两个销连孔，其中一孔销连在销轴上，可轮换使用四角来工作。

目前，一般在锤片工作棱角堆焊碳化钨合金，焊层厚 1~3mm。据试验结果，堆焊碳化钨合金锤片比 65Mn 整体淬火锤片的使用寿命提高 7~8 倍，但前者的成本比后者高 2 倍多。堆焊碳化钨锤片的焊接工艺要求高，而且粉碎机转子高速旋转的转子平衡要求高。

锤片粉碎机主要依靠锤片对物料打击进行粉碎，线速度越高，打击能力越强。在一定范围内提高锤片速度，可提高粉碎机的生产率、降低电耗、增加产品细度。但速度过高，机器

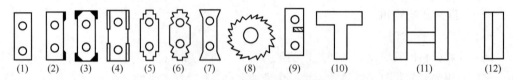

图 3-24　锤片形状的种类

（1）矩形　（2）（3）（4）焊耐磨合金　（5）阶梯形　（6）多尖角　（7）尖角
（8）环形　（9）复合钢矩形　（10）T 形　（11）H 形　（12）刀片形

的空载功率增加，振动和噪声也随之加大，粉碎效率反而降低。大型粉碎机为降低噪声，常采取增加转子直径、降低转速的方法。单转子粉碎机的圆周速度为 40~50m/s，转子转速为 700~1300r/min。

（2）筛片　筛片是锤片粉碎机主要的易损部件之一。其形状和尺寸对粉碎效能有重大影响。锤片粉碎机所用的筛片有冲孔筛、圆锥孔筛和鱼鳞筛等数种。由于圆柱冲孔筛结构简单、制造方便、应用最广。按筛片配置的形式，又可将筛片分为底筛、环筛和侧筛。

筛片的筛孔直径需要根据产品粒度来确定，其对产品粒度、产量及能耗影响极大。在粉碎作业时，筛孔直径只限制了最大的排料粒径，而大多数成品颗粒远小于孔径，选用时需视具体要求而定。尤其在粉碎产品粒度要求较小时，为提高粉碎效率，降低能耗，常采用出口端设置产品分选设备而形成的闭路粉碎工艺。常见筛片包围形式如图 3-25 所示，其中同心圆最为普通，比较常见，结构简单，但易在粉碎室内形成随转子旋转的环流层，需要粉碎的大颗粒靠近筛面，而需要排出的细小颗粒远离筛面，造成过度粉碎，粉碎效率低。偏心圆和水滴形筛片包围形式有助于破坏这种环流层，提高粉碎效率。

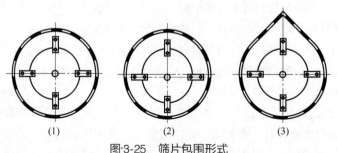

图·3-25　筛片包围形式
（1）同心圆　（2）偏心圆　（3）水滴形

锤片末端与筛面之间的距离成为锤筛间隙（ΔR）。$\Delta R = (1.5~2) \, d$，d 为筛孔直径。锤筛间隙是影响粉碎效率的重要因素之一。各种物料的最佳锤筛间隙应通过试验求得。国外资料介绍，粉碎谷物 $\Delta R = 8mm$，粉碎纤维物料 $\Delta R = 14mm$。我国设计粉碎机系列的正交试验结果推荐谷物 $\Delta R = 4~8mm$，通用型 $\Delta R = 12mm$。

筛片面积越大，出料能力超强。

3. 分类

锤片式粉碎机按主轴布置形式分为卧式和立式两种。其中，卧式为传统形式，应用广泛，按进料方向又划分为切向喂入式、轴向喂入式和径向喂入式三种结构类型。

（1）切向喂入式　如图 3-23（1）所示，物料由切线方向进入粉碎室，喂入口开度较大。筛片安装于粉碎室的下半部分，筛片包角仅为 180°，筛理面积较小。粉碎室上部安装有齿板，强化了冲击作用。通常本身设有卸料风机。这种粉碎机通用性好，粒料、块状料、茎秆料均可适用。但因结构不对称，其转子只能一个方向转动，锤片磨损后调换方向较为麻烦，故这种机型多为中、小型粉碎机。

（2）轴向喂入式 如图3-23（2）所示，喂入口设置于转子主轴的一侧，沿其轴向进入粉碎室，筛片包角为360°，构成圆形或水滴形环筛。这种粉碎机的粉碎室宽度较小，结构简单，筛理面积大，粉碎效率高。物料由主轴的一端因自重进入或由气流吸入粉碎室，粉碎后的物料通过筛孔后下落。在采用气流吸入时，可依靠转子内安装的叶片转动产生负压气流，所使用的喂入口小，仅适宜于粒状物料，但可远距离或通过软管由多点取料，故可设置于高处让粉料直接落入粉料仓内。因结构对称，转子可正反两个方向作业。这种喂入形式多见于小型粉碎机。

（3）径向喂入式 如图3-23（3）所示，物料由粉碎室正上方进入粉碎室，粉碎室内较宽，因喂入口和筛片固定结构需要，筛片包角约300°，筛理面积大，结构对称，生产能力强。这种粉碎机可自重进料，常设置于待粉碎料仓的下方。因可两个方向转动，减少了锤片的安装方向的更换次数。一般只用于散粒料，常见于大、中型粉碎机，使用时需要配置卸料装置。为提高粉碎效率和卸料速度，在配置机组时，卸料端需配置排气装置卸除转子产生的风压。

（4）立式粉碎机 如图3-23（4）所示，立式粉碎机是一种新型大型粉碎机，与传统的卧式粉碎机不同，一般沿转子外圆设置有多个轴向进料口。在某新型立式锤片粉碎机上，设置有四个变频控制喂料器，四个流量可调的进料口，四个粉料出口，形成四个位于进料口与出料口之间的粉碎区，四个出料口就设置在进料口的下方，以使破碎后的料直接排出粉碎机。各出料口配有筛面。

对于立式锤片粉碎机，物料在粉碎室内停留时间短，物料颗粒所受锤片打击的次数较少，不会或较少产生过度粉碎现象，因而，细粉少，粒径分布带窄，大部分粉料颗粒的粒径处于中径附近，且保留了许多原料的自身组织结构，潜在细粉少。在使用 $\phi2.5mm$ 筛孔时，经传统卧式锤片粉碎机粉碎的料中有33%的颗粒<0.4mm，而使用立式锤片粉碎机的只有15%。立式锤片粉碎机，物料在重力及转子的综合作用下通过粉碎室，而无须大型的外部气力系统，同时，过度粉碎少，锤片与物料之间的摩擦也较少，因而能耗低，粉碎效率高，与同等生产率的传统卧式锤片粉碎机相比，最多可降低能耗25%。同时，物料在粉碎室内停留时间短，温升小，使得水分损失少，减少了"粉碎干缩"。

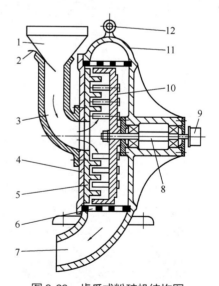

图3-26 齿爪式粉碎机结构图
1—进料斗 2—流量调节板 3—进料口 4—机盖
5—定齿盘 6—筛网 7—出料口 8—主轴 9—带
轮 10—动齿盘转子 11—机壳 12—起吊环

（二）齿爪式粉碎机

齿爪式粉碎机结构如图3-26所示，由进料斗、动齿盘转子、定齿盘、包角为360°的圆环形筛网、主轴、排料管等组成，可用于粉碎谷物、果品、蔬菜等物料。

　　定齿盘 5 安装在机盖上，机盖用铰链与机壳连接。定齿盘 5 上有两圈定齿，齿的断面呈扁矩形；动齿盘转子 10 装在主轴 8 上，随主轴一同旋转，其上有三圈齿，横截面是圆形或扁矩形。工作时，动齿盘上的齿在定齿盘齿的圆形轨迹线间运动。当物料由装在机盖中心的进料口 3 轴向喂入时，受到动、定齿和筛片的冲击、碰撞、摩擦及挤压作用而被粉碎。同时受到动齿盘高速旋转形成的风压及扁齿与筛网的挤压作用，使符合成品粒度的粉粒体通过筛网排出机外。动齿的线速度为 80~85m/s，动、定齿之间间隙为 3.5mm 左右。该机的特点是结构简单、生产率较高、耗能较低，但通用性差。

（三）卧式超微粉碎机

　　卧式超微粉碎机结构如图 3-27 所示，卧式超微粉碎机主要由料斗 2、进风口 1、粉碎室、分选装置、排渣螺旋卸料器等构成，适用于脱脂大豆、谷物及矿物质等脆性、硬质物料的微粉碎。

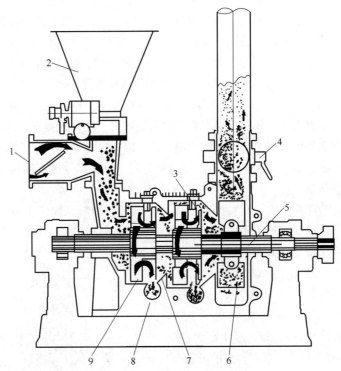

图 3-27　卧式超微粉碎机结构图

1—进风口　2—料斗　3—固定磨环　4—风门　5—主轴　6—风机　7—锥机套管　8—螺旋卸料器　9—叶片

　　粉碎室被两个锥形套划分成沿轴向排列的三个室——第一粉碎室、第二粉碎室和风机室。粉碎室所对应的主轴上安装有粉碎部件和分选部件，机壳内壁上有固定磨盘。在第一粉碎室内，转子左端布置有 5 个螺旋升角为 60°的平直叶片，叶片上安装有可拆卸的高硬度合金磨块，称为劲锤，外缘线速度为 45~60m/s，机壳内装有固定磨环，为可更换、开有径向齿槽的环形齿板，用以强化磨碎作用；转子右端布置有分选盘，与之相对的机壳上有一轴向位置可调的锥形套管，二者之间的间隙控制着第一粉碎室出口产品的粒径。第二粉碎室的结构与第一粉碎室大体相同，不同点在于转子上为径向平直叶片，且直径比第一粉碎室转子叶片大 10%，使粉碎作用强于第一粉碎室；分级盘与锥形套管之间的间隙小于第一粉碎室。

　　进风口设有风门，其开度可调，用以调节气流速度，具有控制出口产品粒度的作用。排渣装置设置于两粉碎室下方,与粉碎室间开有通道,内有排渣螺旋。

经细破碎或粗粉碎预处理后粒径为 $\phi 5 \sim 10mm$ 的原料由喂料口进入后,首先在第一粉碎室被机械冲击粉碎及磨碎,部分粒径较小的颗粒与气流一起通过分级盘与锥形套管之间形成的间隙进入第二粉碎室,受到第二粉碎室更为强烈的粉碎作用,最后成品部分通过分级盘与锥形套管的间隙进入风机,并由风机连同气流一起排出机外。在粉碎过程中,高硬度、高密度及粗大颗粒因离心力较大而被甩进排渣通道,然后被螺旋排出机外。

(四)气流粉碎机

气流粉碎机(又称气流磨),它是在高速气流($300 \sim 500m/s$)的作用下,物料通过本身颗粒之间的撞击、气流对物料的冲击剪切作用以及物料与其他构件的撞击、摩擦、剪切等作用使其粉碎。

气流粉碎机的粉碎特点为:

(1)产品粒度细且均匀,一般$<5\mu m$(粉碎比一般为$1 \sim 40$)。

(2)产品受污染少且在粉碎过程中不会产生大量的热,特别适用于低熔点和热敏性材料及生物活性制品的粉碎。

(3)可实现联合操作,同时具备粉碎、干燥、混合、包覆等功能,并能在无菌状态下操作。

(4)生产过程连续,生产能力大,自控、自动化程度高。

1. 圆盘式气流粉碎机

如图3-28所示,圆盘式气流粉碎机的粉碎腔室是一个圆盘,气流入口与圆盘形粉碎腔室

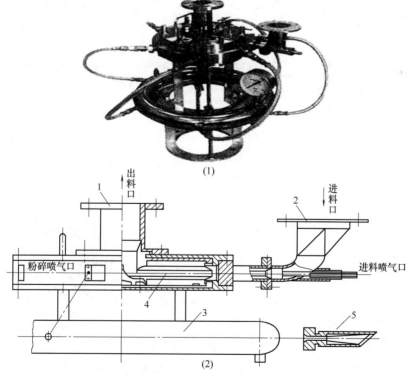

图3-28　STJ型圆盘式气流粉碎机

(1)外形图　(2)结构图

1—出料系统　2—进料系统　3—进气系统　4—粉碎腔　5—喷管

成一定角度，使喷射气流所产生的旋转涡流既能使粒子得到良好的冲撞、摩擦、剪切，又能在离心力的作用下达到正确的分级。圆盘式气流粉碎机结构较简单，操作方便，拆卸、清理、维修简单方便，并自身具有自动分级功能。其缺点是，当被粉碎的物料硬度较高时，随气流高速运动与磨腔内壁会产生剧烈的冲击、摩擦、剪切，导致磨腔的磨损，而且对产品会造成一定污染。因此，磨腔内衬材料都必须采用超硬、高耐磨材料制造。例如，采用刚玉、氧化锆、超硬合金、喷涂超硬材料以及渗氮处理等。圆盘式气流粉碎机主要用于较软、较脆的材料的超细化，对于超硬、高纯材料的超细化不适用。

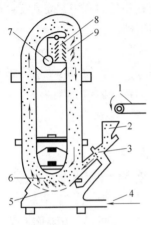

图3-29 立式环形喷
射气流粉碎机结构图

1—输送机 2—料斗 3—文丘里加料器 4—压缩空气或过热蒸汽入口 5—喷嘴 6—粉碎室 7—产品 8—分级器 9—分级器入口

2. 立式环形喷射气流粉碎机

如图3-29所示，立式环形喷射气流粉碎机主要由立式环形粉碎室、分级器和文丘里加料装置等组成。其工作过程为：从喷嘴喷出的压缩空气将喂入的物料加速并形成紊流状，致使物料相互碰撞、摩擦等而达到粉碎效果。粉碎后的粉粒体随气流经环形轨道上升，环形轨道的离心力作用致使粗粉粒靠向环形轨道外侧运动，细粉粒则被挤向内侧。回转至分级器入口时，由于内吸气流漩涡的作用，细粉粒被吸入分级器而排出机外，粗粉粒则继续沿环形轨道外侧远离分级器入口处通过而被送回粉碎室，再度与新进入物料一起进行粉碎。该机粉碎的粒度在 $0.2 \sim 3\mu m$。

3. 对冲式气流粉碎机

如图3-30所示，对冲式气流粉碎机主要由对冲室、分级室、喷管、喷嘴等组成。压缩空气从左右两侧以亚音速进入，物料从左侧加入，在空气的喷射下，气粉混合体进入粉碎区，此时与右侧进入的气流相撞击，粒子在无规则的运动中向低压区移动，通过上升管进入分级区，细粒随气流通过通风口流出，粗粒通过返回管与右侧压缩空气合流进入第二次循环粉碎。

三、研磨式粉碎机械

（一）辊式磨粉机

1. 工作原理

辊式磨粉机是食品工业（特别是在面粉制造工业）中广泛使用的粉碎机械，其他如啤酒麦芽的粉碎、油料的轧坯、巧克力的研磨、糖粉的加工、麦片和米片的加工等均有采用。它的主要工作部件是一对旋转的圆柱形磨辊，物料经过这一对磨辊之间受到挤压、剪切、研磨等作用力从而

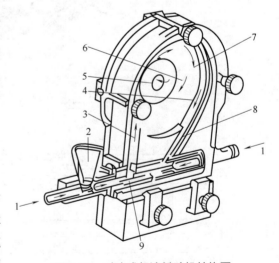

图3-30 对冲式气流粉碎机结构图

1—压缩空气入口 2—加料斗 3—上升通道 4—粗粒运动轨迹 5—通风口及细粒出口 6—细粒运动轨迹 7—分级室 8—粗粒返回通道 9—对冲粉碎室

得到粉碎。辊式磨粉机的粉碎过程具有粉碎过程稳定、能耗低、可以实现选择性粉碎、易控制等优点。

目前，世界各国研制的辊式磨粉机，基本上向两个方向发展：对于大、中型磨粉机，通过采用各种新技术和新材料，其结构和性能越来越完善，自动化程度更高；小型磨粉机则向着简单、实用、可靠和价廉的方向发展。

2. 主要构件

辊式磨粉机种类繁多，现以 Mddk 型四辊气压磨粉机为例说明其结构。如图 3-31 所示，二对磨辊，分别呈水平配置，属于封闭型、复式、气压控制的全自动大型磨粉机。

Mddk 型磨粉机采用玻璃钢全封闭罩壳，外表只露操作手轮和旋钮，密闭性好，噪声低且拆装方便；磨辊间的定速机构采用螺旋齿轮，能较好地适应负荷及传动中心距的变化，传动比准确。磨辊采用自动调心滚子轴承，使磨辊转动稳定、不易跳动，可承受较高的转速和辊间压力。磨辊可以采用水冷散热，以改善研磨效果，延长磨辊使用寿命。轧距吸风装置可改善喂料状态，稳定产量。

（1）喂料机构　喂料机构的作用是使物料在整个磨辊长度上以一定的速度均匀薄层地进入轧区。为保证整个流程的稳定性和连续性，喂料机构能根据物料量的变化自动调节喂料量的大小。

① 喂料机构的结构：如图 3-32 所示，内、外两喂料辊倾斜排列，倾角约 30°，辊径为 $\phi 75mm$。对于散落性好的物料，喂料活门安装在内辊上方，如图 3-32（1）所示，与内辊共同组成定量系统，以控制进机物料流量，而外辊的作用是使物料加速和进一步匀料。对于散落性较差的物料，喂料活门安装在外辊上方，如图 3-32（2）所示，与外辊共同组成定量系统，此时内侧绞龙的作用是向两侧拨散物料，起匀料作用。

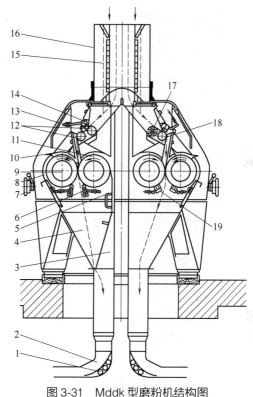

图 3-31　Mddk 型磨粉机结构图

1—二次进风口　2—卸料管　3—吸风管道　4—集料斗
5—慢辊吸风道　6—光辊清理可调刮刀　7—轧距调节手轮
8—快辊吸风道　9—快辊　10—弧形板遮盖　11—慢辊
12—喂料辊　13—有机玻璃门　14—喂料门
15—脉冲发生器　16—接料筒　17—喂料螺
旋输送器　18—喂料辊　19—齿面清理毛刷

② 喂料辊的传动：喂料辊的启停和喂料活门的开闭，与磨辊离合是连锁的。如图 3-33 所示，喂料辊由快辊轴通过窄三角带传动。在无料时磨辊离闸，齿轮离合器处于分离状态，喂料辊停转。当料筒内积料达到要求时，气控系统工作，气缸的活塞杆伸出，在完成进辊的同时下拉传动杆，使离合器啮合，喂料辊开始运转，完成进辊后喂料的控制。内、外辊之间的传动是通过喂料辊左端的传动齿轮组完成。

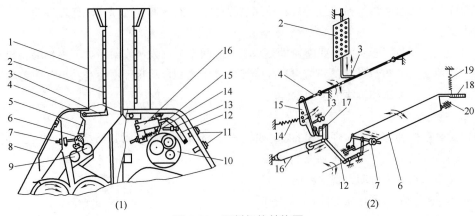

图 3-32   喂料机构结构图

1—进料筒   2—料位传感板   3—铰支板   4—铰支轴   5—挡料板   6—喂料活门   7—调节螺母   8—上磨门
9—喂料辊   10—喂料辊传动齿轮变速箱   11—气动控制板   12—杠杆   13—限位螺栓   14,19—弹簧
15—转臂   16—伺服气缸   17—机控换向阀   18—拉杆   20—喂料活门偏心轴头

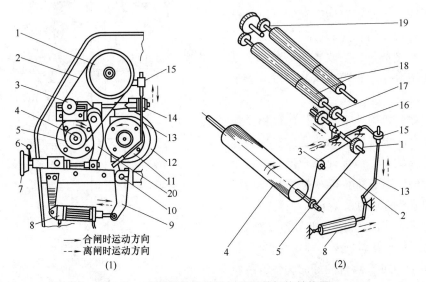

—→合闸时运动方向
---→离闸时运动方向

图 3-33   喂料辊的传动及轧距调节机构结构图

1—喂料机构带轮   2—窄三角带   3—张紧轮   4—快辊   5—快辊轴上带轮   6—夹紧杆   7—轧距调节手轮   8—离合
闸气缸   9—曲臂   10—偏心支座   11—慢辊轴承座   12—慢辊轴承臂   13—传动杆   14—弹簧   15—压帽
16—齿轮离合器   17—喂料辊右端传动齿轮组   18—喂料辊   19—喂料辊左端传动齿轮组   20—曲臂

（2）磨辊

① 磨辊的粉碎原理：磨辊是磨粉机的主要工作构件，根据相向旋转的一对磨辊的辊面状态和速度比的不同，物料粉碎的方法也不同。磨辊分"齿辊"和"光辊"两种，磨辊表面经磨光后再拉制磨齿（又称拉丝）即成齿辊，磨辊表面经磨光和无泽面处理即成光辊。

等速相向旋转的光辊是以挤压的方法粉碎物料或使物料挤压成片状，典型设备是轧麦片机、轧米片机等。

差速相同旋转的光辊是以挤压和研磨的方法粉碎物料，典型设备是用于面粉厂心磨系统的光辊磨粉机和巧克力精磨机。

差速相向旋转的齿辊是以剪切、挤压和研磨的方法粉碎物料，典型设备是用于面粉厂皮磨、渣磨及尾磨系统的齿辊磨粉机。

② 磨辊的结构：目前我国使用的磨辊是采用硬模离心浇铸、冷凝合金辊体的半轴压合空心磨辊，其结构如图3-34所示。辊体外层为研磨层，材料为冷硬合金铸铁，硬度为肖氏68°~78°，厚度为辊体直径的8%~13%。内层为灰口铁HT18~36。磨辊轴为45号钢，先粗加工，经调质处理后，再压入辊体内，并进行动、静平衡校验。

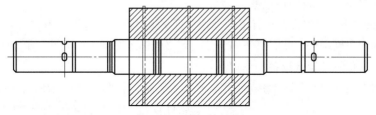

图3-34 磨辊的结构

③ 磨辊的排列：根据磨齿的锋角和钝角及快慢辊的相对运动，辊齿的排列有以下4种形式，如图3-35所示。快慢辊之间有挤压、剪切和研磨的作用（v_1，v_2为快慢辊速率）。锋对锋时剪切作用强，粉碎所耗动力较少，得到粒度比较整齐的磨下物料。钝对钝时挤压研

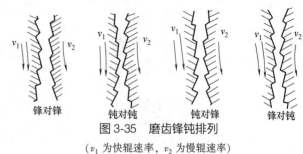

锋对锋　　钝对钝　　钝对锋　　锋对钝

图3-35 磨齿锋钝排列

（v_1为快辊速率，v_2为慢辊速率）

磨作用较粉碎所耗动力较大，但在磨制面粉时，麸皮破碎较少达到选择性粉碎的目的。在制粉工艺中往往对每一道粉碎工序采用不同的齿型和锋钝组合，以达到最为经济合理的工艺效果。

（3）轧距调节机构　轧距调节机构由气动控制离合闸和杠杆式双边手轮轧距微调两部分组成，结构较简单，操作方便，稳定性好，其结构见图3-33（1），工作原理见图3-36。

① 进退辊的控制：设备处于进辊状态时，气动系统驱动离合闸气缸的活塞杆伸出，推动转臂带动偏心支轴转动，使慢辊轴承臂下端靠近快辊，如图3-36中A向，即磨辊合闸进入工作状态。当进料筒内料位低于料位下限或操作人员通过控制元件发出退辊指令时，气动系统使离合闸气缸的活塞缩回，推动磨辊离闸。在使用刮板作为清理机构的磨粉机上，进退辊时，通过连杆推动清理机构靠近或离开磨辊。

② 轧距的调节：在设备运行过程中，通过

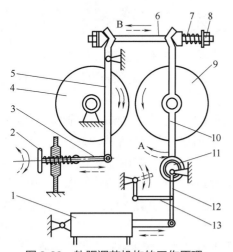

图3-36 轧距调节机构的工作原理

1—离合闸气缸 2—轧距微调手轮 3—调节杆
4—快辊 5—曲臂 6—拉杆 7—弹簧 8—调
节螺母 9—慢辊 10—慢辊轴承臂 11—偏心
支座 12—转臂 13—磨辊清理机构进退控制连杆

（——为合闸方向，－－→为离闸方向）

轧距微调手轮可对轧距进行精确调节，并可通过手轮中的刻度盘了解轧距的调节情况。顺时针转动手轮，调节杆通过曲臂、拉杆使慢辊轴承臂向快辊靠近，如图 3-36 中 B 向，轧距减小。手轮每转一圈，轧距变动量约为 0.2mm。逆时针转动手轮可使轧距增大。

为避免磨辊运转时两辊接触而损坏辊面，必须在开机前用塞尺检查并粗调轧距。调节方法是：不启动电机，接通气源使设备处于合闸状态，通过拉杆 6 末端的调节螺母 8 和轧距微调手轮 2 进行调节，调节后应锁定刻度盘的指示位置。工作过程中调节时应注意观察刻度盘，避免轧距过小而造成两辊接触。

③ 磨辊保护装置：装置在拉杆上的弹簧 7 可实现对设备的保护。当有大型硬物进入研磨区时，辊间压力急剧增加，此时可压缩弹簧，使慢辊轴承臂的上端退出，轧距增大，让过硬物通过，以起到保护磨辊及设备的作用。

（4）传动机构　Mddk 型磨粉机采用置于楼板下的电机传动，传动形式占地小、电机冷却条件较好。辊的传动形式见图 3-37。

快慢辊间的传动为定速机构的螺旋齿轮传动，其齿形较特殊，以适应等待状态或工作状态时，不同传动中心距及不同载荷的传动。

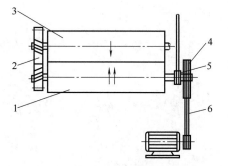

图 3-37　磨辊的传动形式

1—快辊　2—螺旋齿轮箱　3—慢辊　4—主传动
三角带轮　5—喂料辊传动带轮　6—窄三角带

（二）磨介式粉碎机

磨介式粉碎机是指借助处于运动状态、具有一定形状和尺寸的研磨介质所产生的冲击、摩擦、剪切、研磨等作用力使物料颗粒破碎的研磨粉碎机。其粉碎效果受磨介的尺寸、形状、配比及运动形式、物料的充满系数、原料的粒度的影响。通常采用的研磨介质有钢球、不锈钢球、钢棒、氧化锆球、氧化铝球、瓷球、玻璃珠，直径在 $\phi0.5mm$ 以上，大小不一。球形磨介之间为点接触，棒形磨介之间为线接触。这种粉碎机生产率低、成品粒径小，多用于微粉碎及超微粉碎。典型机型有球磨机（粉碎成品粒径可达 $\phi40\sim100\mu m$）、振动磨（成品粒径可达 $\phi2\mu m$ 以下）和搅拌磨（成品粒径可达 $\phi1\mu m$ 以下）。

1. 球磨机

（1）结构及工作原理　球磨机（图 3-38）由圆柱形筒体 1、端盖 2、主轴承 3、大齿圈 10 等主部件组成。筒体 1 内装入直径为 25~150mm 的钢球，称为磨介或球荷，其装入量为整个筒体有效容积的 25%~45%。筒体两端有端盖 2，端盖的法兰圈通过螺钉同筒体的法兰圈相连接。端盖中部有中空的圆筒形颈部，称为中空轴颈。中空轴颈支撑于主轴承 3 上。筒体上固定有大齿圈 10。电动机通过联轴器和小齿圈使筒体转动。磨介随筒体上升至一定高度后，呈抛物线抛落或呈泻落下滑，如图 3-39 所示。

由于端盖有中空轴颈，物料从左方的中空轴颈进入筒体，逐渐向右方扩散移动。在自左而右的运动过程中，物料遭到钢球的冲击、研磨而逐渐粉碎；同时，筒体内的钢球数目很多，在钢球之间或钢球与衬板的间隙内的物料受到钢球的研磨、冲击和压力作用而粉碎。被粉碎后的物料从右方的中空轴颈排出机外。

（2）主要构件

① 磨介的运动状态：磨介机筒体内磨介的运动视球磨机的直径、转速、衬板类型及磨介

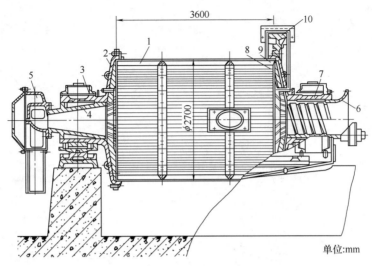

图 3-38 球磨机结构图

1—筒体 2,8—端盖 3—主轴承 4,6—中空轴颈 5—给料器 7—小齿轮 9—衬板 10—大齿圈

总重量等因素影响，可以呈泻落或抛落式下落，也可呈离心式运动随筒体一起旋转（图 3-40）。

当钢球总重量较大即钢球的充填率（全部钢球的容积与筒体内部有效容积的百分数）达 40%~50% 且磨碎机的转速较低时，呈月牙形的整体磨介随磨碎机筒体升高至大约与垂线成 40°~50° 角时，磨介一层层地往下滑滚，呈泻落状态，钢球朝下滑滚时对钢球间隙里的物料产生研磨作用使物料粉碎。

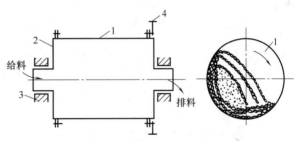

图 3-39 球磨机球的滚动状态

1—筒体 2—端盖 3—轴承 4—大齿圈

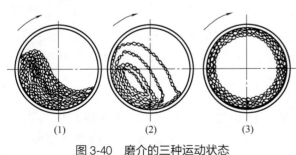

图 3-40 磨介的三种运动状态

（1）泻落状态 （2）抛落状态 （3）离心状态

随着磨碎机的转速提高，钢球随筒体提升至一定高度后，将离开圆形运动轨道而沿抛物线轨迹呈自由落体下落，呈抛落状态，钢球对筒体下部的物料冲击研磨产生粉碎作用。

当磨碎机转速进一步提高，离心力使磨介停止抛射，整个磨介形成紧贴筒体内壁的一个圆环，随筒体一起旋转，呈离心状态，此时磨介之间无相对运动，不存在粉碎作用。

② 衬板：球磨机筒体内衬有一定形状和材质的衬板，如图 3-41 所示。衬板的作用不仅防止筒体遭受磨损，而且影响钢球的运动规律，从而影响磨碎效率。衬板的材质有高锰钢、

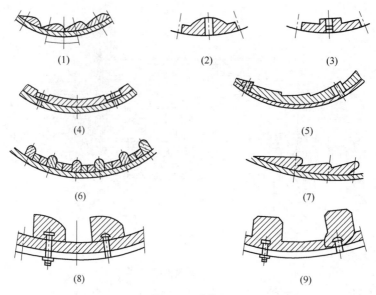

图 3-41   衬板

(1) 楔形   (2) 波形   (3) 平凸形   (4) 平形   (5) 阶梯形   (6) 条形
(7) 船舵形   (8) K 形橡胶衬板   (9) 方形橡胶衬板

高铬锈铁、硬镍铸铁、中锰球铁和橡胶等。衬板厚度通常为 50~130mm。在给料端的衬板厚度可大于在排料端的，有利于使小球在排料端附近聚集、大球在给料端附近聚集。

形状较平滑的衬板使钢球同衬板之间的相对滑动较大，产生较多的研磨作用，在相同转速下钢球被提升的高度和抛射消耗的功较少，适于细磨。凸起部较突出的衬板对钢球的推举作用强，使钢球能升至较高的位置，抛射作用较强，而且对球荷和物料产生较剧烈的搅动。即使形状相似，凸起部或衬板压条的高度、形状、间距等参数也很重要，必须和物料性质、生产条件，钢球尺寸等相适应。

方形衬板对磨介的推举能力较强，产生较多的冲击作用，适用于粗磨。标准形衬板对磨介产生中等推举作用，有较强的研磨作用，适用于一般的磨碎。K 形衬板对磨介的推举能力较小，冲击作用弱，但研磨作用强，适用于细磨。

橡胶衬板耐磨损（寿命比锰钢衬板高 2~3 倍）、重量轻（比锰钢衬板轻约 85%），耐腐蚀、装板方便、噪声小、橡胶制的排料格子板堵塞现象少，衬板厚度通常为 40~60mm，筒体的有效容积增大。

2. 搅拌磨

（1）结构及工作原理   搅拌磨是在球磨机的基础上发展起来的。在球磨机内，一定范围内磨介尺寸越小则成品粒度也越细，但磨介尺寸减小到一定程度时，它与液体浆料的黏着力增大，会使磨介与浆料的翻动停止。为解决这个问题，可增添搅拌机构——搅拌磨以产生翻动力。搅拌磨大多用在湿法超微粉碎中。

搅拌磨的超微粉碎原理是：在分散器高速旋转产生的离心力作用下，研磨介质和液体浆料颗粒冲向容器内壁，产生强烈的剪切、摩擦、冲击和挤压等作用力（主要是剪切力）使浆料颗粒得到粉碎。搅拌磨能满足成品粒子的超微化、均匀化的要求，成品的平均粒度最小为 2~4μm，已在食品工业众多领域中得到广泛的应用。

搅拌磨所用的研磨介质有玻璃珠、钢珠、氧化铝珠和氧化锆珠，还常用天然沙子，故又称沙磨。研磨介质的粒径必须大于浆料原始平均颗粒粒径的 10 倍。研磨成品粒径与研磨介质粒径成正比，研磨介质粒径越小，研磨成品粒径越细，产量越低。成品粒径要求小于 $5\mu m$ 时常采用 $\phi 0.6 \sim 1.5mm$ 的磨介；成品粒径要求在 $5 \sim 25\mu m$ 时常采用 $\phi 2 \sim 3mm$ 的磨介。磨介相对密度越大，研磨时间越短。

研磨介质的充填率对搅拌磨的研磨效率有直接影响，粒径大充填率也大，粒径小则充填率也小。对于敞开型立式搅拌磨，充填率为研磨容器的有效容积的 50% ~ 60%；对于密闭型立式和卧式搅拌磨，充填率为研磨容器有效容积的 70% ~ 90%。

（2）主要构件　搅拌磨的基本组成包括研磨容器、分散器、搅拌轴、分离器和输料泵等，见图 3-42。

研磨容器多采用不锈钢制成，带有冷却夹套以带走由分散器高速旋转和研磨冲击作用所产生的能量。

分散器采用不锈钢制成或用树脂橡胶和硬质合金材料等制成。常用的分散器有圆盘型、

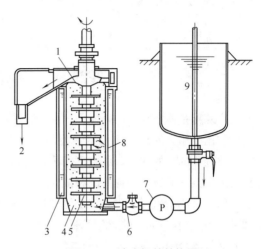

图 3-42　沙磨机的结构图

1—分离机构　2—出液口　3—冷却部分　4—研磨介质　5—分散叶片　6—止回阀　7—输液泵　8—内筒　9—搅拌槽

异型、环型和螺旋沟槽型等，如图 3-43 所示。由研磨介质和浆料二者间的运动速度差产生的剪切力在分散圆盘的附近很大，所以分散圆盘与研磨容器直径之间存在一适宜的比例关系，一般取值范围在 0.67 ~ 0.91。分散圆盘的旋转速度与成品粒度大小呈反比例关系，而与功率消耗、研磨温度和磨介损耗等成正比例关系，常用的圆周速度取 10 ~ 15m/s。在搅拌磨内，容器内壁与分散器外圆之间是强化的研磨区，浆料颗粒在该研磨区内被有效地研磨而靠近搅拌轴却是一个不活动的研磨区，浆料颗粒可能没有研磨就在泵的推动下通过。所以将搅拌轴设计成带冷却的空心粗轴来保证搅拌磨周围研磨介质的撞击速度与容器内壁区域的研磨介质撞击速度相近，使研磨容器内各点都有比较一致的研磨分散作用。

被研磨的浆料成品在输料泵推动下通过分离器而排出。分离器通常有筛网

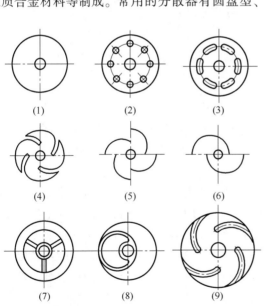

图 3-43　搅拌磨中常见的分散器类型

（1）平面圆盘型　（2）开圆孔圆盘型　（3）开弯豆孔圆盘型　（4）渐开线槽形异型　（5）风车形异型　（6）偏凸形异型　（7）同心圆环型　（8）偏心圆环型　（9）螺旋沟槽型

型和无网型两类，最常用的有圆筒型筛网、伸入式圆筒型筛网、旋转圆筒筛网和振动缝隙分离器等。输送泵的选择需考虑液体物料的性质（如黏度和固形物含量），可选用齿轮泵、内齿轮输送泵、隔膜泵和螺杆泵等。

第四节　均质及乳化机械

均质乳化是液态物料粉碎操作的一种特殊方式，兼有粉碎、乳化和混合三种作用，是把原先颗粒比较粗大的乳浊液或悬浮液加工成颗粒非常细微的、稳定的乳浊液或悬浮液的过程。均质乳化的目的在于获取粒度很小且均匀一致的液相混合物。例如果汁生产中通过均质能获得果肉微细的破碎物均布的料液，以减少产品沉淀。生产乳制品中，为了减少牛乳中的脂肪球因大小不一出现大脂肪球上浮于牛乳表层的分离现象，通过均质后，可使牛乳中的脂肪球破碎到直径<2μm，并充分乳化，均质后的牛乳不会出现脂肪球分离现象，成为质地均匀的胶黏状混合物，易被人体消化吸收。

均质及乳化机械根据作用原理可分为高压均质机和剪切式均质乳化机两类。高压均质机主要是先对原料进行加压，并让液料在小孔隙里高速流动，从而产生剧烈的压力突变使液滴破碎。剪切式均质乳化机是利用一高速旋转的工作构件与另一静止的工作构件间的相互配合，使通过的原料受到强烈的剪切作用而产生颗粒破碎与乳化。

一、高压均质机

（一）高压均质原理和过程

所有液态食品长时间放置后就会产生分层现象，是由于液体里面的颗粒大小不一引起的。但是当颗粒的直径小到接近于液体介质的分子时，由于此时在分子和微小颗粒之间形成了耦合力，使得分离很难发生。均质正是通过把原先数量相对较大颗粒粉碎成无数接近于液体分子大小的微粒，使液体内部产生这种耦合作用力，从而微粒稳定、均匀地分散在液体介质中而不发生分离，所以均质后液体的黏度往往会提高。

高压均质机是利用高压使得液料高速流过狭窄的缝隙而受到强大的剪切力、对金属部件高速冲击而产生强的撞击力、因静压力突降与突升而产生的空穴爆炸力等综合力的作用，如图 3-44 所示，把原先颗粒比较粗大的乳浊液或悬浮液加工成颗粒非常细微的稳定乳浊液或悬浮液的过程。

如图 3-45 所示，高压泵送来的高压液体被强制通过均质阀的阀座和阀杆间大小可以调节的缝隙（约为 0.1mm）时，其流动速度在瞬间被加速到 200～300m/s，在缝隙中产生巨大的压力降，当压力降低到工作温度下液体的饱和蒸汽压时，液体就开始"沸腾"汽化，内部

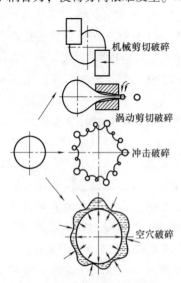

机械剪切破碎

涡动剪切破碎

冲击破碎

空穴破碎

图 3-44　均质原理示意图

产生大量气泡。含有大量微气泡的液体朝缝隙出口流出，流速逐渐降低，压力又随之提高，压力增加至一定值时，液体中的气泡突然破灭而重新凝结，气泡在瞬时大量生成和破灭就形成了"空穴"现象。空穴现象似无数的微型炸弹爆炸，能量强裂释放产生强烈的高频振动，同时伴随着强烈的湍流产生强烈的剪切力，液体中的软性、半软性颗粒就在空穴、湍流和剪切力的共同作用下被粉碎成微粒。其中空穴起了主要的作用。被粉碎了的微粒接着又强烈地冲击到冲击环上，被进

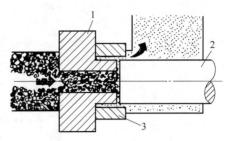

图 3-45　均质过程示意图

1—阀座　2—阀杆　3—冲击环

一步分散和粉碎，最后以一定的压力流出，完成均质过程。均质在本质上类似于"汽蚀"现象，均质正是利用了这一原先有害的现象并有目的地加以控制，使之发生在特定的区域，且更为强烈以致能产生强大的粉碎作用。

（二）主要构件

目前食品工厂中的高压均质机通常采用三柱塞泵作为高压泵，其瞬时排液量大且较为均匀。柱塞的往复运动由曲柄滑块机构驱动。如图 3-46 所示，泵体为一长方体结构，用不锈钢块锻造并加工而成，其中开有三个活塞孔，配有三套活塞及阀。活塞为圆柱状，采用填料函进行密封。食品行业常用的高压均质机的柱塞泵对料液施加的压力可达 30~60MPa，超高压的柱塞泵可达 150MPa 以上。在高压泵的料液出口处安装均质阀，即构成高压均质机。

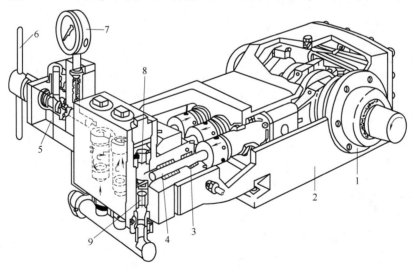

图 3-46　高压均质机泵体组合图

1—连杆　2—机架　3—活塞环封　4—活塞　5—均质阀　6—调压杆　7—压力表　8—上阀门　9—下阀门

高压柱塞泵的液力端按照其吸入、排出阀的布置形式和液流通道特性，可分为直通式、直角式和阶梯式等不同形式，如图 3-47 所示。直通式液力端的每个缸体的吸入、排出阀中心轴线均为同一轴线；直角式液力端的吸入、排出阀轴线互相垂直；阶梯式液力端的吸入、排出阀轴线互相平行但不是同一轴线。直通式的过流性能好、余隙容积较小、结构紧凑、尺寸小，但通常吸入阀拆装不便。直角式液力端的吸、排阀可以分别装拆和更换，使用维修方

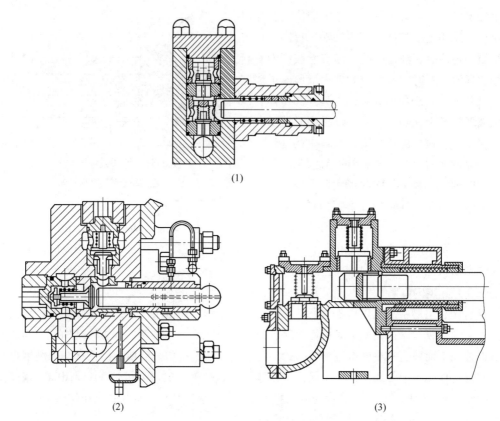

图 3-47　液力端的结构图

（1）直通式　（2）直角式　（3）阶梯式

便，阀的余隙容积小，结构紧凑，柱塞可以从吸入阀处装拆。但由于吸入阀呈水平布置，因此对阀板的导向要求较高，否则会引起阀的关闭不良。阶梯式液力端吸、排阀可单独装拆和更换，因此常用于须经常更换泵阀的场合。由于余积较大，当排出压力较高或输送含气量较高的介质时，泵的容积效率较低。

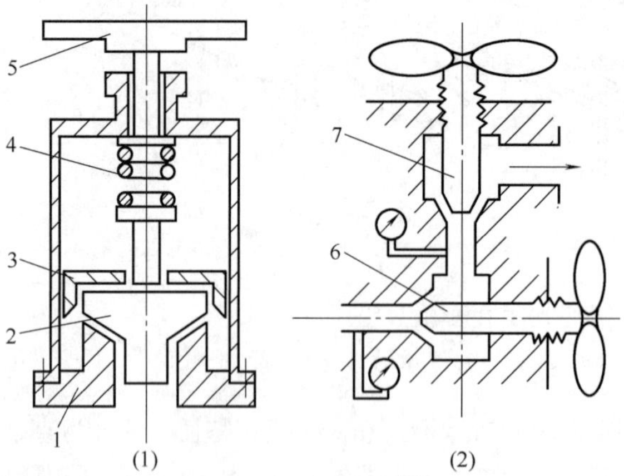

均质阀是完成均质过程的关键部件。图 3-48 为均质阀的结构图，它主要由阀座 1、阀芯 2、弹簧 4、调节手柄 5 等组成。

在均质时，均质阀缝隙内液体的流速可以高达 $200 \sim 300 m/s$，在形成空穴时局部会产生高温、高压并伴有液压冲击和振动，所以在阀座、阀杆的工作端面上极易磨损，严重时会影响均质过程的进行。均质阀所选的材料必须十分坚硬，具有极强的耐磨蚀性，而且须有良好的抗锈蚀性，所以使用硬质合金来作为

图 3-48　均质阀的结构图

（1）单级系统　（2）双级系统

1—阀座　2—阀芯　3—冲击环　4—弹簧　5—调节手柄　6—第一级均质阀　7—第二级均质阀

均质阀的材料，其抗磨蚀性能一般为4GB，才能确保均质阀有一定的使用周期和寿命。

　　根据均质阀座、阀杆工作端面的形状特点，均质阀可分为平面型和非平面型两大类。平面型均质阀，其阀座、阀杆工作端面均为平面，形状简单，加工、修复方便，均质效率高，使用最为普遍。几种常用的平面型均质阀如图3-49所示。图3-49（1）的均质阀最简单，常作为第一级均质阀用于中小流量的情况。图3-49（3）与前一种基本相同，但阀杆分为两部分制成，其工作端面部分采用碳化钨硬质合金制造，两部分采用锥面配合而形成一个整体，特别适用于具有强磨蚀性液体的均质。当阀杆磨蚀后，只需要更换被磨损的部分即可。图3-49（2）的均质阀常作

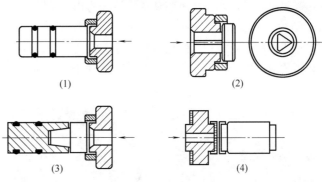

图3-49　常用平面型均质阀

为第一级均质阀用于流量较大的场合，或作为第二级均质阀使用。图3-49（4）的均质阀是在平面型均质阀座、阀杆端面各加上一个多孔金属罩——由特殊材料的金属薄板（0.8mm孔均布）冲压而制成的均质阀，通过增加液体的湍流和冲击来加强均质效果，并且其阀座、阀杆可以翻转180°，两面使用。由于这种金属罩（又称均质罩）选材和制造不方便，使用不太普遍。

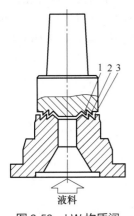

图3-50　LW均质阀
结构图

　　非平面型均质阀，主要有LW阀，它是旋液阀的简称，如图3-50所示。其特点是阀座、阀杆工作端面开有两道同心环状齿形沟槽，且互相镶嵌，轴向截面呈锯齿形均质缝隙。LW均质阀可以看作三个串联的平面型均质阀，见图3-50中的1，2，3三个区域。液流在通过区域1的狭窄缝隙时流速最大，有利于空穴的形成；区域2由于直径增大，流道加大，流速稍有下降；区域3的直径更大，流道也大，液体流速进一步降低。区域2内的均质压力取决于区域3均质缝隙的大小，而区域2内的均质压力也就形成区域1的均质背压。LW均质阀以其独特的结构，使它相当于一个具有最佳背压的平面型均质阀。

　　LW阀的均质效率比平面型均质阀高，可以在较低的均质压力下取得与平面型阀相同的均质效果，能耗较低，但是流道曲折，工作面上的锐棱极易磨损，不宜用于强腐蚀性液料的均质。由于结构复杂，阀座、阀杆相互镶嵌，配合精度要求高，加工、修整困难较大，一旦磨损，只能由专门厂进行维修。非平面型均质阀除LW外，还有锥面型阀，其阀座、阀杆工作端面呈圆锥面形，加工不太方便，但工作原理与平面型相同，使用不普遍。

二、剪切式均质乳化机

（一）高剪切乳化机

高剪切乳化机的均质乳化方式以剪切作用为特征。物料在旋转构件的直接驱动下在微小

间隙内高速运动，形成强烈的液力剪切和湍流，物料在同时产生的离心、挤压、碰撞等综合作用力的协调作用下，得到充分的分散、乳化、破碎、均质，达到要求的效果。高剪切乳化机因其独特的剪切分散机理和低成本、超细化、高质量和高效率等优点，在众多的工业领域中得到普遍应用，在某些领域逐渐替代传统的均质机。

1. 结构及工作原理

高剪切乳化机的核心元件是一对相互交错"配合"的转子和定子，转子和定子的周边均开有相同数量的细长切口。如图3-51所示，带有叶片的转子高速旋转产生强大的离心力场，在转子中心形成很强的负压区。物料（液液或液固相混合物）从转子中心被吸入，在离心力的作用下由中心向四周扩散。在向四周扩散过程中，物料首先受到叶片的搅拌，并在叶片外缘与定子齿圈内侧窄小间隙内受到剪切，然后进入内圈转齿与定齿的窄小间隙，在机械力和流体力联合效应的作用下，产生强大的剪切、摩擦、撞击以及物料间的相互碰撞和摩擦作用而使分散相颗粒

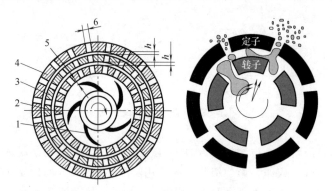

图 3-51   转子和定子的工作原理图

1—叶片   2,4—定子齿圈   3—转子齿圈

5—间隙 h 6—齿槽宽 b

或液滴破碎。随着转齿的线速度由内圈向外圈逐渐增高，物料在向外圈运动过程中受到愈加强烈的剪切、摩擦、冲击和撞击等作用而被粉碎，其细度越来越细，从而达到粉碎均质及乳化的目的。

2. 工作特点

高剪切乳化机的特点为：

（1）基于剪切原理来对物料进行粉碎、混合、均质和乳化，效果好且能耗低；特别对纤维状软性物料的超细粉碎效果更加显著。

（2）转子重量轻，转动惯量小，适于做成大直径和高转速，从而较易制成大流量、大功率设备。

（3）转定子方便串联，使物料通过设备时可以得到多次作用，从而强化细化效果。

（4）装拆简单，容易清洗，所以适合于物料品种频繁更换的场合以及食品卫生要求严格的处理。

（5）能产生较强的自吸能力，易于和管道连接后进行连续操作。

3. 设备类型

高剪切乳化机分为在线式和间歇式两类，在线式高剪切机用于物料的连续粉碎均质乳化工艺；间歇式的出料是间歇进行的，用于分批次一定时间的混合均质乳化工艺。高剪切乳化机根据定、转子的数目又可分为单级式和多级式。

（1）单级在线式   具有一套转、定子结构的单级在线式高剪切乳化机如图3-52所示。

单级高剪切乳化机的转子和叶轮如图3-53和图3-54所示。

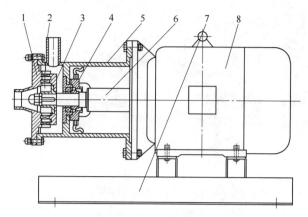

图 3-52　单级在线式高剪切乳化机结构示意图

1—定子　2—叶轮　3—转子　4—机械密封组件

5—机体　6—主轴　7—底座　8—电机

图 3-53　单级高
剪切乳化机的转子

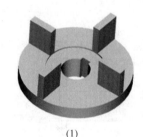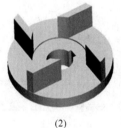

(1)　　　　　　　　(2)　　　　　　　　(3)

图 3-54　单级高剪切乳化机的叶轮

(1) 直齿叶轮　(2) 斜齿叶轮　(3) 渐开线形叶轮

　　单级高剪切乳化机具有结构紧凑、体积小、能耗低和易维护等特点，适用于具有流动性的液-液相、液-固相物料的粉碎、分散、混合、均质和乳化加工场合。

　　图 3-55 所示为美国 Urschel 公司所设计的 Comitrol 1500 型加工设备，该设备配备微型切割头及相应的叶轮，可用于生产多种产品，包括带果肉饮料、大豆、番茄酱、烧烤调味汁、蔬菜泥、饮料浓汁以及奶油和药膏。此款机器的特点是能持续操作，切割过程不中断，而且设计简单，清洁和维护简单便利。

图 3-55　Comitrol 1500 型加工设备

　　该设备工作原理如图 3-56 所示。产品被导入高速旋转的叶轮 1 中心。离心力使产品外移至叶轮外缘，叶轮外缘将产品带入固定微切头 2 的剪切边。微切头是一圈间距紧密的叶片 3。产品撞向高速叶片的凸出切割边。这样可以清除小颗粒，直至尺寸缩减完成。颗粒经过叶片之间的间隙卸出。由于叶轮 4 速度高，产品经过微切头的时间只有零点几秒。产品以精密的增量被缩减，聚合成统一尺寸。

图 3-56 Comitrol 1500 型加工设备工作原理图

1—叶轮 2—固定微切头 3—叶片 4—叶轮

（2）多级在线式 多级在线式高剪切乳化机的定子和转子均为多层结构，而且由多组定转子组成，形成多级结构，将细粉碎和超细粉碎分成几个单元，一次完成超细加工要求，有效地提高了剪切次数和效率，确保显著的超细粉碎和均质效果。图 3-57 所示为三级在线式高剪切乳化机，其定子和转子如图 3-58 所示。

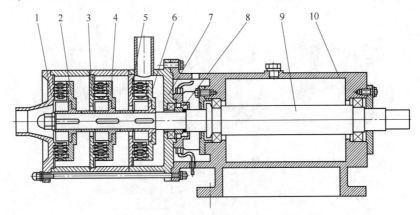

图 3-57 三级在线式高剪切乳化机结构图

1—第一级定子 2—第一级转子 3—第二级定子 4—第二级转子 5—第三级定子

6—第三级转子 7—机体 8—机械密封组件 9—主轴 10—轴承座

图 3-58 三级在线式高剪切乳化机的定子和转子

多级高剪乳化切机通过高速运转的多组定转子相对运动，极高的线速度使物料在成百上千次的强烈剪切、撞击、研磨和空穴等综合作用下，达到显著的分散、混合、均质乳化及细化效果。该系列设备可用于果蔬纤维剪切超细、韧性皮渣超细破碎、纳米材料分散解聚、中药膏体混合均质等场合。

图 3-59 所示为美国 Urschel 公司所设计的 Comitrol 1700 型加工设备，该设备可装配全部

三种切割头，提供全面的产品加工功能。建议用于自由流动的干燥和半干燥产品用途，包括蔬菜蛋白质、花生酱、鸡肉浆、鱼肉酱、婴儿食品、脱水马铃薯片、水果、蔬菜泥、山葵以及酱料、膨化食品、饼干和曲奇、坚果、水果浆、各种调味料、玉米糊、硬干酪和多种胶、药膏和膏霜。这种精确切割原理已经证实是一项技术新突破，其功能全面，可处理碎块和细滑的乳状物。标准操作包括：粉碎、粒化、碾磨、制薄片、切片、液化、分散和制泥。

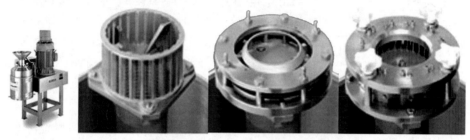

图3-59　Comitrol 1700型加工设备

如果在Comitrol处理设备上装置收集系统，可形成密闭空间，防止灰尘、蒸汽和液体泄漏。采用不锈钢结构，确保达到最高耐用型和卫生。此款机器的特点是能持续操作，切割过程不中断，而且设计简单，清洁和维护简单便利。

该设备工作原理如图3-60所示。产品被导入高速旋转的叶轮1。当产品到达叶轮2，高速在切割头3内旋转。离心力使产品外移经过固定减缩头的剪切边。掉入分离机之间空隙中的小块产品被切成薄片。这些薄片飞出并远离切割头。竖向刀片之间的壁面可消除会产生热量的摩擦。

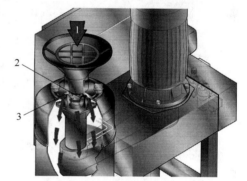

图3-60　Comitrol 1700型加工
设备工作原理图
1,2—叶轮　3—切割头

（3）间歇式　间歇式高剪切乳化机将是装有定、转子的粉碎均质头置于一密闭容器中，利用定、转子的高剪切作用在一定时间内将容器中的液料均质、分散或混合。图3-61所示为该机的详细结构图。

4. 应用

高剪切乳化机适用于各种以液体为介质的粉体团的粉碎、混合、分散、乳化以及加速溶解等。其具体应用场合有：咖啡、冰淇淋、乳制品、食用油脂、豆乳、香料等各类食品；雪花膏、洗发剂等各类化妆品；油性涂料、水性涂料、黏结剂、石蜡等各种化学品等。其一些生产线配置如图3-62所示。

（二）胶体磨

1. 结构及工作原理

胶体磨的工作构件由一对呈锥体结构的定磨与动磨所组成，二磨体之间有一个可以调节的微小间隙。当物料通过这个间隙时，由于动磨的高速旋转，使附着于动磨面上的物料速度

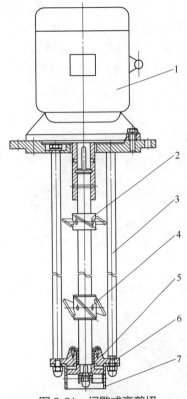

图 3-61　间歇式高剪切
乳化机结构图

1—电机　2—上辅助叶轮　3—支
撑杆　4—下辅助叶轮　5—连接
座　6—转子　7—定子

常用的胶体磨主要有以下几部分：进料斗、外壳、定磨、动磨、电机、调节装置和底座等。

（1）定磨与动磨　这是一对工作部件，工作时物料通过定磨与动磨之间的圆环间隙，在动磨的高速转动下，物料受到剪切力、摩擦力、撞击力和高频振动等复合力的作用而被粉碎、分散、研磨、细化和均质。定磨与动磨均为不锈钢件，热处理后的硬度要求达到 HRC70。动磨的外形和定磨的内腔均为截锥体，锥度为 1:2.5 左右。

最大，而附着于定磨面上的物料速度为零。这样产生了急剧的速度梯度，从而使物料受到强烈的剪切、摩擦和湍动，产生超微粉碎作用。

胶体磨的特点：

（1）可在极短时间内实现对悬浮液中的固形物进行超微粉碎作用，同时兼有混合、搅拌、分散和乳化的作用，成品粒径可达 $1\mu m$。

（2）效率和产量高，大约是球磨机和辊磨机的效率的 2 倍以上。

（3）可通过调节两磨体间隙，达到控制成品粒径的目的。

（4）结构简单，操作方便，占地面积小，保养清洗容易。但是，由于定磨和动磨体间隙极微小且转速高，动磨和定磨的加工精度高，而且锥形磨面容易磨损。

胶体磨分为卧式与立式，卧式胶体磨的转子随水平轴旋转，定磨与动磨间的间隙通常为 $50\sim150\mu m$，依靠转动件的水平位移来调节。料液在旋转中心处进入，流过间隙后从四周卸出。动磨的转速为 3000～15000r/min。这种胶体磨适用于黏性相对较低的物料。对于黏度相对较高的物料，可采用立式胶体磨，结构如图 3-63 所示，转子的转速为 3000～10000r/min，其卸料和清洗都很方便。

2. 主要构件

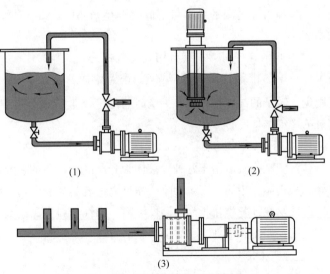

图 3-62　不同生产线工艺配置

（1）在线式循环加工工艺　（2）间歇式与在线式组合加工工艺

（3）管线式在线连续加工工艺

工作表面有齿，齿纹按物料流动方向由粗到密排列，并有一定的倾角。物料的细化程度由齿纹的倾角、齿宽、齿间间隙以及物料在空隙中的停留时间等因素决定。

（2）间隙调节装置 胶体磨均质机根据物料的性质、需要细化的程度和出料等因素进行调节。调节时转动调节手柄由调节环带动定磨轴向位移而使空隙改变，若需要大的粒度比，调节定磨往下移；定磨向上移则为粒度比小。一般调节范围在 0.005~1.5mm。在调节环下方设有限位螺钉，当调节环顶到螺钉时便不能再进行调节，避免无限度调节而引起定、动磨相碰。

由于胶体磨转速很高，为达到理想的均质效果，物料一般要磨几次，这就需要回流装置。胶体磨的回流装置利用进料管改成出料管，在管上安装一碟阀，在碟阀的稍前一段管上另接一条管通向入料口。当需要多次循环研磨时，关闭碟阀，物料则会反复回流。当达到要求时，打开碟阀

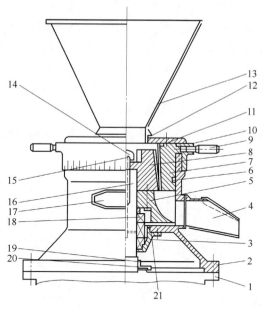

图 3-63 立式胶体磨结构图

1—电机 2—机座 3—密封盖 4—排料槽 5—圆盘
6、11—O 形密封圈 7—定磨 8—动磨 9—手柄
10—间隙调节套 12—垫圈 13—给料斗 14—盖
形螺母 15—注油孔 16—主轴 17—标牌
18—机械密封 19—甩油盘 20—密封垫 21—垫片

则可排料。对于热敏性材料或黏稠物料的均质、研磨，往往需要把研磨中产生的热量及时排走，以控制其温升，在定磨外围开设的冷却液孔中通水冷却。

3. 应用

胶体磨具有粉碎、分散、混合、乳化和均质功能，适用于流体、半流体的物料加工。

胶体磨有分卧式胶体磨和立式胶体磨，如何选择要通过其特性来取决。

卧式胶体磨高度低，要考虑设计轴向定位，以防电动机轴轴向穿动碰齿，最好是电机前端盖轴承，因为这样设计电机转子和轴的轴向热膨胀会以电机前轴承键向电机后轴承方向移动，以减小对磨头间隙的影响。卧式胶体磨因水平安装，如出料口向上应在出料口下方设置放料阀，以便长时间停机把胶体磨内物料放尽，防污盘设计要考虑污料自重回流。

立式胶体磨相对于卧式的要高，立式胶体磨因电机垂直安装，电机转子自重会使电机轴不会发生轴向穿动，因此可以不考虑轴向定位。因立式胶体磨是垂直安装，所以污料自重回流问题也不考虑。

胶体磨广泛应用于食品、医药、饮料、油漆涂料、石油化工、沥青乳化、日用品等行业。在食品工业中用胶体磨加工的品种有：山楂酱、胡萝卜酱、橘皮酱、果汁、食用油、花生蛋白、巧克力、牛乳、豆乳、山楂糕、调味酱料、乳白鱼肝油等。

思 考 题

1. 尺寸减小的方法有哪些？各适用于哪些特性的物料？

2. 切片切丁时物料的定位方式有哪些？

3. 什么是过度粉碎？在实际生产中如何避免过度粉碎？

4. 在锤片式粉碎机中为减小振动可以采取哪些措施？

5. 为什么辊式磨粉机的机膛内一般均采用负压？

6. 磨介式粉碎机中如何合理选择研磨介质的大小、形状和充填量？

7. 高压均质机中如何调控均质的效果？

8. 高剪切乳化机的转速影响均质乳化效果吗？若提高转速需要考虑到什么问题？

分离机械

学习目标

1. 掌握压榨、过滤、离心分离作业的工作原理。
2. 掌握各种压榨机械的构成要素、关键结构、工作原理和性能特点。
3. 掌握提高分离效率的关键措施。
4. 了解超滤设备的结构特点以及超滤技术的应用特点。
5. 了解萃取、蒸馏设备的基本类型及其主要结构与应用特点。

第一节　概　述

一、物料特性、分离形式及特点

食品工业中加工对象和中间产品大部分是混合物，因而物料分离是食品加工处理的重要内容。对均相物系的分离则需造成一个两相物系，且根据物系中不同组分间某种物性的差异，使其中某个组分或某些组分从一相向另一相转移而达到分离的目的。对于非均相物系中的连续相与分散相具有不同物理性质（如密度），可用机械方法将其分离。要实现这种分离，必须使分散的固粒、液滴或气泡与连续相之间发生相对运动。分离非均相物系的单元操作通常遵循流体力学的基本规律。非均相混合物分离是指由具有分界面的两相或三相所组成的非均相系，如液-固、液-液、液-液-固以及气-固相组成的混合物的分离操作，而用以分离非均相混合物的机械统为分离机械。

在食品工业中，固-液分离尤其常见，其可能目的包括：回收有价值的固相；回收有价值的液相；固相液相都分别回收；固、液两相都分别排掉。

本章所涉及的分离机械，主要是用于固-液和液-液系统的分离，按其分离原理及分离方式大致分类见图4-1，各种方法的适用范围见图4-2。

二、食品工业产品分离的技术要求

与化工产品分离相比，食品工业产品分离一般要求食品物料在加工过程中保持一定的生

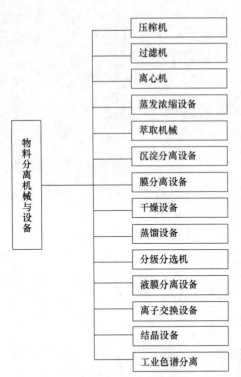

图 4-1 物料分离设备的类型

物活性，因它们往往对外界环境相当敏感，在加工过程中原料天然风味、营养成分很容易受到影响，故食品物料的分离技术更为复杂，对食品物料分离设备要求更高，主要包括：①保持物料的天然性，即最大限度地保持食品固有的色、香、味及营养成分免遭损失或破坏；②具有较高的物料分离效率；③满足食品卫生要求。

离心机的选型主要从两方面来考虑。一是被分离物料的性质、组成和处理量大小；例如对于液-液系统的乳浊液的分离，首先考虑使用离心分离机。对于液-固系统来说，当悬浮液的液相黏度较小，固相浓度较大，而且粒度较粗（>100μm）的疏松物料，可以考虑采用各种过滤式离心机。一般来说，这种离心机可以得到较干的滤渣并有较好的洗涤条件。其次还要针对具体条件进一步选择合适的型式。当悬浮液液相黏度较大，固体粒度较细的物料，易使滤布或滤网堵塞，而又难以再生，故宜采用离心沉降式离心机。对于液-液-固三相系统，一般固体含量不高，就可以采用碟式分离机。二是从分离过程的工艺要求方面考虑；分离过程的工艺要求直接影响离心机选型。如分离过程要求间歇还是连续操作；要求分离出来的最小粒径、滤渣含液量、滤液澄清度；卸料方式，固体颗粒是否允许被破坏；洗涤要求；运转周期长短和是否需自动控制，自动控制的程度等。此外，尚有密

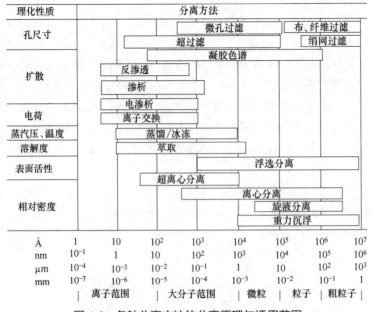

图 4-2 各种分离方法的分离原理与适用范围

封、防腐、防爆的要求等。总之，要选择价廉、适用（即符合工艺要求），而且制造简单、维修方便的离心机。根据所需解决的主要矛盾进行选择，并进行经济比较。既要考虑技术可能性，又要解决经济合理性。

第二节　离心分离机械

一、离心分离原理与离心机分类

（一）离心分离原理

离心机是一种在离心力场内进行固-液、液-液或液-液-固相分离的机械。离心机的主要部件为安装在竖直或水平轴上的高速旋转的转鼓，料浆送入转鼓内并随之旋转，在离心惯性力的作用下实现分离。离心机可用于离心过滤、离心沉降和离心分离三种类型的操作。

分离因数是离心机分离性能的主要指标，其定义为物料所受的离心力与重力之比值，等于离心加速度与重力加速度之比值，即按式（4-1）计算：

$$F_r = \frac{R\omega^2}{g} \tag{4-1}$$

式中　F_r——分离因数；

ω——转鼓回转角速度；

R——转鼓半径；

g——重力加速度。

离心机的分离因数由几百到几万，即所产生的离心力是重力的几百到几万倍。分离因数的大小，要根据不同的物料性质和分离要求来选取。

（二）离心机的分类

离心机的分类原则很多，包括操作原理、分离因数、操作方式、卸料方式、转鼓主轴方向、转鼓内流体和沉渣的运动方向等，其中主要为：

1. 按操作原理分类

过滤离心机转鼓壁开孔，并覆以滤布，借助离心力作用实现过滤分离。其分离因数不大，转速一般在 1000~1500r/min，适用于易过滤的晶体悬浮液和较大颗粒悬浮液的分离和物料脱水。

沉降离心机转鼓壁无孔，借助离心力作用来实现沉降分离。在食品加工中，主要是用于牛乳净化、回收动植物蛋白、分离巧克力、咖啡、茶等滤浆及鱼油去杂和鱼油的制取中。它的典型设备有螺旋卸料沉降式，常用于分离不易过滤的悬浮液。

分离离心机转鼓壁无孔，但分离因数 3000 以上，转速高，在 4000r/min 以上，主要用于乳浊液的分离和悬浮液的增浓或澄清，如乳脂分离。

2. 按离心分离因数分类

（1）普通离心机　$F_r < 3000$，主要用于分离颗粒不大的悬浮液和物料的脱水。

（2）高速离心机　$3000 < F_r < 50000$，主要用于分离乳状和细粒悬浮液。

（3）超高速离心机　$F_r > 50000$，主要用于分离极不易分离的超微细粒的悬浮系统和高子胶悬浮液。

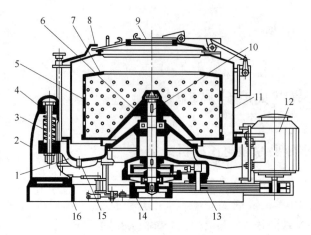

图4-3　三足式离心机结构图

1—底盘　2—立柱　3—缓冲弹簧　4—吊杆　5—转鼓体
6—转鼓底　7—拦液板　8—制动器把手　9—机盖
10—主轴　11—外壳　12—电动机　13—传动
皮带　14—制动轮　15—滤液出口　16—机座

二、典型离心机

（一）三足式离心机

三足式离心机是世界上最早出现的离心机，属于间歇式离心机。具有结构简单、适应性强、操作方便、制造容易等特点，至今仍然是保有量最多、应用范围最广的离心机。结构如图4-3所示，主要构件有转鼓体5、主轴10、外壳11、电动机12等。离心机零件几乎全部装在底盘1上，然后通过三根吊杆4悬吊在三个支柱2上。吊杆两端与底盘1和支柱2球面连接，吊杆4外套装有缓冲弹簧3，以保证球面始终接触，整个底盘能够自由平稳摆动，并可快速到达平衡位置。这种悬吊体系的固有频率远低于转鼓的转动频率，从而可减少振动。尤其是块状物，很难做到在转鼓内均匀分布，必然引起较大振动，这种结构较好地解决了减振问题。

悬浮液离心过滤时，滤液经由筛网、鼓壁小孔甩到外壳，流入底盘，再从滤液出口15排出机外。固相颗粒则被筛网截留在转鼓内，形成滤饼。这种操作周期可依生产情况随意安排。固体颗粒、晶粒不受损坏；也可做充分洗涤，能得到较干的滤饼。但间歇操作，生产辅助时间长，生产能力低，劳动强度大。为此，出现多种改进：如在卸料方面，出现了下卸料和机械刮刀卸料，以减轻劳动强度；在操作上，出现了液压电气程控全自动操作；在传动方面逐渐采用直流电动机或液压马达，可方便实现无级变速。此外，还有具备密闭、防爆等性能的三足式离心机出现。三足式离心机总的发展趋势是卸料机械化和操作自动化。三足式离心机应用范围很广泛，如单晶糖分蜜、淀粉脱水、肉块去血水等。

（二）管式离心机

管式分离机的结构如图4-4所示。其转鼓由

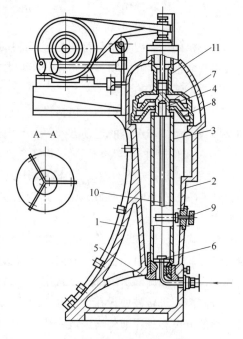

图4-4　管式分离机结构图

1—机座　2—外壳　3—转鼓　4—上盖　5—底盘
6—进料分布盘　7，8—轻、重液收集器
9—制动器　10—桨叶　11—锁紧螺母

上盖4、带空心轴的底盘5和管状转鼓3三部分组成。为使由底部进入转鼓的物料迅速与转鼓一起高速旋转，转鼓里装有三片互成120°角的长条桨叶10，桨叶通过其上面的小弹簧片紧压在转鼓内壁上，可以方便地插入和卸出。在转鼓中下部的外壁上装有制动器9，由手轮操纵制动时，两制动块在转鼓相对两侧同时加力，避免对转鼓产生附加的横向载荷。管式分离机的转速一般为每分钟几万转，主轴设计成挠性轴。

管式离心机分离操作时，料液（悬浮液或乳浊液）以 20~30kPa 的压力由底盘上的进料口连续进入转鼓下端，被转鼓内的桨叶带动随转鼓一起旋转，在离心力作用下进行分离。轻重液因受到的离心惯性力的大小不同而分层，重液贴近转鼓的内壁，轻液紧挨着重液，分成内、外两个同心圆液层。由于待分离液在压力下连续进入，管内分层的料液得以连续向上流动，一起上升到转鼓上盖处。外层重液由远离回转轴线的重液出口 8 流出，内层轻液由接近轴线的轻液出口 7 流出。固相物沉积在转鼓内壁上时需停机拆开转鼓清理，所以这种分离机不宜用来分离含固相较多的悬浮液。

管式分离机的结构简单，运转平稳，可作分离、澄清两用，但生产能力较低，沉渣清理烦琐，生产效率低。工业上如油脂精制、润滑油脱水等都采用管式分离机。

（三）碟片式离心机

碟片式分离机用于乳浊液的分离和含有少量固相的悬浮液的澄清。在分离乳浊液时，往往还包含着液-液-固三相分离。

碟片式分离机按用途可分为澄清型与分离型，二者的主要区别在于转鼓结构上的碟片和出液口。澄清用转鼓如图 4-5 所示，其碟片腰部不开孔，出液口只有一个，悬浮液从中心管加入，经碟片底架引到转鼓下方，密度大的固相颗粒沿碟片下表面沉积到转鼓内壁，定期停机排出。而澄清液则沿碟片上表面向中间流动，由转鼓上部的出液口排出。分离用的转鼓如图 4-6 所示，每只碟片在离开轴线一定距离的中性圆周上开有几个对称分布的圆孔，当若干个碟片叠置起来后，对应的圆孔就形成垂直的孔道。待分离的混合液从转鼓底部进入，通过碟片上圆孔形成的垂直孔道分配到各碟片间隙中。轻重不同的两种液体就在转鼓高速回转时在碟片间隙中被分离。密度小的轻液沿下碟片的上表面向中心流动，由轻液口排出，重液则沿上碟片的下表面流向转鼓外层，经重液口排出。乳浊液含有少量固相时，它们则沉积于转鼓内壁上，定期排出。

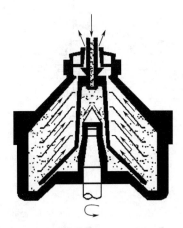

图 4-5 澄清用碟片式分离机结构图

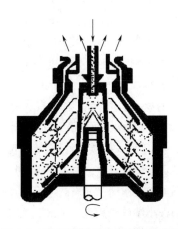

图 4-6 分离用碟片式分离机结构图

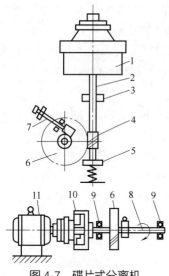

图 4-7　碟片式分离机
传动结构图

1—转鼓　2—主轴　3—上轴承　4—从动轮　5—下轴承　6—主动轮　7—转速表　8—水平轴　9—轴承　10—离心摩擦联轴器　11—电动机

碟片式分离机按其进料和排液方式分为敞开式、半密封式和密封式三种。按排渣方式又可分为人工排渣型、喷嘴排渣型和环阀（活塞）排渣型。

不同型式碟片式分离机整机结构和布置相近，其主要区别在于转鼓的具体结构。传动结构如图4-7所示。转鼓1安装在垂直主轴2的上方，主轴为挠性系统，上轴承3为弹性支承，下轴承5为调心轴承。下部传动由电动机11通过离心摩擦联轴器10带动水平轴8，通过安装在水平轴和主轴上的一对螺旋齿轮4，6传动。润滑一般采用稀油飞溅润滑。

碟片式分离机适用于连续分离两种密度不同、互不溶解的混合液体，其生产能力大，能自动连续操作，并可制成密闭、防爆型式，因此应用较广泛。如牛乳、啤酒、饮料、酵母、油脂、淀粉等分别都已有专用的碟片式分离机。

（四）卧螺式离心机

卧螺式离心机为一种螺旋式离心机，因主轴为水平布置而得名，应用广泛。

卧螺式离心机的主要结构和工作原理如图4-8所示。在外壳4内有两个同心装在主轴承上的回转部件，外边是锥形转鼓5，里面是带有螺旋叶片的螺旋推料器7。电动机通过皮带轮带动转鼓旋转。行星差速器的输出轴带动螺旋推料器与转鼓作同向转动，但转速不同，其转差率一般为转鼓转速的 1%~2%（快或慢 20~50r/min）。悬浮液从右端的中心加料管10连续送入机内，再经螺旋推料器筒壁上的进料孔6进入锥形转鼓5内。由于转鼓回转所产生的离心力作用，物料聚集在转鼓大端，形成一沉降区。在沉降区里，重相固体颗粒离心沉降到转鼓内壁面上形成沉渣，由于螺旋叶片与转鼓的相对运动，沉渣被螺旋叶片送到转鼓小端的干燥区，从卸渣孔3甩出。在转鼓的大端盖上开设有四个

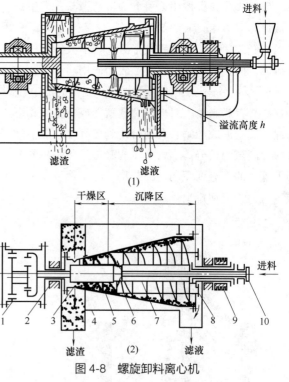

图 4-8　螺旋卸料离心机

（1）工作原理图　（2）结构图

1—内啮合差动齿轮变速器　2—空心轴　3—卸渣孔　4—外壳　5—锥形转鼓　6—进料孔　7—螺旋推料器　8—溢流孔　9—带轮　10—中心加料管

圆形溢流孔 8，澄清液从此处流出，经机壳的排液室排出。调节溢流挡板溢流口位置、机器转速、转鼓与螺旋输送器的转速差、进料速度，就可以改变沉渣的含液量和澄清液的含固量。

如图 4-9 所示，溢流孔上装有可以调节出口位置的溢流挡板，改变此挡板位置，可以改变溢流出口直径 D_1，比较图 4-9（1）和图 4-9（2）可知，$D_1 < D_1'$，则 $l_1 > l_1'$，$h_1 > h_1'$，即溢流出口直径加大时，沉降区缩短，干燥区加长，溢流液深度减小，因而沉渣含液量降低，但会有一部分小颗粒固体来不及沉降而被溢流的澄清液带走（与 h 减小也有关），使其澄清度降低。反之，如果溢流口直径减小，则沉降区加长，干燥区缩短，溢流液深度增加，使溢流液澄清度提高，沉渣含液量也相应增大。因此溢流口直径 D_1 可控制沉降区的长短和溢流环的位置，对被分离物料的影响很大。所以溢流挡板的调整应根据被分离物料的性质和工艺要求，通过试验来决定。

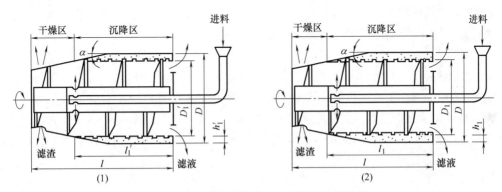

图 4-9　溢流口直径对沉降区和干燥区比例的影响

常用的卧螺离心机有脱水型和澄清型两种。其中，脱水型卧螺离心机的分离因数一般<3000，用于处理易分离物料（固体颗粒的自然沉降速度较快、排渣较容易的悬浮液）；澄清型卧螺离心机的分离因数一般>3000，用于固体粒子细微、滑腻的悬浮液的澄清。

第三节　过滤分离设备

一、过滤分离原理及应用

（一）过滤分离原理与过程

过滤操作是分离悬浮液最普通、最有效的单元操作，它对沉淀中要求含液量较少的液-固混合物的分离特别适用。其操作原理是以某种多孔性介质，在压力差的推动下使连续相流体通过介质孔道时分散相颗粒被截留，从而实现分离的操作。该操作也可用于气-固体系的分离。与沉降相比，过滤分离更迅速。与蒸发干燥等非机械分离相比，则能耗低得多。

过滤操作过程一般包括过滤、洗涤、干燥、卸料四个阶段。

1. 过滤

如图 4-10 所示，悬浮液在推动力作用下，克服过滤介质的阻力进行固-液分离。

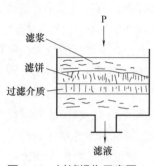

图 4-10　过滤操作示意图

2. 洗涤

停止过滤后，滤饼的毛细孔中包含有许多滤液，须用清水或其他液体洗涤，以得到纯净的固粒产品或得到尽量多的滤液。

3. 干燥

用压缩空气排挤或真空抽吸把滤饼毛细管中存留的洗涤液排走，得到含湿量较低的滤饼。

4. 卸料

把滤饼从过滤介质上卸下，并将过滤介质洗净，以备重新进行过滤。实现过滤过程四个阶段的方式可以是间歇的，也可以是连续的。

（二）过滤操作中的推动力和阻力

1. 推动力

过滤中的推动力是指滤饼和过滤介质组成的过滤层两侧压力差 ΔP，常以作用在悬浮液上的压力表示。通常工业上过滤中推动力的来源有四种：①悬浮液本身的液柱压力差，一般≤50kPa，称为重力过滤；②在悬浮液表面加压，一般可达 0.5MPa，称为加压过滤；③在过滤介质下方抽真空，通常≤86kPa 真空度，称为真空过滤；④利用惯性离心作用，称为离心过滤（在离心分离一节中讨论）。

2. 阻力

过滤阻力是随着过滤操作过程而变化的。在过滤刚开始时，只有过滤介质的阻力。随着过滤的进行，不仅有过滤介质的阻力，还有滤饼的阻力，这种阻力将随着滤饼的厚度逐渐增加而增加，直至成为过滤中的主要阻力。只有当采用粒状过滤介质，且悬浮液中含固体颗粒少时，滤饼的阻力才可忽略不计，食品加工中用沙滤器处理水就是一个典型的例子。

（三）过滤机的分类与选择

1. 过滤机的分类

按过滤推动力可分为重力（常压）过滤机、加压过滤机和真空过滤机；按过滤介质的性质可分为粒状介质过滤机、滤布介质过滤机、多孔陶瓷介质过滤机和半透膜介质过滤机等；按操作方法可分为间歇式过滤机和连续式过滤机等。

2. 过滤机的选择

过滤机选型时必须考虑以下的因素：

（1）过滤的目的是取得滤液，还是滤饼，或者二者都要。

（2）滤浆的性质包括滤饼的生成速度、孔隙率、固体颗粒的沉降速度、黏度、固体颗粒浓度、蒸汽压、颗粒直径、溶解度、腐蚀性等。

（3）其他因素包括生产规模、操作条件、设备投资费用、操作费用等。

除考虑以上因素外，必要时还需做一些过滤试验。

二、典型过滤机械

（一）板框式过滤机

板框压滤机是间歇式过滤机中应用最广泛的一种固液分离设备。其原理是利用滤板来支撑过滤介质，滤浆在受压而强制进入滤板之间的空间内，并形成滤饼。如图4-11所示，其结构为许多块滤板和滤框交替排列而成，板和框均通过支耳架在一对横梁上，利用压紧装置压紧或拉开。滤板和滤框形状多为正方形，如图4-12所示。过滤机组装时，将滤框与滤板用过滤布隔开且交替排列并借手动、电动或油压机构将其压紧。板、框的角部开设的小孔构成供滤浆或洗水流通的孔道。框的两侧覆以滤布，空框与滤布围成容纳滤浆及滤饼的空间。

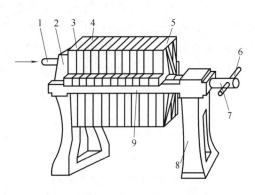

图4-11　板框压滤机结构图

1—悬浮液入口　2—左支座　3—滤板　4—滤框　5—活动压板　6—手柄　7—压紧螺杆　8—右支架　9—板框导轨

根据滤液流出方式，板框式压滤机分为明流式和暗流式两种。其中，明流式板框压滤机内液体流动路径及过滤和洗涤过程如图4-13所示。在过滤操作时，滤浆由滤浆通路经滤框右上角小孔进入滤框空间，固粒被滤布截留，在框内形成滤饼，滤液则穿过滤饼和滤布流向两侧的滤板，再沿滤板的沟槽流至下方的通孔排出。当滤框内充满滤饼时，其过滤速率大大降低或压力超过允许范围，应停止进料，洗涤滤饼。

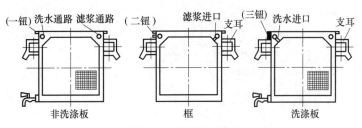

图4-12　滤板和滤框

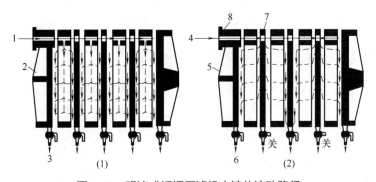

图4-13　明流式板框压滤机内液体流动路径

（1）过滤阶段　（2）洗涤阶段

1—滤浆入口　2—机头　3—滤液　4—洗水入口　5—机头　6—洗头　7—洗涤板　8—非洗涤板

在洗涤操作时，洗涤板下端出口关闭，洗涤液穿过滤布、滤饼和滤布向过滤板流动，并从过滤板下部排出。洗涤结束后，有时需要通入压缩空气将滤饼中的滤液排走，使滤饼干燥，然后拆开过滤机，除去滤饼，进行清理，重新组装，进入下一循环操作。由洗涤操作过程可见，板框在组装时必须按滤板—滤框—洗涤板—滤框—滤板顺序交替排列。

新型自动板框压滤机普遍采用在边耳上开孔的板框，滤布上无须开孔，因而能使用首尾封闭的长条滤布。当按既定距离拉开板框时，牵引整条滤布循环行进，同时卸除滤饼、洗涤滤布、重新夹紧。全部动作按既定程序以机械化作业方式在 10min 内完成。每台具有 $200m^2$ 以上的过滤面积，每个操作工人可以管理 5~10 台。

（二）叶滤机

叶滤机是由在密闭耐压机壳内配置一组并联滤叶而成。悬浮液在压力下送进机壳内，滤渣截留在滤叶表面，滤液透过滤叶后经管道集中排出。

滤叶是叶滤机的过滤元件，一般滤叶由内层的支撑网、边框和覆在外层的细金属丝网或编织滤布构成；有的滤叶则由固定有支撑条的中空薄壳与外面覆盖的滤网构成。滤叶用接管镶嵌固定在滤液排出管上，在接头处多用 O 形圈密封。滤叶形状有多为圆形和椭圆形，作业时有固定和旋转两种状态。

滤叶在果滤槽内的工作位置有垂直或水平两种安装形式。垂直滤叶的两面都是过滤面，而水平滤叶仅上表面是过滤面。

常见的加压叶滤机类型有：①垂直滤槽，垂直滤叶型；②垂直滤槽，水平滤叶型；③水平滤槽，垂直滤叶型；④水平滤槽，水平滤叶型。

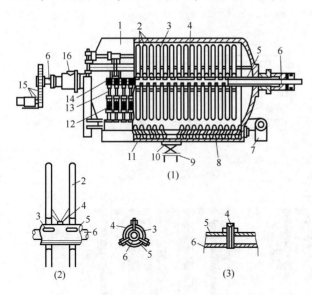

图 4-14　水平槽垂直滤叶过滤机

1—过滤槽上盖　2—滤叶　3—孔　4—喷嘴　5—滤浆加入管　6—洗涤水管　7—滤液排出总管　8—螺旋输送器　9—排渣阀　10—排渣口　11—过滤槽体　12—检液管　13—滤液排出管　14—阀门　15—驱动装置　16—滤浆加入口

（1）垂直滤叶型过滤机　图 4-14 为垂直滤叶过滤机，过滤槽由上盖 1 和槽体 11 所组成；滤浆加入管 5 的管壁上钻有许多孔 3，管内套有洗涤水管 6；洗涤管上装有洗涤喷嘴 4，驱动装置 15 带动管 5 和 6 同时旋转；圆形滤叶 2 固定在槽体 11 上；滤液排出管 13 的一端经阀门 14 与滤叶 2 的内部相连通，另一端经检液管 12 而与滤液排出总管 7 相连通；螺旋输送器 8 用于排卸滤渣。

工作时滤浆经加入口 16 压送到管 5 和管 6 之间，从管 5 壁上的孔 3 进入过滤槽，管 5 和管 6 一起低速旋转，使过滤均匀。在压力的作用下，滤浆经滤叶过滤，滤液经滤布、滤液排出管 13 以及检液管 12 而进入排出总管 7，滤渣截留在滤布的外表面，形成滤饼。当滤饼增至一定厚度时，停止加入滤浆并将洗涤水通过管 6，经喷嘴 4 喷射到滤叶上，将滤饼冲洗下来，落到底部，由螺旋输送器 8 送到排渣口 10 排出机外。滤叶上的滤布经洗涤后可再用。

（2）水平滤叶型过滤机　水平叶过滤机由数十片固定在空心轴上的水平圆形滤叶和立式

压力容器组成，见图4-15。滤叶上表面为过滤筛网，下表面为无孔金属板，中空部分与空心轴内孔相通，构成滤液通道。空心轴和滤叶安装在容器中，由电动机驱动旋转；过滤的推动力为压力，滤饼卸料则依靠离心力。水平叶滤机用于啤酒过滤的操作过程为：

① 预涂助滤层：在过滤表面上预涂二层硅藻土助滤层，第一层用粗颗粒硅藻土预涂，用量为 $0.4\sim0.6kg/m^2$，第二层用粗、细颗粒硅藻土混合预涂，用量为 $0.4\sim0.6kg/m^2$。

② 过滤：在啤酒中均匀加入硅藻土进行过滤，硅藻土用量为 $1.2\sim1.6kg/m^3$ 啤酒。

③ 残剩过滤：用 CO_2 增加过滤压力，对滤饼进一步施压，以得到更多的纯净啤酒。

④ 滤饼卸除：电机驱动空心轴使水平滤叶旋转，转速为 $200\sim350r/min$，利用离心力把滤饼甩离滤叶表面，然后用 CO_2 加压把滤饼排出罐外。

⑤ 洗涤：用清水将过滤表面洗净，待新的操作循环开始。

（三）烛式过滤机

烛式过滤机（图4-16）的过滤元件为成组安装在过滤罐内的刚性烛形滤杆。滤杆为采用梯形截面

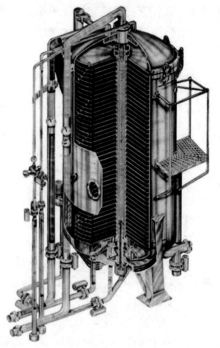

图 4-15　水平叶滤机

不锈钢丝，按螺旋线形式缠绕并焊接而成。采用反冲方式进行滤饼卸除。这种过滤机的开孔尺寸精确，过滤时可在表面直接预涂硅藻土，所得滤液清澈，可清除 $0.1\sim1.0\mu m$ 的胶体微粒；过滤元件强度及刚度高，能够采用较高操作压力，硅藻土更换次数少，一次预涂的产量高；内外通过能力不同，在避免过滤堵塞现象的同时，易于滤饼的卸除及设备清洗；过滤罐内无任何运动件，过滤元件的密封可靠，使用寿命长，维护方便；全部过滤元件为不锈钢结构，便于高温消毒。适用于啤酒、葡萄酒、黄酒及其他低浓度微粒悬浮液的澄清。烛式过滤机的系统配置见图4-17。

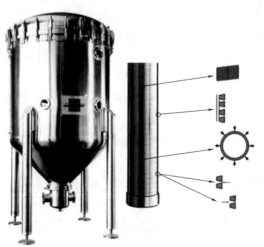

图 4-16　烛式过滤机外形图和过滤元件

（四）真空转鼓过滤机

如图4-18所示，为一种连续式真空过滤设备，过滤、一次脱水、洗涤、卸料、滤布再生等操作工序同时在转鼓的不同部位进行，转鼓每转一周，完成一个操作循环。其主体为一直径为 $0.3\sim4.5m$ 转动水平圆筒，长 $0.3\sim6m$。圆筒外表面为多孔筛板，转鼓外覆盖滤布。圆筒内部被径向筋板分隔成若干个扇形格室，每个格室有单独孔道与空心轴内的孔道相通，而空心轴内的孔道则沿轴向通往位

于转鼓轴颈端面并随轴旋转的转动盘上。固定盘与转动盘端面紧密配合，构成一多位旋转阀，称为分配头，如图4-19所示。分配头的固定盘被径向隔板分成若干个弧形空隙，分别与真空管、滤液管、洗液储槽及压缩空气管路相通。当转鼓旋转时，借分配头的作用，扇形格室内分别获得真空和加压，如此便可控制过滤、洗涤等操作循序进行。

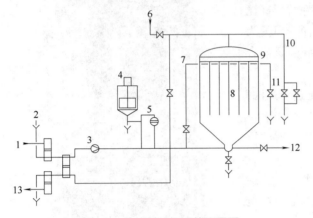

图 4-17　烛式过滤机系统配置图

1—滤浆进口　2—洗水进口　3—液料泵　4—配料罐
5—预涂计量泵　6—进气口　7—喷水管　8—烛
式过滤元件　9—孔板　10—过滤排空管
11—排空管　12—滤渣出口　13—滤液出口

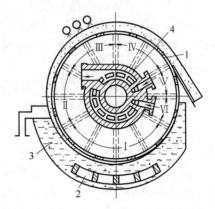

图 4-18　真空转鼓过滤机操作原理图

1—转鼓　2—搅拌器　3—滤
浆槽　4—分配头

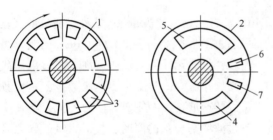

图 4-19　真空转鼓过滤机的分配头结构图

1—转动盘　2—固定盘　3—转动盘上的孔
4，5—同真空相通的孔　6，7—同压缩空气相通的孔

全部转鼓表面可分为下述各个区域：

图 4-18 中区域Ⅰ为过滤区。此区域内扇形格浸于滤浆中，浸没深度约为转鼓直径的 1/3，格室内为真空状态。滤液经滤布进入格室内，然后经分配头 4 的固定盘弧形槽以及与之相连的接管排向滤液槽。

区域Ⅱ为滤液吸干区。此区域内扇形格刚离开液面，格室内仍为真空状态，使滤饼中残留的滤液被吸尽，与过滤区滤液一并排向滤液槽。

区域Ⅲ为洗涤区。洗涤水由喷水管洒于滤饼上，扇形格内为低真空状态，将洗出液吸入，经过固定盘的槽通向洗液槽。

区域Ⅳ为洗后吸干区。洗涤后的滤饼在此区域内借扇形格室内的减压进行残留洗液的吸干，并与洗涤区的洗出液一并排入洗液槽。

区域Ⅴ为吹松卸料区。此区域内格室与压缩空气相通，将被吸干后的滤饼吹松，同时被伸向过滤表面的刮刀所剥落。

区域Ⅵ为滤布再生区。在此区域内以压缩空气吹走残留的滤饼。

真空转鼓过滤机的系统配置见图4-20。

真空转鼓过滤机的机械化程度较高，滤布损耗要比其他类型过滤机为小，可以根据料液性质、工艺要求，采用不同材料制造成各种类型，满足不同的过滤要求，适用于颗粒粒度中等、黏度不太大的悬浮液。操作过程中，可由调节转鼓转速来控制滤饼厚度和洗涤效果。不足之处有如下几点：①仅是利用真空作为推动力，因管路阻力损失，过滤推动力最大不超过 80kPa，一般为 26.7 ~ 66.7kPa，因而不易抽干，滤饼的最终含水量一般在

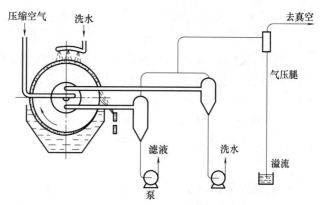

图 4-20　真空转鼓过滤机系统配置图

20%以上；②设备加工制造复杂；③真空度受到热液体或挥发性液体蒸汽压的限制。目前国内生产的最大过滤面积约为 $50m^2$，一般为 $5 ~ 40m^2$。

第四节　压榨分离机械

一、压榨原理与应用

（一）压榨原理

压榨是通过压缩力将液相从液固两相混合物中分离出来的一种单元操作。在压榨过程中，将物料置于两个表面（平面、圆柱面或螺旋面）之间，对物料施加压力使液体释出，释出的液体再通过物料内部空隙流向自由表面。其操作过程主要表现为固体颗粒的集聚和半集聚过程，也涉及液体从固体中的分离过程。

压榨的操作压力来自使得物料占用空间缩小的工作面相对移动。按照压榨作用方式不同可分为平面压榨、螺旋压榨和轮辊压榨。出汁率是压榨机主要性能指标之一，提高出汁率时是提高压榨效率的关键。出汁率的定义：

$$出汁率 = \frac{榨出的汁液量}{被压榨的物料量} \times 100\%$$

出汁率除了与压榨机有关之外，还取决于物料性质和操作工艺等因素。温度、对物料施加的压力及其施加方法是压榨操作选用时首先要考虑的因素。

（二）压榨机械的应用

在食品工业中，压榨除用来榨取原料内的汁液外，还作为脱水的一种方法而得到广泛应用。榨油，如从可可豆、椰子、花生、棕榈仁、大豆、菜籽等种子或果仁中榨取油脂。在榨油前，物料一般都需经过预处理。榨取果蔬汁，如榨制苹果、柑橘、番茄汁、猕猴桃汁等。果蔬汁含在果实、茎叶或根茎之中，必须先将其破碎。水果果胶的存在使得果汁不易释出，也需进行预处理，方法是破碎并加果胶分解酶。

二、典型压榨机械

压榨机械根据其工作原理可分为很多种类，但其基本构成要素大体相同，主要包括喂料机构、压榨机构、分离装置、传动装置等。按操作方法压榨设备可分为间歇式和连续式两大类型。间歇式压榨机间断完成加料、卸料等操作工序，典型的间歇式压榨机有手动螺杆压榨机、液压压榨机、气囊式压榨机、卧式液力活塞压榨机、柑橘榨汁机等。连续压榨机的加料、卸料等操作工序均持续进行。典型的连续式压榨机有：螺旋压榨机、带式压榨机、爪杯式柑橘榨汁机等。

（一）螺旋式压榨机

螺旋压榨机属于连续操作型，如图 4-21 所示，其结构简单，主要由螺杆、压力调整装置、料斗、圆筒筛、离合器、传动装置、汁液收集器及机架组成。工作时，物料由料斗进入挤压室。由于榨螺的旋转运动，带动物料在挤压室内运动，互相摩擦而升温。又由于榨螺根部直径不断变粗，挤压室容积越来越小，压力越来越高，油脂从油料中被挤出，经榨条之间的缝隙流至接油盘，油饼从料圈挤出。在螺杆的挤压下榨出汁液，汁液经圆筒筛的筛孔中流入收集器，而榨渣则通过螺杆锥部与筛筒之间形成的环形空隙排出。

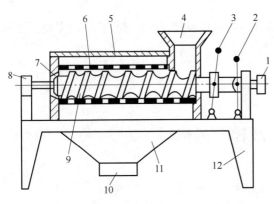

图 4-21　螺旋压榨机

1—传动装置　2—离合手柄　3—压力调整手柄　4—料斗
5—机盖　6—圆筒筛　7—环形出渣口　8—轴承盒　9—压
榨螺杆　10—出汁口　11—汁液收集斗　12—机架

根据以上原理可知：螺旋榨油机是靠压力将油脂从油料中挤出，其压力主要是压缩力、出饼阻力及摩擦力。

螺旋榨油机主要参数：榨膛容积比（空余体积比，压缩比）、料坯实际压缩比、榨膛平均压力、进料端榨膛容积、榨螺转速与出饼厚度、功率消耗。

（二）带式连续压榨机

带式连续压榨机又称带式压榨过滤机，机种多达 20 种以上，主要有立式和卧式两种结构形式。福乐伟（FLOTTWEG）带式压榨机结构如图 4-22。

该机主要由喂料盒 1，压榨网带 5，10，压辊组 3，4，高压冲洗喷嘴 9，导向辊 11，汁液收集槽 8，机架和传动部分以及控制部分等组成。所有压辊均安装在机架上，在压辊驱动网带运行的同时，在液压控制系统作用下，从径向给网带施加压力，同时伴随有剪切力作用，使夹在两网带之间的待榨物料受压而将汁液榨出。

工作时，将待压榨物料从喂料盒 1 中连续均匀地送入下网带 10 和上网带 5 之间，被两网带夹着向前移动，在下弯的楔形区域，大量汁液被缓缓压出并形成可压榨的料饼。当进入压榨区后，由于网带的张力和带 L 形压条的压辊 3 的作用将汁液进一步压出，汇集于汁液收集槽 8 中。以后由于十个压辊 4 的直径递减，使两网带间的滤饼所受的表面压力与剪力递增，可获得更好的榨汁效果。为了进一步提高榨汁率，该设备在末端设置了两个增压辊 7，以增

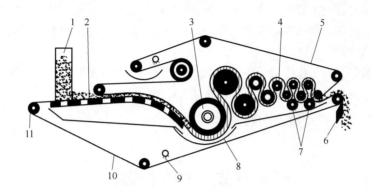

图 4-22 带式压榨机结构图

1—喂料盒 2—筛网 3,4—压辊 5—上压榨网带 6—果渣刮板 7—增压辊
8—汁液收集槽 9—高压冲洗喷嘴 10—下压榨网带 11—导向辊

加正向压力。榨汁后的榨渣由耐磨塑料刮板6刮下并从右端出渣口排出。为保证榨出汁液能顺利排出，该机专门设置了清洗系统，若滤带孔隙被堵塞时，可启动清洗系统，利用高压喷嘴9洗掉粘在带上的糖和果胶凝结物。工作结束后，也是由该系统喷射化学清洗剂和清水清洗滤带和机体。

带式榨汁机是一种很有发展前途的新式榨汁机。该机的优点在于逐渐升高的表面压力及剪切力可使汁液连续榨出，出汁率高，果渣含汁率低，清洗方便。但是压榨过程中汁液与大气接触面大，对车间环境卫生要求较严。

（三）爪杯式柑橘榨汁机

爪杯式柑橘榨汁机是国外常用的新型柑橘榨汁机，其结构原理如图4-23所示。这种榨汁机具有数个榨汁器，每个榨汁器用上下两个多指形压杯组成。上下两个多指形压杯在压榨过程中能相互啮合，可托护住柑橘的外部以防止破裂。工作时，固定在共用横杆上的上杯靠凸轮驱动，上下往复运动，下杯则固定不动。榨汁器的上杯顶部有管形刀口的上切割器，可将柑橘顶部开孔，使橘皮和果实内部组分分离。下杯底部有管形刀口的下切割器，可将柑橘底部开孔，以使柑橘的全部果汁和其他内部组分进入下部的预过滤管。压榨时，柑橘送入榨汁机，落入下杯内，上杯压降下来，柑橘顶部和底部分别被切割器切出小洞，榨汁过程中，柑橘所受的压力不断增加，从而将内部组分从柑橘底部小洞强行挤入下部的预过滤管内。果皮从上杯及切割器之间排出；预过滤管内部的通孔管向上移动，对预过滤管内的组分施加压力，迫使

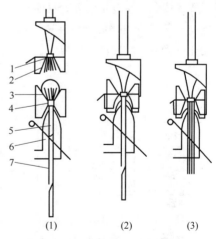

图 4-23 爪杯式柑橘榨汁机结构原理图

（1）开始榨汁 （2）通孔管
开始上升 （3）通孔管上至最高处
1—上切割器 2—上压杯 3—下压杯
4—下切割器 5—预过滤器 6—果
汁收集器 7—通孔管

果肉中的果汁通过预过滤管壁上的许多小孔进入果汁收集器；与此同时，那些大于预过滤管壁上小孔的颗粒，如籽粒、橘络及残渣等自通孔管下口排出。通孔管上升至极限位置时，一个榨汁周期即告完成。

由于这种榨汁器对于柑橘尺寸要求较高，工业生产一般需配置多台联合使用，分别安装适于不同规格尺寸柑橘的榨汁器，并且在榨汁之前进行尺寸分级。

第五节　膜技术设备

一、膜分离基本概念

（一）膜分离的原理

用天然的或人工合成的高分子薄膜或其他具有类似功能的材料，以外界能量或化学位差为推动力，对双组分或多组分的溶质和溶剂进行分离、分级、提纯和富集的方法，统称为膜分离法。膜分离法可用于液体和气体。膜分离又称微孔过滤，是一种使用半透膜的分离方法，可以过滤 $0.1 \sim 10 \mu m$ 的固体颗粒。根据推动力的不同，膜分离可以分为以压力为推动力的膜分离和以电力为推动力的膜分离，前者称为超滤和反渗透，后者称为电渗析。

膜的分类大体可按膜材料、化学组成、膜的物理形态以及膜的制备等多种方法来划分。按膜的来源分为天然膜和合成膜。按膜的化学组成可将膜分为纤维素酯类膜、非纤维素酯类膜。按膜断面的物理形态或结构可将膜分为对称膜、不对称膜（指膜的断面不对称）、复合膜（通常是用两种不同的膜材料，分别制成表面性层和多孔支撑层）。按膜的形状可分为平板膜、管式膜和中空纤维膜等。目前乙酸纤维素膜和聚酰胺膜应用较为广泛。膜分离技术研究的方向在于寻找同时具有高渗透率和高选择性的膜的制造工艺及具有坚固性，温度稳定性，耐化学和微生物侵蚀，低成本的膜材料。

（二）膜分离的方法

1. 反渗透

反渗透是利用反渗透膜选择性只能透过溶剂（通常是水）的性质，对溶液施加压力以克服溶液的渗透压，使溶剂通过反渗透膜而从溶液中分离出来的过程。其原理如图 4-24 所示。

2. 超滤

超过滤简称超滤，它分离物质的基本原理是：被分离的溶液借助外界压力的作用下，以一定的流速沿着具有一定孔径的

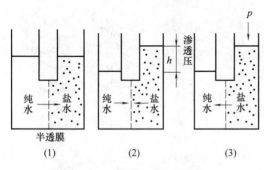

图 4-24　反渗透工作原理图
（1）渗透　（2）渗透平衡　（3）反渗透

超过滤膜上的流动，让溶液中的无机离子，低相对分子质量的物质透过膜表面，把液体中的高分子、大分子物质，胶体，蛋白质、细菌、微生物等都截留下来，从而实现分离与浓缩的目的。超过滤的原理如图 4-25 所示。

3. 电渗析

通常所称的电渗析是指使用选择透过性能的离子交换膜，在直流电场作用下，溶液中的离子有选择透过性地透过离子交换膜所进行的定向迁移过程，如图4-26所示。离子交换膜是由高分子物质构成的薄膜，可以理解成薄膜状的离子交换树脂。离子交换膜按照解离离子的电荷性质，可分为阳离子交换膜（简称"阳膜"）和阴离子交换膜（简称"阴膜"）两种。

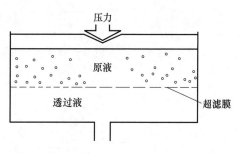

图 4-25　超滤原理示意图

在电解质溶液中阳膜允许阴离子透过而排斥阻挡阴离子，阴膜允许阴离子透过而排斥阻挡阳离子，这就是离子交换膜的选择透过性。

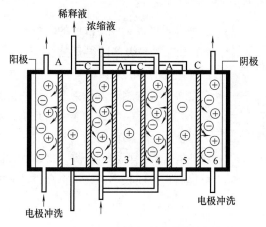

图 4-26　电渗析基本原理图
A—阴离子交换膜　C—阳离子交换膜

二、膜技术设备的系统配置

在实际生产中，应按照溶液分离的质量要求、废液的处理排放标准、浓缩液有无回收价值等综合考虑膜组件的配置。配置方式分为一级和多级（通常是二级）配置。所谓的一级是指进料液经一次加压反渗透或超滤分离；二级是指进料液必须经过两次加压反渗透或超滤分离。在同一级中，排列方式相同的组件组成一段。

（一）组件的一级配置

1. 一级多段连续式

一级多段连续式如图4-27所示，这种方式适合于规模的处理系统，能得到较高的水回收率。它是把第一段的浓缩液作为第二段的进料液，再把第二段的浓缩液作为第三段的进料液，以此类推，而各段的透过水连续排出。料液在各段的组件膜表面上，流速随着段数的增加而下降，可将多个组件配置成段，并且随着段数的增加，组件的个数逐渐减少，是指趋近于锥形排列。这种排列方式得到的浓缩液由于经过多段流动，压力损失较大，生产效率下降，为此可以增设高压泵，见图4-28。

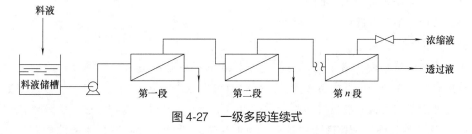

图 4-27　一级多段连续式

2. 一级多段循环式

一级多段循环式如4-29所示，其将第二段的透过水返回料液储槽，与进料液混合作为第一段进料液，第二段的进料液作为第一段的浓缩液，因此，第二段的透过水质较第一段差，

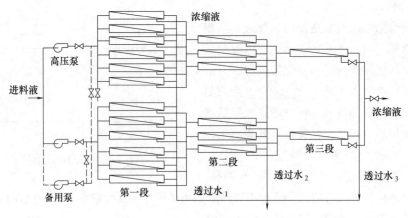

图 4-28　一级多段连续式的锥形排列

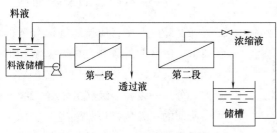

图 4-29　一级多段循环式排列

这种方式可得到较高浓度的浓缩液。

（二）多级多段循环式配置

组件的多级多段循环式（图 4-30），它是将前级的透过液作为后一级的进料液，直至最后一级透过液引出系统。而浓缩液从后级向前级返回并与前一级的料液混合后，再进行分离。这种方式既可提高水的回收率，又可提高透过液的水质。但由于泵设备的增加，能耗加大。

三、膜分离装置与膜组件

工业上用的膜组件有管式、平板式、卷式和中空纤维式等，其中管式又分为内压管式、外压管式和套管式。对膜组件的基本要求为：膜的装填密度高。膜表面的溶液分布均匀、流速快，膜的清洗、更换方便，造价低，截留率高，渗透速率大。近年来发展较快。

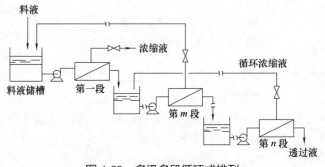

图 4-30　多级多段循环式排列

（一）平板式组件

平板式超滤器是使用最早的超滤器。平板式的特点是制造、组装简单，膜的更换、清洗、维护容易，在同一设备中可按要求改变膜面积。当处理量大时，可以增加膜的层数。因原液流道截面积较大，原液虽含一些杂质，也不易堵塞流道，压力损失较小，原液流速可达 $1\sim5m/s$。适应性较强，预处理要求较低。原液流道可设计为波纹型，使液体成湍流。设计时应减少凝胶层厚度，增大雷诺数。反渗透组件设计要求耐高压，所以膜组件应具有足够强度。一般来说，平板式超滤器装置大，加工精度要求高。液流流程较短，截面积较大，单程回收率较低，所以循环次数较多，泵的容量就大，能耗随之增加。同时，间歇操作时容易造成温度上升。可通过多段操作以增大回收率。图 4-31 是 DDS 公司的平板式膜组件和超滤组件的示意图。

（二）管状膜组件

管式组件按照管径不同分为粗管、毛细管和纤维管（中空纤维），常用的管式组件是由管状膜及支撑体构成。膜可在管的外壁或内壁，管支撑应有良好的透水性及较高的强度。在反渗透中所用的中空纤维的工作面多在外壁，管支撑体应有良好的透水性及较高的强度。在反渗透中所用的中空纤维的工作面在外壁。而在超滤中，由于压力较低，内压、外压式两种均有，管式组件有可以分为单管式与列管式，还可以组合成串联与并联式，或将内、外压两种形式组合于同一装置中，为套管式。

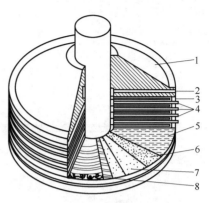

图 4-31　DDS 平板式膜组件结构
1—盖板　2—料液　3—隔板　4—滤过液
5—膜　6—滤纸　7—膜支撑板　8—隔板

这种设备的优点是流道比较宽，不容易堵塞，膜表面可用化学法和物理机械清洗，适合于工业应用，如废水处理等。但膜的装填密度较低，一般为 $33\sim330m^2/m^3$，设备及操作费用高。管式设备结构如图 4-32 所示，它由多段反渗透管段组成。

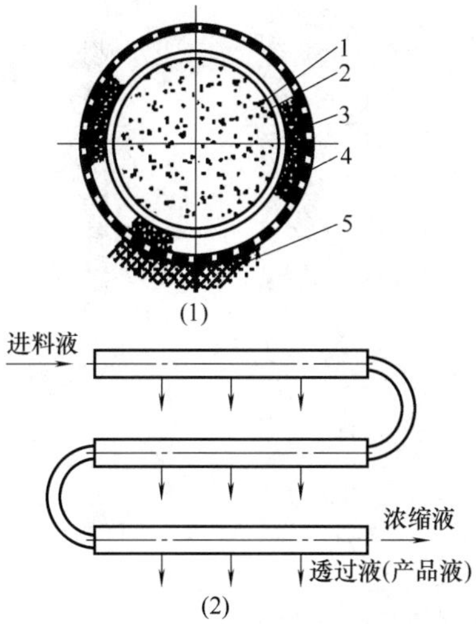

管式膜组件的形式较多：按连接方式有单管式和管束式两种，按作用方式有内压型管式和外压型管式两种。内压单管式膜组件的结构如图 4-33 所示，膜管裹以尼龙布、滤纸之类的支撑材料，并镶入耐压管内，耐压管上开有直径为 1.6mm 的小孔，膜管的末端做成喇叭状，橡皮垫圈密封。进料液由管式膜组件的一端流入，另一端流出；透过液透过膜后，在支撑体中汇集，再从耐压管上的小孔流出。为提高膜的装填密度，改善水流状态，可将内、外压两种形式组合于同一装置中，即为套管式。

内压管束式膜结构如图 4-34 所示。在多孔性耐压管内壁上直接喷注成膜，将许多耐压膜管装配成管束状，再将管束装在一个大的收集管内而成。进料液由

图 4-32　管式膜组件示意图
（1）剖面结构　（2）组合设备
1—原料液　2—膜管　3—多层合成纤维布　4—多孔管　5—透过液

装配端的进口流入，经耐压管内壁上的膜管于另一端流出，透过液透过膜后由收集管汇集。

（三）中空纤维膜组件

中空纤维膜组件在结构上与毛细管式膜组件相类似，膜管没有支撑材料，靠本身的强度承受工作压力。管子的耐压性取决于外径和内径之比。当半透膜管径变细时，耐压性得到提高。实际上常见的中空纤维管外径一般为 $50\sim100\mu m$，内径为 $15\sim45\mu m$。也常将几万根中空纤维集束的开口端用环氧树脂黏接，装填在管状壳体内而成，如图 4-35 所示。

尽管中空纤维组件存在一些缺点，但由于中空纤维膜的产业化以及技术难点的相继攻克，加上组件膜的高装填密度和高透水速率，因此它与螺旋卷式膜组件同样是今后的发展重点。

中空纤维膜组件的主要组成部分是壳体、高压室、渗透室、环氧树脂管板和中空纤维膜

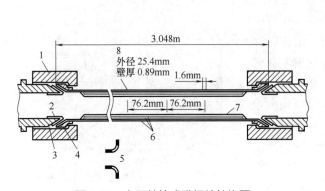

图 4-33　内压单管式膜组件结构图

1—端板　2—橡胶垫圈　3—压紧环　4—卡环　5—安装
前的橡胶垫圈　6—尼龙网布　7—膜　8—支撑管

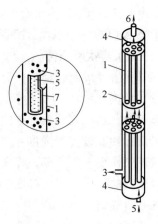

图 4-34　内压管束式膜组件结构图

1—玻璃纤维管　2—聚氯乙烯淡化水搜集
外套　3—淡化水　4—末端配件
5—供给水　6—浓缩水　7—反渗透膜

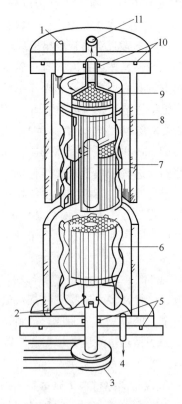

图 4-35　反渗透中空纤维膜组件结构图

1—料液进口　2—连轴带　3—主皮带轮
4—浓缩液出口　5—密封圈　6—空心纤
维束　7—主轴　8—穿孔塑料袋　9—组
件封头　10—密封圈　11—产品出口

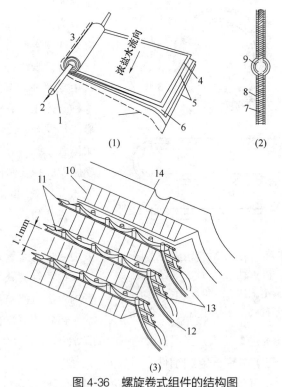

(3)

图 4-36　螺旋卷式组件的结构图

（1）卷式组件概念　（2）膜透过液收集管的接合部分
（3）绕卷的断面

1—透过液集水管　2—透过液　3—盐水侧隔网　4—密封边界
5—膜　6—隔网内透过液流向　7—透过液隔网材料　8—叶膜
9—透过液的中心集水管　10—膜支撑材料　11—膜
12—膜黏接　13—隔网　14—集水管

等。设备组装的关键是中空纤维的装填方式及其开口端的粘接方法，装填方式决定膜面积的装填密度，而粘接方法则保证高压室与渗透室之间的耐高压密封。

（四）螺旋卷式膜组件

螺旋卷式组件是美国 Gulf General Atomic 公司首先开发的组件。中国于 1982 年由原国家海洋局第二海洋研究所研制成功。螺旋卷式组件的构造如图 4-36 所示。

螺旋卷式组件所用膜为平面膜，粘成密封的长袋形，隔网装在膜袋外，膜袋口与中心集水管密封。膜袋数目称为叶数，叶数越多，密封的要求越高。隔网为聚丙烯格网，厚度在 0.7~1.1mm，其作用为提供原液流动通道，促进料液湍流。膜的支撑材料用聚丙烯酸类树脂或三聚氰胺树脂，其作用是使纤维不外露，衬料定形，方便刮膜，减少淡水流动时的阻力。支撑材料应具有化学稳定性及耐压等特性，厚度一般为 0.3mm。最后将组件装入圆筒形的耐压容器中。将多个卷式膜组件装于一个壳体内，然后将中心管相互连通，便组成螺旋卷式反渗透器，如图 4-37 所示。用于反渗透时，由于压力高，压力损失的影响较小，可多装组件。用于超滤时，连接的组件一般不超过 3 个。壳体材料多为不锈钢或玻璃钢管。卷式组件一般要求膜流速为 5~10cm/s，单个组件的压头损失较小，只有 7~10.5kPa。

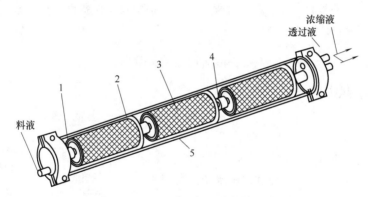

图 4-37　螺旋卷式反渗透器结构图

1—端盖　2—密封圈　3—卷式膜组件　4—连接器　5—耐压容器

它的主要参数有外形尺寸、有效膜面积、处理量、分离率、操作压强或最高操作压强、最高使用温度和进料液水质要求等。近年来，螺旋卷式膜组件向着超大型化发展，组件尺寸达到直径 0.3m，长 0.9m，有效膜面积达 51m^2，组件用 20 叶卷绕而成。膜材料是乙酸纤维素，每个膜组件的处理量为 34m^3/d，分离率在 96% 以上。除了膜组件容量的增大外，膜材料也由乙酸纤维素朝着复合膜方向发展。

第六节　萃取设备

一、萃取原理

根据不同物质在同一适当溶剂中溶解度的差别，使混合物中各组分得到部分的或全部分离的分离过程，称为萃取。在混合物中被萃取的物质称为溶质，其余部分则为萃余物，而加入的第三组分称为溶剂或萃取剂（可以是某一种溶剂，也可以由某些溶剂混合而成）。萃取

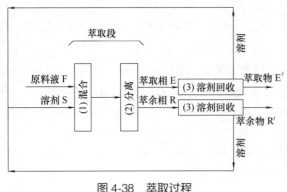

图 4-38 萃取过程

过程中溶质从一相转移到另一相中去，所以萃取也是传质的过程。相间物质的传递是由扩散作用引起的，扩散的速度与温度、被萃取的组分的理化性质以及两相中的溶解度差有关。

一个完整的萃取操作过程如图 4-38 所示。步骤如下：①原料液 F 与溶剂 S 充分混合接触，使一相扩散于另一相中，以利于两相间传质；②萃取相 E 和萃余相 R 进行澄清分离；③从两相分别回收溶剂得到产品，回

收的萃取剂可循环使用。萃取相 E 除去溶剂后的产物称为萃取物 E′，萃余相除去溶剂后的产物称为萃余物 R′。萃取比蒸发、蒸馏过程复杂，设备费及操作费也较高，但在某些情况下，采用萃取方法较合理、经济。

二、超临界萃取设备

（一）超临界萃取原理

超临界萃取流体萃取（SCFE），是一种新型的萃取分离技术。该技术是利用流体（溶剂）在临界点附近某一区域内（超临界区）内，与待分离混合物中的溶质具有异常相平衡行为和传递性能，且它对溶质的溶解能力随着压力和温度改变而在相当宽的范围内变动这一特性而达到溶质分离的一项技术。因此，利用这种超临界流体作为溶剂，可从多种液态或固态混合物中萃取出待分离的组分。

（二）超临界萃取系统组成及流程

通常超临界流体萃取系统主要由四部分组成：①溶剂压缩机（即高压泵）；②萃取器；③温度、压力控制系统；④分离器和吸收器。其他辅助设备包括：辅助泵、阀门、调节器、流量计、热量回收器等。

常见有三种超临界萃取流程：

1. 控温萃取流程

控制系统的温度，达到理想萃取和分离的流程［图4-39（1）］。超临界萃取是在溶质溶解度为最大时的温度下进行。然后通过热交换器使萃取液之冷却，将温度调节至溶质在超临界相中的溶解度为最小。这样，溶质就可以在分离器中加以收集，溶剂经再压缩进入萃取器循环使用。

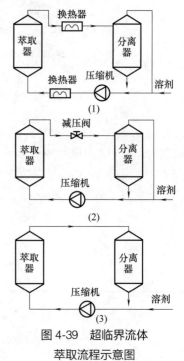

图 4-39 超临界流体
萃取流程示意图
（1）控温萃取流程　（2）控压萃取流程
（3）吸附萃取流程

2. 控压萃取流程

控制系统的压力 [图 4-39 (2)]。超临界萃取是在溶质溶解度为最大时的压力下进行，随后经减压阀降压，将压力调节至溶质在超临界相中的溶解度为最小。溶质可在分离器中分离收集，溶剂也经再压缩循环使用或者直接排放。

3. 吸附萃取流程

其吸附方式包括在定压绝热条件下，溶剂在萃取器中萃取溶质，然后借助合适的吸附材料，如活性炭等以吸收萃取液中的溶剂 [图 4-39 (3)]。

实际上，这三种方法的选用取决于分离的物质及其相平衡。

三、液-液萃取设备

液-液萃取属于分离均相液体混合物的一种单元操作，在食品工业上主要用于提取与大量其他物质混杂在一起的少量挥发性较小的物质。同时，因液-液萃取可在低温下进行，故特别适用于热敏性物料的提取，如维生素、生物碱或色素的提取，油脂的精炼等。

根据接触方法，液-液萃取设备可分为逐级接触式和微分接触式两类，每一类又可分为有外加能量和无外加能量两种。习惯上凡设备截面积是圆形且高径比很大时，称为塔式传质设备。

（一）塔式萃取设备

1. 转盘塔

转盘塔内壁按一定距离装置许多称为固定环的环形挡板，将塔内空间分成相应区间；同时在可旋转的中心轴上按同样间距、不同高度在每一区间的中间装圆形盘，如图 4-40 所示。转盘塔结构简单，能量消耗少，生产能力大，适用范围广。

2. 筛板塔

筛板塔有许多类型，共同点是使其中一相作多次分散。如图 4-41 所示，筛板塔塔内配有若干层加工有许多小孔和一个溢流管（又称降液管）的筛板。工作时两液相分为分散相和连续相分别由塔底和塔顶进入塔内。由于塔内安装很多塔板，经分散相多次分散，多次凝结，实现传质，达到分离。其效率高，应用广泛。

3. 振动筛板塔

基本结构与筛板塔体相同，如图 4-42 所示。只是筛板固定于可振动的中心轴上，随轴做往复运动，振幅一般为 3~5mm，频率可达 $1000min^{-1}$。

4. 填料萃取塔

填料塔与用于蒸馏与吸收的填料塔相似，如图 4-43 所示。为了使一相能更好地分散于另一相中，两相入口导管均伸入塔内，管上开有小孔，使液体分散成小滴。为了使液滴直接进入填料层内，将轻相入口处的喷洒装置装于填料支承上部。

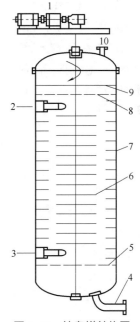

图 4-40 转盘塔结构图

1—可调速的电机　2—重液入口
3—轻液入口　4—重液出口
5,8—栅板　6—转盘
7—固定圆环　9—界面
10—轻液出口

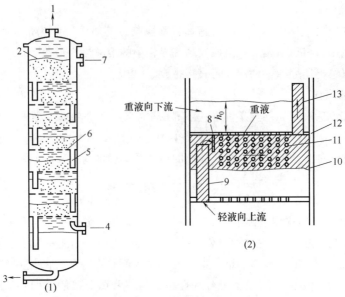

图 4-41　筛板萃取塔

（1）筛板萃取塔（轻相为分散相）　　（2）筛板结构示意图（重相为分散相）

1—轻液出口　2—相界面　3—重液出口　4—轻液入口　5—降液　6—筛孔　7—重液入口

8—挡板　9—升液管　10,13—相界面　11—重相液滴　12—筛板

（二）离心萃取机

离心萃取机为一种连续式逆流萃取设备，溶剂和混合料液在转鼓内多次接触和分离，其整体结构与离心分离机相同。图 4-44 所示为其主要工作部件——室式转鼓的结构图。转鼓由多个不同直径的同心圆筒构成，为使得溶剂和混合料液充分接触，各筒仅在一端开设孔道，而且相邻两筒的孔道交错配置，圆筒外壁设置有螺旋导流板，使得容积更大、料液流道更长。

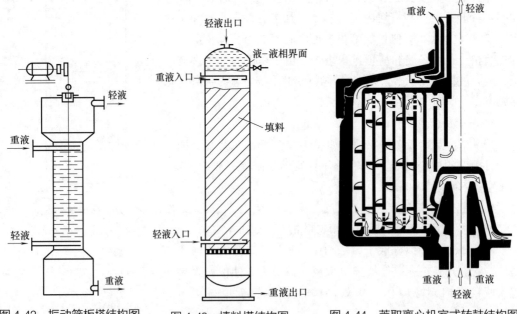

图 4-42　振动筛板塔结构图　　图 4-43　填料塔结构图　　图 4-44　萃取离心机室式转鼓结构图

溶剂和混合料液根据密度的高低，从主轴处分别送入转鼓，其中密度较高的重液直接进入转鼓腔靠近轴线处，而轻液则经专用通道从转鼓远离轴线处进入。由于离心力的作用，二者在转鼓内部形成逆向流动，轻液向靠近轴线的方向流动，而重液向远离轴线的方向流动。两种液体在转鼓内逆向流动过程中，连续完成接触、混合和分离，完成萃取的两液流分别从转鼓动顶部排出。

四、固-液萃取设备

固-液萃取操作通常称为浸出。食品工业的原料多为动植物产品，固体物质是其主要组成部分。为了分离出其中的纯物质，或者除去其中不需要的物质，多采用浸提操作。因此，在食品工业上，浸取是常见的单元操作，其应用范围超过液-液萃取。随着近年来食品工业的发展，食品工业中除油脂工业和制糖工业的油料种子和甜菜的大型浸提工程外，制造速溶咖啡、速溶茶、香料色素、植物蛋白、鱼油、肉汁和玉米淀粉等都应用到浸提操作。

在食品工业中，固体浸提物料的粒径多大于100目，且富含纤维成分，常用的浸提装置为：单级浸提罐、多级固定床浸提器和连续移动床浸提器三大类。

目前连续移动床浸提设备主要有浸泡式、渗滤式及浸泡和渗滤混合式三种形式，其中，生产中广泛应用的为浸泡式和渗滤式的连续移动床浸提器。

（一）浸泡式连续移动床浸提器

物料完全浸没于溶剂之中进行连续浸提。最典型的浸泡式连续移动床浸提器有两种，即希尔德布朗（Hildebrandt）浸提器和鲍诺托（Bonotto）浸提器。

1. 希尔德布朗浸提器

希尔德布朗浸提器（图4-45）由两个垂直圆形塔下端用短的水平圆筒连接而成。每段圆筒内均安装有螺旋输送器，螺旋片均开有滤孔。螺旋输送器将固体物料从低塔的顶部移向底部，再经短距离水平移动而达到高塔的底部，而后上升并达到塔顶的卸料口。新鲜溶剂在较高的塔顶附近引入，入口位置低于固体的卸料口，以保证固体残渣有一段沥出溶剂的距离。溶剂依靠重力向下流动，与物料进行流向相反的逆流接触。随着流动，溶剂中溶质浓度逐渐增加。溶液出口位于原料入口下方，并低于溶剂入口位置，排出前经过一特殊的过滤器过滤。这种浸出器常用于大豆和甜菜的浸提。

2. 鲍诺托浸提器

鲍诺托浸提器（图4-46）为一垂直单管重力式浸提器。整体结构为一立式塔，内部由水平隔板分成若干个塔段。每一塔段有一个缺口供固体物料自上而下穿流移动，相邻板的开口位置互相错开180°。

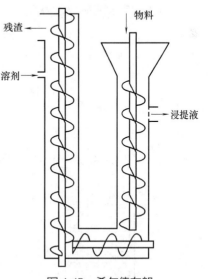

图 4-45　希尔德布朗
浸提器结构图

浸提器的中央装有转动轴，其上固定有与塔板数目相等、位于塔板之上的桨叶。转轴转动时通过桨叶推动物料移向塔板开口，物料掉入下一塔板上，如此物料在整个塔内做螺旋状向下运动，最后在塔底由螺旋输送器卸出。新鲜的溶剂由塔底泵入，逐板向上流动，与物料成逆流，浸提液从塔顶排出。这种浸提器主要用于种子和果仁的浸提。

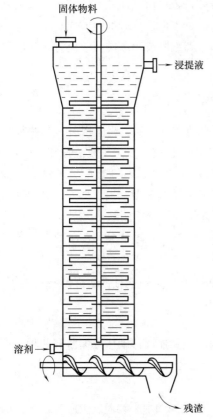

图 4-46　鲍诺托浸提器结构图

（二）渗滤式连续浸提器

溶剂喷淋于物料层之上，在通过物料层向下流动的同时进行浸提，物料不浸泡于溶剂中。

1. 鲍曼（Bollmann）浸提器

鲍曼浸提器又称篮式（斗式）浸提器（图 4-47）。其结构与斗式提升机相似，但置于气密容器中并附加了用于浸取的部件。工作时，经加热器加热的纯溶剂，通过左侧喷淋装置喷淋已部分浸提的物料，纯溶剂从物料中穿流而过，浸出后剩余的溶质成为淡浸提液。淡浸提液经过滤器过滤后由泵 8 送至上部右侧喷淋装置喷淋新加入物料，淡浸提液从物料中穿流而过，对新物料进行浸提。从左侧喷淋器到篮斗开始翻转这一段为滴干段，浸提液穿过物料通过篮斗底部栅网逆流而下。滴干后的物料通过篮斗 2 的翻转倒入落料斗 4，最后由螺旋输送机 5 排出机外。

2. 旋转槽（Rotocel）浸提器

旋转槽浸提器又称平转式或旋转隔室式浸提器（图 4-48）。主要由转子、假底（活络筛网）、轨道、混合油收集格（油斗）、喷淋装置、进料和卸粕装置、传动装置等组成，整个设备由外壳密封。

浸出器的转动体被钢板间隔形成若干格子，称为浸出格。每个浸出格的下部均装有假底，假底的一侧通过铰链与隔板底侧连接，另一侧有两个滚轮支承在底座上的内外轨道上。假底与料格吻合

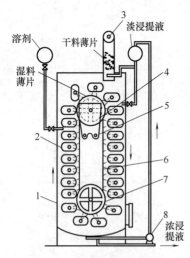

图 4-47　鲍曼浸提器结构图

1—外壳　2—篮斗　3—批量供料斗　4—落料斗

5—螺旋输送机　6—链条　7—链轮　8—泵

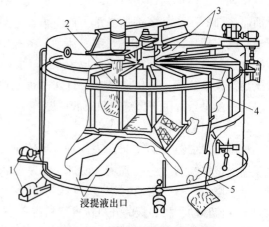

图 4-48　旋转槽浸提器结构图

1—溶剂泵　2—装料　3—喷淋溶剂

4—残渣卸除　5—残渣出口

形成一个有底容器。假底由角钢、有孔筛板和丝网等构成。这样既能承托被浸物料，又能透过混合油。转动体外圈中间处装有齿条，通过链条和减速器传动，绕主轴做顺时针或逆时针方向转动。当假底合上时，浸出格开始装料，小滚轮就在圆形轨道上缓慢移动，并托住浸出格内的物料。物料经上部喷入的混合油浸泡提取，当其中的油脂被逐渐提取殆尽时，再被新鲜溶剂喷淋浸泡一次。随后即进入粕的最后滴干阶段。粕内低浓度的混合油自行滴干，落入浸出器下部的混合油收集格内。滴干结束后，浸出格即旋转到了出粕处。在出粕处，圆形轨道中断，假底失去依托。由于粕和假底的重量，使假底自动脱开，湿粕随之落入出粕斗中，经绞龙或刮板输送机送去蒸脱以回收湿粕中的溶剂。

浸提液收集格的底部由里向外倾斜，在浸出器外壳处最低。在每格的最低处有浸提液出管口，用泵引出再送到前一浸出格上面的喷管中，以对物料进行浸出。

第七节　蒸馏设备

一、蒸馏原理

蒸馏是一种热力学的分离工艺，它利用混合液体或液-固体系中各组分沸点不同，使低沸点组分蒸发，再冷凝以分离整个组分的单元操作过程，是蒸发和冷凝两种单元操作的联合。与其他的分离手段，如萃取、过滤结晶等相比，它的优点在于不需使用系统组分以外的其他溶剂，从而保证不会引入新的杂质。

（一）简单蒸馏

在蒸馏过程中，馏出液通常是按不同组成阶段分罐收集。该蒸馏为不稳定过程，只适用于沸点相差较大而分离要求不高的场合，或者作为初步加工（图4-49）。

（二）平衡蒸馏

蒸馏过程（图4-50）中，原料连续进入加热器中，加热至一定温度，蒸汽与残液处于恒定压力与温度下，故气液两相成平衡状态，经节流阀骤然降压到规定压力，致使部分料液迅速汽化，气液两相在分离器中分开，而获得易挥发组分浓度较高的顶部产品与浓度较低的底部产品。与简单蒸馏比较，平衡蒸馏为稳定连续过程，生产能力大，但仍不能得到高纯产

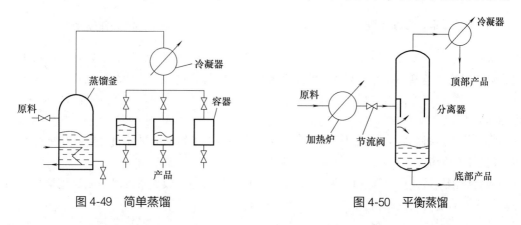

图 4-49　简单蒸馏　　　　　　　　　　　图 4-50　平衡蒸馏

物。常用于只需粗分离的物料。

（三）精馏

在精馏塔（图4-51）中同时多次进行部分气化和部分冷凝，使其分离成所需高纯度组分。操作时，由塔顶可得到近于纯的易挥发组分的产品。塔中各级的易挥发组分浓度由上至下逐级降低，当某级的浓度与原料液的浓度相同或相近时，原料液就由此级引入。

二、板 式 塔

（一）板式塔基本结构

板式塔是由一个圆筒形壳体及其中若干块水平塔板所构成的。相邻塔板间有一定距离，称为板间距。液体在重力作用下自上而下最后由塔底排出，气体在压差推动下经塔板上的开孔由下而上穿过塔板上液层最后由塔顶排出。呈逆向流动的气体和液体在塔板上进行传质传热过程。显然，塔板的功能应使气液两相保持密切而又充分的接触，为传质传热过程提供足够大且不断更新的相际接触表面，减少传质传热阻力。塔板（图4-52）主要由气体通道、溢流堰、降液管构成。

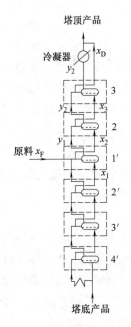

图4-51　精馏塔结构示意图

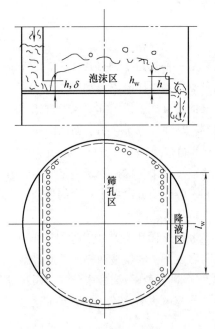

图4-52　塔板结构和操作示意图

板式塔多露天安放。外壳多用钢板焊制；若外壳需用铸铁制造，则往往以每层塔盘为一段，然后用法兰连接。设备内部一般除装有塔盘、降液管、进料口、产品抽出口、塔底蒸汽入口以及回流口等外，尚有很多附属装置，如除沫器、人孔、裙座，有时还有扶梯或平台，如图4-53所示。

在塔体上有时焊有支承圈以便安装保温层，塔顶装有可转动的吊柱则为检修方便。

（二）典型板式塔

板式塔因空塔速度比填料塔快，所以生产率比填料塔高。板式塔的塔板是决定塔特性的主要因素，有多种不同结构。

板式塔的型式很多，分类方法也各不相同，如按气液在塔板上的流向可分为气-液呈错流的塔板、气-液呈逆流的塔板和气-液呈并流的塔板。

按有无溢流装置分为：有溢流装置板式塔和无溢流装置板式塔。

按塔盘结构分为泡罩塔、浮阀塔、筛板塔等。

工业生产中常用的几种板式塔：

1. 泡罩塔

工业生产上最早出现（1813 年）的典型板式塔，广泛应用于生产中的精馏、吸收、解吸等传质过程中。

泡罩塔由泡罩、升气管、降液管（又称溢流管）和溢流堰等组成。回流液体由上层塔板经降液管流入塔板，沿塔板 AC 方向流过鼓泡区，与上升气体充分接触后，液体继续流经 CD 段，其中夹带的气泡得到初步分离，然后越过溢流堰流入降液管中，如图 4-54 所示。液体在降液管中经过短暂停留时间（一般 3 ~ 5s），被夹带的气泡得到进一步分离，上升至塔板上空间；清液则流入下一层塔板。堰上液层高度以 h_{ou} 表示。液体自左 A 向右 D 流动要克服各种阻力，就必须有推动力，这个推动力的大小取决于 A 处液面高出 D 处液面的高度，称为液面落差 Δ。气体（蒸汽）由下层塔板上升，通过泡罩齿缝鼓泡与液体充分接触，达到传质、传热的目的。

泡罩的型式很多，用得最广泛的为开有梯形齿缝的圆筒形泡罩，如图 4-55 所示。目前行内都以泡罩塔为依据，用来比较其他各类新型塔。泡罩塔的主要缺点是结构复杂、造价较高、塔板压力降较大。

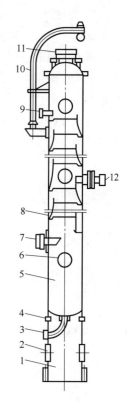

图 4-53 板式塔的总体结构

1—裙座 2—裙座人孔 3—塔底液体出口 4—裙座排气孔 5—塔体 6—人孔 7—蒸汽入口 8—塔盘 9—回流入口 10—吊柱 11—塔顶蒸汽出口 12—进料口

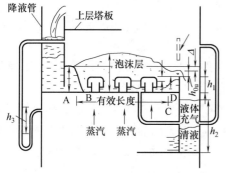

图 4-54 泡罩塔板上气、液接触状况

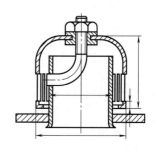

图 4-55 应用最广泛的泡罩

2. 浮阀塔

浮阀塔是 20 世纪 50 年代初发展起来的一种新型塔盘结构，生产中应用最为广泛。它的浮阀类型很多，有盘形浮阀和条形浮阀，尤其盘形浮阀使用最广。我国现已采用四种盘形浮阀，如图 4-56，其中 F-1 型最为常用。

　　F-1 型（国外称 V-1 型）浮阀结构如图 4-57 所示：它是用钢板冲压而成的圆形阀片，下面有三条阀腿，把三条阀腿装入塔板的阀孔之后，转动 90°，则浮阀就被限制在浮孔内只能上下运动而不能脱离塔板。当气速较大时，浮阀被吹起，达到最大开度；当气速较小时，气体的动压小于浮阀自重，于是浮阀下落，浮阀周边上三个朝下倾斜的定距片与塔板接触，此时开度最小。定距片的作用是保证最小气速时还有一定的开度，使气体与塔板上液体能均匀地鼓泡，避免浮阀与塔板粘连。浮阀的开度随塔内气相负荷大小自动调节，可以增大传质传热的效果，减少雾沫夹带。

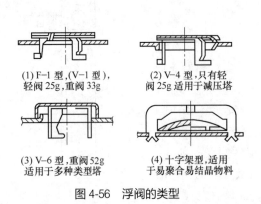

(1) F-1 型,(V-1 型),
轻阀 25g,重阀 33g

(2) V-4 型,只有轻
阀 25g 适用于减压塔

(3) V-6 型,重阀 52g
适用于多种类型塔

(4) 十字架型,适用
于易聚合易结晶物料

图 4-56　浮阀的类型

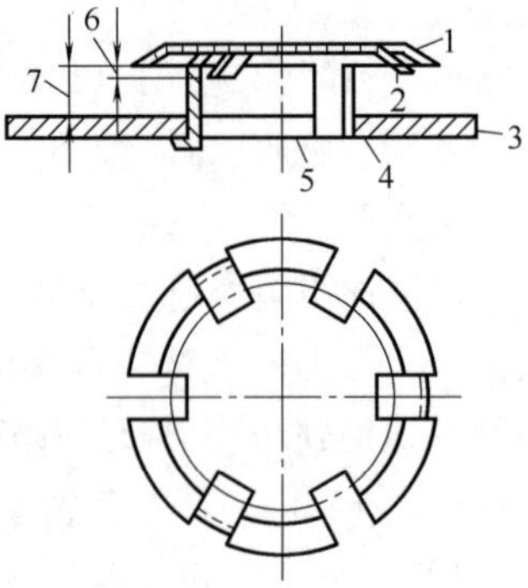

图 4-57　F-1 型浮阀结构

1—门件　2—起始定距片　3—塔板　4—阀腿
5—阀孔　6—最小开度　7—最大开度

　　阀孔在塔板上一般以正三角形或等腰三角形排列，其中心距一般取 75mm，根据阀孔数的多少可以适当调整。在三角形排列中又有顺排和叉排两种，如图 4-58。一般采用叉排，因为叉排时气流鼓泡与液层接触均匀，液面梯度较小。

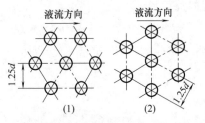

液流方向　　液流方向

(1)　　(2)

图 4-58　阀孔的排列形式

（1）顺排　（2）叉排

　　3. 筛板塔

　　其结构和浮阀塔类似，但塔板上不开设装置浮阀的阀孔，而只是在塔板上开有许多直径（d）3~5mm 的筛孔，结构非常简单。

　　直到 20 世纪 50 年代，为满足石油、化工业的发展，人们才对筛板塔进行了较充分的研究，并经过大量的生产实践，形成了较完善的设计方法，获得了丰富的使用经验。它与泡罩塔比较具有下列优点：①生产能力比泡罩塔大 10%~15%；②塔板效率比泡罩塔高 15% 左右；③塔板压力降比泡罩塔低 30% 左右；④结构简单，制造、安装和检修比较容易；⑤金属消耗量少，因此造价较泡罩塔低 40%。筛板塔的主要缺点是筛孔容易生锈或被脏物堵塞。筛孔堵塞后塔便失效。

三、填　料　塔

（一）结构及填料种类

　　填料塔的结构较板式塔简单。这类塔由塔体、喷淋装置、填料、再分布器、栅板等组成。如图 4-59 所示，气体由塔底进入塔内经填料上升，液体则由喷淋装置喷出后沿填料表面下流，气液两相便得到充分接触，从而达到传质的目的。

填料塔所采用的填料大致可分为实体填料和网体填料两大类。实体填料包括拉西环及其衍生型,鲍尔环、鞍形填料、波纹填料等。网体填料则包括由丝网体制成的各种填料,如鞍形网、θ网环填料等。

(二)喷淋装置

填料塔的顶部装有喷淋装置以均匀地分布液体。喷淋装置应能够均匀分散液体,不易被堵塞,尽可能避免很大的压头等。喷淋装置的类型很多,常用的有喷洒型(包括管式和莲蓬头式)、溢流型(包括盘式和槽式)、冲击型(包括反射板式和宝塔式)等。

1. 喷洒型

对于小直径的填料塔($d<300\text{mm}$)可采用管式喷洒器,通过在填料上面的进液管(直管、弯管或缺口管)喷洒。这种结构简单,但喷淋面积小且不均匀。

莲蓬头是另一种应用较为普遍的喷洒器,置于填料上方中央处,液体经小孔分股喷出。莲蓬头有半球形、碟形或杯形。构造简单,喷洒较均匀。

2. 溢流型

盘式分布板(图4-60)是最常用的一种溢流型喷淋装置,液体通过进液管加到喷淋盘内,然后从喷淋盘内的降液管溢流,淋洒到填料上。

各类喷淋装置都有特点,在选用喷淋器时,必须根据塔径的大小、对喷淋均匀性的要求等具体情况来确定型式。

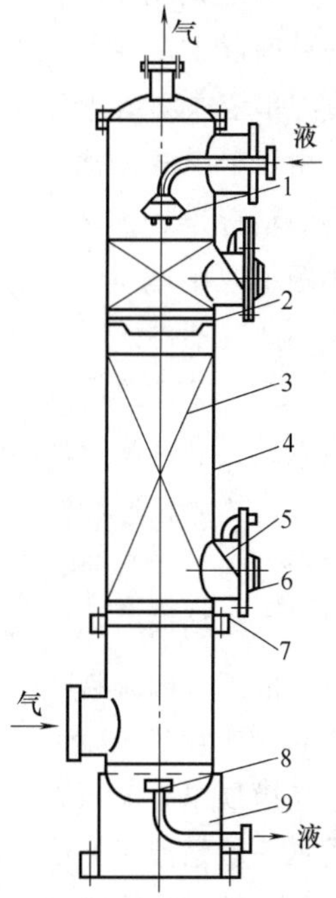

(三)液体的再分布装置

当液体流经填料层时,液体有流向器壁造成"壁流"的倾向,使液体分布不均,降低了填料塔的效率,严重时可使塔中心的填料不能被湿润而成"干锥"。设置再分布装置有助于避免这种现象的发生。常用再分布装置有分配锥(图4-61)。此种结构适用于小直径的塔。

图 4-59 填料塔的结构图
1—莲蓬头(喷淋装置)
2—分配锥 3—填料 4—塔体
5—卸料孔 6—栅板 7—支持圈 8—出料装置 9—支座

四、酒精蒸馏设备

醪液蒸馏和酒精精馏的主要设备是蒸馏塔,它把酒精从醪液中蒸馏分离出来,又把酒精蒸馏提浓到高浓度,同时分离出部分杂质。

根据产品质量的不同要求和杂质的特性,宜选用不同的流程。常见的流程有单塔式、双塔式、三塔式和多塔式。

(一)单塔式酒精连续蒸馏设备

单塔式酒精连续蒸馏流程只有一个蒸馏塔。该塔分上下两段:下段为提馏段,主要是把醪液中的绝大

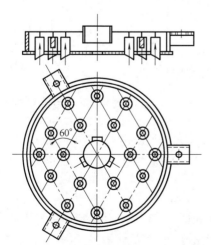

图 4-60 中央进料的盘式分布板结构图

部分酒精蒸馏出来，保证酒糟残留的酒精极少；上段为精馏段，主要是把酒精蒸馏提浓到成品要求的浓度。单塔式酒精连续蒸馏流程如图4-62所示。

由于单塔式分离杂质能力低，成品质量达不到医药酒精标准，加之经济性能差等不足。这种流程在酒精工业中基本已被淘汰，但在白酒制造中仍有采用，此处不再详述其蒸馏流程。

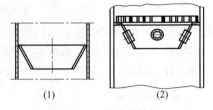

图4-61　再分布装置
(1) 分配锥　(2) 具有通气孔的分配锥

（二）双塔式酒精连续精馏设备

双塔式酒精连续精馏流程系由粗馏塔和精馏塔两个塔组成。

双塔式酒精连续精馏气相过塔流程如图4-63所示。成熟醪经泵送至醪液箱，流经预热器预热至70℃，由粗馏塔顶层进塔。塔釜用蒸汽加热，酒精蒸汽逐层上升，使酒精汽化。由粗馏塔顶进入精馏塔的酒精蒸汽，经精馏段蒸馏提浓，上升至塔顶，进入预热器，被成熟醪冷凝成为液体，回流塔内。未冷凝气体大部分在分凝器内冷凝，也回流塔内。少量未凝的酒精蒸汽含杂质较多，冷凝后作为工业酒精。常温下不能冷凝的气体（初级杂质）从排醛器排出。从塔顶以下3~4层塔板上引出已脱除部分杂质的成品酒精，经冷却器冷却入库。杂醇油的提取一般是液相提油。粗馏塔塔釜连接浮鼓式排糟器控制排糟。精馏塔塔釜则连接U型管排液器，控制排除废液。

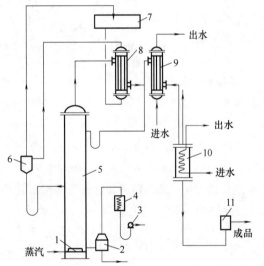

图4-62　单塔式酒精连续精馏流程
1—蒸汽加热器　2—调节器　3—废液检验器
4—酒糟蒸汽冷却器　5—塔　6—气流分离器
7—成熟发酵醪高位槽　8—分凝器　9—冷凝
器　10—酒精冷却器　11—酒精检验器

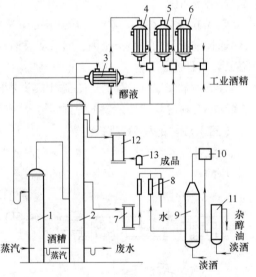

图4-63　双塔式酒精连续精馏气相过塔流程图
1—粗馏塔　2—精馏塔　3—预热器　4,5,
6—冷凝器　7—冷却器　8—乳化器　9—分
离器　10—杂醇油储存器　11—盐析罐
12—成品冷却器　13—酒精检验器

这种流程设备简单，操作稳定，能提取杂醇油和排除部分初中级杂质，成品酒精质量能达到医药酒精相关标准。设备热效应高，投资和生产费用低，故广泛使用。

由于双塔式酒精连续精馏流程只有两个塔，成品酒精质量还达不到精馏酒精相关标准，因此，多选用三塔式酒精连续精馏流程，可获得精馏酒精。

三塔式酒精连续精馏流程是由三个塔组成，即在双塔式的粗馏塔和精馏塔之间装置脱醛塔。脱醛塔的主要作用是脱除部分初级杂质和部分中级杂质。粗馏塔顶上升的酒精蒸汽由脱醛塔中部进塔，逐层上升。脱醛塔顶上升的酒精蒸汽经分凝器冷凝后，绝大部分酒精冷凝液回流塔内，少量酒精蒸汽和杂质冷凝后作为工业酒精排出，未冷凝的气体从排醛器排出。脱醛塔顶回流的酒精在下流的过程中，截留了杂醇油一起下流，并且浓度变稀。在稀酒精中初级杂质挥发度高。因此，塔底的稀酒精得以脱除较多的初级杂质。脱除部分杂质的稀酒精液从脱醛塔塔底流到精馏塔，再经精馏塔蒸馏提浓并抽提杂醇油和排除杂质。因此，成品酒精质量较高，能达到精馏酒精标准。三塔式酒精连续精馏流程如图 4-64 所示。

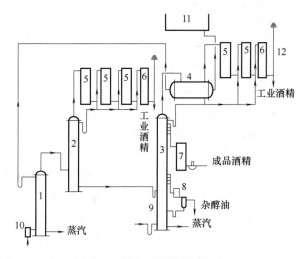

图 4-64 三塔式酒精连续精馏流程图

1—粗馏塔 2—脱醛塔 3—粗馏塔 4—预热器 5—分凝器 6—冷凝器 7—冷却器
8—杂醇油分离器 9—U 型废液排除控制器 10—酒糟排除控制器 11—醪液箱 12—排醛器

思 考 题

1. 简述压榨原理，分析比较各种典型压榨机械提高榨汁效率及汁液质量的措施。

2. 比较各种典型过滤机械的结构、原理与应用特点。

3. 分析比较液力活塞榨汁机、多层过滤单元式麦芽汁过滤槽、叶滤机的共有特征及差异。

4. 总结比较各种典型离心分离机的结构与性能特点。

5. 借用碟片式离心分离机进行离心沉降是否可行？如何调整操作才能够完成？

6. 什么是超临界流体萃取技术？简述超临界流体萃取系统的组成。

7. 简述膜分离组件的结构、原理及应用。

8. 设计一种连续果汁超过滤澄清系统，并画出设备工艺流程图。

9. 简述板式塔、填料塔的组成、结构及工作原理。

10. 从图书馆科技期刊中发现分离技术在生物工程、食品加工中的应用实例。

第五章

CHAPTER

混合与成型机械

5

学习目标

1. 了解混合、搅拌及均质机理及其应用特点；
2. 掌握混合机结构特点、适用物料及应用特点；
3. 了解食品成型原理及应用特点；
4. 掌握各类食品成型机械工作原理及典型机构。

食品加工中常需将两种以上不同物料进行混合，使混合物各成分达到一定程度的均匀性。通常，有以下几种类型混合物，即固体与固体、固体与液体，液体与液体，液体与气体物料相混合构成的混合物和固体-液体-气体三类物料构成的混合物。用于上述混合操作的设备主要有两类，一类是对粉粒状物料和低黏度液体物料进行混合的机械，称为混合机或搅拌机。另一类是对高黏度稠浆料和黏弹性物料进行混合的机械，称为捏合（和）机或揉和机，如和面机和蜜糖搅拌机等。

对混合与均质机械的一般要求：①混合均匀度高；②容器内物料残留少；③设备简单、操作方便；④便于清洗和清理；⑤运行安全。

食品成型是赋予食品独立保持三维空间形状的操作。在食品生产中，有大量食品，尤其是面类及糖果类，常需将其制成具有特定形状规格的单成品或生坯。通常将该操作过程称为食品成型。该操作所用食品成型机械属于食品机械中的专用机械。食品成型机械种类繁多，功能各异、应用广泛。按成型原理大致分可为压模、挤模、浇模、制片、造粒、制膜、夹心、包衣等类型。

第一节 混 合 机 械

一、搅 拌 机

（一）搅拌混合原理

两种或两种以上组分，在搅拌过程中通过对流、扩散和剪切作用达到均匀混合。液体搅拌机主要工作部件为搅拌叶片，包括桨叶、旋桨或涡轮叶片等形式。由液体-液体或液体-固体物料配制成的浑浊液、乳浊液和悬浮液，液体比例约占95%以上。液体具有流动性及不可压缩性，在叶轮（由叶片和回转轴等组成）的旋转作用下，将机械能传递给液体，在叶轮附近区域的液流中造成涡动，同时产生一股高速射流推动液体沿一定途径在容器内循环流动。该流动称为液体的"流型"，可分为轴向流型，径向流型和因在容器侧壁加设挡板等阻挡物引起液流方向变化而形成的各类混合流型。因此，液流的流型取决于叶片的几何形状、结构以及在容器内有无阻挡物等，其中叶片几何形状对流型影响最大。

（二）搅拌机结构

食品工业中涉及多种搅拌设备，但其基本结构一致。主要由搅拌装置、搅拌罐、轴与轴封三大部分组成（图5-1）。

罐体大多设计成圆柱形，其顶部结构可设计成开放式或密闭式，底部大多呈蝶形或半球形。由于平底结构在搅拌时易造成液流死角，影响搅拌效果，一般不采用平底结构。容器内盛装的液体深度通常等于容器直径。容器内设有搅拌轴，其一般由容器上方支承，并由电动机及传动装置带动旋转，轴下端装有各种形状桨叶的搅拌器。通常，典型搅拌设备还设有进出口管路、夹套、温度计插套以及挡板等附件。搅拌设备的组成结构如图5-2所示。

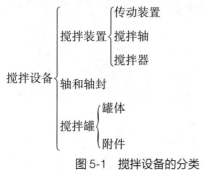

图 5-1　搅拌设备的分类

（三）搅拌器的类型及安装形式

1. 搅拌器的类型

机械式液体搅拌机适用于低黏度或中等黏度液体，按叶片形式可分为：

（1）桨叶式搅拌器　桨叶式搅拌器叶轮的叶片径向尺寸较大，由轴延伸至叶轮外缘，通常只有一对平直结构叶片。如图5-3所示，为采用桨叶式搅拌器的液体搅拌机，搅拌容器为圆桶形，底部为半球形或蝶形，以免造成死角。搅拌轴7底部装有一对或几对桨叶8，处理

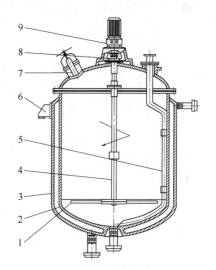

图 5-2　搅拌机机构结构简图

1—搅拌器　2—罐体　3—夹套
4—搅拌轴　5—压出管　6—支座
7—人孔　8—轴封　9—传动装置

低黏度物料时，桨叶转速高，搅拌机与电动机大多采用直联方式；处理中等黏度物料时，桨叶转速较低，需设减速设置。挡板1可使容器内液体产生涡流运动，以提高热交换效率，通常设有4~6块挡板。

常用桨叶形状见图5-4。平板型适用于阻抗小的低黏度液体。多段型适用于油脂的脱酸、脱色、脱臭，效果甚佳。锚型适用于促进热交换及搅动容器内沉淀物。栅格型主要用于高黏度液体搅拌。对向型具有集中的剪切力，可提高容器侧壁和半球形容器底部物料的搅拌效果。马蹄型适用于黏度为1~10Pa·s的液体，可用于制造调味汁、果酱及冰淇淋。

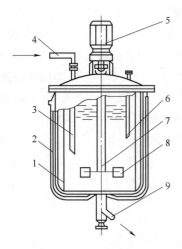

图 5-3　桨叶式液体搅拌机

1—挡板　2—夹套　3—料管　4—进
料管　5—电动机　6—温度计
7—搅拌轴　8—桨叶　9—出料管

（2）涡轮式搅拌器　涡轮式搅拌器与桨叶式搅拌器类似，但叶片多而短，属于高速回转径向流动式搅拌器。液体经涡轮叶片沿驱动轴吸入，主要产生径向液流，液体高速向涡轮四周抛出，再沿槽壁上升流动，涡轮叶片为 4~6 枚，外径为容器直径的 0.3~0.5 倍，转速为 400~2000r/min，圆周速度在 8m/s 以内。叶片有平直、弯曲、垂直和倾斜等几种形式，可制成开式、半封闭式或外周套扩散环式等。图 5-5 所示为常用涡轮式搅拌器叶片形状，搅拌效果较好。平叶片式涡轮尺寸以对称叶片的两端直径 D 为基准，取 $D=1$ 时，其他各部分与之有相应的比例关系。

涡轮式搅拌机主要特点：混合生产能力/搅拌效率、局部剪切效应较高，排出性能好，易清洗，适于搅拌多种物料，尤其对中等黏度液体特别有效，常用于制备低黏度的乳浊液和固体溶液。

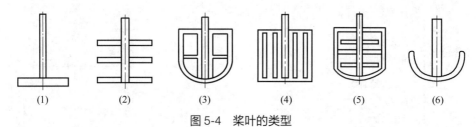

图 5-4　桨叶的类型

（1）平板型　（2）多段型　（3）锚型　（4）栅格型　（5）对向型　（6）马蹄型

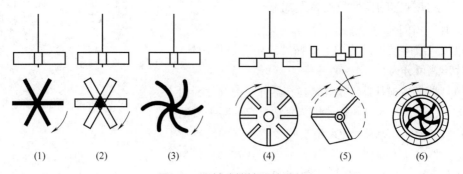

图 5-5　涡轮式搅拌器的叶片

（1）平叶片　（2）倾斜叶片　（3）弯曲叶片　（4）外周套平板叶片　（5）辐射叶片　（6）升压环曲板叶片

（3）旋桨式搅拌器　旋桨式搅拌器叶轮为螺旋桨结构，叶片呈扭曲状。旋桨安装于转轴末端，可以是一个或两个。旋桨由 2~3 片桨叶组成，见图 5-6。该类型搅拌器适用于低黏度液体的高速搅拌。

旋桨式搅拌器结构如图 5-7 所示，桨叶 2 由键 4 和螺母 3 固定于轴 1 上，叶片以一定方向回转，由于桨叶高速转动造成轴向及切向速度的液体流动，致使液体做螺旋形旋转运动，

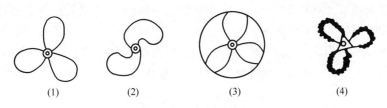

图 5-6　旋桨叶的形式

（1）三桨叶　（2）二桨叶　（3）带框桨叶　（4）带齿桨叶

并受强烈切割和剪切作用。同时，桨叶也会使气泡卷入液体内。为此，轴大多偏离中心线水平安装，或斜置一定角度。由于液体流动非常激烈，故适合于大容器低黏度的液体搅拌，如牛乳、果汁和发酵产品。

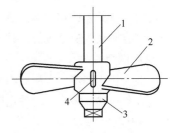

图 5-7　旋桨式搅拌器

1—轴　2—桨叶　3—螺母　4—键

2. 安装形式

搅拌器不同的安装形式会产生不同流场，使搅拌效果有明显差别。常见的 6 种搅拌轴相对于容器的安装方式如图 5-8 所示。

（1）立式中心搅拌安装形式　如图 5-8（1）所示，搅拌器直立安装于储液槽正中部位。该安装方式阻力均匀、结构简单，需注意主轴处润滑剂的泄漏。圆形槽易出现环流，剪切作用差，影响搅拌效果，必要时需加设挡板予以改善。适用于大型设备。

（2）底部搅拌安装形式　如图 5-8（2）所示，搅拌器安装于容器底部。主轴短而细，无须用中间轴承，可用机械密封结构，具有使用维修方便、寿命长等优点。此外，搅拌器安装于下部封头处，有利于上部封头处附件的排列与安装，特别是在上封头带夹套、冷却构件及接管等附件的情况下，更有利于整体合理布局。

（3）偏心式搅拌安装形式　如图 5-8（3）所示，搅拌器安装于立式容器的偏心位置，液体流在各点处压力分布不同，液层间相对运动加强，从而增加液层间的湍动，使搅拌效果明显改善。但偏心搅拌易引起设备在工作过程中的振动，通常此类安装形式只适用于小型设备上。

（4）旁入式搅拌安装形式　如图 5-8（4）所示，搅拌器安装于容器罐体的侧壁上，能耗低，搅拌效果好，但轴封及清洗困难，故使用较少。

（5）倾斜式搅拌安装形式　如图 5-8（5）所示，搅拌器直接安装于罐体上部边缘处，

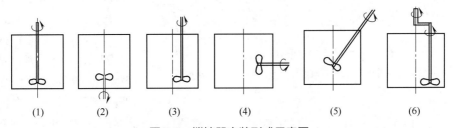

图 5-8　搅拌器安装形式示意图

（1）立式中心安装　（2）底部安装　（3）偏心式安装　（4）旁入式安装　（5）倾斜式安装　（6）行星式安装

用夹板或卡盘与圆筒边缘夹持固定，该安装形式的搅拌设备较机动灵活，使用维修方便，结构简单、轻便，通常用于小型设备。

（6）行星式安装形式　如图 5-8（6）所示，叶轮在自转的同时进行公转，搅拌区域大，剪切作用强烈，效果好，适用于黏稠液料，但传动复杂。

二、混合机械

（一）混合原理

两种或两种以上不同组分构成的混合物在混合机或料罐内，外力作用下进行混合，从初期局部混合达到整体的均匀混合状态，在某个时刻达到动态平衡后，混合均匀度不再提高，而离析、混合则反复交替进行。整个过程存在三种混合方式：

1. 对流混合

由于混合机工作部件表面对物料的相对运动，使得物料从一处向另一处做相对群体的流动，位置发生位移。该方式的作用区域大，混合速度快，但混合精度低。

2. 剪切混合

由于物料群体中的粒子因对流形成剪切面的滑移和在此剪切面上的冲撞和嵌入作用，引起局部混合，称为剪切混合。该方式作用区域较小，只发生于剪切面上及其附近，混合速度较慢，但混合精度高。

3. 扩散混合

对于互溶组分（固体与液体、液体与气体、液体与液体组分等），在混合过程中，以分子扩散形式向四周做无规则运动，从而增加两组分间接触面积，缩短扩散平均自由程，达到均匀分布状态。对于不相容组分的粉粒子，在混合过程中以单个粒子为单元向四周运动（类似气体和液体分子的扩散），使得各组分粒子先在局部范围内扩散，达到均匀分布，称为扩散混合。该方式作用区域较小，混合速度较慢，但混合精度高。

（二）固定容器式混合机

1. 卧式螺带式混合机

卧式混合机是最为常见的固定式容器式粉体混合机。如图 5-9 所示，卧式螺带式混合机主要由机体、主轴、搅拌器和传动部分组成，机体底部呈 U 形，主要部件为两条带状螺旋，内外螺旋环带的回转方向相反，输送物料量应相等。

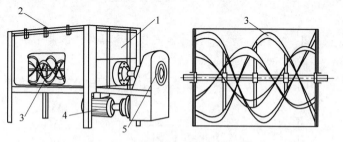

图 5-9　卧式螺带式混合机结构图

1—机体　2—盖板门　3—螺旋环带　4—电动机　5—减速器

工作时，先将一批称量的物料由主料进料口送入机内，后将微量元素添加剂从进料口手工放入，在内外环带的搅拌作用下进行混合，混合机腔内含粉尘的气流经布袋过滤器出口排出机外。为迅速卸料，沿壳底全长或占壳底 1/2～1/3 长处开设卸料门，对被混合物料有一定的打断、磨碎作用，适于混合易离析物料，稀浆体和流动性差的物料。对混合要求较高时，采用 3 条螺旋带，按不同旋向分别布置，正向旋带使物料不断产生翻滚，反向使物料不断分散和聚集。

2. 立式行星式混合机

立式行星式混机如图 5-10 所示，由圆锥形筒体，倾斜装置混合螺旋、减速机构，电动机，进料口，排料口等组成。

工作时，配制好的一批物料由进料口 2 送至机内。启动电动机 4，通过减速机构 3 驱动摇臂 5，带动混合螺旋 6，以 2~6r/min 的速度回绕轴线，与此同时，混合螺旋又以 60~100r/min 速度自转。在机壳外壁可加水套以加热或冷却腔内物料，混合均匀后，打开出料口 7 卸料。混合时间为：小容量混合机 2~4min，大容量混合机 8~10min。

（三）回转容器式混合机

1. V 形混合机

V 形混合机如图 5-11 所示，其容器由两个圆筒呈 V 形焊合而成，夹角在 60°~90°。工作时要求主轴平衡回转，装料量为两个圆筒体积的 20%~30%。转速极低，为 6~25r/min。由于圆筒不对称，粉料在旋转容器内时而聚合时而分开，混合效果好（改进内部装有搅拌桨）。V 形混合机常用于混合多种粉料以构成混合物，若在筒内安装搅拌叶轮，可用以混合高凝聚性食品。

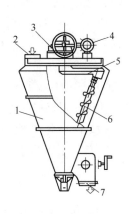

图 5-10　立式行星式混合机结构图

1—锥形桶　2—进料口　3—减速机构
4—电动机　5—摇臂　6—螺旋　7—出料口

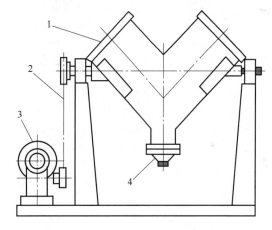

图 5-11　V 形混合机结构图

1—原料入口　2—传动链　3—减速器　4—出料口

2. 对锥式混合机

对锥式混合机如图 5-12 所示，由两个对称的圆锥组成，驱动轴在锥底部分，一个圆锥顶部为进料口，相对应为出料口。机内无残留料。圆锥角呈 60°或 90°两种，取决于粉料食品的休止角大小，容器内无安装叶轮，驱动轴固定在锥底部分，转速为 5~20r/min。圆锥体两端设有进出料口，以保证卸料后机内无残留料。混合时间：若容器内未安装叶轮，通常混合时间为 5~20min；若容器内安装叶轮，混合时间可缩短到 2min 左右。

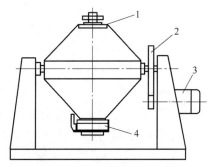

图 5-12　对锥式混合机结构图

1—进料口　2—齿轮　3—电机　4—出料口

（四）捏合机

1. 打蛋器

打蛋器广泛用于混合蛋液、蜂蜜、糖液等浆状液体和少量液体的黏性食品，如生产软糖、半软糖糖浆，生产蛋糕、杏元面浆以及花式糕点上的装饰乳酪等，因在食品生产中常被用来搅打各类蛋白液而得名。

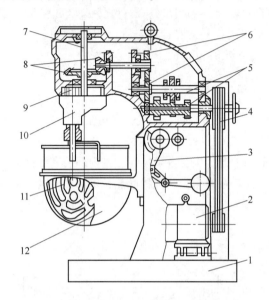

图 5-13　立式打蛋机结构图

1—机座　2—电机　3—容器升降机构　4—带轮　5—齿轮变速机构　6—斜齿轮　7—主轴　8—锥齿轮　9—行星齿轮　10—搅拌头　11—搅拌桨叶　12—搅拌容器

打蛋器有立式和卧式两种，以立式最为常见。图 5-13 所示为立式打蛋器典型结构，通常由搅拌器、容器、传动装置及容器升降机构等组成。

打蛋机工作时，动力由电动机经传动装置传至搅拌器，依靠搅拌器与容器间一定规律的相对运动，使得物料得以搅拌。搅拌效果的优劣受搅拌器运动规律限制。

打蛋机工作时，通过自身搅拌器高速旋转强制搅打，使得被搅拌物料充分接触与剧烈摩擦，以实现对物料的混合、乳化、充气及排除部分水分，从而满足某些食品加工工艺的特殊要求。如生产砂型奶糖时，通过搅拌可使蔗糖分子形成微小结晶体，俗称"打砂"。又如生产充气糖果时，将浸泡干蛋白、蛋白发泡粉、明胶溶液及浓糖浆等混合搅拌后，可得洁白、多孔性结构的充气糖浆。

2. 双臂式捏合机

双臂式捏合机通常为间歇式，因其转子呈 Z 形结构，又称 Z 形捏合机，物料在剪切和挤压作用下得到捏和。图 5-14 所示为两个 Z 形转子轴平行、并排安装于机槽内的双转子双臂式捏合机的俯瞰图。

转子为捏合机的直接工作部位，其结构对于捏合机性能有着决定性影响。根据不同用途应选用不同结构的转子。其中 Z 形转子最为常见，属于传统结构。单螺棱转子可在转子之间、转子与机槽壁之间产生强大的剪切作用，使用单一转子时无法平衡两个方向的物料流量，因此需要成对使用。爪形转子的凸棱短但尖锐，可具有较好的面团破碎能力。双棱子的

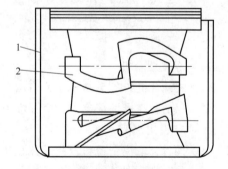

图 5-14　双转子双臂式捏合机俯瞰图

1—机壳　2—Z 形轴

结构及混合作用与 Z 形转子大体相似，适于小容量捏合机。X 形的凸棱短但锋利，可用于小型捏合机中的重负荷混合。三棱转子具有较强的剪切分散作用，物料的轴向移动较小，

自身刚度和强度高，适用于重载情况。类螺带转子结构与螺带混合机中的相似，混合强度较低，适用于轻载混合。由于两根螺带形转子同时转动，作用区域大，所以混合效果比螺带混合要好。大型捏合机的转子一般设计成空腔结构，用于向转子内通入加热或冷却介质。

在双转子捏合机中，两转子安装关系有相切安装和相交安装两种形式。相切安装是指在两转子外缘运动迹线为外切圆，两转子运动互不干扰，转向与转速可单独设置，转速常见有1.5∶1、2∶1和3∶1三种。相交安装是指两转子外缘运动迹线相交，两转子必须同步转动，剪切及挤压作用仅发生在转子与机槽壁之间的缝隙处，因此，转子外缘与机槽壁的间隙很小，一般在1mm左右。

双臂式捏合机的排料方式有底部料门排料、底部螺杆排料和翻转机槽排料三种。

3. 和面机

和面机为一种专用的捏合机，主要用于将各种原料加水搅拌，调制出满足工艺要求的面团。

（1）双作用和面机　如图5-15所示，主要由筒体、主轴和驱动机构组成。筒体用于盛装物料，内壁上还有数个固定桨叶，筒体内主轴上装有6个与主轴垂直的桨叶。工作时，由主轴上的桨叶揉捏和切割面团，而筒体内壁的固定桨叶拉断面团。该机使用2台发动机，左侧的用于驱动主轴，右侧的用于翻缸出料和筒体复位。这种和面机结构简单，易于制造，剪切、撕裂及拉延作用强，筒体内壁的固定桨叶可减少抱轴现象的发生，但折叠作用较差，物料的轴向移动较少，固定桨叶影响筒壁的自清理，且不便于卸料。在改进的机型上于筒体端面上增加了3个横刀。

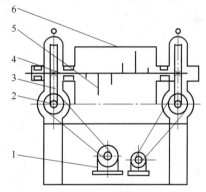

图 5-15　双作用和面机

1—单机　2—杆　3—蜗轮　4,5—轴
6—桨叶

（2）立式和面机　主轴为铅垂方向安装，呈倒置结构。按桨叶的数量可分为单桨式和双桨式，双桨式对面团的压捏程度较好，拉伸作用较强，但需功率较大。搅拌桨叶固定在主轴的下部，并由电动机通过带轮、蜗杆、蜗轮驱动。工作时，除了主轴的回转运动之外，为使面团调制均匀，桨叶还由另一个电动机经带轮、齿轮、齿条驱动沿缸体上下运动。缸体放置于主轴桨叶的正下方，用于盛装物料，缸体置于小车上，当面团调制好后，可随小车一起推出，方便装料和卸料。

普通的单轴卧式和面机对面团的拉伸作用较小，容易出现抱轴现象，使操作发生困难，它一般适用于调制酥性面团。双轴卧式和面机的桨叶均匀分布在和面容器中的各个空间位置上，搅拌速度快，对面团的拉伸作用较为强烈，适用于调制面团。立式和面机对面团的压捏程度和拉伸作用较强，适用于调制韧性面团，但取出面团较困难，劳动强度较大，造价也较卧式的高。

在先进的和面机上安装有冷却、保温等装置，在调制面团时可以不受气候和环境变化的影响，易获得质量优良的面团。

第二节 成型机械

食品成型是面食、糕点和糖果加工生产中的主要操作，通常用来对原料进行形状整理、夹馅等。食品成型机械种类繁多、功能各异、应用广泛。食品的机械成型方法主要有辊压成型、冲印成型、挤出成型、揉制成型和浇注成型等。

一、辊制成型机械

（一）辊压成型机

1. 辊压过程的基本原理

辊压成型是指利用表面光滑或加工有一定形状的旋转轧辊对原料进行压延，制得一定形状产品的操作。在食品加工过程中，许多物料都需要经过辊压操作，如饼干生产中的压片、糖果生产中的拉条、面条和方便面生产中的压片和成型等，如图5-16所示。

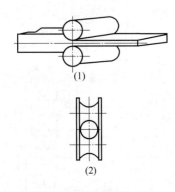

图5-16 辊压成型原理
（1）面带辊压 （2）拉条

不同产品对辊压操作的工艺要求不同。生产饼干时，辊压的目的是使面团形成厚薄均匀、表面光滑、质地细腻、内聚性适中的面带；在糖果加工中，辊压的目的是使糖膏成为具有一定形状规格的糖条，又能排除糖条中的气泡，以利于操作，且成型后的糖块定量准确。

辊压操作时，物料与轧辊直接接触而发生变形，辊压前物料厚度 h_0，辊压后物料厚度 h_1，差值 $\Delta = h_0 - h_1$，为绝对压下量，α 为接触角或称为喂料角。在辊压过程中，料层内部因压力方向不同而呈现出不同的流动状态。如图5-17所示，在轧辊工作区前段的辊压初期，因轧辊对于料层的径向压力较小，因摩擦作用，料层表面速度接近轧辊表面速度，而内部则相对于料层表面呈反向流动，其速度值大于物料表面的向前运动速度值。进入轧距附近后轧辊压力急剧增大，料层内部所受到的压力接近表面处的压力，而且料层表面与内部的速度相对运动减少，整体运动速度加快，当通过轧距后的瞬间，因轧辊压力作用，物料内部开始相对于表层向前流动，料层中心部分向前移动速度高于轧辊表面速度，轧辊的径向压力迅速下降。

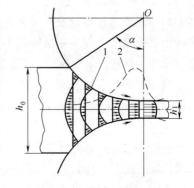

图5-17 辊压过程物料内部
压力与速度的分布示意图

2. 辊压成型主要操作参数

（1）轧辊直径与压力 开始压片时，轧辊的直径应选大些。辊径大，喂料角 α 大，容易进料，可以将面片组织压得紧密，不易折断。在压延阶段，随着面片厚度逐步减薄，轧辊作用面片的压力应逐步降低，轧辊直径也要相应减少。

（2）压延比 辊压后，面片的压下量 Δ 与辊压前物料厚度 h_0 之比称为压延比，或称为相对压下量，其大小是影响压片效果的重要因素。这是由于面坯一次过度的加压延展会破坏面带中的面筋网络组织，所以压延比一般 $\leqslant 0.5$。在多道压片情况下，压延比应逐渐减小，轧辊的线速度与之相适应，即压延比大时，轧辊的线速度较低；反之，线速度应较高。

（3）压片道数 压片道数少时，压延比必然要大；压片道数多，压延比可以选小些。道数过多，辊压过度会使面片组织过密，表面发硬，不但降低压片质量，而且增加动力消耗。

3. 辊压成型典型设备

（1）卧式辊压 图 5-18 为卧式压延机结构简图，它主要由上压辊、下压辊、压辊间隙调整装置、撒粉装置、工作台、机架及传动装置等组成。上、下压辊安装在机架上，上压辊的一侧设有刮刀，以清除粘在辊筒上面的少量面屑。自动撒粉装置，可以避免面团与压辊粘连。压辊之间的间隙可通过手轮任意调节，以适应压制不同厚度面片的工艺要求。一般调整范围为 0~20mm。由于两辊之间的传动为齿轮传动，传动比通常为 1，主动辊由另一齿轮带动。所以在调整压辊间隙时，只能调整被动压辊。随着间隙的变化，两压辊的传动齿轮的啮合中心距发生变化，为了保证正确的啮合，应选用渐开线长齿形齿轮，它与标准齿高相比，参数变化较大。

图 5-19 所示为卧式压延机的传动结构简图。其工作原理为：动力由电机 1 驱动，经一级带轮 2，3 及一级齿轮 4，5 减速后，传至下压辊 6，再经齿轮 7，8 带动上压辊 9 回转，实现上、下压辊的转动。面片厚度通过转动调节手轮 14，经一对圆锥齿轮 12，13 啮合传动，使升降螺杆 11 回转，从而带动上压辊轴承座螺母 10 做升降直线运动，使压辊间隙得以调节。

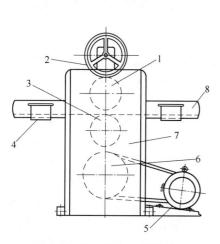

图 5-18 卧式压延机结构简图

1—上压辊 2—调节手轮 3—下压辊 4—干面
粉 5—电机 6—皮带轮 7—机架 8—工作台

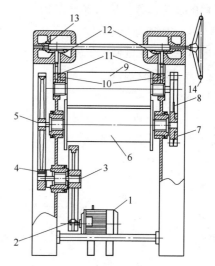

图 5-19 卧式压延机的传动结构简图

1—电机 2,3—带轮 4,5—齿轮 6—下压辊
7,8—齿轮 9—上压辊 10—上压辊轴承座螺母
11—升降螺杆 12,13—圆锥齿轮 14—调节手轮

（2）立式辊压机 立式辊压机相对于卧式，具有占地面积小，压制面带的层次分明，厚度均匀，工艺范围宽，结构复杂等特点。图 5-20 所示为立式辊压机结构示意图。主要由料斗、压辊、计量辊、折叠器等组成。

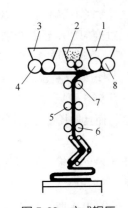

图 5-20 立式辊压
机结构示意图

1—面斗　2—油酥料斗　3—面
斗　4—喂料辊（压辊）

5,6,7—计量辊　8—喂料辊

工作时，面带依靠自身重力垂直供料，因此可以免去中间输送带，简化了机器结构，而且辊压的面带层次分明。计算辊的作用是使压延成型后的面带厚度均匀一致，一般由 2~3 对压辊组成，辊的间距可随面带厚度自动调节。生产苏打饼干时，立式压延机需设有油酥料斗 2，以便将油酥夹入面带中间。折叠器的作用是将经过辊压、计量后的面带折叠，使成型后的制品具有多层结构。

（3）连续卧式辊压机　连续卧式辊压机是一种新型的高效能辊压设备，它是饼干起酥生产线中的一台单机。采用对辊式辊压机压制多层夹酥面片，由于辊径有限，辊隙间的变形区很短，面片在压辊强烈剪切和辊挤压作用下，产生急剧变形，使面片内部截面紊乱，原有层次结构遭到破坏，并在接触区起点处出现严重滞后堆积现象。连续卧式辊压机克服了上述的不足，经它压制的夹酥面片可达 120 层左右，且层次分明。

图 5-21 所示为连续卧式辊压机的结构原理图。工作时，倾斜进料输送带 1，将多层次厚面片 5 导入由三条带所构成的狭长楔形通道内。随着面片逐渐变薄，输送带速度递增。整个压延过程中，面片表现与接触件间的相对摩擦很小，面片几乎是在纯拉伸作用下变形。因此面片内部结构层次未受影响，从而保持了物料原有的品质。多层次辊压机性能较好，但结构复杂、设备成本高、操作维修要求较高。

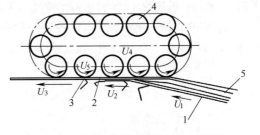

图 5-21　连续卧式辊压机结构原理图

1,2,3—输送带　4—压辊组　5—多层面片

（二）辊印成型机

1. 辊印成型原理

辊印成型是利用表面制有印模的转辊制取成型产品。辊印成型原理如图 5-22 所示，喂料槽辊 3 与印模辊 6 在齿轮的驱动下等速相向回转运动。料斗 4 中面料 5 在自重作用下落入两辊表面的凹模中，并经两辊压紧充满于印模内。位于两辊下面的分离刮刀口将凹模外多余的面料沿印模辊切线方向刮除。随印模辊旋转，进入脱模阶段，此时与印模辊同步转动的橡胶脱模辊 1 依靠自身弹性变形将粗糙的帆布脱模带 12 压紧在饼坯底面上，由于饼坯与帆布间的附着力，以及靠印模脱模锥度和饼坯自重综合作用，饼坯便顺利地从凹模中脱落，并由帆布脱模带转入生坯输送带 9 上。

图 5-22　辊印成型原理

1—橡胶脱膜辊　2—分离刮刀　3—喂料槽辊　4—料斗

5—面料　6—印模辊　7—饼干生坯　8—帆布脱模带

9—生坯输送带　10—帆布脱模刮刀

11—面屑斗　12—帆布脱模带

2. 辊印成型影响因素

（1）喂料辊与印模辊的间隙　该间隙影响面料在喂入时的流动状态，因此应根据加工物料的性质进行调整。加工桃酥类糕点时需要适当放大，否则会出现返料现象。

（2）分离刮刀位置　分离刮刀具有计量功能，直接确定饼坯面高度，影响生坯的重量。刮刀刃口合适的位置应在印模中心线以下 3~8mm 处。

（3）橡胶脱模辊的压力　橡胶脱模辊的压力影响饼坯的表面质量。压力过小，易出现坯料粘模现象。压力过大，易形成楔形饼坯，严重时在后侧边缘产生拖尾。因此，在顺利脱模前提下，应尽量减少脱模辊压力。

3. 辊印成型设备

辊印式饼干成型机兼有冲印和辊印成型机的特点。结构如图 5-23 所示，由成型脱模机构、生坯输送带、面屑接盘、传动系统及机架等组成。

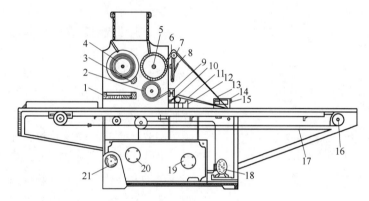

图 5-23　辊印式饼干机结构图

1—接料盘　2—橡胶脱模辊　3—喂料辊　4—分离刮刀　5—印模辊　6—间隙调节手轮　7—张紧轮　8—手柄
9—手轮　10—机架　11—刮刀　12—余料接盘　13—帆布脱模带　14—尾座　15—调节手轮
16—输送带支承轴　17—生坯输送带　18—电动机　19—减速器　20—无级变速器　21—调速手轮

成型脱模机构是辊印饼干机的关键部件。它由喂料辊 3、印模辊 5、分离刮刀 4、帆布脱模带 13 及橡胶脱模辊 2 等组成。喂料辊与印模辊由齿轮传动而相向回转，橡胶脱模辊通过紧夹在两辊之间的帆布脱模带产生的摩擦，由印模辊带动进行与之同步的回转。喂料槽辊与印模尺寸相同，长度由相匹配的烤炉宽度系列而定。饼干模在印模辊圆周表面交错分布，分离刮刀与其轴向接触面积比较均匀，辊表面磨损少。橡胶脱模辊是在铁芯外层嵌入无毒橡胶。

辊印式饼干成型机的印花、成型、脱坯等操作通过成型脱模机构的辊筒转动一次完成，不产生边角余料。这种辊印连续成型机构工作平稳、无冲击、振动噪声小，整体结构简单、紧凑、操作方便、成本较低，是大型饼干厂广泛使用的高效能饼干生产机型。

（三）辊切成型机

1. 面条辊刀

面条辊刀为一对带有周向齿槽且相互啮合的辊子，见图 5-24，其他结构与压辊轴相同，在辊刀架上也装有调节机构和清理机构，以调节两辊刀齿槽咬合的深度和清理齿槽内的残面，只是这里所用的不是直线刮刀，而是与辊刀齿形相同的篦齿。辊刀的形状常见的有方形和圆形两种，见图 5-25。

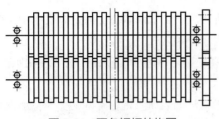

图 5-24 面条辊切结构图

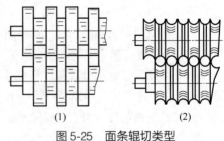

图 5-25 面条辊切类型
（1）方形刀 （2）圆形刀

2. 辊切式饼干成型机

辊切式饼干成型机主要用于苏打、韧性和酥性饼干的加工。辊切式饼干成型机速度快、生产效率高，振动噪声低，加工精度高，是一种有前途的高效能饼干生产机型。

饼干辊切成型兼有冲印和辊印成型的优点。如图 5-26 所示，由印花辊、切块辊、帆布脱模带、撒粉器和机架等组成。饼干的成型、切块和脱模操作是由印花辊、切块辊、脱模辊、橡胶脱模辊和帆布脱模带来实现的。

调节好的面团经压片机构压延后，形成光滑、平整连续均匀的面带，如图 5-27 所示。为消除面带内的残余应力，避免成型后的饼坯收缩变形，通常在成型机构前设置一段缓冲输送带，适当的过量输送可使此处的面带形成一些均匀的波纹，这样可在面带恢复变形过程中，使其松弛的张力得到吸收。这种在短时的滞留过程中，使面带内应力得到部分恢复的作用称为张弛作用。面带经张弛作用之后，进入辊切成型作业。

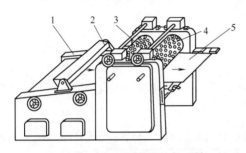

图 5-26 饼干辊切成型机结构图
1—机架 2—撒粉器 3—印花辊
4—切块辊 5—帆布脱模带

辊切成型过程包括印花和切断两个工序，依靠印花辊 3 和切块辊 4 在橡胶脱模辊 8 上的同步转动实现，印花辊先在饼坯上压印出花纹，接着由切块辊切出生坯，脱模辊借助帆布脱模带 9 实现脱模。成型的生坯由水平输送带 7 送至烤炉，而余料则由倾斜输送带送回，重新压片。

辊切成型机作业时，要求印花辊和切块辊的转动严格保持相位相同、速度一致，否则，切出的饼干生坯将与图案位置不相吻合，影响饼干产品的外观质量。

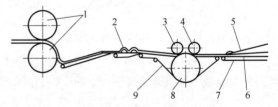

图 5-27 辊切成型机构图
1—定量辊 2—波纹状面带 3—印花辊 4—切块辊 5—余料 6—饼干生坯 7—水平输送带 8—橡胶脱模辊 9—帆布脱模带

二、冲印成型机械

（一）冲印成型的典型设备

冲压成型机的典型设备为冲印饼干成型机，主要用来加工韧性饼干、苏打饼干及一些低油脂酥性饼干。冲印饼干机由于规格及性能的不同，其结构形式也有所不同，但基本都设有压片机构、冲印成型机构、拣分机构及输送机构等（图5-28）。

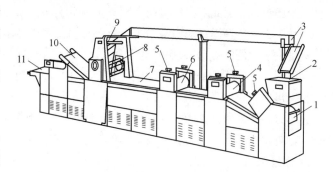

图5-28 冲印饼干成型机外形图

1—头道辊 2—面斗 3—回头机 4—二道辊 5—压辊间隙调整手轮 6—三道辊 7—面带输送带 8—冲印成型机构 9—机架 10—分拣输送带 11—饼干坯输送带

1. 压片机构

压片是饼干冲印成型的准备阶段。工艺上要求压出的面带应保持致密连续，厚度均匀稳定，表面光滑整齐，不得留有多余的内应力。机构由三对压辊组成。卧式布置的压辊间要设置输送带，操作简便，易于控制压辊间面带的质量。立式布置的压辊间则不需设置输送带，且占地面积小，结构紧凑，机器成本较低，是较为合理的布置形式。压片机构的压辊通常分别称为头道辊、二道辊及三道辊。压辊直径依次减小，辊间间隙依次减小，各辊转速依次增大。

为缓解面带由急剧变形而产生的内应力辊压操作应逐级完成，所以，压辊间隙需依次减小。为保证冲印成型机构得到连续均匀稳定的面带，要求面带在辊压过程中各处的流量相等，为此需要比较准确的速度匹配，否则因流量不等会将面带拉长或者皱起。若拉长，面带内应力增加，成型后易于收缩变形，表面出现微小裂纹。若皱起，面带堆积变厚，压力加大，易于粘辊且定量不准。压片机构各压辊间除应保证传动比准确外，整个系统还应装有一台无级变速器或调速电机，以使冲印成型机各个工序间运动同步，调节方便。

2. 冲印成型机构

冲印动作执行机构用于驱动印模组件完成冲印作业，可以分为间歇式与连续式两种。

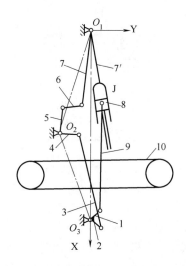

图5-29 摇摆式连续运动执行机构图

1—冲印曲柄 2—摇臂曲柄 3,6,9—连杆 4,5,7,7′—摆杆 8—冲头 10—面坯输送

间歇式机构是一套使印模实现直线冲印动作的曲柄滑块机构。冲印时，面坯输送带处于间歇停顿状态。配置这种机构的饼干机冲印速度较低，因而生产能力较小，否则会产生较大的惯性冲击和振动，造成面带厚薄不匀、边缘破裂等现象。

连续式机构，即在冲印饼干时，印模随面坯输送带同步运动，完成同步摇摆冲印的动作，故又称摇摆式。采用这种机构的饼干机运动平稳，生产能力较高，饼干生坯的成型质量较好，便于与连续式烤炉配套组成饼干生产自动线。

图5-29所示为摇摆式连续动作执行机构。该机构由一组曲柄连杆机构（2，3，4，O_2O_3）、一组双摇杆机构（5，6，7，O_1O_2）及一组五杆机构（1，9，8，7′，O_1O_3）构成。工作时，曲柄1，2的旋转运动同时驱动曲柄连杆机构和五杆机构，杆件4和

摆杆 5 为固连杆，因此双摇杆机构连同滑块顶端上印模随曲柄连杆机构摆动，实现同步水平运动。另一方面印模随滑块沿滑槽 J 做上下滑动，完成冲印动作。印模的上下运动和水平摆动的速度是变化的，X、Y 为平面坐标系，用以表示物体在平面内的运动。

印模根据不同品种的饼干，印模分为轻型印模和重型印模两种。韧性饼干面团具有一定的弹性，烘烤时易在表面出现气泡，为了减少饼干坯气泡的形成，通常在印模头上设有排气针孔；苏打饼干面团弹性较大，冲印后面团的弹性变形恢复较大，使印制的花纹难以保持，因此，苏打饼干印模头仅有针孔及简单的数字图案。

3. 拣分机构

冲印成型完成后，必须将饼坯与余料（或称头子）在面坯输送带的尾端分离开来。这种

图 5-30　拣分机构示意图

操作称为拣分，又称头子分离。如图 5-30 所示，这种分离主要由余料输送带完成，在成型后，由另一帆布输送带将余料面带拉开。该输送带都是倾斜设置的，倾角由面带的特性而定。韧性与苏打饼干面带结合力强，分离操作容易实现，其倾角可在 40° 以内。结合力很弱的酥性饼干面带，输送余料时极易断裂，因此倾角不能过大。通常仅为 20° 左右。为使两输送带在余料分离部位有一定距离，余料帆布带此部位由不致使输送帆布损伤的扁铁刀口张紧。

（二）冲印成型的加工过程

冲印成型机操作基本要求完成压片、冲印成型、拣分、摆盘四个过程。首先将已经调制好的面团引入饼干机的压片部分，由此经过三道压辊的连续辊压，使面料形成厚薄均匀致密的面带；然后由帆布输送带送入机器的成形部分，通过模型的冲印，把面带制成具有花纹形状的饼干生坯和余料；此后面带继续前进，经过拣分部分将生坯与余料分离，饼坯由输送带排列整齐地送到烤盘或烤炉的钢带、网带上进行烘烤；余料则由专设的输送带送回饼干机前端的面斗内，与新投入的面团一起再次进行压延制片操作，但应使回头料形成面带的底部。

单组印模结构如图 5-31 所示。冲印时，动作执行机构带动印模支架 5 下移，使印模与面带表面首先接触并印制花纹，之后印模不动，切刀 8 下移将生坯与面带切断。卸料时，印模支架随动作执行机构上移。已成型的生坯通过弹簧 4 的作用，由冲头从切刀腔内顶出，余料推板 11 将黏附在切刀上的余料推掉，然后随印模一起上升，完成一次冲印操作。

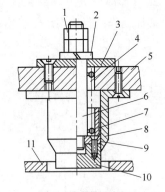

图 5-31　单组印模结构简图
1—螺母　2—垫圈　3—固定垫圈
4—弹簧　5—印模支架　6—冲头芯
杆　7—限位套筒　8—切刀　9—连
接板　10—印模　11—余料推板

三、挤出成型机械

（一）挤出成型原理与设备

1. 挤出成型原理

挤出成型机是指通过使物料强制通过一定形状的模孔形成所需截面形状的条状坯料，再经切分制成产品坯料，或将物料直接挤压进成型模具内成型。挤出成型机主要由喂料装置和模具构成。

软料糕点的面团稠度差别很大，其中最硬的软料面团稠度与桃酥面团稠度相似。这种面

团具有良好的塑性，但没有流动性，而且黏滞性较强，很容易粘模。同时，因为品种的需要，面团内常含有颗粒较大的花生、核桃及果脯等配料，因此既不能模仿人工挤花（又称拉花）的方式成型，又不能采用辊印、辊切或冲印等方式成型。对于这种面团，通常采用挤压钢丝切割成型（图5-32），其产品类似桃酥，外形简单，表面无花纹。其成型嘴（又称排料嘴）一般呈圆形、方形等。

2. 挤出成型设备

（1）挤出模具　挤出成型模孔可以是任何理想的形状或尺寸，稠度高、流动性差的原料宜选用形状简单、尺寸大的模孔，以保障成型质量稳定。当制作形状复杂的产品时，需要制备稠度低，流动性好且质地细腻的原料。生产连续的条状食品时模板常与软料挤出方向成一定角度安装，以保证条状产品尽可能平滑地落在传送带上，如图5-33所示。避免在下落过程中造成过大的变形，对于截面尺寸较大的产品一般需要选用倾斜结构的模孔。

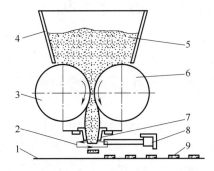

图 5-32　钢丝切割成型原理简图
1—输送带　2—钢丝运动轨迹　3,6—喂料辊
4—料斗　5—面团　7—成型嘴　8—钢丝架　9—生坯

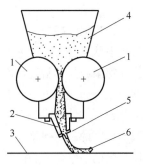

图 5-33　连续条状产品模板安装示意图
1—吸料辊　2—挤出嘴　3—输送带
4—面料　5—成型模板　6—条状产品

为了生产夹馅软料糕点，需要将料斗分隔开来，以供同时盛装不同的物料。如图5-34所示，面料和馅料在料斗中即被隔开，在喂料辊的旋转作用下，分别进入下面的压力腔。压力腔同样被分为两部分，并保证馅料在中间，面料在周围，通过成型嘴同时被挤出。馅料可以是果酱或其他异质食品物料，但稠度应与面料的稠度相近。

（2）槽形辊定量供料装置　主要由料斗、2个或3个齿形沟槽的喂料辊等组成。优点是结构简单，便于制造；缺点是根据面料稠度的不同，需及时更换供料装置。图5-35（1）和（2）所示的分别为生产曲奇饼类（面浆料）和蛋糕类糕点（稠料）所用的槽形辊定量供料装置的示意图。喂料辊的作用是将面料挤向下面的压力/平衡腔。喂料辊的运转可以是连续的，也可以是间歇的，还可以进行瞬时反转，以造成排料口瞬时负压，引起面料被瞬时收回。因此，面料可以是连续或间歇地挤出。

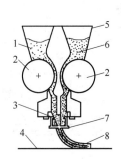

图 5-34　夹馅成型
原理简图
1—馅料　2—喂料辊　3—挤
出嘴　4—输送带　5—料斗
6—面料　7—成型模板
8—夹馅产品生坯

（3）柱塞式定量供料装置　广泛采用于浇注和挤出成型机。主要由料斗、往复式柱塞和与之相连的分时截止切缺轴阀及排料嘴等部分构成（图5-36）。通过调节柱塞的行程，可以

生产不同规格的产品。柱塞式定量的优点是计量比较准确，既适用于稠度较大的软料供料，也适用于稀薄的蛋糕、杏元面浆等的供料。

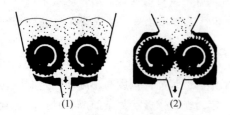

图 5-35　槽形辊喂料装置示意图

（1）稠料　（2）面浆料

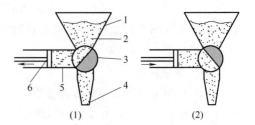

图 5-36　柱塞式定量喂料装置示意图

（1）吸料过程　（2）排料过程

1—料斗　2—面料　3—切缺轴阀

4—成型花嘴　5—柱塞缸筒　6—柱塞

吸料时，切缺轴阀的缺口使料斗与柱塞泵腔连通，并且此时柱塞是背轴阀向运动的，由此造成的真空状态可使面料进入缺口和泵腔；吸料结束后．切缺轴转过一定角度，将吸料口关闭，使柱塞泵腔与排料嘴相连通，同时柱塞朝切缺轴阀方向运动，将腔体和缺口内的软料从排料嘴排出，如此完成一个吸排料的过程。

（4）切断刀具　切断刀具具有钢丝和刀片两种，运动形式有往复运动和水平振动，采用钢丝和振动切断的黏附现象较少，切割断面质量较高。如图 5-32 所示，切断钢丝安装在框架上，并以一定的频率做前后往复运动，模孔下边缘将挤出面料切断，形成片状糕点生坯。产品厚度取决于钢丝运动周期和实际喂料流量及它们之间的关系，为获得重量及外观质量均一的产品，要求制备出稠度、结构均一致的面团作为挤压成型的原料。切割方向一般与烤炉传送带方向相反。其切割行程与回程的运动轨迹并不在一个平面上，切割行程中钢丝靠近模板，而在回程时钢丝下降，以免影响后续挤出料的挤出。若面团中含有果仁、果脯等大颗粒辅料。为获得表面平整的生坯，需要在切断完成后设置整形用塑料泡沫辊。

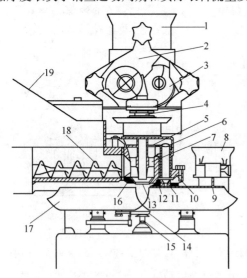

图 5-37　灌肠感应式包馅成型机结构简图

1—供馅料斗　2—喂馅控制泵　3—供馅绞龙　4—供馅导管　5—回转支座　6—混合嘴驱动齿轮　7—回转嘴
8—面料斗　9—撒粉盘　10—混合嘴　11—面粉刷
12—撒粉销钉　13—回转环　14—成品拨动杆
15—平衡盘　16—止推垫片　17—成品盘
18—供面绞龙　19—供面料斗

（二）灌肠感应式包馅成型机

图 5-37 所示为灌肠感应式包馅成型机的结构简图。该机是目前比较先进的包馅糕点成型机，可广泛用于汤圆、月饼、含馅糕点的加工中。

灌肠感应式包馅成型机主要由输面机构、输馅机构、成型机构、撒粉机构、传动系统及机身等组成。输面机构由馅斗、一对水平绞龙及一个垂直绞龙组成。输馅机构由馅斗、一对水平绞龙、一对压辊及叶片泵组成。成型机构由一对回转成型盘、托盘及复合嘴等组成。传动系统主要包括一台电动机、皮带无级变速器及双蜗轮蜗杆减速器和齿轮变速箱等。面、馅螺旋转速可分别调整，用来控制产品的皮与馅的量及二者的比例。成型盘是其中最重要的零件之一，其结构很特殊，它的外周面由类似凸轮状与螺旋状的结构构成，整个包馅成型过程分成棒状成型和球状成型两个阶段。

（1）棒状成型　水平输面绞龙将面料输送到竖绞龙的螺旋空间，随后面料被竖绞龙输送至面馅复合嘴的出口处，同时被挤压成筒状面管。水平输馅绞龙将馅料输送进叶片泵，叶片泵又将馅料输送进输馅管内，馅料沿管向下移动至复合嘴出口处与面管汇合，形成含馅面管的棒状半成品。将其压扁、印花及切断，可制成两端露馅的含馅食品生坯。复合嘴可设计成不同的结构形式，从而制作多种不同的含馅食品，体现该机的多功能特性。

（2）球状成型　球状成型是由成型盘的动作完成的。由棒状成型后得到的半成品经过一对转向相同的回转成型盘的加工后，成为球状夹馅食品。成型盘表面呈螺旋状，成型盘除半径、螺旋状曲线的径向与轴向变化外，螺旋的倾角也是变化的。这就是成型盘的螺旋面随棒状产品的下降而下降，同时逐渐向中心收口。由于螺旋面倾角的变化，使得与螺旋面相接触的面料逐渐向中心推移，从而在切断的同时把切口封闭并搓圆，最后制成球状带馅食品生坯。图5-38为夹馅成型盘操作过程示意图。成型盘上的螺旋线有一条、两条与三条之分。螺旋的条数不同，制品

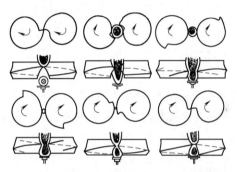

图 5-38　夹馅机成型盘操作过程示意图

的球状半成品大小也不相同，一般来说，螺旋条数越多，制出的球状半成品体积就越小，单位时间生产的产品个数越多。

（三）全自动饺子机成型机

1. 基本原理

目前，我国生产的饺子机广泛采用灌肠辊切成型。灌肠，原指在香肠生产中，将调制好的肉泥灌入圆筒状肠衣，以得到圆柱状半成品的操作过程。饺子成型工作时，面团经输面绞龙输送由外面嘴挤出成型面，馅料经输馅绞龙、叶片泵作用，沿馅管进入面管内孔，从而实现灌肠成型操作。含馅面柱进入辊切成型机构，辊切成型机构主要由成型辊与底辊组成，如图5-39所示。辊切成型上设有若干个饺子凹模，其饺子捏合边刃口与底辊相切。当含面馅柱从螺旋辊切模与底辊中间通过时，面柱中间的馅料先是在饺子凹模形状的作用下，逐步被推挤到饺子坯中心位置，然后在回转中被成型辊圆刃口与底辊的辊切作用形成饺子生坯。另外，还设有撒粉装置，以防止面与成型器粘连。

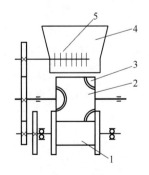

图 5-39　成型机构示意图

1—底辊　2—成型辊　3—饺子凹模　4—粉刷　5—粉筛

2. 主要构成

（1）输馅机构　图5-40所示饺子机采用的馅料供送机构是螺旋-叶片泵-输馅管组合型式。叶片泵容腔大，剪切及搅动作用强度低，有利于保持馅料原有的色香味，而且便于清洗，维护方便。叶片泵的结构如图，随着转子3的转动，叶片4在转

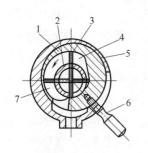

图 5-40 输馅叶片泵工作原理图

1—排压腔 2—定子 3—转子
4—叶片 5—吸入腔 6—泵体
7—孔板

动的同时，在定子 2 内壁的推动下沿着转子上的导槽滑动，由定子、转子及叶片构成的吸入腔不断增大，馅料由进料口吸入容腔；当吸入腔达到最大时，叶片做纯转动，将馅料带入排压腔，此时，定子内壁迫使叶片的滑动，使排压腔逐渐减小，馅料被压向出料口，离开泵体。调节手柄用于改变定子与馅料管通道的截面积，即可调节馅料的流速。泵的入口处设置的供送螺旋，将物料强制压向入口，使物料能够充满吸入腔，弥补了因泵的吸力不足和馅料流动性差而造成充填能力低的问题。

（2）面料供送与制皮 如图 5-41 所示，面料供送与制皮机构主要由面盘 1，供面螺杆 5，锥形套筒 4，锁紧螺母 6 及 13，孔板 7，挤出嘴 9，挤出嘴内套 10 及调节螺母 8 等组成。

供面螺杆 5 为一个前面带有 1∶10 锥度的单头螺旋，其作用是通过逐渐减小螺旋槽容积，增大对面团的输送压力。在靠近供面螺杆的输出端设有孔板 7，孔板上开有里外两圈各三个沿圆周方向对称均匀分布的腰型孔。被螺杆推送的面团通过孔板时，腰型孔在阻止面团旋转的同时，又使得穿过孔的六条面棒均匀地搭接汇集成较厚的环形面管。该面管在后续面团的推动下，从挤出嘴与内套间的环状狭缝中挤出形成所需要厚度的面管。通过调节螺母 8 可以改变面料输送螺旋与锥形套筒之间的间隙，用以调节面团的流量。也通过调节螺母 8，改变挤出嘴内套 10 与挤出嘴 9 的间隙来调节成型面管的厚度。

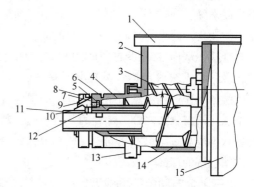

图 5-41 输面机构简图

1—面盘 2—面团料斗 3—稳定辊 4—锥形套筒
5—供面螺杆 6,13—锁紧螺母 7—孔板 8—调节螺母 9—挤出嘴 10—挤出嘴内套 11—馅料填充管 12—定位销 14—面团槽 15—齿轮箱

（3）辊切成型 如图 5-39 所示，该机构主要由相向同步转动的成型辊或底辊组成。其中，底辊为光辊，而成型辊上有若干个饺子凹模，饺子捏合刃口与底辊相切。经供面机构挤出成型的面管连续挤出时，馅料经设置于面管中心的馅料管供入，已灌入馅料的面管随即进入辊切成型机构。当含馅料的面柱从成型辊的凹模和底辊之间通过时，柱内的馅料在饺子凹模的作用下，逐步被推挤到饺子坯的中心位置，并在回转过程中成型辊圆周刃在底辊的支撑下切制成质量为 14~20g 的饺子生坯。为了防止饺子生坯与成型辊和底辊之间发生的粘连，干面料通过粉刷 4 从粉筛 5 向成型辊和底辊上不断撒粉。

四、揉制成型机械

（一）揉制成型原理

揉制成型是指通过对块状面团等物料的揉搓，使其具有一定的外部形状或组织结构的操作，常见如面包坯料、元宵的揉圆。在面包加工中，面团揉圆是在发酵后、中间醒发之间进行，揉制的目的是使切割出的面团形成规定的形状，恢复因切片而破坏的面筋网络结构，均匀分散内部气体，使得产品组织细密，通过高速旋转揉捏，使面团形成均匀的表皮，以免面团在下一段醒发时所产生的气体跑掉，从而使面团内部得到较大的并且很均匀的气孔。按整体结构的不同，面包揉圆机有伞形、碗形、筒形及水平转盘等。

（二）典型设备

1. 伞形搓圆机

伞形搓圆机是面包生产中应用最广泛的揉圆机械，其主要结构包括电机、转体、旋转导板、撒粉装置及传动装置等，如图 5-42 所示。

转体和螺旋导板是揉圆机进行面团揉制的执行部件。转体安装在主轴上，动力由电机经 V 带及一级蜗轮蜗杆减速后，传至主轴，在旋转主轴的带动下，转体随之转动。螺旋导板通过紧固和调节螺钉固定安装在机架的支撑板上。导板与转体外表面配合形成面块运动的成型导槽。

面包面团含水多，质地柔软，面包揉圆机设有撒粉装置，以防止操作时面团与转体、面团与导板及面团与面团之间的粘连。在转体顶盖上设有偏心孔，该偏心孔与拉杆球面铰接，使撒粉盒的轴心做径向摆动，盒内的面粉便均匀地撒在螺旋形导槽内。

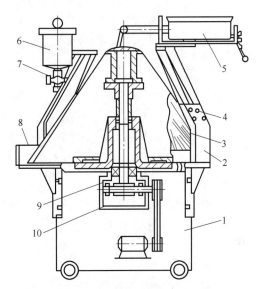

图 5-42　伞形揉圆机结构图

1—主轴支撑架　2—支撑架　3—转体　4—调节螺钉　5—撒粉盒　6—贮液桶　7—放液桶　8—托盘　9—主轴　10—涡轮减速器

伞形搓圆机工作时，来自切块机的面块由转体底部进入螺旋形导槽，由于转体旋转及固定导板的圆弧形状，使导板与面块、面块与转体伞形之间产生摩擦力，面块在转体旋转时还受离心力作用，因而沿螺旋形导槽由下向上运动，其间面块既有自传又有公转，既有滚动又有轻微的滑动，从而形成球形，如图 5-43（1）所示。如图 5-43（2）所示，伞形揉圆机面块的入口设在转体的底部，出口在伞体的上部。由于转体上下直径不同，使得面块从底部进入导槽首先受到最为强烈的揉搓，而出口速度低，有利于面团的成型。但面团运动速度逐渐降低，前后面块距离越来越小，有时会出现两个面块合二为一体的双生面现象，为了避免双生面团进入醒发箱，在正常出口上部装有一横档，使体积大的双生面团不能通过，面团只能继

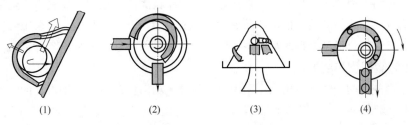

图 5-43　伞形揉圆机工作原理图

（1）形成球体　（2）形成不同圆周速度　（3）进、出口位置　（4）面团在揉圆机内的运动情况

续向前滚动，从大口出来进入回收箱，图5-43（3）。揉圆完毕的球形面包生坯由伞形转体的顶部离开机体，由输送带送至醒发工序，图5-43（4）。

2. 网格式面包搓圆机

网格式面包成型机为一次完成切块、揉搓操作的小型间歇式成型机械，如图5-44所示。

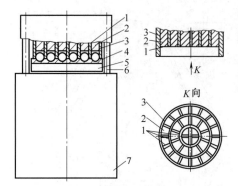

图 5-44　网格式面包搓圆机结构图

1—切刀　2—压块　3—围板　4—模板
5—工作台　6—导柱　7—机体

它主要由压头、工作台、模板及传动机构等组成，其中压头中设有切刀1、压块2、围板3及导柱6等。压块安装在围板之内，用以压制面片，切刀可在压块间滑动，用于坯料的切断。模板4由安全的工程塑料或耐油橡胶制造。工作台由中心偏心轴和外缘辅助偏心轴构成的偏心机构驱动进行平面摇动。为减缓工作台平动时的振动冲击，电机通过锥盘式摩擦离合器进行传动。

网格式面包成型机工作时，将一定量的面团摊放在工作台的模板上，围板下降并包围面团后，压块和切刀同时下降，将面团压成厚度均匀的面片，随后切刀继续下降至模板接触，将面片均匀切割成面块，同时压块上升3mm，以留出切刀切入面占用的面块空间。压块继续上升，同时切刀及围板微量抬起。摩擦离合器结合后，电机通过回转曲柄带动工作台上的模板做平面回转运动，再通过模板带动各面块在切刀、模板、压块及围板构成的空间内转动，在转动过程中各面块受四壁作用，被滚动揉搓成球形面包生坯。

3. 碗形揉圆机

如图5-45所示，碗形揉圆机的转体为倒置的圆锥面，其内表面与螺旋导槽构成面团的揉制通道。切出的面块从通道的下部进入，揉圆产品由上部出口排出。与伞形揉圆机相比，采用碗形揉圆机，面团沿螺旋导槽上升过程中，移动速度逐渐增大，面团间距离随之拉大，不会出现双生面团，但成型质量较差，一般用于小型面包的生产。

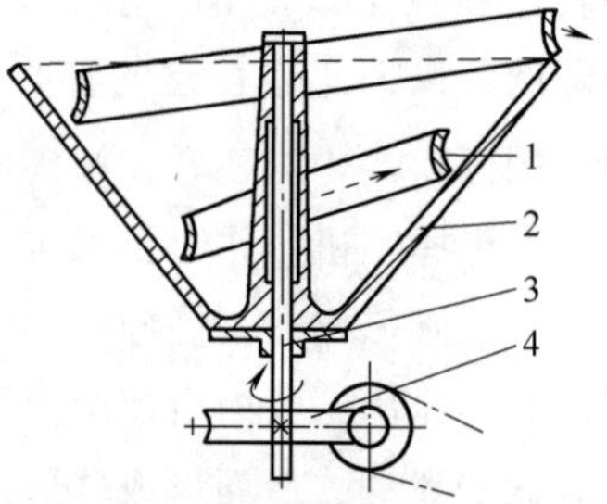

图 5-45　碗形揉圆机工作原理图

1—螺旋导槽　2—碗形转体
3—主轴　4—蜗轮减速器

五、浇注成型机械

在糕点和糖果生产中，经常使用面浆、糖浆等流动性较好的黏稠物料作为原料，在成型时直接计量后的原料浇注到定型的模具中。这种成型方法可获得较为复杂形状的产品，根据产品形状的复杂程度，为便于脱模，所采用的模具可为单体结构或组合结构。根据物料的流动性和生产能力，可采用重力浇注和挤出浇注。

（一）间歇式蛋糕浇模机

国内生产使用的蛋糕浇模机大多采用浇注成型，利用蛋糕面浆易于流动的特性，通过真空吸引和挤压将料斗内的面浆挤注到烤盘上的蛋糕模内。间歇式蛋糕浇模机主要由面浆斗、面浆定量设置、浇注控制装置和传动装置等组成，其浇注作业过程如图5-46所示。调制好的面浆充填进面浆斗，烤盘间歇送至浇注工位后，控制板10的进浆孔与下方的蛋糕烤盘模孔错开，定量板的定量孔中充满面浆。然后，通过凸轮-连杆机构带动控制板移动，使得定量板的定量孔与烤盘模孔接通。挤浆柱塞将定量面浆压入烤盘模腔内。接着，控制板由凸轮-连杆机构带动移动，将定量板定量孔与烤盘模孔错开，切断通路，同时挤浆柱塞上移，并移走烤盘，送入新的烤盘，进入下一循环。

这种浇模机为间歇操作，要求烤盘的尺寸与面浆斗一致。

（二）连续式糖果浇模成型机

连续式糖果浇模成型机用于连续生产可塑性好、透明度高的硬糖或软糖。如图 5-47 所示，该机为主要由化糖锅、真空熬糖室、香料混合室、连续浇注成型装置等构成的生产线，将传统的糖果生产工艺中的混料、冷却、保温、成型、输送等工序联合完成。其

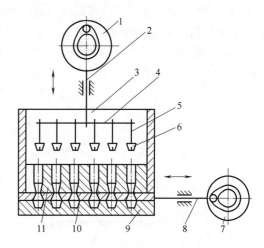

图 5-46　间歇式蛋糕浇模机工作原理图

1—柱塞连杆驱动凸轮　2—柱塞连杆　3—面浆斗　4—柱塞连杆横梁　5—柱塞杆　6—柱塞　7—控制板连杆驱动凸轮　8—控制板连杆　9—蛋糕烤盘　10—控制板　11—定量板

成型模盘 10 安装在成型输送链上，成型过程中，首先由润滑剂喷雾器 14 向空模孔内喷涂用于脱模的润滑剂，将已经熬制并混合、仍处于流变状态的糖膏定量注入模孔后，经冷风冷却定型后，在模孔移动到倒置状态的脱模工位时，利用下方冷却气流进行冷却收缩并脱模，成型产品落到下方输送带上被连续送出。

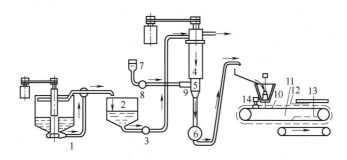

图 5-47　连续式糖果浇模成型机工作原理图

1—化糖机　2—糖浆贮锅　3—糖浆泵　4—真空熬糖室　5—香料混合室　6—卸料室　7—酸、香料、色素液容器　8—计量泵　9—吸入头　10—模盘　11—脱模点　12—模盘上方气流　13—模盘下方气流　14—润滑剂喷雾器

这种连续浇模机生产效率高、占地面积小、糖块规格一致性好且卫生质量高，在整个生产过程中，可以方便调节生量量、熬糖温度、真空度、冷却温度和时间等参数。

（三）组合式夹心糖浇注模成型机

如图 5-48 所示，组合式夹心糖浇注模成型机环形链条携带上模盘 8，上模盘的模孔 10 为喇叭口形，以便于脱模，模孔的大端位于上方。当上模盘 8 被传送至糖料斗 2 前的滚轮处，与另一链条传送来的下模盘 9 相遇并叠合在一起，下模盘设有锥型芯 11。两模盘叠合后，型芯伸进模孔，形成夹心糖的浇模。糖膏由糖料斗浇注进模孔 10 中，随后传送进冷却隧道 3

中，进行冷却。当模盘移出冷却隧道到达小滚轮处时，上模盘 8 与下模盘 9 分离，冷却后的糖料在上模盘模孔内形成凹形糖壳皮 12。上模盘在转过大滚轮 1 时与传送带 6 复合在一起，用以保持后续作业过程中糖块在模孔内的稳定位置。此时，糖皮壳在夹心料下方进行果酱等夹心料的浇注，然后在料斗 2 下方完成覆盖层糖料的浇注。浇注完毕的夹心糖由环形链再次送入冷却隧道 3 冷却定型。最后夹心糖果由冲杆 5 冲出，落在传送带 6 上并送至接料器 7 处。

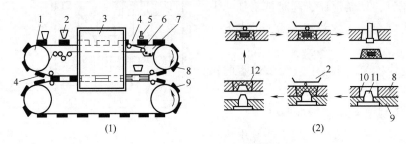

（1）　　　　　　　　　　　　　　　（2）

图 5-48　组合式夹心糖浇模成型机

（1）基本结构　（2）成型过程

1—大滚轮　2—料斗　3—冷却隧道　4—小滚轮　5—冲杆　6—传送带　7—接料器
8—上模盘　9—下模盘　10—模孔　11—锥型芯　12—糖壳皮

思 考 题

1. 液体搅拌器有哪些形式？如何选用液体搅拌器？

2. 试分析混合机理中的三种作用形式及各种混合机、搅拌机中的实现过程。

3. 捏合机的工作原理是什么？打蛋机常用桨叶形式有哪些？

4. 食品成型的原理有哪几种？各有何特点？

5. 影响辊压成型工作质量的主要因素有哪些？

6. 伞形搓圆成型机主要有哪几部分组成？简述其工作过程。

第六章

熟制设备与挤压机械

学习目标

1. 了解工业用食品熟制工艺特征及其对于设备的技术要求。
2. 掌握工业用食品熟制设备的常见类型，主要构成机器应用特点。
3. 了解食品熟制设备使用过程中需要注意的问题。
4. 了解挤压加工的原理及应用特点。
5. 掌握食品挤压加工设备的主要结构及工作原理。

第一节　概　　述

　　熟制一般为食品加工中最后一道工序，在熟制过程中，通过不同形式的加热，使得产品发生化学及物理变化，除使淀粉、蛋白质、脂肪变性外，还具有改变制品的组织结构、色味、蒸发水分、使微生物失活、使酶失活、协助添加成分渗入、使气体逸出等作用。食品工业中使用的熟制设备种类繁多。

　　螺杆挤压机集破碎、捏合、混炼、熟化、杀菌、干燥和成型等功能于一体，可用于生产膨化、组织化或其他成型产品。螺杆挤压机可按不同方式分为单螺杆型、双螺杆型、高剪切型、低剪切型、自热型和外热型等。不同的应用目的需要选用不同型式的螺杆挤压机。

　　本章主要介绍工业化食品熟制设备以及挤压机械。

第二节　熟　制　设　备

一、蒸煮熟制设备

　　食品加工中，许多清洗过的果蔬原料，需要及时进行热处理。蒸煮熟制设备以热水或蒸汽作为加热介质，对食品如果蔬和肉制品进行熟制，一般为常压操作，温度较低。蒸煮熟制设备可分为间歇式和连续式两大类型。间歇式有夹层锅、预煮槽和蒸煮釜。连续式常见有螺旋式和链带式等。

（一）夹层锅

夹层锅为食品厂的常用设备，又称二重锅、双重釜等，属于间歇式预煮设备。夹层锅在食品加工业中常用于物料的热烫、预煮、调味料的配制及一些肉类制品熬煮等操作。它结构简单，使用方便，是定型的压力容器。其锅体通常为半球形结构，按操作分为固定式和可倾式。它常以蒸汽为热源，也有配合过热油的电加热或燃气加热。具有受热面积大、加热均匀、加热温度易于控制、不会产生焦煳现象等特点。

固定式和可倾式不同之处是：前者蒸汽直接从半球壳体上进入夹层中，后者则从安装在支架上的填料盒进入夹层中。前者冷凝液排出口不在最底部，后者在支架另一端从填料盒伸进夹层的最底部，前者下料通过底部的阀门，后者则把锅倾转下料，如图6-1和图6-2所示。

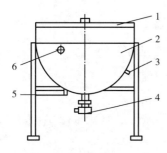

图 6-1　固定式夹层锅结构图

1—锅盖　2—锅体　3—蒸汽进口　4—排料阀
5—冷凝水口　6—不凝气排出口

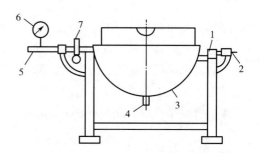

图 6-2　可倾式夹层锅结构图

1—填料盒　2—不凝气排出口　3—锅体　4—冷凝水口
5—进气管　6—压力表　7—倾覆装置

固定式夹层锅其锅体为一个半球形与圆柱形壳体焊接而成的夹层容器，夹层外分别设有进气管、不凝性气排放管和冷凝水排放管接口。在锅底正中位置开有一个排料接管。

可倾式夹层锅结构主要由锅体、冷凝水排出管、进气管、压力表、填料盒、倾覆装置及机架构成。

倾覆装置是专门为出料用的，常用于烧煮某些固体物料时出料。相反，若熬煮液态物料时，通过锅底出料管出料更为方便。倾覆装置包括一对具有手轮的蜗轮蜗杆，蜗轮与轴颈固接，当摇动手轮时可将锅体倾覆或复原。可倾式夹层锅底因为锅体本身可倾，一般不设排料口，设排料口反而增加清洗负担。当锅的容积>500L或用于加热黏稠性物料时，这种夹层锅常带有搅拌器，如图6-3所示，搅拌器的叶片有桨式和锚式等，转速一般为10~20r/min。图6-4所示为带锚式搅拌器的固定和可倾式夹层锅。

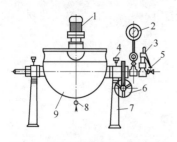

图 6-3　带搅拌的夹层锅结构图

1—摆线针轮行星减速器（带电机）
2—压力表　3—安全阀　4—油杯
5—截止阀　6—手轮　7—脚架
8—泄水阀　9—锅体外胆

（二）连续式热烫设备

连续式热处理设备可以分为三类。第一类是预煮机：物料浸在热水中进行处理的设备。第二类是蒸汽热烫设备：利用蒸汽直接对物料进行处理的设备。第三类是喷淋式热烫设备：利用热水对物料进行喷淋处理的设备。本质上这三类设备对物料的预处理目的是相同的，只不过所用的加热介质状态或处理方式不同而已。

图6-4 带锚式搅拌器的固定和可倾式夹层锅

1. 连续预煮机

预煮又称烫漂或漂烫，通常是指利用接近沸点的热水对果蔬进行短时间加热的操作。预煮的主要目的是钝化酶或软化组织。处理的时间与物料的大小和热穿透性有关。根据物料运送方式不同，连续式预煮设备可以分为链带式和螺旋式两种。链带式预煮机又可根据物料需要加装刮板或多孔板料斗，其中以刮板式较为常用。

（1）链带式连续预煮机 链带式连续预煮机用链带输送原料，在链带上装斗槽即为斗槽式，如青刀豆连续预煮机；在链带装上刮板即为刮板式，如蘑菇连续预煮机。

链带式连续预煮机的结构如图6-5所示。它主要由煮槽、蒸汽吹泡管、刮板链带和传动装置等组成。刮板开有小孔，用以降低移动阻力。利用压轮控制链带行进路线，包括水平和倾斜两段。水平段内压轮和刮板均淹没于储槽热水面以下。蒸汽吹泡管管壁开有小孔，一般开在管子的两侧，进料端喷孔较密，出料端喷孔较稀，目的在于使进料迅速升温至预煮温度。

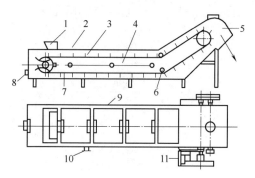

图6-5 链带式连续预煮机

1—进料斗 2—槽盖 3—刮板 4—蒸汽吹泡管
5—卸料斗 6—压轮 7—链带 8—舱口
9—煮槽 10—溢流管 11—调速电机

作业时，通过吹泡管喷出的蒸汽将槽内水加热并维持所需温度。物料通过升送机送到料斗中，落到具有刮板的链带上。在刮板的推动下随链带移动，从进料端随链带移动到出料端，同时受到加热预煮，最后送至末端，由卸料斗排出。链带速度依预煮时间进行调整。预煮时间由调速电动机或调换转动轮一条链带速度来控制。

这种设备受物料形态及密度的影响较小，可适应多种物料的预煮。预煮过程中物料机械损伤少。其缺点是设备占地面积大，清洗十分困难，一旦链条在槽内卡死，检修很不方便。

（2）螺旋式连续预煮机 螺旋式连续预煮机结构如图6-6所示，主要由壳体、筛筒、螺旋、进料口、卸料装置和传动装置等组成。筛筒安装在壳体内，并浸没在水中，以使物料完全浸没在热水中；螺旋安装于筛筒内的中心轴上，中心轴由电动机通过传动装置驱动。蒸汽从进气管通过电磁阀分几路从壳体底部进入机内，直接喷入水中对水进行加热。筛筒安装在壳体内，并浸没在水中，以使物料完全浸没在热水中。螺旋安装于筛筒内的中心轴上，中心轴由电动机通过传动装置驱动，通过调节螺旋转速，可获得不同的预煮时间。出料转斗与螺旋同轴安装并同步转动，转斗上设置有6~12个打捞料斗，用于预煮后物料的打捞与卸出。

作业时，从流送槽送来的原料暂存于储存桶内，经斗式提升机输送到螺旋预煮机的进料斗，然后落入筛筒内，在螺旋运转作用下缓慢移至出料转斗，在其间受到加热预煮，出料转斗将物料从水中打捞出来，并于高处倾倒至出料溜槽。从溢流口溢出的水由泵送到储槽内，再回流到预煮机内。这种预煮设备结构紧凑、占地面积小、运动部件少且结构简单，运行平稳，水质、进料、预煮温度和时间均可自动控制，在大中型罐头厂得到广泛应用，如蘑菇罐头加工中的预煮。但其物料的形态和密度的适应能力较差。

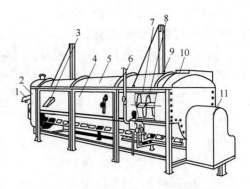

图 6-6　螺旋式连续预煮机结构图

1—溜槽　2—出料转斗　3—溢水口　4—壳体　5—盖　6—进气管　7—螺旋　8—筛筒　9—提升装置　10—进料　11—变速机构

2. 蒸汽热烫设备

蒸汽热烫机通常采用蒸汽隧道与传送带结合的结构，如图 6-7 所示，使产品颗粒物料由进料端通过水封进入蒸汽室热烫，通过蒸汽环境的时间取决于传送带的速度。经过热烫的物料经出料端水封进入下一工序加工。蒸汽热烫机需要解决的一个基本问题是进出料过程确保蒸汽室内的蒸汽不外泄。较简单的方式是采用水封结构（图 6-8），也可以采用密封转鼓进出料装置。

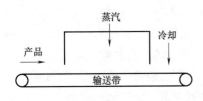

图 6-7　纯蒸汽热烫系统示意图

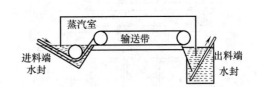

图 6-8　蒸汽热烫机的进出料水封原理

图 6-9 所示为两种典型的蒸汽热烫设备。图 6-9（1）所示为带水封的蒸汽热烫机的外形图，产品投入水封进料槽后，由传送带提升到蒸汽环境，并送至另一端，离开蒸汽室后，再使产品在空气中或在系统附属的冷却部分进行冷却。图 6-9（2）所示的蒸汽热烫机，产品由转鼓进料装置引入到室内的传送带上，采用该装置可控制传送带上的物料流量，同时可节省热烫系统总的蒸汽耗量。蒸汽在隧道内均匀分布，并利用多支管将蒸汽送至传送带的关键区段。产品在另一端离开，并在邻近系统中冷却。

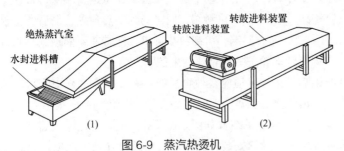

图 6-9　蒸汽热烫机

（1）水封进料式　（2）转鼓进料式

图 6-10 所示为蒸汽热烫机截面结构。其壳体和底均为双层结构。并且壳与底通过水封加以密封。蒸汽室的底呈一定斜度，可使蒸汽冷凝水流入水封槽溢出。

3. 单体快速热烫系统

热烫后的产品需要及时进行冷却。一般生产线上热烫与冷却先后独立完成。若将热烫与冷却结合在一套设备中，则可提高设备的能量利用率。这种将热烫与冷却结合起来的技术称为单体快速热烫（IQB）技术。以下介绍三种 IQB 机流程。

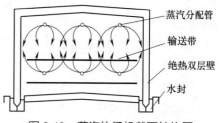

图 6-10　蒸汽热烫机截面结构图

图 6-11 所示为瀑布式淋水热烫冷却系统的流程。物料先用余热回收热交换器加热的热水进行冲淋预热，然后经过由蒸汽加热的热水进行冲淋热烫，最后由新鲜的冷水进行冷却。冷却段的水（温度已经上升）经过余热回收热交换器，将热量传给预热段的水。从而有效地利用了热烫产生的余热。

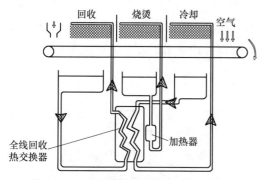

图 6-11　瀑布式淋水热烫冷却机流程图

图 6-12 所示为另一种利用淋水和蒸汽结合的 IQB 热烫冷却系统。这种流程类似于图 6-11 所示的流程，不同的是热烫段改用蒸汽热烫，并且余热的回收利用方式也不同。

如图 6-13 所示，也可以利用蒸汽热烫产生的冷凝水对产品进行冷却。该热烫冷却系统将热烫产生的冷凝水用泵抽到冷却段，在此被喷成雾状，当它们与输送带上的蔬菜接触后并在干空气吹送下，再次蒸发成为蒸汽，此过程要从蔬菜等物料吸收潜热，从而可将其温度迅速降低。

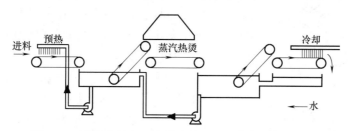

图 6-12　逆流式淋水预热-蒸汽热烫-淋水冷却系统流程图

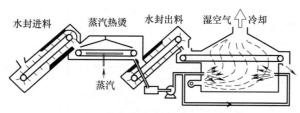

图 6-13　蒸汽热烫-湿空气冷却流程图

二、油炸熟制设备

油炸在食品和餐饮业有着重要的地位。作为食品熟制和干制的一种方法由来已久。油炸在加工过程中能够比较彻底的杀灭食品中的微生物，延长食品的保质期，改善食品营养成分的消化性，并增添独特的食品风味。

油炸设备一般由加热元件、盛油槽、油过滤装置、承料构件、温控装置等组成。根据加热方式，操作方式可分为多种类型。

小型油炸设备可按油槽内油的比例分为纯油式和油水混合（或油水分离）式两种。一般小型油炸设备多采用纯油式。油水混合式可以方便地将油炸过程产生的碎渣从油层分离（沉降）到水层中。因此它的适应面极广。

按照生产过程的操作方式与生产规模，油炸设备可分为间歇式和连续式两种。间歇式是由人工将产品装在网篮中进出油槽，完成油炸过程。而连续式油炸设备使用输送链传送产品进出油槽，适用于规模化生产过程。

按油炸锅内压力状态，油炸设备还可分为常压式和真空式两种。常压式适用于油温较高（如140℃以上的）的物料的炸制过程。真空式油炸设备适用于油炸温度不能太高的物料，如水果蔬菜物料的炸制。

（一）常压油炸设备

常压油炸设备可以分为间歇式和连续式两种，两种形式均可采用油水混合工艺。

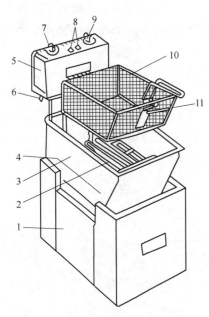

图6-14　小型间歇式油炸设备结构图

1—不锈钢底座　2—不锈钢电加热管　3—移动式不锈钢锅　4—油位指示计　5—最高温度设置旋钮　6—移动式控制盘　7—电源开关　8—指示灯　9—温度调节旋钮　10—炸笼　11—篮支架

1. 普通电热式油炸锅

图6-14所示为一种小型间歇式油炸设备。常用于宾馆、饭店和食堂。操作时，待炸物料置于炸笼后放入油中炸制，炸好后连同物料篮一起取出。炸笼只起拦截物料的作用，而无滤油作用。为延长油的使用寿命。电热元件的表面温度不宜超过265℃。

这种油炸设备在工作过程中，油处于高温状态，很快氧化变质，重复使用数次即变成褐色。积存锅底的食物残渣，不但使油变得污浊，且反复被炸成碳屑，附着于产品表面使其表面劣化。高温长时间煎炸使用的油会生成多种毒害性程度不同的油脂聚合物，还会因为热氧化反应生成不饱和脂肪酸的过氧化物，妨碍机体对于油脂和蛋白质的吸收。不宜用于大规模工业化生产。

2. 间歇式油水混合油炸机

图6-15所示为一无烟型多功能水油混合式油炸装置，主要由油炸锅、加热系统、冷却系统、滤油装置、排烟气系统、蒸笼、控制与显示系统等构成。

水油混合式食品油炸工艺是指在同一容器内加入油和水，油浮于上层，而水沉于底层。炸制食品时，由加热器对炸制食品的油层加热升温，将油温控制在180~230℃。当水油界面温度超过55℃时，油水界面处设置的水平冷却器以及强制循环风机对下层冷却，将热量带走，使得水油界面温度始终保持在55℃以下。

这种工艺具有限位控制、分区控温、自动过滤、自我洁净的优点，如果严格控制上下油层的温度，就可使油的氧化程度显著降低，浑油情况大大改善，而且用过的油无须再进行过滤，只要将食物分解的渣滓随水放掉即可。可克服沉渣长时间高温油炸产生的问题，在炸制过程中油始终保持新鲜状态，所炸出的食品色香味俱佳，没有与食物残渣一起弃掉的油及因氧化变质而扔掉的油，从而所耗的油量几乎等于被食品吸收的油量，节油效果明显。

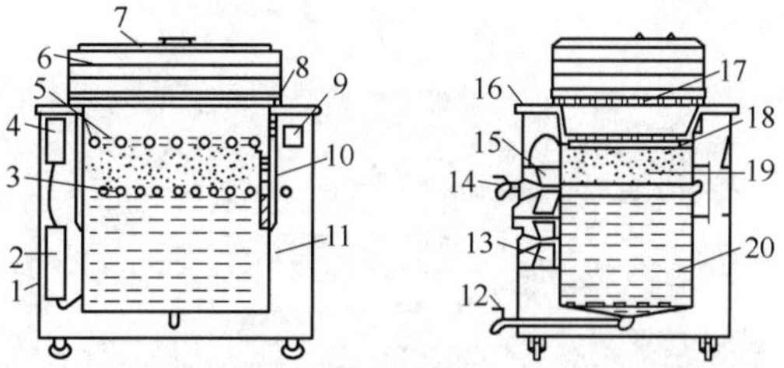

图 6-16 所示为日本某食品机械公司生产的水油混合式油炸设备，冷却装置装在油水界面处，上油层的加热采用了内外同时加热以提高加热效率的加热方式。

图 6-15　无烟型多功能水油混合式油炸设备结构图
1—箱体　2—电气控制系统　3—冷却循环系统
4—操作系统　5—滤网　6—蒸笼　7—锅盖　8—排油烟管　9—温控显示系统　10—油位指示器
11—油炸锅　12—排污阀　13—脱排油烟装置
14—放油阀　15—冷却装置　16—蒸煮锅
17—排油烟孔　18—加热器　19—油　20—水

另外一个不同之处是截面设计采用了上大下小的结构方式，即上油层的截面较大，下油层和水层的截面较小，以便在保证油炸能力的情况下，减小下油层的油量，避免过量的油在锅内不必要的停留和氧化变质，与相同截面的设计相比，可使炸用油更新鲜，产品质量更好。

3. 连续式深层油炸机

典型连续油炸机有如图 6-17 所示的结构外形。它由矩形油槽、支架、输送装置、液压装置等组成。作业时物料从油槽输入端送进油槽里，油从输入端的下部用管道送入，输送装置的下部浸没在油中。环形输送装置是由电动机通过链而使轴转动，轴上的主动链轮带动输送器运动。

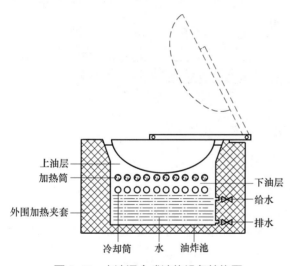

上油层
加热筒
外围加热夹套
下油层
给水
排水
冷却筒　水　油炸池

图 6-16　水油混合式油炸设备结构图

连续式深层油炸机至少有五个独立单元：①油炸槽，它是盛装炸油和提供油炸空间的容器；②带恒温控制的加热系统，为油炸提供所需要热能；③产品输送系统，使产品进入、通过、离开油炸槽；④炸油过滤系统；⑤排气系统，排除油炸产品产生水蒸气。一台连续式油炸设备实际上是一个组合设备系统。组成单元型式方面的差异，导致出现了多种型式的连续油炸设备。

（1）油炸槽　油炸槽是油炸机的主体，一般呈平底船形（图 6-18），也有设计成其他形状的，如圆底的、进料端平头的等。它的大小由多项因素决定，包括生产能力、油炸物在槽内的时间、链宽、加热方式、滤油方式、除渣方式等。

油炸槽的形状结构和大小与油炸机的产量和性能有很大关系。油炸工艺上一般要求周转

图 6-17　连续式油炸机

时间尽量短。所谓周转时间是指在生产过程中不断添加的新鲜炸油的积累数量，达到开机时一次投放到油炸设备之中的炸油数量时所需要的时间。油槽的结构对油炸系统的周转时间有着直接的影响。

（2）加热系统　可用一级能源（电、煤、燃气和燃油）也可用二级能源（蒸汽、导热油）进行加热。

加热单元是油炸机获取热量的热交换器。这个热交换器既可直接装在油炸槽内，也可装在油炸槽外，利用泵送方式使炸油在油炸槽与热交换器之间循环。

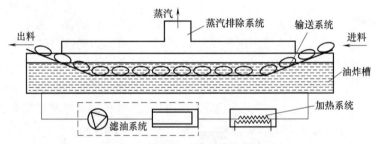

图 6-18　连续式油炸机结构示意图

各种能源对油炸机的加热方式如图 6-19 所示。我们可以将这些加热方式分为直接式和间接式两种。从操作、控制和安全卫生的角度看，大型的连续式油炸机不宜采用直接式，而宜用导热油进行间接加热。直接式油炸机的热能效率比较高，但间接式油炸机有利于获得质量

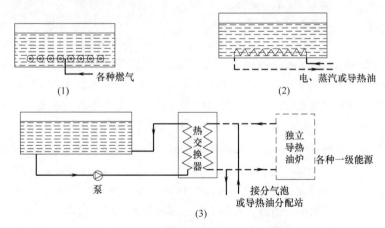

图 6-19　各种能源对油炸机加热的方式

（1）燃气直接燃烧加热式　（2）二级能源直接加热式　（3）一级、二级能源间接加热式

稳定的油炸产品。

（3）产品输送系统　连续式油炸机一般用链带式输送机输送。由于物性差异，油炸过程中发生变化不同，因此，不同类型的产品需要配置不同数量和构型的输送带。图 6-20 所示为常见油炸食品类所用的输送带构型与配置。

对一些产量较大的产品，还可以根据专门的工艺要求，制作成特殊的链带形式，如用不锈钢网（或孔板）冲制成一定形状的篮器，以保持油炸坯料得到完整的形状。另外，输送链的网带应不会对油炸的物料有黏滞作用。

（4）炸油过滤系统　油炸过程中会随时产生来自被炸食品的碎渣，若长期留在热油中，会产生一系列的不良影响。因此，所有连续油炸机必须有适当的炸油过滤系统，将碎渣及时地从热油中滤掉。如果采用间接式加热，则过滤器往往串联在加热循环油路上。

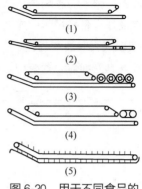

图 6-20　用于不同食品的油炸机输送带组成与构型
（1）适用于饼类及豆类　（2）适用于肉类
（3）适用于薯片类　（4）适用于成型类
（5）适用于油条类

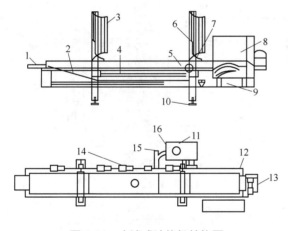

图 6-21　水滤式油炸机结构图
1—张紧调节装置　2—下网带　3—横担杆　4—上网带
5—罩盖　6—龙门架及提升机构　7—上下网带间隙调
节螺栓　8—电控箱　9—油槽　10—地脚调节座
11—泵　12—减速机　13—线盒　14—加热
电阻　15—电热偶　16—辅助过滤油箱

油水混合式机型，由于大量的碎渣已经进入水中，并有从下层水中排除碎渣的装置，因此，国产的油水混合式连续油炸机多不设热油过滤系统，如图 6-21 所示。

（5）蒸汽排除系统　油炸过程也是一种脱水操作过程。油炸过程中，会有相当量物料水分汽化逸出，水汽会从整个油炸槽的油面上外逸。因此，油炸设备均有覆盖整个油炸槽面的罩子，在其顶上开有一个或一个以上的排气孔，排气孔与排风机相连接。一般，这种罩子可以方便升降，从而可以方便地对槽内其他机构进行维护。

（二）真空低温油炸设备

真空油炸能将油炸和脱水有机地结合在一起，在负压状态下，以油作为传热媒介，食品内部的水分急剧蒸发而喷出，产品受氧化影响减小。例如脂肪酸败，酶褐变或食品本身的褐变反应。这使得真空低温油炸食品能较好保留原有风味和营养成分，营养成分的损失能得到有效控制，如果蔬物料的炸制过程。

真空油炸的特点有：①连续恒低温油炸，炸制更均匀，片形更完整；②连续脱油，速度可调，含油率更低；③优化设计的不锈钢流体喷射真空泵使真空度稳定在 0.098MPa，产品达到最佳形状及色泽；④连续滤油，自动补油，自动清渣，油脂不劣变；⑤节省人力，减轻劳动强度，杜绝人为影响产品质量的情况发生；⑥比间歇式节电约30%，节煤约40%。

真空油炸设备按操作的连续性可分为间歇式和连续式两种。

1. 间歇式真空油炸装置

间歇式真空油炸装置结构如图6-22所示，主要由油炸釜、真空泵、离心甩油装置、储油箱和滤油离心甩油装置等构成。油炸釜为密闭器体，上部与真空泵相连。为了便于脱油操作，内设由电动机带动的离心甩油装置，油炸完成后，釜内油面降低至油炸产品以下，开动电机进行离心甩油，甩油结束后取出产品，再进行下一周期的操作。油炸釜内的油面高度和油的运转由真空泵控制，过滤器的作用是过滤炸油，及时去除油炸产生的渣物，防止油被污染。

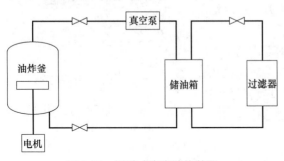

图6-22　间歇式真空油炸装置

真空油炸系统设备用于果蔬脆片等的生产过程中，其基本结构要素包括以下四个单元：①较高效率的真空设备，可在短时间内处理大量二次蒸汽，并能较快建立起真空度≥0.092MPa的真空条件；②机内脱油装置，可在真空条件下脱油，避免在真空恢复到常压过程中油质被压入食品的多孔组织中，以确保产品的较低含油量；③较大装料量的高闭性的真空油炸釜，其蓄油量和换热面积应能与装料量相匹配；④温度、时间等参数的自动控制装置，避免人为因素造成产品质量的不稳定。图6-23所示为用于果蔬脆片加工的典型真空油炸系统。

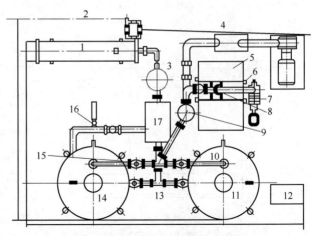

图6-23　真空油炸系统示意图

1—压力表　2—蒸汽源　3—油泵　4—水源　5—水箱　6—支架

7—多级水泵　8—水气分离器　9—喷射式真空泵　10—烟道

11—压力表　12—电气箱　13—油道　14—真空油炸锅

15—三通　16—闸阀　17—油箱

2. 连续式真空低温油炸设备

连续式真空油炸设备的关键结构是进出料机构，要求能够在保持真空条件下将固体物料投入和从设备内排出。一台连续式低温真空油炸设备的结构如图6-24所示，其主体为一卧式筒体，筒体设有与真空泵相接的真空接口，内部设有输送装置，进出料口均采用闭风器结构。筒体的油可经过由排油口在筒外经过滤和热交换器加热后再经油管循环回到筒内。工作时，筒内保持真空状态，待炸物料经进料闭风器连续分批进入，落至充有一定油位的筒内进行油炸，物料由输送带带动向前运动，其速度可依产品要求进行调节，炸好的产品由输送带送入无油区输送带，经沥油后由出料闭风器连续（分批）排出。

（三）连续油炸机举例

1. BRN 隧道式连续油炸机

BRN 隧道式连续油炸机是 Coppens 公司的 CFS 系列产品之一，属于大型油炸设备，整体呈隧道结构，所采用的加热方式有电热、加热油和高压蒸汽三种。图 6-25 为其采用热油热交换器时的结构分解示意图。

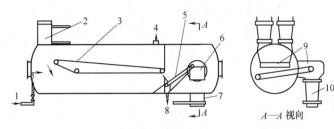

图 6-24 连续式低温真空油炸设备结构图

1—油管 2—闭风器 3—油区输送带 4—接口 5,6,9—无油区输送带 7—出料闭风器 8—出油口 10—出料闭封口

BRN 隧道式连续油炸机隧道内布置多条宽 400~1000mm 的链条，包括实现主要输送功能的下输送链，控制炸制过程中产品上浮的上输送链和适于涂糊炸制产品的特氟纶喷涂的喂入链等。炸油由泵强制循环，油槽底部设有刮板式沉渣清理器，末端设置有缝隙板式油过滤器及沉渣排出螺旋，用以连续过滤并排出沉渣。隧道两侧设有水封，用于防止大气进入隧道，同时收集并排出冷凝水，为便于清洗，机座上方放置的油炸槽、加热元件、输送链、机罩等全部可利用自配的升降机吊起。为进一步分离炸油中更为微细的颗粒，还可配置热油微滤机，清除 $10\mu m$ 的细小微粒。

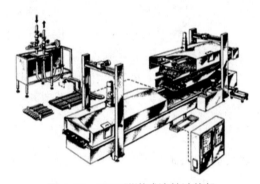

图 6-25 BRN 隧道式连续油炸机

2. 方便面油炸机

图 6-26 所示为方便面连续油炸机。它由面盒输送链、盒盖输送链和油循环过滤加热系统三大部分组成。从分路机送来的面块滑入有六路面盒的输送链，送入油炸槽，为了防止油炸过程中面块飘出盒外，面盒上设有面盒盖，在入槽前，面盒盖传动链同步驱动面盒盖盖在每一个面盒上，出槽后盒盖自动分开，为与分路机的运动配合，油炸机的运动在其间歇运动机构的驱动下做间歇运动，其平均运动速度为分路机运动速度的一半，保证了分路机的左右三路落入面盒后，面盒输送链才向前输送一格。面块经油炸干燥后送往冷却机冷却。

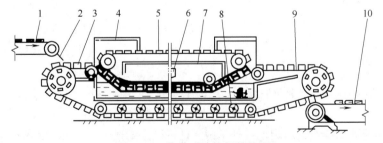

图 6-26 连续式油炸机结构图

1—分路机输送带 2—滑板 3—面盒 4—护罩 5—面盒盖 6—排烟道
7—排烟罩 8—燃烧口 9—输送链 10—冷却器输送带

油槽中油的加热方式有两种，一种为直焰式，靠燃烧重油或煤气对食油通过间壁加热，

后文图 6-28 所示即这种加热方式，另一种为利用热交换器将油加热。

三、其他加热机械设备

食品工业中除使用蒸汽、热水作为热源外，还可利用红外线、微波、电磁加热、电阻加热等对食品进行加热处理。其中远红外加热的应用最为广泛，它的主要设备形式是焙烤行业的烤箱和烤炉。目前，微波加热设备应用最多的是家用微波炉。但由于其独特的介电加热性，工业化规模的微波设备具有良好的发展前景。

（一）远红外加热设备

红外线是一种不可见的射线，介于可见光和微波之间，波长在 0.75~1000μm。人们习惯把红外射线分为近红外和远红外两部分，其中波长在 2.5μm 以上的为远红外线。远红外加热是食品烤制设备中采用的主要加热方式，通过辐射方式对能量进行传递。

一般而言，红外辐射只有对显示出电极性的分子才能起作用，具备对称结构的分子没有电极性时，是不会发生红外辐射吸收的。因此远红外线照射特别适合于有机物和含水物质的加热和干燥过程。如极性水在红外线区有大量的吸收带。远红外加热与常规热传导方式相比，具有生产效率高、干燥质量好、节能、安全、占地面积小、易推广等优点。

目前，红外线加热设备主要应用于烘烤工艺，此外也可用于干燥、杀菌和解冻等操作过程。总体上，远红外加热设备可分为两大类，即箱式的远红外烤炉和隧道式的远红外炉。不论是箱式还是隧道式的加热设备，其关键部件都是远红外发热元件。

1. 远红外辐射元件

远红外辐射元件，是远红外加热设备中，将其他能源（如电能、燃烧能）换成辐射能的关键元件。

远红外加热元件加上定向辐射装置后，称为远红外加热器或远红外辐射器。其结构主要由发热元件、远红外辐射体、紧固件或反射装置等构成。发热元件一般是电阻发热体，它把电能转变成热能。远红外辐射体是受到加热后放出远红外射线的物体。

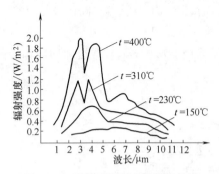

图 6-27　碳化硅辐射光谱特征曲线

食品远红外烤炉中常用的远红外辐射体按形状分有板状与管状两种；按辐射体材料分主要有以金属为依附的红外涂料、碳化硅元件和石英玻璃（SHQ）元件等。

（1）碳化硅红外加热元件　碳化硅是一种良好的远红外辐射材料。碳化硅的辐射光谱特性曲线如图 6-27 所示。在远红外波段及中红外波段，碳化硅具有很高的辐射率。碳化硅的远红外辐射特性和糕点的主要成分（如面粉、糖、食用油、水等）的远红外吸收光谱特性相匹配，加热效果好。

如图 6-28 所示，碳化硅材料的红外辐射元件可以做成管状。主要由电热丝及接线件、碳化硅管基体及辐射涂层等构成，碳化硅管外涂覆了远红外涂料。由于碳化硅不导电，因此不需充填绝缘介质。碳化硅红外元件也可以制成板状，如图 6-29 所示。

碳化硅辐射元件具有辐射效率高，使用寿命长，制造工艺简单，成本低，涂层不易脱落等优点。它的缺点是抗机械振动性能差，热惯性大，升温时间长。碳化硅板与管状元件相

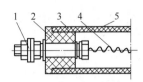

图6-28　碳化硅管远红外辐射元件结构
1—接线装置　2—普通陶瓷管
3—碳化硅管　4—电阻丝　5—辐射涂层

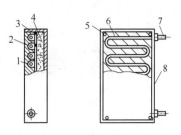

图6-29　碳化硅板式辐射元件结构
1—远红外辐射层　2—碳化硅板　3—电阻
丝压板　4—保温材料　5—安装螺栓
6—电阻丝　7—接线装置　8—外壳

比，其温度分布均匀，通用性更广。

（2）金属氧化镁管　这种远红外加热元件的基体是以金属管为基体，管内部的加热丝，外围充满电热性能好的氧化镁粉作为绝缘材料，表面涂以氧化镁，以提高远红外区的辐射率。其结构和辐射特性见图6-30。这种辐射管的机械强度高，使用寿命长，密封性好，拆装方便，只需拆下炉侧壁外壳即可抽出更换。因此在食品行业有广泛应用。但该元件表面温度高于600℃时，会发出可见光，使远红外辐射率有所下降。另外，过高的温度还会使金属管外的远红外涂层脱落，长期作用下金属管会产生下垂变形，从而影响烘烤质量。

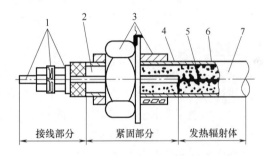

图6-30　金属氧化镁远红外辐射管结构图
1—接线装置　2—导电杆　3—紧固装置　4—金属管
5—电热丝　6—氧化镁粉　7—辐射管表面涂层

（3）SHQ 乳白石英远红外加热元件　SHQ 元件由发热丝、乳白石英玻璃管及引出端组成。乳白石英玻璃管直径通常为 18～25mm，同时起辐射、支承和绝缘作用。SHQ 元件常与反射罩配套使用，反射罩通常为抛物线状的抛光铝板罩。

SHQ 元件光谱辐射率高，稳定，节电效果明显；热惯性小，从通电到温度平衡所需时间 2～4min；电能-辐射能转换率高（$\eta > 60\%$）。由于不需要涂覆远红外涂料。所以没有涂层脱落问题，符合食品加工卫生要求，缺点是价格偏高。

这种远红外加热元件可在 150～850℃下长期使用，能满足 300～700℃的加热场合，因此可用于焙烤、杀菌和干燥等作业。

（4）半导体远红外辐射器　半导体远红外辐射器是一种新型的加热辐射器，它以高铝质陶瓷材料为基体，中间层为远红外涂层，两段绕有银电极，电极用金属接线焊接引出后，绝缘封装在金属电极封闭盒内，称为辐射器。它对有机高分子化合物及含水物质的加热烘烤极为有利，特别适用于 300℃以下的低温烘烤。比较适用于饼干烤炉的一种辐射加热器，如图6-31 和图6-32 所示。

半导体远红外辐射器的热效率高、热容量小、热响应快，能实现快速升温和降温，抗温变性能好，辐射器表面绝缘性能好，远红外涂层采用珐琅绝缘涂料，不易剥落，符合卫生条

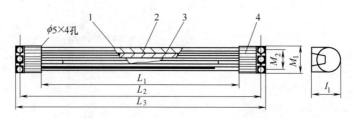

图 6-31　管式半导体远红外辐射器结构图

1—陶瓷基体　2—半导体导电层　3—绝缘远红外涂层　4—金属电极封闭套

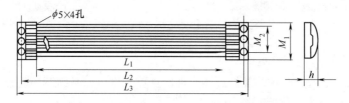

图 6-32　板式半导体远红外辐射器结构图

件。它的主要缺点是机械强度较低，安装要求较高，对使用要求较严。

2. 箱式远红外线烤炉

箱式远红外烤炉为一种小型间歇操作的烤炉，其主要由箱体和电热红外加热元件等组成（图 6-33）。按食品在炉内的运动方式的不一样，分为烤盘固定式箱式炉、风车炉和水平旋转炉等。其中烤盘固定式箱式炉是这类烤炉中结构最简单，使用最普遍，最具有代表性的一种。

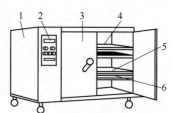

图 6-33　箱式烤炉结构图

1—外壳　2—控制板　3—炉门
4—上层支架　5—下层支架
6—电热红外加热管

（1）烤盘固定式电烤炉　炉膛内安装有两层至七层支架，每层可放数只烤盘，电热元件与烤盘相间布置。隔层式烤炉将各层烤室隔开，彼此独立，每层烤炉的温度可分别控制，可实现多种制品同时烘焙。烤盘固定式电烤炉的特点是：体积小，使用灵活，烘焙范围大，但其内温度、湿度分布不均匀，影响烘焙质量，且生产能力小，只适合中小型食品厂使用。

（2）烤盘旋转式电烤炉　主要由箱体、电热元件旋转烤盘组成。炉内有一可做水平回转运动的烤盘支架，炉壁外层为钢板，中间是保温材料，内壁安装有抛光铝板，以增加反射能力，炉顶部有排气孔，以排除烘焙过程中产生的水汽和其他气体，烘焙时，生胚放在烤盘内随支架上在炉内回转，各部分受热均匀，烘焙质量好于烤盘固定式电烤炉。

（3）旋转式热风循环烤炉　结构如图 6-34，这种烤炉主要由箱体、加热器、热风循环系统、抽排湿气系统、喷水雾化装置、热风量调节装置、旋转架、烤盘小车等组成。通过热风的循环流动来达到均匀烘烤食品的目的。

在烘烤室内安装有喷水雾化装置，可根据产品烘烤工艺要求，通过输水槽到进水预热后雾化。用以调节烘烤湿度，提高烘烤质量。根据需要，利用排气系统排除烘烤室内的热蒸汽。由于采用了旋转架和热风循环系统。有效解决了产品成色不匀的问题。

3. 隧道式远红外线烤炉

隧道炉主要由炉体部分，加热系统和传动系统三部分组成。各种隧道炉的炉体部分和加热系统基本相同，而传动系统差异较大。隧道炉炉体很长，烤室为一狭长的隧道，食品在沿隧道做直线运动的过程中完成烘焙。根据传动方式不同，隧道炉可分为链条隧道炉，钢带隧道炉和网带隧道炉（图6-35、图6-36）。

链条隧道炉生产能力大，产品质量好，能适应多种产品生产，在食品行业中应用很多。但设备利用烘盘做载体，要求配置大量的烘盘，且进炉和出炉操作比较麻烦。钢带和网带炉易与食品形成机械配套组成连续的生产线。钢带强度大，热损失小，运转过程中会产生弹性振动，跑偏现象较网带大，网带网眼空隙大，在烘焙过程中制品底部水分容易蒸发，不会发生油摊和凹底，运转过程中不易产生打滑，跑偏现象，但缺点是不易清理，网带上的污垢易粘在食品底部。

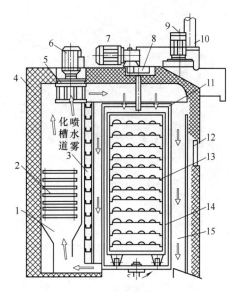

图 6-34 旋转式热风循环烤炉结构图

1—燃烧室 2—加热元件 3—化槽道喷水雾 4—保温层 5—热风 6—热风循环风机 7—传动电机 8—传动齿轮 9—排风机 10—排气管 11—旋转架 12—门 13—烤盘 14—烤盘小车 15—烘烤室

隧道炉不需要燃烧室、烟窗等部件，结构简单，造价低，炉体的保温性能好，热量利用率高，便于和成型机械配套使用，组成连续化生产线。

4. 热风螺旋烤炉

图6-37所示为热风式螺旋烤炉（Cookstar），输送带的通道形成两个螺旋塔，在较小的占地面积上提供相当长的输送带。利用自动控制，空气在炉内以精确的温度和湿度进行循环。

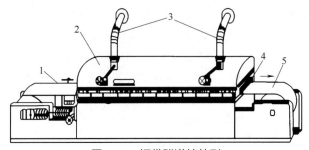

图 6-35 钢带隧道炉外形

1—入炉端钢带 2—炉顶 3—排气管 4—炉门 5—出炉端钢带

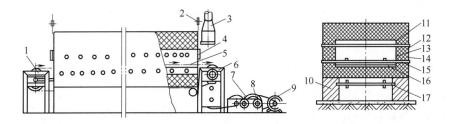

图 6-36 链条隧道炉结构图

1—入炉机座 2—滑轮 3—排气罩 4—可开启隔热板 5—链条 6—出炉机座与减速箱 7—无级变速器 8—变速操作手轮 9—电动机 10—炉基座 11—管状辐射元件 12—铁皮外壳 13—铁皮内壳 14—保温材料 15—链条轨道 16—轨道轴承 17—回链与轴

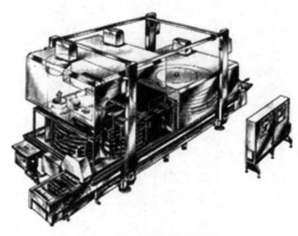

图 6-37　热风式螺旋烤炉

蒸汽喷射到罩内与热风混合，在产品周围连续循环，产品被充分烤制。完全保湿的隧道分成两个区，其空气温度可分别调节。炉内温度最高可达 200℃。通过自动控制湿度，使得露点始终保持在设定的水平。

生产过程中使用的输送带连续清洗系统包括循环泵、喷头、卵磷脂池和刷锟。在进口处输送带首先被旋转刷锟连续水洗以保持洁净，而后通过卵磷脂池，可防止产品焦结与输送带上。而生产后的设备清洗采用半自动就地清洗装置，通常使用热水进行，必要时需要使用洗涤剂。为防止炉内热风的外逸，进料口处设置有槽式水封阀。热风螺旋烤炉特别适用于大规模或烤制时间长的产品。

（二）微波加热设备

微波加热属于一种内部生热的加热方式，食品物料内存在大量两端带有不同电荷的分子，称为偶极子。无电场作用时，这些偶极子在介质中做无规则运动。当施加直流电场时，偶极子呈现与电场方向相关的有序运动，带正电一端向电场的负极运动，而带负点一端向电场的正极运动。当施加交流电场时，磁场改变，偶极子随电场方向的交替变化迅速摆动。由于分子的热运动和相邻分子间的相互作用。偶极子的有序摆动产生类似于摩擦的作用，导致物料内各部分在同一瞬间获得大量热量而升温。并以热的形式表现出来，表现为介质温度的升高。目前有两个微波频率用于加热应用，即 915MHz 和 2450MHz。这种高频交变电场可以瞬间集中热量，从而能迅速提高介质的温度。因此，微波加热具有加热的即时性、整体性、选择性、加热均匀、高效性和安全性等特点。基于这些优点，微波加热在食品加工中的应用已经从最初的食品烹调和解冻扩展到食品杀菌、消毒、脱水、漂烫、焙烤等领域内。

微波加热设备如下图 6-38 所示，主要由电源、微波管、连接波导、加热器及冷却系统等构成。微波管由电源提供直流高压电流并将输入能量转换成微波能量，微波能量通过连接波导传输到加热器，对被加热物料进行加热。冷却系统以风冷或水冷的形式对微波等箱体及组成部分进行冷却。

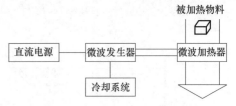

图 6-38　微波加热器的构成

微波加热设备可按不同方式进行分类。根据微波场作用方式，可分为驻波场谐振腔加热器、行波场驻波加热器和辐射型加热器。驻波按微波炉的结构形式可分为箱式、隧道式、平板式、曲波导式和直波导式等。其中箱式为间歇式，后四者为连续式。

1. 箱式微波加热器

箱式微波加热器属于驻波场谐振腔加热器，是应用较为普及的一种微波加热器。常见如食品烹调用微波炉。其结构如图 6-39 所示，由波导、谐振腔、反射板和搅拌器等构成。

微波炉的炉腔是一个多模谐振腔，谐振腔为矩形空腔，当每一边的长度都大于 $\lambda/2$（λ 为所用微波波长）时，将从不同方位形成反射，不仅物料各个方向均受到微波作用，同时穿透物料的剩余微波会被腔壁反射回介质中，从而形成多次加热过程，使进入加热室的微波尽可能完全用于物料加热过程，如图 6-40 所示。驻波是指由两列振动方向相同、频率相容、振幅相同而传播方向相反的简谐波，叠加而成的复合波。炉顶的模式搅拌器在缓慢转动过程中，能改善微波能量在腔内分布的均匀性。食物放在旋转工作台上，受热会更加均匀。

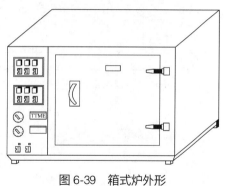

图 6-39　箱式炉外形

由于谐振腔为密闭结构，微波能量泄漏很少，不会危及操作人员的安全。这种微波加热器适用于块状物料，常用于食品的快速加热、快速烹调和快速消毒。

2. 隧道式微波加热器

此加热器为一种连续式谐振腔微波加热器。有多种形式，分谐振腔式、波导式、辐射式和慢射式四种。其中隧道结构的谐振腔式较为简单，适用性也较大。

图 6-41 为两种形式的谐振腔隧道式连续微波加热器，主要由微波谐振腔体（也是隧道的主体）和输送带构成。由于腔体进出料口处易发生微波能的泄漏，输送带上安装起微波屏蔽作用的金属挡板［图 6-41（1）］，或在进出料口安装金属链条［图 6-41（2）］，形成局部短路。

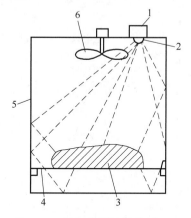

图 6-40　谐振腔微波加热器原理

1—磁控管　2—微波辐射器　3—物料
4—塑料台板　5—腔体　6—搅拌器

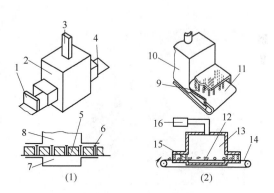

图 6-41　连续式谐振腔加热器结构图

（1）金属挡板型　（2）金属链型
1,6—金属挡板　2,10,8,13—腔体　3—微波输入
4,7,11,14—输送带　5,12—被加热食品
9,15—金属链　16—微波器

隧道上部设置有排湿装置，用于排除加热过程中物料蒸发出的水分。为强化连续加热操作，大功率加热器设计，采用多管并联谐振腔（图 6-42）。为防止微波能的泄漏辐射，在隧道的进出料口处，设置有专门吸收可能泄漏微波能的水负载。这种加热器功率强大，为工业生产常用，可用于奶糕和茶叶的加工过程。

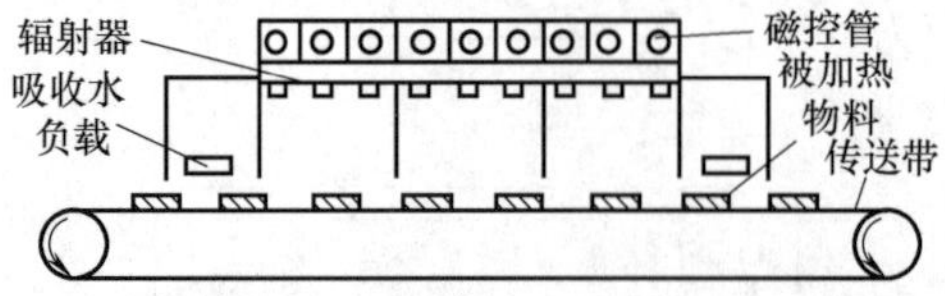

辐射器
吸收水负载
磁控管
被加热物料传送带

图6-42 连续式多管并联谐振腔微波加热器结构图

微波加热器类型的选择要考虑被干燥物料的体积、形状、数量及工艺要求。大块或形状复杂的物料，为了保证受热均匀，可选用隧道式谐振腔型加热器。对于薄片物料，可选用开槽波导或慢波结构的加热器。

（三）烟熏蒸煮烘干设备

肉食制品的烟熏蒸煮热处理工序主要包括烘干、烟熏、蒸煮、冷却。

熏烟是木材（锯末）不完全燃烧的产物。熏烟的成分常因燃烧温度，燃烧室的条件，形成化合物的氧化程度，以及其他许多因素的变化而有差异。一般认为燃烧温度在 300~400℃，氧化温度在 200~250℃，所产生的熏烟质量高。实际燃烧温度以控制在 343℃ 左右为宜。

全自动万能熏室的基本工作原理，是在密闭的熏室内，由电子程序控制系统自动控制温度、湿度和时间。控制加热器加热空气，风机通过倒置的管道将热空气交替的喷进加工室。控制烟发生器生烟。利用风机将烟与热空气混合后喷入加工室。控制加湿器喷热蒸汽。利用风机加强热蒸汽在加热室中的循环。控制冷却水喷嘴向加工室喷洒冷却水。

全自动万能熏室主要由烟熏室［图6-43（1）］，机器室、熏烟发生器、蒸汽喷射装置、冷却水喷管、熏制小车［图6-43（2）］和蒸煮浅盘及控制器等组成。熏烟室内烟流程如图6-44所示。

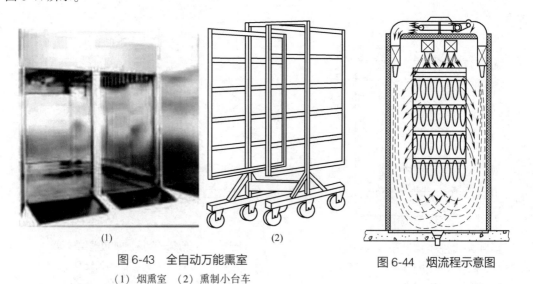

（1）	（2）	

图6-43 全自动万能熏室
（1）烟熏室 （2）熏制小台车

图6-44 烟流程示意图

全自动万能熏室的特点：

（1）操作容易，自动化程度高 只要操作控制盘的开关，将工序调整好后，可自动作业，顺利地加工出制品。

（2）能快速、均匀地达到工艺所需要的温度、湿度和烟雾浓度 因为有强力的循环式风扇，确保了加工制品的速度和质量稳定。

（3）具有优良的熏烟效果 由于热风的温度能够控制在最适状态，熏烟的质量也非常优越（无焦油污染），所以熏制出来的产品风味极佳。

（4）运转成本较低　由于以蒸汽作为热源，另外使用烟发生器，木材消耗大大减少，所以能够节省经费。

（5）干耗少，成品率高　由于进行高精度的湿度控制，所以产品的成品率较高。

（6）安全，耐久　因内部构件全部使用不锈钢制造，所以能保证高安全性和耐久性，但成本较高。

第三节　挤压机械

挤压技术是一种由混合、熟化、剪切、成型等多种单元操作组成的连续性加工技术。食品挤压加工技术属于高温高压食品加工技术，它利用螺杆挤压产生的压力、剪切力、摩擦力、加温等作用实现对固体食品原料破碎、捏合、混炼、熟化、杀菌、预干燥、成型等加工处理，完成高温高压的物理变化及生化反应，最后食品物料在机械作用下强制通过一个专门设计的孔口（模具），便制得一定形状和组织状态的产品，这种技术可以生产膨化、组织化或不膨化的产品。

挤压加工过程和一般食品加工蒸煮的熟化过程不一样。在挤压过程中，剪切应力是引起高分子聚合物在分子水平上发生物化反应的根本原因。利用挤压技术可以在一台挤压机内将若干个食品加工操作单元连在一起，并减少营养损失。食品挤压加工技术归结起来有以下特点：

（1）连续化生产　原料经过处理后即可连续的通过挤压设备，生产出成品或半成品。

（2）生产工艺简单　挤压机能集原料的粉碎、混合、加热、熟化、成型于一体。

（3）应用范围广　食品挤压加工适用于即食食品、乳制品、肉制食品、水产制品、巧克力制品等的许多食品生产领域，经过简单的更换模具，即可改变产品形状，生产出不同的产品。

（4）生产效率高，能耗小　生产能力可在较大范围内调整，避免了多台单功能连用，极大提高了能源的使用效率，能耗仅是传统生产方法的60%~80%。

（5）生产费用低　使用挤压设备生产费用仅为传统生产方法的40%左右。

（6）产品品质好　挤压膨化属于高温瞬时的加工技术，几乎不破坏食品中的营养成分，挤压膨化后食品的质构呈多孔性。

一、螺杆挤压机的分类

目前应用于食品工业的挤压设备主要是螺杆挤压机，主要构件类似于螺杆泵，有变螺距长螺杆及出口处带节流孔的螺杆套筒。它的主体部分是一根或两根在一只紧密配合的圆筒形套筒内旋转的螺杆，主要有以下分类：

（一）按螺杆数量分类

可将挤压机分为单螺杆挤压机、双螺杆挤压机和多螺杆挤压机，其中以单螺杆和双螺杆挤压机最为常见。

1. 单螺杆挤压机

单螺杆挤压机的套筒内只有一根螺杆，它依靠螺杆和机筒对物料的摩擦来输送物料和形成一定压力。单螺杆挤压机结构简单、制造方便，但输送效率差，混合剪切不均匀。

2. 双螺杆挤压机

挤压机配置有两根螺杆，挤压作业由二者配合完成。根据两螺杆的相对位置又分为啮合型（包括全啮合型和部分啮合型）和非啮合型，根据两螺杆旋转方向分为同向旋转和异向旋转（向内和向外），主流机型为同向旋转，完全啮合，梯形螺槽。

双螺杆挤压机输送效率高，混合均匀，剪切力大，具有自洁能力，但结构较复杂，价格较昂贵，配合精度要求高。

（二）按挤压机功能分类

1. 挤出成型机

挤出成型机螺杆结构具有较大的加压能力，利用夹套机筒和空心螺杆内通入冷却水抑制物料的过热，制取结构致密、均匀的未膨化成型产品。一般为中间产品，需经过后续加工或利用，所使用的原料一般为塑性物料。此种挤压机的挤压螺杆转速低、筒体光滑、剪切作用小。

2. 挤压熟化机

挤压熟化机又称挤压蒸煮机，主要利用挤压机的加热蒸煮功能制取未膨化糊化产品。

3. 挤压膨化机

挤压膨化机可在挤压过程中迅速把物料加热到175℃以上使淀粉流态化，当物料被挤出模孔时季度膨胀成松脆质地的产品，用于生产膨化产品。筒体开有防滑槽，螺杆螺槽浅、剪切作用大，在挤压较干的物料时，可在模头处形成高温、高压，使淀粉糊化。

（三）按挤压过程的剪切力分类

1. 高剪切力挤压机

高剪切力挤压机在挤压过程中能够产生较高的剪切力和提高工作压力，这类设备的螺杆上往往带有反向螺杆段，以便提高挤压机过程中的压力和剪切力。高剪切力挤压机的压缩比较大，螺杆的长径比较小，一般多为自热式挤压机，具有较高的转速和较高的挤压温度。比较适合于生产简单形状的膨化产品。

2. 低剪切力挤压机

低剪切力挤压机在挤压过程中产生的剪切力较小。它的主要作用在于混合、蒸煮、成型。低剪切力挤压机的压缩比较小，螺杆长径比较大，一般多为外热式挤压机。低剪切力挤压机加工的物料水分含量一般较高，挤压过程物料黏度较低，故操作中引起的机械能黏滞耗散较少。此类设备产品成型率较高，可方便生产复杂形状产品，较适合于湿软饲料或高水分食品的生产。

（四）按挤压机的受热方式分类

1. 内热式（自然式）挤压机

内热式挤压机是高剪切挤压机，挤压过程所需要的热量来自物料与螺杆之间，物料与机筒之间，物料与物料之间的摩擦。挤压温度受生产能力、含水量、物料黏度、环境温度、螺杆转速、螺杆结构等多方面因素的影响。故温度不易控制，偏差较大，该类设备具有较高的转速，达500~800r/min，产生的剪切力较大，内热式挤压机可用于小吃食品的生产，但产品质量不稳定，操作灵活性差，控制较困难。

2. 外热式挤压机

外热式挤压机可以是高剪切力的，也可以是低剪切力的。是依靠外部热源加热，提高挤压机机筒和物料的温度。加热器一般设在机筒内，加热方式很多，如采用蒸汽加热，电磁加热、电热丝加热、油加热等方式。根据挤压过程各阶段对温度参数要求的不同，而设计成等温式挤压机和变温式挤压机。等温式挤压机的筒体温度全部一致，变温式挤压机的筒体分为几段，分别进行加热或冷却，分别进行温度控制，如图

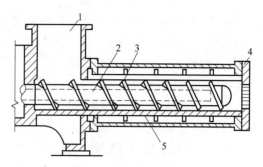

图 6-45　挤压机挤压系统结构图

1—喂料斗　2—水冷挤压螺杆　3—淬过火的筒体衬套　4—模板　5—筒体水夹套

6-45 所示。外热式挤压机生产适应性强，设备灵活性大，操作控制简单方便，产品质量稳定。

二、螺杆挤压机结构

典型的单螺杆挤压机加工系统如图 6-46 所示，主要由驱动装置、喂料器、预调质器、传动、挤压、加热和冷却装置、螺杆、机筒、成型装置，及切割、控制装置等构成。食品挤压设备除了挤压机主机外，还有辅助和控制系统。

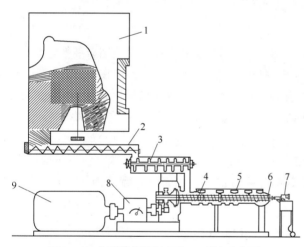

图 6-46　典型单螺杆挤压加工系统示意图

1—料箱　2—螺旋式喂料器　3—预调质器　4—螺杆挤压装置　5—蒸汽注入口　6—挤出模具　7—切割装置　8—减速器　9—电机

（一）主机

一台食品挤压机（主机）主要由以下列四个系统组成，简单挤压机则没有第四部分。

1. 驱动装置

驱动装置由机座、主传动电机、变速器、减速器、止推轴承和联轴器等组成。为迅速、准确地调节螺杆旋转速度，常用可控硅整流器控制的直流电动机来调速，并用啮轮减速器、链条和带传动三者之一来实现减速。

2. 模头系统

模头系统用来保证挤压食品的形状和减轻模头前的压力，它主要由能与机筒连接的模座、分流板和成型模头组成。

3. 加热和冷却装置

加热和冷却是挤压熟化过程顺利进行的必要条件，依工艺要求用于控制机压室内物料的温度，通常采用电阻或电感应加热和水冷却装置来不断调节机筒或螺杆的温度。

4. 成型装置

成型装置又称挤压成型模头，模头上设有一些使物料从挤压机挤出时成型的模孔。模孔

横断面有圆孔、圆环、十字、窄槽等各种形状，决定着产品的横断面形状。为了改进所挤压产品的均匀性，模孔进料端通常加工成流线型开口。

（二）辅机

在挤压食品生产过程中，除主机外，根据生产产品和所用原料的不同，还需要有不同的配套的辅机才能生产出所需要的产品。

1. 预调质装置

预调质装置用于将原料和水、蒸汽或其他液体连续混合，提高其含水量和温度及其均匀程度，然后输送到挤压装置的进口处，预调质装置为半封闭容器，内部安装有配螺旋带或搅拌桨的搅拌轴。

2. 进料系统

进料系统包括料斗、存液器和输送装置。

输送干物料的方法有：

① 电磁振动送料器，可通过改变振动频率和振幅控制供料速度；

② 螺旋输送器，可通过调节螺旋转速来控制进料量；

③ 称量皮带式送料，具有输送物料、连续称量和随机调节送料速度的功能，是一种较精确的定量进料方式。

3. 切割装置

挤压机常用的切割装置为盘刀式切割器，刀具刃口旋转平面与模板端面平行。挤压产品的长度可通过调整切割刀具旋转速度和产品挤出速度加以控制。切割器按其驱动电机位置和割刀长度可分为偏心和中心两种形式。偏心式切割器的电机装在模板中心轴线外面，割刀臂较长，以很高的线速度旋转。中心切割器的刀片较短，并绕模板装置的中心轴线旋转。

（三）控制装置

挤压熟化机控制装置主要由微电脑、电器、传感器、显示器、仪表和执行机构等组成，其主要作用是控制各电机转速并保证各部分运行协调，控制操作温度与压力以保证产品质量。

三、单螺杆机械与设备

（一）单螺杆挤压原理

单螺杆挤压机主要由机筒及机筒中旋转的螺杆构成挤压室。在单螺杆挤压室内，物料的移动依靠物料与机筒，物料与螺杆及物料自身间的摩擦力完成，螺杆上螺旋的作用是推动可塑性物料向前运动，由于螺杆或机筒结构的变化以及由于出料摸孔截面比机筒和螺杆之间空隙横截面小得多，物料在出口模具的背后受阻形成压力，加上螺杆的旋转和摩擦生热及外部加热，使物料在机筒内受到高温高压和剪切力的作用，最后通过摸孔挤出，并在剪切刀具的作用下，形成一定形状的产品。

挤压熟化机是应用最广的挤压加工设备，如图 6-47 所示。当疏松的食品原料从加料斗进入机筒内后，随着螺杆的旋转，沿着螺槽方向被向前输送，这段螺杆称为加料输送段。

再向前输送，物料就会受到模头的阻力作用，螺杆与机筒间形成的强烈挤压及剪切作用，产生压缩变形、剪切变形、搅拌效应和升温，并被来自机筒外部热源进一步加热，物料温度升高直至全部熔融，这段螺杆称为压缩熔融段。

物料接着往前输送，由于螺槽逐渐变浅，挤压及剪切作用增强，物料继续升温而被蒸煮，出现淀粉糊化，脂肪、蛋白质变性等一系列复杂的生化反应，组织进一步均匀化，最后定量、定压地由摸孔均匀挤出，这段螺杆称为计量均化段。

食品物料熔融体受螺旋作用前进至成型模头前的高温高压区内，物料已完全流态化，当被挤出模孔后，物料因所受到的压力骤然降至常压而迅速膨化，对于不需要膨化或高膨化率的产品，可通过冷却控制机筒内物料的温度不至于过热（一般不超过100℃）来实现

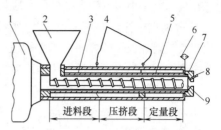

图6-47　典型挤压机螺杆和筒体剖面图

1—电机减速器止推轴承　2—进料斗　3—夹套（冷却水腔）　4—热电偶　5—夹套（蒸汽腔）　6—压力传感器　7—模头　8—热电偶　9—筛板

（二）单螺杆挤压机主要工作构件

1. 螺杆

螺杆是挤压机的核心部件，是挤压机性能的决定性部件，其结构形式多种多样一般情况下可按总体结构分为普通螺杆和特种螺杆。

（1）普通螺杆　普通螺杆的整个长度布满螺纹，因螺纹旋向、螺距、螺槽深度等又具体分为以下几种：

① 等距变深螺杆：如图6-48中（1）图所示，所有螺槽的螺距不变，而螺槽深度则逐渐变浅，计量均化段较浅的螺槽有利于加强剪切混合，同时物料与机筒的接触面积较大，易从外部吸收热量，但受到螺杆强度的限制，不能用于压缩比较大的小直径螺杆。

② 等深变距螺杆：如图6-48中（2）图所示，这种螺杆的螺槽深度不变，而螺距则从螺杆的第一个螺槽开始至计量段末端为止逐渐变小，有利于提高加料段螺杆的深度，有利于提高转矩和螺杆转速，有利于设计大压缩比的设备。但由于计量段的螺槽深度也较大，故与等距变深螺杆相比，它对物料在排出前的剪切混合作用要差一些。

③ 变深变距螺杆：如图6-48（3）所示，在螺槽深度逐渐变浅的同时，螺矩逐渐变小，具有前两者的优点，可得到较大的压缩比，但制造困难。

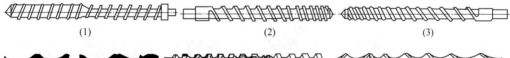

（1）　　　　　　　　　　（2）　　　　　　　　　　（3）

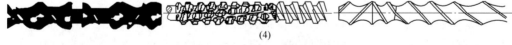

（4）

图6-48　普通螺杆

（1）等距变深螺杆　（2）等深变距螺杆　（3）变深变距螺杆　（4）带反向螺纹的螺杆

④ 带反向螺纹的螺杆：如图6-48（4）所示，这种螺杆在压缩熔融段或计量均化段加设反向螺纹，使物料产生倒流趋势，进一步提高挤压及剪切强度，提高混合效果。为扩大物料对流混合区域，通常在此处螺纹上开设沟槽。通常这种螺杆是在前述三种螺杆的基础上进行改组装配而成。

（2）特种螺杆　实际生产中，普通螺杆常存在某些不足。为弥补单根普通螺杆性能的不足，提高输送的稳定性，提高混合效果，稳定挤压过程，人们不断开发新型特种螺杆，特种

螺杆在实际使用中多以组合螺杆的一段构件出现。

① 分离型螺杆：如图6-49（1）所示，分离型螺杆在进料段末端设置一条起屏障作用的附加螺纹，附加螺纹的外径小于主螺纹，其始端和主螺纹相交，但其导程也与主螺纹不同。这种螺纹有利于加强物料进入压缩段后的剪切作用，因副螺纹与机筒间的间歇只允许熔融料通过，便与物料进入压缩段后熔融成为可塑性面团，提高了熔融的均匀性，改善挤出物料质地的均匀性，有利于提高生产能力，产品质量和降低能耗。

② 屏蔽型螺杆：由分离型螺杆演化而来的一种新型螺杆。如图6-49（2）所示，它在螺杆的某一段设置一屏障段，以达到提高剪切和摩擦力的目的，使物料经压缩段后，尚存的固体物料彻底熔融和均化。在大多数情况下，因屏蔽段一般设在组合螺杆的头部，因此又称屏障头。

③ 分流型螺杆：在普通型螺杆上设置分流机构的一种新型螺杆。分流型螺杆在螺杆上设置使物料形成绕流，分流及汇流的销钉、挡块或通孔，将含有固体颗粒的熔融料流分成许多小股流，然后又汇流混合在一起，经过数次反复，提高剪切力的作用如图6-49（3）所示。

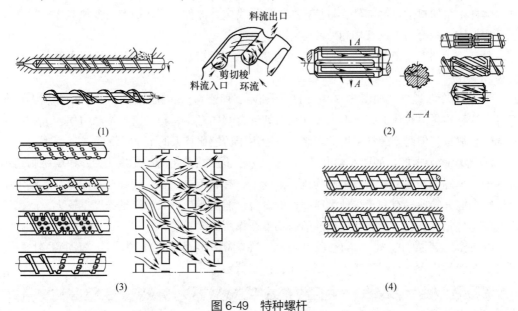

图6-49　特种螺杆

（1）分离型螺杆　（2）屏蔽型螺杆　（3）分流型螺杆　（4）波状螺杆

④ 波状螺杆：如图6-49（4）所示，波状螺杆通常设置在螺杆压缩段的后半段或计量均化段，其螺杆外径不变，而使螺槽底圆的圆心按一定规律偏离螺杆轴线，使得螺槽深度呈周期性变化，螺槽最深处称为波谷，最浅处称为波峰。物料经过波峰的时间虽然很短，但因间隙很小而使固体颗粒受到强烈的挤压及剪切作用。在经过波谷时，因螺槽较深，容积较大，挤压及剪切强度低，停留时间长，可实现物料的分布性混合和热量的均化。对于双波结构螺杆，则允许熔融料在低剪切作用区域通过，不易产生过热现象，且增强了两槽内熔融料的对流混合。

2. 机筒

挤压机的机筒是与旋转着的挤压螺杆紧密配合的圆筒形构件。它与螺杆共同组成了挤压机的挤压系统，完成对于物料的输送、加压、剪切、混合等功能。机筒的结构性是关系到热量传递的特性和稳定性，影响到物料的输送效率，对压力的形成和压力的稳定性也有很大影响。因此在挤压系统中，它是仅次于螺杆的重要零部件。

多数挤压机的机筒内壁为光滑面。有的机筒内壁带有若干较浅的轴向棱槽或螺旋状槽，能强化对食物的剪切效果，防止食物在机筒内打滑。且具有加热、保温、冷却和摩擦功能。

机筒有整体式和分段组合式两种形式（图 6-50）。整体式机筒的结构简单、机械强度高。分段组合式机筒用螺钉连接，便于清理，对容易磨损的定量段零件可随时更换，还可按照所要加工的产品和所需能量来确定机筒的最佳长度。

（1）整体式机筒 为整体加工而成［图 6-50（1）］。这种机筒螺杆和套筒易达到较高的同心度，在一定程度上会减少螺杆与螺杆之间，螺杆与套筒之间的摩擦。另外，在套筒上设置外加热器不易受到限制，套筒受热容易均匀。但是，套筒的加工设备要求较高，加工技术和精度要求也较高，套筒内表面一旦出现磨损，整个套筒必须更换。

（2）分段式机筒 是将整个机筒分成几段加工，然后连接形成一个完整机筒［图 6-50（2）］。这种机筒的机械加工比整体式容易，可根据实际需要，拆卸掉一段或几段机筒和几段螺杆，从而改善机器的长径。实验室用挤压机多采用分段式机筒。但这种形式的套筒在连接时较难保证各段准确的对准。一旦对准有偏差，螺杆与套筒之间将产生摩擦造成较大磨损，影响机筒加热的均匀性。

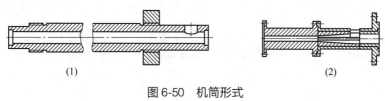

图 6-50 机筒形式
（1）整体式机筒 （2）分段式机筒

（3）双金属套筒 由两种金属制造而成，其中内层为耐腐蚀、硬度高、耐磨损的优质金属，按制造工艺又分为衬套式和浇铸式。

① 衬套式机筒：内层为可更换的合金钢衬套，外层为碳素钢结构，这种机筒能够在满足抗磨损，抗腐蚀要求的同时，节省贵重金属材料，衬套磨损后可予以更换，但制造工艺复杂，且因两种材料受热变形量的差异易产生相对位移。

② 浇铸式机筒：是指在机体内壁上通过离心法均匀浇铸一层约 2mm 厚的合金层。这种机筒的合金层与基体结合零号，无剥落和开裂倾向。

（4）特种机筒 为提高输送效率和压力，经常使用特种机筒，主要有：

① 轴向开槽机筒：是指在机筒的内表面上开有小凹槽，一般开在机筒的进料段位置。该机筒有利于提高物料输送效率，使物料在机筒内较早地形成稳定压力，缩短输送段的距离，以利于产品质量的稳定和提高。

② 带排气孔的机筒：是指在机筒的某一位置或几个位置开设有泄气的阀门或孔口，与特殊结构螺杆配合，达到预先排除部分气体的目的，相当于两台不同特性挤压机的串联。排气机筒与特种螺杆的配置大大改善了挤压机的性能，并丰富了其功能。

3. 模具

模具是物料从挤压室排出的通道，通道的横截面积远小于螺杆与机筒间空隙的横截面积，物料经过模孔时便由原来的螺旋运动变为直线运动，有利于物料的组织化作用。模孔处为挤压机最后一处剪切作用区，进一步提高了物料的混合和混炼效果。模孔横截面的形状可控制产品的造型（图 6-51），模孔的内部结构影响到产品的表面结构，如图 6-52 所示，常见的模孔内部结构有：

（1）锥形模孔　即从导流板到模板出口用锥形面引导。其特点是无死角，不易产生堵塞现象，模孔内压力无突变、机械损失小、压力损失小、产品表面光滑。

（2）突变模孔　即物流到达出口孔径才突然变小。这种模板的特点是制造简单，压力损失大，有利于进一步提高混炼，混合效果、产品质地更为均匀，微细，但易产生堵塞现象，挤出食品表面易受损伤，不光滑。

图 6-51　模孔与环形产品

（3）侧向模孔　可提高产品外形层次感和纤维化结构。

（4）长管模孔　可减少产品的膨化程度，提高组织化程度。

（5）共挤模头　用于生产夹心产品。

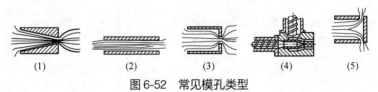

图 6-52　常见模孔类型

（1）锥形模孔　（2）长管模孔　（3）突变模孔　（4）共挤模孔　（5）侧向模孔

以上介绍的是几种沿轴向出料情况的模板，而对一些长条形的产品，如空心面、面条、粉丝等产品，出口放在侧面才可以，如图 6-53 所示是侧面出料模板应用实例。

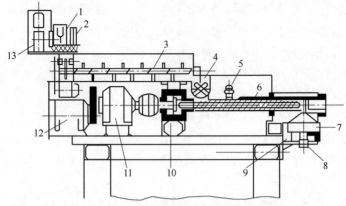

图 6-53　AMc600 型通心粉挤压机结构图

1—喂料器　2—水杯式加水器　3—有两根平行轴的混合机　4—真空混合机　5—降压阀　6—螺杆　7—模板
8—表面切割器　9—风机　10—止推轴承　11—啮轮减速器　12—传动电机　13—变速传动装置

4. 加热和冷却装置

保证挤压室内适当的温度是挤压熟化加工进行的必要条件，挤压熟化机的加热和冷却系统是为了保证这一必要条件而设置的。物料在挤压熟化过程中的热量来源于料筒外部加热器供给的热量和物料与机筒内壁，物料与螺杆以及物料之间相对运动所产生的摩擦热。不同区段热量所占比例也不同，因此挤压机的加热和冷却系统多是分段设置的。

（1）载热体加热　利用载热体（如蒸汽，油等）作为加热介质的加热方法称为载热体加热。由于采用的载热体的不同，又可分为液体加热和蒸汽加热。液体加热所使用的加热介质，在低于200℃时采用矿物油，高于200℃时，一般都采用有机溶剂或其混合物。蒸汽加热所使用的介质为蒸汽。

液体加热的优点是：加热温度较高，效率高，加热均匀而且能够准确地控制温度。其缺点是：要求加热系统密封良好，以免因液体的渗漏而影响到产品的质量。同时还需要配备一套加热循环装置，成本较高。所用的载热体（如有机溶剂）因受热分解往往带有毒性和腐蚀性。另外装置的维修也不方便，故目前很少采用。蒸汽加热因其压力很难维持定值，温度也难达到工艺要求，还需配备专门的蒸汽设备，因此也很少采用。

（2）电阻加热器　电阻加热是用得最广泛的加热方式，其装置具有外形尺寸小、质量轻、装拆方便等优点。由于电阻加热器是采用电阻丝加热机筒外表面后，再以传导的方式将热量传递到物料，而机筒本身很厚，会沿机筒径向形成较大的温度梯度，因而所需加热时间较长。

（3）电感应加热器　电感应加热器是通过电磁感应在机筒内产生涡流电而直接使机筒发热的一种加热方法。

电感应加热器的原理如图6-54所示，与机筒的外壁隔一定间距装置若干组外面包有线圈5的硅钢片1组成加热器。当将交流电源通入线圈时，在硅钢片和机筒之间形成一个封闭的磁环。硅钢片具有很高的磁导率，磁力线通过所受磁阻很小，而作为封闭回路一部分的机筒其磁阻大得多。磁力线在封闭回路中具有与交流电源相同的频率。当磁通发生变化时，在封闭回路中产生感应电动势，从而引起二次感应电压及感应电流，即图中所示的环形电流，机筒因通过阀流电而被加热。

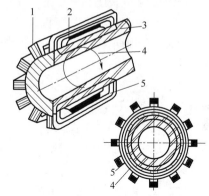

图6-54　电感应加热器的结构原理图
1—硅钢片　2—冷却剂　3—机筒
4—感应环流电　5—线圈

电感应加热与电阻丝加热相比具有如下特点，由机筒直接对物料加热，预热升温的时间较短，在机筒的径向方向上温度梯度较小，加热器对温度调节的反应比电阻加热灵敏，温度稳定性好，由于感应线圈的温度不会超过机筒的温度，比电阻加热器节省30%左右电能，在正确冷却和使用情况下，感应加热器的寿命比较长。

电感应加热器的不足之处是加热温度会受感应线包绝缘性能的限制，不适于成型加工温度要求较高的物料，径向尺寸大，需要大量的硅钢片等材料，而形状复杂的机头上安装不方便。

5. 挤压机的冷却装置

由于螺杆转速的提高，物料在机筒内所受的剪切和摩擦会加剧，由这产生的热量有时会大大超过物料塑化所需要的程度，为了避免物料在这种情况下因过热而变质，因此在挤压机上设置良好的冷却装置更成为一个很重要的问题。现代挤压机一般对机筒和螺杆两个部件进行冷却。

（1）机筒冷却 挤压机的冷却往往是采用自来水进行，其附属装置较为简单，水冷却速度较快，但是造成急冷、未经软化处理的水，使水管易出现结垢和锈蚀现象而降低冷却效果或造成水管损坏等，通常采用的水冷却装置的结构有三种：

① 缠绕冷却盘管：为目前常用结构，在机筒的表面加工有螺旋沟槽，沿沟槽缠绕冷却水管（一般是紫铜管），主要缺点是水管易被水垢堵塞，盘管拆卸不方便，水管与机筒的接触状态不佳，冷却效率低。

② 将加热棒和冷却水管同时铸入同一块铸铝加热器中：这种结构的特点是冷却水管也制成部分式结构，拆卸方便，冷冲击相对于第一种结构来说较小。但制造较为复杂，一旦冷却水管被堵死或出现损坏时，则整个加热器就得更换。

③ 在感应加热器内侧设有冷却水管：这种装置拆卸很不方便，冷冲击也很严重。

（2）螺杆冷却 螺杆冷却目的是改善加料输送段物料的输送，防止物料过热，利用物料中所含有的气体能从加料输送段的冷混料中返回并从料斗中排出，当螺杆的计量均化段受到冷却时，在螺槽的底部会沉积一层温度较低的料，会减少均化段的螺槽深度。

通入螺杆中的冷却介质通常是水，也可以是空气，一些先进挤压熟化机可根据不同物料和不同加工工艺要求调整螺杆的冷却长度，提高了机器的适应性，这一般通过调整伸进螺杆的冷却水管的插入长度等来实现。

6. 多功能单螺杆食品挤压机

为了避免普通单螺杆挤压机的功能比较单一、剪切功能、压缩比等固定的缺点，使一台单螺杆挤压机能生产出多种类型的产品，适应多种原料。为了能变动螺杆的结构形式，改变螺槽深度，改变螺距的变化规律，甚至改变螺纹的啮形，Bonnot 在一种单螺杆挤压机上配置有多个不同的螺杆，这种挤压机为多功能单螺杆挤压机。如图 6-55 所示，这台单螺杆挤压机至少有 4 根不同的螺杆轴，适应 4 种以上的原料品种和能生产出 4 种以上类型的产品。该机筒被制成分段式加热和冷却，以适应多功能的要求。

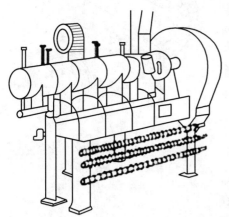

图 6-55 Bonnot 多功能单螺杆挤压机结构图

四、双螺杆机械与设备

双螺杆挤压机与单螺杆挤压机的功能相似，但在工作原理上存在较大的差异。双螺杆挤压机由于螺杆的螺纹啮合安装，双螺杆挤压机在工作过程中具有强制输送物料、螺杆自清洁，剪切力大和混合均匀等特性。双螺杆挤压机内的挤压过程因螺杆结构、配置关系、运动参数等差异而大不相同。

双螺杆挤压机的螺杆为并列的两个，筒体结构如图 6-56 所示，图 6-57 所示为双螺杆食品挤压膨化机结构示意图。

（一）双螺杆挤压机的分类

双螺杆挤压机的螺杆结构与单螺杆挤压机基本相似，双螺杆挤压机的螺杆是分段设置螺

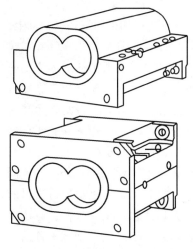

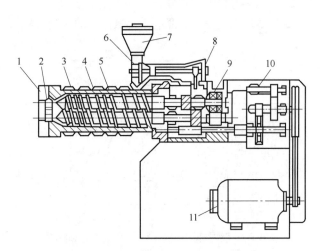

图 6-56　双螺杆挤压机筒体结构图

图 6-57　双螺杆食品挤压膨化机结构图

1—机头连接器　2—压膜　3—机筒　4—预热器
5—螺杆　6—下料器　7—料斗　8—进料传动装
置　9—止推轴承　10—减速器　11—电动机

纹并在适当的位置上增设捏合盘，增加剪切混合作用。

1. 根据两螺杆的啮合情况分类

根据两螺杆间的配合关系可将双螺杆挤压机分为全啮合型，部分啮合型和非啮合型；根据螺杆转动方向，双螺杆挤压机可分为同向旋转型和异向旋转型两大类，如图 6-58 所示。

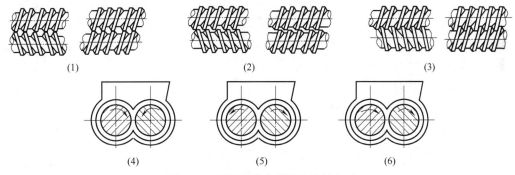

图 6-58　双螺杆啮合类型和旋转方式

（1）非啮合型　（2）部分啮合型　（3）全啮合型　（4）向内反向旋转　（5）向外反向旋转　（6）同向旋转

（1）非啮合型双螺杆挤压机　非啮合型双螺杆挤压机又称外径接触式或相切式双螺杆挤压机。两螺杆轴距至少等于两螺杆外半径之和，在一定程度上可视为相互影响的两台双螺杆挤压机，其工作原理与单螺杆挤压机基本相同，物料的摩擦特性是控制输送的主要因素。这类挤压机在食品加工中应用较少。

（2）啮合型双螺杆挤压机　两根螺杆的轴距小于两螺杆外半径之和，一根螺杆的轴棱伸入另一个螺杆的螺槽。根据啮合程度不同，又分为全啮合型和部分啮合型，全啮合型是指在一根螺杆的螺棱顶部与另一根螺杆的螺槽根部不设计任何间隙，部分啮合型是指一根螺杆的螺棱顶部与另一根螺杆的螺槽根部设计留有间隙，作为物料的流动通道。

2. 根据螺杆装配方式分类

（1）整体式螺杆　所谓整体式螺杆，即是把螺杆形状的各要素都加工制造在一根轴上，不可拆卸。如图 6-59 所示，此双螺杆挤压机中的两根螺杆的形线是一样的，螺距、螺槽深、升角等参数都不能有大的误差，否则在运转时就会被干涉。整体式螺杆的优点是强度高，使用时安装方便。此双螺杆形状除了螺距变化之外，在不同长度上加剪切块用以增加对物料的啮合剪切。螺距变化规律，剪切出位置和数量都固定不变。一旦发生磨损，哪怕是很小一部分的损坏，

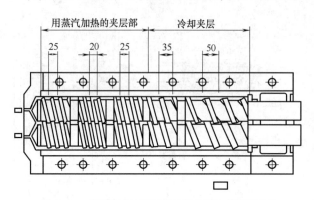

图 6-59　双螺杆挤压机螺杆在机筒内的装配图

也会导致整根轴不能使用。

（2）积木式螺杆　是将一根螺杆分为芯轴、螺套、紧固螺钉三大主要组成部分组装而成，如图 6-60。

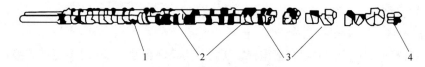

图 6-60　积木式螺杆组成部件

1—芯轴　2—剪切块　3—螺套　4—紧固螺钉

积木式螺杆挤压机的芯轴和螺套靠花键连接和传递扭矩，轴向靠紧固螺母或紧固螺钉压紧螺套，保证各元件在螺杆上的轴向位置。

采用积木式筒体和积木式螺杆，可以根据不同食品产品的不同工艺要求，确定螺套的大小和数量，根据剪切块的位置不同，组装成不同长径比、不同压缩比、不同剪切强度的双螺杆，组合出适合各种用途的挤压机。实现过程长度、螺杆、螺套选配（压缩比、剪切强度）、模头形状、开口面积、螺杆转速、温度、压力、滞留时间的变化。

3. 根据开放情况分类

对于啮合型，根据啮合区螺槽是否设计留有沿着螺槽的可能通道，划分为纵向开放或封闭，横向开放或封闭。

（1）纵向开放或封闭　如果物料可由一根螺杆的螺槽流到另一个螺杆的螺槽则称为纵向开放，反之为纵向封闭。

（2）横向开放或封闭　在两根螺杆的啮合区若物料可通过螺棱进入同一根螺杆的相邻螺槽，或一根螺杆螺槽中的物料可以流进另一根螺杆的相邻两螺槽，则称为横向开放，横向开放必然也纵向开放。

4. 根据螺杆转动方向分类

按照两根螺杆的转动方向的差异可分为同向旋转和异向旋转型双螺杆挤压机。异向旋转方式还可分为向内异向旋转和向外异向旋转两种。这样可以组合成 6 种双螺杆啮合转动

形式。

（1）同向旋转型双螺杆

如图 6-61（1）所示，由于同向旋转双螺杆在啮合处的速度方向相反，一个螺杆把物料拉入啮合间隙，另一个螺杆把物料从间隙中推出，结果使物料从一根螺杆移动到另一个螺杆中，成∞形前进，有助于物料的混合和均匀。从图6-61（2）可知，这种物流在出料端沿圆周横截面上的流量不均匀。同时，在挤压过程中产生的蒸汽会从物料的螺旋槽处回流。在同向旋转双螺杆中，啮合处的速度方向相反，相对速度大，其清除黏附在螺杆上的物料能力较大。

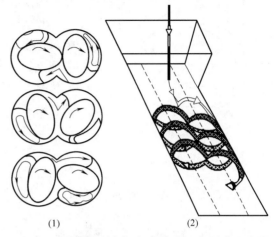

图 6-61　同向转动啮合型双螺杆挤压机工作示意图
（1）物料在螺旋中流动　（2）物料纵向流动

（2）异向旋转型双螺杆　反向旋转式双螺杆挤压机一般采用两根尺寸完全相同，但螺纹方向相反的螺杆，根据推送物料的方向又分为向内旋转和向外旋转两种情况。向内反向旋转和向外反向旋转两种形式的主要区别在于压力区位置的不同。向内异向旋转时，进料口处物料易在啮合区上方形成堆积，加料性能差，影响输送效率，甚至出现起拱架空现象。向外异向旋转时，物料可两根螺杆的带动下，很快向两边分开，充满螺槽，迅速与机筒接触吸收热量，有利于物料的加热、熔融。

图 6-62 是异向转动啮合型双螺杆挤压机工作时对物料作用的情况和物料在筒内的流动方式示意图。这种转动的螺旋啮合使连续的螺槽被分为相互间隔的 C 形小室。C 形小室的物料封闭前进，两螺杆之间物料交换的不多，所以，这种运动在出料端沿圆周方向的流量比同向转动的情况要均匀，但混合效果没有同向转动效果好。

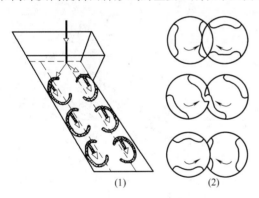

图 6-62　异向转动啮合型双螺杆
挤压机工作示意图
（1）物料纵向流动　（2）物料在螺旋中流动

（二）双螺杆挤压机挤压过程

与单螺杆挤压机相比，双螺杆挤压机挤压过程如下：

1. 强制输送

单螺杆挤压机对于物料的输送是基于物料与螺杆和物料与机筒之间的摩擦因数不同，假如物料与机筒之间的摩擦因数太小，则物料将抱住螺杆一起转动，螺杆上的螺旋就难以发挥其推进作用。双螺杆挤压机的两根螺杆可以设计成不同程度的相互啮合。在螺杆的啮合处，螺杆之一的螺纹部分或全部插入另一螺杆的螺槽中，使连续的螺槽被分成相互间隔的 C 形小室，如图 6-63 所示。螺杆旋转时，随着啮合部位的轴向向前移动，C 形小室也做轴向向前移动。C 形小室中的物料，由于受啮合螺纹的推力，使物料抱住螺杆旋转的趋势受到阻碍，从

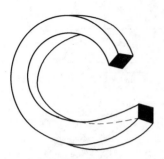

图 6-63　C 形扭曲形物料料柱

而被螺纹推向前进。

　　由于双螺杆具有强制输送的特点，不论其螺槽是否填满，输送强度基本保持不变，不易产生局部积料、焦料和堵机等现象。对于机筒具备排气孔的挤出机，也不易产生排气孔堵塞等问题。同时，螺杆啮合处对物料产生剪切作用，使物料表层不断得到更新，增加排气效果。

　　2. 混合作用

　　双螺杆的横截面可以看成是两个相交的圆。相交处为双螺杆的啮合处，如图 6-64 所示。

　　因此被螺纹带入啮合处的物料会受到螺纹和螺槽间的挤压、剪切和研磨作用，使物料得到混合。

　　对于同向旋转的螺杆，啮合处的螺纹和螺槽间的旋转方向相反，因此，被螺纹带入啮合间隙的物料也会受到螺杆和螺槽间的挤压、剪切、研磨作用，物料呈图 6-65 所示的方向前进，运动方向改变了一次，轴向移动前进了一个导程。料流方向的改变，更有助于物料相互间的均匀混合。同时由于相对速度比反向旋转的大，啮合处物料所受到的剪切力也大，更加提高了物料的混合、混炼效果。

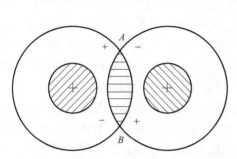

图 6-64　同向旋转双螺杆

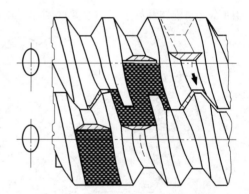

图 6-65　双螺杆螺槽内物料的流动

　　混合的效果与通道的大小、物料的压差、螺杆的转向、物料密度、螺杆转速、物料和机筒间的摩擦因数有关。由于剪切力的作用，C 形小室重的物料能够产生很好的混合效果。相邻 C 形小室中的物料，由于产生倒混、滞流等原因，也会产生一定程度的混合。

　　为了加强对物料的剪切作用，在压缩段的螺杆上通常安装有 1~3 段反向螺杆和混捏元件，混捏元件一般为薄片状椭圆或三角形捏合块，如图 6-66、图 6-67 所示，可对物料进行混合和搅动，由于同向旋转型挤压机的混合特性好、磨损小、剪切率高、产量大以及更加灵活，所以这类挤压机为食品挤压熟化普遍采用。

　　3. 自洁作用

　　黏附在螺杆螺纹和螺槽上的积料，如果滞留时间太长，将引起物料受热时间过长，产生焦料。严重时，会

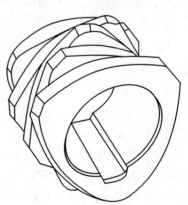

图 6-66　捏合元件

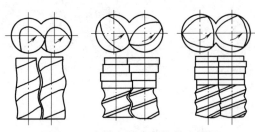

图 6-67 安装有捏合元件的双螺杆

使旋转阻力增大，能量消耗增大，甚至会产生堵机、停机等现象，不利于正常生产。对于热敏性物料，这个问题尤为突出。若能及时清除黏附的积料，将有助于生产的正常进行与产品质量的提高。

反向旋转的螺杆的啮合处，螺纹和螺槽之间存在速度差，能够产生一定的剪切速度，旋转过程中会相互剥离黏附在螺杆上的物料，使螺杆得到自洁。反向旋转型双螺杆挤压机适用于要求输送作用强，剪切率低，停留时间分布较窄的热敏性物料，特别适合于输送低黏性物料如速溶糖和口香糖等。

同向旋转的双螺杆的啮合处，螺纹和螺槽之间存在速度差，相对速度很大，产生的剪切力也大，更有助于黏附物料的剥离，自洁效果更好。

4. 压延作用

物料进入双螺杆挤压机后，被很快拉入啮合间隙。由于螺纹和螺槽之间存在速度差，所以物料立即受到研磨、挤压的作用，此作用与压延机上的压延作用相似，故称"压延作用"。对于反向旋转的双螺杆挤压机，物料在啮合间隙受到压延作用的同时，还产生使螺杆向外分离和变形的反压力。该反压力的作用会导致螺杆和机筒间的磨损增大。螺杆转速越高，压延作用越大，磨损就越严重，因此反向旋转挤压机螺杆转速不能太高，一般在 8~50r/min。

5. 双螺杆挤压过程的停留时间分布

在实际挤压过程，停留时间分布是指物料在挤压室通过时间的分布状况，可表明挤压机挤压工艺条件的优劣。根据停留时间分布，可以估计混合度、食品颗粒的平均停留时间和转换期间的总应力，了解挤压机作为化学反应器工作的全过程。

在挤压熟化过程中，停留时间分布越窄，混合越充分，产品的均匀性也越好。为了保证完全混合，在挤压实践中，一方面是在挤压螺杆之前，将原料的各种成分进行预混合；另一方面是提高物料在螺杆内部的混合作用，通常是在螺杆的熔融段和挤出段之间增设揉捏盘或切口螺旋等予以改善。

实验表明，在各种不同的工艺条件下，反向旋转型挤压机具有较好的正输送特性和较窄的停留时间分布，而同向旋转型挤压机具有较宽的停留时间分布。

（三）模板

挤压机的模板是物料从挤压机挤出之前最后经过的通道，该通道的横截面积远小于挤压机套筒中螺杆与套筒之间孔隙的横截面积，使物料在套筒中产生一定背压，物料经过模具时，便由原来在挤压腔中的螺旋运动变为直线运动，有利于物料的组织化作用，同时，在模板中物料经受挤压过程的最后一道剪切作用，进一步提高了物料的混合和混炼效果，模板的模口具有一定的形状，使产品达到了造型的目的。

挤压机的模板通常分成单纯板式模板、复合式模板以及生产夹心产品的共挤出模板，如图 6-68 所示。

（四）切割器

切割器直接安装在机头对挤出物料进行切割成型，通常采用旋转刀片完成切割操作，刀片旋转片面与模板端面平行，切割长度通过调节刀片的旋转速度和物料的挤出线速度进行控

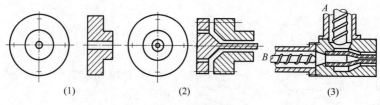

图 6-68　模板

（1）单纯板模板　（2）复合式模板　（3）共挤出模板

制。切割器由电机和刀片组成，切割刀片形状如图 6-69 所示，切割刀片应较锋利，在保证强度的前提下尽可能薄一些，以减少切割能力，提高产品成型率。

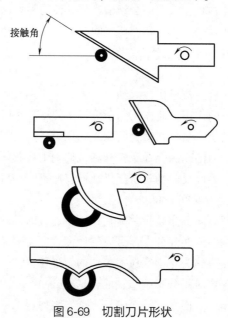

图 6-69　切割刀片形状

（五）单螺杆和双螺杆挤压机性能比较

单螺杆和双螺杆挤压机性能比较见表 6-1。

表 6-1　　　　　　　　　　单螺杆和双螺杆食品挤压机性能比较

名称	单螺旋食品挤压机	双螺杆食品挤压机
输送性能	靠摩擦力,易堵塞,漏流	靠两螺杆啮合,强迫输送,不易倒流
自洁性能	无	有较好的自洁性能
工作可靠性	易堵塞,焦煳	平稳可靠
加热方式	自热式较多,有外加热的	多数是外加热,电加热的多,蒸汽加热的少
冷却方式	采用较少	多数是筒体夹套冷却,也有采用螺杆中空冷却的
控制参数	不易控制,可控参数少	受控参数较多,易于控制
生产能力	小	较大

续表

名称	单螺旋食品挤压机	双螺杆食品挤压机
适应性	适用于含水量不大,有一定颗粒状的原料,不适合含油多的原料	适应性广,含水,含油均可
能耗	较大	较小
调味	只能在成品后调味	可在挤压前和挤压过程中加调味料
加工产品	品种少	可加工多种产品

思　考　题

1. 简述夹层锅的工作原理和操作方法。
2. 比较讨论螺旋式和刮板式连续热烫的特点和适用场合。
3. 什么是 IQB？用简图示意一个利用蒸汽对物料进行快速热烫和冷却的设备流程。
4. 大型连续式炸制设备是如何适应不同特性胚料的。
5. 比较讨论远红外加热设备与微波加热设备的特点和适用场合。
6. 挤压机内的挤压、剪切作用是如何形成的，它们与螺杆结构的关系如何。
7. 单螺杆和双螺杆挤压机上部采取了哪些措施来改善挤压机性能？
8. 比较双螺杆和单螺杆挤压机的结构和性能特点。

第七章

浓缩设备

学习目标

1. 掌握真空浓缩的基本原理和主要用途。
2. 掌握蒸发器的结构及性能特点与选用原则。
3. 了解多效真空浓缩设备的配置与节能措施。

第一节 概 述

一、浓缩的基本原理

物料浓缩是除去食品料液中部分水分的单元操作，在饮料加工中有着重要的地位。蒸发浓缩是食品工厂中使用最广泛的浓缩方式，它的原理是利用浓缩设备对物料进行加热，当加热至相应压力条件下水的沸点后，物料中易挥发的部分水分不断由液态变为气态，汽化时所产生的二次蒸汽不断被排出设备，使制品的浓度不断提高，直至达到所规定的浓度。例如果蔬榨取得到的原汁、植物性提取液（如咖啡、茶）、生物处理（酶解、发酵）分离液等均含有大量水分，为了便于运输、储存、后续加工以及方便使用等，往往需要进行浓缩。蒸发过程完成的必要条件包括：供应足够的热量以维持溶液的沸腾温度，补充因水分蒸发所带走的热量；促使蒸汽迅速排出，保持汽液界面较低的压力。浓缩的目的是：作为干燥和某些结晶操作的预处理，例如固体饮料喷雾干燥前的处理；提高产品质量，通过浓缩增加营养物的含量；提高产品的保藏性，果蔬浓缩汁的可溶性固形物含量高达 70%～80%，浓度高导致糖度和酸度大大提高，这可以抑制微生物引起的败坏，提高产品的保藏性；减少体积和质量，料液浓缩可以减少体积（一般浓缩至原体积的 1/6～1/3），可以方便运输与保管；由于料液含有大量有营养价值的成分，它们属于热敏性很强的物质，所以常采用真空浓缩设备、冷冻浓缩设备和反渗透浓缩设备进行料液和蛋白饮料的浓缩，能最大限度保存其营养成分，有利于保持物料原有的品质和色、香、味，提高产品的质量。

二、料液特性

食品料液的性质对浓缩过程影响较大，选用浓缩设备时必须考虑：

（一）结垢性

有些溶液在加热浓缩时会在加热面上生成垢层，从而增加热阻，降低传热系数，严重时使设备生产能力下降，甚至因此停产。对易生成垢层的料液，最好选用料液在加热表面流速较大的浓缩设备。

（二）热敏性

热敏物料受热后会引起物料中某些成分发生化学变化或物理变化而影响产品质量。因大部分食品料液属于热敏物料，在食品工业的浓缩操作过程中一般都需要对热敏性予以考虑，如番茄酱在温度过高时会改变色泽和风味，使产品质量降低。这类产品应采用保持时间短、蒸发温度低的浓缩设备。

（三）结晶性

有些溶液在浓度增加时，易有晶粒析出且沉积于传热面上，从而影响传热效果，严重时会堵塞加热管。要使溶液正常蒸发，需要选择带搅拌器的或强制循环蒸发器，用外力使结晶保持悬浮状态。

（四）黏滞性

有些料液随浓度增加，黏度也随之增加，使流速降低，传热系数减小，生产能力下降。故对黏度较高的料液，需要选用强制对流或成膜型的浓缩设备。

（五）发泡性

浓缩过程中产生的气泡易被二次蒸汽夹带排出，增加产品的损耗，同时不利于二次蒸汽的逸出并会污染其他加热设备，严重时造成无法操作。因此，发泡性溶液蒸发浓缩时，应降低蒸发器内二次蒸汽的流速，以减少发泡的现象，或设置消除发泡和能进行泡沫分离回收的蒸发器，一般采用料液流速较大的蒸发器。

（六）腐蚀性

蒸发腐蚀性较强的料液时，应选用防腐蚀材料制成的设备或是结构上采用更换方便的形式，使受到腐蚀的构件易于更换。

三、浓缩设备种类

由于各种溶液的性质不同，蒸发要求差别很大，因此蒸发浓缩设备的形式很多。

（一）按蒸发面上的压力分类

（1）常压浓缩设备　蒸发面上为常压，溶剂汽化后直接排入大气。设备结构简单，蒸发速率低。

（2）真空浓缩设备　蒸发面上方的压力状态为真空，溶剂从蒸发面上汽化后由真空系统抽出。蒸发温度低，速率高，设备复杂。

（二）真空浓缩设备分类

1. 根据蒸发时的料液流动形式分类

（1）薄膜式　料液在加热表面呈薄膜状蒸发。蒸发热效率高，但结构复杂。根据液膜流动方向，又分为升膜式和降膜式。

（2）非膜式　料液在蒸发器内聚集在一起，通过自然或强制对流完成均匀加热和蒸汽逸出。

2. 根据料液的浓缩流程分类

（1）自然循环式浓缩设备　这种类型的浓缩设备利用料液在浓缩设备内各部位的密度差或液位差，使料液在设备内全部或部分多次往复循环，达到一定浓度后全部抽出或部分地连续抽出。由于设备的结构不同，自然循环又分为内循环及外循环两种形式，如盘管式浓缩设备属内循环类，单效升膜式浓缩设备属外循环类。

（2）强制循环浓缩设备　加热室在外部，物料从外部蒸汽分离室被泵入主浓缩器中并加热。在主分离室内，二次蒸汽和物料得到分离，浓缩物从出口流出，稀液继续添加进去并循环，进入浓缩罐继续加热浓缩。这种类型的浓缩设备利用机械力（离心泵）促使料液加快循环，以提高传热系数，加快浓缩过程的进展。多效浓缩设备大多数采用强制循环装置。

（3）单程式浓缩设备　这种类型的浓缩设备中，料液从浓缩设备的顶部或底部进入，经加热器表面一次，通过分离器后即达到预定的浓度，由出料泵接连不断地将浓缩料液抽出，或进入次效设备受热浓缩，至末效达到浓度即出料。此设备具有料液受热时间短、传热系数大的特点。如多效浓缩设备及单效降膜式浓缩设备均属此类型。

3. 根据加热蒸汽被利用的次数分类

分为单效浓缩设备和多效浓缩设备。效数增多，有利于节约热能。

（1）单效浓缩设备　料液在浓缩罐内浓缩，所产生的二次蒸汽不再加以利用，二次蒸汽直接经冷凝而弃去。这种设备加热蒸汽的消耗量，为水分蒸发量的 1.1~1.2 倍，热能及冷却水消耗较大，但投资少，生产能力较大，有效利用时间长。盘管式浓缩设备、单效升膜浓缩设备属该类型。

（2）多效浓缩设备　多效浓缩设备的加热蒸发所产生的热量被利用两次或多次，即浓缩工程中所产生的二次蒸汽，导入次数加热室作为热源来利用。通常称前者为一效，后者为二效。这种串联操作还可以推广至三效、四效、五效等，统称为多效浓缩。

（3）带有热泵的浓缩设备　这种类型的浓缩设备是在单效或多效浓缩设备第一效或第二效的二次蒸汽的出口管道上，安装一条引出额外蒸汽的支管，并于支管上配置热泵，通过压缩机的绝热作用，或借生蒸汽的喷射作用，抽取一定量的二次蒸汽，并提高其压力及温度，然后返回第一效或第二效加热室作热源用。

表 7-1 所示为各种浓缩设备的主要特点及用途。

表 7-1　　　　　　　　　　　各种浓缩设备的主要特点及用途

设备名称	主要特点	性能及用途
盘管式单效真空浓缩器	料液在罐内被通蒸汽的盘管加热而浓缩,结构简单,间歇作业	传热面积小,料液循环差,生产能力小
强制循环式浓缩锅	料液在管外浓缩,流速大,传热效果好,第一罐强制循环,第二罐自然循环	适宜有结晶析出的易结垢的料液浓缩,但功耗大
刮板式薄膜蒸发器	刮板旋转使得料液成薄膜,料液受热时间短,传热系数高,结构简单,易清洗,易保养	适用于浓缩高黏性物料或含有悬浮颗粒的料液,而不致结焦、结垢
离心式薄膜蒸发器	料液受圆锥体加热,在离心力下形成薄膜浓缩,浓缩比大,传热温差小	适合于热敏物料的高倍浓缩

续表

设备名称	主 要 特 点	性能及用途
双效片式蒸发器	料液在片式蒸发器内加热,在盘式分离罐内靠离心力使气液分离浓缩,安装高度低	传热系数高,适宜传热料液的浓缩
三效四罐式浓缩装备	经多效降膜浓缩,料液浓缩比大,传热效果好,黏度范围大,但占地面积大	蒸汽和水耗量小,处理量大,可浓缩各种料液,适合大型工厂浓缩物料用
冷冻浓缩装置	将冷冻料液中的结晶分离而得到浓缩汁,料液风味、芳香物质和维生素 C 均在低温下保存良好	耗能低,但料液损失大,浓缩比不高
反渗透浓缩装置	料液在常温下加压使水分滤出而浓缩,可保留原有芳香物,不发生相交,可除去料液中的果胶	能耗低,但渗透膜材料特殊

第二节 真空浓缩设备

真空浓缩是在减压条件下，在较低的温度下使料液中的水分迅速蒸发。这种方法的特点是能缩短浓缩时间，如离心式薄膜蒸发器在 1~3s 的极短时间内就能完成 8~10 倍的浓缩；能较好地保持料液原有的质量，尤其是热敏性物料，效果更为明显。真空浓缩是料液浓缩最重要的和使用最广的浓缩方法。

真空蒸发浓缩设备主要由蒸发器、冷凝器及真空系统等构成。具体形式较多，主要差异表现在蒸发器的形式和效数、二次蒸汽利用以及操作连续性等方面。真空蒸发浓缩设备具有以下优点：

① 在真空状态下液料的沸点降低，加速了水分蒸发，避免了液料的高温处理，适合于处理热敏性物料；

② 热源可以采用低压蒸汽或废热蒸汽；

③ 由于液料的沸点较低，使浓缩设备的热损失减少；

④ 对液料起加热杀菌作用，有利于食品的保藏。

缺点是：

① 需有抽真空系统，从而增加了附属机械设备及动力；

② 由于蒸发潜热随沸点降低而增大，所以热能消耗大。

真空蒸发浓缩按照加热蒸汽被利用次数可以分为单效浓缩装置和多效浓缩装置；按照加热器结构形式分为中央循环管式蒸发器、盘管式蒸发器、升膜式蒸发器、降膜式蒸发器、片式（板式）蒸发器、刮板式蒸发器和离心式薄膜蒸发器。例如真空薄膜浓缩装置，温度不超过 40℃，甚至可低至 22~25℃。

如采用热泵浓缩装置，用冷冻机压缩冷媒所生成的热量为蒸发热源，以冷媒膨胀蒸发为冷却剂，并辅以高真空度进行浓缩，其浓缩温度可低至 15~20℃，得到的浓缩料液称为单效蒸发，蒸发过程中产生的二次蒸汽直接冷凝不再用于蒸发加热。若产生的二次蒸汽再次用于其他蒸发器加热，称为多效蒸发。料液浓缩一般采取 1~5 效蒸发，料液原汁的固形物含量从 5%~15% 提高到 70%~72%。

蒸发器作为真空蒸发浓缩系统的主体，由加热室与分离室两部分构成。蒸发过程的两个必要组成部分是加热料液使溶剂水沸腾汽化和不断除去汽化产生的水蒸气。一般前一部分在蒸发器中进行，后一部分在冷凝器中完成。食品料液在蒸发器中受到加热发生汽化，产生浓缩液和二次蒸汽。食品物料蒸发浓缩往往需要考虑其热敏性、结垢性、发泡性、结晶性、黏滞性等特点，要求的浓缩程度也不一致，因此蒸发器有多种形式。蒸发器按料液流程可分为循环式（有自然循环式与强制循环式之分）和单程式；按加热器结构可分为盘管式、中央循环管式、升膜式、降膜式、片式、刮板式、离心外加热式浓缩器等。

一、非膜式真空蒸发器

因加热蒸发时的液层较厚，非膜式蒸发器的普遍特点是传热系数小，料液受热蒸发速度慢，加热时间长。常见的非膜式蒸发器有盘管式、标准式和强制循环式等。

（一）盘管式蒸发器

1. 盘管式浓缩设备的结构

盘管式浓缩设备由盘管式加热室、蒸发室、冷凝室、抽真空装置、泡沫捕集器、进出料阀及各种热工测量仪表组成。罐体为立式圆柱体，两端为半圆形的封头，罐体上部空间为蒸发室，下部空间为加热室，加热室内安装 3~5 组盘管。加热盘管是分层排列，每层为一盘。每盘有 1~3 圈。每盘均具有加热蒸汽及冷凝水的进出口，罐体的内壁及盘管均系不锈钢材料制成，其结构如图 7-1。

2. 盘管式浓缩设备的工作原理

盘管以上的罐内是蒸发室，约占罐体的 2/3。料液自切线方向进入罐内，加热蒸汽在盘管内对管外的料液进行加热，被加热的料液在此沸腾汽化而产生二次蒸汽，于是其密度下降，在浮力作用下上升，当达到液面时其中水分汽化，使其浓度提高，密度增大。但浓缩罐盘管中心处的料液相对来说距加热管较远，则与同一液位的料液相比其密度较大，有下沉的趋势，故受热浓缩的那部分料液不但密度大，而且液位又高，必向盘管中心处下沉，从而形成料液自罐壁及盘管上升，而沿盘管中心向下的反复循环状态。浓缩而产生的二次蒸汽导入气液分离器位于浓缩罐顶端或侧面，是分离料液与二次蒸汽用的。水力喷射器配有水泵，并有抽真空和冷凝作用。

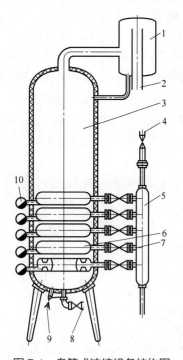

图 7-1 盘管式浓缩设备结构图

1—泡沫捕集器 2—二次蒸汽出口 3—汽液分离室 4—蒸汽总管 5—加热蒸汽包 6—盘管 7—分气阀 8—浓缩液出口 9—取样口 10—疏水器

3. 盘管式浓缩设备的操作

（1）使用前须用热水冲洗干净，然后人钻进锅内用毛刷或钢丝绒擦洗所有与料液接触的部位，直至洗涤干净，泡沫分离器也应打开清洗干净。分别用碱液、水、酸液和水清洗，最后直接用蒸汽进行杀菌，使罐体及各部分的温度达95℃以上，并保持此温度5min以上。

（2）进行抽真空试验。

（3）若使用水力喷射器，先开启冷却水的进水阀及多级水泵，使进水压力（表压）维持在0.3MPa左右。

（4）若使用大气式混合冷凝器，首先开启真空泵，随后开启冷却水的进水阀，并调整至所需的流量。

（5）若使用低位冷凝器，先开启真空泵，然后开启低位冷凝器的抽水泵及冷却水的进水阀，并及时调整抽水泵的流量及冷却水的流量，使冷凝器的气压维持一定的液位。正式操作时须进一步调整。

（6）若使用并流式冷凝器及湿式真空泵，先开启湿式真空泵，后开启冷却水，并严格控制和调整冷却水的流量。

（7）料液以切线方向进料，这样有利于保持料液最佳的沸腾状态，以提高其浓缩速率。

4. 盘管式浓缩设备的优缺点

（1）结构简单，制造方便，操作稳定，易于控制。

（2）传热系数较高，K 可达 $1163 \sim 1396W/(m^2 \cdot ℃)$，蒸发速率快，一般蒸发量为1200L/h 的浓缩设备，用于生产上其实际蒸发量可达1500L/h 左右。

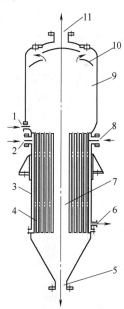

（3）可根据料液的数量或锅内浓缩料液液位高低，任意开启多排盘管中某几排的加热蒸汽，并调整加热蒸汽压力的高低，以满足生产或操作的需要。

（4）间歇出料、浓缩料液的受热时间较长，在一定程度上对产品质量有所影响。

（5）传热面积小，料液循环差，盘管表面易结垢，不能连续操作，二次蒸汽不能很好利用。

（二）标准式蒸发器

标准式蒸发器又称中央循环式蒸发器，为间歇型自然真空浓缩设备，其结构如图7-2所示。

1. 加热器体

位于蒸发浓缩锅体的中下部，由沸腾加热管及中央循环管和上下管板组成，材料为不锈钢或其他耐腐蚀材料，中央循环管与加热管一般采用胀管法或焊接法固定在上下管板上，构成一组竖式加热管束。在加热器体的横截面上，作为料液上行蒸发通道，沸腾管束布置于外围，直径较小，多采用 $\phi 25 \sim 75mm$ 的管材，长度一般为 $0.6 \sim 2.0m$；作为料液下行回流通道，中央循环管布置于加热器体横截面的中心，直径大于沸腾管，横截面积较大，一般为加热管束总截面积的40%以上。沸腾管束及中央循环管间为加热蒸汽

图7-2 中央循环式蒸发器结构图

1—料液进口 2,8—加热蒸汽进口
3—外壳 4—加热室 5—浓缩液出口
6—冷凝水出口 7—中央循环管
9—蒸发室 10—除沫器
11—二次蒸汽出口

通道，内设折流板，控制蒸汽的流动方向，有利于加热蒸汽的均匀分配，提高热效率。

料液在管内流动，而加热蒸汽在管束之间流动。为了提高传热效果，在管间可增设若干挡板，或抽去几排加热管，形成蒸汽通道，同时，配合不凝性气体排出管的合理分布，有利于加热蒸汽均匀分布，从而提高传热及冷凝效果。加热器体外侧设有加热蒸汽管、不凝性气体排出管、冷凝水排出管等。

2. 蒸发室

为液面上方的空间。料液汽化后的二次蒸汽中夹带有大量的液滴，为避免其随二次蒸汽一起被抽出机外，必须分离出来，因此要求蒸发室具有足够的高度和空间，使得在二次蒸汽上升的过程中，液滴在自重的作用下沉降回料液，而溶液经中央循环管下降，如此保证料液不断循环和浓缩。蒸发室的高度主要根据防止料液被二次蒸汽夹带的上升速度所决定，同时考虑清洗、维修加热管的方便，一般为加热管长度的 1.1~1.5 倍。

在蒸发室外壁有视镜、人孔、洗水、照明、仪表、取样等装置。在顶部有捕集器，使二次蒸汽夹带的汁液被分离，保证二次蒸汽的洁净，减少料液的损失，且提高传热效果。二次蒸汽排出管位于锅体顶部。

食品料液经过竖式的加热管面进行加热，直径较小的沸腾管束内的物料因受热强度较大，迅速沸腾，部分水分汽化，使得料液膨胀、重度下降而上浮，进入加热室上部释放出二次蒸汽，而后在直径较大、加热强度较低的中央循环管中回流到加热室下方，形成自然循环；二次蒸汽在蒸发室上部进一步与物料分离后于顶部排出。

这种浓缩锅结构简单、操作方便，锅内液面容易控制；管束较短，料液通过速度快，受热时间短，传热系数较大，适于中等黏度、轻度结垢液料；清洗、更换困难，故有些设计改进为悬筐式结构，其沸腾管束可取出进行清洗；因料液为自然循环，液料流速低且不稳，受热不均。这种浓缩锅目前在果酱及炼乳等生产中应用较多。

（三）强制循环浓缩设备

强制循环式蒸发器是一种标准式蒸发器的改进，结构如图 7-3 所示。与标准式相比，强制循环式蒸发器为分体结构，即将列管式加热器与分离室设计为不同的器体，通过料液循环泵及管道联结。料液经循环泵进入加热器的列管内被管间蒸汽加热，然后进入分离室使二次蒸汽逸出而与料液分离，分离出的二次蒸汽从分离室顶部排除，而料液由分离室底部重新进入循环泵，进入下一个循环过程。料液在加热列管内的上行流动主要依赖于循环泵的泵送作用强制完成，因此料液流速大，可达 3~4m/s，受热、停留时间短，不易结垢，适宜于黏度较大的料液；传热系数大，可小温差操作；强制循环，易于控制；只是增加了部分

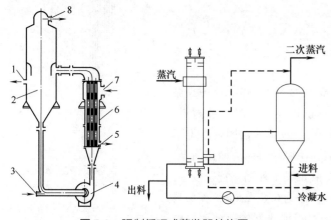

图7-3　强制循环式蒸发器结构图

1—浓缩液出口　2—蒸发室　3—料液进口　4—循环泵　5—冷凝
水出口　6—加热室　7—蒸汽进口　8—二次蒸汽出口

动力消耗。这种类型的浓缩设备利用机械力（离心泵）促使料液加快循环，以提高传热系数，加快浓缩过程的进展。多效浓缩设备大多数采用强制循环装置。

二、膜式蒸发器

膜式蒸发器作业时，料液沿加热表面被分散成液膜的形式流动，传热系数大，一般单程即可完成规定的浓缩作业，因而在蒸发器内的停留时间较短，约几秒至几十秒，适合料液及乳制品生产。良好的成膜质量是膜式蒸发器作业质量的必要条件，不同形式膜式蒸发器的成膜方法不同，因而适用于不同特性的料液，要求的操作条件也不同。常见的膜式蒸发器有长管式、板式、刮板式、离心式薄膜蒸发器等。

（一）长管式蒸发器

长管式蒸发器采用列管进行加热蒸发，因所使用加热管的管长与管径之比较大而得名。长管式蒸发器按液膜的运动方向又可分为升膜式、降膜式和升降膜式蒸发器。

1. 升膜式真空浓缩设备

升膜式真空浓缩设备结构如图7-4所示，由垂直加热管束、离心分离室、液沫捕集器等组成。蒸汽由加热器上部引入，而物料由下部进入，因此蒸汽与物料在加热器内呈逆流。由于从下面进料，所以为防止静压效应引起的沸点升高，进入蒸发器的料液温度应控制在接近沸点。

操作时，预热后接近沸点的料液从加热室底部进入，自下而上流动。在加热作用和减压状态下，部分料液迅速汽化，产生二次蒸汽，并在料液内部上浮。随温度不断升高，气泡逐渐增多而聚集成大气泡，料液在重力作用下沿气泡边缘向下滑流。当气泡增大至形成柱状时，液流层被截断，液体形成分布于管壁的管形液膜。管形液膜在管内高速蒸汽流的作用下沿管壁上升，同时继续受热蒸发而逐渐被浓缩，最后连同气流离开液管进入分离室。浓缩液以较高速度进入蒸发分离室，在离心力作用下与二次蒸汽分离，浓缩液从分离室底部排出，二次蒸汽则从顶部排出。

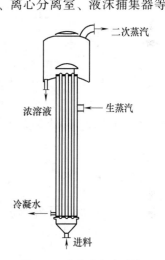

图7-4 升膜式真空浓缩设备结构图

进料量、温度和黏度影响成膜质量，其控制对于升膜式长管蒸发器的作业质量有重要影响。进液量过多，则下部积液过多，会以液柱形式上升而不能形成液膜，甚至出现跑料，使传热系数大大降低。进液量过少，易在管束上部发生管壁结焦现象。一般经过一次浓缩的蒸发水量不能大于进料量的80%，在正常工作时，液面应控制在加热管高度的1/5~1/4。进料温度同样会造成管内液面的变化，与沸腾温度相比，进料温度过低时，料液将呈液流上升；而过高时，形成的液膜不均，甚至出现焦管、干壁现象。料液最好预热到接近沸点状态进入加热器体，这样增加液膜在管内的比例，从而提高传热系数。

升膜式长管蒸发器占地面积少，料液在加热室内停留时间很短，传热系数高，适用于热敏性料液浓缩；由于料液在管内速度较高，高速二次蒸汽具有良好的破沫作用，故尤其适用于易起泡沫的料液，同时还能防止结垢的形成及黏性料液的沉淀。但同时也有以下缺点：加热管较长，清洗不方便；由于薄膜料液的上升必须克服自身重力与管壁的摩擦阻力，故不适用于处理高黏度料液；为产生高速二次蒸汽，所需温差大，易在管壁形成结垢、结晶，不适于易结垢、结晶料液；一次浓缩比不够大，因此一般组成双效或多效流程使用。

2. 降膜式浓缩设备

降膜式浓缩设备结构如图 7-5 所示，由加热器体、分离室和泡沫捕集装置等部分组成，其分离室位于加热室的下方。加热室顶部有布膜器（又称料液分布器），其作用是使料液在加热管内均匀成膜并阻止二次蒸汽上升。

与升膜式相比，料液由加热器体顶部加入，液体在重力作用下经料液分布器进入加热管，然后沿管内壁成液膜状向下流动。由于向下加速，克服加速压力比升膜式小，沸点升高也小，加热蒸汽与料液温差大，所以传热效果好，料液很快沸腾汽化。混合的汽液进入蒸发分离室进行分离，二次蒸汽由分离室顶部排出，浓缩液则由底部抽出。降膜式的料液经蒸发后，流下的液体基本达到需要的浓度。降膜式蒸发器管子要有足够的长度才能保证传热效果。由于料液几乎是在加热管整个长度上呈薄膜状被加热蒸发，要求其进入管内后立即形成厚度均匀的管形薄膜向下流动。为此，在加热管顶部进口处安装料液分布器，使料液通过时被强制变成厚度均匀的液膜。图 7-6 所示为几种常用的降膜式蒸发器料液分布器。

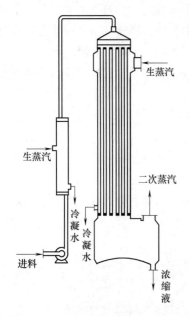

图 7-5　降膜式真空浓缩设备结构图

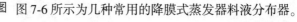
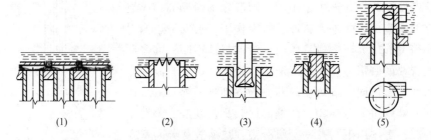

图 7-6　降膜式蒸发器料液分布器

（1）多孔板　（2）齿型溢流口　（3）锥形导流杆　（4）螺纹导流杆　（5）旋流导流器

（1）多孔板　呈多孔平板结构，各孔处于加热管之间的位置，孔板与管口高度方向留有间隙，料液通过孔后，沿加热管壁成液膜状流下。形成的液膜不均匀，适宜于黏度较大的料液使用。

（2）齿形溢流口　管口周边呈锯齿形结构，液流被均匀分割成数个小液流，然后在表面张力作用下形成均匀的环形液膜。但这种装置结构简单，各方向溢流量均匀，但液膜沿管长的均匀性对于进料液面高度敏感，形成的液膜不均匀。

（3）锥形导流杆　为呈圆锥面结构的导流棒，底面内凹，防止沿锥体流下的液体再度聚集。在每根加热管的上端管口插入后，其下部锥底外圆与管壁间设有一定的均匀间距，料液通过后在加热管内壁形成薄膜下降。成膜稳定，但料液中的固体颗粒易造成堵塞。

（4）螺纹导流杆　呈圆柱形结构，表面开有数条螺旋形沟槽，插入管口使用。料液通过沟槽后沿管壁周边旋转流下，不同沟槽内的液流混合成厚度均匀的管形薄膜下降，并且因流动速度高，可部分破除边界层。料液通过沟槽的流动阻力较大，要求通过速度较高，因此适宜于黏度较低的料液。

（5）旋流导流器　呈圆筒形结构，进液口沿其切线方向开设。料液由进液口进入后，在离心力作用下沿内壁旋转流下而形成薄膜。料液通过阻力较小。

降膜式浓缩设备的特点是加热蒸汽与料液呈并流方式。其传热效率高，料液受热时间短，有利于对食品营养成分的保护，它在蒸发时是以薄膜状进行的，故可避免泡沫的形成，浓缩强度大，清洗较方便，料液保持量少，适合于果汁及乳制品生产，但不适于易结晶料液的浓缩。

3. 升降膜式浓缩设备

升降膜式蒸发器内安装两组加热管束，一组为升膜式，另一组为降膜式，相当于两个蒸发器串联，如图 7-7 所示。料液先进入升膜加热管，沸腾蒸发后，气液混合物上升至顶部，然后转入另一组加热管，再进行降膜蒸发。升降膜式蒸发器能获得较高的蒸发速率，加热管高径比小，压降小。

升降膜蒸发器符合料液蒸发浓缩规律，即初始进入蒸发器时，物料浓度低，蒸发速度较快，在二次蒸汽作用下易于成膜，物料经初步浓缩后，在降膜式蒸发中液膜借助重力作用易于沿管壁下降。降膜蒸发段料液由升膜段控制，进料均匀，有利于降膜段的均匀成膜。另外，将两种浓缩过程串联于一器内，可以提高浓缩比，结构紧凑，降低设备高度，减少围护结构，降低热耗，但结构复杂，不便于两组加热管的单独控制。

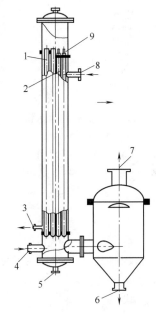

图 7-7　升降膜式蒸发器结构图

1—升膜管　2—降膜管　3—冷凝水出口　4—进料管　5—排净管　6—浓缩液出口　7—二次蒸汽出口　8—蒸汽管　9—布料器

（二）刮板式浓缩设备

刮板式浓缩设备又称刮板式薄膜蒸发器，是利用外加动力的膜式蒸发器，主体由刮板式加热器与分离室构成。根据刮板加热器轴线的取向，这种加热器有立式和卧式两种类型，但以立式为多。

如图 7-8 所示，立式刮板薄膜蒸发器主要由转轴、分配盘、刮板、除沫盘、蒸发室和加热室等组成，其中分配盘、刮板和除沫盘固定安装于转轴上。立式刮板薄膜浓缩器的主要工作部件为安装在转轴上的刮板和夹套加热室。刮板与转轴之间多为刚性固定连接，安装时与转轴呈交叉关系，所形成的夹角称为导向角，用以控制料液沿筒壁向下流动的速度，一般在 $10°$ 左右，与旋转方向相同。导向角大，有利于料液流动，料液停留时间短。导向角大小应根据料液流动性能调整，有些采用分段变化的导向角，刮板一般采用弹性材料。为保证刮板压紧在内壁上有效更新液膜，有些机型采用活动刮板。加热室的整体结构有不同形式，以满足不同的工艺要求与操作条件。当浓缩比较大时，可采用分段的长加热室，采用不同压力的蒸汽进行加热。圆筒直径一般为 $300\sim800$mm，直径过小，加热面积与蒸发空间小，同时因二次蒸汽流速过大，液沫夹带增多，影响蒸发效果。转轴两端一般设置性能良好的不透性石墨与不锈钢的端面轴封。

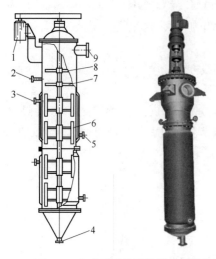

图 7-8　立式刮板薄膜蒸发器结构图

1—电动机　2—进料口　3—加热蒸汽
进口　4—浓缩液出口　5—冷凝水排
出口　6—刮板　7—分配盘
8—除沫盘　9—二次蒸汽出口

工作时液料从上部进料口 2 以稳定流量进入，首先经由旋转的分配盘 7 在离心力作用下被抛向夹套加热室的内壁。料液在重力作用下，沿着器壁向下流动，而后，装在转轴上的刮板 6 把料液展成薄膜，料液受加热面的加热而蒸发浓缩，很快又被另一块刮板将浓缩的液料翻动下推。由于料液不断在重力及刮板作用被展成液膜和更新，从而不断进行蒸发浓缩，最后流集到蒸发器底部排出。所产生的二次蒸汽沿中心部分上升到浓缩器顶部，蒸汽中夹带的料液经旋转的除沫盘 8 被离心分离出来，余下的二次蒸汽从顶部排出进入冷凝器。料液在加热区停留时间随浓缩器的高度（长度）和刮板的导向角、转速等因素而变化，一般为 2~45s。

刮板式薄膜浓缩器在浓缩过程中的液膜很薄，而且在刮板作用下不断强制成膜和更新，故总传热系数较高，适合于高黏度、易结晶、易结垢的高浓度料液的浓缩，如果酱、蜂蜜等高糖高蛋白或含有悬浮颗的料液的浓缩。除单独使用外，还可与其他蒸发器配合使用，设置于高浓度的后段浓缩工序，提高整套系统的性能。这种蒸发器的主要缺点是结构复杂、动力消耗较大、制造要求高、清洗困难、加热面积小、生产能力小，因而一般用于后道浓缩，且其总传热系数随料液黏度增大而减低。

（三）板式浓缩设备

板式浓缩设备是一种较先进的浓缩设备，它主要由板式加热器与分离室组合而成。加热器的总体结构与组合方式与板式换热器的类似，但一般直接利用蒸汽或二次蒸汽进行加热。出于加热蒸汽分布和产品分布均匀要求，它们的换热板结构与普通板式热交换器的换热板有所不同，主要是供产品进出和加热介质进出的开孔大小、数量、形状位置不同。板式蒸发器如图 7-9 所示，由加热片及垫圈组合而成，但组合形式简单。这种蒸发器的加热片是用厚 1~1.5mm 的不锈钢板压延成型，因蒸发需要板型较多，包括蒸汽片、升膜片和降膜片，

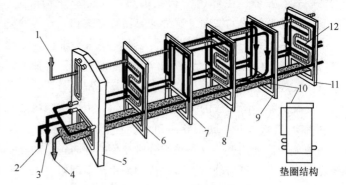

垫圈结构

图 7-9　板式蒸发器结构及蒸汽物料流程

1—加热蒸汽进口　2—原料液进口　3—冷凝水出口
4—浓缩液和二次蒸汽出口　5—端板　6,8,11—蒸
汽板　7—升膜板　9—降膜板　10—垫圈　12—折流棱

每四个传热片（两个蒸汽片、一个升膜片和一个降膜片）组成一个单元。工作时，加热蒸汽通入5，6之间和7，8之间，因折流棱作用巡回通过板间。料液由泵强制送入加热器内，从片6与片7之间上升，然后从片8与片9之间下降。料液被加热后，部分水分蒸发为二次蒸汽与浓缩液一起进入底部通道，引入分离室，整个过程仅延续2s。

根据料液与蒸汽在加热板上的流动方向，板式蒸发器的加热板有升膜式、降膜式两种结构，如图7-10所示。升膜式板式浓缩设备结构与降膜式的类似，只是所用的加热板全为升膜式，并且稀料液与加热蒸汽的走向为逆流，情形与长管升膜式浓缩设备的类似。浓缩液二次蒸汽混合物通过上方的通道从加热器出来，进入分离器后两者分离。图7-11为降膜式板式浓缩设备构成示意。料液从加热器左上侧进入后分两路均匀地分布在各加热片上。料液流道两侧为加热蒸汽室，也从加热板上方进入，因此，与产品流向相同，为并流。浓缩液二次蒸汽混合物通过加热器下方的通道出来，进入分离器后两者分离，浓缩液从分离器下方引出，二次蒸汽则从上方引出。

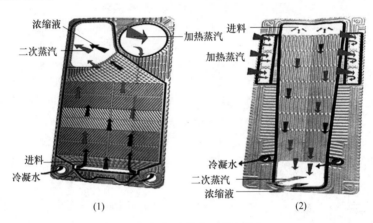

图7-10 板式蒸发器的加热板
（1）升膜式 （2）降膜式

板式浓缩设备的特点：①传热效率高；②物料停留时间短（数秒），适用于热敏性物料；③结构紧凑，加热面积大可随意调整，围护结构表面积小，可节省加热蒸汽耗量，易清洗；④其液膜分布均匀，不易结垢；⑤料液强制循环，流速高，几乎不产生结焦现象，可处理较高浓度和黏度的料液。但因一次通过的浓缩比不高，因此常构成二效或三效式蒸发系统，同时密封垫圈易老化而泄漏，使用压力有限。

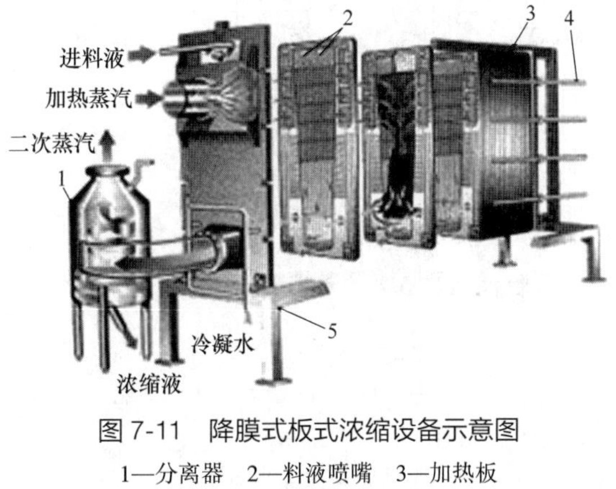

图7-11 降膜式板式浓缩设备示意图
1—分离器 2—料液喷嘴 3—加热板
4—紧固螺栓 5—加热器机架

图7-12所示为采用板式蒸发器的双效图。

（四）离心薄膜浓缩设备

离心薄膜浓缩设备是一种利用锥形蒸发面高速旋转时产生的离心力使料液成膜及流动的

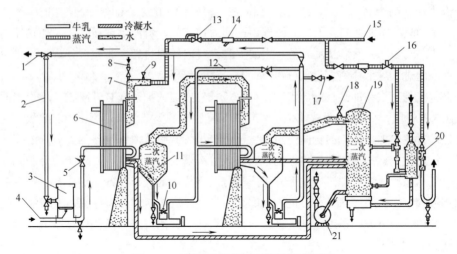

图 7-12 双效板式真空浓缩设备流程图

1—浓缩乳出口 2,12—循环管 3—平衡槽 4—原料乳进口 5—控制阀 6—板式蒸发器 7—喷射泵
8—过热水进口 9—安全阀 10—回流阀 11—分离器 13,16—减压阀 14—过滤器 15—蒸汽进口
17—取样口 18—真空调节阀 19—分离器 20—冷凝器 21—水泵

高效蒸发设备。其结构如图 7-13 所示。真空室内设置一高速旋转的转鼓 6，转鼓内叠装有锥形空心碟片 5，碟片间保持有一定加热蒸发空间。碟片的夹层内通加热蒸汽，外圆径向开有与外界连接的通孔，供加热蒸汽和冷凝水通过。碟片的下外表面为工作面，故整机具有较大的工作面，外圈开有环形凹槽和轴向通孔，定向叠装后形成浓缩液环形聚集区和连续的轴向通道。转鼓上部为浓缩液聚集槽，插有浓缩液引出管。碟片为中空结构，供料液、清洗水进入和二次蒸汽的排出。转鼓轴为空心结构，内部设置有加热蒸汽通道 8 和冷凝水排出管 7。转鼓由电动机 10 通过液力联轴器 11 和 V 带传动装置高速旋转。真空室壁上固定安装有原料液分配管 4、浓缩液引出管 2、洗涤水管 3 和二次蒸汽排出管 9。

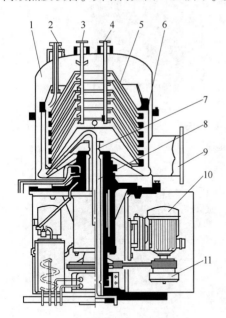

图 7-13 离心薄膜浓缩设备结构图

1—蒸发室 2—浓缩液引出管 3—洗涤水管
4—原料液分配管 5—空心碟片 6—转鼓
7—冷凝水排出管 8—加热蒸汽通道
9—二次蒸汽排出管 10—电动机
11—液力联轴器

离心薄膜蒸发器工作过程如图 7-14 所示：料液经真空壳体上的分配管穿过叠锥转鼓的中心部，注入旋转圆锥的下面。注入后很快展成厚 0.1mm 的液膜，在 1s 左右的时间内沿加热面流过。因液膜很薄，水分很快汽化。二次蒸汽通过叠锥中央逸出到机壳内，然后排出。浓缩液则聚集于圆锥外缘内侧的一组圆环内，经竖向孔道引至叠锥上方的排料室，最后由固定于机壳上的排料管排出。蒸汽从下部进入，经空心轴至叠锥外缘的汽室，然后流经圆环上的小孔进入锥形元件之间的空间，蒸汽在圆锥表

面冷凝，且一旦形成水滴，立即被离心力甩向外锥体排出，故不存在冷凝液膜，减小了传热热阻，传热系数可达 8000W/(m² · K)。离心式薄膜浓缩设备的传热速率与转速有关。提高转速即增加离心力，使液膜变薄，传热系数增大。但转速也不能无限增加，否则液膜不连续，传热面利用率降低。

离心式薄膜浓缩设备结构紧凑、传热效率高、蒸发面积大、料液受热时间很短、具有很强的蒸发能力，特别适合果汁和其他热敏性液体食品的浓缩；由于料液呈极薄的膜状流动，流动阻力大，而流动的推动力仅为离心力，故不适用于黏度大、易结晶、易结垢物料的浓缩；设备结构比较复杂，造价较高，传动系统的密封易泄漏，影响高真空。

离心薄膜蒸发浓缩系统的配置如图 7-15 所示，除了离心浓缩器外，还有安全阀、冷凝器、真空泵等构成整套装置。

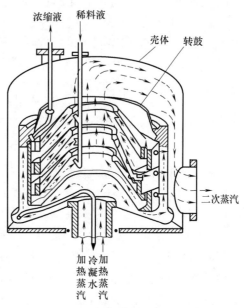

图 7-14　离心薄膜式蒸发器结构及工作过程图

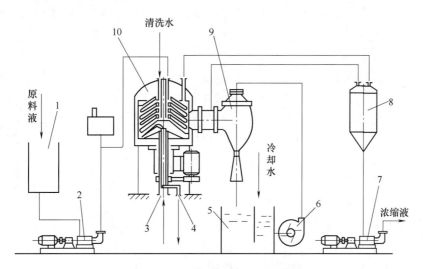

图 7-15　离心式薄膜蒸发浓缩系统示意图

1—平衡槽　2—进料螺杆泵　3—加热蒸汽进口　4—冷凝水出口　5—水箱　6—离心水泵
7—出料螺杆泵　8—浓缩液贮罐　9—水力喷射泵　10—离心薄膜蒸发器

三、真空浓缩系统辅助设备

真空浓缩系统的附属设备主要包括泡沫捕集器、冷凝器、蒸汽喷射泵及真空泵等。

（一）泡沫捕集器

泡沫捕集器一般安装在分离室的顶部或侧面，其作用是对已经过分离室汽液分离的二次蒸汽进行二次汽液分离，将其中的微细液滴截留回收，防止蒸发过程形成的细微液滴被二次蒸汽夹带排出，以减少料液损失，同时避免污染管道及其他蒸发器的加热面。泡沫捕集器的型式很多，食品工业常用的是惯性型和离心型，如图7-16所示。惯性型中，液滴在随蒸汽急速转弯时，在惯性作用下碰撞到所设置的挡板处而被截留，而离心式则利用液滴随蒸汽高速旋转过程中的离心力被抛向筒壁被截留。为获得良好的效果，二者均需较高的蒸汽流速，阻力较大。

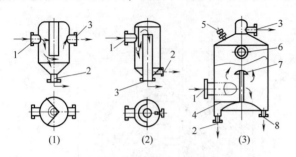

图7-16　泡沫捕集器构造图

（1）（2）惯性型捕集器　（3）离心型捕集器

1—二次蒸汽进口　2—料液回流口　3—二次蒸汽出口
4—挡板　5—真空解除阀　6—视孔　7—折流板　8—排液口

（二）冷凝器

冷凝器的作用是将真空浓缩所产生的二次蒸汽进行冷凝，并将其中不凝结气体分离，以减轻真空系统的容积负荷，达到所要求的真空度。按冷却水与蒸汽间的换热方式，冷凝器分为两种。

1. 间接式冷凝器

间接式冷凝器又称表面式冷凝器。在这种冷凝器中，二次蒸汽与冷却水不直接接触，而是利用金属壁隔开间接传热，冷凝液可以回收利用，但传热效率低，故较少用于蒸发浓缩的冷凝。

2. 直接式冷凝器

直接式冷凝器又称混合式冷凝器。在这种冷凝器中，二次蒸汽与冷却水直接接触而冷凝，常见形式有逆流式多层孔板冷凝器和喷射式冷凝器。逆流式多层孔板冷凝器内设置有4~9层淋水板，冷却水从上部喷嘴喷出后沿淋水板孔淋下，而二次蒸汽从容器下侧进入后上升，与淋下的冷却水逆向接触冷凝。冷凝水由下部的水泵排出，而不凝气体从上部由真空泵抽走。这种冷凝器结构简单、应用广泛。喷射式冷凝器由水力喷射器和离心水泵组成，兼有冷凝及抽真空两种作用。图7-17所示为水力喷射器，由喷嘴、扩散管、导向板、止逆阀体和阀板等组成。喷嘴沿圆周均匀排列，且各安装呈一定倾角。其工作原理是利用高压水流通过喷嘴喷出，聚合在一个焦点上。由于喷射的水流速度较高，在周围形成负压区，水流经扩散管增压排出，而在负压区可以不断吸入二次蒸汽，经导向管与冷却水接触，冷凝后一起排出。这种冷凝器结构简单而紧凑，可简化流

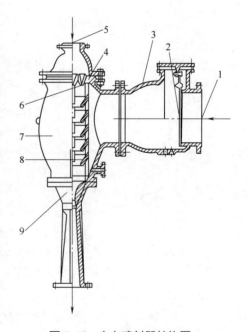

图7-17　水力喷射器结构图

1—二次蒸汽进口　2—阀板　3—止逆
阀体　4—喷嘴座板　5—冷凝水进口
6—喷嘴　7—器壁　8—导向盘　9—扩散管

程，但获得的真空度较低而且受水温的影响，耗水量较大。

（三）蒸汽喷射器

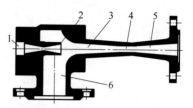

图 7-18　蒸汽喷射器结构图
1—蒸汽室　2—喷嘴　3—混合室
4—喉管　5—扩散室　6—吸入室

蒸汽喷射器与水力喷射器相似，但采用高压蒸汽作为动力源，又称蒸汽喷射泵，在真空浓缩系统中用来对二次蒸汽进行压缩，使之升压升温，作为加热蒸汽使用，以节约生蒸汽消耗量，同时完成抽真空作业。其结构如图 7-18 所示，生蒸汽由蒸汽室 1 进入，经喷嘴 2 以很高的速度喷入吸入室 6，吸入室内压力降低，低压的二次蒸汽被吸入吸入室，与生蒸汽在混合室 3 混合而温压等化后，通过混合室末端的喉管 4 后压力进一步上升，最后经扩散室 5 排出。这种喷射泵抽气量大，真空度高，结构简单，运行与维修简便，用于压缩蒸汽可简化系统，但对于生蒸汽的供应质量要求较高。

（四）真空泵

常用的真空获得设备有往复式真空泵、水环式真空泵及前述的蒸汽喷射器、水力喷射器等。

如图 7-19 所示，水环式真空泵（简称水环泵）由泵壳等组成工作室，并配有叶轮、进排气管和转轴等部件，转轴及叶轮与泵壳内圆偏心布置，

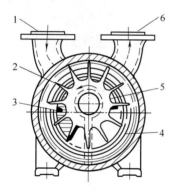

图 7-19　水环式真空泵结构图
1—进气管　2—叶轮　3—吸气口
4—水环　5—排气口　6—排气管

叶轮外圆与机壳内圆内切。泵启动前，工作室内充入一半水，当电机驱动叶轮旋转时，由于离心力的作用，水被甩到工作室壁，形成一个与机壳内圆同心的旋转水环，水环上部内表面与叶轮的叶片根圆相切，下部内表面深入到叶片外圆以内。在叶轮旋转的前半周中，水环内表面逐渐远离叶片根圆，与各叶片之间形成的空隙逐渐扩大，气体经进气管被吸入工作室；而在后半周中，水环的内表面逐渐接近叶片根圆，所形成的空隙逐渐缩小，所吸入的气体在各叶片间被压缩后由排气管排出。叶轮每转一周，各叶片间的容积改变一次，从而不断吸入和排出气体，使与进气管一侧连接的工作容器内达到一定真空度。这种泵结构简单，易于制造，操作可靠，转速较高，与电机直连，内部不需润滑，使排出气体免受污染，排气量较均匀，工作平稳可靠。但水的冲击使叶轮与轮壳磨损较快，需经常更换零件，机械效率较低，同时极限真空度较低，为 2~4kPa，适用于抽真空系统。

四、典型真空浓缩系统

（一）单效降膜式真空浓缩系统

图 7-20 所示为德国某公司生产的单效降膜式真空浓缩系统流程图。

该系统主要由降膜式蒸发器、蒸汽喷射器（热泵）、料液泵（离心泵和螺杆泵）、水泵、真空泵及储液筒等组成。降膜式蒸发器所有加热管束使用同一加热蒸汽，但管束内部分隔为加热面积大小不同的两部分，同时冷凝器设置于加热器外侧的夹套内，结构紧凑。系统中的

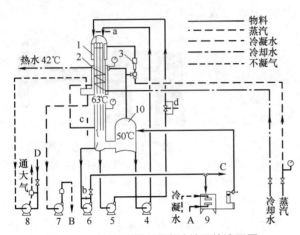

图 7-20　单效降膜式真空浓缩系统流程图

1—加热室　2—冷凝器　3—热泵　4,5—料液泵　6—螺
杆泵　7—冷凝水泵　8—水环泵　9—储料筒　10—分离器
a,b,c,d—节流孔板　A—原料液　B—冷
凝水　C—浓缩液　D—水环泵用水

热泵用来将部分二次蒸汽压缩后作为加热蒸汽使用；同时，通过在进料缸内引入冷凝水管道及在分离室内设置夹套预热装置，对原料进行预热，回收了冷凝水和二次蒸汽的残留热量，提高了能量利用效率。

系统工作时，原料液从储料筒经流量计进入分离器，利用二次蒸汽间接加热，蒸发部分水分；然后由料液泵送至加热器第一部分加热管束顶部，经分布器使其均匀地流入各加热管内，呈膜状向下流动，同时受热蒸发；经第一部分加热管束蒸发浓缩后的料液，由料液泵送入第二部分加热管束进一步加热蒸发，达到浓度后的浓缩料液由螺杆泵送出。经分离器排出的二次蒸汽，一部分由蒸汽喷射器增压后送入加热器作为加热蒸汽使用，另一部分进入位于加热室外侧夹套内的冷凝器，在冷却水盘管作用下冷凝成水，并与加热器内的冷凝水汇合在一起，由冷凝水泵送出。节流孔板 a、b、c、d 用于流量控制所需的在线流量检测。

（二）顺流双效真空降膜式浓缩设备

顺流双效真空降膜式浓缩设备流程如图 7-21 所示。

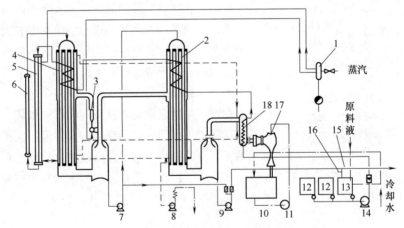

图 7-21　顺流双效真空降膜式浓缩设备流程图

1—分气包　2—二效蒸发器　3—热泵　4——效蒸发器　5—预热杀菌器　6—保温管　7—料液泵
8—冷凝水泵　9—出料泵　10—水箱　11—冷却水泵　12—酸碱洗涤液储槽　13—平衡槽
14—进料泵　15—出料阀　16—回流阀　17—水力喷射器　18—料液预热器

它主要由一、二效蒸发器、热泵、杀菌器、水力喷射器、预热器、液料泵等构成。一、二效蒸发器结构相同，内部除蒸发管束外，还设有预热盘管。杀菌器为列管结构。工作时，料液由泵从平衡槽抽出，通过由二效蒸发器二次蒸汽加热的预热器，然后依次经二效、一效

蒸发器内的盘管进一步预热。预热后的料液在列管式杀菌器杀菌（86~92℃），并在管内保持24s，随后相继通过一效蒸发器（加热温度83~90℃，蒸发温度70~75℃）、二效蒸发器（加热温度68~74℃，蒸发温度48~52℃），最后由出料泵抽出。

生蒸汽（500kPa）经分气包分别向杀菌器、一效蒸发器和热压泵供汽。一效蒸发器产生的二次蒸汽，一部分通过热压泵作为一效蒸发器的加热蒸汽，其余的被导入二效蒸发器作为加热蒸汽。二效蒸发器产生的二次蒸汽，先通过预热器，在对料液进行预热的同时受到冷凝，余下二次蒸汽与不凝性气体一起由水力喷射器冷凝抽出。各处加热蒸汽产生的冷凝水由泵抽出。储槽内的酸碱洗涤液用于设备的就地清洗。该设备适用于牛乳、料液等热敏性料液的浓缩，效果好，质量高，蒸汽与冷却水的消耗量较低，并配有就地清洗装置，使用、操作方便。

（三）混流式三效降膜真空浓缩设备

图7-22所示为混流式三效降膜真空浓缩设备，全套设备包括三个降膜式蒸发器、混合式冷凝器、料液平衡槽、热压泵、液料泵和水环式真空泵等，其中第二效蒸发器为组合蒸发器。

其工作过程：料液平衡槽9内（固形物含量12%）的料液由泵8抽吸供料，经预热器10预热后，先进入第一效蒸发器11（蒸发温度70℃），通过降膜受热蒸发，进入第一效分离器7分离出的初步浓缩料液，由循环液料泵3送入第三效蒸发器14（蒸发温度57℃）。从第三效分离器2出来的浓缩液由循环液料泵3送入第二效蒸发器13（蒸发温度44℃），最后由出料泵6从第二效分离器将浓缩液（固形物含量48%）抽吸排出，其中不合格产品送回平衡槽。

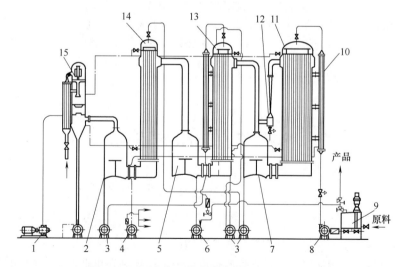

图7-22 混流式三效降膜真空浓缩设备结构图

1—双效水环式真空泵 2—第三效分离器 3—循环液料泵 4—冷凝水泵 5—第二效分离器 6—出料泵
7—第一效分离器 8—进料泵 9—料液平衡槽 10—预热器 11—第一效蒸发器 12—热压泵
13—第二效蒸发器 14—第三效蒸发器 15—冷凝器

生蒸汽首先被引入第一效蒸发器11和与第一效蒸发器连通的预热器10；第一效蒸发器产生的二次蒸汽，一部分通过（与生蒸汽混合的）热压泵增压后作为第一效蒸发器和预热器的加热蒸汽使用；第二效分离器所产生的二次蒸汽，被引入第三效蒸发器作为热源蒸汽；第三效分离器处的二次蒸汽导入冷凝器 15，经与冷却水混合冷凝后由冷凝水泵排出。各效产生的不凝气体均进入冷凝器，由水环式真空泵抽出。

该套设备适用于牛乳等热敏性料液的浓缩，料液受热时间短、蒸发温度低、处理量大，蒸汽消耗量低。例如，处理鲜乳 3600~4000kg/h，每蒸发 1kg 水仅需 0.267kg 生蒸汽，比单效蒸发节约生蒸汽76%，比双效蒸发节约46%。

（四）混流式四效降膜真空浓缩设备

图 7-23 所示为一混流式四效降膜真空浓缩设备流程，用于牛乳的杀菌与浓缩。牛乳首先经预热后进行杀菌，然后顺序经由第四效、第一效、第二效和第三效蒸发器进行浓缩。其中采用了多个蒸发器夹套内的预热器，并增设闪蒸冷却器用于牛乳杀菌后的降温。二次蒸汽的冷凝采用效率较高的混合式冷凝器。

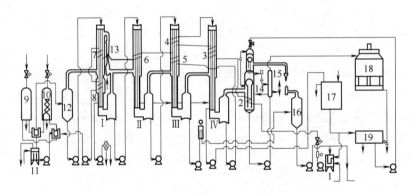

图 7-23　四效降膜式真空浓缩设备

1—平衡槽　2,3,4,5,6,7—预热器　8—直接加热式预热器　9,10—高效加热器　11—高效冷却器　12—闪蒸罐
13—热泵　14—两段式混合换热冷凝器　15—真空罐　16—浓缩液闪蒸冷却罐　17—冷却罐　18—冷却塔　19—冷水池

第三节　冷冻浓缩

一、冷冻浓缩原理

冷冻浓缩是使溶液中的一部分水以冰的形式析出，并将其从液相中分离出去，从而使溶液浓缩的方法。冷冻浓缩特别有利于热敏性食品的浓缩，具有以下优点：低温操作、气液界面小、微生物增殖少、溶质劣化及挥发性芳香成分损失可控制在极低的水平等。浓缩的制品或直接作为成品，或作为冷冻干燥过程中的半成品使用。冷冻浓缩主要用于含热敏性和挥发性成分液料的浓缩。

水溶液均有如图 7-24 所示的平衡关系（冻结曲线）。冷冻浓缩可分为冷却过程、冰结晶生成与长大的结晶过程及冰和浓缩液的分离过程。利用冰与水溶液之间的固-液相平衡原理，使低于低共熔点浓度的溶液冷却，其结果表现为溶剂（水）呈晶体（冰晶）析出；将冰晶与母液分离后，即得到增浓的溶液。与冷冻浓缩有关的是共晶点 E（溶液组成 w_E）以左的部分。DE 为溶液组成和冰点关系的冻结曲线，冻结曲线上侧是溶液状态，下侧是冰和溶液的共存状态。在温度 T 的状态下，冷却组成为 w_A 的溶液到 T_A 时，开始有冰晶析出，T_A 是溶液的冰点，继续冷却至 B 点，残留溶液的组成增加为 w_B，凝固温度降为 T_B，理论上讲最终可浓缩至 w_E。但实际上，食品成分复杂，没有明显的低共熔点，而且在达到此点之前，溶液的黏度已经变得很大，

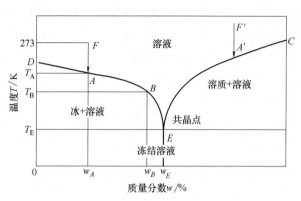

图 7-24 冷冻浓缩原理

要将冰晶与浓缩液分离，已经变得很困难，甚至不能实现。由此可见，冷冻浓缩在实际的生产过程中，其浓缩程度有限，限制了其在生产实际的应用。

冷冻浓缩中的结晶是溶剂的结晶，与通常的溶质结晶一致，都是利用冷却除去结晶热的方式，使被浓缩的溶液中水分结晶析出。冷冻浓缩在操作中要求有适当大小的冰晶，冰晶大小同结晶成本相关，还同后续的分离密切相关，一般情况下，冰晶尺寸越大，结晶操作的成本越大。

二、冷冻浓缩分类及特点

采用冷冻法进行浓缩时，基本仅去除水分，溶液组成的变化很小；由于是在低温下对溶液的浓缩，因而，对热敏性物料，尤其是食品物料的浓缩非常有利；低温下操作可有效抑制微生物的生长；冷冻浓缩中溶剂水的排除不是通过加热蒸发，而是依靠从溶液到冰晶的相际传递，因此，可避免低沸点的芳香物质成分因挥发造成的损失；同时水凝固时的相变潜热约为蒸发时的 1/7，能耗较低，与传统浓缩方法相比，其浓缩效果是最好的。但是这种方法既受到溶液浓度的限制，还受制于冰晶与浓缩液的分离程度，能达到的浓缩比不是很大，物料最终浓度不超过其低共熔浓度；晶液的分离技术要求高，且溶液的黏度越大，分离越困难，冰晶的夹带损失也越大；并会造成不可避免的料液损失等。因此需要对装置结构及操作运行参数等进行优化，并且在提高冰晶纯度、减少固形物损失及降低生产成本等方面深入研究，使其能够充分发挥自身的优势。

在生产中，有两种方式的冷冻浓缩结晶过程：其一是在带式、管式等设备上进行，即稀溶液中的水分在冷却面形成一层厚厚的冰层，该冰层可以在与冷却面的部分熔融后用手动分开，该方式称为层状冻结或渐进层状结晶；其二是发生在边搅拌边结晶的悬浮液中，悬浮于溶液中的冰晶完成生长、分离而达到浓缩目的的方式称为悬浮冻结或悬浮结晶。

（一）渐进式结晶冷冻浓缩

渐进式结晶冷冻浓缩又称层状结晶法，是一种沿着冷却面形成并长大为整体冰晶的冻结方法结晶的冰晶依次沉淀在先前由该溶液所形成的晶层上，是单个方向的冻结。冰晶形状为针状或棒状，晶层上带有垂直于冷却面的不规则断面。渐进式冷冻浓缩的一个特点是冰结晶是一个整体，固液界面小，冰晶与母液容易分离开；此外，冰晶的生成、成长、同母液分离开及去冰操作在同一个装置内完成，不但简化了冷冻浓缩装置，而且方便控制，能降低设备

的投资及生成运营成本。但是，冰的传热效率低下，对冰晶持续生长是限制，随着冰层厚度不断增加，结冰速率快速下降，对于工业生产是个缺陷，限制了其应用。

（二）悬浮式结晶冷冻浓缩

悬浮式结晶冷冻浓缩又称分散结晶浓缩，是一种不断排除在母液中悬浮的自由小冰晶，使母液浓度增加而实现浓缩的方法。表现为无数的小冰晶悬浮在母液中，母液贮存在低温罐中，罐中带有搅拌器，小冰晶在罐中长大，长大后被不断移出罐外，母液因减少水分，浓度增加而得到浓缩。现已在生产中运用，其优点是能够迅速形成结晶的冰晶且浓缩终点比较大，但由于种晶生成、结晶成长、固液分离三个过程要在不同装置中完成，系统复杂、设备投资大、操作成本高。

三、冷冻浓缩系统

冻浓缩的制品或直接作为成品，或作为冷冻干燥过程中的半成品使用。冷冻浓缩的操作包括两个步骤：一是部分水分从水溶液中结晶析出；二是将冰晶与浓缩液加以分离。因此，冷冻浓缩设备主要也由冷却结晶设备和冰晶悬浮液分离设备两大部分组成。将冷冻结晶装置与冰晶悬浮液分离装置有机地结合在一起，便可构成冷冻浓缩装置系统。冷冻浓缩装置系统可以分为单级系统和多级系统

（一）单级冷冻浓缩系统

单级冷冻浓缩系统一次性使料液中的部分水分结成冰晶，然后对冰晶悬浮分离，得到冷冻浓缩液。

图 7-25 为单级冷冻浓缩装置的流程图。原料罐中稀溶液通过循环泵首先输入到刮板式热交换器，在冷媒作用下冷却，生成细微的冰晶，然后进入再结晶罐（成熟罐）。结晶罐保持一个较小的过冷却度，溶液的主体温度将介于该冰晶体系的大、小晶体平衡温度之间，高于小晶体的平衡温度而低于大晶体的平衡温度。小冰晶开始融化，大冰晶成长。结晶罐下部有一个过滤网，通过滤网从罐底出来的浓缩液，一部分作为浓缩产物排出系统，另一部分与进

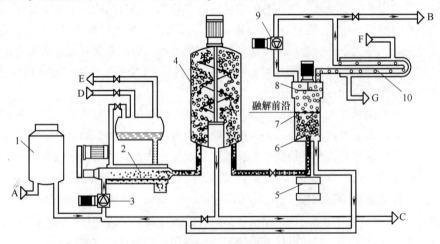

图 7-25　单级冷冻浓缩装置流程图

1—原料罐　2—刮板式热交换器　3,9—循环泵　4—再结晶罐　5—液压装置

6—多孔板活塞　7—冰洗涤柱　8—刮冰搅拌器　10—融冰加热器

A—原料液　B—冰水　C—浓缩液　D,G—制冷剂液　E,F—制冷剂蒸气

料液一道再循环冷却进行结晶。未通过滤网的大冰晶料浆从罐底出来后进入活塞式洗涤塔。洗涤塔出来的浓缩液再循环冷却结晶，融化的冰水由系统排出。单级冷冻浓缩装置可将 8 ~ 14°Bé 原料液浓缩至 40~60°Bé 浓缩汁。

（二）多级冷冻浓缩系统

多级冷冻浓缩系统将前一级的浓缩液作为原料液进一步通过更低的温度使部分水结成冰晶，再进行分离。控制料液在结晶器中的循环速度，可以使料液获得不同的过冷度，从而可以利用同一状态制冷剂实现多级冷冻浓缩所要求的冻结温度差异。

多级冷冻浓缩系统如图 7-26 所示。

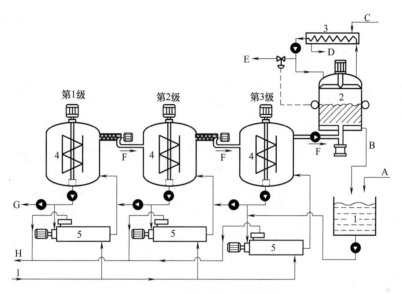

图 7-26 三级逆流冷冻浓缩系统

1—进料罐 2—洗涤塔 3—融冰加热器 4—成熟罐 5—旋转刮板式冻结器
A—进料 B—排代液体 C—高压制冷剂蒸汽 D—制冷剂冷凝液 E—熔化冰水
F—冰晶悬浮液 G—浓缩液 H—低压制冷剂气体 I—低压制冷剂液体

系统工作过程：原料液进入进料罐后与从洗涤塔排出来的稀溶液混合后由泵抽出，与第三级结晶罐中抽出的一部分溶液混合后，通过三级旋转刮板冻结器冷却成过冷液，进入第三级成熟罐。在此形成大的冰晶悬浮液。此悬浮液分离后，浮在上面的冰晶浆由泵抽至洗涤塔洗涤融化成水，沉在下层的浓缩液通过过滤网被泵抽出。抽出的浓缩液一部分与进料液混合后在本级再进行冻结，另一部分则由泵抽送至第二级进行结晶。第二级和第一级的工作原理基本与第三级的类似，但此二级成熟罐上层冰晶浆料是由螺旋输送器输送至下级成熟罐的，另外，第一级的浓缩液有一部作为最终浓缩物形式输出系统。

思 考 题

1. 简述浓缩基本原理。

2. 影响浓缩过程的因素有哪些？

3. 浓缩设备有哪些类型？

4. 中央循环式蒸发器和盘管式蒸发器工作过程有何不同？

5. 膜式蒸发器有哪几种类型？各有何特点？

6. 试比较常用的多效真空浓缩系统的优缺点。

7. 真空浓缩设备选型的依据都有哪几项？

8. 在真空浓缩设备中都采用了哪些措施来避免热敏成分的损失？

9. 分析比较牛乳、果汁、果酱、糖膏的浓缩特点，并选择、配置适用设备类型。

10. 观察家庭米粥煮制过程，分析各种操作的意义。

脱水干燥设备

8

学习目标

1. 了解干燥的相关概念及基本原理。
2. 掌握干燥设备的基本类型、基本构成和应用特点。
3. 掌握各种干燥设备的操作原理及要点。

第一节　概　　述

食品的脱水干燥是将物料中的水分含量降低至所要求的程度，制成干制品。其目的是防止成品霉烂变质，能较长时间储存，减少体积和质量，便于运输，扩大供应范围；另外，在干燥过程中，进行其他处理，还可制成风味和形状各异的产品。食品干燥应用广泛，如用淀粉、膨化食品、烘烤食品、干果品、脱水蔬菜、乳粉、鱼干、血粉、蜂王粉及其深加工产品，对发展食品加工业，提供民需和出口创汇，均有重要意义。

食品干燥现在绝大部分是采用加热去水的方法，即借助热能，通过介质（热空气或载热器件）以传导、对流或辐射的方式，作用于物料，使其中水分汽化并排出，或将物料冻结升华去水达到干燥的要求。因原料的性状、加热方式和条件及所用设备不同，具有不同的干燥方法。目前，食品工业中常见的干燥形式根据传热方法的不同，可分为传导加热、对流加热、辐射加热、微波和介电加热；按照干燥过程划分，可分为绝热干燥过程和非绝热干燥过程；根据干燥机的结构归类，主要包括盘式干燥机、隧道式干燥机、滚筒干燥机、带式干燥机、流化床干燥机、喷雾干燥机、真空干燥机、气流干燥机和辐射传热干燥机等类型。

总体概括而言，食品干燥设备可分为外热性干燥和内热性干燥两大类。所谓外热性干燥主要是用蒸汽、热空气以及加热接触式等方法使热交换对物料从外到内进行的干燥方法；而内热性干燥则在能量场下以微波、红外线、高频电场使被干燥物体产生分子运动而达到传热目的的干燥方法。

由于食品物料在干燥的过程中会发生一系列的变化，如收缩、表面硬化、呈多孔性、疏松性、复原不可逆性等物理变化，以及营养成分损害、风味改变和褐变等化学变化。因而，根据物料的特性进行干燥设备的选型具有非常重要的意义，主要应根据物料的形态、性质、干燥产品的要求（产品终含湿量、结晶形态及光泽等）、产品的大小、处理方式及所采用的热源等为出发点，结合干燥器的分类进行对比，确定所适合的干燥器的类型。

第二节　对流干燥设备

对流加热干燥器是由流过物料表面或穿过物料层的热空气或其他气体供热，蒸发的水分由干燥介质带走。这种干燥器在初始恒速干燥阶段，物料表面温度为对应加热介质的湿球温度。在干燥末期降速阶段，物料的温度逐渐逼近介质的干球温度。在干燥热敏性物料时，必须考虑此因素。

一、盘式干燥机

盘式干燥机是一种高效的传导型连续干燥设备。其独特的结构和工作原理决定了它具有热效率高、能耗低、占地面积小、配置简单、操作控制方便及操作环境好等特点，广泛适用于化工、医药、农药、食品、饲料和农副产品加工等行业的干燥作业。

（一）工作原理

盘式干燥机原理：湿物料自加料器连续地加到干燥机的第一层干燥盘上，带有耙叶的耙臂做回转运动，使耙叶连续地翻转物料，物料沿着指数螺旋线流过干燥盘表面，在小干燥盘上的物料移到外缘，并在外缘落到下方的大干燥盘外缘，在大干燥盘上的物料向里移动并从中间落料落入下一层小干燥盘中，大小干燥盘上下交替排列，物料得以连续地流过整个干燥机。中空的干燥盘内通入加热介质，加热介质形式有饱和蒸汽、热水和导热油，加热介质由干燥盘一端进入，从另一端倒出。已干物料从最后一层干燥盘落到壳体的底层，最后被耙叶移送到出料口排出。湿气从物料中溢出，由设在顶盖上的排湿口排出，真空型盘式干燥器的湿气由设在顶盖上的真空泵抽出。从底层排出的干物料可直接包装。通过配加翅片加热器、溶剂回收冷凝器、袋式除尘器、干料返混木结构、引风机等辅机，可提高其干燥的生产能力，干燥膏糊状和热敏性物料，可方便地回收溶剂，并能进行热解和反应操作。图8-1所示为盘式干燥机。

（二）特点与应用

1. 调控容易、适用性强

通过调整料层厚度、主轴转速、耙臂数量和耙叶型型式和尺寸可使干燥过程达到最佳；每层干燥盘皆可单独通入热介质或冷介质，对物料进行加热或冷却，物料温度控制准确、容易；物料的停留时间可以精确调整；物料流向单一、无返混现象，干燥均匀，质量稳定，不需要混合。

2. 操作简单、容易

干燥器的开车、停车操作非常简单；停止进料后，传送物料垢耙叶能很快地排空干燥器内的物料；通过特殊性的大规格检视门的视镜，可以对设备内进行很仔细的清洗和观察。

3. 能耗低

料层很薄，主轴转速低，物料传送系统需要的功率小，电耗少；以传导热进行干燥，热效率高，能量消耗低。

4. 操作环境好，可回收溶剂，粉尘排放符合要求

常压型：由于设备内气流速度低，而且设备内湿度分布上高下低，粉尘很难浮到设备顶部，所以顶部排湿口排出的尾气中几乎不含有粉尘。

密闭型：配备溶剂回收装置，可方便地回收载湿气体中的有机溶剂。溶剂回收装置简单，回收率高，对于易燃、易爆、有毒和易氧化的物料，可用氮气作为载湿气体进行闭路循环，使之安全操作。特别适用于易燃、易爆、有毒物料的干燥。

真空型：在真空状态下操作的盘式干燥器，特别适用于热敏性物料的干燥。

5. 安装方便、占地面积小

干燥器整体出厂，整体运输，只需吊装就位，安装定位非常容易；由于干燥盘层式布置，立式安装，使干燥面积很大，占地面积也很小。

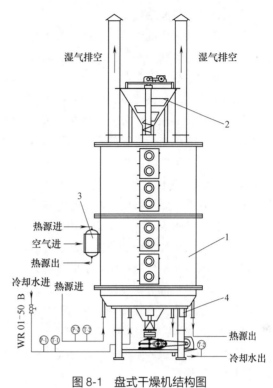

图 8-1 盘式干燥机结构图

1—干燥主机 2—加料器 3—空气加热器 4—出料口

二、带式干燥机

（一）概述

带式干燥机分为常压式和真空式两种。常压式以对流的方式进行热传导，真空式以接触的方式进行热传导，它们均以输送带承载物料在干燥室内移动，与热风接触干燥。带式干燥机操作灵活，湿物料进料、干燥过程在完全密封的箱体内进行，自动化程度高，劳动条件好，避免了粉尘的外泄。由于被干燥物料随同输送带移动，物料颗粒间的相对位置比较固定，干燥时间基本相同。因此，非常适用于要求干燥物料色泽变化一致或湿含量均匀的物料干燥。此外，物料在带式干燥机上受到的振动或冲击轻微，物料颗粒不易粉化破碎，因此也适用于干燥不允许碎裂的食品物料。

常压带式干燥机以热风的流动方式细化为水平气流式和穿流气流式两种。干燥介质在物料上方做水平流动进行干燥的，称为水平气流式带式干燥机。水平气流式一般用于处理不带黏性的物料。对于微黏性物料，则要设布料器。输送带上可以两侧密封，让热风在物料上通过；也可以不采用密封，整个输送空间让热风通过。穿流式是采用有网眼的输送带，干燥介质以穿流通过的方式进行干燥，对于茶叶的干燥，蔬菜的脱水，水果、蜜饯的烘干，在效果上比水平式气流式干燥机更好，故在食品工业上应用越来越广泛。

带式干燥机不仅供物料干燥，有时还可进行焙烤、烧烤或熟化处理。整体结构较为简单，安装方便，能长期运行，但占地面积较大，运行时噪声较大。

（二）工作原理及结构

带式干燥机是常用的连续式干燥设备，特别适合透气较好的片状、条状、颗粒状物料的干燥，对滤饼类的膏状物料，也可通过造粒机或挤条机制成型后干燥。带式干燥机由若干个独立的单元段所组成，每个单元段包括干燥室、输送带、循环风机、加热装置、单独或公用的新鲜空气抽入系统和尾气排出系统、提升机和卸料装置。因此，对干燥介质数量、温度、湿度和尾气循环量等操作参数，可独立控制，从而保证工作的可靠性和操作条件的优化。输送带常用的材料有帆布带、橡胶带、涂胶布带、钢带和钢丝网带等。但只有网带才适用于穿流式干燥机。带的形式有单层（单段）、多层（多段）、复合型及带式真空干燥机。

1. 单级带式干燥机

工作原理：被干燥物料由进料端经加料装置被均匀分布到输送带上，输送带通常用穿孔的不锈钢薄板（或称网目板）制成，由电动机经变速箱带动，可以调速。最常用的干燥介质是热空气。空气用循环机由外部经空气过滤器抽入，并经加热器加热后，通过分布板由输送带下部垂直上吹。热空气流过物料层时，物料中水分汽化，空气增湿，温度降低，一部分湿空气排出箱体，另一部分则在循环风机吸入口与新鲜空气混合再循环。干燥后的产品，经外界空气或其他低温介质直接接触冷却后，由出口端排出。

图 8-2 所示为单层式干燥机，使用的带子为钢丝网带或多孔铰接的链板带。热风从上方穿过带上料层和网孔进入下方，达到穿流接触的目的。该形式的干燥机带子较短，只适用于干燥时间较短的物料。

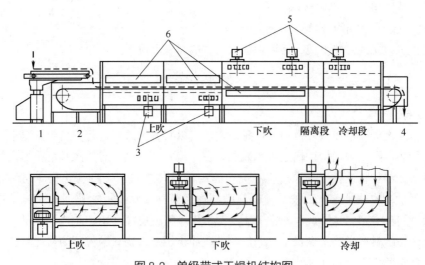

图 8-2 单级带式干燥机结构图

1—摆动加料装置 2—加热端 3、5—风机 4—卸料端 6—加热器

2. 多层带式干燥机

结构如图 8-3 所示，它是由多台单级带式干燥机由上到下，串联在一个密封的干燥室内，层数最高可达 15 层，常用 3~5 层。最后一层或几层的输送速度较低，使物料层加厚，这样可使大部分干燥介质流经开始的几层较薄的物料层，以提高总的干燥效率。层间设置隔板促使干燥介质的定向流动，使物料干燥均匀。多层带式干燥机由隔热机箱、输送链条网带、链条张紧装置、排湿系统、传动装置、防粘转向输送带、间接加热装置等部分组成。最下层出

料输送带一般伸出箱体出口处 2~3m，留出空间供工人分拣出干燥过程中变形及不完善产品。

由于第一段输送带需干燥大量的水分，要求带上物料干燥的均匀性，则可在此段分成两个或几个区域。干燥介质上下穿流的方向可交叉进行，从而确保不同区域内空气的温度、湿度和速度都可以单独进行控制。

多层带式干燥机适用于大规模生产干燥速率较低的难干燥物料，设备结构紧凑，占地面积小，操作简单，维护方便，运行稳定。用于透气性较好的片状、

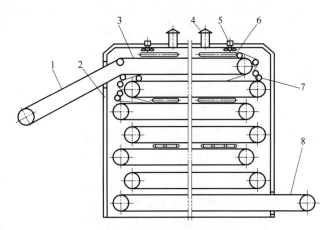

图 8-3 多层带式干燥机结构图

1—进料端 2—隔热机箱 3—输送链条网带 4—排湿系统 5—风扇 6—间接蒸汽管 7—输送带 8—出料端

条状、颗粒状物料的干燥，对于脱水蔬菜、催化剂、中药饮片等类含水率高，而物料温度不允许高的物料尤为合适；该系列干燥机具有干燥速度快、蒸发强度高、产品质量好的优点，对脱水滤饼类的膏状物料，需经造粒或制成条状后方可干燥。

3. 带式真空干燥机

工作原理：干燥机的供料口位于下方钢带上，靠一个供料滚筒不断将物料涂布在钢带的表面，由钢带在移动中带动料层进入下方的红外线加热区，使料层因其内部产生的水蒸气而蓬松成多孔状态，使之与加热滚筒接触前已具有蓬松骨架。经过滚筒加热后，再一次由位于上方的红外线进行干燥，达到水分含量要求后，绕过冷却滚筒骤冷，使料层变脆，再由刮刀刮下排出。

带式真空干燥机也有单层输送带和多层输送带之分。图 8-4 所示为带式真空干燥机结构

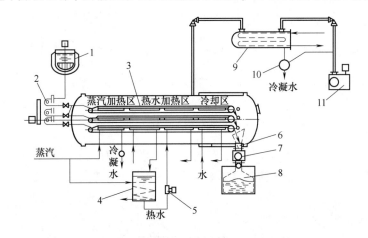

图 8-4 带式真空干燥机结构图

1—料液预热槽 2—料液泵 3—传送带 4—热水加热器 5—热水泵 6—粉碎机
7—卸料装置 8—成品仓 9—冷凝器 10—排水阀 11—真空泵

图。该机是由一连续的不锈钢带、加热滚筒、冷却筒、辐射元件、真空系统和加料闭风装置等组成。

干燥机内的真空维持是靠进、排料闭风装置密封，而真空的获得由真空系统实现。

带式真空干燥机适用于橙汁、番茄汁、牛乳、速溶茶和速溶咖啡等物料的干燥。若在被干燥物料中加入碳酸铵之类的膨松剂或在高压下冲入氮气，干燥时会形成气泡而蓬松，可以制取高膨化制品。

三、流化床干燥机

（一）概述

流化床干燥机又称沸腾床干燥机，是指粉状或颗粒状物料呈沸腾状态通入干燥的气流干燥设备。其中，沸腾料层成为流化床。当采用热空气作为流化介质干燥湿物料时，热空气起流化介质和干燥介质双重作用。被干燥的物料在气流中被吹起、翻滚、互相混合和摩擦碰撞的同时，通过传热和传质达到干燥的目的。目前在食品、轻工、化工、医药以及建材等行业都得到了广泛的应用。

（二）流化床干燥机的工作原理

该机由振动电机抛掷产生激振力，物料在给定方向的激振力的作用下跳跃前进，同时床底输入的热风使物料处于流化状态，物料颗粒与热风充分接触，从而达到理想效果。物料从加料口进入，振槽上的物料与振槽下部通入的热风正交接触传热，湿空气由引风机引出，干料由排料口排出。在其他条件一定时，流化床上物料流化状态的形成和稳定主要取决于气流的速度。流化床上物料层的状态与气流速度的关系如图 8-5 所示，气流速度与床层压力降的关系如图 8-6 所示。

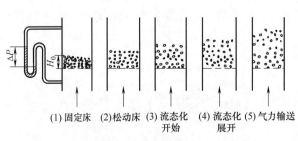

(1)固定床　(2)松动床　(3)流态化开始　(4)流态化展开　(5)气力输送

图 8-5　流化床上物料层状态与气流速度的关系

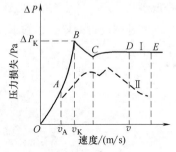

图 8-6　气流速度与床层
压力损失的关系

1. 固定床段

当风速很小时，气流从颗粒间通过，气流对物料的作用力还不足以使颗粒运动，物料层静止不动，高度不变，即固定床阶段（图 8-6 所示曲线的 OA 段）。固定床为流化过程的第一阶段。

2. 松动床段

床层压力降随气流速度的增加而增大，当气流速度逐渐增大至接近 v_K 时，压力降等于单位面积床上物料层的实际重力时，床层开始松动，高度略有增加，物料空隙率也稍有增加，但床层并无明显运动，即松动床阶段（图 8-6 所示曲线的 AB 段）。

3. 流态化开始阶段

当气流的速度增大至 v_K（气流临界流化速度，此时床层压力降达到最大值 ΔP_K）并继续增加时，颗粒开始被气流吹起并悬浮在气流中，颗粒间相互碰撞、混合，床层高度明显上升，床上物料呈现近乎液体的沸腾状态，即流态化开始阶段（图 8-6 所示曲线的 BC 段），此阶段床层处于不稳定阶段，极易形成"流沟"。流沟的出现使气流分布不均匀，大部分气流在未与物料颗粒充分接触前便通过。流沟若出现在物料流态化干燥过程中，引起干燥不均匀，干燥时间延长，白白浪费热量。

4. 流态化展开段

当气流的速度进一步增大，床上物料处于稳定的流化状态（图 8-6 所示曲线的 CD 段），在物料流态化干燥时，热风气流的速度应稳定在 CD 范围内。

5. 气力输送阶段

当气流速度再增大，气流对物料的作用力使物料颗粒被气流带走，即气力输送阶段（图 8-6 所示曲线的 DE 段）。

（三）流化床干燥机的结构

如图 8-7 所示，流化床干燥机呈长方形或长槽状箱体结构。流化床工作部位为多孔板，由薄钢板冲孔、细钢丝编织网或氧化铝烧结成多孔陶瓷板制成，多孔板下方是热空气强制通气室。干燥时，颗粒状食品原料由供料装置散步在多孔板上，形成一定料层厚度，热空气穿过多孔板，对板上物料进行干燥加热，同时使板上的食品原料呈沸腾状态，

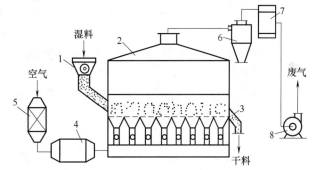

图 8-7　流化床干燥机结构图

1—摇摆颗粒机　2—干燥器　3—卸料管　4—加热器　5—空气过滤器　6—旋风分离器　7—袋滤器　8—抽风机

如同流体流动一般，所以称为流化状态。物料因流化而加速向出口运动，干燥物料通过出料口排出机外，吸湿换热后的低温空气由排风口排出。

（四）流化床的工作参数

1. 临界流化速度 v_K 和操作速度

临界流化速度对于流化床的研究、设计、操作、运行是一个重要的参数。临界流化速度由固体颗粒和流体介质的性质所决定的，其大小表示流态化形成的难易程度。临界流化速度越小，流化状态越容易形成。临界流化速度 v_K 的计算公式有多种，因归纳公式的试验条件不同，每个计算公式的应用范围都有其局限性。根据费根的研究，果蔬食品流化床的临界速度 v_K（m/s）与物料单颗粒的质量呈抛物线关系，即：

$$v_K = 1.25 + 1.951 g m_p \tag{8-1}$$

实际操作速度 v 为：

$$v = 2.25 + 1.951 g m_p \tag{8-2}$$

式中　m_p——颗粒单体的质量，g/个；

　　　v_K——临界速度，m/s；

　　　v——实际操作速度，m/s；

　　　　　　g——重力加速度。

　　由上式知，对于不同种类的物料，因其单体的质量不同，应在不同的风速下实现单体干燥；即使单体的质量相同，因种类不同，密度有差异，风速也应该进行微调。因此要求风机应带有调速装置，以适应各种不同质量颗粒的需要。

　　2. 风机压力

　　风机的压力主要用于克服气流通过各种工作部件的阻力，如物料颗粒层的阻力、匀风筛板的阻力、换热器的阻力，以及流通阻力和局部阻力等。

　　在流化床中，匀风筛板既用于支承和输送物料，又起到匀风的作用，使气流在筛板上分布均匀。匀风筛板的阻力与气流速度和筛板开孔率有关。由于依据的条件不同，计算公式也不相同，实际计算时，常取匀风筛板的阻力为食品颗粒层阻力的 10% ~ 40%。换热器阻力、流通阻力和局部阻力按常规方法计算。

（五）流化床干燥机介绍

　　目前工业上常用的流化床干燥机，根据干燥对象、操作情况和结构形式的不同，可分为如下几类：

　　按被干燥的物料，可分为粒状物料、膏状物料、悬浮液和溶液等具有流动性的物料。

　　按操作情况，可分为间歇式和连续式。

　　按设备结构形式，可分为单层流化床干燥机、多层流化床干燥机、卧式分室流化床干燥机、螺旋振动干燥机、脉冲流化床干燥机、振动流化床干燥机、惰性粒子流化床干燥机、锥形流化床干燥机等。

　　下面根据流化床干燥机结构形式的分类，介绍几种最为常见的流化床干燥设备。

　　1. 单层流化床干燥机

　　工作原理：湿物料由皮带输送机运送到抛料加料机上，然后均匀地抛入流化床内，与热空气充分接触而被干燥，干燥后的物料由溢流口连续溢出。空气经鼓风机、加热器后进入筛板底部，并向上穿过筛板，使床层内湿物料流化起来形成流化层。尾气进入四个旋风分离器并联组成的旋风分离器组，将所夹带的细粉除下，然后由排气机排到大气。

　　单层流化床干燥机结构如图 8-8 所示。其结构简单、操作方便、生产能力大，故在食品

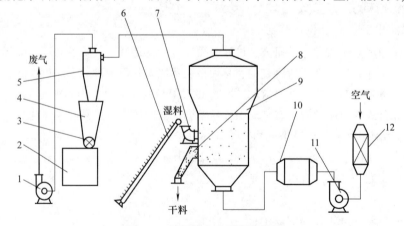

图 8-8　单层流化床干燥流程图

1—抽风机　2—料仓　3—星形下料器　4—集灰斗　5—旋风除尘器（四只）　6—胶带输送机
7—抛料机　8—卸料管　9—流化床　10—加热器　11—鼓风机　12—空气过滤器

工业中应用广泛，也是流化床干燥机中结构最为简单的类型。一般用于床层颗粒静止高度较低，300~400mm 情况下使用。适宜于较易干燥或要求不严格的湿粒状物料。单层流化床干燥机的缺点是干燥后的产品湿度不均匀。

2. 多层流化床干燥机

多层流化床干燥机的结构可分为溢流管式和穿流板式，国内目前均以溢流管式居多。具体结构形式分别如图 8-9 和图 8-10 所示。

（1）溢流管式多层流化床干燥机　物料由料斗送入后，有规律的自上溢流而下，热空气经底部流入，通过对流形式完成对湿物料的沸腾干燥。干燥后的物料，由出料口卸出。为防止堵塞或气体穿孔造成下料不稳定，破坏沸腾床，一般设置有菱形堵头、铰链活门式和自封闭式溢流管等调节装置。

（2）穿流板式多层流化床干燥机　物料直接从筛板孔由上而下流动，气体则自下而上运动，在每块板上形成沸腾床，其结构简单，但操作控制严格。同时为确保物料顺利通过筛孔，其孔径设计时应超过物料粒径 5~30 倍。气体通过筛板的速度 v_0 和物料颗粒带出速度 v 的比值，上限一般为 2，下限设置为 1.1~1.2，颗粒的直径在 0.5~5mm。

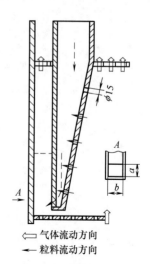

气体流动方向
粒料流动方向

图 8-9　溢流管式多层流化床干燥机结构图

多层流化床干燥器由于停留时间分布均匀，故实际需要停留时间远较单层流化床短。在相同条件下，设备体积可相应缩小。产品的干燥程度均匀，易于控制产品的干燥质量。多层床因分布板增加，故床层阻力也相应增加。但当物料为降速干燥阶段时，与单层床相比，由于停留时间的大大减少，床层阻力相应减少。并且多层床热效率较高，故适用于降速干燥阶段较长的物料以及湿含量较高（一般在 14%以上）的物料。例如采用五层流化干燥器干燥要求含水较低的涤纶树脂（干燥后成品含水率仅 0.03%）。采用双层流化床干燥含水率在 15%~30%的各种药物片剂，如氨基匹林等。

湿料
废气
热风
干料

图 8-10　穿流板式多层流化床干燥机结构图

3. 卧式多室流化床干燥机

工作原理：干燥机在长度方向利用垂直挡板将器内分隔成多室，一般 4~8 室，可以调节各室的空气量，同时，流化床内增加了挡板，可避免物料短路排出，干燥产品的含水率也较均匀。底部为多孔筛板，筛板的开孔率在 4%~13%，孔径 1.5~2.0mm，筛板上方设有竖向的挡板，筛板与挡板下沿有一定的间隙，大小可由挡板的上下移动来调节，并以挡板分隔成小室，其下部均有一进气管，支管上有调节气体流量的阀门。湿颗粒由加料器加入干燥室的第一小室中，由小室下部的支管供给热风进行流化干燥，然后逐渐依次进入其他小室进行干燥，干燥后卸出。

卧式多室流化床干燥机是针对多室流化床干燥机结构复杂、床层阻力大和操作不易控制的缺点而发展起来的多室流化床干燥机的一种形式。具体结构示意图如图 8-11 所示。

卧式多室流化床干燥机适用于干燥各种颗粒状、片状和热敏性食品物料，对于粉状物料则要先用造粒机造成 4~14 目散状物料。所处理的物料一般初相对湿度在 10%~30%，而干

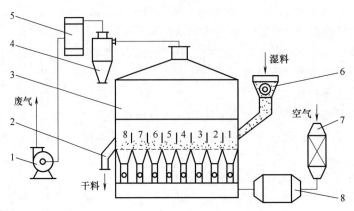

图 8-11　卧式多室流化床干燥机结构图

1—抽风机　2—卸料管　3—干燥器　4—旋风分离器　5—袋滤器　6—摇摆颗粒机　7—空气过滤器　8—加热器

燥后的含水率保持在 0.02%~0.3%，干燥后颗粒直径会变小。

4. 振动流化床干燥机

工作原理：给料器连续地将物料送至流化床进料端，流化床干燥机在激振力的作用下产生振动，使物料在空气分布孔板上跳跃前进，在激振力和均匀热风的双重作用下，物料颗粒呈悬浮状态与热气流充分接触，同时产生剧烈的湍动，传热和传质过程得到强化，经过干燥的物料由排料口排出，蒸发的水分和废气经旋风分离器分离、除尘后排空。干燥系统可通过对给料量、振动参数、风压、风速等的调节达到最佳状态。

具体结构形式如图 8-12 所示，该干燥机由分配段、流化段和筛选段三部分组成。在分配段和筛选段下部均有热空气进入。湿物料由加料器进入分配段，在平板的振动下，物料均匀地被送入流化段进行流化干燥，干燥后进入筛选段进行分级分选。

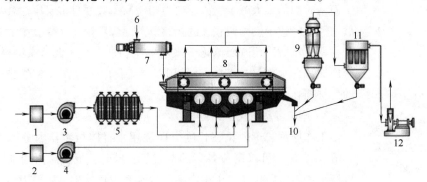

图 8-12　振动流化床干燥机结构图

1,2—空气过滤器　3,4—鼓风机　5—空气加热器　6—进料　7—定量加料器　8—振动
流化床干燥机　9—旋风分离器　10—产品　11—布袋除尘器　12—引风机

振动流化床干燥器的优点包括：物料受热均匀、热交换充分、干燥强度高，比普通干燥机节能 30% 左右；振动源采用振动电机驱动，运转平稳、维修方便、噪声低、寿命长；流态化稳定，无死角和吹穿现象；可调性好、适应面宽；适合于干燥太粗或太细、易黏结、不易流化的物料。此外，还用于有特殊要求的物料，如砂糖干燥要求晶型完整、颗粒大小均匀等。

5. 脉冲流化床干燥机

工作原理：脉冲流化区可以随气流的周期性易位而在有利条件范围内变化。在干燥机下部，均布安装有多个热风进口管，每根管配备快开阀门，其开闭通过程序控制按照一定的时间顺序完成。当气体快速进入时产生脉冲，并迅速在物料颗粒间传递能量，使热气流与待干燥的物料以流化状态在床内扩散和向上运动，短时间内形成一股剧烈的流化效果，加速气流与物料间的传质。当阀门关闭时，流化状态在同一方向逐渐消失，物料再次回到固定状态。如此往复循环进行脉冲流化干燥，直至干燥结束。

脉冲式流化床是流化床技术的一种改型，其流化气体按周期性的方式进行输送，结构如图 8-13 所示，快开阀门开启时间与床层的物料厚度和物料特性有关，一般为 0.08~0.2s。而阀门关闭的时间长短，应使放入的那部分气体完全通过整个床层，物料处于静止状态，颗粒间密切接触，以使下一次脉冲能在床层中有效地传递。进风管最好按圆周方向排列五根，其顺序按 1、3、5、2、4 方式轮流开启。这样，每一次的进风点与上一次的进风点可离开较远。脉冲流化床适用于不易流化的或有特殊要求的物料。

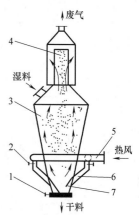

图 8-13　脉冲流化床干燥机
结构图

1—插板阀　2—快动阀门　3—干燥室　4—过滤器　5—环状总管
6—进风管　7—导向板

6. 螺旋振动干燥机

工作原理：湿物料自顶部加料口进入螺旋床内，在周向激振力及重力的作用下，物料沿螺旋床自上而下做跳跃运动直至最底层。同时，洁净的热风由螺旋床底部进入，与分布在床上的物料进行充分的传热和传质后，由顶部排湿口排出，从而使物料达到干燥的目的。

主要特点：热风多次穿过物料层与物料逆向流动，使热交换充分，热效率高；结构紧凑，占地面积小；物料在床内停留时间可调节，操作方便；物料沿螺旋床自下而上做圆周运动的同时，自身也产生跳跃，从而增加了物料与热风的接触，增强了干燥效果；连续的进出料适合于流水线操作，并且易达到良好操作规范，可代替传统的箱式干燥。主要适用于中药丸剂的干燥，对物料的表面及形状基本没有损伤，不仅保证了丸剂的圆度，而且大大降低了丸剂的破碎率。其外形如图 8-14 所示。

7. 喷动床干燥机

喷动床干燥机结构如图 8-15 所示，干燥机的底部为圆锥形，上部为圆筒形。干燥操作时，热气流以高速从锥底进入，夹带一部分固体颗粒向上运动，形成中心通道，使得固体颗粒从中心喷出向四周散落，然后沿周围向下移动，到锥底再次被上升的气流冲出，如此循环，最终达到干燥

图 8-14　螺旋振动干燥机

的要求。这种干燥形式对粗颗粒和易黏结的物料干燥非常有利，适宜于干燥谷物、玉米胚芽等物料。

四、气流干燥机

气流干燥能从易于脱水的颗粒，粉末状物料，迅速除去水分（主要是表面水分）。在气流干燥中，由于物料在干燥器内停留时间短，使干燥成品的品质得到最佳的控制。气流式干燥机属于连续式常压干燥机，结构如图8-16所示。加热介质与待干燥食品固体颗粒直接接触，并使之悬浮于气流中，和热气流并流流动，进行连续快速干燥。气流式干燥机可以在正压或负压下操作，这主要取决于风机在系统中的位置安排。

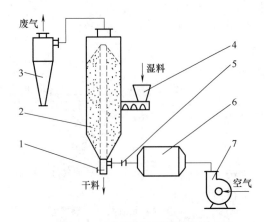

图8-15 喷动床干燥机结构图

1—放料阀 2—喷动床 3—旋风分离器
4—加料器 5—蝶阀 6—加热炉 7—鼓风机

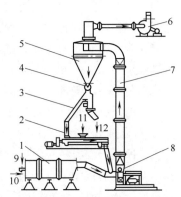

图8-16 气流式干燥机结构图

1—燃烧室 2—混合室 3—干料分配器
4—加料器 5—旋风除尘器 6—排风机
7—干燥管 8—鼠笼式分散器 9—燃料
10—空气 11—湿料 12—成品

（一）气流式干燥机的工作原理

气流干燥机是利用高速流动的热气流使湿淀粉悬浮在其中。湿物料经输送机与加热后的自然空气同时进入干燥器，二者充分混合，由于热质交换面积大，从而在很短的时间内达到蒸发干燥的目的。干燥后的成品从旋风分离器排出，一小部分飞粉由旋风除尘器或布袋除尘器得到回收利用。

（二）气流式干燥机的分类

气流式干燥机根据结构形式不同，可分为直接进料式、分散进料式、粉碎进料式、混合进料式、脉冲式和旋风式气流干燥机等类型。

1. 直接进料式气流干燥机

直接进料式气流干燥机是目前应用最为广泛的一种类型，适用于分散性良好、黏着性小的粉料和颗粒物料的干燥，如马铃薯片、米糠、淀粉和面粉等的加工，通常选择在高速热风中直接进料进行干燥加工。

2. 分散进料式气流干燥机

分散进料式气流干燥机的特点是在气流干燥管下部安装有鼠笼式分散器，可将物料打散，主要适用于含水量较低、松散性尚好的块状物料，如滤饼、咖啡渣、玉米渣等物料的干燥。

3. 粉碎进料式气流干燥机

粉碎进料式气流干燥机的特点是在气流干燥管下方装有一台冲击式锤磨机，用以粉碎湿物料，减小粒径，增加物料表面积，强化干燥。因此，大量水分在粉碎过程中就可得到蒸发，从而便于采用较高的进气温度，以提高其传热效率和生产能力。该类干燥设备主要在淀粉、结晶食盐、速熟食品等处理中应用较多。

4. 混合进料式气流干燥机

若湿物料含水量较高，加料时容易结团，可将部分已干燥的成品作为返料，在混合加料器中与湿物料进行混合，从而利于干燥过程的顺利进行。目前已应用于加工豆粕、鱼粉、汤圆粉等物料的干燥。

5. 脉冲式气流干燥机

脉冲式气流干燥机的特点是气流干燥管的管径呈交替缩小与扩大形式。采用脉冲式气流干燥管可以充分发挥加速段具备的较高传热传质效率的优势，以强化干燥过程。加入的物料粒子首先进入管径小的干燥管内，粒子得到加速，当其加速运动结束时，干燥管径突然扩大，粒子依惯性进入管径大的干燥管。粒子在运动过程中，由于受到阻力而不断减速，直至减速结束时管径又突然缩小，则粒子又被加速，如此重复交替直至干燥结束，以确保热空气和粒子间的相对速度和传热面积均较大，从而强化传热传质效率。

6. 旋风式气流干燥机

气流夹带物料从干燥机的切线方向进入，沿内壁形成螺旋线运动，物料在气流中均匀分布与旋转扰动。因此，即便在雷诺数较低的情况下，粒子周围的气体边界层仍处在高度湍流状态，从而增大了气体和粒子间的相对速度。同时由于旋转运动使粒子受到粉碎，增大了传热面积，从而强化了干燥过程。

对于具有憎水性、粒子小、不怕粉碎和热敏性物料，旋风式气流干燥尤为适用。但是受到其结构限制，对于含水量大、黏性、熔点低、易升华、易爆炸的物料则不能应用。

（三）气流式干燥机的特点

由于采用较高的气流速度（20~40m/s），固体颗粒在气流中高度分散呈悬浮状态，使气固两相之间的传热传质的表面积大为增加，体积传热系数大幅提高。气流干燥采用气固两相并流操作，通过高温介质进行干燥。由于气流干燥的管长一般为10~20mm，因此湿物料的干燥时间仅0.5~2s，干燥时间很短、处理量大、热效率高。结构简单、紧凑，体积小，操作方便。通过将干燥、粉碎、筛分、输送等单元过程联合操作，不但流程简化，而且操作易于控制。气流式干燥机系统的流动阻力降较大，一般为3~4kPa，必须选用高压或中压通风机，动力消耗较大，气流速度快，流量大，需选用较大尺寸的旋风分离器和袋式除尘器。气流干燥对于干燥负荷很敏感，固体物料输送量过大时，气流输送难以正常操作。气流式干燥机可用于各种粉粒状物料，应用范围广泛。

（四）气流式干燥机的介绍

现在常用的气流式干燥机为脉冲气流干燥机，脉冲气流干燥机有 QG、JG、FG 系列气流干燥机。

QG 系列脉冲式气流干燥机是大批量的干燥设备，它采用瞬间干燥的原理，利用载热空气的快速运动，带动湿物料，使湿物料悬浮在热空气中，这样强化了整个干燥过程，提高了传热传质的速率，经过气流干燥的物料，非结合水分几乎可以全部除去，并且所干燥的物料，不会产生变质现象。结构如图 8-17。其适用于粉状物料的干燥除湿，如淀粉、鱼粉、食盐、酒糟、饲料、面筋等多种物料的干燥。

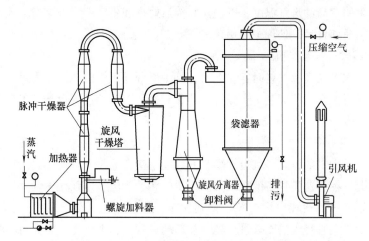

图 8-17　QG 系列脉冲式气流干燥机结构图

JG 气流干燥结构如图 8-18，这种干燥机能从易于脱水的颗粒、粉末状物料，迅速除去水分（主要是表面水分）。在气流干燥中，由于物料在干燥器内停留时间短，使干燥成品的品质得到最佳的控制。湿物料通过螺旋加料器进入强化器后和热气流充分混合，在飞速旋转的击刀击碎和推进下，物料被破碎成细颗粒，在干燥同时向出口移动，最后在风力吸引下进入干燥管，进一步均匀干燥。风力无法吸引的湿重颗粒继续被击碎、干燥直至能被风吸起进入

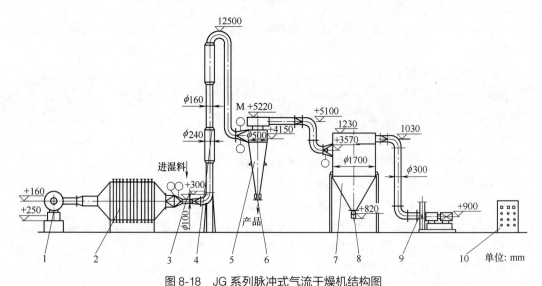

图 8-18　JG 系列脉冲式气流干燥机结构图

1—鼓风机　2—加热器　3—加料器　4—脉冲干燥器　5—旋风分离器　6—星形出料阀

7—布袋除尘器　8—星形出料器　9—引风机　10—控制台

干燥管。特别适合含湿量比较大的、呈膏糊状的湿物料，用其他气流干燥方法无法干燥的物料，如玉米蛋白饲料、酒糟渣、活性面筋等。

FG 系列干燥机的工作原理是将湿物料的干燥分为两步完成。原料先由二级干燥使用过的高温低湿的尾气和补充热气的混合体进行一级正压干燥，使用后的高温低湿尾气排出机外，干燥后的半成品由新鲜的热空气进行二级负压干燥。干燥后的成品计量包装。使用过的高温低湿尾气用作一级干燥，从而完成良好的循环干燥过程，补充的热风量可根据需要随意调节。该设备广泛地用于食品行业的粉状、颗粒状物料的干燥。已用该系列干燥过的产品有淀粉、葡萄糖、鱼粉、砂糖、食糖、酒糟、饲料、面筋等。结构如图 8-19 所示。

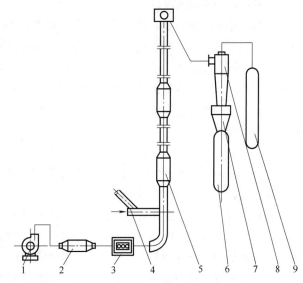

图 8-19 FG 系列脉冲式干燥机结构图

1—鼓风机 2—翅片加热器 3—电加热器 4—文丘里加料器
5—脉冲气流管 6—储料斗 7—料斗 8—旋风分离器 9—袋滤器

五、喷雾干燥机

喷雾干燥是采用雾化器将食品原料液分散为雾滴，雾滴在沉降过程中，水分被热空气蒸发而进行脱水干燥的过程。干燥后得到的粉末状或颗粒状产品和空气分开后收集在一起，同时完成喷雾与干燥两种工艺过程。最适用于从溶液、乳液、悬浮液和可塑性糊状液体原料中生成粉状、颗粒状或块状固体产品。因此，当成品的颗粒大小分布、残留水分含量、堆积密度和颗粒形状必须符合精确的标准时，喷雾干燥是一道十分理想的工艺。

（一）喷雾干燥的工作原理

喷雾干燥的典型工艺流程如图 8-20 所示，由空气加热系统、原料液供给系统、干燥系统、气固分离系统和控制系统等组成，统称为喷雾干燥机。主要装置有空气过滤器、空气加热器、雾化器、干燥塔、料罐及压力泵、旋风分离器及风机等。

喷雾式干燥机的主要工作过程如下：外界新鲜空气依次通过空气过滤器、鼓风机进入至空气加热器，被加热至高温后经匀风板送进干燥塔。匀风板可确保热空气均匀分布，防止旋涡，避免焦粉发生，以保证干燥效果。需干燥

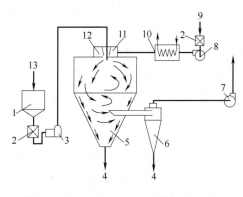

图 8-20 喷雾干燥的典型工艺流程

1—料罐 2—过滤器 3—泵 4—产品 5—干燥室 6—旋风分离器 7—排风机 8—鼓风机 9—空气 10—空气加热器 11—雾化器 12—空气分布器 13—进料

处理的物料液，经杀菌处理后进入料罐，再由压力泵送至雾化器。料液以雾状喷出并与热空气混合，物料微粒吸收热量后瞬间蒸发，形成粉末向下降落。经过恒速干燥过程后，进一步蒸发水分，粗颗粒落入干燥塔的锥形底部并排出机外。干燥后的物料细粉粒和低温湿空气经旋风分离器分离，废空气由排风机排放，干燥细粉末产品落下由卸料器连续排出。

液状物料通过塔顶的雾化器雾化成直径为 $10\sim100\mu m$ 的雾滴，从而大幅增加了表面积。液滴与热风气流接触后，在瞬间进行强烈的热质交换，水分迅速蒸发并被空气带走，产品干燥后形成微细粉末。热风与雾滴接触后温度显著降低，湿度增大，作为废气由排风机抽出。

喷雾干燥是一个热交换和质交换的过程，包括雾化后液料微粒表面水分的汽化，以及微粒内部水分不断向表面扩散的过程，一般可分为三个阶段，即预热阶段、等速阶段和减速阶段。在预热阶段，雾滴升到一定温度以便干燥，对于干燥热敏性物料的高塔设备则更为明显。在等速阶段，水分蒸发在液滴表面发生，蒸发速度取决于周围热风和液滴的温度差。温差越大，蒸发速度越快，此时水分通过微粒的扩散速度大于蒸发速度。当扩散速度降低至无法维持微粒表面的水分饱和值时，蒸发速度开始减慢，干燥进入减速阶段。在减速阶段中，热质交换仍在进行，即微粒进一步失去水分，同时微粒本身温度也在升高，故最后干燥出来的产品仍带有一定温度。

（二）喷雾干燥机的主要构件及分类

1. 喷雾干燥机的主要构件

喷雾干燥机的主体是喷雾干燥室，室内有雾化器、热风分配器及刮粉、出料装置等。为了清除和减少物料的粘壁现象，还需配置清扫装置。喷雾干燥过程中，雾滴大小和均匀程度直接影响产品的质量和技术经济指标。其中，雾化器是影响喷雾干燥机雾化质量的关键部件。根据其工作原理可分为压力式雾化器、离心式雾化器和气流式雾化器三种。

（1）压力式雾化器　压力式雾化器的物化机理是：利用高压泵使料液获得很高的压力（ $2\sim20MPa$ ），从切线方向进入喷嘴的旋转室，或者通过具有螺旋槽的喷嘴芯进入喷嘴的旋转室。这时，液体的部分静压能转化为动能，使液体产生强烈的旋转运动。根据旋转动量矩守恒定律，旋转速度与旋涡半径成反比。因此，越靠近轴心，旋转速度越大，其静压力越小，结果在喷嘴中央形成一股压力等于大气压的空气旋流，而液体则形成旋转的环形薄膜，液体静压能在喷嘴处转变为向前运动的液膜的动能，从喷嘴喷出。液膜伸长变薄，最后分裂成小雾滴。料液的分散度取决于喷嘴的结构、料液的流出速度和压力、料液的物理性质（表面张力、黏度、密度等）。图 8-21 为压力式喷嘴操作示意图。

压力式雾化器俗称压力喷嘴，结构上共同特点是使液体做旋转运动，获得离心惯性力，然后从喷嘴高速喷出。其结构形式较多，以旋涡式压力喷嘴和离心式压力喷嘴较为常用。

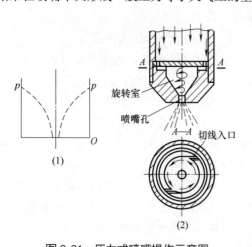

图 8-21　压力式喷嘴操作示意图
（1）压力分布示意图　（2）喷嘴内液体运动示意图

① 旋涡式压力喷嘴：液体压入喷嘴后，从切线方向进入旋涡室，液流即产生旋涡，

喷雾呈中空椎体。结构如图 8-22 所示。

② 离心式压力喷嘴：此型的结构特点是在喷嘴内安装一插头，插头的结构如图 8-23 所示。液体通过内插头变成旋转运动，产生离心作用，在喷孔出口处喷雾，形成中空圆锥体。结构如图 8-24 所示，常用于牛乳、酵母的喷雾。

③ 具有多导管旋涡式压力喷嘴：这是旋涡式压力喷嘴的改良型。喷嘴上面套入多孔板，使进入旋涡式的液流均匀通过切线导管，从而产生中空圆锥体均匀雾滴。结构如图 8-25 所示。

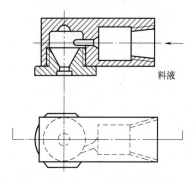

图 8-22　旋涡压力喷嘴结构图

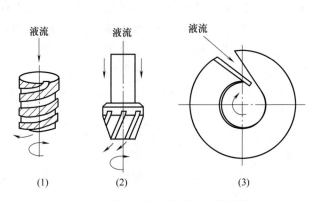

图 8-23　离心压力式喷嘴内插结构图
(1) 斜槽内插头　(2) 螺旋槽内插头　(3) 螺旋片入口

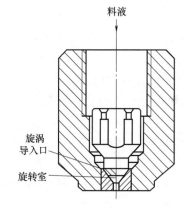

图 8-24　离心式压力喷嘴结构图

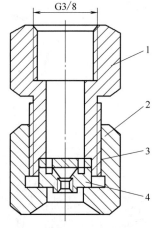

图 8-25　多导管喷嘴结构图
1—管接头　2—螺帽
3—孔板　4—喷嘴

压力式雾化器的主要优点是：

a. 结构简单，操作时无噪声，制造成本低，维修、更换方便、动力消耗较小。

b. 改变喷嘴的内部结构，容易得到所需要的喷嘴形状。

c. 大规模生产时可以采用多喷嘴喷雾。采用多喷嘴时，必须注意喷头分布的距离，相邻喷嘴距离过近，导致粒度不均。对于粒度要求均一的产品最好采用单一的大孔径喷嘴。

压力式雾化器的主要缺点是：

a. 生产过程中流量无法调节。喷嘴的喷雾量取决于喷嘴出口孔径和操作压力。而操作压力的改变会影响产品粒度，因此，即使在喷嘴前的管道中装有调节阀也无法达到目的。当阀门关小后，压力显著降低，喷雾的分散度受到影响。要调节流量，必须更换不同孔径的喷嘴。

b. 喷孔在 1mm 以下的喷嘴，易堵塞。

c. 不适宜用于黏度高的胶状料液及有固相分界面的悬浊液的喷雾。

d. 喷嘴易磨损，需经常更换。

（2）离心式雾化器　离心式雾化器借助高速转盘产生离心力，将料液高速甩出成薄膜、细丝，并受到腔体空气的摩擦和撕裂作用而雾化。喷雾的均匀性随圆盘转速的增加而提高。

图 8-26 所示为一高速旋转圆盘。当在盘上注入液体时，液体受两种力作用：一是离心力和重力作用下得到加速而分裂物化（称为离心物化），离心力只起到给液体加速作用；二是在液体和周围空气的接触面处，由于存在摩擦力促使形成雾滴，这种雾化，称为速度雾化。这两种雾化实际上同时存在，离心雾化得到的粒子大小比压力雾化均匀。离心雾化与料液的物性、流量、圆盘直径、转速及周边形状有关。

离心式雾化器的结构形式较多，常见的有光滑圆盘、多叶圆盘、多层圆盘等类型。

① 光滑圆盘：流体的通道表面是光滑的，没有任何限制流体运动的结构。光滑圆盘包括平面形、盘形、碗形、杯形，如图 8-27 所示。这类离心转盘有较大的湿润表面，使溶液形成扁平的薄膜，可以得到比较均匀的喷雾，结构简单。缺点是表面平整，溶液在盘面上产生较大的滑动，越近盘缘，线速度越高，液体的滑动就越大，因而喷雾速度不高。为了减少溶液的滑动，在盘面上做些浅槽，可使雾滴变小，但也增大了溶液物化的不均匀性。

② 多叶圆盘：在图 8-28 中，在盘盖和圆盘间有许多叶片分离，使喷雾时周边影响小。这种多叶圆盘结构比较合理。在离轴心中心一定距离处设置叶槽，目的是防止料液滑动，增加湿润面的周边，使薄膜沿叶槽垂直面移动，并借助叶槽高度来提高喷雾能力。

③ 多层圆盘：在生产能力较大的情况下，以设计多层管式圆盘较为合适。根据处理量的大小，有双层和三层两种。这种圆盘的特点是在不增大圆盘直径且喷距相同的情况下增加喷雾量，结构如图 8-29 所示。

离心雾化器的优点是液料通道大、不易堵塞；对料液的适应性强，高黏度、高浓度的料

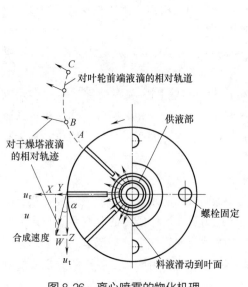

图 8-26　离心喷雾的物化机理

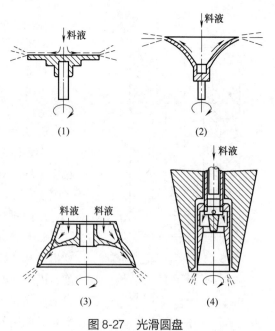

图 8-27　光滑圆盘

（1）平板形　（2）盘形　（3）碗形　（4）杯形

液均可；操作弹性大，进料液变化为±25%时，对产品质量无大影响。缺点是结构复杂、造价高；动力消耗比压力式大；只适于顺流立式喷雾干燥设备。

（3）气流式雾化器　气流式雾化器的雾化机理是利用料液在喷嘴出口处与高速运动（一般为 200~300m/s）的蒸汽或压缩空气相遇，由于料液速度小，而气流速度大，两者存在相当高的相对速度，液膜被拉成丝状，然后分裂成细小的雾滴。雾滴的大小取决于相对速度和料液的黏度。相对速度越高，黏度越小，雾滴越细。料液的分散度取决于气体的喷射速度、料液和气体的物理性质、雾化器的几何尺寸以及气流量之比。一般来说，提高喷射速度，可得到较细的雾滴；增加气液的重量比，则可得到均匀的雾滴；在一定范围内，液体出口管越大，雾滴也越细；液滴的直径还随气体黏度的减小或气体重度的增加而减小。

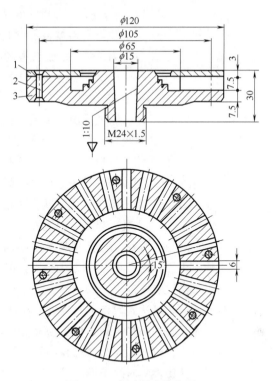

图 8-28　多叶圆盘结构图

1—盖板　2—圆盘　3—喷管

气流式雾化器可分为内部混合型、外部混合型、内外混合相结合的三流型。典型的气流式雾化器结构如图 8-30 所示。

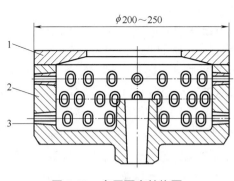

图 8-29　多层圆盘结构图

1—盘盖　2—铆钉　3—圆盘

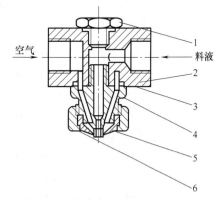

图 8-30　典型的气流式雾化器结构图

1—锁紧帽　2—空气喷嘴　3—喷嘴
4—垫片　5—喷嘴本体　6—堵丝

气流式雾化离心喷雾干燥机主要用于实验室及中间工厂。前两种雾化都不能雾化的料液，采用气流式雾化都能雾化。高黏度的糊状物、膏状物及滤饼物料，可采用三流体喷嘴来雾化。缺点是动力消耗大。

图 8-31　并流型结构图

2. 喷雾干燥机的分类及特点

喷雾干燥机根据结构形式不同，按喷雾和气体流动方向分类，可分为并流型、逆流型和混合型喷雾干燥机等类型。

（1）并流型喷雾干燥机　并流型喷雾干燥机是工业上常用的基本形式，如图 8-31 所示。并流型喷雾干燥机的特点是在喷雾干燥室内，料液雾滴与热风的运行路线相同。这类干燥器特点是被干燥物料允许在低温情况下进行干燥。由于热风进入干燥室立即与料液雾滴相接触，室内温度骤降，不会使干燥物料受热过度，因而可以采用较高的进风温度来干燥而不影响产品的质量。排出产品的温度主要取决于排风温度，因此适宜于热敏性物料的干燥。在食品工业中，牛乳、果汁、鸡蛋液等物料的干燥，绝大多数采用并流型喷雾干燥。

（2）逆流型喷雾干燥机　逆流型喷雾干燥机如图 8-32 所示。逆流型喷雾干燥机的特点是在喷雾干燥室内，料液雾滴与热风的运行方向相反。热风从干燥塔下部吹入，雾滴则由干燥塔上部喷下。高温热风进入干燥室后，首先与即将完成干燥的粒子接触，使内部水分含量达到较低的程度，物料在干燥室内悬浮时间较长，适宜于含水量高的物料干燥。逆流型喷雾干燥的缺点是干燥后的成品在下降过程中，仍与高温热气流保持接触，因而易使产品过热而焦化，故不适合热敏性物料的干燥。

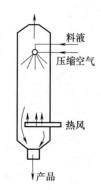

图 8-32　逆流型结构图

（3）混合流型喷雾干燥机　混合流型喷雾干燥机结构如图 8-33 所示。混合流型喷雾干燥机的特点是在干燥室内，雾滴与热风的运动方向呈不规则的状态，其干燥性能介于并流和逆流之间。液滴运动轨迹较大，气流与物料充分接触，脱水效率较高，耗热量较少，适用于不易干燥的物料。但产品会因与湿热空气接触，导致干燥不均匀。

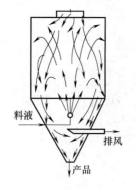

图 8-33　混合流型结构图

（三）喷雾干燥的设备

1. 高速离心喷雾干燥机

（1）工作原理　将原料用雾化器分散成雾滴，并用热空气（或其他气体）与雾滴直接接触的方式而获得粉粒状产品的一种干燥过程。空气经过滤和加热，进入干燥器顶部热风分配器，热空气呈螺旋状均匀地进入干燥室，料液经塔体顶部的高速离心雾化器，旋转喷雾成极细微的雾状液珠，雾滴和热空气接触，混合及流动同时进行传热传质，在极短的时间内可干燥为成品，雾滴及热空气的流向有并流、逆流及混合流，接触方式不同，对干燥塔内的温度分布、雾点（或颗粒）的运动轨迹、颗粒在干燥塔中的停留时间及产品性质等均有很大影响。结构如图 8-34 所示。

（2）特点　干燥速度快，料液经雾化后表面积大大增加，在热风气流中，瞬间就可蒸发 95%~98% 的水分，完成干燥时间仅需 5~35s，特别适用于热敏性物料的干燥。

由于干燥是在热空气中完成的，产品基本上保持与液滴相近似的球状，具有良好的分散性、流动性和溶解性。操作简单稳定，调节控制方便，容易实现自动化作业。

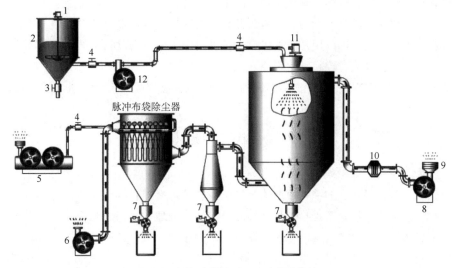

图 8-34　高速离心喷雾干燥机结构图

1—搅拌电机　2—母液罐　3—球阀　4—阀门　5—空气压缩机　6—引风机　7—关风机
8—鼓风机　9—空气过滤器　10—加热器　11—高速离心雾化器　12—螺杆泵

　　生产过程简化，适宜连续控制生产含湿量 40%~90% 的液体，一次干燥成粉，减少粉碎筛选等工序，操作环境卫生条件优越，能避免干燥过程中的粉尘飞扬。

　　原料液可以是溶液、泥浆、乳浊液、悬浮液、糊状物或融熔物，甚至是滤饼等均可处理。

　　（3）应用　食品工业：富脂乳粉、胳肫、可可乳粉、代乳粉、蛋清（黄）。

　　食物及植物汁：燕麦、鸡汁、咖啡、速溶茶、调味香料、肉、蛋白质、大豆、花生蛋白质、水解物等。

　　糖类：玉米浆、玉米淀粉、葡萄糖、果胶、麦芽糖、山梨酸钾等。

　　2. 压力式喷雾（冷却）干燥机

　　（1）工作原理　工作过程为料液通过隔膜泵高压输入，喷出雾状液滴，然后同热空气并流下降，大部分粉粒由塔底排料口收集，废气及其微小粉末经旋风分离器分离，废气由抽风机排出，粉末由设在旋风分离器下端的授粉筒收集，风机出口还可装备二级除尘装置，回收率在 98% 以上。结构如图 8-35 所示。

　　（2）性能特点　干燥速度快，料液经雾化后表面积大大增加，在热风气流中，瞬间就可蒸发 95%~98% 的水分，完成干燥的时间仅需

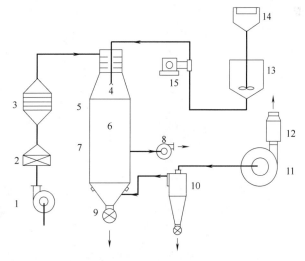

图 8-35　压力式喷雾（冷却）干燥机结构图

1—送风机　2—空气过滤器　3—加热装置　4—喷枪　5—振动装置　6—干燥箱　7—冷风隔套　8—冷风机　9—下料阀　10—旋风分离器　11—引风机　12—消声器　13—搅拌罐　14—料过滤器　15—高压泵

要十几秒到数十秒，特别适用于热敏性物料的干燥。

所有产品为球状颗粒、粒度均匀、流动性好、溶解性好、产品纯度高、质量好。使用范围广，根据物料的特性，可以用热风干燥，也可以用冷风造粒，对物料的适应性强。操作简单稳定、控制方便，容易实现自动化作业。

（3）在食品中的应用　氨基酸及类似物、调味料、蛋白质、淀粉、乳制品、咖啡抽取物、鱼粉、肉精等。

六、旋转闪蒸干燥设备

（一）旋转闪蒸干燥原理

热空气由入口管以适宜的喷动速度从干燥机底部进入搅拌粉碎干燥室，对物料产生强烈的剪切、吹浮、旋转作用，于是物料受到离心、剪切、碰撞、摩擦而被微粒化，强化了传质传热。在干燥机底部，较大较湿的颗粒团在搅拌器的作用下被机械破碎，湿含量较低、颗粒度较小的颗粒被旋转气流夹带上升，在上升过程中进一步干燥。由于气固两相做旋转流动，固相惯性大于气相，固气两相间的相对速度较大，强化两相间的传质传热，所以该机生产强度高。

（二）旋转闪蒸干燥设备的结构及特点

旋转闪蒸干燥机包括了加热器、加料器、搅拌破碎系统、分级器、干燥主管、旋风分离器、布袋除尘器、风机。根据物料干燥性质不同，所使用的闪蒸干燥设备也不相同，这也大大拓宽了闪蒸干燥设备的使用领域。结构如图8-36所示。

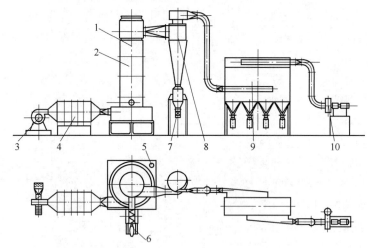

图8-36　闪蒸干燥机结构图

1—分级器　2—干燥主机　3—鼓风机　4—蒸汽加热器　5—搅拌电机　6—加料电机
7—关风机　8—旋风分离器　9—布袋除尘器　10—引风机

在闪蒸干燥室底部流化段设置倒锥体结构，使干燥气体流通截面自下而上逐渐扩大，底部气流相对较大，上部气流相对较小，从而保证下部的大颗粒处于流化状态的同时，上部的小颗粒也处于流化状态，并使热风沿锥部旋转，提高底部风速，缩小了搅拌轴悬臂部分的长度，增加了运转的安全可靠性；可使轴承放在机外，有效地防止轴承在高温区工作，从而延长了轴承的使用寿命。搅拌齿上设置刮板，物料在被搅拌齿粉碎的同时，又被抛向机壁，黏结在壁面上，如不及时刮下，严重时会使设备振动，甚至导致搅拌器闷住不转。搅拌齿上设置刮板，可以及时剥落黏在机壁上的物料，避免粘壁。搅拌轴的转数由无级调速电机控制。根据产品粒度要求选择不同的转速，搅拌轴转速越快，所得产品的粒度就越小。干燥设备上部设置分级器，通过改变分级器的孔直径和分级段的高度，进而改变空气流速，控制离开干燥设备的粒子尺寸和数量、最终含水量及物料在干燥段内的停留时间。加料机的螺旋输送机转数由无机调速电机控制。根据物料性质和干燥工艺参数控制加料速度。

（三）主要特点及应用

多种加料装置供选择，加料连续稳定，过程中间不会产生架桥现象；干燥机底部设置特殊的冷却装置，避免了物料在底部高温区产生变质现象；特殊的气压密封装置和轴承冷却装置，有效延长传动部分使用寿命；特殊的分风装置降低了设备阻力，并有效提供了干燥器的处理风量；干燥室装有分级环及旋流片，物料细度和终水分可调；相对其他干燥方法而言，可有效增加物料相对密度；干燥室内周向气速高，物料停留时间短，有效防止物料粘壁及热敏性物料变质现象，达到高效、快速、小设备、大生产；负压或微负压操作，密闭性好，效率高，消除环境污染。

应用范围：大豆蛋白、胶凝淀粉、酒糟、小麦糖、小麦淀粉等。

第三节　导热干燥设备

一、滚筒干燥机

（一）概述

滚筒干燥机又称转鼓干燥机，是一种内加热传导型转动干燥设备。湿物料在转鼓外壁上获得以导热方式传递的热量，脱除水分，达到干燥所要求的湿含量。在干燥过程中，热量由鼓内壁传到鼓外壁，再穿过料膜，其热效率高，可连续操作，故广泛用于液态物料或带状物料的干燥。液态物料在滚筒的一个转动周期中完成布膜、脱水、刮料，得到干燥制品的全过程。因此，在滚筒干燥操作中，可通过调整进料浓度、料膜厚度、转鼓转速、加热介质温度等参数获得预期湿含量的产品和相应的产量。由于滚筒干燥机结构和操作上的特点，对膏状和黏稠物料更适用。

如其他干燥设备一样，在设计和选用滚筒干燥时，需考虑的主要问题是：被干燥物料的性质、滚筒干燥机的形式、传热传质机理、操作条件及其经济性。

（二）滚筒干燥机的工作原理及特点

1. 滚筒干燥机的工作原理

滚筒干燥机是一种加热传导型的干燥机。干燥的机理是物料以薄膜状态覆盖在滚筒表面，在滚筒内通入蒸汽，加热筒壁，使筒内的热量传导至料膜，并按"索莱效应"，引起料膜内湿分向外转移，当料膜外表面的蒸汽压力超过环境空气中蒸汽分压时，则产生蒸汽和扩散的作用。滚筒在连续转动的过程中，每转一圈所黏附的料膜，其传热与传质的作用始终由里向外，同一方向地进行，从而达到了干燥的目的。

图 8-37 表明筒壁上料膜的温度，是处于连续变化之中。料膜内侧的温度，自始至终地升

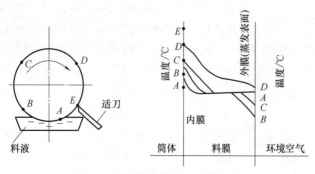

高，体现出湿含量向料膜外侧转移的过程。在料膜外侧，干燥初期的温度，低于内侧的膜温，出现较大的温度梯度，后期则逐渐减小。在刮料点（图中 E 点）处，料膜的温度，将接近于筒壁的温度，因此对于热稳定性较差的物料干燥时，控制筒壁的温度是十分必要的。

图 8-37　滚筒料膜质点的温度变化

料膜干燥的全过程，可分为预热、等速和降速三个阶段。筒壁浸于料液中的成膜区域是预热段，蒸发作用尚不明显。在料膜脱离料液主体后，干燥作用即将开始，膜表面开始汽化，并维持恒定的汽化速度。当膜内扩散速度小于表面汽化速度时，则进入降速阶段的干燥。随着料膜内湿分降低达到物料干燥最终含水量。并在 E 点处由刮刀从滚筒壁上刮出。

2. 滚筒干燥机的特点

（1）操作弹性大、适应性广　滚筒干燥机的操作弹性很大。在影响滚筒干燥的诸多因素中改变其一，而不会使其他因素对干燥操作产生影响。例如，影响滚筒干燥的几个主要因素有加热介质温度、物料性质、料膜厚度、滚筒转速等。如改变其中任一参数都会对干燥速率产生直接的影响，而诸因素之间却没有牵连。这给滚筒干燥的操作带来了很大的方便，使之能适应多种物料和不同产量的要求。

（2）滚筒干燥的热效率高　滚筒干燥的热效率在 80%~90%。这是因为滚筒干燥的传热机理属热传导，传热方向在整个操作周期中保持一致。除端盖散热和热辐射损失外，其余热量都用在外壁料膜的水分蒸发上。从图中 8-38 中可明显看出滚筒干燥机的操作费小于喷雾干燥机，约为喷雾干燥机的 1/3。从投资费来看，在相同蒸发量的条件下，滚筒干燥机投资费用比其他两种干燥机小，见图 8-39。

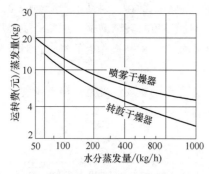

图 8-38　两种干燥设备转费对比

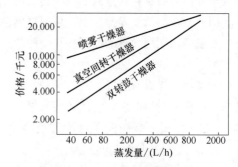

图 8-39　不同干燥机价格对比

（3）干燥时间短　滚筒外壁上的被干燥物料在干燥开始时所形成的湿料膜一般为 0.5~1.5mm，整个干燥周期仅需 10~15s，特别适用于干燥热敏性物料。湿物料脱除水分后，用刮刀卸料，所以滚筒干燥机适用于黏稠的浆状物料。此类物料的干燥用其他干燥设备是比较困

难的。置于减压条件下操作的滚筒干燥机可使物料在较低温度下实现干燥。因此，滚筒干燥机在食品干燥中获得日益广泛的应用。

（4）干燥速率大 由于料膜很薄，且传热传质方向一致，料膜表面可保持 $30 \sim 70 kgH_2O/(m^2 \cdot h)$ 的汽化强度。

（三）滚筒干燥机的分类及主要构件

1. 滚筒干燥机的分类

滚筒干燥机按进料的方法分为双滚筒浸液式（下部）进料［图8-40（1）］、双滚筒浸液式（中心）进料［图8-40（2）］、单滚筒搅拌浸液式进料［图8-40（3）］、对滚筒喷溅式进料［图8-40（4）］、单滚筒喷溅式进料［图8-40（5）］、单滚筒泵输送浸液式进料［图8-40（6）］、组合复式浸液布膜式进料［图8-40（7）］、单滚筒铺辊布膜式进料［图8-40（8）］。

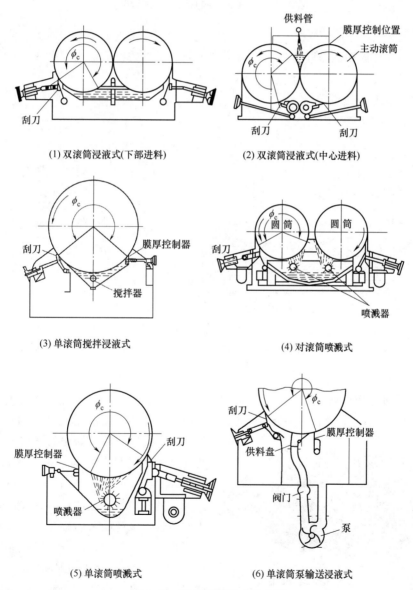

(1) 双滚筒浸液式(下部进料)　　　　(2) 双滚筒浸液式(中心进料)

(3) 单滚筒搅拌浸液式　　　　(4) 对滚筒喷溅式

(5) 单滚筒喷溅式　　　　(6) 单滚筒泵输送浸液式

图 8-40　不同进料的方法分类

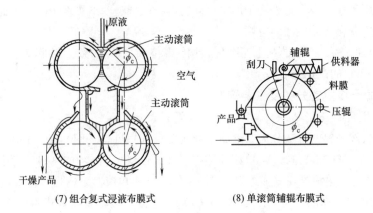

(7) 组合复式浸液布膜式　　　(8) 单滚筒辅辊布膜式

图 8-40　不同进料的方法分类（续）

按滚筒数量可分为单滚筒干燥机、双滚筒干燥机、多滚筒干燥机；按操作压力可分为常压干燥、真空干燥；按滚筒的布膜方式又可分为浸液式、飞溅式、辅辊式、顶槽式及喷雾式等类型。

2. 滚筒干燥机的主要构件

滚筒干燥机的主要结构见图 8-41。

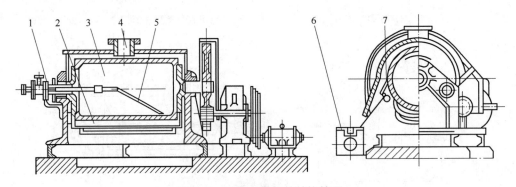

图 8-41　滚筒干燥机的结构简图

1—热介质进出口旋转接头　2—料液储罐　3—旋转滚筒　4—排气管　5—排液虹吸管
6—传动装置　7—刮刀及调节装置

（1）热介质进出口旋转接头　热介质进出口旋转接头结构见图 8-42。其主要部件有空心轴、三通、壳体、端盖、轴承、密封垫、波纹管、密封杯、密封圈、密封垫、内管等。旋转接头是将流体介质从静止的管道输入到旋转或往复运动的设备中的一种连接密封装置。它是一个独立的单体产品。一端与静止管道连接，另一端与运动的设备连接，介质从其中间通过。该产品采用机械密封，不需要填料可自动调心，自动补偿，摩擦系数小，使用寿命长，彻底解决流体跑、冒、滴、漏，改善了工作环境；节省能源、减少维修工作

图 8-42　热介质进出口旋转接头

量、降低了生产成本，是理想的密封产品（国内已有定型产品可供选用）。

（2）旋转筒体 转鼓结构包括筒体、端盖、端轴及轴承。按供热介质不同可分为用水蒸气加热的光筒筒体。也有用导热油、热水加热或冷水冷却（结片机）的带有螺旋导流板夹套层结构的筒体（图8-43）。另外，还有一种带环形沟槽的筒体，特别适用于某些膏糊状的物料及需成型的物料，使干燥与造粒相结合（图8-44）。

筒体材质可根据被干燥物料介质的性能分为碳钢、不锈钢、铜等材料。加工方法为铸造与焊接两种。

① 铸造滚筒：筒体、端轴均分别由铸件经加工和热处理后组装而成（筒体表面渗铬），见图8-45。这类滚

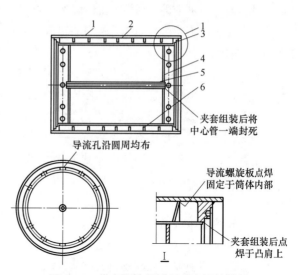

夹套组装后将中心管一端封死

导流孔沿圆周均布

导流螺旋板点焊固定于筒体内部

夹套组装后点焊于凸肩上

图 8-43 带有螺旋导流板夹套层的筒体
1—手孔 2—从动端盖 3—封板 4—保温层 5—筒体 6—主动端盖

筒筒体壁厚（15~32mm）、质量大、热阻大、导热性差，具有热容量大、传热稳定、具有良好的耐磨性和刚性等优点，适用于要求稳定性、无腐蚀性的物料干燥。目前国内已经不再生产。

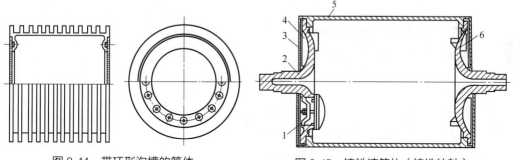

图 8-44 带环形沟槽的筒体

图 8-45 铸铁滚筒体（铸造转鼓）
1—筒体 2—导流螺旋板 3—端板连接凸缘环
4—夹层平板 5—安装中心管 6—夹层本体

② 焊接滚筒：筒体由具有焊接性的板材卷焊加工成型。焊接筒体具有壁薄（8~15mm）、导热性好、单件加工方便、适用材料广、筒体的直径与长度范围广等特点，为各类滚筒干燥机所常用的滚筒形式。在纺织、印染行业中有用紫铜薄板卷焊的焊接体，并采用烘圈压配的方式与两端的端盖连接，壁厚为2~3mm。筒体中部设置加强圈，可承受0.2~0.4MPa蒸汽压力。适用于要求传热快、表面光滑、无锈迹、自重轻、转动灵活的多滚筒干燥机。主要用于带状的纺织、印染、纸张等物料干燥。在筒体焊制加工过程中，尽量使筒体厚度均匀、椭圆度小、以保证筒壁受热均匀。同时也使布料装置和布料调控装置与圆筒之间的相对位置保持不变。防止铺在滚筒上的物料厚薄不均匀、物料层不完全，而产生过热现象，直接影响产品

质量。对转鼓干燥机来讲，圆筒加工的好坏，将决定干燥能力。为了在不同蒸汽压和进风温度等条件下，表面不能凹曲，要有较高的制造精度及承受压力。故筒体制造要按压力容器规范来制造、验收。

（3）刮刀及调节装置　刮料装置包括刮刀刀片、支撑架、支轴和压力调节器等部件。刮刀装置按传递方式可分为直接式和杠杆式两种形式，按压力调节器作用的传递方式又可分为弹簧式（弹性）和螺杆式（刚性）两种形式。刮刀材料主要考虑耐磨性、耐腐蚀性以及与筒体表面之间的硬度。相比筒体易磨损，一般硬度控制在 $260\sim280\mathrm{N/mm^2}$。对于镀铬或经热处理的滚筒，刮刀可淬火处理硬度可达 $440\sim480\mathrm{N/mm^2}$。一般单刀型的刮片厚度控制在 $8\sim10\mathrm{mm}$，宽度可达到 $80\sim150\mathrm{mm}$。单面所开刃口厚度为 $1\sim1.5\mathrm{mm}$，刃口保证平直、光洁，做研磨处理。

（四）滚筒干燥设备

1. 滚筒刮板式干燥机

工作原理：将所要处理的物料通过适当的加料机构，如星形布料器、摆动带、粉碎机或造粒机，分布在输送带上，输送带通过一个或几个加热单元组成的通道，每个加热单元均配有空气加热和循环系统，每一个通道有一个或几个排湿系统，在输送带通过时，热空气从上往下或从下往上通过输送带上的物料，从而使物料能够干燥均匀。干燥好的物料被装置在滚筒表面的刮刀铲离滚筒，到置于刮刀下方的螺旋输送器，通过螺旋输送器将干物料集中、包装。结构如图 8-46 所示。

滚筒刮板干燥机可分为两种形式：单筒、双筒干燥机，另外也可按操作压力分常压和减压两种形式。

主要用途及特点：

（1）滚筒刮板干燥机操作弹性大，适应性广，可调整滚筒干燥机的诸多干燥因素，如进料的浓度、涂料料膜的厚度、加热介质的温度、滚筒的转动速度等，都可以改变滚筒干燥机的干燥效率，且诸多因素互无牵连。这给滚筒干燥操作带来很大的方便，使其能适应多种物料的干燥和不同产量的要求。

（2）滚筒刮板干燥机热效率高，因滚筒干燥机传热机理属热传导，传热方向在整个操作周期中保持一致，除盖散热和热辐射损失外，其余热量全部都用于筒料膜湿分的蒸发上，热效率可达

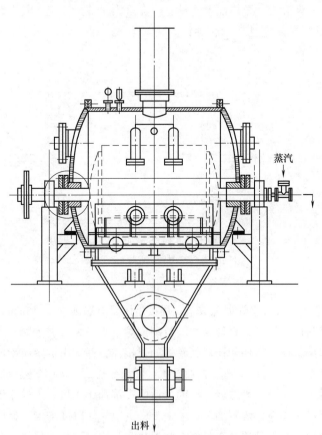

图 8-46　滚筒刮板式干燥机结构图

80%~90%。

（3）滚筒刮板干燥机干燥时间短，特别适用于热敏性物料，若将滚筒干燥机设置在真空器中，则可在减压条件下运行。

（4）滚筒刮板干燥机干燥速率大，滚筒外壁上的被干燥物料有干燥开始时能形成的湿料膜一般为 0.5~1.5mm，且传热、传质方向一致。

2. 回转滚筒干燥机

工作原理：湿物料从干燥机一端投入后，在内筒抄板器的翻动下，物料在干燥器内均匀分布与分散，并与并流（逆流）的热空气充分接触，加快了干燥传热，传至推动力。在干燥过程中，物料在带有倾斜度的抄板和热气流的作用下，可调控地运动至干燥机另一段星形卸料阀排出成品。结构如图8-47 所示。

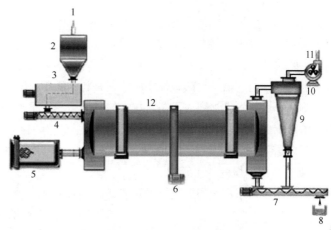

图 8-47　回转滚筒干燥机结构图

1—湿物料　2—料斗　3—脱水机　4—输送绞龙　5—煤气
发生炉　6—粮食烘干机　7—出料绞龙　8—成品
9—旋风卸料器　10—引风机　11—排空　12—干燥机

特点：转筒干燥机机械化程度高，生产能力较大；流体通过筒体阻力小，功能消耗低；对物料特性的适应性比较强；操作稳定，操作费用较低，产品干燥的均匀性好。

3. 带密闭罩的对滚筒干燥机

转鼓干燥机配置密闭罩的主要作用有三方面：①实现滚筒干燥的真空操作；②防尘或回收干燥过程所蒸发的有毒或价值高的溶剂；③隔绝空气，防止易燃物料与空气接触，造成火灾事故。图 8-48 表示带密闭罩的滚筒干燥机。

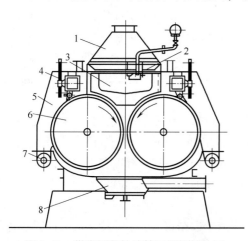

图 8-48　带密闭罩的滚筒干燥机结构图

1—罩子　2—原料加入装置　3—加料器　4—刮刀机械
5—侧罩　6—滚筒　7—旋转接头　8—基座

显然，滚筒干燥设备附加密闭罩以产生负压会增加设备费。因此，这类设备只是在干燥产品的成本允许时才使用。对一些特殊制品的干燥，如在无菌条件下生产抗生素，也采用真空滚筒干燥。另外，像乳粉这种多孔结构的干燥产品和从废弃物中回收贵重溶剂等，也都采用此项技术。在回收高沸点组分时，如乙二醇，为了降低沸点，在真空下操作更为有利。

对于粉尘多的干燥操作，增设密闭罩可防止污染和提高收率。如丙酸盐在干燥过程中粉尘大，不仅恶化工作条件造成环境污染，而且影响成品收率。增设密闭罩和收尘装置可起良好作用。为了使被干燥物料中溶剂残留量降到最小，或消除可能在刮刀上积存的被干燥物料，也可将滚筒干燥机部分密封。但是部分密封会使设备结构复杂。这时滚筒干燥机的部分或大部分裸露在密封罩外。其他形式的密封装置可根据需要设计和安装。

二、真空冷冻干燥机

食品冷冻干燥技术，又称真空冷冻干燥，简称冻干技术，是将待干燥的湿物料放在较低温度下（−50~−10℃）冻结成固态后，在高真空度（0.133~133Pa）的环境下，将已冻结了的物料中的水分，不经过冰的融化而直接从固态升华为气态，从而达到干燥的目的。这种干燥方法由于处理温度低，对热敏性物质特别有利。随着科学技术发展和人们对高品质食品的追求，冷冻干燥技术已被列入了高新技术的行列。冷冻干燥设备是一个集真空、制冷、干燥及清洁消毒于一体的设备。

（一）真空冷冻干燥的工作原理、结构及特点

1. 真空冷冻干燥的工作原理

水由固态至液态和固态到气态的转变如图8-49所示。水在不同的温度下具有不同的饱和

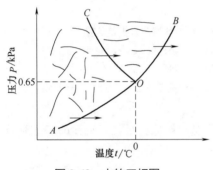

图8-49　水的三相图

蒸汽压。若固态的水在低于温度所对应的饱和蒸气压的环境中，可从固态不经过液相而直接升华呈气态。根据这一原理，可先将湿物料冻结到冰点温度以下，使水分变成固态的冰，然后在适当的条件下促使冰直接升华为水蒸气，再用真空系统中的水汽凝结器将水蒸气冷凝，从而获得干燥制品。干燥过程中水的物态变化和移动始终处于低温低压环境中。因此，真空冷冻干燥机的基本原理实际是在低温低压下进行传热传质。

真空冷冻干燥过程有三个阶段，即预冻阶段、升华干燥阶段和解析干燥阶段。

预冻阶段要求冻结彻底后再抽真空，通过预冻将溶液中的自由水固化，使干燥后的产品与干燥前具有相同的形态，防止起泡、浓缩、收缩和溶质移动等不可逆变化产生，减少因温度下降引起的物质可溶性降低和生命特性的变化。预冻温度必须低于产品的低共熔点温度，一般预冻温度比低共熔点温度要低5~10℃，预冻速度一般控制在降低1~4℃/min，同时还应保温2h以上。

升华干燥阶段又称第一阶段干燥，是将冻结后的产品置于密闭的真空容器中加热，其冰晶就会升华成水蒸气逸出而使产品干燥。当冰晶全部升华逸出时，第一阶段干燥结束，此时产品全部水分的90%左右已经脱除。为避免冰晶溶化，该阶段操作温度和压力都必须控制在产品低共熔点以下，同时升华室内必须保持升华所需要的真空度，同时要不断抽去漏入的空气和升华时产生的大量水汽。

解析干燥阶段又称第二阶段干燥。水分升华干燥阶段结束后，干燥物质的毛细管壁和极性基团上还吸附有一部分水分并未冻结。为了改善产品的储存稳定性，延长其保存期，需要除去这些水分。由于吸附水的解析需要足够的能量，因此在不燃烧和不造成过热变性的前提下，本阶段物料的温度应足够高。同时，为确保解析出来的水蒸气有足够的推动力逸出，箱

内环境需保持在高真空状态。干燥产品的含水量需视产品种类和要求而定，一般在 0.5%~4%。

2. 真空冷冻干燥设备的主要结构

真空冷冻干燥设备是由制冷系统、真空系统、加热系统、干燥系统和控制系统等组成，如图 8-50 所示。

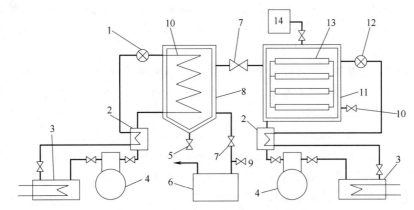

图 8-50 真空冷冻干燥设备组成示意图

1—膨胀阀 2—热交换器 3—水冷却器 4—制冷压缩机 5—放气出口 6—真空泵 7—真空泵阀门
8—冷凝器 9—放气阀 10—放气阀门 11—冷冻干燥箱 12—膨胀阀 13—板温指示 14—真空计

(1) 冷冻干燥室 冷冻干燥室有圆形、箱形等。干燥室要求能制冷到-40℃或更低温度，也能加热到50℃左右，同时完成抽真空。一般在室内做成数层搁板，室内通过一个装有真空阀门的管道与冷凝器相连，排出的水由该管道通往冷凝器。其上开有几个观察孔，并装有测量真空和冷冻干燥结束时的温度传感器等。

(2) 冷凝器 冷凝器是一个真空密封的容器，内部装有表面积很大的金属管路连通冷冻机，可制冷到-80℃~-40℃，从而将干燥室内物料蒸发出的水蒸气冷凝下来，以降低干燥室的蒸汽压力，利于干燥过程的进行。

(3) 真空系统 真空系统由冷冻干燥室、冷凝器、真空阀门、管道、真空设备和真空仪表等组成。真空冷冻干燥过程中，干燥室中的压力应为冻结物料饱和蒸汽压的 1/4~1/2，一般情况下干燥箱中的绝对压力为 1.33~13.3Pa。在实际操作中，为了提高真空泵的性能，可在高真空泵排出口再串联一个粗真空泵，也可串联多级蒸汽喷射器以获得较高真空度。

(4) 制冷系统 制冷系统由冷冻机组、冷冻干燥箱以及冷凝内部的管道等组成。冷冻机可以是互相独立的两套，即一套冷冻干燥室，一套冷凝器，也可合用一套冷冻机组。制冷方式有蒸汽压缩式制冷、蒸汽喷射式制冷、吸收式制冷等。最常用的是蒸汽压缩式制冷。冷冻机可根据所需要的不同低温，采用单级压缩、双级压缩或者覆叠式制冷机。

(5) 加热系统 加热系统的作用是加热冷冻干燥箱内的搁板，促冻结后的制品水分不断升华出来，必须要不断提供水分升华所需的热量，故供热系统的作用是供给干燥器内结冰以升华潜热，并供给冷阱内的积霜以溶解热。供给升华热时，应保证传热速率使冻结层表面达到尽可能高的蒸汽压，但又不致使它融化。所以，热源温度应根据传热速率来决定。

为供给升华潜热促进干燥热装设的加热方法，可分为直接和间接加热两种方法。直接加热法用电直接在箱内加热；间接法则利用电或其他热源加热传热介质，再将其通入搁板。

（6）控制系统　由各种开关、安全装置、自动监控元件和仪表等组成自动化程度较高的控制系统，有效地控制加热温度、真空度以及自动记录仪等，以保证产品质量，提高效率。

3. 真空冷冻干燥的特点

物料在低压下干燥，使物料中的易氧化成分不致氧化变质，同时因低压缺氧能杀菌或抑制某些细菌的活力，微生物的生长和酶的作用受到抑制；物料在低温下干燥，使物料中的热敏性成分能保留下来，营养成分和风味损失很少，可以最大限度地保留食品原有成分、味道、色泽和芳香物质；由于物料在升华脱水以前先经冻结，形成稳定的固体形态，所以水分升华以后，固体形态基本保持不变，干制品不失原有的固体结构，保持着原有形状，具有理想的速溶性和快速复水性；物料真空冷冻干燥过程中，原溶于水中的无机盐类溶解物质被均匀分配在物料之中，升华时溶于水中的溶解物质就地析出，避免了一般干燥方法中因物料内部水分向表面迁移所携带的无机盐在表面析出而造成表面硬化的现象；脱水彻底，重量轻，适合长途运输和长期保存而不变质；由于操作是在高真空和低温下进行，需要一整套高真空制取设备和制冷设备，故设备投资和运转费用高，产品成本高。

由于上述特点，真空冷冻干燥在食品工业中常用于肉类、水产类、蔬菜类、蛋类、速溶咖啡、速溶茶、水果粉等的干燥。此外，在军需食品、远洋食品、登山食品、宇航食品和婴儿食品等行业也有很好的发展前景。

（二）真空冷冻干燥设备的介绍

真空冷冻干燥设备按运行方式不同可分为间歇式和连续式冷冻干燥机；按容量不同可分为工业用和实验用冷冻干燥机；按能否进行预冻可分为预冻和非预冻的冷冻干燥机等。

1. 间歇式真空冷冻干燥机

间歇式真空冷冻干燥机如图 8-51 所示。干燥箱内有搁板，可用来搁置被冻干物料，并实现制冷加热控制。目前大多数干燥箱都带有预冻功能，使物料在箱中能冻结至共熔点以下的温度，然后在真空环境下加热升温，提供水汽升华所必需的热量。水汽凝结器是用来凝结物料中升华的水汽，其与干燥箱用管道连接，一般中间装有真空阀门。真空系统是用来保持干燥箱和水汽凝结器内所必要的真空度，以及抽取由连接管和阀门等处泄漏的空气和不凝性气体。制冷系统一般为两级压缩制冷循环或覆叠式制冷循环。加热系统采用间接加热形式，可利用中间介质既作冷媒又作热媒。控制系统主要根据按物料的不同冻干工艺，设定温度和时间来控制整个工艺过程。

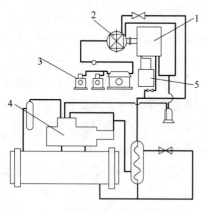

图 8-51　间歇式冷冻干燥机流程图
1—干燥箱　2—水汽凝结器　3—真空系统　4—制冷系统　5—加热系统

现代冷冻干燥机的干燥箱内还配有清洗消毒装置和自动加塞装置等。清洗消毒装置是为了保证箱内的清洁和消毒灭菌，在箱内装有清洁液喷淋喷嘴，通过泵升压，使清洁液喷向箱内各部分进行消毒。自动加塞装置的作用是为了避免物料干燥后在箱外封装时，被空气中的水分、细菌等污染。

间歇式真空冷冻干燥设备具有许多适合食品生产的特点，绝大多数的食品冷冻干燥设备均采用此种形式。间歇装置的优点是：①适应多品种小产量的生产，特别是适合于季节性强的食品生产；②单机操作，如一台设备发生故障，不会影响其他设备的正常运行；③便于设备的加工制造和维修保养；④便于控制物料干燥时不同阶段的加热温度和真空度的要求。缺点是：①由于装料、卸出启动等预备操作占用时间长，故设备的利用率较低；②要满足一定产量的要求，往往需要多台单机，并要配备相应的附属系统，这样，设备投资费用和操作费用就增加。

2. 连续式真空冷冻干燥机

连续式真空冷冻干燥装置如图 8-52 所示，其进料到出料均为连续操作模式。工作时，经过预冻的物料从物料入口进入进口闭风室，开启闸式隔离阀让物料进入干燥室，加热板使物料中冻结的水分升华，升华的水蒸气通过冷凝室和真空泵排出。物料在干燥室内沿输送器轨道向前运动，干燥好的物料经出口闭风室送出。

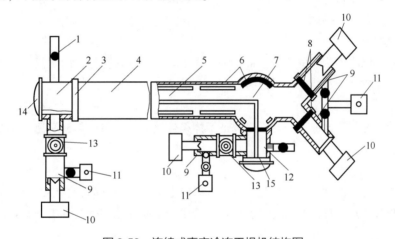

图 8-52 连续式真空冷冻干燥机结构图

1—阀门 2—进口闭风室 3—闸式隔离阀 4—长圆筒容器 5—干燥室 6—加热板 7—扩大室 8—隔离室
9—冷凝室 10—制冷压缩机 11—真空泵 12—出口闭风室 13—控制阀 14—物料入口 15—输送器轨道

该类设备的优点在于处理能力大，适合于单品种生产；设备利用率高，便于实现生产自动化以及劳动强度低。缺点在于不适用于多品种小批量的生产；虽可控制在不同的阶段进行干燥，但不能控制不同真空度参数；同时设备庞大复杂，对于制造精度要求较高，投资费用大。

第四节 电磁辐射干燥设备

电磁辐射干燥设备是利用电磁感应加热（如高频、微波等）或红外线辐射效应，对物料实施加热干燥处理。由于这种干燥方法会使物料中的极性分子（主要是水分子）在激烈的运动中产生摩擦而发热，因此有别于其他的外热加热干燥方法，电磁辐射干燥过程中物料的加热和干燥过程处在整体的、从外部到内部同时均匀发热的状态。因而食品物料在干燥过程中具有选择性，不会因过热变质或焦化，同时干燥处理方法时间短，其干制品的质量好，外部形状的保持也比其他干燥方法好。

一、微波辐射干燥

微波辐射干燥是利用电磁辐射能量场加热、干燥食品的一种方法与技术。微波是指波长在 1~1000mm，频率在 300~300000MHz 的电磁波。近年来，微波作为能量场的技术有了很大发展，已广泛应用于加热与干燥的操作中。目前，广泛使用的是 915MHz 和 2450MHz 两个频率，其他波段的频率由于还没有相应的大功率发生器而没有普及。

（一）微波加热的工作原理

微波干燥的原理是利用微波在快速变化的高频电磁场中与物质分子相互作用，使分子产生摩擦而发热，从而把微波能量直接转换为介质热能。由于发热产生了温度梯度，推动水分子相对运动，使水分自物料内部向表面移动，最终达到干燥的目的。

（二）微波干燥的特点

1. 加热速度快

由于微波能够深入物料的内部，而不是依靠物料本身的热传导，因此只需常规方法很短的时间就可以完成整个加热干燥的过程，有效利用了能源。

2. 加热均匀，产品质量好

在通常的情况下，微波的内热加热保证了体积热效应，加热均匀，避免了外热干燥时出现的温度梯度现象。

3. 加热具有选择性

微波加热与物料的性质有着密切的关系，微波电磁场只与食品物料中的溶剂耦合，因此物料中的湿分被加热、排出，避免了基质加热造成的表面硬化等过热现象，有效保持了食品物料原有的特色。

4. 过程控制迅速

微波的能量输出可以通过电源的开关实现通闭，能源输出无惰性，生产过程控制迅速，易于实现。

（三）微波干燥设备的主要构件

微波干燥设备主要由微波发生器、电源、波导装置、加热器、冷却系统、传动系统、控制系统等组成，如图 8-53 所示。微波管产生的微波通过波导装置传输给加热器。加热器主要有箱式、极板式和波导管式等类型。冷却装置主要用于对微波发生装置的腔体和阴极等部位进行冷却，方法为风冷或水冷。

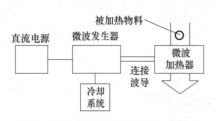

图 8-53　微波加热设备方块示意图

1. 微波发生器

微波发生器由直流电源提供高压，是在微波加热干燥中产生微波能的器件，主要有磁控管和速调管两种形式。速调管结构比磁控管复杂，效率比磁控管略低，但单管可以获得功率大的效果。

2. 微波管的负载及冷却

无论使用磁控管或是速调管，都要尽可能使输出负载匹配，匹配一般是以驻波比来衡量的。驻波是指由于实际传输线中存在波导的弯曲，加工尺寸不均匀，联结处欠佳，致使传输线整个长度上出现周期分布且位置固定不动的电磁场，驻波比（P）即为最大和最小电场强度之比，设计时一般取 P 为 1.1 时，认为是匹配的。

大功率的微波管一般需要通软水冷却，其他则用强制风冷却即可。

（四）微波干燥设备的介绍

1. 箱式微波干燥器

箱式微波干燥器是应用较为普及的一种微波干燥装置，属于驻波场谐振腔加热器。家用微波炉即为典型的箱式微波干燥器。

箱式微波干燥器由矩形谐振腔、输入波导、反射板、搅拌器等部分组成，其结构简图如图 8-54 所示。微波经波导装置传输至矩形箱体内，矩形各边尺寸都大于 1/2 波长，从不同的方向都有微波的反射，且微波能在箱壁的损失极小。因此，被干燥物料在腔体内各个方向均可吸收微波能，从而被加热干燥。没有被吸收的微波能穿过物料达到箱壁，由于反射又折射到物料上，确保微波能全部用于物料的加热干燥。

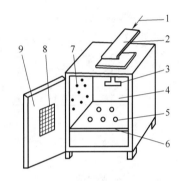

箱壁通常采用不锈钢或铝板制作，在箱壁上钻有排湿孔，以避免湿蒸汽在壁上凝结成水而消耗能量。在波导入口处装有反射板和搅拌器，搅拌器叶片用金属板弯成一定的角度，通过搅拌不断改变腔内场强的分布，达到物料均匀干燥的目的。箱式微波加热器由于在操作中其谐振腔是密封的，微波能量的泄漏很少，安全性高。

图 8-54　箱式微波干燥器结构图

1—微波输入　2—波导管　3—横式搅拌器
4—腔体　5—加工产品　6—低损耗介质板
7—排湿孔　8—观察窗　9—门

2. 隧道式微波干燥器

隧道式微波干燥器为连续式谐振腔干燥器，其结构如图 8-55 所示，是目前食品工业加

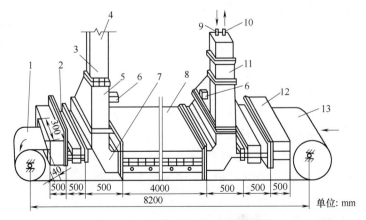

图 8-55　隧道式微波干燥器结构图

1—输送带　2—抑制器　3—波导管　4—波导输入口　5—锥形过滤器　6—排风机　7—直角弯头
8—主加热器　9—冷水进口　10—热水出口　11—水负载　12—吸收器　13—进料

热、杀菌、干燥操作常用的装备。

隧道式微波干燥器可视为多个箱式微波干燥器打通后相连的形式。隧道式微波干燥器可以安装多个 2450MHz 的低功率磁控管获取微波能，也可以使用 915MHz 的大功率磁控管经波导管将微波导入干燥器中。干燥器的微波馈入口可以在干燥器的上部、下部或两侧。被加热的物料通过输送带连续进入加热器中，按要求工作后连续输出。

3. 微波真空干燥器

工作原理：微波与物料直接作用，物料分子随电磁场变化而运动，将动能转化成热能，物料温度升高。水是强烈的吸收微波的物质，物料中的水分子是极性分子，在微波作用下，其极性取向随着外电磁场的变化而变化，致使分子急剧摩擦、碰撞，使物料产生加热和膨化等一系列过程而达到微波加热的目的。物料内各部分在同一瞬间获得热能而升温因此能在短时间内达到均匀加热。由于物料表面水分蒸发，致使表面温度降低，从而造成一个内高外低的温度梯度，这个梯度的方向正好与水分蒸发的方向一致，使得蒸发加快，所以效率极高。结构如图 8-56 所示。

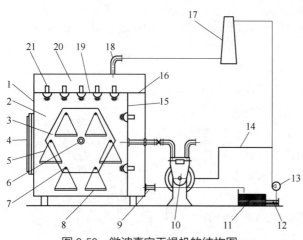

图 8-56　微波真空干燥机的结构图

1—外壁　2—微波真空干燥室　3—无料装卸系统　4—密封门
5—料架　6—回转轴　7—支撑轴　8—料盘　9—排气口
10—真空泵　11—控制系统　12—降温系统　13—泵
14—回路　15—真空管　16—隔板　17—风机
18—进气口　19—真空管　20—微波输入口
21—微波发生器

特点：微波干燥具有从内向外干燥的特点，极大提高干燥效率；物料内部和表面同步进行加热，温度分布均匀，提高品质；耗能是普通干燥设备的 1/4 ~ 1/3，成本低，安全无公害；公安制品保质期长，重量轻，可室温贮藏和运输，耗能降低。

微波加热和真空干燥相结合的方法更能加快干燥速度，也是食品工业中常采用的干燥方法。微波真空加热设备一般为圆筒形，采用 2450MHz 的微波源提供能量。

二、红外线辐射干燥

红外线是指波长在 0.72 ~ 1000μm 的电子辐射，介于可见光和微波之间。工业上一般把波长范围在 0.72 ~ 2.5μm 称为近红外辐射，2.5 ~ 100μm 称为中红外辐射，100 ~ 1000μm 称为远红外辐射。由于辐射线穿透物料的深度约等于波长，而远红外线的波长较近红外线更长，因此远红外线既能穿透到被加热物体的内部，同时更容易被物质所吸收，故远红外干燥效果优于近红外。

（一）红外线辐射干燥的工作原理

红外线干燥设备是利用辐射传热干燥的一种方法。红外线辐射器所产生的电磁波传播到被干燥的物料，当红外线的发射频率和被干燥物料中分子运动的固有频率相匹配时，引起物料中的分子强烈振动，从而在物料内部发生激烈摩擦产生热而达到干燥的目的。

（二）红外线辐射干燥的特点

（1）干燥速度快，生产效率高，无须通过媒介物，节约能耗。

（2）干燥设备小，便于连续生产和自动控制，无漏波危险，易于操作和维修。

（3）干燥品质好。由于物料表面和内部的分子同时吸收红外线辐射，确保加热均匀一致，产品外观和组织结构均有提高。

（4）红外线频率高，波长短，透入深度小，因此适用于大面积、薄层物料的加热干燥。

（三）红外线辐射干燥设备的分类及应用

红外辐射加热器是将电能或热能转变成红外辐射能，实现高效加热与干燥。根据供热方式来进行划分，主要有直热式和旁热式两种。

1. 直热式辐射器

直热式辐射器是指电热辐射元件既是发热元件，又是热辐射体。通常将远红外辐射涂层直接涂在电阻线、电阻片、电阻网、金属氧化物电热层或硅碳棒上，形状上制成灯式、管式、板式及其他异形等式样。直热式器件升温快、重量轻，多用于快速或大面积供热需求。

在直热式辐射器中，电阻带式辐射器的应用范围最广。该辐射器以铁铬铝合金电阻带或铬镍合金电阻带为电热基体，在其表面喷涂烧结铁锰酸稀土钙或其他高发射率涂料而制成。电阻带热惰性小、升温快，适合于中低温加热干燥，寿命长，维修方便。在使用电阻带式辐射器时，可以选配反射集光装置以加强干燥效果。结构如图8-57所示。

图8-57 电阻带直热式远红外辐射器

2. 旁热式辐射器

旁热式辐射器是指由外部供热给辐射体而产生红外辐射，其能源可借助电、煤气、蒸汽、燃气等。辐射器升温慢，体积大，生产工艺成熟，使用方便，可借助各种能源，加工形状多样，且寿命长，故仍在广泛应用。

图8-58 管状远红外辐射器结构图

1—接线柱 2—金属卡套 3—金属卡环
4—自支撑节 5—惰性气管腔 6—钨丝
热子 7—乳白石英管 8—密闭封口

旁热式辐射器有灯式、管式、板式等多种。板式远红外线辐射器是将电阻线夹在碳化硅板或石英砂的沟槽中间，在碳化硅板或石英砂的外表面涂覆有一层远红外涂料，当电阻线通过电加热至一定温度后，即能在板表面发出远红外辐射。具有热传导性好、省电、温度分布均匀等特点，应用广泛。图8-58、图8-59所示分别

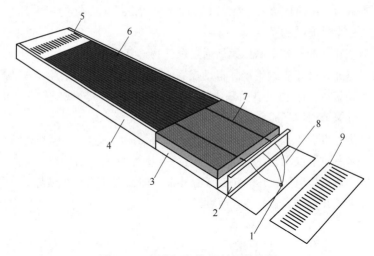

图 8-59　板状远红外辐射器结构图

1—出线孔　2—蓄热盒　3—保温隔热防火层　4—外壳　5—散热孔　6—特种
合金航空铝材发热板　7—核口发热元件　8—高温线　9—前盖

为管状远红外辐射器结构和板状远红外辐射器结构。

　　管状远红外辐射器的构造如图 8-58 所示，它的中心是一根缠绕的电阻丝，外面是一根金属管者陶瓷管，中间填以绝缘，导热性能好的氧化镁粉，管壳的外面涂复烧结一层远红外辐射器材料。板状远红外辐射器的构造如图 8-59 所示，它的中心是电阻丝，下边是隔热材料，上面是碳化硅或石英砂板，在板的外面涂复烧结远红外涂层。

第五节　其他新型干燥技术与装备

一、热泵干燥

　　热泵干燥装置主要由热泵和干燥机（对流或传导干燥设备）两大部分组成，其工作原理如图 8-60 所示。热泵是指由压缩机、蒸发器、冷凝器和膨胀阀等组成的闭路循环系统，系统内的工作介质首先在蒸发器吸收来自干燥过程排放废气中的热量后，由液体蒸发为蒸汽；经压缩机压缩后送到冷凝器中；在高压下，热泵工作介质冷凝液化，放出高温的冷凝热去加热来自蒸发器的降温液去湿的低温干空气，把低温干空气加热到要求的范围后进入干燥室内作为介质循环使用；液化后的热泵工质经膨胀阀再次返回到蒸发器中，反复循环；废气中的大部分水蒸气在蒸发器中被冷凝下来直接排走。

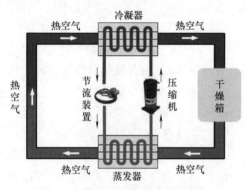

图 8-60　热泵干燥装置的工作原理

高温热泵烘干机组在工作时，与普通的空调以及热泵机组一样，在蒸发器中吸收低温环境介质中的能量 Q_A，它本身消耗一部分能量，即压缩机耗电 Q_B，通过工质循环系统在冷凝器中时行放热 Q_C，$Q_C = Q_A + Q_B$，因此高温热泵烘干机组的效率为 $(Q_B + Q_C)/Q_B$，而其他加热设备的加热效率都<1，因此高温热泵烘干机组加热效率远大于其他加热设备的效率。可以看出，采用高温热泵烘干机组作为烘干装置可以节省能源，同时还降低 CO_2 等污染物的排放量，实现节能减排的效果。

热泵干燥装置的流程形式有部分废气循环式、闭路式、开路式、传导式等，见图8-61、图8-62、图8-63所示。

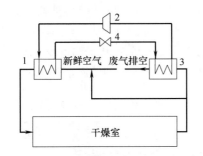

图8-61 部分废气循环式热泵干燥装置
1—冷凝器 2—压缩机 3—蒸发器 4—膨胀阀

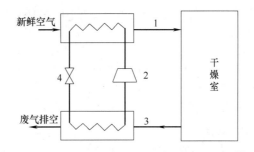

图8-62 开路式热泵干燥装置
1—冷凝器 2—压缩机 3—蒸发器 4—膨胀阀

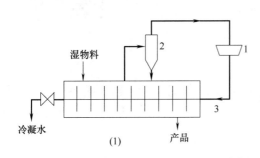

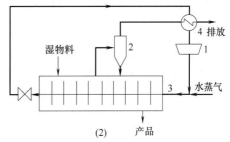

(1) 产品

(2) 产品

图8-63 传导式热泵干燥装置的流程图
1—压缩机 2—蒸汽净化器 3—干燥器 4—换热器

与常规的干燥方法相比，热泵干燥装置具有一系列的特点：能耗低，节能显著；可以用较低的温度干燥食品，对食品不会产生化学分解和被氧化等现象，食品的风味，特别是颜色保存完整，特别有利于热敏性物料、健康食品和生物制品的干燥；使用闭路式循环系统，干燥过程物料不会被污染，干燥介质也不会污染环境；在低温环境下工作的热泵，运行寿命长。热泵干燥装置的缺点是对干燥物料需用较长的时间。

二、真空脉动干燥

真空脉动技术的工作原理是指在一次干燥过程中连续的进行升压降压循环，直到达到目标含水量。真空脉动干燥压力变化示意图如图8-64所示。物料所处环境的压力在大气压力和真空之间交替循环，即压力首先由常压变为真空，保持一段时间（图中 t_1），然后恢复至常压，再保持一段时间（图中 t_2），如此循环往复直到干燥结束。

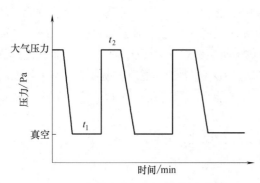

图 8-64　真空脉动干燥压力变化示意图

真空脉动干燥通过不断循环抽真空、卸压，使物料表层的蒸汽压与外界环境水蒸气压一直处于不平衡状态，从而增大传质动力，提高了干燥速度。在压力交替变化过程中，不断产生压力梯度，能够提供足够大的毛细驱动力，加速干燥进行，避免了通过提高加热温度来提高毛细驱动力导致的物料热损坏。压力脉动过程中产生的压差能使物料内部结构发生"隧道效应"，即压差能使物料已有的孔隙结构更明显，并在没有孔隙结构的地方形成孔隙结构，这样有利于水分的

传输，同时干后产品的复水性也更好。在真空脉动干燥过程中，水分的传递是湿度梯度、温度梯度和压力梯度共同推动的结果。图 8-65 所示为滚筒式真空脉动干燥机。

滚筒式真空脉动干燥机的工作原理：将物料放入干燥滚筒内以设定的温度进行加热，然后开启真空泵抽真空。当真空度达到设定值时，控制系统开始按设定的真空干燥时间进行倒计时。当真空干燥时间结束时电磁阀开启，干燥室内压力变为常压，此时按设定的常压干燥时间开始倒计时。

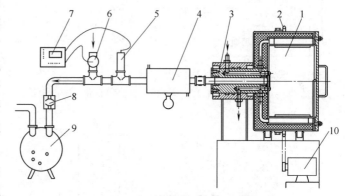

图 8-65　滚筒式真空脉动干燥机结构图

1—干燥滚筒　2—链传动装置　3—旋转接头　4—冷凝器　5—压力传感器
6—电磁阀　7—控制装置　8—逆止阀　9—真空泵　10—减速电机

常压干燥完成后电磁阀关闭，进入真空干燥阶段。如此不断循环直至物料降至所需含水率为止。在干燥过程中真空泵一直处于工作状态，这样就能及时将物料蒸发出的水分带走。

与常规的干燥方法相比，真空脉动干燥技术具有如下优点：物料大部分时间处于真空低氧的环境中，可减少营养成分的破坏，有利于物料中色泽的保护；低压环境下，物料的水蒸气分压与外界环境的蒸汽分压的压差较大，有利于水分的扩散，因此干燥过程可在较低的环境中进行，一些热敏性物质可以得到很好的保存；真空脉动干燥与恒真空干燥相比，具有更好的干燥效率，同时真空脉动干燥的真空泵运行时间较短，因此比恒真空干燥更为节能。

三、气体射流冲击干燥

气体射流冲击干燥技术的技术机理如图 8-66 所示。它将具有一定压力的加热（或冷却）气体经一定形状的喷嘴喷出，通过借助喷嘴产生的高速气流直接冲击物料表面而携走水分，实现物料脱水干燥。该技术具有气流速度快、对流换热系数高（是一般热风对流干燥的 5 倍甚至 10 倍以上）、干燥速度快、能耗低（比普通热风干燥节能 20%～30%）、传热速率可控

等特点。

由于喷出的气体具有极高的速度，且流体的流程短，直接冲击到待加热物料表面时，气流与物料表面之间产生非常薄的边界层（当雷诺数为10^4数量级时，边界层的厚度是喷嘴直径的千分之几）。因此，气体射流冲击干燥技术的换热系数比一般热风换热系数高出几倍以至一个数量级，可使物料在较短的时间内达到或接近冲击气流的温度。

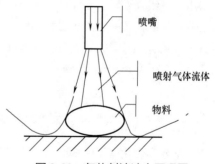

图8-66　气体射流冲击原理图

图8-67为气体射击流冲击干燥机示意图，其中新鲜空气由风机2吹入，经过余热回收热管3上部分（热量输出冷凝段）由高效石英热管4加热，进入气流分配室5，被加热过的空气通过喷嘴7冲击干燥室8中的物料，余气通过废气回收装置9经过余热回收装置3下部分（热量输入蒸发段），此时废气中的部分余热被回收，废气通过回风软管1进入风机2继续被利用，当空气中的水分含量较高时可以打开回风软管1排湿。

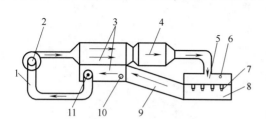

图8-67　气体射击流冲击干燥示意图

1—回风软管　2—风机　3—余热回收装置　4—高效石英热管　5—气流分配室　6—温度传感器　7—喷嘴　8—物料冲击干燥室　9—废气回收装置　10—温度测量仪　11—湿度测量仪

影响气体射流冲击传热的主要因素包括喷嘴出口大小及形状、喷嘴至冲击面的距离、喷嘴与喷嘴之间的距离和排列方式、气流冲击平面时的辐射距离和喷嘴出口的气流速度及温度等。

近年来，气体射流冲击干燥技术已被应用于西洋参片、肉苁蓉片、红薯薯条、葡萄、杏、哈密瓜片、线辣椒、板栗等多种物料的干燥加工，能够适应颗粒尺寸、形状以及密度相差较大的物料。

第六节　组合干燥设备

在工业生产中，由于物料的多样性及其性质的复杂性，当用单一形式的干燥设备来干燥物料时，往往达不到最终产品的质量要求。如果把两种或两种以上形式的干燥设备串联组合起来，就可以达到单一干燥设备所不能达到的目的，这种干燥方式成为组合干燥。

一般认为，恒速干燥阶段的干燥速率取决于水蒸气通过干燥表面的气膜扩散到气相主体的速率，因此，可以在第一级的快速干燥器中除去物料的非结合水分。而降速干燥阶段的干燥速率是由水分在物料内的扩散速率所控制，需要有足够的时间使水分扩散到物料外表面上。因此，可以在外部干燥条件较低的第二级（或第三级等）干燥器中除去物料的结合水分。

采用多级组合干燥，不仅可以使最终产品的含水量达到要求，还可以改善产品质量，同时又能节省能源，尤其是对热敏性物料最为适用。工业生产中常用的组合干燥方式有两级组合或者三级组合干燥等，其组合方式有喷雾干燥和流化床干燥的组合、喷雾干燥和带式干燥的组合、气流干燥和流化床干燥的组合、粉碎气流干燥（或旋转快速干燥）和流化床干燥的组合等。

一、喷雾干燥和流化床干燥的组合

喷雾干燥和流化床干燥的组合大多是用于牛乳等食品类物料的干燥，如图 8-68 所示。它是由一个喷雾干燥和一个振动流化床两级干燥组成。在这个两级干燥系统中，喷雾干燥为第一级干燥，物料被干燥到水分含量为 10% 左右（这是牛乳的干燥情况），而不是最终的湿含量 3%~5%，剩下的水分在第二级干燥器（即振动流化床干燥器）中完成。在第二级的振动流化床中，粉体先被干燥后被冷却。

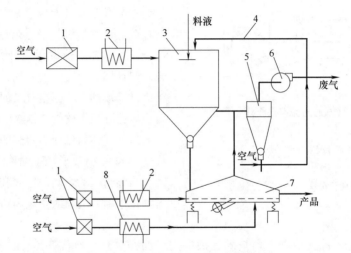

图 8-68　牛乳的二级组合干燥示意图

1—空气过滤器　2—加热器　3—喷雾干燥器　4—细粉返料管线　5—旋风分离器
6—引风机　7—振动流化床　8—冷却器

与单级喷雾干燥相比，这种两级干级干燥系统得到的产品质量高（如乳粉的速溶性好），而且热效率也高，可节能约 20%。两级组合干燥系统的出口废气温度比单级喷雾干燥系统的要低 15~20℃（约为 80℃），这就允许用更高一点的进口空气温度，而不会影响产品的质量。

二、喷雾干燥和带式干燥的组合

图 8-69 所示为喷雾干燥和带式干燥的三级组合干燥器，主要用于食品的干燥。在第一级的多喷嘴喷雾干燥过程中，料液被干燥到含水量 10%~20%（与产品有关）。这种半干粉体落到位于喷雾干燥室下部的多孔输送带上进行第二级干燥（穿流带式干燥）。粉体在第二级输送带上经短时间停留后，被慢慢输送到第三级干燥带上（干燥空气温度较低），最后是产品冷却阶段。一般认为，这种组合干燥系统得到的产品速溶性好，废气温度比较低（一般为 65~70℃），热效率高。

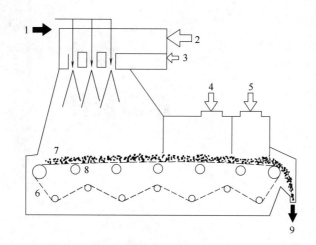

图 8-69　喷雾干燥和带式干燥的三级组合干燥示意图

1—料液　2—第一级干燥热空气　3—干燥室顶部冷却空气　4—第三级干燥热空气　5—冷却
空气　6—多孔输送带　7—粉体层　8—废气（至旋风分离器）　9—产品

思　考　题

1. 影响干燥设备生产能力的因素包括哪些？如何进行干燥设备的选型？
2. 带式干燥机可分为几种类型？请简要概述各类的工作原理。
3. 请简单说明流化床干燥装置的操作方法。
4. 喷雾干燥产品的特性与传统厢式干燥方式有何区别？
5. 请具体描述真空冷冻干燥的工艺特性及应用范围。

第九章

CHAPTER

9

杀菌设备

学习目标

1. 掌握杀菌设备的基本类型、基本构成和应用特点。
2. 掌握预制包装食品杀菌设备的操作原理及要点。
3. 掌握液态食品杀菌设备的配置原则、基本构成及其配置特点。
4. 了解超高压杀菌设备、欧姆杀菌设备、高压脉冲电场和辐射杀菌设备等新型杀菌设备的工作原理。

第一节 概　　述

　　杀菌是食品加工的主要环节之一，其目的为杀死食品中的致病菌、腐败菌等有害微生物，防止在特定环境中食品发生腐败变质，使之有一定的保存期。为了使杀菌后的食品仍具有较好的品质，同时要求在杀菌过程中最大限度保护食品中的营养成分和风味。食品杀菌方法包括物理杀菌（如加热杀菌、辐射杀菌、欧姆杀菌、超高压杀菌等）和化学杀菌（如过氧化氢、环氧乙烷、次氯酸钠等）两大类。由于化学杀菌存在化学残留物，当代的食品的杀菌方法趋向于物理杀菌法。物理杀菌包括加热杀菌（热力）和冷杀菌（非热力）两类。本章只涉及物理杀菌设备。

一、加 热 杀 菌

　　加热杀菌设备类型加热杀菌设备的主体为换热设备，利用其加热，使食品中的有害微生物数量减少到某种程度或完全致死。为此，需要使得食品物料的所有部分均能够达到必需的最低温度并保持必需的时间，同时为保持其中的营养成分和风味，需要被加热的食品尽可能少地出现温度过高或受热时间过长现象。

　　加热杀菌设备形式繁多，根据不同的原则，可划分为不同的类型。主要分类原则和设备类型可具体划分如下：根据食品杀菌与包装工序安排的关系，可划分为先包装后杀菌设备和先杀菌后包装设备。先包装后杀菌设备主要应用于各类固体物料的罐头，如罐装或灌制肉制品、果蔬制品等固态或半液态食品，也用于液体饮料和酒类等液态食品，如啤酒、葡萄酒、果汁饮料等。先杀菌后包装的杀菌设备主要应用在食品加工过程中或包装前进行杀菌操作，适用于牛乳、果汁等液态食品，通常包装设备后面需配备无菌包装设备或采用热灌装方式。根据杀菌温度、压力不同，可分为常压杀菌设备和加压杀菌设备。常压杀菌设备的杀菌温度为100℃以下，用于pH<4.5的酸性食品，巴氏杀菌设备属于这一类。加压杀菌设备的操作压力>0.1MPa，用于肉类罐头制品的杀菌温度在120℃左右，一般为密闭设备；用于乳液、果汁等液态食品的超高温瞬时杀菌设备，其杀菌温度可达135~150℃。

根据杀菌操作方式不同，可分为间歇式和连续式杀菌设备。前者为批量杀菌设备，后者食品物料可连续进出。

根据杀菌设备结构形态不同，可分为板式杀菌设备、管式杀菌设备、刮板式杀菌设备、釜式杀菌设备和塔式杀菌设备等。

根据杀菌设备使用热源不同，可分为蒸汽直接加热杀菌设备、热水加热杀菌设备、微波加热杀菌设备及火焰杀菌设备等。

根据适用食品包装容器不同，可分为金属罐藏食品杀菌设备、玻璃罐藏食品杀菌设备和复合薄膜包装食品（即软罐头食品）杀菌设备。

在设备选型时，选择何种方式主要取决于物料形态、包装、可使用资金以及产品的储藏方式。

二、其他杀菌设备

加热杀菌的同时，会产生一下不利的影响，如杀菌过程对食品有效成分的破坏，尤其是热敏性产品的色、香、味及功能性营养成分等的破坏，杀菌后的产品出现异味，失去原有产品的新鲜度和风味等，满足不了消费者的需求，因此诞生了冷杀菌技术装备。利用冷杀菌设备进行杀菌，加工过程中温度低、温升小，一般食品温度都低于60℃，最大限度地保持了食品原材料的色、香、味及功能性营养成分的功能活性。冷杀菌设备主要有超高压杀菌设备、高压脉冲电场杀菌设备、辐射杀菌设备等。

第二节　预制包装食品杀菌设备

预制包装食品杀菌设备属于先包装后杀菌设备，即灌藏食品或者罐头。食品在包装后杀菌时，因需要通过包装外进行间接加热，传热效率低，物料中心达到杀菌温度需要的时间长，而且冷却时间长，使得物料处于高温时间比先杀菌后包装方式长得多，因此产品品质较差，营养损失较多。但因其对于包装操作要求较低，便于实施包装，故而应用极为广泛。这种杀菌设备的加热质量与包装形式、包装内容物状态、介质状态等关系密切，同时在整个杀菌过程中包装容器内外的温度及其压力状态对于包装容器本身的状态将有直接影响，在使用操作方面需要严格掌握，设备本身也有相应的配套手段来保证。预制包装食品杀菌设备类型如图9-1。

一、间歇式杀菌设备

预制包装食品杀菌设备的间歇式杀菌因操作时是分批装卸，杀菌容器便于密闭，因而便于实施高温杀菌，也可进行常压杀菌。

```
                          ┌ 立式杀菌锅
             ┌ 静置式 ┤
             │            └ 卧式杀菌锅
   间歇式 ┤
             └ 回转式杀菌锅

             ┌ 常压连续式杀菌机
             │
             │ 搅动连续式杀菌机
   连续式 ┤
             │ 水封连续式杀菌机
             │
             └ 静压连续式杀菌机
```

图 9-1　预制包装食品杀菌设备类型

（一）立式杀菌锅

立式杀菌锅（图 9-2）是利用蒸汽在垂直的封闭金属釜内对容器包装进行杀菌的设备，是一种简单的传统高压热杀菌设备，容量较小，在品种多、批量小的生产中较实用，因而在中小型罐头厂使用方便。圆柱形筒体的高压容器，由锅体和锅盖组成。锅体是用 6~8mm 厚的钢板制成，直径为 1m 左右。锅盖铰接于锅体边缘，锅盖和锅体由 6~8 个蝶形螺栓压紧，或由若干组自锁嵌紧块锁紧。锅体的边缘凹槽内嵌有密封填料，用以保证锅体的密封。锅体外表包有 50~80mm 厚的保温层。锅盖上装有平衡重，目的是再开锅时省力。为便于操作，立式杀菌锅通常以半地下形式安装。配套设备一般有杀菌篮、电动葫芦、空气压缩机等。预制包装食品放在杀菌篮中由电动葫芦装锅出锅。

立式杀菌锅的加热方式有蒸汽和热水两种，冷却方式分常压水冷和空气反压水冷两种。

1. 蒸汽加热-常压冷却式立式杀菌锅

配备有蒸汽管、蒸汽分布管、冷却水盘管、排水管、溢流管、空气管、排气管、泄流阀、温度表、压力表、蒸汽控制装置、温度记录仪以及相应阀门等，其中蒸汽分布管呈十字结构，布置于锅底，27~62 个直径 4.8~6.4mm 的喷气小孔开设在分布管的两侧和底部，以避免蒸汽直接吹向罐头。冷却水盘管安装于锅盖内，通过其上开设的小孔进行喷淋，小孔也不直接朝向罐头，以免冷却时对罐头形成冲击。

由于空气的传热系数远小于蒸汽（相差两个数量级），杀菌时，如未能将锅内空气充分排除干净，锅内就会在空气聚集处形成冷区，造成温度分布不均匀，杀菌时间延长。所以杀菌操作时首先必须将锅内空气充分排除干净，为此，杀菌锅盖上设置有排气通道——排气管及阀。

泄气阀用于排除随蒸汽一起带进的空气，在升温期和杀菌期的整个过程，泄气阀应完全打开并让蒸汽外逸。基本操作过程：

（1）首先将锅盖与锅身夹紧，并打开排水阀，放净冷锅内聚积的冷凝水，以免因其造成的杀菌不足，然后关闭排水阀。

（2）打开记录仪，使之处于工作状态，然后打开排气阀和泄气阀。打开蒸汽阀和辅助蒸汽阀，开始加热时首先应缓慢升温，利用蒸汽将锅内空气完全排净，以免锅内温度分布不均匀。

（3）空气完全排净后，关闭排气阀，当温度接近杀菌温度时，逐渐关闭辅助蒸汽阀，以免造成大的温度波动。对于大罐，应注意升温不要过快，以免罐内外压力差过大而造成瘪罐事故。

（4）当达到规定杀菌时间后，关闭蒸汽阀，稍微打开排气阀，让压力缓慢下降，待压力表指针指到零后，开始冷却。

（5）冷却时，先缓慢注入冷却水，使杀菌锅内的蒸汽凝结而不致产生真空，随着杀菌锅内蒸汽的凝结，空气便从溢流阀逆向流进杀菌锅内。进满空气后，将冷却水阀开到底，水满后，打开排水阀，调节进水阀门使压力表略显压力进行排水。

（6）罐温降至40℃时，关闭冷却水阀，将排水阀开到底，打开杀菌锅将罐取出，余热使罐外附着的水分蒸发掉。

在杀菌锅内对罐头进行冷却时，要先缓慢注入冷却水，使杀菌锅内的蒸汽凝结而不致产生真空。随着杀菌锅内蒸汽的凝结，空气便从溢流阀逆向流进杀菌锅内，进满空气后，将冷却水阀开到底，打水注满，水满后，就打开排水阀，关闭排气阀。调节进出水阀门使压力表略显压力进行排水。

当罐温降至40℃时，关闭冷却水阀，将排水阀开到底，打开杀菌锅，将罐头取出。余热使罐外附着的水分蒸发掉。

2. 蒸汽加热-空气反压冷却式立式杀菌锅

罐头杀菌后应能迅速冷却以避免食品的变质（色暗、味差、组织烂）。冷却越快，食品品质越好。但是，罐头杀菌时其内部的蒸汽压与外部的蒸汽相同，同时由于内部有空气的存在以及食品的膨胀作用，导致罐内的压力比外部蒸汽压要高。

杀菌结束时，若将排气阀全部打开，杀菌锅内压力就会急剧下降而罐内的温度却不能马上下降，造成罐头内外压差急剧增加，罐头底盖和侧面就会瞬间受到强大的张力，当膨胀度超过容器铁皮的弹性极限时，罐头

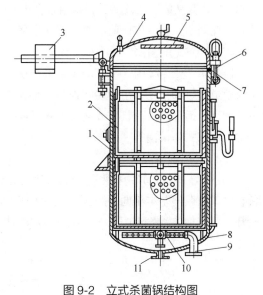

图9-2 立式杀菌锅结构图
1—锅体 2—杀菌篮 3—平衡锤 4—锅盖 5—冷却水盘管 6—螺栓 7—密封垫片 8—锅底 9—蒸汽入口 10—蒸汽分布管 11—排水管

就会变形，以致发生卷边松弛、裂漏、突角、爆罐等事故。尤其大罐，冷却时就更应注意。为此需要采用反压冷却。反压冷却不仅可避免由于压差造成的事故，而且可增加冷却速度，因此应用非常广泛。

蒸汽加热-空气反压冷却式立式杀菌锅构造与上述杀菌锅基本相同，只是多配置一压缩空气系统，包括管道及阀门。其冷却前的基本操作与蒸汽加热-常压冷却式立式杀菌锅相同，冷却操作过程如下：

（1）杀菌结束并关闭蒸汽阀后，关闭所有泄气阀。打开反压空气阀，将压缩空气充入杀菌锅。

（2）当锅内压力高于原蒸汽压力20~30kPa时，打开冷却水阀缓缓注入冷却水，以免因冷却水注入速度过快，蒸汽大量凝结而使得压力急剧下降，甚至会出现真空状态，导致罐头变形。冷却初期，压缩空气和冷却水同时不断地进入锅内，在这期间，应保证锅内压力始终不低于杀菌时的压力。当不再充入空气也能保持压力时，此时蒸汽已全部冷凝，关闭加压空气阀。

（3）杀菌锅中的压力会随着注入冷却水位的上升而上升，因此适当打开排气阀（溢流阀），以保持压力稳定。水位不断上升，当有水从排气阀外溢时，立即减小冷却水进锅速度。将排水阀打开，调整冷却水进出量以控制锅内压力，而后随着罐头冷却情况逐步相应降低锅

内压力，直到罐温降低到 40℃ 左右。

反压冷却操作最易出现的问题是冷水进锅过速以致锅内压力迅速下降，破坏了整个操作，必须特别注意。

立式杀菌锅也可用于常压杀菌（100℃ 以下杀菌）。此时，将水注入锅内（也可预热后注入），然后由蒸汽加热到一定温度（通常高于杀菌温度），接着将杀菌篮放入（温差不宜超过 60℃）。产品放进杀菌锅后，水温就会下降，杀菌时间要从水温重新升到设定温度时开始计算。此间杀菌温度应保证不变。液面应保证比顶罐顶面高出 150mm 左右。

（二）卧式杀菌锅

卧式杀菌锅主体为一平卧的圆柱形筒体，锅内底部铺设有两平行轨道，盛装罐头的杀菌车沿轨道推进和推出，用于装卸物料。卧式杀菌锅的容量一般比立式大得多，适应于大中型工厂使用。因加热介质状态或接触方式不同，常见卧式杀菌锅有蒸汽加热杀菌锅、淋水式杀菌锅、全水式杀菌锅等。

1. 卧式蒸汽加热高压杀菌锅

如图 9-3 所示，其两根平行的蒸汽管装在锅的底部，管道、阀门与控制、检测仪表的配备与立式杀菌锅基本相同。卧式杀菌锅操作与立式杀菌锅基本相同，同样有蒸汽加热-常压冷却、蒸汽加热-空气加压冷却和加压热水加热-空气加压冷却三种形式。

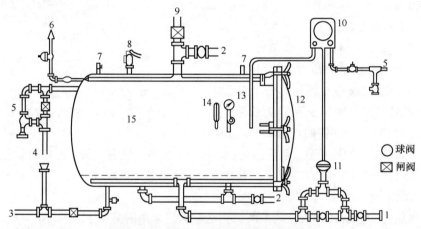

图 9-3　卧式蒸汽加热高压杀菌锅结构图

1—进气管　2—进水管　3—排水管　4—溢水管　5—支管　6—压缩空气进管　7—泄气管　8—安全阀
9—排气阀　10—温度记录仪　11—蒸汽自动控制仪　12—锅门　13—压力计　14—温度计　15—筒体

软包装食品多采用卧式杀菌锅，加热介质可用蒸汽和热水。在加热和冷却阶段，必须加压。采用蒸汽加热时，空气在喷入锅内前必须保证与蒸汽混合均匀。

2. 淋水式杀菌锅

淋水式杀菌锅（图 9-4）为一种大型高温短时杀菌设备，锅体呈卧式结构。采用过热水作为加热介质，以封闭循环形式使用，用高流速喷淋方式对罐头进行加热、杀菌及冷却。工作温度为 20~145℃，工作压力 0~0.5MPa，可用于果蔬类、肉类、鱼类、蘑菇、方便食品等的高温杀菌，其包装容器可以是马口铁罐、铝罐、玻璃罐和蒸煮袋等形式。

工作原理：在整个杀菌过程中，储存在杀菌锅底部的少量水（可容纳 4 个杀菌篮时的存水量约 400L）作为杀菌传热用水，通过大流量热水离心泵进行高速循环，流经板式热交换器

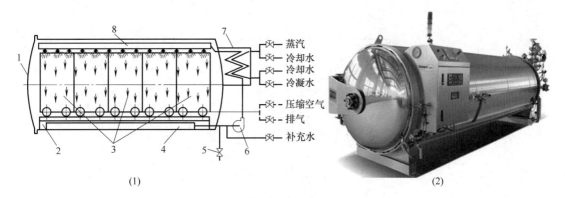

图9-4　淋水式杀菌锅

（1）配置图　（2）外形图

1—锅门　2—轨道　3—杀菌篮车　4—集水管　5—排放阀　6—循环泵　7—换热器　8—水分配器

进行热交换后，进入杀菌锅内上部的水分配器，均匀喷淋在需要杀菌的产品上。为缩短热水流程，有些采用侧喷方式使罐头受热更为均匀，尤其适用于袋装食品的杀菌。在加热、杀菌、冷却过程中所使用的循环水均为同一水体，热交换器也为同一个，只是热交换器另一侧的介质在变化。在加热工序，循环水在热交换器被蒸汽加热；在杀菌工序，循环水通过热交换器由蒸汽获得维持锅内温度的热量；在冷却工序，循环水被冷却水降温。

该机的调压和调温控制是完全独立的，其中调压控制为向锅内注入或排出压缩空气。

淋水式杀菌锅的温度、压力和时间由一程序控制器控制，操作过程完全自动化。程序控制采用微处理器，便于根据产品要求进行调节，并易与计算机连接，实现中央集中控制。

淋水式杀菌锅的特点：①由于采用高速喷淋对产品进行加热、杀菌和冷却，温度分布均匀，提高了杀菌效果，改善了产品质量；②杀菌与冷却采用同一水体，产品无二次污染的危险；③采用同一间壁式换热器，循环水温度无突变，消除了热冲击造成的产品质量的降低及包装容器的破损；④温度与压力为独立控制，易准确控制；⑤设备结构简单，维修方便；⑥水消耗量少。

3. 回转式全水杀菌锅

回转式全水杀菌锅如图9-5所示是一种大型高温杀菌设备，其结构如图9-6所示。在杀菌过程中，

图9-5　全水式杀菌锅

罐头始终完全浸泡在水中，同时处于不断翻转的状态，使物料受热更为均匀，可大大缩短受热时间，而达到良好的杀菌或灭菌的效果，并能使物料保持最佳色泽和风味，使热对物料的影响减少到最低程度，节省能源。整个过程采用程序控制，杀菌过程的压力、温度、操作时

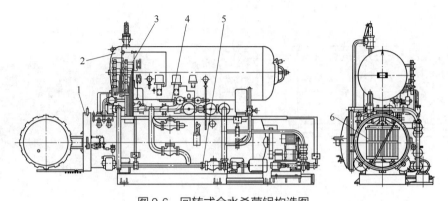

图 9-6　回转式全水杀菌锅构造图

1—杀菌锅　2—热水锅　3—控制管路　4—水汽管路　5—杀菌篮　6—控制柜

间和回转速度等主要参数均可自动调节。该机适用于易拉罐装、瓶装、蒸煮袋装等食品的高温杀菌。

回转式全水杀菌锅主要由热水锅（上锅体）、杀菌锅（下锅体）、蒸汽与水的管道系统、回转驱动装置、回转架、杀菌篮、控制箱等组成。

热水锅为一封闭卧式储罐，用于过热水的制备、供应及热水回收。采用蒸汽喷射制备过热水，为降低蒸汽加热时的噪声及使锅内水温一致，采用喷射式混流器将蒸汽混入水中后再注入锅内。

杀菌锅位于热水锅的下方，是实施杀菌操作的构件，它包括锅体、门盖、回转架、压紧装置、托轮、传动装置等。门盖铰接于锅体上，锅体端面处设有凹槽，内嵌入 Y 形密封圈，用于门盖处的密封。为使密封可靠，在密封圈后侧通入压缩空气保持其与门盖间足够的接触

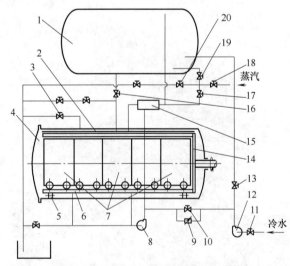

图 9-7　回转式全水杀菌锅系统配置图

1—储水锅　2—热水分配管　3—溢流阀　4—杀菌锅　5—滚轮　6—篮车轨道　7—杀菌篮车　8—热水循环泵　9—节流阀　10—置换阀　11—冷水阀　12—冷水泵　13—上水阀　14—旋转架　15—混合换热器　16—连接阀　17—杀菌锅加热阀　18—蒸汽总阀　19—储水锅加热阀　20—增压阀

压力。置于锅体内的回转架通过两个滚圈支撑于锅体内的托轮上，加热及杀菌过程中由驱动装置通过传动装置驱动进行水平旋转，转速可在 6~36r/min 无级调节。装满罐头的杀菌篮通过轨道推入后，利用压紧装置固定于回转架内，随回转架翻转。为保证回转架轨道与进车轨道对正，传动装置设有定位装置，限定回转架的停止位置。

回转式杀菌装置的工作过程由程序控制，其系统配置参见图9-7，其工作过程包括：

（1）制备过热水　向储水锅泵冷水（或由杀菌锅压热水），当储水锅的水达到一定水位时（第一次操作时，为冷水，其后操作为杀菌排出的热水），液位控制器动作，冷水泵自动停

止运转。同时打开储水锅加热阀，压力为 0.5MPa 的蒸汽对锅中的水进行快速加热，升温速度一般为 4~6℃/min。当加热到设定温度时，储水锅温度调节器发出信号，关闭加热阀。储水锅热水温度的设定根据罐型等不同情况，一般应比杀菌温度高 5~20℃。在储水锅升温时，向杀菌锅装填杀菌篮。

（2）向杀菌锅送水　当杀菌篮装入杀菌锅后，关闭好锅盖，启动连锁控制的自动控制程序。上下锅的连接阀自动打开，储水锅的热水被压入已封闭好的杀菌锅。为了使罐头受热均匀，连接阀应具有较大的流通能力。要求在 50~90s 完成送水。当杀菌锅内水位到达一定程度后，液位控制器发出信号，连接阀自动关闭，延时 1~5min 后又重新打开，使上下锅压力接近。延时用于罐头的升温、升压，以避免由于外部压力过大造成的瘪罐损失。延时时间的长短依包装容器材料及其形式而定，承压能力强、传热性能好的包装容器可采用较短的延时。

（3）升温　杀菌锅里的过热水与罐头接触后，由于热交换，水温下降而罐头升温，为了达到设定的杀菌温度，打开杀菌锅加热阀，蒸汽经汽液混合器与循环水混合后送入锅内，使锅内迅速升温。在进行加热的过程中，开动回转体和循环泵，使水强制循环以提高传热效率。

（4）杀菌　通过控制蒸汽阀，使杀菌锅水温保持所设定的杀菌温度。循环泵、回转体连续运行。在升温及杀菌过程中，杀菌锅内的压力由储水锅的压力来保持，而储水锅的压力则通过调整气阀来实现。

（5）热水回收　杀菌完成后，冷水泵启动，向杀菌锅注入冷却水。同时，杀菌锅的高温水被压注回储水锅，储水锅水满后，连接阀关闭，并转入冷却工序。再同时，打开储水锅的加热阀，对其中的水进行加热，重新制备过热水。

（6）冷却　根据产品本身的需要，冷却过程有三种操作方式：降压冷却、先反压冷却后降压冷却和先降压冷却后常压冷却。时间的确定以不致造成产品质量下降和破坏包装为原则。在降压冷却时，压力应有规律地递减。

（7）排水　冷却过程完成后，循环泵和冷水泵停止运转，进水阀关闭，开启溢流阀和排水阀进行排水。

（8）启锅　拉出杀菌篮，全过程结束。

回转式杀菌锅的特点：

（1）由于杀菌篮回转具有搅拌作用，再加上热水由泵强制循环，锅内热水形成强烈的涡流，使锅内温度分布更加均匀，同时提高了罐外传热效率。不同搅拌与循环方式时锅内热水温度分布状况如图 9-8 所示。

（2）杀菌篮的翻转产生罐头的"摇动效应"，使传热效率得以提高，导致杀菌和冷却时间大大缩短。对于内容物为流体或半流体的罐头效果更为明显。

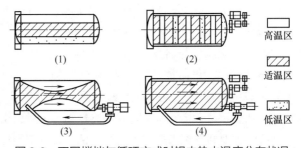

图 9-8　不同搅拌与循环方式时锅内热水温度分布状况
（1）静置式　（2）回转式　（3）循环式　（4）回转循环式图

（3）传热均匀且速度高，产品质量好且稳定。对于肉类罐头，其翻转可防止油脂和胶冻的析出；对于高黏度、半流体和热敏性食品，不会产生因罐壁处的局部过热而形成黏结现象。

（4）过热水不降温情况下回收并重复利用，大幅度减少了蒸汽消耗量，运行费用低。

（5）自动化程度高，过程参数均自动调节控制，可防止包装容器的变形及破损。

（6）设备复杂，造价高，设备购置投资额度大。

（7）杀菌过程中热冲击较大。

（8）有效地改善产品的色香味，减少营养成分的损失。

罐头的回转速度与杀菌时间的关系见图 9-9。转速不同时罐头内容物的搅拌呈现出不同的状况（图 9-10），当转速适宜时将产生罐头的"摇动效应"。对于不同的产品有不同的适宜转速，速度过慢或过快均会导致杀菌时间延长。罐头内足够大的顶隙是其翻转时产生"摇动效应"的基础。但当顶隙过大时，因易在罐头内形成气袋而产生

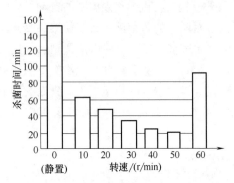

图 9-9　罐头回转速度与杀菌时间的关系
（内容物：条状腊肠，加热到中心温度 117℃；
罐型尺寸：ϕ99mm×119mm）

假胖听现象。另外罐头在杀菌篮内的码放形式对于杀菌效果也有一定的影响。

二、连续式杀菌设备

连续式杀菌机内设置有连续进出罐及连续运载装置，预制包装食品杀菌设备一般以匀速或步进运动形式连续通过，在不同位置顺序完成预热、杀菌和冷却工序。连续式杀菌机的生产能力大，一般直接配置于连续包装机之后，产品包装后直接送入杀菌机进行杀菌。根据产品杀菌时所处环境的压力状态划分为常压连续杀菌机和加压连续杀菌机。

（一）常压连续杀菌机

常压连续杀菌机的杀菌操作是温度在 100℃ 以内的环境中完成，因此不需要对杀菌机的产品进出口处进行严格的密封，设备结构简单。它的工作原理是在杀菌过程中，产品被进罐装置放置在连续运载链上，运载链携带着产品通过水槽或热水（蒸汽）

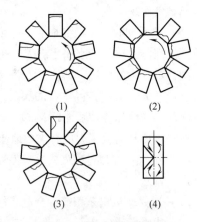

图 9-10　罐头内容物在回转过程中的搅拌状况
（1）回转速度过慢　（2）回转速度过快
（3）回转速度适宜　（4）顶隙移动形成的摇动

喷头时被加热杀菌，接着以相同方式被冷却，最后由出罐装置卸出。该设备主要用于水果类和一些蔬菜类及圆形罐头的常压连续杀菌。常见常压连续杀菌机按加热介质状态分为浸水式和淋水式，按罐头在运载链上的放置状态分为直立型和回转型，按运载链运行层数分为单层和多层。图 9-11 为一淋水式常压连续杀菌机。

1. 直立型常压连续杀菌机

这种杀菌机整体为隧道结构，产品呈直立放置于运载链上。运载装置一般为单层或双层输送板链。物料由入口被拨罐器拨到输送链上，输送链带动罐头经过隧道时被热水（蒸汽）

图9-11　淋水式常压连续杀菌机

喷头的水（或蒸汽）加热杀菌，然后被冷水喷头喷出的冷水冷却后送出。在整个过程中，产品与输送链处于相对静止状态而同步移动。

对于玻璃容器罐装产品的杀菌，应避免过大的骤变温差，加热温差不宜超过50℃，冷却最大温差不宜超过20℃。所以这种设备常设计为多个区段，采用热水加热时通常包括预热段Ⅰ、预热段Ⅱ、加热段、预冷段、冷却段、最终冷却段等多个工作段。

这种设备性能可靠、生产能力强，但占地面积较大，长度可达27m以上，适用于玻璃容器包装产品或内容物流动性好的液态产品。单层结构的杀菌机因进出罐口分别设置于设备的两端，便于车间布置。

2. 回转型常压连续杀菌机

这种机器的运载装置为刮板输送链，罐头产品平卧放置于输送链上，移动过程中可相对于输送链进行有限的滚动。整体为多层结构，一般设3~5层，因层间转移的需要，两端设置有转向结构。图9-12所示三层常压杀菌机，主要由传动系统、进罐机构、刮板送罐链、槽体、出罐机构、报警系统和温度控制系统等组成。工作原理：封罐机封好的罐头进入进罐输送带后，由拨罐器把罐头定量拨进槽内，刮板送罐链携带罐头由下到上运行依次通过杀菌槽（第一层或第一层和第二层）和冷却槽（第二层和第三层或第三层），最后由出罐机将罐头卸出完成杀菌的全过程。各层的功能设计依具体罐头的内容物及罐型而定。

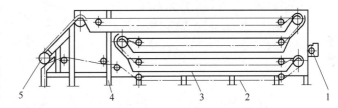

图9-12　三层常压连续杀菌机结构简图
1—进罐输送带和拨罐系统　2—链带　3—槽体　4—机架　5—出罐机构

这种设备占地面积较少，但在转弯处易出现卡罐现象，特设有报警装置。因有限滚动可对内容物产生一定的搅动作用，所以适用于圆柱形金属容器包装、内容物流动性较差的产品。

（二）加压连续杀菌机

加压连续杀菌机的杀菌过程是在高于100℃的温度下进行的，因此杀菌室内的压力必须高于外界大气压力。为了维持杀菌室内的压力状态，同时进行产品的连续进出，必须使杀菌室的进出料口能够同时实现产品通道的开放和加热介质的密闭状态。因此加压连续杀菌机的结构比常压连续杀菌机复杂得多。运载制品的载运架结构形式直接影响适用制品的包装形式。进出料口的加热介质密封装置有气封和水封两种基本形式。

1. 回转式连续杀菌机

回转式连续杀菌机（图9-13）为一种搅动型连续式杀菌装置，利用回转密封阀将回转式预热锅、高压杀菌锅和冷却锅连接而成，适于大规模生产。典型的系统组合形式如图9-14所示。

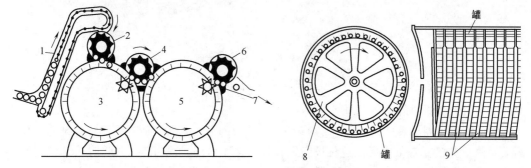

图9-13　回转连续式杀菌机结构图

1—提升机　2—进罐回转密封阀　3—杀菌锅　4—中转回转密封阀　5—冷却锅

6—出罐回转密封阀　7—出罐口　8—回转架　9—导轨

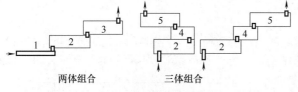

图9-14　回转连续式杀菌机锅体组合方式

1—运罐机　2—压力杀菌锅　3—加压或常压冷却锅

4—加压冷却锅　5—常压冷却锅

工作原理：罐头在进料端通过气封回转密封阀落到锅内的旋转架上。在杀菌锅内随回转架转动过程中，罐头内容物在一定温度的加压蒸汽中被加热，从杀菌锅的末端由气封中转回转密封阀转移到冷却锅内，罐头最后通过气封旋转阀送出。

预热锅、高压杀菌锅和冷却锅的结构相似，一般直径约1.5m，长3.35~11.3m，根据杀菌时间、生产速度及罐型确定。各锅内设置有分格旋转架，其外圆处分装罐头，罐头随旋转架转动而在锅体内回转，锅内壁按螺旋线设置有T形导轨，用于引导罐头沿锅体轴向移动。杀菌锅进口端设置一气封进罐回转密封阀［图9-15（1）］，既作为罐头进入杀菌锅的关口，又具有维持锅内压力的密封作用。两锅体间设置有中转回转密封阀［图9-15（2）］。

如图9-16所示，罐头沿锅体轴向移动过程中，其运动状态包括：在杀菌锅顶部，因落在旋转架内而不与锅体内壁接触，罐头仅随旋转架一起公转；在锅侧处，罐头除随回转架公转外，做少量自转（滑动短距离）；在锅底处，因与锅体内壁的足够接触压力，罐头将做自由滚动，既有公转，又有自转。罐头的自转及公转运动引起的内容物搅动效应显著提高了传热效率。

预热锅和杀菌锅通常用蒸汽作为加热介质，设有控温仪；冷却锅以冷水作为冷却介质，设有液面控制仪。

特点：在高温（127~138℃）和回转状态下连续操作，杀菌、冷却时间短，食品品质的均一性好，且蒸汽消耗少。但设备庞大、结构复杂、初期投资费用大、维护保养困难、罐型

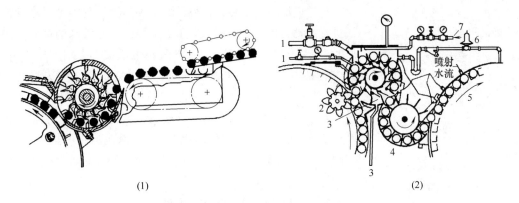

图 9-15 自封式罐头转移阀门

（1）进罐回转密封阀 （2）中转回转密封阀

1—空气 2—加压罐 3—蒸汽吐出口 4—移动塔 5—常压冷却罐 6—溢流管 7—水

适用范围小、通用性差，同时罐头的滚动易造成罐头封口线处镀锡层的磨损而引起生锈，影响外观质量。本设备适用于圆柱形刚性容器罐头产品。

2. ACB 水封式连续杀菌机

ACB 水封式连续杀菌机如图 9-17 所示。为法国 ACB 公司研制的一种卧式连续杀菌机，运载装置为输送链。工作原理：包装产品由输送链成排载运，经水封式转动阀门，如图 9-18 所示，又称水封阀、鼓形阀，送入杀菌锅内。水封式转动阀门完全浸在水中，借水力和机械实现密封。罐头通过阀门时受到预热，接着向上提升，进入高压蒸汽加热室内，然后水平地往返运行，在稳定的压力和充满蒸汽的环境中杀菌（杀菌温度可达 143℃）。杀菌时间可根据要求通过调整输送链

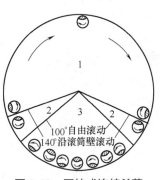

图 9-16 回转式连续杀菌装置内罐头的转动

1—顶部 2—侧外 3—底部

速度进行控制。杀菌完毕，罐头经分隔板上的转移孔进入杀菌锅底冷却水内进行加压预冷，然后再次通过水封式转动阀门送到反压冷水内或外界空气中冷却，直至罐温降到要求值。

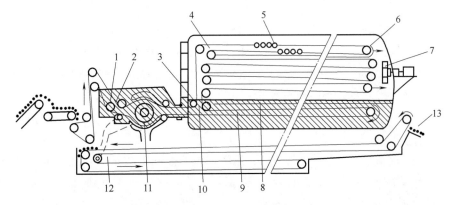

图 9-17 ACB 水封式连续杀菌机结构图

1—水封 2—输送链 3—杀菌锅内液面 4—加热杀菌室 5—罐头 6—导轨板 7—风扇
8—隔板 9—冷却室 10—转移孔 11—水封阀 12—空气或水冷却区 13—出罐处

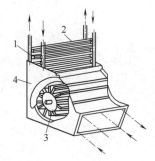

图 9-18 水封阀结构图

1—输送链 2—运送器 3—水
封阀密封部 4—外壳

在输送链下面安装有托板，罐头在传送过程中可绕自身轴线进行滚动，传热效率高，对于不需要或不宜滚动的产品，使用时可将托板拆除。杀菌室加热气体的蒸汽，采用空气加压，为避免加热不均匀，在杀菌室内装有风扇将空气和蒸汽充分混合。

水封式转动阀是一个内置回转式水压密封装置，依靠水和叶片实现密封，转动阀转动时将预冷已杀菌罐头的热水排出，将刚进入转动阀的未加热罐头进行预热，同时完成预冷和预热两个操作。

3. DV-Lock 水封式连续杀菌机

DV-Lock 水封式连续杀菌机（图 9-19）工作原理是采用杀菌机两个互相配合的旋转阀，保持杀菌室及冷却室始终处于封闭状态。通过二旋转阀的相位配置，在旋转过程中，可使制品不断进入系统杀菌室和冷却室，经杀菌和冷却后连续排出。如图 9-20 所示，两四叶旋转阀配置相位相差 45°而在两阀之间与通道外壳形成一阀袋，随着旋转循环呈现连续四个配合位置，使阀袋内形成与外界相通的常压和与冷却室相通的高压两个交替状态。

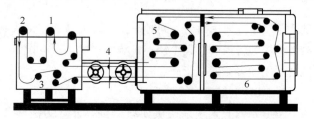

图 9-19 DV-Lock 水封式连续杀菌机结构图

1—自动卸料装置 2—自动进料装置 3—常压冷却槽
4—水封装置 5—加压冷却室 6—灭菌室

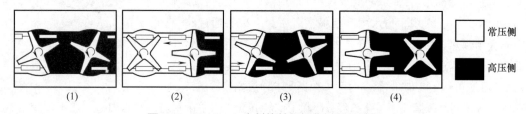

（1）　　　　（2）　　　　（3）　　　　（4）

常压侧

高压侧

图 9-20 DV-Lock 水封旋转阀操作过程示意图

注：图中（1）（2）（3）（4）为四个顺序状态。

4. 静水压连续杀菌机

静水压连续杀菌机（图 9-21）通过深水柱形成的静压与杀菌室蒸汽压力相平衡，从而使杀菌室得以密封。因无须机械密封，其结构简单，性能可靠。杀菌温度不同，要求的水柱高度不同，如 115.6℃杀菌时水柱高 6.9m，121.1℃杀菌时水柱高 10.4m，126.7℃杀菌时水柱高 14.8m。通过水柱高度的调节可控制杀菌室内饱和蒸汽的压力，从而调节杀菌温度。

工作原理：完成封口的罐头底盖相接，卧置成行，按一定数量自行送至同步移动环式输送链的载运架内，并顺序通过进罐柱、升温柱、杀菌柱（蒸汽室）、预冷柱，最后通过喷淋冷却柱降温至 40℃左右出罐。杀菌时间可通过控制输送链速度进行调节。输送装置可设置成多条独立运行的输送链，分别挂接适于不同罐型的载运架，使得可在同一杀菌温度环境中分别处理不同规格及不同杀菌时间要求的产品，大幅度提高了设备的通用性和灵

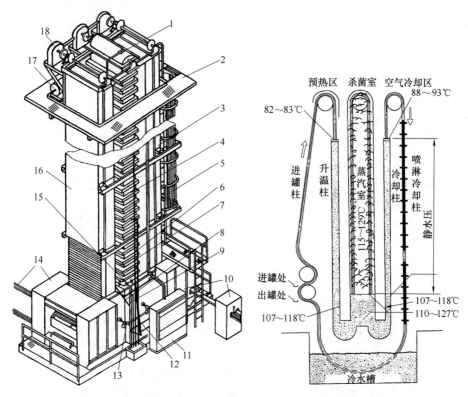

图 9-21 静水压连续杀菌机结构及工作原理图

1—顶部真空阀 2—顶部平台 3—出罐柱 4—蒸汽室 5—爬梯 6—加水水平面控制管道
7—溢流管道 8—放空气管道 9—出气管道 10—出罐箱 11—控制仪表 12—冷凝水管道
13—蒸汽管道 14—进罐箱 15—喷淋室 16—升温柱 17—无级变速器 18—变速器

活性。

罐头从升温柱顶部入口处进去后，沿着升温柱下降，水温逐渐升高，压力增加，而后进入蒸汽室。水柱顶部的温度近似罐的初温，水柱底部温度及压力与蒸汽室近似，使得罐头在进蒸汽室前被逐渐加热加压。杀菌完后，罐头离开蒸汽室，从与蒸汽室压力相同、温度接近的预冷柱底部逐渐上行直至与外界压力相同、温度相近的预冷柱顶部。因预冷柱内存在稳定的温度和压力梯度，罐头在其间移动时可形成一种理想的减压冷却过程。

在运行过程中，经处理的蒸汽分三路进入杀菌机，一路进入蒸汽室，一路进入底箱对水进行加热，第三路进入蒸汽喷射泵，将预冷柱底部的水抽出并加压送至升温柱底部，强制热水循环。同时，升温柱顶部溢流口溢出的水进入水箱，经水泵送至预冷柱上口用作冷却水。通过这两处水的泵送，使得水在连通器内形成逆于罐头运行方向的水流循环，既有利于罐头的加热与冷却，又可将杀菌后罐头所释放的热量回收，减少蒸汽消耗。

静水压连续杀菌机的特点：①运行费用低，与一般杀菌锅比，可节省蒸汽量70%以上，冷却水80%以上；②占地面积小，约为同等处理能力间歇式杀菌机的1/30；③生产能力强大，可达1000罐/h；④自动化程度高，通用性好，可大幅度调节杀菌条件；⑤无压力、温度突变，避免罐变形，产品质量好；⑥设备高度庞大，高达18m；⑦购置费用大；⑧检修维护困难。

第三节　液态食品杀菌处理系统

液态食品指未经包装的乳品、果汁等物料。要求液态食品杀菌处理系统能够保证得到工艺所规定的换热条件，通过形成三维流动，有效破坏边界滞留层，强化对流传热，传热效率高，流动阻力小；有足够的强度，结构可靠，设备紧凑；便于制造、安装、清洗及检修。

液态食品杀菌设备可分为直接式和间接式两类，其中直接式杀菌设备有注入式、喷射式和自由降膜式三种；间接式根据传热元件的结构形式又分为管式、板式（又称片式、板片式）和刮板式三种，采用间接式杀菌设备可进行巴氏杀菌、高温短时杀菌（HTST）和超高温瞬时杀菌（UHT）。

一、直接加热杀菌系统

（一）注入式超高温瞬时杀菌装置

注入式加热器是一种不锈钢制造的圆筒形蒸汽直接加热容器。蒸汽在容器中部进入，料液从容器上方经一管道从上而下进入加热器最后到达分配器，分布成自由下落的薄雾状细颗粒，加热器装有一只空气调节阀。随着液面升高，空气调节阀可让少量经过滤的加压空气进入圆筒形加热器中，通过调节蒸汽压力和空气压力准确地控制料液的加热过程。

图9-22为一注入式超高温杀菌（UHT）装置流程图。工作原理：系统运行时，利用增压泵2将原料乳从平衡槽1输送到板式预热/冷却器（系统的热回收段）3加热至60℃，由定时泵5抽出送至预热器6预热到77℃，然后，在此温度下被注入充满过热蒸汽的注入式加热器9中，在呈雾滴下降的过程中与蒸汽接触传热而被加热到147℃，并保持4s。接着，牛乳被压入处于真空状态的闪蒸罐18内，压力的骤降使得水分急剧蒸发，使牛乳温度急剧降到适宜均质的77℃，此时，牛乳中蒸发出的水恰好等于注入式加热器中加入的蒸汽量。二次蒸汽从闪蒸罐顶部排出，经冷凝器16由真空冷凝泵15抽出，除去注入的蒸汽水分，并被泵抽走，不凝性气体被真空泵排出。已杀菌物料由无菌泵19抽出泵入无菌均质机22均质，接着经预热/冷却器3冷却至21℃，合格产品经转向阀送至无菌贮罐或无菌灌装机。

流程的控制装置包括：在注入式加热器的底部附近和中部安装的温度传感器，用以检测加热温度，对注入的蒸汽进行控制，保持加热器内的温度。排料转向阀控制用的温度传感器安装于闪蒸罐进口前的保温管内，当此管路内的牛乳低于杀菌温度时，控制转向阀将制品返回到平衡槽。当不使用无菌储罐时，过量的制品也将通过转向阀返回平衡槽。

在进入无菌储罐前可设置冰水冷却器将制品冷却到4℃。

（二）蒸汽喷射式超高温瞬时杀菌装置

这种装置利用蒸汽直接注入物料中（喷射式）或将物料注入充满热蒸汽的容器内（注入式）进行超高温瞬时灭菌，是20世纪60年代初研制成功并推入市场的直接式杀菌装置。图9-23为APV公司制造的直接蒸汽喷射杀菌装置流程图，它主要由管式预热器2及3、蒸汽喷射加热器6、闪蒸罐9、无菌泵10、无菌均质机11、冷凝器14和真空泵15等零部件组成。

工作原理：系统运行时，物料由供液泵1从平衡槽中抽出，经二次蒸汽加热的管式换热

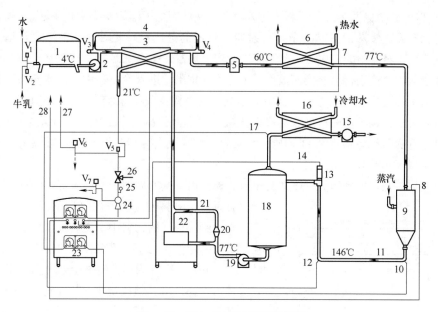

图 9-22 注入式 UHT 系统流程图

1—平衡槽 2—增压泵 3—预热/冷却器 4—旁通管 5—定时泵 6—预热器 7—热水温控温度传感器 8—注入
　器气动阀控制压缩空气 9—注入式加热器 10—注入器温控传感器 11—保温管 12—安全加热温度传感器
13—加热器反压阀 14—注入器反压阀控制压缩空气 15—真空冷凝泵 16—冷凝器 17—真空调节器取压管
18—闪蒸罐 19—无菌泵 20—止逆阀 21—制品回流通道 22—无菌均质机 23—控制屏 24—系统反压阀
25—无菌压力表 26—往灌装机管道 27—到平衡槽回流管 28—过量灭菌产品回流管 V1～V7—转向控制阀

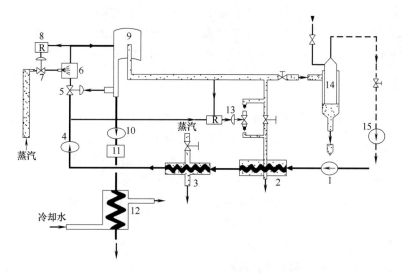

图 9-23 直接蒸汽喷射杀菌装置流程图

1,4—供液泵 2,3—管式换热器 5—自动料液流量调节阀 6—蒸汽喷射加热器
7—自动蒸汽流量调节阀 8—记录仪 9—闪蒸罐 10—无菌泵 11—无菌均质机
12—冷却器 13—自动二次蒸汽流量调节阀 14—冷凝器 15—真空泵

器 2 和生蒸汽加热的管式换热器 3 被预热到 75~78℃，然后由供液泵 4 抽出并加压到 0.6MPa
左右通过蒸汽喷射加热器 6。同时，压力为 1MPa 的蒸汽向料液中喷射，将料液瞬间加热到

150℃，在保温管中保温 2s。然后料液进入处于真空状态的闪蒸罐 9，因压力突然降低，其中水分将急剧蒸发，蒸发量基本等于在喷射器中喷进的蒸汽量。此时料液被迅速降温到 77~78℃。闪蒸罐中蒸发出的二次蒸汽分别流进管式换热器 2 和冷凝器 14，流进换热器 2 中的二次蒸汽通过与冷料液进行热交换而被冷凝为冷凝水排出。进入冷凝器中的二次蒸汽则被冷凝器中的冷却水冷凝成冷凝水排出，其中的不凝性气体则由真空泵 15 排走，使闪蒸罐中保持一定的真空度。已经杀菌的料液收集在闪蒸罐的底部并保持一定的液位。无菌泵 10 将已杀菌料液抽走并送至无菌均质机 11 均质，均质后的物料进入冷却器 12 中进一步冷却之后，被送入无菌罐或无菌灌装机中灌装。

　　蒸汽喷射加热器的外形为一不对称 T 形三通，内管壁四周加工了许多直径 <1mm 的细孔，且垂直于物料的流动方向（图 9-24）。蒸汽强制喷射到喷射器的物料中。工作时，物料与蒸汽均处于一定的压力下，不会在喷射器内发生沸腾。

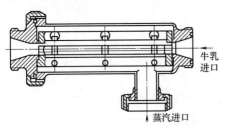

图 9-24　蒸汽喷射加热器结构图

　　料液（如牛乳等）中的蛋白质和脂肪在高温冲击下易形成大颗粒凝块，故而将均质机置于杀菌后。

　　由于系统运行时需要注入与冷却时蒸发量相等的加热蒸汽，必须采用自动控制装置来完成。本系统采用了相对密度调节器对阀门进行控制。另外，为保证产品的高度无菌，采用高灵敏度和响应速度的温度调节器，其中温度传感器安装于保温管内，通过气动控制阀改变蒸汽喷射速度，自动保持所需的杀菌温度。

　　当因供电或供汽不足，无法满足杀菌温度时，原料乳进料阀将自动关闭，同时开启软水阀以防止牛乳在装置内被烧焦。通向无菌储罐的阀门也将自动关闭，防止未杀菌牛乳进入。利用连锁控制设计保证在装置未彻底消毒前无法重新启动系统。由于这种设计的启动周期过长，新型系统采用的设计将不合格产品直接通过转向阀导向另一支路，经冷却至进料温度后返回进料罐，再重新进行处理。

　　图 9-25 为另一喷射式超高温瞬时灭菌（UHT）杀菌系统，其中在喷射器前设置一稳定管，因采用管式换热器可适用于黏度中等及较大的料液。经预杀菌并冷却至 25℃ 左右，4℃ 牛乳经 3a 和 3c 两段预热至 95℃，在 4a 段稳定蛋白后，再经 3d 段进一步加热，由蒸汽喷射器 5 迅速加热至 140~150℃，然后在保温管 4b 保持数秒后进行冷却。预冷在具有热回收功能的管式换热器 3e 段完成，再进入闪蒸罐 6 使之温度降至 80℃。闪蒸冷却前设置预冷可提高热量利用率，并减少香味物质的损失。经无菌均质机 8 均质后，再由 3f 段冷却至约 20℃ 的包装温度，送入无菌储罐或无菌灌装机。

（三）自由降膜式超高温瞬时杀菌装置

　　自由降膜式超高温瞬时杀菌装置也是一种直接式杀菌装置，它是美国 Elmer S. Davies 在 20 世纪 40 年代发明的，20 世纪 80 年代初开始用于工业化生产各种乳制品，其处理的牛乳品质较其他超高温瞬时杀菌装置生产的质量更好。

　　如图 9-26 所示，该设备工作原理是：当其运行时，原料从平衡槽，经泵送至预热器内预热到 71℃ 左右，随即经流量调节阀进入杀菌罐内，杀菌罐内充满 149℃ 左右的高压蒸汽，物料在杀菌罐内沿长约 10cm 的不锈钢网以大约 5mm 厚的薄膜形式从蒸汽中自由降落至底部，

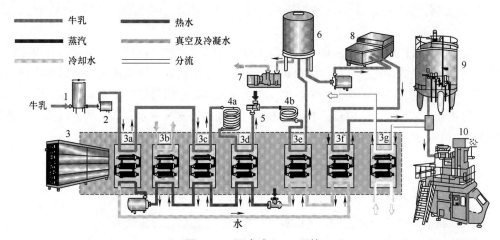

图9-25　混合式UHT系统

1—平衡槽　2—供液泵　3—管式换热器（3a—预热段　3b—稳定段　3c—加热段　3d—最终加热段
3e—冷却段　3f—冷却段　3g—热回收冷却器）　4a—保温管　4b—保温管　5—蒸汽喷射器
6—闪蒸罐　7—真空泵　8—无菌均质机　9—无菌储罐　10—无菌灌装机

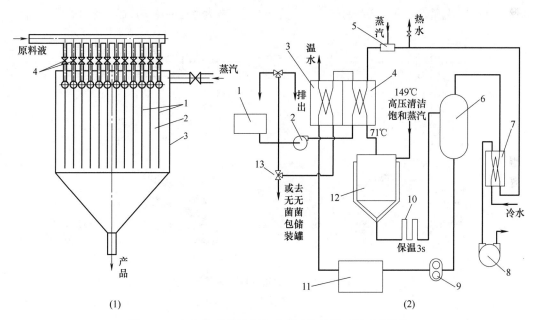

图9-26　自由降膜式超高温瞬时杀菌装置及其工艺流程

（1）杀菌罐　（2）工艺流程

（1）1—不锈钢丝网　2—外壳　3—分配管　4—流量调节阀

（2）1—平衡槽　2—供液泵　3—冷却器　4—预热器　5—加热器　6—闪蒸罐　7—冷凝器
8—真空泵　9—无菌泵　10—保温管　11—无菌均质机　12—杀菌罐　13—三通阀

整个降落加热过程约1/3s。此时，物料已吸收了一部分水分，在经过一定长度的保温管保持3s后，进入闪蒸罐。物料中水分迅速蒸发，使从蒸汽中吸收的水分全部汽化，这时物料温度由149℃降回到71℃左右，物料中的水分也恢复到了正常数值。已杀菌物料由无菌泵抽出经无菌均质机均质后，接着进入冷却器，最后排到灌装机。闪蒸罐中的二次蒸汽经冷凝器冷凝，不凝性气体被真空泵排出以保持闪蒸罐中一定真空度。全部运行过程均由微机自动控制。

这种杀菌装置因采用直接加热，换热效率高，但需要洁净蒸汽；加热杀菌过程中原料呈薄膜液流，加热均匀且迅速，加温冷却瞬间完成，产品品质好；因料液进入时罐内已充满高压蒸汽，故不会对料液产生高温冲击现象；不会与超过处理温度的金属表面接触，因而无过热引起的焦煮、结垢问题；但蒸汽混入料液中，后期需要蒸发去水；投资大，成本高，操作较难控制。

二、间接加热杀菌系统

（一）管式杀菌装置

管式杀菌装置通常由供液泵、预热器、管式加热杀菌器、回流管道等构成。

这种管式杀菌器可由多种管状组件构成，这些组件以串联和（或）并联的方式组成一个能够完成换热功能的完整系统。组件的管型主要包括：单管式、列管式和套管式。

1. 单管式

由一根被夹套包围的内管构成，为完全焊接结构，无须密封件，耐高压，操作温度范围广，入口与产品管道一致，产品易于流动，适于处理含有大颗粒的液态产品［图9-27（1）］。

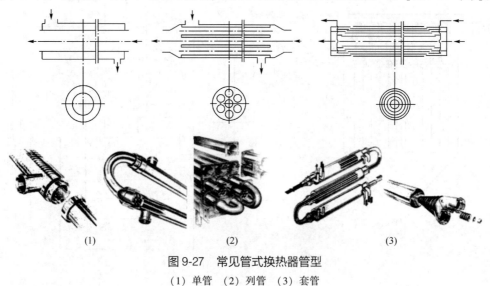

图 9-27　常见管式换热器管型
（1）单管　（2）列管　（3）套管

2. 列管式

外壳管内部设置有数根加热管构成的管束，每一管组的加热管数量及直径可以变化。为避免热应力，管组浮动在外壳管内安装，通过双密封结构消除了污染的危险，并便于拆卸维修。传统的典型管束式称为列管式［图9-27（2）］。

3. 套管式

由数根直径不等的管同心配置组成，形成相应数量环形管状通道，产品及介质被包围在具有高热效的紧凑空间内，二者均呈薄层流动，传热系数大。整体有直管和螺旋盘管两种结构。由于采用无缝不锈钢管制造，因而可以承受较高的压力；具有较宽的流道，可适用于黏度较大的料液［图9-27（3）］。

4. 浮头列管式换热器

如图 9-28 所示，浮头列管式换热器由壳体、浮头、传热管束等组成。管束一端的管板以法兰与壳体相连接，另一端的管板与内封头构成的浮头管箱可在壳体内自由移动，故管、壳间不产生温差应力。工作时料液从管内主要呈层流形式往返流过，加热或冷却介质从管间流过。这种换热器的结构可以补偿热膨胀，清洗和维修方便，但结构复杂、造价较高。这种换热器换热流道宽，料液通过阻力小，但传热系数小，一般用于高黏度料液的加热和冷却。

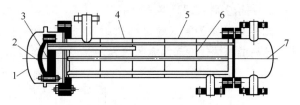

图 9-28 浮头列管式换热器结构图
1—壳盖 2—浮头盖 3—浮头管板 4—壳体 5—传热管 6—支持板 7—折流板

5. 列管式高温短时杀菌装置

如图 9-29 所示，列管式杀菌装置由列管式热交换器、离心泵及仪表阀门组成。换热器的壳体内配置有若干不锈钢加热管，形成加热管束，壳体与加热管通过管板连接。

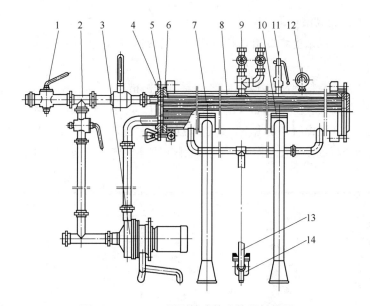

图 9-29 RP6L2 型列管式热交换器结构图
1—旋塞 2—回流阀 3—离心泵 4—端盖 5—密封圈 6—管板 7—加热管 8—壳体
9—蒸汽截止阀 10—支脚 11—安全阀 12—压力表 13—冷凝水排出管 14—疏水器

工作时，料液由离心泵送入换热器内的不锈钢加热管内，蒸汽通入换热器的壳体空间加热管内连续流动的料液，以达到杀菌的目的。料液在通过两端封盖时改变方向，往返几次即可达到杀菌温度。如流出料液未达到要求的杀菌温度，可使其经回流管回流重新加热杀菌。料液杀菌后流经保温管保温 15s，接着流到另一交换器中冷却。

这种装置可用于果汁、番茄酱、牛乳等液体食品的杀菌。为改善传热性能，目前一些管式杀菌器采用直径更小的加热管，同时采用非光滑管壁结构，轧制有向内的螺旋线凸痕，有利于破坏边界层，提高传热系数。

6. 利乐多管式超高温杀菌系统

图 9-30 所示为管式超高温杀菌流程图（利乐公司），包括牛乳的预热、真空脱臭、均质、超高温杀菌、冷却及无菌包装。管式热交换器采用多管型，集中安装于箱体内。

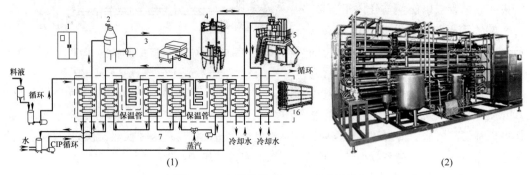

图 9-30　多管换热器 UHT 牛乳杀菌

（1）系统图　（2）外形图

1—控制柜　2—脱臭罐　3—高压均质机　4—无菌储罐　5—无菌灌装机　6—管式热交换器　7—分段式加热器

7. 环形套管式超高温杀菌装置

环形套管式超高温杀菌装置由斯托克-阿姆斯特丹公司首先研制成功，属于间接式超高温杀菌装置。

整套杀菌装置流程如图 9-31 所示，它主要由平衡槽 1、离心泵 2、高压泵 3、循环消毒器 4、预加热段 5 和 7、均质器 6 和 11、超高温加热段 8、保温管 9、循环清洗装置和测控记录仪器等组成。循环消毒器 4 是由不锈钢管弯制的环形套管，用于加热装置的清洗和消毒用水。加热时，饱和蒸汽在外管逆向流过。循环消毒器 4 在产品杀菌时仅作管道用。预加热段

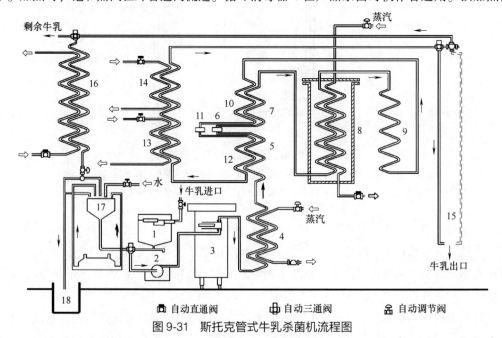

图 9-31　斯托克管式牛乳杀菌机流程图

1—平衡槽　2—离心泵　3—高压泵　4—循环消毒器　5,7—预加热段　6,11—均质阀　8—超高温加热段
9—保温管　10,12—预冷却段　13,14—冷却段　15—无菌储槽　16—加热器　17—清洗缸　18—储缸

5 和 7 是循环消毒器引出的套管,同样弯制成环形。管内的冷原料与管外的热产品在此进行热交换,并通过均质阀 6。清洗装置由加热器 16、清洗缸 17、储缸 18 等组成。高压泵 3 与均质阀 6 及 11 为分离结构。采用一台高压泵,其压力足以使料液穿过预热段、加热段、预冷却段,一直输送到灌装机,以减少灭菌产品再染菌的可能。均质阀共 5 个,设置于两处,一处置于加热段之前,压力高达 25MPa;另一处装在加热器之后,压力在 0.5~5MPa。为防止料液在高温下沸腾,加工过程始终保持压力在 0.5MPa 以上。强烈的湍流可保证制品的均匀处理和较长的运行周期。

工作原理:料液(如牛乳)由离心泵 2 从平衡槽 1 中抽出送到高压泵 3,该泵不仅用作料泵将物料经各种管道送到系统的其余部分,而且还作为均质泵,用来驱动两组均质阀 6 和 11。高压泵 3 排出的料液经消毒器 4(消毒加热时,饱和蒸汽在管外逆向流动,在正常产品杀菌处理时,它不起作用,产品只是经过而不加热),进入第一预热段 5 中,此时,管外逆向流动的已杀菌热料液将冷料液加热到 65℃ 左右,然后在约 20MPa 压力下通过均质阀 6 以均质。均质料液接着通过第二预热段 7,物料被加热到 120℃,随后进入超高温加热段 8,物料由蒸汽间接加热到杀菌温度 135~150℃。物料在内管流动,蒸汽在外管逆向流动,整个超高温加热段分成数个分段,每一分段都装有一个自动的冷凝水排出阀。最大加工负荷时,蒸汽通过整个加热环形管,冷凝水在最后一个疏水阀排出。当加工负荷减少时,只需使用部分加热环形管。自动疏水阀流出的冷凝水与减少的加热表面相一致。其余加热环形管正好被冷凝水充满而不起加热作用,一旦加热能力再增加时,超高温段的加热面则会自动调整。因此,由流过加热段整个长度制品减少所引起的过热现象不致发生。这一设计使得加热面能适应各种不同加工能力和产品品种。

物料离开加热段 8 进保温管 9 保温 2~4s,然后进入具有热回收功能的第一预冷却段 10,被内层逆向流动的物料冷却到 65℃,同时在 5MPa 的最大压力下经过均质阀 11 进行杀菌后均质。随后在第二预冷却段 12 被冷物料冷却到 30℃。接着,已杀菌产品经第一冷却段 13 被水冷却到 15℃,如需要可用冰水在第二冷却段 14 将其冷却到 5℃ 左右。最后物料经三道阀进入无菌灌装机或无菌储槽 15。

超高温加热器如图 9-32 所示为一安装螺旋盘管状套管的蒸汽罐。产品在管内流过,蒸汽在外管逆向流过。整个加热器分成几段,每一段都装有一个自动冷凝水排出阀。当达到最大操作限度时,蒸汽通过整个环形加热管,冷凝水在最后一个阀门排出。当处理量减少时,只需使用部分环形加热管,自动流出的冷凝水表面位置与减少的加热管相一致,即未作加热管部分充满冷凝水而不起加热作用;当处理量需要再增加时,超高温段的加热面积会自动进行调整。因此,因流过加热器整个长度的产品量减少所引起的过热现象

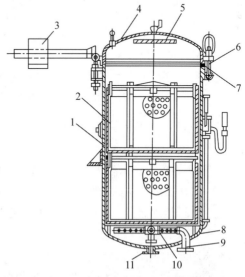

图 9-32 环形套管超高温加热器结构图
1—锅体 2—杀菌篮 3—平衡锤 4—锅盖
5—盘管 6—螺栓 7—密封垫片 8—锅底
9—管道 10—蒸汽分布管 11—排水管

不致发生。这种设计能适应不同黏度、不同流量的产品。

整套装置采用就地清洗装置（CIP）进行清洗消毒。与其他超高温杀菌装置相比，这套设备因料液加热后通过的各段均以无缝不锈钢环形管焊接制成，没有密封圈和死角，因而可以承受特别高的压力。

图 9-33 所示为国产 RP6L-40 型超高温瞬时灭菌机，其原理与结构与上述环形套管式超高温瞬时灭菌装置基本相同，但无中间均质装置。

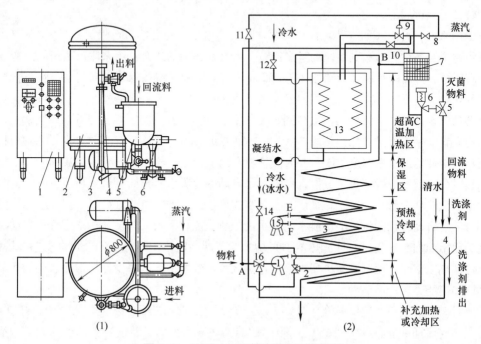

图 9-33　RP6L-40 型超高温瞬时灭菌机

(1) 外形图　(2) 流程图

(1) 1—控制箱　2—灭菌机主体　3—离心泵　4—节流阀　5—回流桶　6—电动蒸汽调节阀

(2) 1—离心泵　2—三通旋阀　3—双套盘管　4—回流桶　5—出料三通旋塞　6—背压阀　7—温度自动记录仪　8—总蒸汽阀　9—电动蒸汽调节阀　10—支蒸汽阀　11—蒸汽阀　12—进水阀

13—加热器　14—冷水阀　15—中间泵　16—进料三通旋塞

工作原理：在进行杀菌时，20℃的牛乳由离心泵至热回收段（预热冷却区），并被杀菌后的牛乳加热到 65~70℃，然后进入加热段（超高温加热区），被高压蒸汽瞬间加热到 135℃，接着在保温管保温 2~4s，最后进入热回收段被冷却到 60~65℃，经背压阀调节流量排至下一工序。如果牛乳在加热段未被加热到工艺要求的温度，可自动报警，并自动打开旋塞，使牛乳回流到储槽，并打开旋塞重新进入加热段。处理能力 4000~6000L/h。

这种装置有手控和自控两种。

8. KF 超高温杀菌系统

如图 9-34 所示，这套系统采用直线套管热交换器，通过 U 形管连接成套。在热交换面和容易裂纹处没有支架，热损耗少，并防止了支撑结构所造成的管道裂纹。其焊点位于相同热变形处，减少了热应力引起的破坏。

工作原理：来自平衡槽 1 的牛乳由离心泵 2 输送到管式热交换器 4 内，使得牛乳温度达

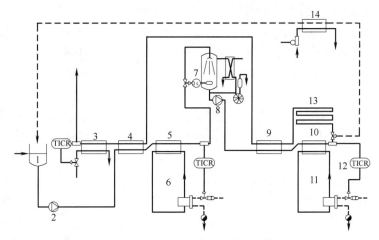

图 9-34　KF 超高温杀菌设备流程图

1—平衡槽　2,8—离心泵　3—冷却器　4—热交换器　5—预热器　6,11—热水循环系统　7—脱臭罐
9—管式热交换器　10—管式加热器　12—温度指示器　13—保温管　14—预冷却器

到 75℃，然后用高压均质机加工破碎料液内的固形颗粒；再通过脱臭罐 7，排除不需要的气体、臭味及焦煳味；均质后牛乳进入加热器 10，温度升至 140℃，并稳定保持 2s，经此过程细菌被完全杀死；最后，牛乳温度经管式热交换器热回收及水冷却器降温，送至无菌灌装机。

（二）板式杀菌机

杀菌机结构紧凑、传热系数高、工作可靠、适应性强、易于自动化，因此被广泛应用于先杀菌后包装加热杀菌中，其主要设备为板式换热器。

1. 板式换热器

板式换热器是以成型传热板片为传热面的高效间壁换热器，冷热流体分别呈条形和网状薄层湍流连续通过板片两侧的空间。自 20 世纪 20 年代，板式换热器就被引入食品工业，目前它已成为液体食品如牛乳、果汁等杀菌的主要设备，同时还被广泛应用于液体物料的在线加热和冷却。

（1）板式换热器的构造与原理　板式换热器主要由板片、密封垫片、中间连接板和框架组成。密封垫片胶粘或镶嵌在波纹板片上，这些板片由上导杆定位支撑并通过拉杆或螺杆由固定端板和活动压板将其压紧，每两个板片通过垫片封闭为一个网形流道单元。板片上的四个角孔形成两种流体的分配管和汇集管。冷热流体间隔流入封闭流道，从而实现

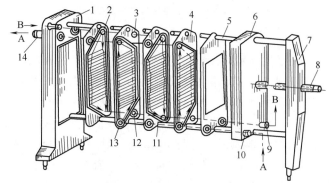

图 9-35　板式换热器组合示意图

1—前支架　2—上角孔　3—圆环橡胶密封垫片　4—分界板　5—导杆　6—压紧板　7—后支架　8—压紧螺杆　9,10—连接短管　11—密封垫片　12—下角孔　13—传热板　14—连接短管

注：A、B 为液料进出口。

物料的加热或冷却。图 9-35 所示为板式换热器组合示意图。

（2）主要零部件 换热板片：换热板片是板式换热器的关键零件之一。板片的性能直接影响到整套设备的技术经济性能。为了增加传热效果，并使换热介质能在低速下形成湍流，板片被压成波纹或其他设置有凸凹点的形状，同时还应保持足够的刚度和一定截面的流动通道。板片一般具有如下结构：

① 四个角孔：其中两个角孔为一种流体提供流道入口和出口，另两个角孔将另一种流体引入相邻流道。需要改变流体流向时，其中一个角孔不冲（即没有孔），流体将因不能流过而改变方向。

② 长方形的波纹区：为主要传热区。

③ 三角形末端传热区：将流进的流体从流入角孔向波纹区分配，并由波纹区将流体引出。

④ 空区：在非流入角孔与三角区之间，通过密封垫片上的信号孔与大气相通，当流体泄漏到空区时，泄漏出的流体从信号孔流出，以及早发现和检修。

⑤ 定位悬挂槽：通过槽 E 将板片定位并悬挂在导杆上。

⑥ 密封垫片槽：密封垫片被嵌在此槽中。

⑦ 触点。

（3）传热板的板型

① 根据流体通过板间的流动形式，分为条流板和网流板（图 9-36）。对于条流板，流体形成垂直于流动方向的均匀条形薄层波状流动，流体通过不断改变运动方向产生激烈的湍流，从而破坏滞流层，提高传热效果。对于网流板，流体除条流板间的湍流形式外，在垂直于流动方向的横向流动更为明显，可形成急剧的湍流。另

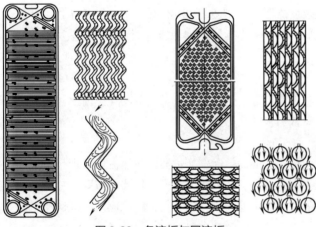

图 9-36 条流板与网流板

外，网流板的凸起及波纹在传热板组装后还起支撑作用。

② 根据流体流动路线划分：可分为"单边流"和"对角流"两种板型。图 9-37 所示为单边流和对角流板片示意图。对于"单边流"板片，如果一种流体流经的角孔位置都在换热器的一侧，则另一种流体流经的角孔位置都在换热器的另一侧。而对于"对角流"的板片，一种流体如果流经一个方向的对角线的角孔位置，则另一种流体流经的总是另一方向对角线的角孔位置。两种流动对传热无明显影响，但对流体流动分布有影响。

③ 根据板型结构划分：可分为球面凸纹板和波纹板等。目前应用较多的波纹板片有水平平直纹波纹板、人字形波纹

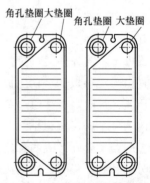

图 9-37 单边流与对角流板片

板、斜波纹板，如图 9-38 所示，其中波纹的法向截面形状多数为等腰三角形。

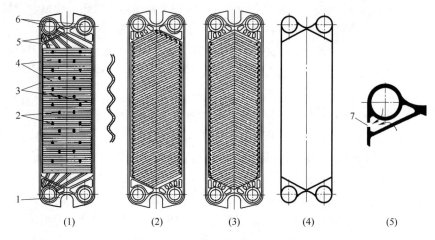

图 9-38　传热板及其密封垫片结构图

（1）水平平直波纹　（2）斜波纹　（3）人字波纹　（4）密封垫片　（5）密封垫片信号孔
1—定位缺口　2—触点　3—密封槽　4—波纹　5—导流槽　6—角孔　7—信号孔

a. 水平平直波纹板：直线波纹水平设置，板面设置有大量的圆柱凸台触点，用以支撑以形成板间的间隙而形成流体流道，并增强板片刚度。板片组装时，同向布置，形成间隙均匀的流道。液流呈条状，流道较宽，适宜于较为黏稠的料液。但传热系数较小，为 5800W/（m² · ℃）（水-水），耐压能力差。我国制造厂家制造的水平平直波纹板的规格主要有 0.2m² 和 0.5m² 等。

b. 人字形波纹板：为典型的网流板，波纹呈人字形设置，人字形之间的夹角通常为 120°。板式换热器组装时，相邻两板片相互倒置，从而形成大量的相交触点（约 2300 个/m²），因而能承受较大的工作压力。同时，流道呈网状结构，流体在流道中的流动为三维网状流，大大加剧了流体的扰动，具有较高的传热系数，可达 7000W/（m² · ℃）（水-水）。人字纹深度较浅，易于压制，但间隙较小，流道窄，流动阻力较大，不适于颗粒或膳食纤维含量较高的液料。我国制造的人字形波纹板的规格主要有 0.1m²、0.2m²、0.3m²、0.4m²、0.5m² 等，允许操作压力为 1MPa。人字形波纹板可分为大人字形波纹板、小人字形波纹板和横人字形波纹板。

c. 斜波纹板：直线波纹倾斜设置，组装时相临板片的波纹倾斜方向相反，故能形成多点接触，组成复杂的网状流道。这种波纹板结构及其性能介于上述二者之间。

d. 中间连接器：当要求一台换热器同时具有加热、冷却、热回收等多种功能时，需要为多种流体设置多对进出口接头。在换热器中适当位置装中间连接器可实现多种工艺参数的流体的流入与流出。

e. 板式换热器组装形式及规格型号表示方法：组装是指将板片及垫片按照一定规律组合起来，形成一个能够完成所需换热操作的有机整体。

f. 换热器流程：组装后，两种流体在板间形成一定规律的流道内通过，因此形成的流程是决定换热过程的主要因素之一。流体在换热器中每改变一次流动方向称为一板程，而每两板间形成的通道为一个流道。通过增加流体板程可达到增加加热时间以增加温降或温升幅度的目的。在设备中设置换向板片，即根据流程需要，不冲出某些相应的角孔（称为盲孔），流体遇到盲孔即拐弯，进行换向。通过增加或减少每一个板程的流道数，即增加或减少每一板程的板数，可使每一流程物料流量增加或减少，实现不同生产率的需要。

板式换热器的板片一般用 0.6~1.2mm 厚的 1Cr18Ni9Ti 或 1Cr18Ni12Mo2Ti 不锈钢板压延成型，需要专门模具和大吨位水压机。板片成型模具结构复杂，为此，板片均按数种标准尺寸生产。

密封垫片（图9-38）：为了防止流体的外漏和内漏，板间应放置密封垫片。为防止垫片工作时，在高压、高温下伸长变形，所以垫片通常被胶粘或镶嵌在板片的垫槽内。运行中，密封垫片在承受压力和高温的同时，还受到工作流体的侵蚀，因而要求密封垫片耐热、耐压、耐腐蚀，同时为了保证在密封面上保持足够的接触压力，密封垫片应具有一定的弹性。

垫片材质选择不当，黏结剂不黏或涂得不均匀，板片翘曲，垫片安装时定位不准或经常拆装，都可能导致脱垫、伸长、变形、老化断裂等。所以在更换垫片时应特别注意。板式换热器密封周边长，需要垫片量大。一台 120 片、每片面积为 0.5m² 的板片换热器，垫片总长约 500m。再考虑到板片换热器在使用中需要频繁拆卸和清洗，很容易造成泄漏。当发生外泄漏时，一般不会造成太大的损失，但如果发生内泄漏（一种流体流入另一种流体），常会造成较大问题。所以为了防止内漏，密封垫采用双道密封结构，同时为了及时发现内漏，垫片上开有信号孔，一旦发生泄漏，流体将首先由信号孔流出，可以及早发现和检修，避免一种流体漏到另一种流体中。在使用过程中，需要定期更换垫片，而且同一换热器的所有垫片应同时更换，因它们具有相同的性能，从而可保证良好的密封效果。

框架：框架用于板片的定位、支撑和压紧。通常框架包括固定压紧端板、活动压紧端板、尾座。固定压紧端板和活动压紧端板上部只有两个流体接头，多数为螺纹或法兰接头。夹紧部件用来压紧固定压板和活动压板，从而将装在两板中间的板片压紧。夹紧零件通常有两种：拉杆式，是目前最常用的一种夹紧结构，用一定数量的拉杆将固定压板和活动压板夹紧，此时尾座和定位支撑导杆处于无压力状态；压紧式，用支撑在尾座上的紧固丝杆施加压紧载荷于活动压杆上，将板片压紧。此时，丝杠导杆、尾座均受到压力作用。这种结构较不稳定，拆装较为复杂，目前已很少采用。定位悬挂导杆，为板片导向、定位，并支撑悬挂这些板片。

如图9-39所示为三种典型的组合形式流程。图9-39（1）为串联流程，这是一种多程流程。

在这种串联流程中，每一板程只有一个流道，即流体在一个板程内流经每一垂直流道后，接着改变方向，流经下一板程。在这种流程中两流体的主体流向是逆流，但在相邻的流道中有并流也有逆流。图9-39（2）为并联流程，流体分别流入平行的流道，然后汇集成一股流出。是一种单程流程，设有多个流道。图9-39（3）为混联流程，为并联流程和串联流程的组合，在同一板程内为并联形式，而板程与板程之间为串联。这是一种多程流动，每一板程中有多个流道。

板式换热器的流程是根据实际工艺设计和选用的，而流程的选用和设计是根据板式换热器的传热方向和流程阻力进行计算的。

（4）板式换热器的特点

① 传热系数高：其传热系数可高达 7000W/(m²·℃)，比管式换热器高 2~4 倍。原因在

于：板间空隙小，且板面上又被轧制有凹凸沟纹，所以流体在板间形成三维网状流动，流动方向和速度不断变化，很容易破坏流体的边界层而形成湍流，一般雷诺数临界值为 200 左右；难以形成污垢，污垢热阻一般比管式小一个数量级；板薄，热阻小。

② 结构紧凑，节省材料：板式换热器 $1m^3$ 体积获得的传热面积可达 $250m^2$，其他任何换热器都难与之相比。

③ 适应性好：通过增、减换热片或改变其排列组合，可以达到改变其换热面积和生产能力的目的。同时还可以通过装设中间转接器，进行几种工艺参数流体的换热和不同功能的热交换，很容易实现并流和混流流程。由于板间液料量少、滞留时间短，所以适宜于热敏性物料的加工。

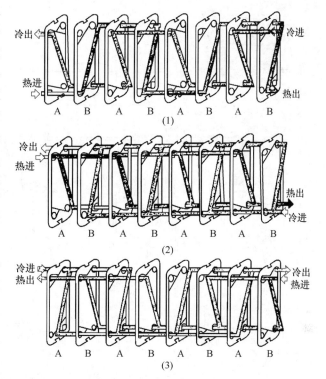

图 9-39　板式换热器组装流程类型

（1）串联流程　（2）并联流程　（3）混联流程

注：图中 A、B 显示了板方向的不同。

④ 热能利用率高：由于加热和冷却可组合在一套板式换热器上，所以很容易实现热能回收。采用板式换热器一般可回收热能 80% 左右，有的可达 90%，冷却水可节约 70%。

⑤ 易实现自动化连续生产，便于清洗。

⑥ 板式换热器的造价也较为便宜，而且由于能够大量节约蒸汽和冷却水，其生产成本也比其他换热器低很多。

⑦ 由于传热板之间是由密封垫片密封的，所以形成很长的密封周边。大型板式换热器垫圈总长超过 1600m，且使用中，如无 CIP 清洗系统，需要经常拆卸和清洗，所以容易造成泄漏、脱垫、伸长变形、老化和断裂。

⑧ 由于密封垫片通常由橡胶材料制成，所以操作温度、压力受到限制。固定板式换热器的操作压力和温度分别在 15000kPa 和 150℃ 以内。

2. 高温瞬时（UHT）板式杀菌系统

世界上第一台板式超高温瞬时杀菌装置是由英国 APV 公司于 1950 年研制出来的，其加工对象为牛乳，系统流程如图 9-40 所示。

工作原理：加入平衡槽 1 的未处理牛乳（或其他物料），用泵抽出加压后送入热回收段 10 预热到 85℃，然后进入稳定槽 2 保持 6min，稳定牛乳蛋白质，以防止其在高温加热段内的传热片上沉积结垢。稳定后的牛乳用泵打入位于杀菌器前方的均质机 4 中均质。牛乳经均质后，连续进入加热器 5 和 6 被加热到 138～150℃，然后流经自动控制的换向阀 7。如果被

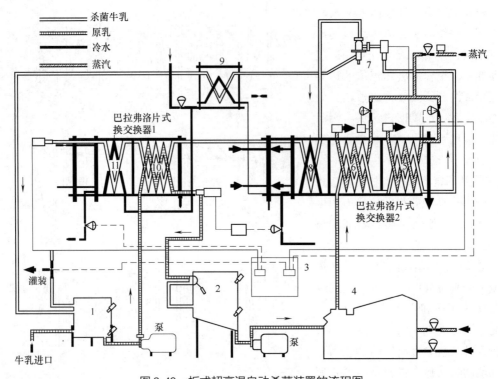

图 9-40　板式超高温自动杀菌装置的流程图

1—平衡槽　2—稳定槽　3—控制装置　4—均质机　5，6—加热器　7—换向阀
8—第一次冷却段　9—辅助冷却段　10—热回收段　11—第二冷却段

加热牛乳的温度等于或高于杀菌温度，则进保温管保温 2~4s，接着进入第一冷却段 8 被冷水快速冷却到 100℃，然后进入热回收段与冷牛乳进行热交换，并被冷却到 20℃。随后进入第二冷却段 11 被冰水冷却到 5℃或 10~15℃，最后入罐或进入灌装机灌装。如果加热牛乳未被加热到杀菌所需温度，其经换向阀流入辅助冷却段 8 被冷却后再流回平衡槽 1，重新进行加工处理。

在系统中采用两个蒸汽加热段是为了通过调节蒸汽量，准确、稳定地控制杀菌温度。设置第一冷却段是为了准确地控制进入稳定槽牛乳的温度。通过这两项控制，达到了系统工作的稳定。

系统存在两个问题：第一，热回收效率不高，因此也增加了冷却负荷；第二，物料要在85℃时在稳定槽保持 6min，将增加不良的牛乳焦煮味，并增加营养损失。为此许多制造厂对这种杀菌系统进行了改进。

3. 刮板式杀菌设备

当料液的黏度较大或流动速度较慢；或料液易在换热表面形成焦化膜，造成传热效率低或产品质量下降，甚至无法完成传热时，为避免这种现象的发生，需要采用机械方法强制更新换热表面的液膜，实现这种操作过程的典型换热器即为刮板式换热器。

刮板式换热器有立式和卧式两种结构。图 9-41 所示为一立式旋转刮板换热器，主要由圆柱形传热筒 1、转子 2、刮板 3、减速电机等组成，其中刮板浮动安装于转子上。工作原理：加热或冷却介质在传热筒外侧夹套内流过，被处理的料液在筒内侧流过。减速电机通过转子驱动刮板，使其在离心力和料液阻力的共同作用下，压紧在传热圆筒料液一侧表面随转子连续移动，不断刮除掉与传热面接触的料液膜，露出清洁的传热面，刮除下的液膜沿刮板流向转子内部，后续料液在刮板后侧重新覆盖液膜。随着前移，所有料液不断完成在传热面覆盖成膜→短时间被传热→被刮板刮除→流向转子内部→流向转子外侧→再回到传热面覆盖成膜的循环过程。

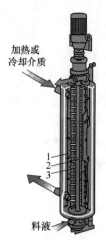

图9-41　立式旋转刮板换热器结构图

1—传热筒　2—转子　3—刮板

在立式刮板换热器中，料液重力是料液流过动力的一部分，而在卧式中需要依靠刮板和转子的结构来实现，其生产能力及温度受产品的物理特性的影响。

图9-42所示为一采用刮板式换热器的超高温杀菌系统。料液由泵2从储液罐1送至第一刮板式换热器3a，然后由第二换热器加热至3b加热至所需温度。料液温度由各换热器处的温度检测仪监测。料液在保温管4内保持规定时间后，经换热器3c和3d进行水冷，并经换热器3e进一步冷却至包装温度，然后送至无菌储罐6内，再进行无菌灌装。

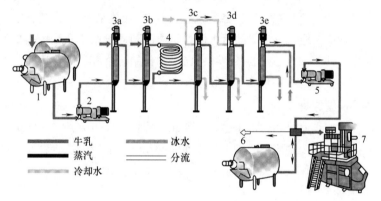

图 9-42　刮板式 UHT 系统

1—储液罐　2—转子泵　3—刮板式热交换器（3a—预热段　3b—加热段　3c,3d,3e—冷却段）　4—保温管　5—转子泵　6—无菌储罐　7—无菌灌装机

第四节　其他杀菌设备

一、超高压杀菌设备

食品超高压加工技术的提出始于1914年，当时美国物理学家 P. W. Briagman 提出了静水压500MPa下卵蛋白变性凝固，700MPa下形成凝胶的报告，在以后较长时间内，这一现象未应用到食品加工中，直到1986年日本京都大学林立九助教发表了高压食品加工的研究报告后，在日本国内掀起了高压食品研究的高潮，日本明治屋食品公司将这一技术首先应用于食

品加工中，生产出世界上第一种高压果酱食品。至此，超高压食品加工技术在世界范围内得到广泛研究和发展，近年来逐步完善成为崭露头角的一种新型杀菌技术。由于其独特而新颖的杀菌方法，简单易行的操作，引起食品界的普遍关注，是当前备受各国重视、广泛研究的一项食品高新技术，被简称为高压加工技术（High Pressure Processing，HPP）或高静水压技术（High Hydrostatic Pressure，HHP）。日本、美国、欧洲等国在高压食品的研究和开发方面走在世界前例，1990 年 4 月，高压食品首先在日本诞生。目前，在全球范围内，食品的安全性问题日益突出，消费者要求营养、原汁原味的食品呼声越来越高，高压技术则能顺应这一趋势，不仅能保证食品在微生物方面的安全性，而且能较好地保持食品固有的营养品质、质构、风味、色泽、新鲜程度。利用超高压可以达到杀菌、灭酶和改善食品品质的目的，在食品超高压技术研究领域的一个重要方向即超高压杀菌。在一些发达国家，高压技术已应用于食品（鳄梨酱、肉类、牡蛎）的低温消毒，而且作为杀菌技术也日趋成熟。

（一）超高压杀菌概念

超高压杀菌是指将食品物料以柔性材料包装后，置于压力在 200MPa 以上的高压装置中经高压处理，使之达到杀菌目的的一种新型杀菌方法。

超高压加工技术（Ultra High Pressure，UHP），又称高静压技术（High Hydrostatic Pressure，HHP），是指将食品密封在柔性容器内，以水或其他液体作为传压介质，在 100 ~ 1000MPa 的加压处理下，维持一定时间后，使食品中的酶、蛋白质和淀粉等生物大分子改变活性、变性或糊化，并杀死食品中的微生物，已达到食品的杀菌、钝化酶活，并最大限度地改善或保持食品原有价值的一种食品加工技术。

（二）超高压杀菌原理

高压杀菌的基本原理就是压力对微生物的致死作用。高压可导致微生物的形态结构、生物化学反应、基因机制以及细胞壁膜发生多方面的变化，从而影响微生物原有的生理活动机能，甚至使原有功能被破坏或发生不可逆变化，导致微生物死亡。

1. 勒夏特列原理

根据勒夏特列（Le Chatelier）定律，外部高压促使反应体积朝着减小的方向移动，分子构象发生变化，细胞体积缩小变形，导致微生物灭亡。共价键中离子共用电子对很难被压缩，其体积基本不受压力影响，因此由共价键组成的小分子物质如糖、维生素、色及香气成分在 HHP 处理过程中基本不受影响。

2. 帕斯卡原理

根据帕斯卡（Pascal）原理，液体压力瞬间均匀地传递到整个样品，该技术具有传压迅速和均匀的特点，处理食品不受体积和形状的限制。由于超高压处理破坏的是酶蛋白、多糖等大分子三级结构的盐键、疏水键以及氢键等，对酶蛋白及多糖等大分子的共价键影响小。因此，超高压杀菌的同时会最大限度地保留食品原有的特性。

（三）超高压技术处理特点

超高压技术属于为非热加工纯物理过程，最大限度地保持原有的营养、风味、色泽等有效成分，减少热敏成分的损失；可以改变了食品原料的内部组织结构，获得新物性的食品；压力能瞬时一致地向食品中心传递，被处理的食品所受压力的变化是同时发生的，是均匀的；耗时少，周期短，节约能源；提高原料的加工利用率；无"三废"污染。

（四）超高压装备的分类

1. 按加压方式分类

分为直接加压式和间接加压式。图 9-43 所示为两种加压方式的装置示意图。

直接加压方式中，超高压容器与加压装置分离，用增压机产生超高压液体，然后通过高压配管将高压液体运至超高压容器，使物料受到超高压处理。间接加压方式中，超高压容器与加压液压缸呈上下配置，在加压液压缸向上的冲程运动中，活塞将容器内的压力介质压缩产生超高压，使物料受到超高压处理。两种加压方式的特点比较见表 9-1。

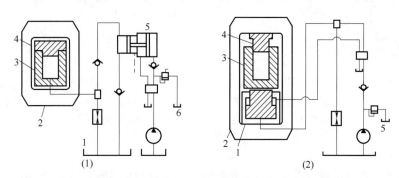

图 9-43　直接加压式和间接加压式超高压处理装置示意图

（1）直接加压方式　（2）间接加压方式

（1）1—压媒槽　2—框架　3—高压容器　4—上盖　5—增压机　6—油压装置

（2）1—加压气缸　2—框架　3—高压容器　4—活塞　5—油压装置

表 9-1　　　　　　　　　直接加压方式和间接加压方式的特点比较

加压特点	直接加压方式	间接加压方式
适用范围	大容量(生产型)	UHP 小容器(研究开发用)
构造	框架内仅有一个压力容器,主体结构紧凑	加压液压缸和 UHP 容器均在框架内,主体结构庞大
UHP 配置	需要 UHP 配管	不需 UHP 配管
容器容积	始终为定值	随着压力的升高容积减小
容器内温度变化	减压时温度变化大	升压或减压时温度变化不大
压力的保持	当压力介质的泄漏量小于压缩机的循环量时可保持压力	若压力介质有泄漏,则当活塞推到液压缸顶端时才能加压并保持压力
密封的耐久性	因密封部分固定,故几乎无密封的损耗	密封部位滑动,故有密封件的损耗
维护	经常需保养维护	保养性能好

2. 按容器放置的位置分类

分为立式和卧式两种。图 9-44 所示为立式超高压处理设备，占地面积小，但物料的装卸需专门装置。图 9-45 所示为卧式超高压处理设备，物料的进出较为方便，但占地面积较大。

（五）超高压装备的组成

超高压装备主要包括超高压处理容器、加压装置及其辅助装置构成，如图 9-46 所示。

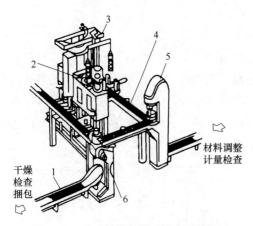

图 9-44 立式超高压处理设备示意图

1—输送带 2—高压容器 3—装卸搬用装置

4—滚轮输送带 5—投入装置 6—排出装置

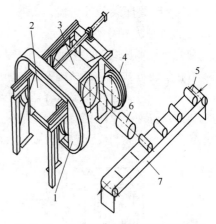

图 9-45 卧式超高压处理设备示意图

1—框架 2—容器Ⅱ 3—容器Ⅰ 4—盖开

闭 5—处理品 6—密封舱 7—输送带

1. 超高压处理容器

食品的超高压杀菌处理要求数百兆帕的压力，所以采用特殊技术制造压力容器是关键。通常压力容器为圆筒形，材料为高强度不锈钢。为了达到必需的耐压强度，容器的器壁很厚，这使设备相当笨重。最近有改进型超高压容器产生（图 9-47），在容器外部加装线圈强化结构，与单层容器相比，线圈强化结构不但实现安全可靠的目的，而且也实现了装置的轻量化。

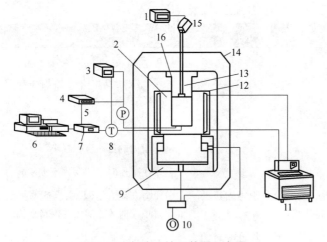

图 9-46 超高压处理装置示意图

1—电视监视器 2—高压容器 3—记录计 4—压力指示计

5—传感器 6—计算机 7—接口 8—热电偶 9—气缸

10—油压泵 11—循环水恒温槽 12—夹套 13—光

电纤维 14—框架 15—电视摄像 16—活塞

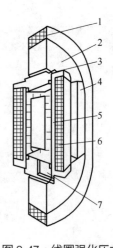

图 9-47 线圈强化压力

容器结构示意图

1—线圈 2—框架 3—上盖

4—支柱 5—压力容器（圆柱

体） 6—线圈 7—下盖

2. 加压装置

不论是直接加压方式还是间接加压方式，均需采用油压装置产生所需超高压，前者还需超高压配管，后者则还需加压液压缸。

3. 辅助装置

超高压处理装置系统中还有许多其他辅助装置，主要包括以下几个部分。

（1）恒温装置　为了提高超高压杀菌的作用，可以采用温度与压力共同作用的方式。为了保持一定温度，要求在超高压处理容器外带一个夹套结构，并通以一定温度的循环水。另外，压力介质也需保持一定温度。因为超高压处理时，压力介质的温度也会因升压或减压而变化，控制温度对食品品质的保持是必要的。

（2）测量仪器　包括热电偶测温计、压力传感器及记录仪，压力和温度等数据可输入计算机进行自动控制。还可设置电视摄像系统，以便直接观察加工过程中食品物料的组织状态及颜色变化情况。

（3）物料的输入输出装置　由输送带、机械手、提升机等构成

二、欧姆杀菌设备

（一）欧姆杀菌概念

欧姆杀菌是利用电极，将 50~60Hz 的低频交流电直接导入食品原料，在食品内部将电能转化为热能，引起食品温度升高，从而达到直接均匀加热食品达到杀菌的目的。如图 9-48 所示。采用欧姆杀菌方法可获得比常规方法更快的加热速率（1~2℃/s），可缩短加热杀菌时间，得到高品质产品。杀菌过程中食品杀菌温度变化除了与电学性质有关外，还与物料的密度、比热容和热导率等热学性质有关。

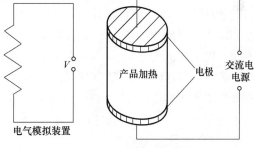

图 9-48　欧姆加热处理原理图

（二）欧姆杀菌装置结构和工作原理

欧姆加热杀菌装置系统主要由泵、柱式欧姆加热器、保温管、控制仪表等组成，如图 9-49 所示。其中最重要的部分是由 4 个以上电极室组成柱式欧姆加热器。电极室由聚四氟乙烯固体块切削而成并包以不锈钢外壳，每个极室内有一个单独的悬臂电极，如图 9-50 所示。电极室之间用绝缘衬里的不锈钢管连接。可用作衬里的材料有聚偏二氟乙烯（PVDF）、聚醚醚酮（PEEK）和玻璃。

工作原理：欧姆加热柱以垂直或近平垂直的方式安装，待杀菌物料自下而上流动，加热器顶端的出口阀始终充满物料。采用欧姆加热操作系统对食品进行杀菌时，首先要对系统进行预杀菌。欧姆加热组件、保温管和冷却器的预杀菌是用电导率与待杀菌物料相接近的一定浓度的硫酸钠溶液循环来实现的。通

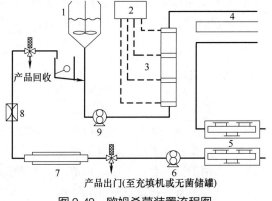

图 9-49　欧姆杀菌装置流程图

1—物料罐　2—控制板　3—欧姆加热器

4—保温管　5—刮板式冷却器　6—反压泵

7—无菌冷却器　8—反压阀　9—物料泵

入电流达到一定的杀菌温度，通过压力调节阀控制杀菌方式完成。其他设备，从储罐至充填机及其管路的杀菌则采用传统的蒸汽杀菌方法。采用电导率与产品电导率相近的杀菌剂溶液的目的是使下一步从设备预杀菌过渡到产品杀菌期间避免电能的大幅度调整，以确保平稳而有效地过渡，且温度波动很小。一旦系统杀菌完毕，循环杀菌液由循环管路中的片式热交换器进行冷却。当达到稳定状态后，排出预杀菌液，同时将产品引入物料泵的进料斗。

在转换过程中，利用无菌的空气或氮气，调节收集罐和无菌储罐上方的压力，依此对反压进行控制。处理高酸性制品时，反压应维持在 0.2MPa，杀菌温度 90~95℃；处理低酸性制品时，反压应维持在 0.4MPa，杀菌温度达 120~140℃。反压是防止制品在欧姆加热中沸腾所必需的。物料通过欧姆加热系统时，逐渐被加热到所需的杀菌温度，然后进入一个温热的保温系统，达到要求的杀菌强度，再经列管式热交换冷却器，最终进入无菌储罐，以便进行无菌灌装。

生产结束后，切断电源并用水清洗设备，然后用 80℃ 的 2kg/L 的氢氧化钠溶液循环清洗 30min。清洗液的加热用系统中的片式换热器，因氢氧化钠溶液的电导率很高，不宜用欧姆加热。

欧姆加热器可装备不同规格的电极室和连接管，可达到 3t/h 的生产能力，具体情况可根据产量所要求达到的杀菌温度而定。实验室研究用的欧姆加热器为 5kW，50kg/h。

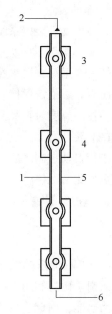

图 9-50　欧姆加热器示意图
1—不锈钢外套　2—产品出口　3—绝缘腔　4—电极
5—绝缘衬里　6—产品进口

（三）欧姆杀菌特点

欧姆加热处理的食品与传统灭菌的食品相比，欧姆加热是连续性灭菌处理，可使产品品质获得很大的改善。具体表现为微生物安全性、蒸煮效果及营养保留方面大大优越于传统法。其主要优点如下：

可生产新鲜、味美的大颗粒产品；能使产品产生高的附加值；因不存在传热面，就不存在结垢而影响传热的问题，能连续对食品进行加热；可加工对剪切敏感的产品；热量可在产品固体中产生，不需要借助液体的对流或传导来传递热量；系统操作稳定；操作控制简单，且可快速启动或关闭；维护费用低。

三、高压脉冲电场杀菌设备

（一）高压脉冲电场杀菌概念

高电压脉冲电场（PEF）杀菌是把液态食品作为电解质置于杀菌容器内，与容器绝缘的两个放电电极通以高压电流，产生电脉冲进行间隙式杀菌，或者使液态食品流经高电压脉冲电场进行连续杀菌的加工方法。高电压脉冲电场技术用于液态食品杀菌是目前杀菌工艺中最为活跃的技术之一，其主要处理对象包括啤酒、黄酒等酒类、果蔬汁液饮料、纯净水、矿泉水及其他饮用水、牛乳、豆乳等。

（二）高压脉冲电场杀菌原理

微生物细胞和细胞膜保持完整性，对维持正常的细胞生命活动起着极其重要的作用。

当微生物被置于脉冲电场中时，细胞在脉冲电场的作用下，细胞膜被破坏，从而导致细胞内容物外渗，引起微生物死亡。关于脉冲电场杀菌的机理；有多种假说，目前已形成了几种代表性的观点：跨膜电位效应、细胞膜穿孔效应、电介质效应及电磁效应等。

1. 跨度电位效应

脉冲电场对微生物的作用主要集中在细胞膜上，微生物的许多功能依赖于细胞膜。当细胞处于脉冲电场中，细胞膜上积聚电荷，在 $10\sim20ns$，细胞膜上将产生 $100\sim170mV$ 的跨膜电位，细胞内的大分子经受强电场的作用，产生不可逆的构型变化，从而引起细胞功能的改变。细胞膜在脉冲电场的作用下，形成"微孔"，在电场强度较低的情况下，微孔的形成是可逆的，能自行修复；但在强场的作用下，膜的破坏是不可逆的。膜的不可逆击穿，导致膜短路，失去细胞膜的功能。在细胞膜脂质中含有大量不饱和脂肪酸，使细胞膜对外界环境因素具有高度灵敏性，染色体在细胞核内呈离心状态分布，并在多处与核膜接触，在膜内强电场作用下，核膜上一旦发生脂质过氧化，就会产生各种活性氧自由基及其非自由基产物，这些物质将直接损伤 DNA。

2. 细胞膜穿孔效应

Tsong（1991）从液态镶嵌模型出发，提出了"细胞膜的电穿孔效应"。他认为，细胞膜是由镶嵌于蛋白质的磷脂双分子层构成，它带有一定的电荷。具有一定的通透性和强度。膜内外表面之间具有一定的电势差，当外加一个电场，这个电场将使膜内外电势差增大，细胞膜的通透性也随着增加。当电场强度增大到一个临界值时，细胞膜上的蛋白质通道打开。导致蛋白质的永久性变形；磷脂双分子层对电场比较敏感，施加电场能够改变磷脂双分子层的结构，扩大细胞膜上原有的膜孔并产生新的疏水性膜孔，这些疏水性膜孔，最终转变成结构上更为稳定的亲水性膜孔，使细胞膜的通透性剧增，膜上出现许多小孔，膜的强度降低。同时由于所加场为脉冲电场，电压在瞬间剧烈波动，在膜上产生振荡效应。孔的加大和振荡效应二者共同作用，使细胞发生崩溃，从而达到杀菌目的。

3. 电介质效应

Zimmermann（1986）提出了电介质破坏理论。该理论首先将假设细胞为球形，细胞膜的磷脂双分子层结构为一等效电容。由于磷脂双分子层生物薄膜内部充满着电解质和带电荷的离子，当细胞受到外界低电场作用时，膜内带电物质在电场作用下，按电场作用力方向移动，这种移动现象称为极化。在极短的时间内，各带电物质移至膜两侧，形成一个微电场，微电场之间形成跨膜电位。随着电场强度的增大或处理时间的延长，细胞膜极化加剧，形成的电场强度增大，由于膜两侧的离子电荷相反，产生相互吸引力，使膜受到两侧的挤压，跨膜电位不断加大，引起细胞膜厚度的减小，当跨膜电位达到 1V 时，挤压力大于膜的恢复力，细胞膜被局部破坏。当电场强度进一步增强时，膜完全破裂，从而导致细胞死亡。另外，电极附近介质中的电解质产生阴阳离子，这些阴阳离子在强电场作用下极为活跃，能够穿过在电场作用下通透性提高的细胞膜，与细胞的生命物质如蛋白质、核糖核酸结合而使之变性。这种由于电场所产生的电解质效应可以将微生物细胞的正常生命活动抑制或破坏。

4. 电磁效应

电磁效应理论是建立在电极释放的电场能量和磁场能量之间可以互相转化的基础上。在两个电极反复充电与放电的过程中，磁场起了主要杀菌作用，而脉冲电场的能量是持续不断地向磁场转换保证磁场杀菌作用。

磁场对微生物杀灭的原因主要有三方面：当用脉冲磁场辐射细胞时，由于磁场的瞬间出现和消失，必然在细胞内产生一瞬间的磁通量，细胞在磁场的辐射下产生的感应电流与磁场相互作用的力就可将细胞破坏；在磁场作用下，细胞中的带电粒子（尤其是质量小的电子和离子），由了受到洛仑兹力的影响，其运动轨迹被束缚在一定范围内，并且磁场强度越大，电子和离子活动范围越小，导致了细胞内的电子和离子不能正常传递，从而影响细胞正常的生理功能；对于带有不同电荷基团的大分子，如酶等。由于在磁场的作用下，不同电荷的运动方向不同，因而导致大分子构象的扭曲或变形，从而改变了酶的活性，因而细胞正常的生理活动受到影响。

总之，关于脉冲电场杀菌机理有多种假说，除有如上所述的跨膜电位效应、细胞膜穿孔效应、电介质效应和电磁效应外，目前还有另外一些支持脉冲电场杀菌的理论。黏弹极性形成模型认为：细菌的细胞膜在受到强烈的脉冲电场作用时，产生剧烈振荡，使细胞膜遭到破坏；在强烈电场作用下，介质中产生等离子体，并且等离子体发生剧烈膨胀，产生强烈的冲击波，超出细菌细胞膜的可塑性范围，从而将细菌击碎。臭氧效应理论认为：在电场作用下液体介质电解产生臭氧，在低浓度下臭氧本身能有效杀灭细菌。

归纳起来，脉冲电场杀菌作用主要表现在以下两个方面：

（1）磁场的作用　脉冲电场产生磁场，这种脉冲电场和脉冲磁场交替作用，使细胞膜透性增加，振荡加剧，膜强度减弱，甚至膜被破坏，膜内物质容易流出，膜外物质容易渗入，细胞膜的保护作用减弱甚至消失。

（2）电离作用　电极附近物质电离产生的阴、阳离子与膜内生命物质作用，因而阻断了膜内正常生化反应和新陈代谢过程等的进行；同时，液体介质电离产生 O_3 的强烈氧化作用，能与细胞内物质发生一系列反应。这两种因素的联合作用，致使微生物死亡。

以上关于脉冲电场杀菌机理均有其独到之处，但都不十分完善。要完整而准确地理解脉冲电场对细胞的杀灭作用机理，还需要做许多工作。

（三）高压脉冲电场的基本原理

液态食品原料通常被看成电导体，它们具有很高的离子浓度，可以使电荷移动。为在某食品中产生高强度脉冲电场，就必须在非常短的时间内通过一个大电流，并且由于脉冲之间的时间间隔比脉冲宽度长得多，满足电容的慢速充电和快速放电的特点。常用的脉冲波形主要有指数衰减波形和矩形波形，其电路如图 9-51、图 9-52 所示。图 9-53 所示为电场杀菌时细胞的感生电势原理图。

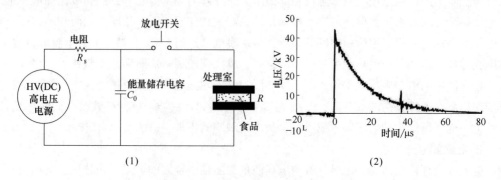

（1）　　　　　　　　　　　　　（2）

图 9-51　指数衰减波形与产生电路

（1）电路图　（2）波形图

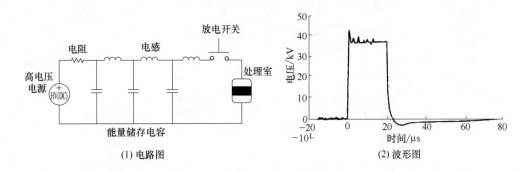

(1) 电路图   (2) 波形图

图 9-52 矩形波形与产生电路

（四）高压脉冲电场杀菌特点

1. 能耗低、杀菌时间短

一般为 μs 到 ms 级，能耗很低，杀死 99% 的细菌，每毫升所需能量为数十到数百焦耳。每吨液态食品灭菌耗电为 1.8～7.2MJ，是高温杀菌能耗的千分之一。

2. 对食品的营养、物性影响小

杀菌时的温升一般<5℃，可有效保存食品的营养成分和天然特征。

3. 杀菌效果明显

细菌的存活率可下降 9 个对数周期 [$\lg (N/N_0) = -9$，其中，N、N_0 分别为处理后及处理前的活菌数目] 或更多。若杀菌条件适当，杀菌率可达到商业无菌的要求。

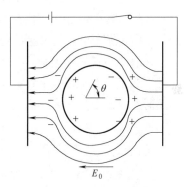

图 9-53 在外加电场作用下产生跨膜电势的感应

（五）高压脉冲电场的处理系统

PEF 处理系统的实验装置由 7 个主要部分组成：高电压电源，能量储存电容，处理室，输送食品使其通过处理室的泵，冷却装置，电压、电流、温度测量装置和用于控制操作的电脑（图 9-54 和图 9-55）。用来作为电容充电的高电压电源是一个普通直流（DC）电源。另一种产生高电压的方法是用一个电容器充电电源，即用高频率的交流电输入然后供应一个重复速度高于直流电源的指令充电。

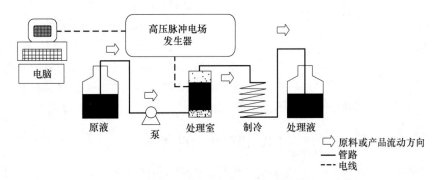

图 9-54 高压脉冲电场处理系统装置流程图

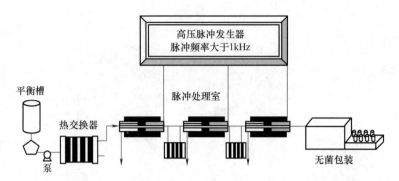

图 9-55　高压脉冲电场处理系统多个处理室处理食品实验装置流程图

储存在电容中的能量几乎以一个非常高的能量水平被瞬间（10^{-6}s 内）释放。需要使用能够在高能量和高重复速度下具有可靠操作性的高电压开关才能实现放电。开关的种类可以从气火花隙、真空火花隙、固态火闸、闸流管和高真空管中选择。

（六）高压脉冲电场杀菌设备

1. 液体高电压脉冲电场杀菌处理装置

图 9-56 所示为流动式液体高电压脉冲电场杀菌处理装置，图 9-56（1）和（2）为同一原理不同连接方式。图 9-57 为同轴式高压脉冲电场杀菌处理装置。

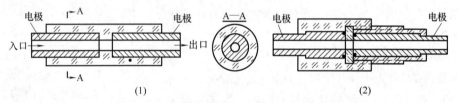

(1)　　　　　　　　　　　　　　　　(2)

图 9-56　液体高电压脉冲电场杀菌处理装置

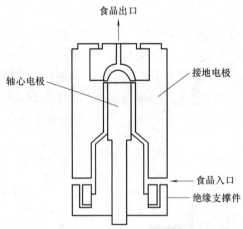

图 9-57　同轴式高压脉冲电场杀菌处理装置

2. 流通式高压脉冲电场杀菌设备

如图 9-58 所示，它为不锈钢同轴心三重圆筒形状，中间和里面两圆筒之间的夹层部分为杀菌容器。外面和中间两圆筒之间可在需要时加冷却液，也控制内夹层杀菌容器内的温度。里面圆筒接脉冲电源正极，中间和外面圆筒接地。

3. 脉冲放电冲击波杀菌设备

如图 9-59 所示，杀菌槽本体为直径 400mm 的球体。在 40mm 间隔的放电器 G 上施加来自脉冲电源 PS 的高压脉冲。试料由 V_1 阀门注入，由 V_2 阀门排出。

四、辐射杀菌设备

食品辐照（Food Irradiation）是利用射线照射食品（包括原材料），延迟新鲜食物某些生理过程（发芽和成熟）的发展，或对食品进行杀虫、消毒、杀菌、防霉等处理，达到延长保

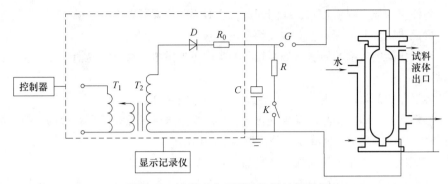

图 9-58 流通式高压脉冲电场杀菌设备

藏时间和稳定、提高食品质量的操作过程。食品辐照杀菌是非热杀菌，并可达到商业无菌的要求。近年来，世界各国食品辐照研究和发展的总趋势是向实用化和商业化发展。

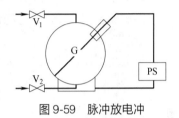

图 9-59 脉冲放电冲击波杀菌设备

（一）辐照杀菌技术的基本原理

物质受照射所发生的变化过程：吸收辐射能，引起分子或原子电离激发产生一系列物理、化学和生物学变化而导致微生物细胞或个体死亡或出现遗传性变异等生物效应，剂量小时，辐射损伤得到恢复。表 9-2 是 γ 射线辐射杀死各种微生物所用的最低剂量。

表 9-2 　　　　　　　　　γ 射线辐射杀死各种微生物所用的最低剂量

微生物	培养基	杀菌程度	剂量/kGy
肉毒梭状芽孢杆菌 A 型	罐头肉	10^{12}	45.0
肉毒梭状芽孢杆菌 E 型（产毒菌株）	肉汁、碎瘦牛肉	10^6	15.0
肉毒梭状芽孢杆菌 E 型（无毒菌株）	肉汁、碎瘦牛肉	10^6	18.0
葡萄球菌（噬菌体型）	肉汁、碎瘦牛肉	10^6	3.5
沙门氏菌	肉汁	10^6	3.2~3.5
需氧细菌	肉汁	10^6	1.6
大肠杆菌	肉汁、碎牛肉	10^6	1.8
大肠杆菌（适应菌株）	肉汁、碎牛肉	10^6	3.5~712.0
结核杆菌	肉汁	10^6	1.4
粪链球菌	肉汁、碎牛肉	10^6	3.8

（二）食品辐照杀菌的作用特点

1. 优点

（1）杀死微生物效果显著，剂量可根据需要进行调节。

（2）和其他灭菌储存方法相比节省能源，仅为冷藏的 6%。

（3）一定剂量（<5kGy）的照射不会使食品发生感官上的明显变化。

（4）即使高剂量（>10kGy）照射，食品中总的化学变化也很微小。

（5）没有非食品物质残留。

（6）食品热量很小，可保持原有特性，在冷冻状态下也能进行辐射。

（7）射线穿透能力强、均匀、瞬间即逝，且对辐照过程可以进行准确控制。

（8）食品进行辐照处理时，对包装无严格要求。

（9）可改进某些食品的质量，如经辐照的牛肉更加嫩滑、大豆更易消化等。

2. 缺点

（1）经过杀菌剂量的照射，一般情况下酶不能被完全钝化。

（2）经辐照处理后，食品所发生的化学变化从量上来讲虽然是微乎其微的，但可能会发生不愉快的感官性质变化，这些变化是因游离基的作用而产生的。

（3）辐照杀菌方法不适用于所有的食品，要有选择性地应用。

（4）能够致死微生物的剂量对人体来说是相当高的，所以必须非常谨慎，做好运输及处理食品的工作人员的安全防护工作。

（三）食品辐照杀菌工艺与设备

1. 杀菌工艺

杀菌工艺流程如图 9-60 所示。

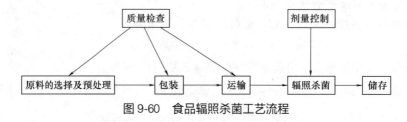

图 9-60　食品辐照杀菌工艺流程

2. 辐照杀菌类型

（1）辐照阿氏杀菌　辐射剂量可以使食品中的微生物数量减少到零或有限个数，又称商业杀菌或辐照完全杀菌。处理后，食品可在任何条件下储藏，但要防止再污染。辐照阿氏杀菌在食品中的应用，可能只限于在肉类制品中应用，剂量范围为 10~50kGy。

（2）辐照巴氏杀菌　辐照巴氏杀菌又称辐照针对性杀菌，只杀灭无芽孢病原细菌。适用于高水分活性生或熟的易腐食品及一些干制品，如蛋粉、调味品等，剂量范围为 5~10kGy。

（3）辐照耐储杀菌　辐照耐储杀菌能提高食品的储藏性，降低腐败菌的原发菌数，并延长新鲜食品的后熟期及保藏期，所用剂量在 5kGy 以下。

3. 辐照剂量的决定因素

辐射杀灭微生物一般以杀灭 90% 微生物所需的剂量（Gy）来表示，即残存微生物数下降到原菌数 10% 时所需要的剂量，并用 D_{10} 值来表示。当知道 D_{10} 值时，就可以按下式来确定辐照灭菌的剂量（D 值）：

$$\lg \frac{N}{N_0} = -\frac{D}{D_{10}}$$

式中　N_0——最初细菌数量；

　　　N——使用 D 剂量后残留细菌数；

　　　D——辐照的剂量，Gy；

　　　D_{10}——细菌残存数减少到原菌数 10% 时的剂量，Gy。

从表 9-3 中可见，沙门氏菌是非芽孢致病菌中最耐辐照的致病菌，平均 $D_{10} = 0.6$kGy，对禽肉辐照 1.5~3.0kGy 可杀灭 99.9%~99.999% 致病菌。除了肉毒芽孢杆菌外，在此剂量下，其他致病菌都可以得到控制。

表 9-3　　　　　　　　　　　　　一些食品细菌的 D_{10}

菌种	基质	D_{10}/kGy	菌种	基质	D_{10}/kGy
嗜水气单孢菌	牛肉	0.14~0.19	金色链霉菌	鸡肉	2
大肠杆菌(O157∶H7)	牛肉	0.18	小肠结肠炎菌	牛肉	0.11
单核细胞杆菌	牛肉	0.24	肉毒梭状芽孢杆菌芽孢	鸡肉	3.56
沙门氏菌	鸡肉	0.38~0.77			

4. 辐照杀菌装置

（1）γ 射线辐照器　如图 9-61 所示，该类装置是以发射性同位素 ^{60}Co 或 ^{137}Cs 作为辐射源。因 ^{60}Co 有许多优点，因此目前多采用其作辐射源。由于 γ 射线穿透性强，所以这种装置几乎适用于所有的食品辐射处理。但对只要求进行表面处理的食品，这种装置效率不高，有时还可能影响食品的品质。

（2）电子加速器辐照器　如图 9-62 所示，该类装置以电子加速器作为辐射源，用电磁场使电子获得较高能量，将电能转变成射线（高能电子射线，X 射线）的装置。主要有静电加速器、高频高压加速器、绝缘磁芯变压器、微波电子直线加速器、高压倍加器、脉冲电子加速器等。作为食品辐照杀菌时，为保证安全性，加速器的能量多数是用 5MeV，个别用 10MeV。如果将电子射线转换为 X 射线使用时，X 射线的能量也要控制为不超过 5MeV。

因电子束穿透力不强，只能进行食品表面辐射杀菌处理，因此，适用范围没有 γ 射线辐照器广泛。如果将电子射线转换成 X 射线，往往转换效率不高。

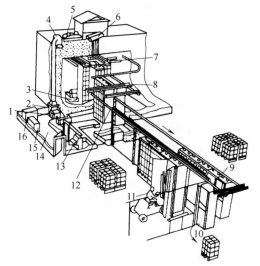 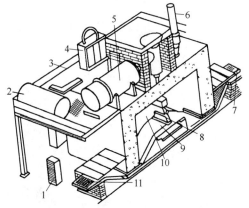

图 9-61　JS-9000 γ 射线辐照器结构图
1—储源水池　2—排气风机　3—屋顶塞　4—源升降机
5—过照射区传送容器　6—产品循环区　7—辐照后的
传送容器　8—卸货点　9—上货点　10—辐照前的传
送容器　11—控制台　12—机房　13—空压机
14—冷却器　15—去离子器　16—空气过滤器

图 9-62　电子加速器辐照器结构图
1—控制台　2—储气罐　3—调气室　4—振
荡器　5—高频高压发生器　6—废气排放管
7—上货点　8—扫描口　9—传送带
10—辐照室　11—卸货点

思 考 题

1. 总结热力杀菌系统中提高传热系数的措施。
2. 在管式换热器中是如何处理操作压力和换热效率矛盾的？
3. 简述板式换热器流程中板程及流道的概念及其在装配中的意义。
4. 杀菌系统中板式换热器与刮板式换热器互换位置会出现什么问题？
5. 罐装食品杀菌机都采取了哪些提高食品杀菌质量的措施？
6. 罐装食品加压杀菌机为什么采用反压冷却？
7. 液体食品无菌处理系统如何保证所需的杀菌值？
8. 比较分析本章所介绍的几种罐头高压连续杀菌设备。

第十章

冷却和冷冻设备

学习目标

1. 了解制冷原理和一般系统构成。
2. 了解食品冷冻、冷却系统的组成。
3. 掌握工业用食品冷冻、冷却系统中设备的常见类型，主要构成机器应用特点。
4. 了解新型食品解冻技术和设备。

第一节 概　　述

随着制冷工业的发展，冷冻技术已经渗透到人们生活和生产的各个领域，尤其在食品行业中，冷却和冷冻设备的应用相当广泛。对于易腐食品，从采购或捕捞、加工、储藏、运输到销售的全部流通过程中，都必须保持稳定的低温环境，才能保证食品的质量和价值、延长经济寿命。这是因为酶的分解和微生物的繁殖对温度具有较高的敏感性，温度降低，酶的活性大大减弱，微生物的活性受到限制，繁殖能力大大降低，因此达到长期保持食品色、香、味以及防止营养物质流失的目的。

用冷冻的方法的保存食品，既不改变食品中的水分，也不需要添加其他如防腐剂、电解质等物质，因此是一种绿色高效的优良的食品贮藏方法，也是目前国内外食品保藏的研究的发展的方向之一。

食品冷冻机械包括制冷机、冷却冻结机、冷冻贮藏机、解冻机和冷饮食品机械等。制冷机是用来对制冷剂压缩做功，获得能量，然后经冷凝、膨胀，形成能吸收热量的冷源而制冷。冷却冻结机的作用是使食品快速降温而冻结，达到低温冷藏入库的要求。制冷机是冷冻冷藏的最基础设备。它由压缩机、冷凝器、蒸发器和节流机构等组成，可制成大、中、小型，以适应不同冷量的需要。

目前，我国食品冷冻加工和速冻已形成一个独立的工业部门，正在迅速发展。在食品发酵工业中广泛应用，如啤酒厂的前发酵、后发酵、糖化液降温、啤酒的过滤、味精厂发酵、等电点池降温、酵母厂高活性酵母发酵降温、果酒车间降温。肉类、水产的速冻，早已具有相当规模，果蔬的速冻在很多工厂已大批生产，正在逐步形成工业。罐头厂、乳品厂、蛋品厂、糖果冷饮厂等食品工厂，几乎都有冷冻机房及冷藏库的设置。

本章主要介绍食品工业中常用机械式制冷机和食品中的冷冻设备、真空冷却设备以及其他的冻结设备。

第二节 机械式制冷机

一、制冷基本概念

制冷是指利用物体的相变或状态变化产生冷效应的方法。制冷有多种方式，而机械压缩蒸发制冷是目前应用最为普遍的一种人工制冷方法，其工作原理是制冷循环。现代食品工业中所应用的冷源都是人工制冷得到的。根据制冷剂状态变化，可以分为液化制冷、升华制冷和蒸发制冷三类。习惯上将利用压缩机、冷凝器、膨胀阀和蒸发器等构成的蒸发式制冷称为机械制冷，而将其他的制冷方法称为非机械制冷。

二、一般机械式制冷方法

1. 蒸汽压缩式制冷

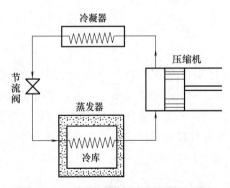

图 10-1 蒸发压缩式制冷循环原理图

现在广泛应用的制冷方法是蒸汽压缩式制冷。这种方法是用常温及普通低温下可以液化的物质作为工质（例如氨、氟利昂及某些碳氢化合物），工质在循环过程中将不断发生集态改变（即液态变气态、气态经压缩再变液态），工质在集中变化中吸收热量，从而达到降温制冷的目的，这是食品工业中使用广泛的制冷方法。蒸发压缩式制冷循环的原理如图 10-1 所示。

2. 常见的压缩式制冷循环

（1）单级压缩制冷循环 图 10-1 所示的制冷循环是理论上的一种制冷循环。实际上，这种循环实现起来有许多实际问题，例如，蒸发器中抽取出来的制冷剂蒸气常带有雾滴，带有雾滴的制冷剂蒸气不能使压缩机正常工作，又如，压缩机中的润滑油会随温度的升高而汽化进入系统中，使得冷凝器和蒸发器的热换效率大大降低；再如，由于没有制冷剂的储存设备，整个系统工作会变得不稳定。

因此，实际制冷循环系统需克服以上存在的问题。图 10-2 所示为

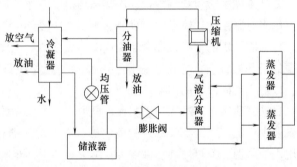

图 10-2 单级压缩制冷循环图

单级氨压缩制冷系统，增加了分油器、储氨器、氨液分离器等部件。

这些部件可以保证制冷循环正常运行。氨蒸气中携带的雾滴由氨液分离器消除，保证了压缩机的正常工作；冷凝器之前的除油装置，使得压缩机润滑油不再进入系统，从而提高了冷凝器和蒸发器的换热效率；冷凝器之后需安装一台（套）储液罐，起两方面的作用，一是保证系统运行平稳，二是可以方便地为多处用冷场所提供制冷剂。

（2）双级压缩制冷循环 制冷循环若以压缩机和膨胀阀为界，可粗略地分成高压、高温和低压、低温两个区。高压端压强对低压端压强的比值称为压缩比。压缩比由高温端的冷凝温度和低温端蒸发温度确定，蒸发温度越低，压缩比越高。高压缩比情形下，若采用单级压缩，运行会有困难，这时可采用多级压缩，以双级压缩较为常见。

所谓双级压缩，是指在制冷循环的蒸发器与冷凝器之间设两个压缩机，并在两压缩机间再设一个中间冷却器。一般而言，当压缩比>8时，采用双级压缩较为经济合理。对氨压缩机来说，当蒸发温度在−25℃以下时，或冷蒸气压强>1.2MPa时，宜采用双级压缩制冷。双级压缩制冷循环的原理如图10-3所示。

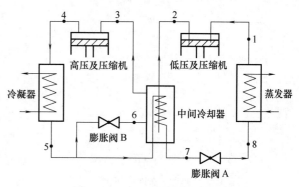

图 10-3 双级压缩制冷循环图

双级压缩制冷循环中制冷剂的状态变化如图 10-4 所示。由图可见，蒸发器中形成的低压、低温制冷剂蒸气（状态点 1），被低压压缩机吸入，经绝热压缩至中间压力的过热蒸气（状态点 2）而排出，进入同一压力的中间冷却器，被冷却至干饱和状态（状态点 3）。接着。高压压缩段吸入如下干饱和蒸汽：①来自低压压缩段的已被冷却的干饱和蒸汽（状态点 3）；②来自高压段饱和液体制冷剂（状态点 6）经膨胀阀节流（状态点 5→6）降压后，在冷却低压段排除而尚未被冷凝的过热蒸气的过程中所形成的干饱和蒸汽（状态点 3）。

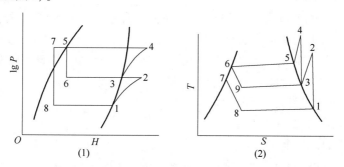

图 10-4 双级压缩制冷循环的压-焓图和温-熵图

（1）压-焓图 （2）温-熵图

中压干饱和蒸汽在高压段压缩机中被压缩到冷凝压力的过热蒸汽（状态点 4），在冷凝器中等压冷却到干饱和蒸汽（状态点 5），并进一步等压冷凝成饱和液体（状态点 6）。然后分成两路：一路便是上面所讲的，经膨胀阀节流降压后的制冷剂（状态点 9），进入中间冷却器；一路先在中间冷却器的盘管内进行过冷，过冷后的制冷剂（状态点 7）再经过膨胀阀节流降压，节流降压后的制冷剂（状态点 8）进入蒸发器，蒸发吸热，产生冷效应。

3. 吸收式制冷

吸收式制冷方法与压缩式不同，它是利用热能（蒸汽、热水等）代替机械能工作的。在吸收式制冷系统中，通常采用两种工质：一种是产生冷效应的制冷剂，另一种是吸收制冷剂而生成溶液的吸收剂。对制冷剂的要求与压缩式相同，而对吸收剂则必须是吸收能力强，在相同压力下，其沸点要远高于制冷剂的沸点的物质。因而，当溶液受热时，蒸发出来的蒸气中，含制冷剂多，而含吸收剂很少。

吸收式制冷通常采用的工质为氨和水的二元溶液，其中氨为制冷剂，水为吸收剂。工作原理如图 10-5 所示。低温低压的氨蒸气，从蒸发器出来后进入吸收器。在吸收器中，氨蒸气被低压的稀溶液吸收，吸收所产生的吸收热由冷却水带走。吸收后的氨溶液由泵升压经换热器加热后进入发生器，在发生器中，因加热而将高温、高压的氨蒸发出来，然后进入精馏塔，同时发生期内变稀的溶液经换热器和膨胀阀再回到吸收器中。进入精馏塔的蒸气被冷却水冷却后，含制冷剂多的蒸气进入冷凝器，而含制冷剂极少的稀溶液再回到发生器。由冷却水带走热量，使蒸气冷凝。冷凝后的制冷剂经过膨胀阀进入蒸发器，并向被冷却物质吸取热量。

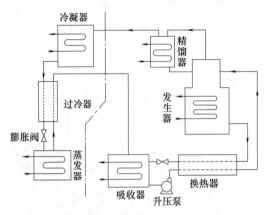

图 10-5 吸收式制冷原理图

以上部分的系统实际上起了将低压、低温制冷剂的蒸气变成高压、高温蒸汽机的作用，即执行了压缩式制冷系统中压缩机的任务。其特点是：无噪声，运转平稳，设备紧凑，适宜于电能缺乏而热能充足的地方。

4. 蒸汽喷射式制冷

蒸汽喷射式制冷机与吸收式制冷机一样，以消耗热能来完成制冷机的补偿过程。喷射泵由喷嘴、混合室、扩压器组成，起着压缩机的作用。

制冷机中的制冷剂是水，水的汽化潜热大，在 0℃时约为氨的两倍。但要得到低温蒸汽，必须维持非常低的压力，而且在低温下，水蒸气的比体积很大；若要获得蒸发温度 +5℃时，蒸汽压力就要维持在 $P_0 = 0.1\text{MPa}$，而这时饱和蒸汽的比体积达到 $147.2\text{m}^3/\text{kg}$，显然要用压缩机来完成这个任务是不可能的。所以，喷射式制冷机适用于空气调节工程。

蒸汽喷射式制冷机工作原理如图 10-6 所示；锅炉的高压蒸汽进入

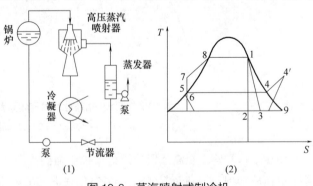

图 10-6 蒸汽喷射式制冷机

(1) 工作原理图　(2) T-S 图

喷射器中，工作蒸汽在喷嘴中膨胀，获得很大的气流速度（800~1000m/s 或更高些）。由于这时位能变为动能，产生真空，使蒸发器中的水蒸发成蒸汽，当蒸发器中的水蒸发时，就从周围的水中吸取热量，使其成为低温水，供降温使用。工作蒸汽与低温低压蒸汽在喷射器的混合室内混合后即进入扩压器，在扩压器中速度下降，动能又变为位能，压力升高。然后，混合蒸汽就进入冷凝器中冷凝成水，一部分送回锅炉，另一部分送入蒸发器，提供所需的冷量。其可逆循环如图 10-6（2）所示，高压蒸汽经喷射器后，温度由点 1 位置降至点 2 位置，使蒸发器压力降低，温度降低，2→3 为等温过程，3→4′热焓增加，4′→4→5 为降温等温过程，5→7→8 为升温过程，8→1 为等温过程，6→9 为等温过程。

三、制冷系统的主要设备

冷冻系统包括冷源制作（制冷）、物料的冻结、冷却三个组成部分。制冷机有活塞式、螺杆式、离心式制冷压缩机组、吸收式制冷机组、蒸汽喷射式制冷机组以及液态氮、液态二氧化碳、盐液等冷剂；活塞压缩式制冷机组是国内外主要的冷源制作装置。物料进行冻结式冷却的有风冷式、浸渍式和冷剂通过金属管、壁和物料接触传热降温的装置。

制冷机是由许多设备组成的，它包括了压缩机、冷凝器、膨胀阀和蒸发器等主要而必备的设备，还包括油分离器、储液桶、排液桶、气液分离器、空气分离器、中间冷却器、凉水设备等附属设备，这些附属设备都是为了提高制冷效率、保证制冷机安全和稳定设置的。

1. 制冷压缩机

制冷压缩机是用来对制冷剂压缩做功，获得能量，然后经冷凝、膨胀，形成能吸热的冷源。压缩机可以分为活塞制冷压缩机、螺杆式制冷压缩机和离心式制冷压缩机。

（1）活塞式制冷压缩机　活塞式制冷压缩机又称往复式制冷压缩机，曲轴旋转时，通过连杆的传动，活塞便做往复运动，由气缸内壁、气缸盖和活塞顶面所构成的工作容积发生周期性变化，从而进行工作。其生产和使用的历史悠长，广泛应用于各部门中需要实现人工制冷的场合，如石油、化工、制药等工业产品的生产，国防、科研方面的低温试验，食品的低温加工贮藏和运输，工厂、医院及公众场所等大型建筑的空气调节等。国内活塞式制冷压缩机的发展动态是提高压缩机的效率和能量调节的灵活性，扩大压缩机的使用范围，采用多种电源，改善电机的性能和电子计算机、热泵的应用等。

活塞式制冷压缩机的基本结构如图 10-7 所示，主要构件有曲轴箱、气缸、活塞、气阀、活塞环、曲轴连杆装置以及润滑装置等。气缸的前、后端分别装有吸、排气管。低压蒸气从吸气管经滤网进入吸气

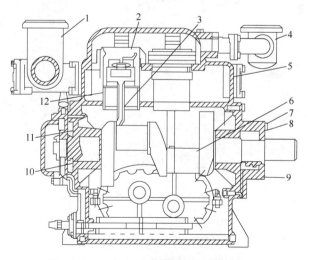

图 10-7　活塞式制冷压缩机的基本结构图

1—吸气管　2—假盖　3—连杆　4—排气管　5—气缸体
6—曲轴　7—前轴承　8—轴封　9—前轴承盖
10—后轴承　11—后轴承盖　12—活塞

腔，再经吸气阀进入气缸。压缩后的制冷剂蒸气通过排气阀进入排气腔，从汽缸盖处排出。吸气腔和排气总管之间设有安全阀，当排气压力因故障超过规定值时，安全阀被顶开，高压蒸气将流回吸气腔，保证制冷压缩机的安全运行。

活塞由铸铁或铝合金制作，所用活塞环有两道气环、一道油环。气环用于活塞与气缸壁之间的密封，避免制冷蒸气从高压侧窜入低压侧，以保证所需的压缩性能，同时防止活塞与气缸壁直接摩擦，保护活塞。油环用于刮去气缸壁上多余的润滑油。

图 10-7 所示制冷压缩机的气缸套依靠低压蒸气进行冷却，也有的压缩机利用气缸周围的水套进行冷却。气缸周围设有顶开吸气阀的顶杆和转动环等卸载机构。转动环由油缸的拉杆机构进行控制，用于压缩机制冷量的调节和启动时的卸载。

活塞式制冷压缩机的优点：

① 适用压力范围广，不论流量大小，均能达到所需压力。

② 热效率高，单位耗电量少。

③ 对材料要求低，多用普通钢铁材料，加工较容易，造价也较低廉。

④ 装置系统比较简单。

活塞式制冷压缩机的缺点：

① 转速不高，机器大而重。

② 排气不连续，造成气流脉动。

③ 运转时有较大的震动。

④ 易损件多，维修量大。

（2）螺杆式制冷压缩机　螺杆式制冷压缩机是一种回转型压缩机，利用一设置于机壳内的螺杆形阴阳转子的啮合转动来改变齿槽的位置和容积，完成吸入、压缩和排出过程。

① 构造：螺杆式制冷压缩机 ［图 10-8、图 10-9（1）］是由转子 3 和 5，机体 4，吸、排气座 2 和 7，滑阀 10，平衡活塞 1 等主要零件组成。机体内部成 "∞" 字形，水平配置两反向旋转的螺杆形转子——阳转子 5（表面为凸齿）和阴转子 3（表面为齿槽）。

机座两端座上设有吸气、排气管和吸气、排气口。机体下部设有排气量调节机构——滑阀及向气缸喷油用的喷油孔

图 10-8　JZVLG20 螺杆式制冷压缩机

（一般设置在滑阀上）。

② 工作过程：如图 10-9（2）所示，上方为吸气端，下方为排气端。在理想工作状态下工作过程有三个阶段，即吸气、压缩和排气。当转子上部一对齿槽和吸气口连通时，由于螺杆回转啮合空间容积不断扩大，蒸发的制冷剂蒸气由吸气口进入齿槽，开始进入吸气阶段。随着螺杆的继续旋转，吸气端盖处因齿槽与齿的啮合而封闭，完成吸气阶段。随着螺杆继续

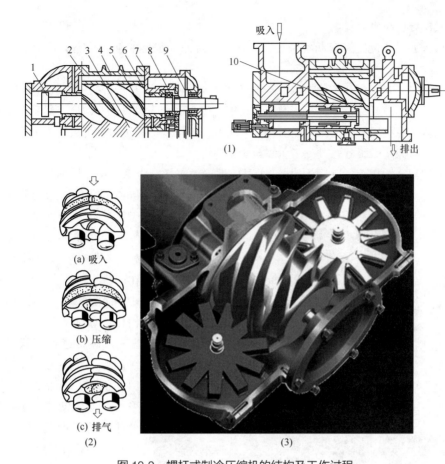

图 10-9　螺杆式制冷压缩机的结构及工作过程

（1）螺杆式制冷压缩机的结构

1—平衡活塞　2—吸气端座　3—阴转子　4—机体　5—阳转子　6—主轴承

7—排气端座　8—推力轴承　9—轴封　10—滑阀

（2）螺杆式制冷压缩机的工作过程　（3）螺旋转子凹槽

旋转，啮合空间的容积逐渐缩小，进入压缩阶段。当啮合空间和端盖上的排气口相通时，压缩阶段结束。随着螺杆继续旋转，啮合空间内的被压缩气体将压缩后的制冷剂蒸气经排气口排至排气管中，直至这一空间逐渐缩小为零，压缩气体全部排出，排气过程结束。随着螺杆的不断旋转，上述过程将连续、重复地进行，制冷剂蒸气就连续不断从螺杆式制冷压缩机的一端吸入，从另一端排出。

螺杆式制冷压缩机优点：

① 动力平衡好：没有不平衡惯性力，机器可平稳高速工作，体积小、重量轻、占地面积少。

② 适应性强：强制输气，容积流量几乎不受排气压力影响，在宽阔的范围内能保持较高效率，适用于多种工况。

③ 可靠性高：零部件少，没有易损件，运转可靠，寿命长，大修间隔期可达 4 万~8 万 h。

④ 操作维护方便：自动化程度高，操作人员不必经过长时间的专业培训，可实现无人值守运转。

螺杆式制冷压缩机缺点：

噪声较大，需要设置一套润滑油分离、冷却、过滤和加压的辅助设备，造成机组体积过大。

（3）离心式制冷压缩机　离心式制冷压缩机是具有叶片的工作轮在压缩机的轴上旋转，进入工作轮的气体被叶片带着旋转，增加了动能（速度）和静压头（压力），然后出工作轮进入扩压器内，在扩压器中气体的速度转变为压力，进一步提高压力，经过压缩的气体再经弯道和回流器进入下一级叶轮进一步压缩至所需的压力。

目前高速离心式压缩机（图 10-10）主要应用于大流量制冷系统中，压缩机的效率与流量和运行条件密切相关。由于只有 2~3 个活动部件，所以运行性能更可靠，在部分载荷工作时还可以调节转速。在这些大型系统中，与螺杆式、涡旋式和回转式压缩机相比，尺寸小、重量轻、效率高。高转速离心式压缩机在制冷系统中有着重要的应用价值和广阔的应用前景。采用三元流动理论进行叶片设计，无润滑的磁力轴承，再参考一系列节能改造措施，必然能将这种高转速、低流量离心式压缩机成功引入制冷循环系统。

图 10-10　多级高速离心压缩机

离心式制冷压缩机与活塞式制冷压缩机相比较，具有下列优点：

① 单机制冷量大，在制冷量相同时它的体积小，占地面积少，重量较活塞式轻 5~8 倍。

② 由于它没有汽阀活塞环等易损部件，又没有曲柄连杆机构，因而工作可靠、运转平稳、噪声小、操作简单、维护费用低。

③ 工作轮和机壳之间没有摩擦，无须润滑。故制冷剂蒸汽与润滑油不接触，从而提高了蒸发器和冷凝器的传热性能。

④ 能经济方便地调节制冷量且调节的范围较大。

⑤ 对制冷剂的适应性差，一台结构一定的离心式制冷压缩机只能适应一种制冷剂。

⑥ 由于适宜采用相对分子质量比较大的制冷剂，故只适用于大制冷量，一般都在 350kW/h 以上。如制冷量太少，则要求流量小，流道窄，从而使流动阻力大，效率低。但近年来经过不断改进，用于空调的离心式制冷压缩机，单机制冷量可以小到 120kW/h 左右。

与此同时，离心式压缩制冷机也有缺点：如操作的适应性差，气体的性质对操作性能有较大影响；气流速度大，流道内的零部件有较大的摩擦损失；有喘振现象，对机器的危害极大等。

如何做到节能、高效一直是研究离心式压缩机工作的核心内容。就目前而言，离心式压缩机节能改造，主要有以下措施：全部或部分采用高效节能的三元叶轮来更换原一元叶轮或二元叶轮；采用小间隙软密封；采用光滑气流通道；采用干气密封；采用磁力轴承；采用可转动的进口导叶调节或叶片扩压器的叶片调节；降低压缩机各段的进口温度；合理匹配级与级之间的参数等。

2. 蒸发器

蒸发器是制冷系统中的热交换部件之一，节流后的低温低压液体制冷剂在蒸发管路内蒸发吸热，达到制冷降温的目的。

按被冷却介质类型蒸发器分为冷却液体蒸发器和冷却空气蒸发器两大类。按照蒸发器内制冷剂的状态，蒸发器可分为干式、满液式和强迫循环式三类。干式蒸发器的换热表面未被液态制冷剂浸没，不会造成积油问题，但传热性能差。满液式蒸发器的大部分换热面浸没在液态制冷剂中，传热性能好，但制冷剂保持量大，因静液柱效应而不利于低温蒸发，同时润滑油易滞留于蒸发器内。强迫循环式蒸发器内的液态制冷剂由压泵泵送而做强制循环，较高的制冷剂流速和较大的湿润换热面面积强化了传热，但设备复杂，多用于大型制冷系统。

（1）冷却液体蒸发器

① 立管式蒸发器：蒸发器（图10-11）的两排或多排管安装在一个长方形水箱内，每个蒸发器管组由上总管和下总管相通，可使制冷剂气体回流至制冷压缩机内，使分离出来的制冷剂液体流至下总管。下总管的一端设有集油罐，集油罐上端的均压管与回气管相通，可将润滑油中的制冷蒸气抽回至制冷压缩机内。

节流后的低压液体制冷剂从上总管穿过中间一根直立粗总管直接进入下总管，并可均匀地分配到各根立管中去。立管内充满液体制冷剂，汽化后的制冷

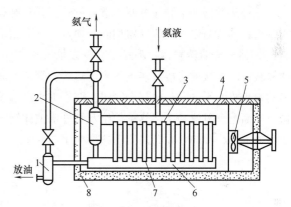

图 10-11 立管式蒸发器结构图

1—集油器 2—氨液分离器 3—上总管 4—木板盖
5—搅拌器 6—下总管 7—直立短管 8—软木

剂上升到上总管，经液体分离器，气体制冷剂被制冷压缩机吸回。由于制冷剂由下部进入、从上部流出，符合液体沸腾过程的规律，制冷剂沸腾时的放热系数高。

被冷却的水从上部进入水箱，由下部口流出。为保证水在箱内以一定速度循环，管内装有纵向隔板和螺旋搅拌器，水流速度可达 $0.5 \sim 0.7 \text{m/s}$。水箱上部装有溢水口，当箱内装入的冷冻水过多时，可以从溢水口流出。箱体底部又装有泄水口，以备检修时放空水箱内的水。立管式蒸发器属于敞开式设备，其优点是便于观察、运行和检修。缺点是如用盐作为冷冻水时，与大气接触吸收空气中的水分，盐水的浓度易降低，而且系统易被迅速腐蚀。这种蒸发器适用于冷藏库制冰。

② 双头螺旋管式蒸发器：为提高传热效果，目前在氨制冷设备中广泛采用了双头螺旋管式蒸发器（图10-12）。

双头螺旋管式蒸发器的液面由浮球阀控制，经过浮球阀节流降压后的氨液从供液总管进入下总管并送到各螺旋管，氨液在螺旋管组内汽化吸热，通过管壁与管外水箱中循环的载冷

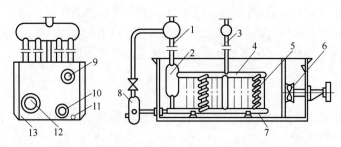

图 10-12   双头螺旋管式蒸发器结构图

1—氨气出气管　2—氨液分离器　3—氨液进口　4—上总管　5—蒸发排管　6—搅拌机叶轮　7—下总管
8—蒸发器油包　9—溢流管　10—冷冻水出口　11—排污管　12—搅拌机飞轮　13—蒸发器箱体

剂（冷冻水或盐水）进行热交换，达到降低水箱中冷冻水温度的目的。氨气通过上总管进入氨液分离器，在氨液分离器中分离出来的液滴重新流回下总管，再分配到螺旋管中进行汽化，而氨气可从氨液分离器顶部出气管被制冷压缩机吸走。

　　这种蒸发器加工制作方便、节省材料，并具有载冷剂储存量大的特点；但是由于为敞开式结构，具有与立管式蒸发器相同的缺点。

　　③ 卧式壳管蒸发器：卧式壳管蒸发器（图 10-13）筒体由钢板焊成，两端各焊有管板，两管板之间焊接或胀接许多根水平传热管，管板外面两端各装有带分水槽的端盖。通过分水槽的端盖将水平管束分成几个管组，使冷冻水经端盖下部进水管进入蒸发器，并沿着各管组做自下而上反复流动，将热量传给水管外部液体制冷剂使其汽化。被冷却后的水从端盖上部出水管流出，冷却水在管内流动速度为 $1 \sim 2 \text{m/s}$。

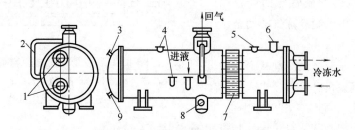

图 10-13　卧式壳管蒸发器结构图

1—冷冻水接管　2—液位管　3—放空气口　4—浮球阀接口　5—压力表
6—安全阀　7—传热管　8—放油口　9—泄水口

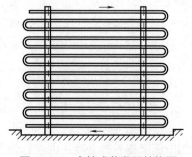

图 10-14　盘管式蒸发器结构图

卧式壳管蒸发器有制冷剂在管内流动和管外流动两种类型，前者适用于氟制冷系统，而后者适用于氨制冷机。

　　（2）冷却空气蒸发器　冷却空气蒸发器根据制造方法不同可分为空气自然对流式和强迫空气对流式。

　　① 自然对流式蒸发器：有盘管式和立管式两种结构形式。

　　盘管式蒸发器如图 10-14 所示，多采用无缝钢管制成，横卧蒸发盘管或翅片盘管通过 U 形管卡固定在竖立的角钢支架上，气流通过自然对流降温。这种蒸发器结构简单、制作容易、充氨量小，但排管内的制冷气体需要经过冷却排管的全部长度后才能排出，而且空气流量小、制冷效率低。

立管式蒸发器如图 10-15 所示，常见于氨制冷系统，一般用无缝钢管制造。氨液从下横管的中部进入，均匀分布到每根蒸发立管中。各立管中液面高度相同，汽化后的氨蒸气由上横管的中部排出。这种立管式蒸发器中的制冷剂汽化后，气体易于排出，从而保证了蒸发器有效传热效果，减少了过热区。但是，当蒸发器较高时，因液柱的静压力作用，下部制冷剂压力较大，蒸发温度高，蒸发温度较低时的制冷效果较差。

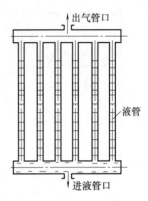

图 10-15 立管式蒸发器
结构图

② 强迫空气对流式蒸发器：又称直接蒸发式蒸发器（图 10-16），空气在风机的作用下流过蒸发器，与盘管内的制冷剂进行热交换。它由数排盘管组成，一般选用铜管或在铜管外套缠翅片。为使制冷剂液体能均匀分配给各管路进口，常在冷凝器与毛细管接口处装分液器。氨、氟制冷系统均可采用这种蒸发器：氟制冷系统用强迫对流式蒸发器的结构紧凑而管路细，氨制冷系统用强迫对流式蒸发器外形大、管路粗。

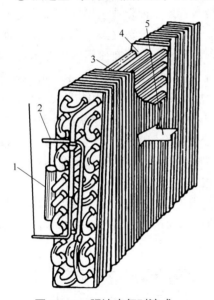

图 10-16 强迫空气对流式
蒸发器结构图

1—制冷剂蒸气出口 2—液体制冷剂进口 3—冷却管 4—翅片 5—气流

3. 膨胀阀

膨胀阀又称节流阀，安装在冷凝器和蒸发器之间的道路上，是制冷系统中的一个重要部件。从冷凝器液化流出的高压液体制冷剂经膨胀阀后压力下降，沸腾而膨胀为湿蒸气后进入蒸发器。膨胀阀还用于调节进入蒸发器的制冷剂流量。通过对膨胀阀的调节，可使制冷剂离开蒸发器时具有一定的过热度，保证制冷剂液体不会进入制冷压缩机而引发液击。常用的膨胀阀有手动膨胀阀、浮球式膨胀阀、热力式膨胀阀。简单说，膨胀阀由阀体、感温包、平衡管三大部分组成。

膨胀阀采用结构先进的双流向平衡流口，使制冷系统省膨胀阀、逆止阀和电磁阀的数量，使静止过热度随着冷凝压力或通过阀口压降的变化而变化。膨胀阀具有稳定的过热度，使系统运行稳定，适用制冷、空调等各种工作需要。

4. 冷凝器

冷凝器是将制冷压缩机排出的高温高压气体制冷剂的热量传递给冷却物质（空气或水），并使其凝结成中温高压液体的热交换设备。

根据冷却介质和冷却方式的不同，冷凝器可分为水冷式冷凝器和风冷式冷凝器。

水冷式冷凝器：水冷式冷凝器是一种用水作为冷却物质的热交换器，冷却水一般为循环

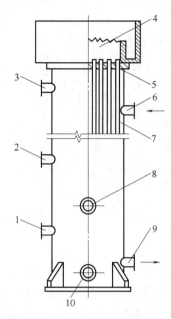

图 10-17　立式壳管冷凝器结构图

1—放气管　2—均压管　3—安全阀
接管　4—配水箱　5—管板　6—进
气管　7—换热管　8—压力表接管
9—出液管　10—放油管

水，需要配有冷却水塔或冷却水池。结构型式主要有立式壳管冷凝器、卧式壳管冷凝器及套管式冷凝器、套管式冷凝器、风冷式冷凝器。

（1）立式壳管冷凝器　如图 10-17 所示，筒体为立式结构，其上下端各焊一块管板，两管板之间焊接或胀接有许多根小口径无缝钢管结构的换热管，冷却水从冷凝器上部送入管内吸热后从冷凝器下部排出。冷凝器顶部装有配水箱，可通过配水箱将冷却水均匀地分配到每根换热管中。

制冷剂蒸气从上部的进气管 6 进入冷凝器的换热管束留有的气道，在换热管表面凝结成液体。冷凝后的液体制冷剂沿着管壁外表面下流，积于冷凝器底部，从出液管 9 流出。这种冷凝器的冷却水流量大、流速高，制冷剂蒸气与凝结在换热管上的液体制冷剂流向垂直，能够有效地冲刷钢管外表面，不会在管外表面形成较厚的液膜，传热效率高，因无冻结危害，故可安装在室外；冷却水自上而下直通流动，便于清除铁锈和污垢，对使用的冷却水要求不高，清洗时不必停止制冷系统的运行。但冷却水用量大，体型较笨重。目前大中型氨制冷系统采用这种冷凝器较多。这种冷凝器传热管的高度在 4~5m，冷却温升为 2~4℃。

（2）卧式壳管冷凝器　如图 10-18 所示，筒形壳体为卧式结构，壳体内部装有无缝钢管制作的换热管束，用扩胀法或焊接法固定在两端的管板上。管板两端装有带分水槽的端盖，端盖与壳体之间用螺栓连接。

工作时，高温高压制冷剂气体由管壳顶部进气管进入壳体内的冷却水管的空隙间，遇冷后的制冷蒸气便结成液滴下落到壳体的底部，由壳体底部的出液管流出。冷却水由水泵供送，从端盖下部进水管流入冷凝器。通过端盖内的分水槽，使冷却水在筒内分成数个流程，自上而下在冷却水管内按顺序反复流动，最后由端盖上部的出水管流出。端盖顶部的放气旋塞用于供水时排出存积其内的空气。下部的放水旋塞用于冷凝器在冬季停止使用时积水的放出，以防冷却水管冻裂。

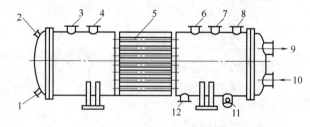

图 10-18　卧式壳管冷凝器结构图

1—泄水管　2—放空气管　3—接气管　4—均压管　5—传热管
6—安全阀接头　7—压力表接头　8—放气管　9—冷却水出口
10—冷却水进口　11—放油管　12—出液管

卧式壳管冷凝器传热系数高，冷却水耗用量少，反复流动的水路长，进出水温差大（一般为 4~6℃），但制冷剂泄露时不易发现，清洗冷凝器污垢时需要停止制冷压缩机的运行。

（3）套管式冷凝器　如图 10-19 所示，多用于单机制冷量小型氟利昂制冷机组。套管式冷凝器的外管多采用无缝钢管，管内套有一根或数根紫铜管或肋片铜管，总体呈长圆螺旋形结构，冷却水在内管中流动，流向为下进上出。冷却水的流速为 1~2m/s，水在管内流程较长，进出水温差为 6~8℃。这种冷凝器结构紧凑、制作简单、冷凝效果好，但单位传热面积的金属消耗量大、水垢清洗困难、水质要求高，主要用于小型制冷设备。

（4）风冷式冷凝器　利用常温空气作为冷却介质的冷凝器成为风冷式冷凝器（图 10-20）。风冷式冷凝器又分为自然对流式和强迫对流式两种：前者适用于制冷量很小的制冷装置，后者适用于中小型制冷设备。

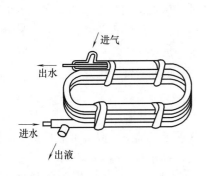

图 10-19　套管式冷凝器结构图

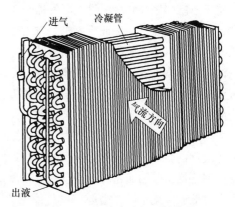

图 10-20　风冷式冷凝器结构图

四、制冷系统的附属设备

1. 油分离器

油分离器作用是将制冷压缩机排出的高压蒸汽中的润滑油进行分离，以保证装置安全高效地运行。根据降低气流速度和改变气流方向的分油原理，使高压蒸汽中的油粒在重力作用下得以分离。一般气流速度在 1m/s 以下，就可将蒸汽中所含直径在 0.2mm 以上的油粒分离出来。如果油进入冷凝器后，其壁面被油污染后会使传热系数大大降低。

油分离器有多种形式。图 10-21 所示的洗涤式（又称翻泡式）油分离器，用于氨制冷系统。它由钢制圆柱壳体封头焊接而成，其上有氨气进出口、放油口和氨液进口。氨气中润滑油的分离，是依靠降低气流速度和改变方向时，下落到油分离器的底部。这种油分离器能将氨气中 95% 以上的润滑油分离出来。

除上述洗涤式意外，尚有填料式、离心式和过滤式等油分离器。

2. 高压储液器

高压储液器，又称高压储液桶，用来储存和供应制冷系统内的液体制冷剂，以便工况变化时能补偿和调剂液体制冷剂的量，是保证压缩机和制冷系统正常运行的必需设备；在检修制冷系统时，可将系统中的制冷剂收集在储液器中，以避免将制冷剂排入大气造成浪费和环境污染。储液桶常与冷凝器安装在一起，可以储存从冷

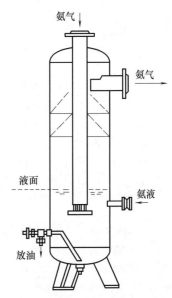

图 10-21　洗涤式油分离器结构图

凝器来的高压液体。

小型制冷系统往往不装储液器，而是利用冷凝器来调节和储存制冷剂。

氨制冷系统常用的卧式储氨器，是一个由柱形钢板壳体及封头焊接而成的压力容器。其上有氨液进出口、均压管、安全阀、放空气、放油等接头及液位计等。最高工作压力为2MPa。

3. 气液分离器

它位于系统膨胀阀之后，设在蒸发器与压缩机之间。它主要起两方面的作用：一是分离蒸发器出来制冷剂蒸汽，保证压缩机工作是干冲程，即进入压缩机的是干饱和蒸汽，防止制冷剂液进入压缩机产生液压冲击造成事故；二是用来分离自膨胀阀进入蒸发器的制冷剂中的气体，使进入蒸发器的液体中无气体存在，提高蒸发器的传热效果。

气液分离器是低压容器，为蒸发器提供重力或循环供送的制冷液，因此气液分离器有时又称低液储液器。

4. 空气分离器

制冷循环的整个系统虽然是密闭的，在首次加制冷剂前虽经抽空，但不可能将整个系统内部空气完全抽出，因而还有少量空气留在设备中。在正常操作时，由于操作不慎，使低压管路压力过低，系统不够严密等，也可能渗入一部分空气。另外，在压缩机排气温度过高时，常有部分润滑油或制冷剂分解成不能在冷凝器中液化的气体。这些不易液化的气体，往往聚集在冷凝器、高压储液器等设备内，这将降低冷凝器的传热系数，引起冷凝压力升高，增加压缩机工作的耗电量。所以，需要用空气分离器来分离、排除冷凝器中不能液化的气体，以保证制冷系统的正常运转。

5. 中间冷却器

中间冷却器应用于双级（或多级）压缩制冷系统中，用以冷却低压压缩机压出的中压过热蒸汽。常用的中间冷却器如图10-22所示，是立式带蛇形盘管的钢制壳体，上下封头焊接而成。其上有氨气进出口、氨液进出口、远距离液面指示器、压力表和安全阀等接头。氨气进入管上焊有伞形挡板两块，用以分离通向高压压缩机氨蒸气中夹带的氨液和润滑油。

为了提高制冷效果，将高压储氨器的氨液，通过中间冷却器下部的冷却盘管（蛇形管）。盘管浸没在中压氨液中，由于中压氨液蒸发吸热，使盘管内的高压氨过冷。过冷氨液节流后的液体成分增大。蒸发成分减少，使循环中氨的单位制冷量增大。

6. 冷却水系统

工业规模的氨制冷系统冷却水用量相当大，例如，一台500kW的制冷机组，至少消耗100t/h的冷却水。制冷系统的凉水主要用

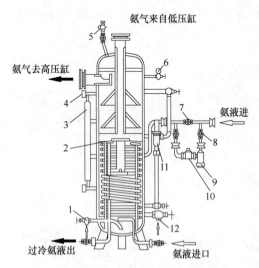

图 10-22　中间冷却器结构图

1—放油阀　2—氨液水平面　3—液面指示器
4—接玻璃液面指示器　5—安全阀　6—压力表　7—节流阀　8—截止阀　9—过滤器
10—电磁网　11—氨液面控制器　12—排液阀

于冷凝器的冷却，其次为压缩机的夹套冷却。

冷却水的来源有地面水（河水、湖水、海水）、地下水和自来水。冷却水的水温取决于水源的温度和当地的气象条件。冷却水温低，可以降低冷凝压力，降低能耗，提高制冷量。为保证制冷系统冷凝压力不超过制冷压缩机的允许工作条件，冷却水温一般不宜超过32℃。

冷却水的供水方式一般分为直流式、混合式和循环式三种。

直流式一般用于小型制冷系统，或水源相当充裕的地方，如靠近海边或江河旁。一般不宜用自来水作为直流式冷却的水源。

混合式冷却系统部分采用水源供水，部分采用循环水，混合在一起供冷却系统使用。

循环式冷却水系统的特点是冷却水循环使用。冷却水经冷凝器等进行热交换后升温，再在大气中利用蒸发吸热的原理对它进行冷却。蒸发冷却的装置有两种：一种是喷水池；另一种是冷却塔。喷水池中设有许多喷嘴，将水喷入空中蒸发冷却。喷水池结构很简单，但冷却效果欠佳，且占地面积大。一般 $1m^2$ 水池面积可冷却的水量为 $0.3 \sim 1.2t/h$。当空气的湿度大时，蒸发水量较少，则冷却效果较差。喷水池适用于气候比较干燥的地区和小型制冷场合。

工业用的大型制冷系统的冷却水多采用冷却塔降温。冷却塔有自然通风和机械通风式两类。常用的为机械通风冷却塔。目前，国内生产的定型机械通风式冷却塔大多采用玻璃钢做外壳，故又称玻璃钢冷却塔。按冷却的温差分，可分为低温差（5℃左右）和中温差（10℃左右）两种，蒸汽压缩式制冷系统中用低温差冷却塔已足够了。图 10-23 为冷却塔结构示意图。为增大气、液接触面积，塔内充满塑料制的填料层。水通过分布均匀的喷嘴喷淋在填料层上，空气由下部进入冷却塔，在填料层中与逆流而下的水充分接触，提高了水的蒸发速率。这种冷却塔结构紧凑，冷却效率高。从理论上讲，冷却塔可以把水冷却到空气的湿球温度。实际上，冷却塔的极限出水温度比空气的湿球温度高 $3.5 \sim 5℃$。由于水有比较多的汽化潜热，如把水冷却5℃，蒸发水量不到被冷却水量的1%。但是，由于雾沫夹带和滴漏损失，冷却塔补充的水量为冷却水量的4%～10%。低温差玻璃钢冷却塔铭牌上的水量一般是指在湿球温度28℃、进水温度37℃、冷却温差5℃时的冷却水量。实际冷却水量将随

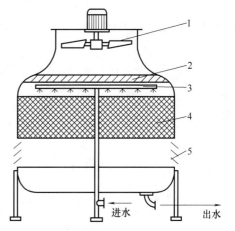

图 10-23　玻璃钢冷却塔结构图
1—风机　2—挡水填料　3—水分布器　4—淋水填料　5—空气入口

工况变化而变化。当湿球温度降低，或进塔水温升高，或冷却水温减小时，冷却塔冷却的水量将增加。

典型的循环式冷却水系统如图 10-24 所示。冷却塔一般安装在冷冻车间的房顶上，或另筑混凝土框架支座。冷却器置于水池上方。水池一般设在地下，容积大小根据总的循环水量来确定，一般取冷却水循环水量的 10min 流量来计算，还要考虑水面离水池顶面应保持200～300mm 的距离，和水泵吸水管不能吸走的容积。循环水泵的流量应根据冷凝器的热负

荷和水温来计算确定，泵的扬程按冷却塔的高度和管道阻力损失来选用。

7. 除霜系统

空气冷却用的蒸发器，当蒸发表面低于0℃，且空气湿度大，表面就会结霜。霜层导热性很低，影响传热，当霜层逐步加厚时将堵塞通道，无法进行正常的制冷。所以，须定期对蒸发器进行除霜。啤酒厂或某些食品厂需要制造大量的4℃以下的"冰水"，采用的是壳管式蒸发器，蒸发温度在-5℃~-4℃，若操作失误，就可能使列管冻结，无法工作。在这些场合都需要设计除霜装置。

蒸发器除霜的方法很多，对空气冷却用的蒸发器可采用人工扫雷、中止制冷循环除霜、水冲霜、电热除霜等方法。

对于大型的壳管式蒸发器，霜冻发生在管内，因此，不能采用上述办法，而应选用热氨除霜法。所谓热氨除霜法即利用压缩机排出的高温高压气体引入蒸发器内，提高蒸发器内的温度，以达到使冰融化的目的。图10-25所示为重力供氨制冷系统中的热氨除霜系统。正常工作时，凡有可能使热氨进入系统的阀门处于关闭状态，如阀6。当需要除霜时，原正常供氨的阀门关闭，如阀4、阀5、开启阀6、阀7，使热氨气经阀7到蒸发器，由于热氨压力高，靠压差将液氨经阀6流回储氨罐。操作时应注意，对壳管式蒸发器除霜时，以提高系统温度，脱离冷媒的冰点即可，不可过度通入热氨气，否则压力可能过高，超出容器允许的承压值，不安全。

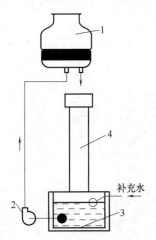

图 10-24 典型的循环式冷却水系统
1—冷却塔 2—循环水泵
3—水池 4—冷凝器

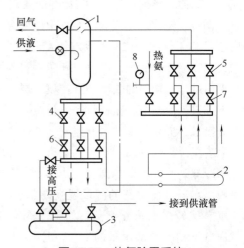

图 10-25 热氨除霜系统
1—氨液分离器 2—蒸发器 3—储氨罐 4—供氨阀
5—回气阀 6—排液阀 7—热氨阀 8—压力表

第三节　食品冷冻设备

食品的冻结有多种方法，食品工业中常用的冻结方法有空气冻结法、间接接触冻结法和直接接触冻结法。每种方法又包含多种形式的冻结装置，见表10-1。

表 10-1	食品冻结方法与装置形式
冻结方法	装置形式
空气冻结法	隧道式:推车式、传送带式、吊篮式、推盘式、螺旋式
	流态化室:斜槽式、一段带式、两端带式、往复振动式
间接接触式	卧式平板式、立式平板式、回转式、钢带式
直接接触式	载冷剂接触冻结装置、低温液体冻结装置、液氮冻结装置、液态 CO_2 冻结装置

一、空气冷却冻结设备

空气冻结法，又称鼓风冻结法。在冻结过程中，冷空气以强制或自然对流的方式与食品换热。由于空气的导热性较差，与食品间的传热系数小，故所需的冻结时间较长，工业生产中已不大采用此法。但是，空气资源丰富、无任何毒副作用，其热力性质已为人们熟知，所以，用空气作介质进行冻结仍是最广泛运用的一种冻结方法。下面介绍几种连续式空气冷却冻结装置。

1. 钢带连续式冻结装置

钢带连续式冻结装置是在连续式隧道冻结装置的基础上发展起来的，如图 10-26 所示。它由不锈钢薄钢传送带、空气冷却器（蒸发器）、传动轮（主动轮和从动轮）、调速装置、隔热外壳等部件组成。钢带连续式冻结装置换热效果好，被冻食品的下部与钢带直接接触，进行导热交换，上部为强制空气对流传热，故冻结速度快。在空气温度为−35～−30℃时，冻结时间随冻品的种类、厚度不同而异，一般在 8～40min。为了提高冻结速度，在钢带的下面加设一块铝合金平板蒸发器（与钢带相紧贴），这样换热效果比单独钢带要好，但安装时必须注意钢带与平板蒸发器的紧密接触。

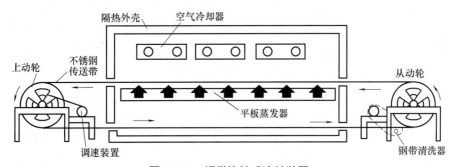

图 10-26　钢带连续式冻结装置

2. 螺旋式速冻装置

螺旋式速冻机（图 10-27）中输送系统的主体为一螺旋塔。均布在传送链上的冻品随传送链做螺旋运动，同时由对流蒸发器送来的冷风穿过物料层、传送链对物料进行冻结，并循环使用，冻结完毕的物料从卸料口卸出（图 10-28）。

在传统结构中，环形挠性传送链（带）由立式转筒依靠转筒与传送链侧面间的摩擦力进行驱动（图 10-29），沿螺旋线滑道做匀速螺旋线运动，螺旋升角约 2°，同时螺旋塔的直径大，传送带近于水平，缠绕的圈数由生产能力确定。传送链条有不锈钢丝网带和塑料链条等

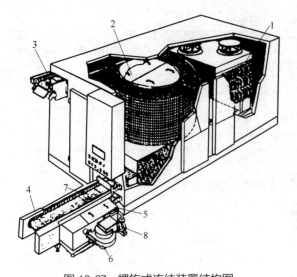

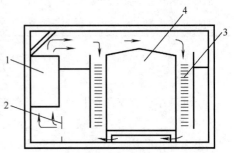

图 10-27　螺旋式冻结装置结构图

1—空气冷却器　2—转筒　3—产品出口　4—传送链张紧装置
5—自动清洗装置　6—干燥器　7—产品入口　8—液压泵

图 10-28　螺旋式冻结装置工作原理图

1—蒸发器　2—风机　3—传送链　4—转筒

结构。为延长传送链的使用寿命，有些机型设置有传送链翻转装置，使传送链两侧轮换磨损。在进料口及卸料口处安装有风幕，减少冷量损失。可以根据工艺需要将两个以上的转筒串联运行，如图 10-30（2）所示，而图 10-29 所示为单转筒结构。

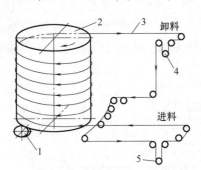

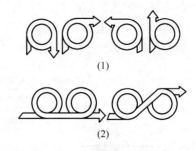

图 10-29　螺旋速冻机传送

链条循环传动示意图

1—驱动轮　2—转筒　3—传送链条
4—重力张紧器　5—电动张紧器

图 10-30　螺旋式速冻机

传送链条布置形式

（1）单转筒　（2）双转筒

　　传统的滑道结构复杂、清洗困难，为此，新近出现了自动堆砌螺旋结构，如图 10-31 所示，传送链本身带有支撑结构，在驱动其移动过程中传送链自动形成螺旋线及封闭的围护结构，并在固定工位对传送链进行清洗，提高了清洗的便利性和可靠性，但传送链结构较为复杂。

　　螺旋式速冻机一般采用双级压缩制冷系统，以二氟-氯甲烷为制冷剂，并采用单独制冷机组的直接膨胀（重力）供液。速冻器配备台座式冷风机一台。冷风机的蒸发器采用钢管铝铜片，冻结时间的可调范围为 40~80min。螺旋式速冻器的特点是：生产连续化、结构紧凑、占地面积小，食品在移动中受风均匀、冻结速度快、效率高、干耗小，但不锈钢材料消耗大、投资大。适用于处理体积小而数量多的食品，如饺子、烧卖、对虾、肉丸、贝类、水果、蔬菜、肉片、鱼片、冰淇淋和冷点心等。

3. 流态化速冻装置

流态化冻结的主要特点是将被冻食品放在开孔率较小的网带或多空槽板上，高速冷空气流自上而下流过网带或槽板，将被冻食品吹起呈悬浮状态，使固态被冻食品具有类似于流体的某些表现特性。在这样的条件下进行冻结的方式称为流态化冻结。

流态化冻结的主要优点为：换热效果好，冻结速度快、冻结时间短；冻品脱水损失少，冻品质量高；可实现单体快速冻结，冻品相互不黏结；可进行连续化冻结生产。

食品流态化冻结装置按其机械传送方式可分为：带式、振动式和斜槽式等型式。

（1）带式流态化冻结装置 带式流态化速冻装置以不锈钢网带作为物料的传送带。典型的用于果蔬速冻的带式流态化冻结装置如图10-32所示，它主要由进料装置、脱水装置、输送带、风机、除霜装置和护围（保温）结构等组成。食品在传送带输送过程中被流态化冻结。食品首先经过脱水振荡器，去除表面的水分，然后随进料带进入松散相区域，此时的流态化程度较高，食品悬浮在高速的气流中，从而避免了食品间的相互黏结。待到食品表面冻结后，经匀料棒均匀物料，到达（稠密相）区域，此时仅维持最小的流态化程度，使食品进一步降温冻结。冻结好的食品最后从出料口

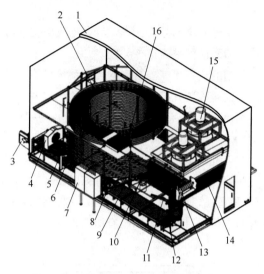

图 10-31 堆砌式链条螺旋速冻机结构图

1—隔热库体 2—螺旋塔 3—进料装置 4—风刀 5—导轨润滑系统 6—螺旋导轨 7—CIP清洗系统 8—内、外张紧装置 9—驱动链条 10—驱动电机 11—空气除霜装置 12—网带张紧装置 13—出料装置 14—蒸发器 15—风机 16—空气平衡通道

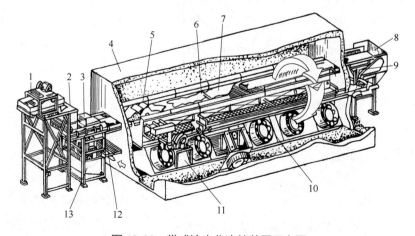

图 10-32 带式流态化冻结装置示意图

1—脱水振荡器 2—计量漏斗 3—变速进料带 4—隔热层 5—松散相区 6—匀料棒 7—稠密相区 8—出料口 9—传送带变速驱动装置 10—轴流风机 11—离心风机 12—干燥装置 13—传送带清洗

排出。

根据传送带的数目，带式流态化速冻装置可分为单流程和多流程形式；按冻结区分可分为一段和两段的带式速冻装置。

早期的流态化速冻装置的传输系统只用一条传送带，并且只有一个冻结区，这种单流程一段带式速冻装置结构简单，但配套动力大、能耗高、食品颗粒易黏结，适用于冻结软嫩或易碎的食品，如草莓、黄瓜片、青刀豆、芦笋、油炸茄块等。操作时于需要根据食品流态化程度确定料层厚度。

多流程一段带式流态化冻结装置也只有一个冻结区段，但有两条或两条以上的传送带，传送带摆放位置为上下串联式，如图 10-33 所示为双流程和三流程带式流态化速冻装置传送带的排列方式。与单流程式相比，这种结构外形总长度较短，配套动力小，并且防止物料间和物料与传送带黏结方面也有所改善。

图 10-33　多流程一段带式流化速冻装置传送带的排列
(1) 双流程　(2) 三流程

两段带式流态化冻结装置是将食品分成两区段冻结，第一区段为表层冻结区，第二区段为深层冻结区。颗粒状食品流入冻结室后，首先进行快速冷却，即表层冷却至冰点温度，然后表面冻结，使颗粒间或颗粒与传送带不锈钢网间呈散离状态，彼此不黏结，最后进入第二区段深层冻结至中心温度为 $-18{}^{\circ}\!C$，完成冻结。这种冻结装置适用范围广泛，可以用于青刀豆、豌豆、豇豆、嫩蚕豆、辣椒、黄瓜片、油炸茄块、芦笋、胡萝卜块、芋头、蘑菇、葡萄、李子、桃子、板栗等食品的冻结加工。

(2) 振动式流态冻结装置　振动流态化速冻机以振动槽作为物料水平方向传送手段。由于物料在行进过程中受到振动作用，因此，这类形式的速冻装置可显著减少冻结过程中黏结现象的出现。

振动槽传输系统主要由两侧带有挡板的振动筛和传动机构构成。由于传动方式的不同，振动筛有两种运动方式：一种是往复式振动筛，另一种是直线振动筛。后者除了有使物料向前运动的作用以外，还具有使物料向上跳起的作用。图 10-34 所示为瑞典某公司制造的 MA 型往复式振动流态化速冻装置。这种装置的特点是结构紧凑、冻结能力强、耗能低、易于操作，并设有气流脉冲旁通机构和空气除霜系统，是目

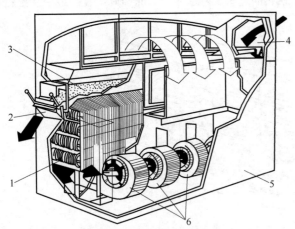

图 10-34　MA 型往复振动流态化速冻装置
1—蒸发器　2—卸料口　3—物料
4—进料口　5—隔热层　6—风机

前世界上比较先进的一种冻结装置。

（3）斜槽式流态冻结装置　这种冻结装置如图 10-35 所示，其特点是无传送带或振动筛等传动机构，主体部分为一块固定的多孔槽板，槽的进口稍高于出口，被冻食品在槽内依靠上吹的高速冷气流，使其得到充分流化，并借助于具有一定倾斜角的槽体，向出料口流动。料层高度可由出料口的导流板进行调节，以控制冻结时间和冻结能力，这种冻结装置具有构造简单成本低、冻结速度快、流化质

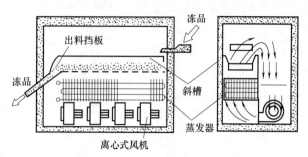

图 10-35　斜槽式流态冻结装置

量好、冻品温度均匀等特点。例如在蒸发温度-40℃以下、垂直向上风速为 6~8m/s、冻品间风速为 1.5~5m/s 时，冻结时间为 5~10min。这种冻结装置的主要缺点是：风机功率大，风压高（一般在 980~1370Pa），冻结能力较小。

二、间接接触冻结设备

间接接触式冻结设备是指产品与一定形状（内通制冷剂或载冷剂）的蒸发器或换热器表面进行接触换热的冷冻设备。接触式速冻设备主要依靠传导方式传热，冻结效果直接与产品和换热器表面的接触状态有关。常见的间接接触式速冻设备有平板式冻结器、钢带式冻结器和转鼓式冻结器等。

1. 平板冻结装置

平板冻结装置是一组与制冷剂管道相连的空心平板作为蒸发器的冻结装置，将冻结食品放在两相邻的平板间，并借助液压系统使平板与食品紧密接触。由于金属平板具有良好的导热性能，故传热系数高。当接触压力为 7~30kPa 时，传热系数可达 93~120W/(m² · K)。

冻结平板的两面与食品（或冻盘）接触，内腔为制冷剂的通道，有以下几种形式：

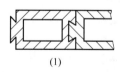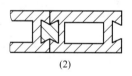

　　（1）　　　　　　　　（2）

图 10-36　异形管拼装平板

（1）凹凸型　（2）凹凸凹型

异形管拼装平板（图 10-36）：内腔为矩形，两侧分别为燕尾形凹槽和凸榫，若干根异形管拼装成平板。

冻结平板由矩形无缝钢管或铝管拼焊而成（图 10-37），制造工艺简单。其中，钢制板刚性好，取材方便，不易变形。而铝管拼接平板质量轻，传热效果好。

平板式速冻器为间歇操作，操作周期长，装料和卸料时的冷损耗较大，生产能力较低，一般采用多个速冻器，食品与蒸发板如接触不良时热阻增大，使速冻器生产能力急剧下降。但可在常温条件下操作，适于冻结厚度较小（如厚度<50mm）的肉类、水产品以及耐压包装食品，在鱼类速冻中应用较多。

根据平板的布置形式，平板式速冻设备分为卧式、立式两类。

卧式平板速冻机（图 10-38）整体为厢式结构，冻结平板水平安装，一般有 6~16 块平板。平板间的位置由液压装置控制。被冻食品装盘放入两相邻平板之间后，启动液压油缸，

使被冻食品与冻结平板紧密接触进行冻结。为了防止压坏食品，二相邻平板间均装有限位块。

常见卧式平板冻结装置的制冷剂供液系统如图 10-39 所示，属于满液式供液系统。气液分离器安装在装置的顶部，气液分离器 2 的上部接回气管，下部与蒸发平板组的集液管 7 和集气管 1 相连，

图 10-37　矩形无缝钢管焊接平板

1—平板蒸发器　2—接头　3—滑板　4,5—封板　6—堵头

二集管与各平板之间用软管连接，以便平板上下移动。

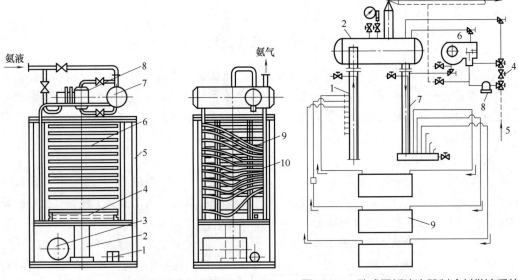

图 10-38　卧式平板速冻机结构图

1—油泵　2—油压罐　3—油箱　4—升降台
5—外壳　6—蒸发板　7—氨液分离器　8—浮
球阀　9—氨液进管　10—软橡皮管

图 10-39　卧式平板速冻器制冷剂供液系统

1—集气管　2—气液分离器　3—制冷剂
蒸气出口　4—膨胀阀　5—制冷剂液进口
6—浮球阀　7—集液管　8—过滤器　9—平板

软管衬里为耐低温的丁基橡胶，设 2~3 层尼龙或涤纶编织物心料，软管外包金属丝保护套。连接管也可为装有活接头的可拆结构。无论是采用软管或者可拆连接管，在集管和平板间都应配置阀门，以便于检修和更换。

卧式平板冻结装置便于将食品按要求进行摆放后的速冻，所得冻块产品组织结构整齐。

立式平板冻结装置的结构原理与卧式平板冻结装置的相似，但冻结平板呈垂直状态平行排列，如图 10-40 所示。平板一般有 20 块左右。待冻食品一般直接散装倒入平板间进行冻结，操作方便，适用于小杂鱼和肉类副产品的冻结。冻品脱离平板的方式有上进下出、上进上出和上进旁出等。平板的移动、冻块的升降和推出等动作，均由液压系统驱动和控制。

2. 回转式冻结装置

回转式冻结装置是一种新型的间接接触连续式冻结装置。其主体为一不锈钢制成的回转筒，外壁为冷却表面，内壁之间的空间供载冷剂流过换热，载冷剂由空心轴一端输入筒内，从另一端排出。被冻品呈散状由入口送到回转筒的表面，由于转筒表面温度很低，食品立即黏在上面，进料传送带再给冻品稍施加压力，使其与回转筒表面接触得更好。转筒回转一周，完成食品的冻结过程。冻结食品转到刮刀处被刮下，刮下的食品由传送带输送到包装生产线。

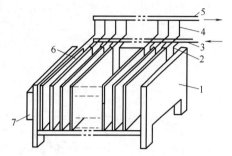

图 10-40 立式平板冻结装置结构图
1—机架 2,4—橡胶软管 3—供液管
5—吸入管 6—冻结平板 7—液压装置

该冻结装置的特点是：占地面积小、结构紧凑、冻结速度快、干耗少、生产率高。

3. 其他接触式冻结器

除了以上用于固体物料的接触式冻结器以外，还有用于液体物料的冻结器，如冰淇淋冻结器，用于冷冻浓缩的转鼓式冻结器。

三、直接接触冻结设备

直接接触冻结装置的特点是食品直接与冷媒接触进行冻结。所用的冷媒可以是载冷剂如食盐溶液，也可以是低温制冷剂的液化体气体，如液氨、液体 CO_2 等。冷媒与食品接触的方式有浸渍式和喷淋式两种。

1. 盐水浸渍冻结装置

盐水浸渍冻结食品装置如图 10-41 所示。该装置主要用于鱼类的冻结，与盐水接触的容器用玻璃钢制成，有压力的盐水管道用不锈钢材质，其他盐水管道用塑料材质，从而解决了盐水的腐蚀问题。鱼由进料口与盐水混合后进入进料管，进料管内盐水涡流下旋，使鱼克服浮力而到达冻结器的底部。冻结后鱼体密度减小，浮至液面，由出料机构送至滑道，鱼和盐水分离由出料口排出。冷盐水被泵送到进料口，经进料管进入冻结器，与鱼体换热后盐水升温密度减小，冻结器中的盐水具有一定的温度梯度，上部温度较高的盐水溢出冻结室后，与鱼体分离进入除鳞器，经除去鳞片等杂物的盐水返回盐水箱，与盐水冷却器

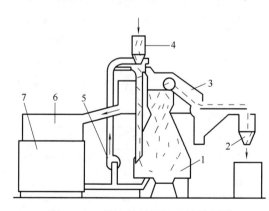

图 10-41 盐水连续浸渍冻结装置图
1—冻结器 2—出料口 3—滑道 4—进料口
5—盐水泵 6—除鳞器 7—盐水冷却器

换热后降温，完成一次循环。其特点是冷盐水既起冻结作用又起输送鱼的作用，冻结速度快，干耗小。缺点是装置的制造材料要求较特殊。

2. 液氮喷淋速冻装置

使用液氮做冷媒时，可将液氮直接喷向食品，使食品直接与-196℃的低温接触而快速冻

结。典型的液氮速冻机如图 10-42 所示。

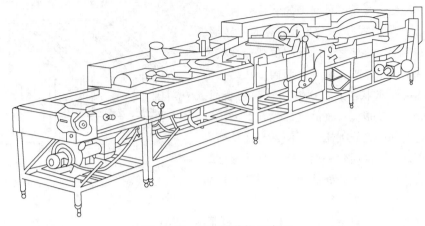

图 10-42 液氮速冻机示意图

其主体为一网状输送机，在其接近出口的后段上方，液氮以雾状方式喷下，随即吸热汽化，汽化的氮在风机的抽吸下，再吹向刚从入口端进入的高温食品做预冷处理，以提高氮气的利用效率。来不及汽化的液氮，收集后用泵回送重新喷雾。

液氮的蒸发潜热约为 192.6kJ/kg，因此每 1kg 液氮只能冻结约 1kg 的食品。因此，液氮的价格是决定冷冻费用的重要条件。由于液态氮可以冻结得到品质优良的产品，并且设备的成本也较低廉，因此液氮冻结仍有应用发展前景。

为了充分发挥液氮的吸热效率，出现了多种型式的液氮速冻设备，主要有瀑布式、全蒸发式和强风式三种。三种形式液氮速冻机的流程特点如图 10-43 所示。其中全蒸发式为将液氮在输送带末端喷出，使之全部蒸发，在输送带前端装置风扇，将气态氮继续吹向刚进入的食品，进行预冷处理，这种装置的设计上，其出口端需要设置风幕将氮气挡住，才能使氮气

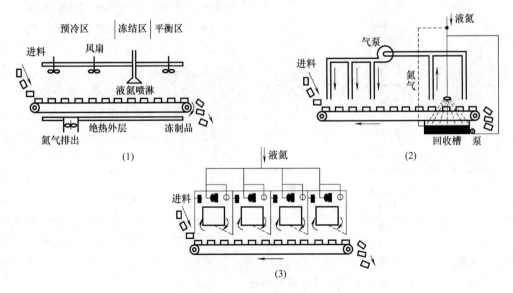

图 10-43 液氮速冻机的流程形式

（1）全蒸发式 （2）瀑布式 （3）强风式

由物料入口的排气孔排出。瀑布式液氮速冻机的外形如图 10-43 所示，其工作原理已经在上文中介绍。强风式的设计特点是将输送带分成四个区，各区自成一个循环系统，在液氮喷嘴后方有一个强力风机，可将在输送带面已蒸发的氮气加以抽回再喷向液氮，进行强制循环。这种机型所用的输送带为平板无孔带。

第四节　真空冷却设备

一、概　述

真空冷却法是使被冷却的食品物料处于真空状态，并保持冷却环境的压力低于食品物料的表面水蒸气压，食品物料中的水分蒸发进入空气中，由于水分蒸发带走大量的蒸发潜热，使食品物料的温度降低。真空预冷速率的快慢取决于果蔬的比表面积、产品失水难易程度、包装容器的通气性及真空泵的性能等因素。真空冷却装置原理如图 10-44 所示。

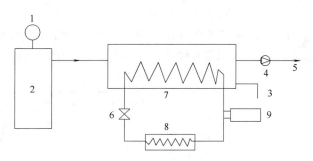

图 10-44　真空冷却装置原理图

1—压力表　2—真空槽　3—排水口　4—真空泵
5—排气　6—节流阀　7—蒸发器（捕水器）
8—冷凝器　9—压缩机

当食品物料的温度达到冷却要求的温度后，应破坏真空以减少水分的进一步蒸发。真空冷却适用于蒸发表面积大、通过水分蒸发能迅速降温的食品物料，如蔬菜中的叶菜类。对于这类食品物料，由于蒸发速度快、降温时间短，造成的水分损失不是很大。

1. 真空冷却原理

在一定的状态下，随着环境压力的降低，水的沸点也在降低，其蒸发单位质量的水所消耗的热量却在增加。而真空冷却就是依靠人工来实现低气压的真空状态，使真空冷却槽的食品物料内的水分在低气压的状态下迅速蒸发，水分子大量迁移是由于吸收了自身热量，就使食品物料的内能大大降低，也就是说，水分子迅速迁移的同时，也迅速带走了食品物料内部的热量，从而实现了食品物料迅速冷却的目的。

2. 真空冷却的基本过程

真空冷却过程大致分为两个阶段：

（1）将真空室的压力降到与物料初始温度对应的饱和压力，此时"闪点"出现。真空室的压力与食品表面温度的对应关系如图 10-45 所示。在"闪点"出现之前，蒸发速率很慢，产生的冷量较少，降温效果不是很明显。当闪点出现之后，蒸发速率剧增，产生大量冷量，使得物料温度快速降低。

（2）继续为真空室降压，蒸发继续进行，直到物料中心达到预设温度。

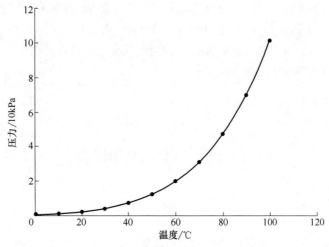

图 10-45　纯水的饱和蒸汽压与温度的关系

3. 真空冷却系统的主要组成

食品真空冷却系统（图 10-46）主要由真空室、捕水器（水汽凝结器）、压缩式制冷系统和恒转速真空泵等部件组成。真空冷却设备的核心部件是真空室和真空泵。由于水分蒸发时的比体积会剧增，还须配备水汽凝结器将水蒸气从真空室及时除去。必要时，也会在真空室上安装喷水装置和渗气装置。对于鱼香肉丝等熟食快餐的快速冷却，必须安装油过滤装置和易更换的快速清洗装置，必要时可以考虑安装紫外线杀菌装置。

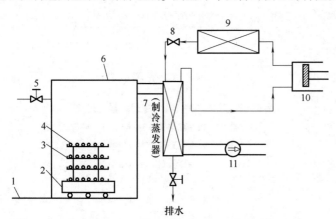

图 10-46　食品真空冷却系统示意图

1—进出轨道　2—载料车　3—托盘　4—食品物料　5—泄气阀　6—真空腔　7—水汽凝结器　8—膨胀阀　9—制冷冷凝器　10—制冷压缩机　11—真空泵

二、真空冷却设备

1. 真空冷却设备的动力配置方式

鉴于熟食品与果蔬真空冷却的区别，倘若简单地将果蔬真空冷却用于熟食品的真空冷却是不科学的。为促进真空冷却在熟食品快速降温处理中的运用，开发适用于熟食品的真空冷却装置十分必要。目前，真空预冷装置主要有以下几种动力配置方式：

（1）机械式油封泵与捕水器　这种组合方式是真空冷却装置中最常见的配置方式，尤其是在果蔬真空预冷装置和实验真空预冷装置上运用广泛。它是利用真空泵抽除不可凝气体，从而降低和维持真空室内真空度。制冷系统通过布置在真空室内的冷凝盘管，冷凝降压过程中产品蒸发的水蒸气，达到减小真空泵负荷和真空室内压力波动的目的（图 10-47）。机械式油封泵工作时需用专用油进行冷却密封，如果所抽气体水分含量过高，会造成真空泵油的乳化，导致泵油的密封性能降低，进而影响泵的抽气能力，缩短泵的使用寿命。然而熟食品在冷却过程中水分含量很高，如果利用冷凝盘管冷凝，需要很大的制冷量，这样会造成整个装置的配置不协调。因此，这种配置方式不适合处理大批量的熟食品。

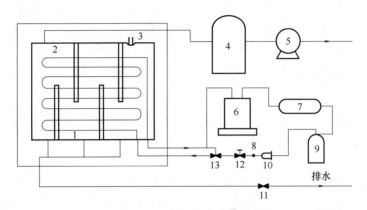

图 10-47　旋片泵-捕水器配置方式

1—折流板　2—气体出口　3—气体入口　4—分离器　5—真空泵　6—压缩机　7—冷凝器
8—视液镜　9—储液器　10—干燥过滤器　11—截止阀　12—电磁阀　13—热力膨胀阀

（2）水环真空泵与大气喷射泵　这种组合方式装置的工作原理是依靠水环式真空泵工作时造成真空，与外界形成压差，利用自然界常温常压的大气作驱动气体，通过大气泵形成高速气流，把被抽气体带走从而达到抽真空的目的（图 10-48）。双级水环泵机组的极限压力一般为 2000 ~ 5000Pa（水温 15℃），当带一级喷射泵时，在不增加功率的情况下机械压力可达400Pa。这种真空泵机组不怕油污染，不怕水汽及微尘，抽速大、结构简单，需采用真空泵和制冷系统，大大节约了能耗，因此，这种配置方案在国内外熟食品冷却装置上得到了广泛的应用。但由于水温的变动，整个机组的工况变动较大，使得真空室内的压力难以恒定。另外，由于喷出的高速水流具有很强的冲击力，喷射泵的喷嘴容易损坏，降低了机组的使用寿命。

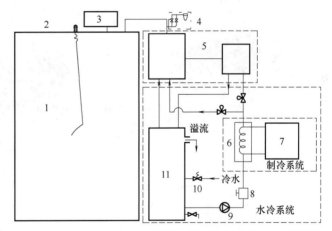

图 10-48　水环真空泵-大气喷射泵配置方式

1—真空箱体　2—温度探头　3—触摸屏　4—复压机渗气装置　5—低温复合真空　6—板式换热器　7—制冷压缩机　8—温度开关　9—放水阀　10—电磁阀水泵　11—水箱

（3）水环泵与罗茨泵　由前文可知，水环泵以水作为工作介质，在工作过程中可直接将水蒸气抽出，这样减少了制冷机组需要冷凝的水蒸气量，降低了制冷机组的负荷，然而水环泵极限压力过高限制了它在真空冷却的运用。采用罗茨泵与水环泵配合使用恰好可弥补水环泵的这个不足。罗茨泵没有往复运动部件，运行平稳，抽气能力强，极限真空度高，其工作压强范围为 0.1 ~ 5000Pa。利

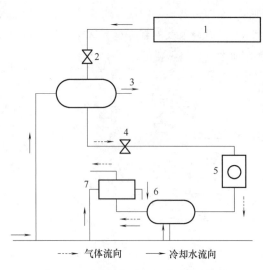

图 10-49 罗茨泵-水环泵真空冷却系统

1—真空室 2—真空阀 3—罗茨泵 4—气动加压阀 5—水位计 6—水环泵 7—气液分离器

用水环泵作为前级泵与罗茨泵组成的真空机组，具有很强的抽气能力和较高的极限真空度（图 10-49）。这种真空机组解决了水环泵-大气喷射泵工作时压力不稳定和极限真空度低的缺点，同时也弥补了旋片泵和制冷机组组合方式抽除水蒸气能力低的不足，因此，在熟食品的真空冷却设备中具有很好的运用前景。

2. 真空冷却设备应用

（1）果蔬真空预冷机 蔬菜真空预冷设备是为防止果蔬花卉鲜度和品质下降，而利用真空预冷原理设计将果蔬花卉放置在真空状态的槽内，在低压下水分从果蔬花卉表面蒸发出来，利用水从果蔬花卉表面夺取蒸发潜热的方法，达到冷却的效果。工厂中果蔬真空预冷机如图 10-50 所示。

利用旋片真空泵完全可以达到果蔬预冷所需的真空度（≤660Pa），果蔬真空预冷机基本组成是真空箱体、捕水器、制冷机组和旋片式真空泵。真空预冷机设备核心是真空室和真空泵，旋片式真空泵如图 10-51 和图 10-52 所示。

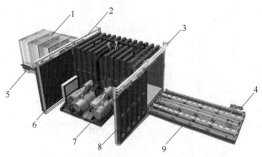

图 10-50 果蔬真空预冷机

1—货物 2—门导轨 3—真空箱体 4—减速机 5—进货轨道 6—控制电箱 7—真空泵 8—门 9—出货轨道

图 10-51 旋片式真空泵

（2）熟食真空快速冷却机 熟食品的冷却不同于果蔬的预冷，起始温度很高，一般在 90℃ 以上，冷却过程中会有大量的水汽逸出，因此，如果还是采用旋片真空泵、捕水器组合系统，势必捕水器和制冷机组都要配得很大，不但机组庞大而且能耗很高，极不经济。在真空冷却装置中，由于熟食品从高温到室温冷却过程中对真空度的要求相对较低，采用水力喷射方法就可达到要求的真空度，而无须采用真空泵和制冷系统，这可大大节约了能耗。其系统原理如图 10-53 所示。

该设备主要由真空箱体、低温复合真空系统、水冷系统、复压及渗气装置、测控系统［包含可编程逻辑控制器（PLC）触摸屏等］组成。设备左端为真空箱体，右端为低温复合真空系统和水冷系统，真空箱右上方安装 PLC 触摸屏，整机外形用不锈钢薄板装饰，满足食

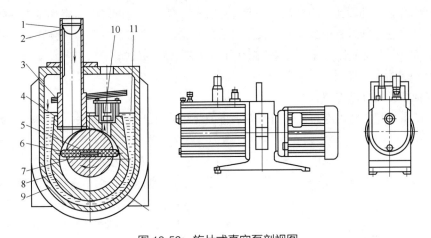

图 10-52　旋片式真空泵剖视图

1—进口嘴　2—滤网　3—挡油板　4—进口嘴 O 形密封圈　5—旋片弹簧　6—旋片

7—转子　8—泵身　9—油箱　10—1 号真空泵油　11—排气阀片

品卫生要求。

（3）真空技术其他应用　同样是采用抽真空的技术也可以运用到印刷行业里给印刷品脱除挥发性有机化合物（VOCs），尤其是烟标印刷对异味控制得比较严格。

真空脱异味设备的原理就是使产品处于真空动压状态下，产品中的异味物质在波动的压差作用下迅速脱离吸附表面，被真空泵排至室外，从而达到脱味的效果。真空脱味机脱味快速、均匀，与传统方法相比可显著缩短散味时间，大大提高生产效率和产品质量。另外也适用于食品包装纸、餐具、人造板、家具等所含苯、

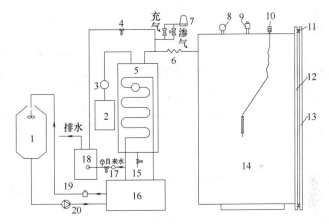

图 10-53　熟食食品真空速冷却机系统原理图

1—冷却塔　2—旋片真空泵　3，7—过滤器　4—电磁阀

5—捕水器　6—防震软管　8—真空表　9—薄膜真空计

10—温度探头　11—密封圈　12—门框法兰　13—密封门

14—真空箱　15—放水阀　16—制冷机　17—进水阀

18—水环泵　19—水流开关　20—循环泵

甲苯、甲醛、乙苯、丁酮等多种挥发性有机化合物。

（4）真空冷却的应用及优势　真空冷却是一种新型的快速冷却方法，它主要是依靠蒸发水分来获取冷量。之前的研究表明，真空冷却不仅适用于生菜、莴苣、蘑菇、竹笋、卷心菜、菠菜等蔬菜，也适用于切花、水果、烘焙食品、米饭、熟肉、水产品等食品。真空冷却技术作为最具潜力的高温食品快速冷却技术之一，在食品安全方面扮演的角色越来越重要。与其他冷却方式相比，真空冷却的主要优势体现在以下几方面：

① 真空冷却的最大优点是降温速度快。例如，将 6kg 的火腿从 70℃ 降到 4℃ 只需要 2h，而风冷却需要 9.4h。

② 降温均匀。即便是一堆食品在一起真空冷却，任何部位的降温速率都基本相同。

③ 因为真空冷却过程中食品不受强空气流的冲击，无论怎么放置都不会影响食品的冷却效果，所以减小了很多劳动量，同时也避免了很多不必要的机械损伤。

④ 处理成本非常低。

3. 其他常见的食品冷却方法

（1）冷水冷却　冷水冷却是应用低温水将被冷却的食品降温的方法，主要有降水式、喷淋式和浸渍式三种形式。降水式是指食品在传送带上移动，上面的水盘均匀降水，适用于大量处理食品；喷淋式是用喷嘴把有压力的冷却水向食品喷淋，如图 10-54 所示；浸渍式是把食品放入到冷水当中，通过搅拌器使得温度均匀。冷水冷却的水温是根据被冷却食品的冰点设定的，大量实验证明，冷水的温度大概在 0~3℃，冷水冷却时间一般在几十分钟之内。

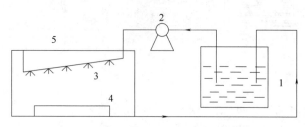

图 10-54　喷淋式冷水冷却装置原理图

1—冷水槽　2—冷水泵　3—喷洒头　4—搁物架　5—喷淋室

冷水冷却的主要优势是：原料水的成本比较低，冷却后食品质量的损失比较少；缺点是在冷却过程中，食品要和水直接接触，水中的微生物能够使食品腐蚀。

（2）冷风冷却　冷风冷却是利用强制流动的冷空气和食品发生对流换热，使食品的温度下降的冷却方法。该方法使用方便，应用范围广。冷风冷却还可用来冷却禽、蛋、调理食品以及不能用水冷却的食品等。冷风冷却的主要的形式有：强风冷却、压差冷却。强制冷却如图 10-55 所示，压差冷却如图 10-56、图 10-57、图 10-58 所示。压差冷却是让被冷却的食品处在一个由风机抽气造成压力差的环境下，在压差的作用下，与空气进行热量的交换，降低温度。大多数的食品都能够进行压差预冷，预冷时间也不是很长。但是在冷却的过程中会有萎蔫的现象发生，这是压差预冷的主要问题。

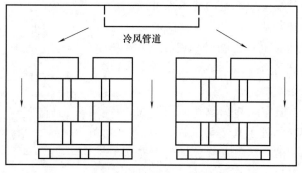

图 10-55　强制通风预冷机理和预冷方式

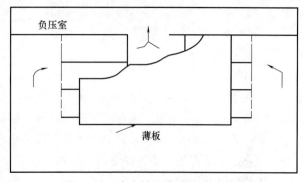

图 10-56　中心抽吸式压差通风预冷

（3）碎冰冷却　冰是一种很好的冷却介质，有着很强的冷却能力。冰预冷就是将天然或者人造的冰块敷在果蔬上，冰在与被冷却的食品接触过程中，通过冰的融化吸收热量，冰融化成水要吸收

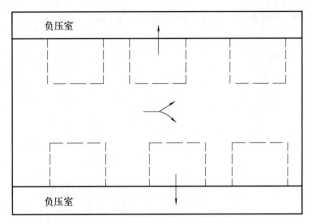

图 10-57 侧面抽吸式压差通风预冷

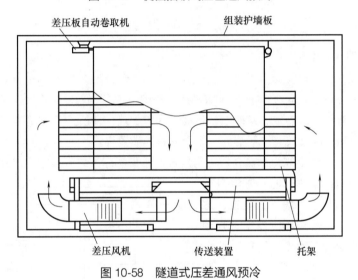

差压板自动卷取机　　　　　　　组装护墙板

差压风机　　　传送装置　　　托架

图 10-58 隧道式压差通风预冷

334.53J/kg 的相变潜热，从而带走了田间热，使食品温度得到降低。苹果、梨等常用碎冰进行冷却，成本相对于其他的冷却方法较低。但是冷却过程中食品可能会发生冷害现象，从而影响冷却的效果，降低果蔬品质。

第五节　冻结食品的解冻装置

一、概　述

　　冻结食品在消费或加工前必须解冻回温，解冻是速冻食品在食用前或进一步加工前的必需步骤。冻结时，物料中的水分由液体变成固体，失去热量。在解冻时，物料中的水分由固体变成液体，吸收热量。图 10-59 为同一食品的冻结和解冻曲线，如图 10-59 所示，冷却开始后 10min 的冷却速率和解冻开始后 10min 的升温速率基本是一致的。但解冻到 0℃ 所需的时间是冻结到0℃所需时间的2倍左右，这主要是因为水的热传导率较低，而冰的热传导率高造成的。

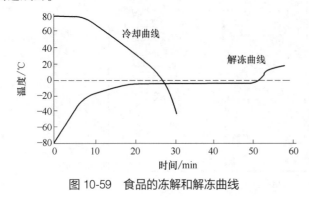

图 10-59　食品的冻解和解冻曲线

解冻是将冻结食品中形成的冰晶还原融解成水的过程。随着冰晶的融化，细胞内亲水胶质吸收水分，出现水分逐渐向细胞内扩散和渗透，细胞的完整性与解冻速率成为实现食品解冻后复原状态的重要条件；食品在解冻时，应尽快通过最大结晶生成带，并且应使食品内外温差小，以免发生重结晶现象。

二、解冻设备

1. 解冻类型和分类

从提供热的方式来看，解冻有两类方法：①由温度较高的介质向冻结品表面传热，热量由表面逐渐向中心传递，即所谓的外部加热法，主要有空气解冻、水解冻、水蒸气解冻等；②高频、微波、通电等加热方法使冻结品各部位同时加热，即所谓的内部加热法；另外，还有利用高压静电场、电晕放电微能解冻、组合式解冻装置等。

（1）空气解冻　以空气为加热介质进行解冻，常见解冻方式有静止空气式、流动式和加压式等，设备简单，应用普遍。常温自然对流的空气传热效果差，解冻速度慢，冻品质量也受到影响。若用风机使空气强制流动，并且控制温度、湿度，则可加快解冻速度。高湿度空气解冻系统如图 10-60所示。

一般要求空气温度为 14～15℃、相对湿度为 90%～98%、风速为 2m/s 左右。风向有水平、垂直或可换向送风。实验证明，采用一定气流速度来融化圆柱化的肉制品和乳制品可获得最大的对流传热系数。与静止空气相比，融化时间分别减少了 5 倍与 3 倍，产品质量较好。解冻后的

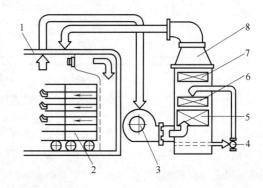

图 10-60　高湿度空气解冻系统示意图
1—解冻库　2—台车　3—风机　4—泵　5—热交换器
6—液接触装置　7—空气净化器　8—加湿塔

水分能够充分被组织吸收，而且成本低、操作方便，适合于体积较大的肉类。但是采用空气解冻也存在一些问题，一方面，由于空气的导热性较差、比热容小，因此解冻速率慢，解冻时间长，肉的表面易变色，干耗较严重，易受灰尘和微生物的污染，另一方面，虽然通过加快空气流动可以缩短解冻时间，但水分蒸发和汁液流失又会加大产品的质量损失。

目前主要有低温微风解冻装置和压缩空气解冻装置，前者利用 1m/s 左右的低风速加湿空气解冻，解冻均匀，效果好；后者利用压力升高、冰点减低的原理，有效缩短解冻时间，更好地保持产品的原有品质。

（2）水解冻 冷冻物料在静止或流动的水中解冻，静水解冻又分为常压水解冻和高压静水解冻两种方式。物料表面与水的传热速率是在空气中传热速率的 10~15 倍，在较低的温度下，也有较快的解冻速率。没有酸化和干燥的问题，但裸露的表面容易吸水，营养成分损失严重。解冻用水有微生物污染的危险性，另外还有污水排放的问题。多用于水产品的解冻。鱼和贝类，特别是虾和贝类，在空气中解冻时，易发生变色和变臭，在水中解冻比较合适。图 10-61 所示为喷淋冲击解冻装置。

喷淋冲击并不是具有巨大冲击力的猛烈喷淋，而是具有对被解冻鱼块最适合的冲击力的喷淋。喷淋解冻的时间、水温对它有一定的影响，喷水量也有一定的相关关系，但与喷淋流速完全无关，如图 10-62 所示。

喷淋冲击解冻的优点是：解冻时间短、解冻均匀、解冻鱼的品质好。喷淋冲击解冻与流水、静水、室温放置解冻相比较，其鲜度是最好，感官评价也最高，以及用水量大减少等优点。

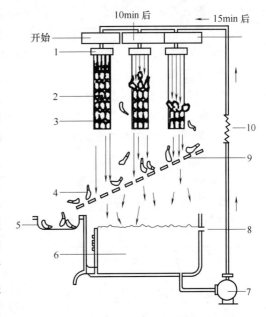

图 10-61 喷淋冲击解冻装置示意图

1—喷淋器 2—冻虾块 3—冰 4—虾 5—移动篮子
6—水槽 7—水泵 8—进水口 9—滑运道 10—加热器

（3）真空解冻 真空解冻是利用真空中水蒸气在冻结食品表面凝结所放处的潜热进行解冻。在密封的容器中，当真空度达到 93.9kPa 时，水在 40℃就可以沸腾，并产生大量低温水蒸气，水蒸气分子不断冲击冷冻原料的表面，进行热交换，从而促使原料快速解冻。真空解冻温度较低，适合一些热敏性的食品。它的优点是：①食品表面不受高温介质影响，而且解冻快；②真空低氧，可防止食品解冻过程中的氧化裂变，也可抑制一些好氧性微生物的繁殖；③食品解冻后汁液流失少。缺点是：解冻食品外观不佳，大块肉的内层深处的升温较慢，且成本高。

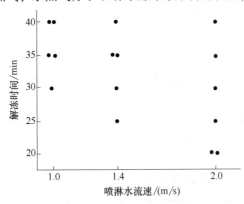

图 10-62 解冻时间与喷淋水流速的关系（鼠鱼冻块）

（4）超声波解冻 超声波解冻是根据食品已冻结区对超声波的吸收比未冻区对超声波的吸收要高出几十倍，而食品初始冻结点附近对超声波的吸收最大来进行解冻的，从超声波的衰减温度曲线来看，超声波比微波更适用于快速稳定地解冻。Miles 等发现在低频时（<430kHz），使用强度 0.5~2W/cm² 会使肉制品发生空化现象，导致表面过热和很差的超声波穿透性。高频时（>740kHz）随着频率的增加衰减变大，也会产生表面过热。选用 500kHz、0.5W/cm² 的超声波解冻，表面过热效应最小，冻结的牛肉、猪肉和鳕鱼样品在 2.5h 内解冻深度达到 7.6cm。张绍志、陈光明等以牛肉为样品，对超声波解冻进行了研究，以 800kHz 超声波进行实验，得出理论计算值与实验结果总体上是一致的，证实了超声波的可行性。

（5）远红外线辐射解冻　远红外线解冻是利用波长 3~10μm 的远红外线能被水很好地吸收，并能使水分子振动产生内部能量而促进冻肉解冻。这种方法在肉制品解冻中已经有一定的应用，如远红外线烤箱中的食品解冻。李建林、孙娟等对远红外辐射加热解冻进行了模拟实验，指出与传统方法相比，它提高了吸收能量的效率，但是由于冻结食品传热特性的限制，当中心达到相应温度时，食品表面的温度升高太多，利于细菌的繁殖，从而影响食品品质。所以在应用时，应选择低温远红外辐射加热器作为热源，且食品表面应有低温介质作为保护。

（6）电解冻　电解冻包括高压静电解冻和低频（50~60Hz）、高频（1~5MHz）及微波（915MHz 或 2450MHz）等不同频率的电解冻。

① 高压静电（电压 5~10kV，功率 30~40W）强化解冻技术：是指在 -3~0℃ 的低温环境中将高压电场（如 10kV）作用于食品，使其解冻。该法解冻速度快，食品对热量的吸收均匀，汁液流失少，能有效防止食品的油脂酸化，并且能有效抑制微生物的繁殖。其是一种有着广阔应用前景的新技术。高压静电解冻装置如图 10-63 所示。

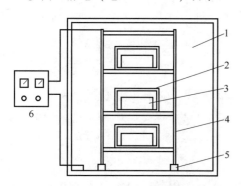

图 10-63　高压静电场解冻装置示意图

1—冷藏库　2—铝箱　3—冷冻物料　4—金属框　5—绝缘支撑　6—高压静电场发生器

② 低频解冻：低频解冻是将冻结食品视为电阻，利用电流通过电阻时产生的焦耳热，使冰融化。Cheol-GooYun 研究表明先利用空气解冻或水解冻使冻结食品表面温度升高到 -10℃ 左右后，再进行低频解冻，不但可以改善电极板与食品的接触状态，同时还可以减少随后解冻中的微生物繁殖。而在低电压时采用此法处理样品，其解冻后汁液流失率低，持水能力也得到较大的改善。

③ 高频波解冻：其设备有间歇式和连续式两种。对于处理小批量冷冻物料，可采用间歇式高频波解冻设备（图 10-64）；对于大批量，可采用连续式设备。高频（0.01~300MHz）

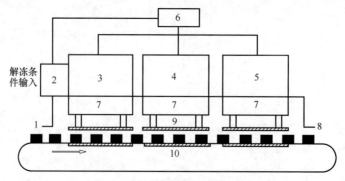

图 10-64　间歇高频波解冻设备工作原理图

1—物料入口　2—输入面板　3—高频波发生装置 1 号机　4—高频波发生装置 2 号机　5—高频波发生装置 3 号机　6—控制装置　7—电极升降装置　8—物料出口　9—上电极　10—下电极

解冻是在交变电场作用下，利用水的极性分子随交变电场变化而旋转的性质，产生摩擦热使食品在极短的时间内完成加热和解冻。食品表面与电极并不接触，而且解冻更快，一般只需真空解冻时间的20%，而且解冻后汁液流失少，操作简单、安全卫生。目前国内外已有30kW左右的高频解冻设备投入市场，可以大量-快速地对冷冻食品进行解冻。

④ 微波解冻（915MHz或2450MHz）：微波解冻是在交变电场作用下，利用物质本身的带电性质来发热使冻结产品解冻。微波解冻设备有间歇和连续式两种，微波解冻时，食品表面与电极并不接触，从而防止了介质对食品的污染，并且微波作用于食品内部，使食品内部分子相互碰撞产生摩擦而使食品解冻。微波解冻速度快，食品营养物质的损失率低。

频率是微波解冻中一个关键因素。一般说来，频率越高，其加热速度越快，但穿透深度越小，且微波频率对微波解冻食品的质量有很大影响。Jong Kyung Lee等人发现915MHz微波解冻比传统解冻的速度要快，与4℃以上的传统解冻相比，微波解冻后食品的汁液失率减少；但用2450MHz微波解冻后汁液流失率高达17%。另外，也有实验证明，微波解冻后的质量损失率与解冻时间有关，随着微波时间的延长，损失率增加。如图10-65所示为NJE-3001连续式微波解冻设备原理图，该设备处理能力为2000kg/h，微波频率为915MHz，输出功率为60kW。

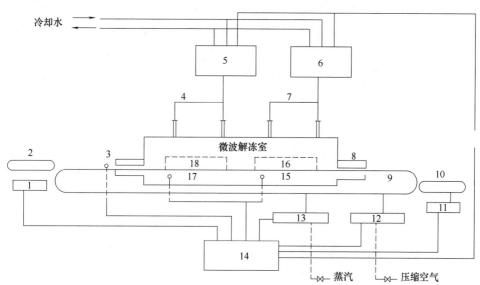

图 10-65　NJE-3001连续式微波解冻设备原理图

1,11—驱动装置　2—供料输送装置　3,8—防微波泄漏装置传感器　4,7—波导管　5,6—微波发生器
9—解冻输送装置　10—出料输送装置　12—输送带驱动装置　13—输送带清洗装置
14—控制盘　15,17—门控制开关　16,18—管理门

2. 其他解冻方法

微能解冻主要有高压静电场、重叠波电场和电晕放电等。在一定间距的两极板上施加直流或低频交流高压电场，微弱的电流流过极板间的冷冻物料，同时采用传热的方法进行解冻。该方法与在电场作用下，物料分子产生介电加热解冻不同，所消耗的电能极其微小，它是利用高压静电场或电晕放电对解冻的促进作用，同时还可防止物料的品质劣化。

思 考 题

1. 简述活塞式制冷压缩机各主要零部件的作用。
2. 简述制冷压缩系统的组成和各部件在制冷系统中的作用。
3. 食品的速冻方法有哪几种？各有什么特点？
4. 试比较平板速冻、螺旋速冻和流化速冻的特点和应用。
5. 简述真空冷却原理及应用。
6. 简述解冻基本原理、解冻类型及应用。
7. 哪种解冻方式适合蔬菜类解冻？

第十一章

CHAPTER

包装机械

11

学习目标

1. 掌握主要作业包装机的基本类型。
2. 了解各种包装机的基本结构、工作原理及性能特点。
3. 掌握各种包装机械的选用和使用要点。
4. 掌握包装过程中应用的计量方法。

第一节 食品包装技术与装备

一、食品包装技术方法

随着人对食品及食品包装的要求越来越高，各种新的技术和方法也逐步被广泛应用到各种食品的包装上。不同食品有不同的特性和包装要求，根据不同的特性和要求应选择不同的包装材料和包装技术方法。随着包装材料和包装机械的发展，食品及其包装形式和要求的多样化，要求有各种各样的食品包装技术和方法，常见的可分为三类：食品包装基本技术方法、食品包装专用技术方法及其他食品包装技术方法。

1. 食品包装基本技术方法

食品的包装形式由于食品本身的物态不同，采用的包装材料和容器各异而丰富多彩，但形成一个食品的基本独立包装件的基本目标是一致的。把形成一个食品的基本独立包装件的技术方法称为食品包装基本技术方法，主要有以下几种：食品充填技术方法、裹包与袋装技术、灌装与罐装技术、装盒与装箱技术、热成型和热收缩包装技术。

2. 食品包装专用技术方法

延长食品的保存期是食品包装的重要目的之一，不少食品包装技术方法是为了达到这一目的而出现的。不管是生鲜食品还是加工食品，包装最基本的要求就是在一定保质期内的食品质量得到可靠保证。为实现此目的，各种包装专用技术方法应运而生，比较成熟的有：防潮包装技术、真空与充气包装技术、封入脱氧剂包装技术、无菌包装技术、蒸煮袋包装技术等。

在食品包装技术的发展过程中，食品包装专用技术方法是在基本技术方法的基础上，为实现食品包装的专一要求而发展起来的。因此，在工程实践中，把专用的技术方法、措施辅以包装基本技术方法，即形成一种专用的食品包装技术。例如，若把袋装技术放置在真空环境中实施，即形成真空包装；若在装袋之前分别对被装物和包装材料进行无菌处理，再在无菌环境中完成包装操作，这种包装技术即无菌包装技术。

3. 其他食品包装技术方法

与食品有关的包装技术方法很多，除上述外，还有封口、贴标和捆扎技术方法。

二、包装机械类型

包装机械从广义来说可分为两大类；一类为用于加工包装材料和包袋容器的机器；另一类为用于完成包装过程的机器。本章讨论的只限于后者，即完成包袋过程的机器称为包装机。GB/T 4122.1—2008《包装术语 第1部分：基础》中对包装机所下的定义是："完成全部或部分包袋过程的机器，包装过程包括充填、裹包、封口等主要包装工序，以及与其相关的前后工序，如清洗、干燥、杀菌、堆码和拆卸等，也包括盖印、贴标、计量等辅助设备"。

1. 按包装机械的自动化程度分类

（1）全自动包装机 全自动包装机是自动供送包装材料和内装物，并能自动完成其他包装工序的机器。

（2）半自动包装机 半自动包装机是由人工供送包装材料和内装物，但能自动完成其他包装工序的机器。

2. 接包装产品的类型分类

（1）专用包装机 专用包装机是专门用于包装某一种产品的机器。

（2）多用包装机 多用包装机是通过调整或更换有关工作部件，可以包装两种或两种以上产品的机器。

（3）通用包装机 通用包装机是在指定范围内适用于包装两种或两种以上不同类型产品的机器。

3. 按包装机械的功能分类

包装机械按功能不同可分为：充填机械、灌装机械、裹包机械、封口机械、贴标机械、清洗机械、干燥机械、杀菌机械、捆扎机械、集装机械、多功能包装机械以及完成其他包装作业的辅助包装机械。我国国家标准采用的就是这种分类方法，见图11-1。

4. 包装生产线

包装生产线是指由数台包装机和其他辅助设备联成的能完成一系列包装作业的生产线。

现代高新技术如计算机、激光、光纤、热管等技术广泛应用到食品包装技术与设备中，使得食品包装朝着高速化、联动化、无菌化、智能化方向发展。

第二节　液体灌装技术装备

一、液体食品灌装工艺及方法

食品液体充填，习惯上称为灌装，一般由灌装机来完成。啤酒、汽水、牛乳、矿泉水、白酒、乳酸饮料、果汁、豆乳、酱油、醋等。这些液体食品黏度、流动性、起泡性及含固体物量有大有小，而包装这些产品的容器形态、材料也多种多样，有刚性包装容器，如金属罐、玻璃瓶；有柔性包装容器，如多层塑料复合瓶、复合袋、用纸、铝箔、塑料等多层复合材料制成的盒等。本节将介绍使用刚性包装容器的灌装机械。

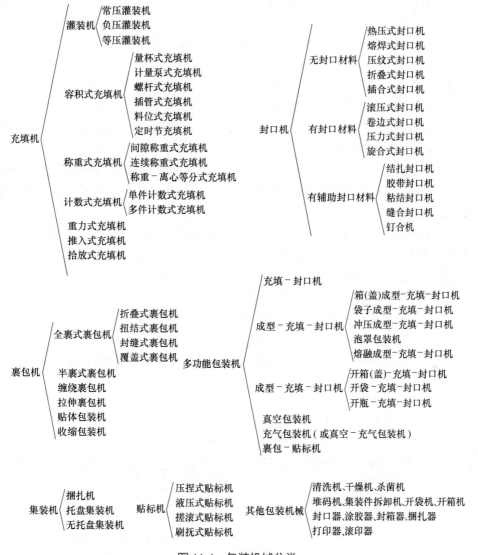

图 11-1　包装机械分类

1. 灌装料液与容器

用于灌装的料液主要是低黏度的流体料液，有时也包括黏度>100Pa·s 的稠性液料。前者依靠自重即可产生一定速度的流动，如油类、酒类、果汁、牛乳、酱油、香醋、糖浆等，后者则需在大于自重的外力作用下才能产生一定速度的流动，如番茄酱、肉糜、香肠等。根据是否溶解二氧化碳气体，又可将低黏度流体分为不含气及含气两类。对于含气饮料，习惯上将不含有酒精成分的称为软饮料，如契税、矿泉水、可乐饮料等，而将含有酒精成分的称为硬饮料，如啤酒、汽酒、香槟等。

用于灌装的容器主要有玻璃瓶、金属罐、塑料瓶（杯）等硬质容器，以及用塑料或其他柔性复合材料制成的盒、袋、管等软质容器。金属罐主要是铝制二片罐，其罐身为铝锰合金的深拔罐，罐盖为铝镁合金的易开盖。用来灌装啤酒、可乐等含气饮料，对于不含气的果汁饮料，灌装后则需充入微量液态氮再进行封口，以增加罐内压力，避免罐壁压陷变性。塑料瓶主要为聚酯瓶，而聚氯乙烯瓶不宜用食品包装容器，聚乙烯或聚丙烯又因其阻气性较差，不宜灌装含气的和易氧化的液料。至于液料的软包装，可用多层塑料制成的袋；也可用纸、铝箔、塑料组成的复合薄膜制成的盒，其成品形状多为长方形体。

2. 刚性包装容器灌装工艺

由于包装容器形态、材质、制成方法等的不同，以及产品物理化学性要求，如含气与非含气的不同，使得完成这些产品灌装机器的性能、结构也千差万别。有的靠产品自重即能灌入包装容器，有的则需要借助压力才能灌入包装容器。但总的来讲，对于已预制好的刚性包装容器实行灌装，其工艺一般都按下列步骤：

（1）进包装容器　将预先制好的、清洁的包装容器按灌装机的工作节拍送到灌装工位上，一般是借助分件机构或间歇运动机构来完成的。此工序要求定位准确，机构不致将包装容器损坏，或使之变形。

（2）灌装产品　对有特殊要求的产品，瓶子内部还应进行特殊处理，如抽真空、充气等。产品依靠自重或外压灌入包装容器中，其定量方式多种多样，有的是预先就计量好的，如量杯式灌装、定量泵式灌装等。有的是边灌装边计量，在灌装过程中实现定量，如液位控制式灌装等。定量方式不同，灌装机构也不同。

（3）封口　一般产品灌装后，为防灌装物料发生氧化和污染，或其他意外因素影响产品质量，应尽快进行封口，把产品严格密封在包装容器里。根据容器材质、形状等的不同，封口方式和方法也有很多种，有的采取热压封，有的采取卷边封，有的用旋盖封或压盖起等。封口后要检查有无泄漏。

3. 液体食品灌装方法与特点

液体食品常用灌装方法与特点见表11-1。

表 11-1　　　　　　　　　液体食品常用灌装方法与特点

名称		灌装方法	特点与适用范围
常压法灌装		在常压下直接依靠被灌装液料自重流入包装容器	用于低黏度不含气的液料灌装,如牛乳、白酒、酱油、醋等
真空法灌装	差压真空法	储液箱处常压而只对包装容器抽真空,液料依靠储液箱与包装容器之间的压差作用产生流动而完成灌装,我国常采用	真空法灌装机应用面较广,既适用于灌装黏度稍大的液料,如油类糖浆等,又适合于灌装低黏度的液料
	重力真空法	储液箱处于真空,对包装容器抽真空,随之液料依靠自重流入包装容器。结构复杂,我国较少采用	装含维生素等的饮料,如果蔬汁等,能有效延长果蔬汁等富含营养成分的饮料饮品保质期
等压法灌装		在高于大气压条件下,首先对包装容器充气,使之形成与储液箱内相等的气压,然后依靠液料自重流入包装容器	等压法灌装常用于含气饮料、啤酒等的灌装,一定气压条件下可减少这类液料中 CO_2 气体的损失,防止灌装过程中过量起泡而影响定量精度和产品质量

续表

名称	灌装方法	特点与适用范围
压力法灌装	利用机械压力如液泵、活塞泵或气压将被灌装液料挤入包装容器内	这类灌装机主要用于黏度较大的稠性液料，如靠活塞压力灌装番茄酱等酱体类食品，有时也可用于汽水一类软饮料的灌装
虹吸法灌装	储液箱内液料利用虹吸原理经虹吸管流入包装容器，直至容器内液面与储液箱液面持平为止；只需维持虹吸管内能始终充满液料，灌装就能正常进行。但这类灌装机定量精度取决于储液箱内液面高度的恒定，易受供料系统各种因素的影响，故限制了它的推广使用	此灌装较常压法灌装可增加油装的稳定性，较真空法灌装可减少被灌装液料香味损失，故常用于高级葡萄酒和高级果汁饮料的灌装

二、灌装机类型及原理

1. 常压灌装机

为了说明常压灌装机的主要结构和工作原理，以白酒灌装机为例。

（1）灌装机的总体结构　该机属于旋转型灌装机，总体结构如图 11-2 所示。主要由储液箱 1、灌装阀 2、主轴 3、托瓶盘 5、进出瓶拨轮 6 和 7 及传动系统组成。

（2）灌装机的工作原理　空瓶由拨瓶轮 6 送入到托瓶盘 5 上（图 11-2），托瓶盘 5 和储液箱 1 固定在主轴 3 上，电机经传动装置带动主轴 3 转动，使托瓶盘和储液箱绕主轴 3 回转。同时，托瓶盘 5 沿固定凸轮（在机架 4 内）上升，当瓶口对准灌装头并将套管顶开后，储液箱中液体流入瓶中，瓶内空气由灌装阀 2 中部的毛细管排出，并定量。灌装完成后，瓶子即将接近终点时在固定凸轮的作用下下降，再由出瓶拨轮拨出，送至压盖工位，即完成一个灌装过程。这种灌装法的优点是灌装的液面高度一致，虽然各瓶间的实际料液量不一定相等，但看起来液面在同一等高线上，显得整齐美观。

2. 等压灌装机

以灌装压盖机为例，介绍等压灌装机工作原理与结构。

（1）灌装机结构与工艺过程　灌装机结构如图 11-3 所示，该机主要由升降瓶机构 1、拨瓶星轮 2、进瓶装置 3、灌装阀 4、高度调节装置 5、环形储液箱 6、压盖装置 7、出瓶星轮 8 和机体 9 组成。瓶子灌装啤酒的工艺过程如图 11-4 所示。

如图 11-3 和图 11-4 所示，由输送带送来的紧挨着的清洁瓶子，一进入机构，即被变螺

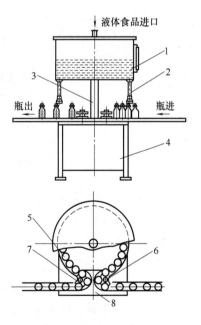

图 11-2　常压灌装机结构图
1—储液箱　2—灌装阀　3—主轴
4—机架　5—托瓶盘　6—进瓶拨轮
7—出瓶拨轮　8—导向板

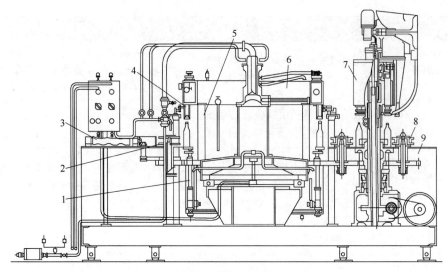

图 11-3　等压灌装压盖机结构图

1—升降瓶机构　2—拨瓶星轮　3—进瓶装置　4—灌装阀　5—高度调节装置　6—环型储液箱

7—压盖装置　8—出瓶星轮　9—机体

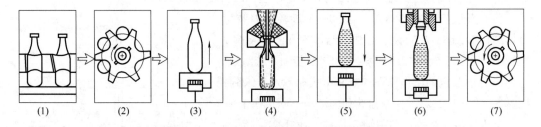

图 11-4　等压灌装压盖机工艺过程图

（1）螺杆分瓶传动　（2）星轮进瓶　（3）瓶托机构托瓶　（4）灌装阀灌液

（5）瓶托机构下降　（6）压盖装置压盖　（7）星轮出瓶

距螺杆按灌装节拍进行分件送进，经匀速回转着的进瓶星轮把瓶拨到与灌装阀同速回转的托瓶机构上，每一个灌酒阀对准一个托瓶机构的瓶托板，托瓶气缸在压缩空气作用下将空瓶顶起，使灌酒阀中心管伸入空瓶内，直到瓶顶到灌装阀中心定位的胶垫为止，同时顶开灌装阀碰杆，使等压灌装阀完成充气—等压—灌装—排气的顺序操作。

（2）等压灌装原理　等压法灌装的基本工作原理是使待装容器中气体的压力与储液箱液面上气体压力（即液料所溶气体达到饱和状态下时的压力）相等，然后再利用含气液料的自重而流入待装容器。等压法灌装的工艺过程为：充气等压→进液回气→停止进液及排除出气管中液料→排除进液管中余液。

3. 负压灌装机

以双缸低真空灌装机（图 11-5）为例，说明负压灌装机的主要结构和工作原理。

（1）真空灌装机的总体结构　该机的总体结构如图 11-5 所示。托瓶盘装在下转盘 13 上，它的升降是由升降导轮 16 来驱动的。储液箱中的液位是由液位控制装置 14 控制的。灌装阀 5 固定在上转盘 9 上，上转盘的高度可由高度调节装置 15 来调节，以适应不同瓶高的要求。

调速手轮 19 用于无级调节主轴转速，使之符合主机生产率的要求。

（2）负压灌装机的工作原理

灌装机工作原理参见图 11-5。空瓶由链带 1 送入，经不等距螺杆 2 分成间距 110mm；再由拨轮 3 送到托瓶机构 4 上，瓶子随瓶托回转的同时，由升瓶导轮 16 带动上升，当瓶口顶住灌装阀密封圈时，瓶内空气被真空吸管 6、真空气缸 8 吸走，瓶内形成一定的真空度。在压差作用下，储液箱内液体被吸液管吸入瓶内，进行灌装。灌装结束后，瓶子在凸轮导轮带动下第一次下降，使液管内存在的液料流入瓶内；瓶托再下降，瓶子进到水平位置，由出瓶拨轮将瓶子送到压盖机上。

该机的灌装工艺过程如图 11-6 所示。

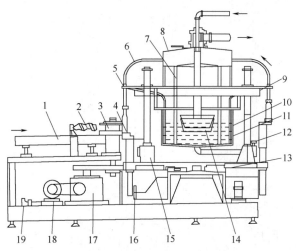

图 11-5　负压灌装机总体结构图

1—进瓶链带　2—不等距螺杆　3—进瓶拨轮　4—瓶托机构　5—灌装阀　6—真空吸管　7—真空指示管　8—真空气缸　9—上转盘　10—储液箱　11—吸液管　12—放气阀　13—下转盘　14—液位控制装置　15—储液箱高度调节装置　16—托瓶盘升降导轮　17—蜗轮减速箱　18—电机　19—调节手轮

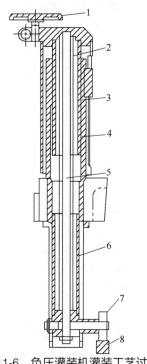

图 11-6　负压灌装机灌装工艺过程

1—链条　2—不等距螺杆　3—拨轮　4—托瓶机构　5—升瓶导轮　6—真空吸管　7—出瓶拨轮　8—真空气缸

4. 压力灌装机

以活塞式灌酱机（图 11-7）为例，说明机械压力式灌装机的主要结构和工作原理。

灌装机主要由中心回转轴、不锈钢储酱箱 1、活塞缸体 12、灌装滑体 3、计量活塞杆的升降凸轮 7 及托瓶板的升降凸轮 9、电机 10 等组成。中心回转轴与不锈钢储酱箱 1 通过键销连接，储酱箱底用螺钉固定 12 个活塞缸体，在缸体 12 内有活塞 4，活塞与活塞连杆铰接，活塞柄下端的滚轮在升降凸轮 7 运转。灌装台均布有 12 个托瓶盘，通过下部凸轮 9 实现升降。

电机 10 经齿轮 11 等传动元件，带动灌装台 6 和储酱箱 1 转动。储酱箱转动带动灌装阀转动。在凸轮 9 的带动下托瓶板升降。活塞杆在凸轮的作用下做升降运动，完成计量工作。储酱箱回转带动灌装阀回转，完成灌装工作。

三、灌装机主要工作装置

考虑到目前国内外广泛采用旋转型灌装机灌装各类液料，特别是在规模化生产的啤酒、饮料灌装线上。因此，下面主要介绍旋转型灌装机主要工作装置结构和工

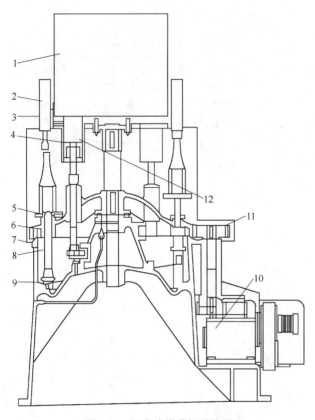

图 11-7　活塞式灌酱机结构图

1—储液箱　2—弹簧　3—灌装滑体　4—活塞　5—托瓶板　6—灌装台
7—凸轮　8—弹簧　9—凸轮　10—电机　11—齿轮　12—活塞缸体

作原理。

（一）包装容器的供送装置

旋转型灌装机在灌装时，要求用瓶、缸等包装容器，要按包装工艺路线、速度、间距和状态进入包装工位。常用螺杆供送装置与星形拨轮组合。

1. 螺杆式供送装置

这种装置可将规则或不规则排列的成批包装容器，按照包装工艺要求的条件完成增距、减距、分流、升降和翻身等动作，并将容器逐个送到包装工位。

（1）等螺距螺杆供送装置等螺距螺杆供送装置如图 11-8 所示。

（2）变螺距螺杆供送装置变螺距螺杆供送装置如图 11-9 所示。图 11-9（1）是专门用于供送圆柱形包装容器的装置。螺杆 1 上的螺旋槽沿螺杆供送方向逐渐缩小螺距，被供送的包装容器在静止滑板 2 上紧靠侧向导轨

处于边滚动边减速状态的运动。图 11-9（2）是专门用于供送棱柱形包装容器的装置。双环形槽沿螺杆供送方向逐渐增大螺距。

（3）特种变螺距螺杆供送装置　特种变螺距螺杆供送装置如图 11-10 所示。图 11-10（1）和图 11-10（2）所示装置不仅能改变供送容器的排列和间距，同时起着分流和合流的作用，使容器状态和后面的包装要求相适应。图 11-10（3）所示是一对并列排列、转向相同的螺杆，它们的组合作用使包装容器在供送过程中，既能改变间距，又能改变运动状态。图 11-10

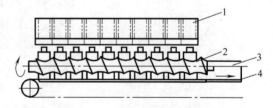

图 11-8　等螺距螺杆供送示意图

1—瓶槽　2—等螺距螺杆　3—侧
向导轨　4—输送带

（4）所示是一条水平变螺距螺杆和三条固定的卷曲导板组成的供送装置，它能使被供送的包装容器成倒状和翻身状态。

2. 星形拨轮

星形拨轮的作用是将螺杆供送装置送来的包装容器，按包装工艺要求送到灌装机的主传送机构上；或者将已灌装完的包装容器传送到压盖机的压盖工位上。

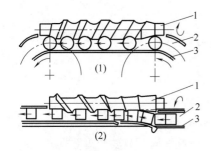

图 11-9　变螺距螺杆供送示意图

（1）供送圆柱形　（2）供送棱柱形

1—螺杆　2—静止滑板　3—输送带

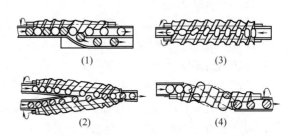

图 11-10　特种变螺距螺杆供送示意图

（1）分流　（2）合流　（3）转向　（4）翻身

3. 包装容器的升降机构

升降机构的作用是将送来的包装容器上升到规定的高度，以便完成灌装，然后再把灌装完成的包装容器下降到规定位置。目前常用的升降机构有三种形式：

（1）机械式升降机构　机械升降机构的结构简单，但是机械磨损大，压缩弹簧易失效，工作可靠性较差；同时对灌装瓶的质量要求较高。该机构主要用于灌装不含气液料的灌装机中。

（2）气动式升降机构　气动式升降机构的工作原理如图 11-11 所示。在压缩空气由管 8 经管 9 进入气缸 1，推动活塞 4 带动托瓶台 2 上升，使瓶罐 3 上升进行装料，这时活塞上部气体由阀门 5 排出，而阀门 7 是关闭的。

装料完时，压缩空气由管 8 经管 6 进入气缸（这时阀门 5 关闭），由于活塞上下的压力相等，故在活塞、瓶托及瓶罐的自重作用下，迅速下降（瓶、罐也下降）。这时完成了一个循环过程。另外可用旋塞代替上述阀门 5，7，方便操作及反复动作。

（二）灌装液料的定量机构

目前，液料定量有四种方法，应根据液料的特性，选择不同定量法与相应定量机构。

1. 控制液位定量方法

采用控制灌装容器内液位的高度来达

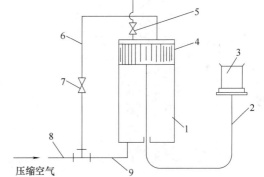

图 11-11　气动式升降机构工作原理图

1—气缸　2—托瓶台　3—瓶罐　4—活塞

5,7—阀门　6,8,9—气管

到预定的灌装量。本节在前文常压灌装机灌装阀中已叙述这种定量方法原理与机构，该方法的定量机构简单，但定量精度稍差，因定量精度直接受瓶子容积精度和瓶口密封度的影响。它适用于灌装含气饮料。

2. 定量杯定量方法

此法是将液料先注入定量杯中，然后再进行灌装。若不考虑滴液等损失，则每次灌装的液料容积应与定量杯的相应容积相等。要改变每次灌装量，只需改变调节管在定量杯中的高度或者更换定量杯。此法不适应于灌装含气液体，因为定量杯在储液箱内上下运动，使气体产生气泡，从而影响灌装定量精度。

3. 定量泵定量法

这种灌装方法是先将黏稠液料用机械压力注入活塞缸内定量，再注入包装容器内的，每次灌装量等于活塞缸内液料的容积。

4. 电子式计量法

电子式计量法是现代计量方法，目前有定重量法和定容积法。

（1）电子定重量法　这种装置的灌装阀灌装量精度非常高，结构简单，不会因滑动部位的摩擦而产生粉尘，无液体和气体滞留，易清洗；当灌装量改变时，只要变更数据开关的给定值，即可瞬时实现，较易实现生产的集中管理。

（2）电子定容积法　电子定容积法又称定时压力灌装法，计量极其准确。由于灌装设备没有活动零件与液料接触，灌装系统不必拆卸即可进行清洗或消毒。适合于无菌灌装系统灌装贵重的液体食品。

（三）灌装阀

灌装阀是自动灌装机上的关键部件，它关系到灌装速度的高低，液料损失率的大小，灌装量或液面高度精确性的控制。在灌装过程中有液体和气体的流动，因此灌装阀里至少有液体和气体的两条通路（或三条通路）。它们的组成形式可以是并行的，也可以是环绕的。环绕式的又可以是中心通液体，外层通气体；或中心通气体，外层通液体。根据灌装工艺要求，灌装阀要能按一定的顺序适时切断或沟通气路和液路。

由于灌装方法与工作原理不同，工艺要求不同，灌装阀的结构形式是多种多样的，现按不同灌装方法来介绍相应的灌装阀结构。

1. 常压灌装阀机构

（1）小口径弹簧阀门灌装阀　在本节前文常压灌装机灌装阀中已对该种灌装阀作了叙述。

（2）广口弹簧阀门式灌装阀　结构如图 11-12 所示。非灌装状态时，活动阀座 6 被弹簧 4 的弹力压紧在固定蝶阀上，这时阀门关闭。灌装时，瓶子顶起活动阀座，阀门被打开，液料由环形间隙流入瓶中，瓶内空气由排气管 1 排出，瓶子下降时，阀门自动关闭。

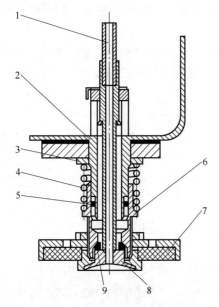

图 11-12　广口弹簧阀门式灌装阀结构图
1—排气管　2—接头　3—螺母　4—弹簧
5—O 型密封环　6—阀座　7—橡皮垫
8—密封盘　9—密封圈

2. 负压灌装阀机构

（1）单室供料系统负压灌装阀　在负压灌装机中单室供料系统是指在真空室与储液箱是合为一体。

（2）双室供料系统负压灌装阀　在负压灌装机中双室供料系统是指储液箱与真空室是分开。

3. 等压灌装装置

等压法灌装装置常用的计量方法为容器自身计量。按所采用的控制进气、排气、进液导路通断的方式可将等压灌装装置分为旋塞式、盘式及移动式。

（1）旋塞式等压灌装阀　旋塞式等压灌装阀结构见图 11-13。

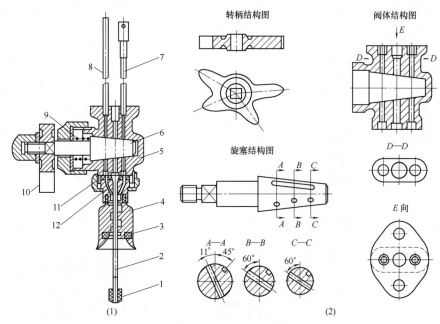

图 11-13 旋塞式等压灌装阀结构图

1—阀头 2—下液管 3—密封圈 4—碗头 5—阀体 6—旋塞 7—出气阀
8—进气阀 9—弹簧 10—转柄 11—下液孔 12—接头

当瓶子顶起碗头时，固定挡块拨动旋塞转柄，可完成如下工作过程：

第一，旋塞转一角度，接通进气孔道，实现充气等压过程。

第二，旋塞再转一角度，接通下液孔道和排气孔道，实现进液回气过程。

第三，再转旋塞，关闭所有孔道，停止进液。

第四，再接通进气孔道，让通道内余液流入瓶中，实现排除余液。

第五，再关闭进气孔道，完成灌装。

（2）盘式等压灌装阀 盘式等压灌装阀见图 11-14。假设阀盖是透明体，从装配图的左侧来看，如图 11-14（2）所示。图示位置为关闭位置，即非灌装状态。当固定挡块拨动旋柄时，阀盖转动，能完成如下工作过程：

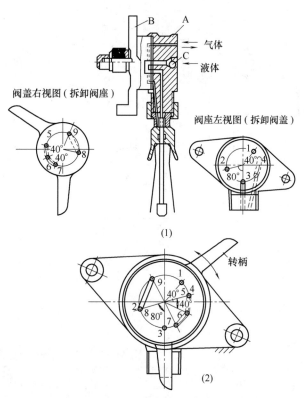

图 11-14 盘式等压灌装阀结构图

A—阀座 B—阀盖 C—制止球 1,2,3,4,5,6,7,8,9—孔道

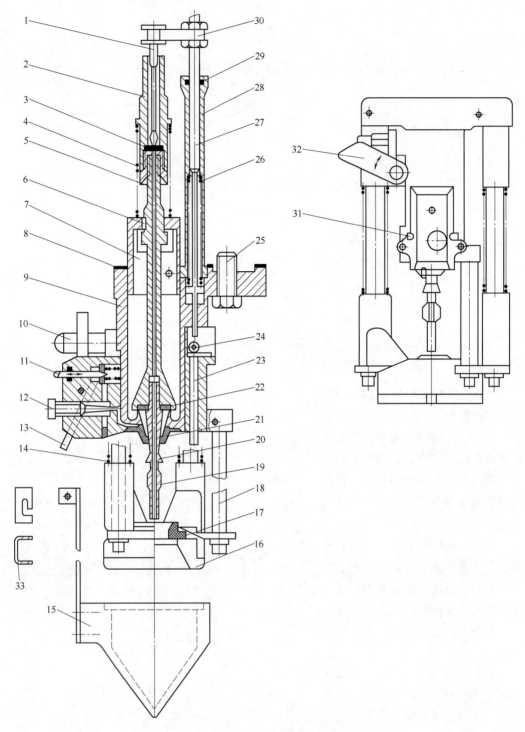

图 11-15 移动式等压灌装阀结构图

1—气阀 2—气阀套 3—通气胶垫 4—弹簧a 5—灌装阀 6—键 7—入液套 8—密封圈 9—灌液阀体
10—关闭按钮 11—排气按钮 12—排气调节阀 13—排气嘴 14—弹簧b 15—喷气护罩 16—对中罩
17—瓶口胶垫 18—升降导柱 19—回气管 20—分散罩 21—阀座胶垫 22—关闭胶垫 23—顶杆
24—跳珠 25—大螺栓 26—弹簧c 27—推杆 28—推杆套 29—密封胶圈 30—提气阀叉
31—凸销 32—摆角 33—U 形夹

第一，旋柄逆时针旋转40°，则1—5—6—4通，即气室通瓶，为充气等压过程。

第二，旋柄再逆时针旋40°，则2—9—8—3通、1—6—7—4通，此时工作状态为液体与瓶相通、气室与瓶继续相通，为进液回气过程。

第三，旋柄顺时针旋转80°，则恢复起始状态，气、液通路均切断。此为气、液关闭过程。

第四，旋柄又逆时针旋转40°，则1—5—6—4通，气道中余液流入瓶中。此为排除余液过程。

第五，旋柄顺时针旋转40°，又恢复起始状态，气、液均关闭。灌装结束。

（3）移动式等压灌装阀　移动式等压灌装阀见图11-15。

4. 机械加压灌装阀

机械加压灌装阀门是在机械作用下，轴向移动的阀件切换在圆柱面上的孔道，并对物料加压。

第三节　充填包装机

充填是食品包装的一个重要的工序，它是将食品按一定规格重量要求充入到包装容器中操作，主要包括食品的计量和充入。在上一节中已介绍了液体灌装机，本节将继续介绍适应于固体类食品的充填包装机。

一、容积式充填机

将产品按预定的容量充填至包装容器内充填机称为容积式充填机。它适合于干料或稠状流体食品物料的充填，具有结构简单、计量速度快、造价较低的特点。

1. 螺杆式充填机

螺杆式充填机结构如图11-16所示，主要由螺杆计量装置、物料进给机构、传动系统、控制系统、机架等组成。适用于装填流动性良好的颗粒状、粉状、稠状物料，但不宜用于装填易碎的片状物料或比重较大的物料。

螺杆计量装置是通过控制螺杆旋转的转数或时间来量取产品，由于螺杆每个螺旋槽都有一定的理论容积，因此，只要准确地控制螺杆转数或更换螺杆，就能进行计量。为了达到能提高皮带轮的传动精度、准确地控制螺杆转数及计量螺杆更换方便的目的，结构上采用齿形带传动、计量螺杆的转速可调及快换联轴器的设计。小带轮9为阶梯形式的，

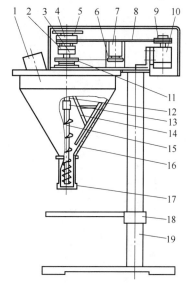

图11-16　螺杆式充填机结构图

1—进料器　2—电磁离合器　3—电磁制动器
4—大带轮　5—光电码盘　6—小链轮
7—搅拌电机　8—齿形带　9—小带轮
10—计量电机　11—大链轮　12—主轴
13—联轴器　14—搅拌杆　15—计量螺杆
16—料仓　17—筛粉格　18—工作台　19—机架

大带轮 4 较宽，调整齿形带 8 在带轮上的位置，即可调整计量螺杆的转速。为了进一步使计量精度提高，采用螺杆加光电码盘的计量方式。

2. 量杯式充填机

量杯式充填机是采用定量的量杯取产品，并将其充填到包装容器内机器。根据量杯计量装置的容积是否可调，分为容积固定式与可调容。

（1）容积固定式 量杯容积固定式充填机的充填装置如图 11-17 所示。它是由装于供料斗 1 下面的平面回转盘 6 的圆筒状计量杯 8 及活门底盖 3 等组成。回转圆盘平面上装有粉罩 2 及刮板 5，粉料从供料仓送入粉罩内，物料靠自重装入计量杯 8 内，回转圆盘运转时，刮板刮去多余的粉料。已装好粉料的定量杯，随圆盘回转到卸料工位时，顶杆推开计量杯底部的活门 3，粉料自计量杯下面落入漏斗，装入容器内。

（2）可调容积式 量杯容积可调式充填机的充填装置如图 11-18 所示。可调容杯由一下容杯及一上容杯组合而成。通过调整装置改变上下容杯的相对位置，由于容积改变，使其重量也改变，但这种调整是有限度的。

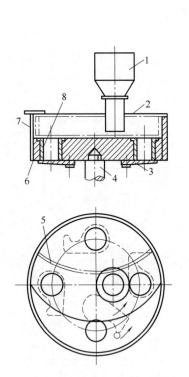

图 11-17 容积固定式充填装置结构图

1—料斗 2—粉罩 3—活门 4—转轴
5—刮板 6—转盘 7—护圈 8—计量杯

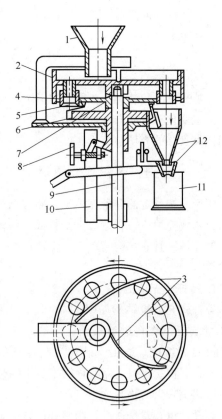

图 11-18 可调式充填装置结构图

1—料斗 2—转盘 3—刮板 4—计量杯 5—底盖
6—导轨 7—托盘 8—容杯调节机构 9—转轴
10—支柱 11—容器 12—漏斗

3. 真空充填机

真空充填机是把容器抽成真空，产品通过另一通道流进的容器的充填机。图 11-19 所示为真空充填示意图。充填时容器与真空头之间必须密封，物料靠自重进入容器，一般在储料斗内设一螺旋供料器给真空头供料并控制其充填量。由于在充填过程中，容器保持真空，使物料比较密实，减少物料充填时的松散现象，此充填方法适用于粉末、颗粒等松散又可自由流动的物料，但充填速度较慢，且充填计量精度受包装容器体积变化的影响。

4. 气流式充填机

气流式充填机是利用真空吸附原理量取定量容积的产品，并采用净化压缩空气将产品充填到包装容器内机器。

5. 计量泵式充填机

计量泵式充填机是利用计量泵中转鼓上计量容腔和转速取产品，并将其充填到包装容器内的机器。

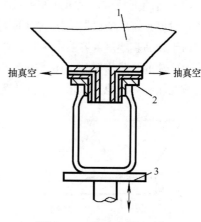

图 11-19　真空充填示意图
1—储料斗　2—密封环　3—平台

计量容腔形状有直槽形、扇形和轮叶形等。选择与使用计量泵式充填机，应确保计量物品在随转鼓转动中，能顺利地充满计量容腔并完全排除干净。不宜用深而窄的槽形，槽底不要有尖角，尽量采用扇形容腔，另外，转鼓外缘与转鼓外壳之间的间隙要根据物料的粒度、易碎性等因素选定。

6. 柱塞式充填机

柱塞式充填机是采用调节柱塞行程而改变产品容积的柱塞筒量取产品，并将其充填到包装容器内机器。柱塞式充填机的应用比较广泛，粉、粒状固体燃料物料及稠状物料均可应用。

7. 料位充填机及定时充填机

料位充填机是通过控制充填到包装容器内的产品料面高度的方法进行计量和充填的机器。定时充填机是通过控制产品流动的时间或调节进料管流量而量取产品，并将其充填到包装容器内的机器。

8. 插管式充填机

插管式充填机是将内径较小的插管插入储料斗中，利用粉末之间的附着力上粉，到卸粉工位由顶杆将插管中的粉末充填到包装容器内的机器。这种充填机多用于小容量的药粉胶囊充填，在食品工业不多见应用。

二、称重式充填机

称重式充填机是将产品按预定质量充填到包装容器内的机器。是利用秤对包装物品称取其质量值而实现计量的方法，适用范围很广。在自动包装机中，常用称重计量法计量各种散堆密度不稳定的松散物料及无规则形体的块、枝状物品。称重计量的精度主要取决于称量装置的精度，一般的称量装置的计量精度可达 0.1%，因此，对于价值高的物品也多用称重法计量。

1. 按称重方法分类

称重式充填机按称重方法分类，有毛重充填机和净重充填机。

（1）毛重充填机　毛重式充填机是在充填过程中，产品连同包装容器一起称重，达到规定重量时停止进料的机器。该机的工作原理如图 11-20 所示。毛重充填机结构简单、价格较低，由于食品直接落入容器中称量，食品物料的黏附现象不会影响计量，因此，除可应用于能自由流动的食品物料外，还适应于有一定黏性物料的计量充填。但包装容器本身的重量直接影响充填物料的规定重量，计量精度不高。

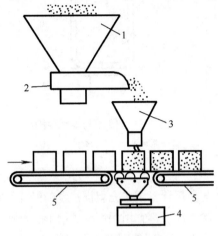

图 11-20　毛重充填

机工作原理示意图

1—储料斗　2—进料器　3—落料斗

4—秤　5—传送带

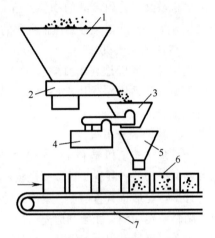

图 11-21　净重充填机

工作原理示意图

1—储料斗　2—进料器　3—计量斗　4—秤

5—落料斗　6—包装件　7—传送带

（2）净重充填机　净重充填机是在充填过程中，先将物料过秤称量后再充入包装容器中。由于称重结果不受容器皮重变化的影响，因此称量最精确。

图 11-21 所示为该机的工作原理示意图。为了达到较高充填计量精度，可采用分级进料方法，即大部分物料高速进入计量斗，剩余小部分物料通过微量进料装置，缓慢进入计量斗。所以净重称量广泛地应用于要求高精度计量的自由流动固体物料，如乳粉、咖啡等固体饮料，也可用于那些不适于用容积充填法包装的食品，如膨化及油炸食品等。

2. 按工作原理分类

称重充填机按工作原理分类，一类是间歇称量充填机，另一类是基于瞬时物流闭环控制原理的连续称量等分截取计量的充填机，后者计量精度高、速度快，在快速自动包装机中应用较广。

（1）间歇称重充填机　间歇称重装置常用普通电子秤和杠杆秤。

① 普通电子秤：普通电子秤按给料的方式不同，有振动给料的普通电子秤和螺旋给料的普通电子秤。

螺旋给料的普通电子秤结构如图 11-22 所示。电机的动力通过减速器 8 及齿轮副分别传给粗给料螺旋 15 与精给料螺杆 3，称量时，大部分物料由粗给料螺旋输送到秤斗，螺杆 3 进行精确供料。

秤斗直接与称重仪的传感器相连，通过称重仪中传感器、放大电路、鉴频电路、控制电路等组合，将物重转变成电信号输出，显示或控制电磁阀的动作。

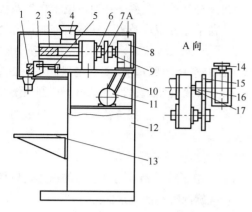

图 11-22　螺旋给料的电子秤结构图

1—电磁阀　2—计量料斗　3—精给料螺杆　4—供料斗
5—传感器　6—制动器　7,15—粗给料螺杆　8—减速器
9,16—离合器　10—三角带　11—电机　12—机架
13—托台　14—带轮　17—齿轮

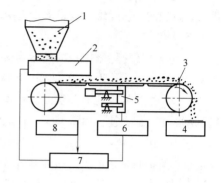

图 11-23　连续电子秤基本组成

1—料斗　2—可控给料装置　3—物料载送装置
4—等份截取装置　5—秤体　6—检测传感器
7—电子调节器　8—质量给定装置

② 杠杆秤：间歇称重计量的杠杆秤的秤梁的平衡属于动态平衡，为了减小惯性力的影响，常要给称量料斗加料，可分为粗给料、细给料两个阶段进行。这就需要具有高灵敏度的检测控制予以保证。通常采用的检测控制系统装置有直接触点控制和无触点控制两类。对于松散的物料，为了提高称重计量速度采用一次集中称量多份包装方法。

（2）连续称重装置　连续称重装置按输送物料的方式的不同可分为电子皮带秤和螺旋电子秤。连续称重装置的基本组成有：供料料斗、可控给料装置、瞬间物流称量检测装置、物料载送装置、电子检控系统及等分截取装置等，可简化如图 11-23 所示。连续称重装置工作

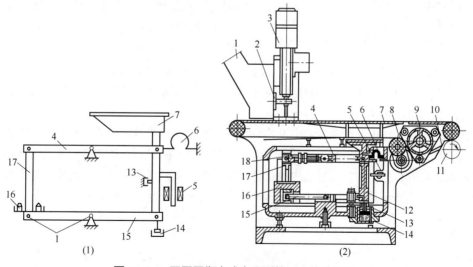

图 11-24　天平平衡盘式电子秤的原理与结构图

（1）原理图　（2）结构图

1—供料斗　2—闸门　3—可逆电机　4—横杆　5—差动变压器　6—Ω 弹簧　7—秤盘　8—压棍
9—主动皮带轮　10—输送带　11—圆毛刷　12—前支架　13—限位器　14—阻尼器　15—辅杆
16—系统平衡砝码　17—后支架　18—微调砝码

原理一般为：物料自料斗流过秤盘，瞬间物流称量装置对其进行检测，并通过电子检控系统进行调节控制，从而维持物料流量为给定定量值，并利用等分截取装置，获得所需的每份物料的定量值。

① 电子皮带秤：图 11-24 所示为天平平衡盘式秤电子秤的原理图（1）与结构图（2）。它是由供料斗 1、秤盘 7、差动变压器 5、阻尼器 14、Ω 弹簧 6、输送带 10、电子控制系统及物料下卸分配机构等几部分组成。秤体采用等臂天平结构，等臂杠杆承托着秤盘，检重的物料流重量由砝码平衡，以微型滚动轴承作支承连接。

② 螺旋电子秤：图 11-25 所示为调节给料螺旋转速的调重式螺旋输送电子秤工作原理。称量机 3 及物料重量由重力检测装置 4 检测，其信号经电子调节器 6 与计量值的信号比较放大后，以此控制驱动给料螺旋 2 的电机转速，使计量螺旋内物料的流量保持恒定。

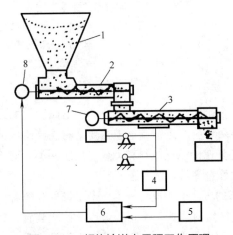

图 11-25　螺旋输送电子秤工作原理

1—供料料斗　2—给料螺旋　3—称量机
4—重力检测装置　5—计量值设定装置
6—电子调节器　7—同步电机　8—调节电机

三、计数充填机

计数充填机是将产品按预定数目充填至包装容器内的机器。按计数的方式不同，可分单件计数充填机和多件计数充填机两类。单件计数充填机是采用机械计数、光电计数、扫描计数方法，逐件计数产品件数，并将其充填至包装容器内机器。不同计数方法对应不同单件计数充填机。多件计数充填机是利用辅助量，如长度、面积等，进行比较以确定产品件数，并将其充填至包装容器内机器。多件计数充填机计数常采用盘式、转鼓式模孔计数装置、容腔定数装置、推板定长计数装置。下面将介绍多件计数充填机计数装置工作原理。有关单件计数充填机在此不作叙述，可参考相关资料。

模孔计数装置按结构形式分为盘式与转鼓式等。模孔计数法适用于长径比小的颗粒物料，如颗粒状的巧克力糖的集中自动包装计量。模孔计数法计量准确，计数效率高，结构也较简单，应用较广泛。

另外，充填机还可按产品的受力方式不同分为推入式充填机、拾放式充填机、重力式充填机等。推入式充填机是用外力将产品推入包装容器内的机器；拾放式充填机是将产品拾起并从包装容器开口处上方放入容器内的机器，可用机械手、真空吸力、电磁吸力等方法拾放产品；重力式充填机是靠产品自身重力落入或流入包装容器内的机器。

第四节　封口机械

在包装容器内计量充填或灌装产品后，对容器进行封口的机械，称为封口机械。容器装填包装的封口机械，按包装材料及容器种类大致分成塑料薄膜及其复合材料包装袋口的封口机械、瓶罐类半刚性及刚性容器的封口机械两大类。这一节将按上述分类介绍封口机械，对于以柔软的韧性包装材料对包装物品进行裹包和封接的机械请参阅相关的书籍。

一、塑料薄膜及其复合材料包装袋口的封口机械

利用塑料薄膜及其复合材料薄膜的热熔性，在包装封接部位两薄膜层受热软化到熔融状态时，对其施加接触压力，使封接部位的两层材料融为一体，冷却后即得到融接连接。这种加热、加压的热融封接方法是塑料薄膜及其复合材料包装袋封口的常用方法。热融封接的加热方法有电阻连续加热法、脉冲加热法、超声波加热法、电磁诱导加热法及高能光源加热法等。加压作业常用机械装置来实现。

1. 电阻连续加热热融封接装置

电阻连续加热热融封接装置主要由电阻加热器和机械加压装置组成。电阻加热器有由电阻丝加热的电热封接板条或辊轮等结构形式，机械加压装置有由电热封接板条或辊轮直接压住待封的重合薄膜层，或通过缓冲薄膜层压住待封的重合薄膜层等形式。这种封接装置的加热温度应根据不同的薄膜材料而调节，避免热封温度过高或过低，使封口质量降低。

（1）板条式电热封接装置　板条式电热封接装置是在间歇性工作的包装机中最常用的热封装置。工作原理如图 11-26 （1）所示，装在热板 1 里的电阻丝对板加热，可用调压器或电阻器件调节温度值，温度显示仪显示加热温度，当加热温度达到要求值时，热板 1 由加压机构驱动，紧紧压住置于承托台 5 上的待封接薄膜叠层，使其受到加压、加热作用，从而实现热融接合，冷却后即得到密封性接缝。

板条式电热封接装置结构和原理简单，封合速度快，所以广泛用于聚乙烯薄膜和聚乙烯复合薄膜的热封。但不适用于受热易收缩或分解的薄膜的热封。

（2）滚轮式电阻加热热融封接装置　这种装置常用于聚乙烯

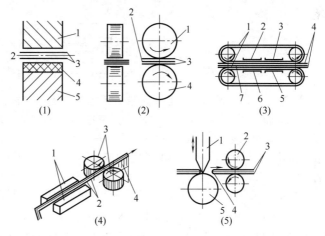

图 11-26　电阻连续加热封接装置示意图
（1）板条式　1—热板　2—焊缝　3—薄膜　4—耐热橡胶　5—承托台
　　（2）滚轮式　1—上热辊　2—焊缝　3—薄膜　4—下热辊
（3）带式　1—钢带　2,6—加热部　3,5—冷却器　4—薄膜　7—焊缝
　　（4）滑动滚压式　1—热板　2—薄膜　3—加压辊　4—焊缝
（5）熔切式　1—热刀　2—退刀辊　3—薄膜　4—焊缝　5—橡胶辊

复合薄膜，如玻璃纸与塑料、薄纸与塑料等复合材料薄膜包装中连续性纵缝的热融封接。图 11-26（2）所示为滚轮式电阻加热热融封接装置简图，热辊 1，4 内设置电阻加热器，对辊加热，两辊相互压紧接触，当重合薄膜叠层在此两辊间通过时，受到加热。加压作用，从而实现热融封接。

在一些纸与塑料复合薄膜材料做小份量制袋—计量装填—封口等连续作业自动机中，热封辊既做纵缝封接，又起牵引输送包装薄膜材料的作用。但当包装计量值较大时，应增设牵引辊输送包装材料，热封辊仅起纵缝封口的作用。

（3）带式电阻加热热融封接装置及环带式自动封口机

① 带式电阻加热热融封接装置：这种封接装置在封口机上应用广泛，图 11-26（3）为滚轮式电阻加热热融封接装置简图，将叠合的两层薄膜 4 夹在一对回转的钢带 1（或聚四氟乙烯带）之间，经带内侧的加热部 2，6 和冷却部 3，5 使薄膜 4 封合。即使是易变形的薄膜也能使用这种封接装置连续热封。但结构较复杂。

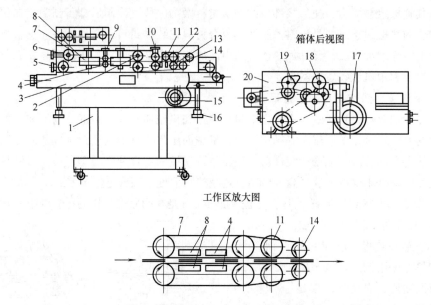

图 11-27　卧式环带式自动封口机总体结构及工作原理示意图

1—机架　2—钢带主动轮　3—输送台　4—冷却块　5—调节手轮　6—钢带从动轮　7—不锈钢带　8—加热块　9—压紧轴承　10—压花轮　11—油墨轮　12—字码轮　13—印字下胶轮　14—尼龙导带轮　15—电机　16—升降调节装置　17—鼓风机　18—主传动箱　19—印字传动箱　20—箱体

② 环带式自动封口机：环带式自动封口机多用于塑料薄膜及其复合材料包装袋充填物料后的最后封口，卧式环带式自动封口机在中、小型食品（凉果、果脯）企业中应用较多。一般此种卧式封口机除了封口外，还有印字、压字和计数功能。单机使用或各包装生产线中的配套使用效果比较好，图 11-27 为卧式环带式自动封口机总体结构及工作原理示意图。

卧式环带式自动封口机工作过程为：将塑料薄膜的连接部分夹在一对转动的环形不锈钢带 7 之间，钢带 7 带着薄膜（袋）同步移动。在移动过程中，不锈钢带 7 与其内侧放置的预先确定了温度和压力的加热块 8 及预先确定了压力的冷却块 4 接触，从而使夹在钢带之间的两层塑料薄膜热压黏合及冷却定型。在封口还未完全冷却时，使封口通过一对预先调整好压力的压花轮压花，然后再通过墨轮和印字码轮打印生产日期，最后完成封口工作。

（4）滑动滚压式热融封接装置　图 11-26（4）所示为滑动滚压式热融封接装置简图。待封薄膜 2 叠层通过两电热板条 1 之间缝隙而受热，然后从相互紧靠的两热封加压辊 3 之间的缝隙通过，受到一定的压力作用而融接压牢接缝。该装置中，滚压辊可起一定的牵引输送包装薄膜材料的作用，也可另设牵引输送包装薄膜材料的输送辊。

（5）熔切式热融封接装置　如图 11-26（5）所示，利用热刀 1（或钢丝），同时进行薄膜 3 的熔融切断。熔断式封接因接合面双小，使得连接强度较低。

封接时间的长短与加热薄膜叠层的加热温度、加热方式、薄膜材料特性、封接压力等因素有关，一般根据实验确定热融封接时间。

2. 脉冲加热封接装置

一些包装材料，如聚丙烯薄膜、尼龙材料，电阻连续加热热融封接时会引起热变形，影响封接质量，若采用脉冲加热封接，则可提高封接质量。脉冲加热封接一般适用于对封口强度和密封性要求高的产品封口，如水分多的物品的包装和真空包装的封口。

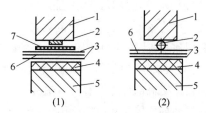

图 11-28 （1）所示为脉冲热封式装置工作原理图。镍铬电热丝 2 将待封薄 3 的叠层压紧在承压台 5 上的耐热橡胶衬垫 4 上，镍铬条带通以瞬时大电流，产生高温，将薄膜 3 叠层加热，使其融合接牢，冷却后即完成封接作业。防黏结材料层 7 是防止薄膜层黏结到镍铬电热丝 2 上。其特点

图 11-28　脉冲加热封接装置工作原理图

（1）脉冲热封式　（2）脉冲熔切式

1—压板　2—镍铬电热丝　3—薄膜　4—耐热
橡胶　5—承压台　6—焊缝　7—防黏橡胶

是镍铬电热丝 2 冷却后才离开热封部分，所以对易变形的薄膜，也可利用此方法进行热封。

图 11-28 （2）所示脉冲熔切式热封装置工作原理图。该装置可同时完成薄膜的熔融切断

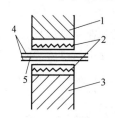

图 11-29　高频加热封接装置工作原理图

1—压板　2—高频电极　3—承压台　4—薄膜叠层　5—焊缝

和封合。当压板 1 带动电热镍铬电热丝 2 将薄膜 3 压紧在耐热橡胶 4 上之后，电热丝 2 瞬间通电，并继续压紧加热熔断封合部分，直到冷却后才放开。

3. 高频加热封接装置

图 11-29 所示为高频加热封接装置原理图，用一对电极 2 夹压着待封接薄膜叠层 4，高频电压加于电极，在高频电场作用下，电极间夹压着的薄膜叠层的介电损失发热，使薄膜叠层相融接为一体。高频加热封接装置由高频电源及电源调节器件、电极和运动操纵机构等组成。电极与待封接薄膜之间应以防黏材料层隔开，以免电极黏结薄膜材料。

4. 超声波封接装置

如图 11-30 所示，此种热封机构中是由超声波振荡器产生 20kHz 左右的超声波，从发振元件输出，使其通过待封薄膜叠层 4，因受高频振动摩擦而使薄膜层材料发热，瞬时熔融接合。超声波热融封接的特点是：发热是在薄膜叠层的中心，特别适合于受热易收缩薄膜的连续封合，如双向拉伸薄膜层。

二、瓶罐类刚性容器的封口装置

瓶罐类刚性容器是用金属薄板，玻璃、陶瓷、塑料及其复合材料制成的，容器的材质致密，具有一定的刚性，在食品工业广泛用于盛装粉粒物料，液体物料及酱、浆等黏稠物料等。

1. 刚性容器封口形式

用刚性容器盛装食品大都有一定的气密性要求，因此，其封口都应有增加气密性的方法与措施。

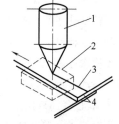

图 11-30　超声波封接装置工作原理图

1—超声波发生器　2—支承台　3—焊缝　4—薄膜叠层

（1）卷边封口形式　卷边封口是将翻边的罐身与涂有密封填料的罐盖内侧周边互相钩合，卷曲并压紧，从而使容器密封。罐身与底或盖结合层之间由弹韧性密封胶充填，增强卷边封口的气密性。这种封口形式（采用二重卷边法）主要用于马口铁罐、铝箔罐等金属容器的封口。

（2）压盖封口形式　压盖封口按瓶盖的结构形式可分为两类：一类是预压成波浪周边形的圆盖片的瓶盖（皇冠盖）的封口，这种封口形式常用于汽水、啤酒、白酒瓶的封口；另一类是用预制成圆柱帽形的铝质瓶盖的封口。

（3）旋盖封口形式　旋盖封口是对卡口或螺纹口容器用预制的带突牙或螺纹的盖，盖内与容器口接触部分之间有密封垫片，经专用封口机旋合后，密封垫片产生一定的塑性变形而使容器密封。旋盖封口广泛用于玻璃瓶罐食品的封口及塑料瓶口封合。

（4）滚压封口形式　通过滚压封口机的滚轮将盖侧壁挤压紧扣瓶口凸缘，使瓶口密封。滚压式封口较早见于广口的"胜利瓶"，封盖采用镀锡板压制成型的撬开盖，开启极不方便。滚压式封口现基本给旋盖封口取代。

（5）压塞封口形式　将内塞压在容器口内，从而使其密封。这种封口形式主要用于塑料塞或软木塞与玻璃瓶相组合的容器的密封。如瓶装酱油、瓶装酒等封口。因为内塞要达到完全密封较难，通常还要加辅助密封方法，如塑封、蜡封、旋盖封等。

2. 卷边封口机

马口铁罐、铝箔罐等金属容器的罐体与底或盖之间卷边封合密封是在完成罐身筒端部边缘翻边、罐底或盖圆边注胶烘干后才进行的，采用的是二重卷边法。卷边封口机按操作方式来分有手动式（利用手扳动滚轮进行卷边）、半自动式（人工加盖送罐，卷边由机械完成，生产能力 40 罐/min 左右）、全自动式。

（1）二重卷边原理　以橡胶或树脂材料作充填料，将罐体与底或盖叠合后，通过两个不同形状沟槽的滚轮滚动运动，先后使罐体与底或盖的边缘弯曲变形、钩合压紧，形成密封的罐边。要实现二重卷边，封罐机的头道与二道卷封滚轮的滚动运动应含（滚轮与罐口封接部位之间）相对运动与（滚轮向罐中心方向）径向运动。

（2）卷边滚轮径向推进装置及卷边滚轮

① 卷边滚轮径向推进装置：卷封滚轮的径向进给装置有多种形式。常用的径向进给装置有凸轮驱动进给装置、偏心套筒进给装置、偏心曲轴径向进给装置等。

② 凸轮驱动进给装置：图 11-31 所示为凸轮驱动径向进给卷封装置结构简图。罐体 7 送至上压头 3，下托盘 8 定位并夹持住，罐体不转动。由齿轮 1 传动使卷封机头盘 5 回转；由齿轮 2 转动使进给凸轮 4 运转；由于齿轮 1，2 齿数不同，所以凸轮 4 与机头盘 5 同向但不同速转动。这样凸轮 4 相对于机头盘 5 转动时，就驱动卷边滚轮 6，9 做径向运动，头道、二道滚轮先后次序和运动规律由凸轮控制。从而实现卷封滚轮既相对于罐体绕转又向着罐体中心作进给运动，完成卷封滚压作业。

③ 偏心套筒进给装置：图 11-32 所示为偏心套筒式径向进给卷封装置工作原理图。齿轮 3 驱动偏心套筒 8 转动，齿轮 4 通过滑块 7 驱动卷封转盘 6 转动，卷封转盘 6 上安装着卷滚轮 9，10，偏心套筒 8 与卷封转盘 6 间做差速转动，使得卷封转盘 6 上的滚轮 9，10 相对于齿轮 3 轴线的距离不断变化，从而实现滚轮 9，10 的径向进给运动。

图 11-33 所示为偏心曲轴式径向进给卷封装置工作原理图。齿轮 3、4 在同轴齿轮 1、2

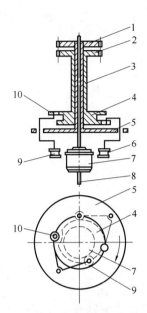

图 11-31　凸轮驱动径向进给装置结构图

1,2—齿轮　3—上压头　4—凸轮　5—机头盘

6,9—卷边滚轮　7—罐体　8—下托盘　10—压轮

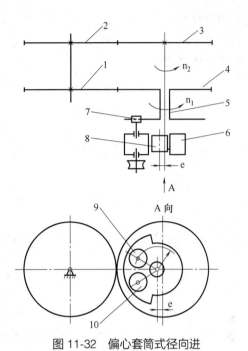

图 11-32　偏心套筒式径向进
给卷封装置工作原理图

1,2,3,4—齿轮　5—轴套　6—卷封转盘　7—滑块

8—偏心套筒　9—二道滚轮　10—头道滚轮

的带动下，以相同方向但不同转速分别带动中心齿轮 5 和卷封转盘 7 转动。卷封转盘 7 上均布四只行星轮 6 与卷封转盘 7 一起绕中心齿轮 5 公转。由于卷封转盘 7 与中心齿轮 5 之间的转速差，使行星轮 6 连同与其固连的偏心曲轴 8 在公转的同时又做自转，从而使偏心曲轴 8 上的卷封滚轮既绕罐体做周向旋转，又沿径向做进给运动。图中两个头道卷封滚轮 9 与两个二道卷封滚轮 10 分别对称布置。

（3）卷边滚轮　卷封滚轮是进行卷边滚封的工模具，依靠它对罐体及罐盖上的凸缘进行卷边挤压加工。为适应罐体与罐盖封接凸缘卷边滚挤中的卷曲变形，卷封滚轮的卷边工作面应选择合适的曲面。一般采用多段圆弧形柱面光滑连接而成。

根据二重卷边作业需要，头道卷封滚轮与二道卷封滚轮的曲面尺寸及形状有明显差别。头道卷边滚轮主要使罐盖或底边缘弯曲成一定形状和向罐中心做径向推进，径向进给量大，所以滚轮工作面形状复杂，沟槽曲线是窄而深；二道卷边滚轮以达到使已卷曲的形态成为严密的二重卷封接缝，并保证

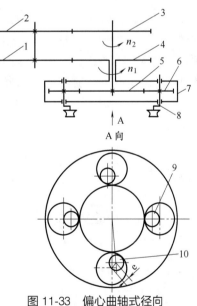

图 11-33　偏心曲轴式径向
进给卷封装置工作原理图

1,2,3,4—齿轮　5—中央齿轮套

6—行星齿轮　7—卷封转盘　8—偏心曲轴

9—头道滚轮　10—二道滚轮

卷边圆滑美观，故滚轮工作面形状简单，沟槽曲线宽而浅。沟槽曲线具体的形及尺寸，与封罐机型式、滚轮材料、罐径大小、金属材料厚薄等有关。图 11-34 是 GT4B6 型自动封罐机的卷边滚轮沟槽曲线。

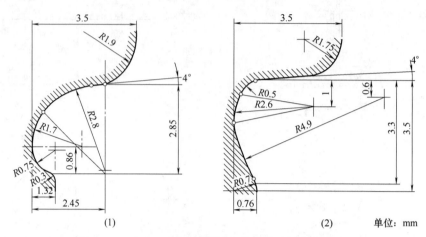

图 11-34　GT4B6 型自动封罐机的卷边滚轮沟槽曲线

（1）头道卷封滚轮沟槽曲线　（2）二道卷封滚轮沟槽曲线

由于卷边滚轮在作业时，受力比较复杂，既要对盖及罐体边缘进行卷曲又要进行挤压。特别是沟槽曲线部分，要经受多次与罐体卷边作用和压磨，所以要求具有硬度大、强度高、耐磨、不变形、坚韧等特性，一般曲线部分的硬度在 60~62HRC。

3. 压盖封口机

（1）皇冠盖压力封口机　压盖封口是用配有高弹性密封垫片（通常用橡胶制造）的皇冠形瓶盖，加在待封口装料瓶口上，由机械施以压力，促使位于盖与瓶口间的密封垫产生较大的弹性接触挤压变形，瓶盖结构上的波纹形周边（常称为"裙边"）被挤压而变形，卡在瓶子封口凸棱的下缘，造成盖与瓶间的机械勾连，得到牢固且紧密的密封性封口连接。图 11-35 所示为皇冠盖压力封口连接的示意图。图 11-36 为其压盖过程示意图。

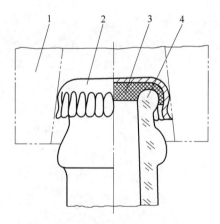

图 11-35　皇冠盖压力封口示意图

1—压盖模　2—皇冠盖
3—密封垫片　4—瓶口

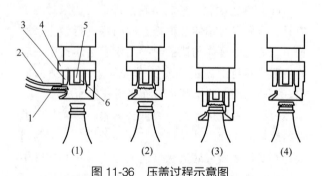

图 11-36　压盖过程示意图

（1）进盖　（2）对中　（3）压盖　（4）完成

1—皇冠盖　2—送盖滑槽　3—压盖模
4—压头　5—磁铁　6—压盖头柱塞

（2）铝质圆帽盖的轧压封口装置　图 11-37 所示为铝质圆帽盖轧压封口连接形式示意图。其瓶嘴部分有 2~3 圈外螺纹和一圈外凸缘，铝质圆帽盖内有弹性密封垫片。当帽盖戴在待封瓶口上时，对圆帽盖的帽顶及圆柱面均施以挤压力，使瓶口与盖之间的密封垫片产生弹性压缩变形，同时，铝盖的圆柱面产生弹塑性变形而与瓶嘴的封口外螺纹和凸凹缘紧密接触，构成牢固的机械性钩连，达到封口目的。为了便于拆封，把铝盖圆柱面收口的那一圆圈切离，仅留 3~4 个 2mm 左右宽的连接筋带均布于该圆圈上。这样，拆封时，撬开这些筋带即可方便地取下瓶盖，并且可从这些筋带是否完好来鉴别是否有人拆过包装瓶。因此，这种封装又称防盗封装。

图 11-38 所示为铝质圆帽压盖机头的挤压结构及压盖封口加工示意图。

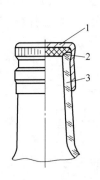

图 11-37　铝质圆帽盖轧压
封口连接形式示意图
1—铝质圆帽盖　2—密封垫片　3—瓶子

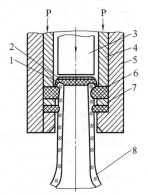

图 11-38　铝质圆帽盖封口加工示意图
1—铝质圆帽盖　2—密封垫片　3—心轴　4—压头
5—挤压模座　6—挤压环　7—垫环　8—瓶子

4. 旋盖封口装置

旋盖封口的瓶罐口的外螺纹分为单头和多头。

单头螺纹常用于小口径的瓶罐。其螺纹螺距较小，瓶罐口上螺纹多为 2~3 圈。因螺旋的升角小，具有良好的自锁性能。为使封口密封，瓶罐盖内常用纸板或橡胶作为密封衬垫。旋紧瓶罐盖时，密封衬垫发生弹性变形，从而达到气密性要求。

多头螺纹导程大，每道螺纹段长度约为整圈螺纹的 1/3、1/4 等，上盖与开启迅速、方便。与多头螺纹瓶罐口相配的盖子做成与外螺纹头数相等的凸爪，旋盖时，凸爪沿瓶罐上封口外螺纹线前进而挤压盖子与瓶罐口之间的弹性衬垫，产生挤压变形，从而保证封口的气密性要求。它广泛用于玻璃、塑料瓶罐食品的封口，这种封口具有启封方便和启封后可再盖封的优点。图 11-39 所示为多头螺纹连接结构示意图。

（1）直线行进式旋盖机　图 11-40 所示为一直线行进式旋盖机工作示意图。已装料瓶由输送带 4 送进，盖由自

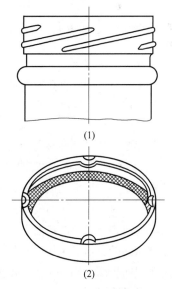

图 11-39　瓶罐的多头螺
纹连接结构示意图
（1）瓶罐口多头外螺纹形式
（2）螺旋盖结构形式

动料斗送至送盖滑槽3。滑槽3的端头有弹性定位夹持器夹持定位瓶盖，使料瓶送达时，瓶口碰到盖而自动扣在瓶口上，料瓶继续行进至两条平行反向运行的旋瓶皮带7，使瓶在行进中自转，瓶盖上方的压盖板2和输送带1，阻止盖随瓶转动而使盖做轴向送进，从而实现瓶与盖的旋拧作业。当旋拧达到封口密封要求时，瓶在旋瓶皮带7的传动带间打滑，以保障旋拧安全可靠。

（2）三爪式旋盖机　三爪式旋合封口机主要由供瓶机构、供盖机构、旋盖机头及定位和控制机构等部分组成，其中封口执行机构是三爪式旋盖机头，如图11-41所示。当瓶盖从料斗到达旋盖头下面时，首先压入由弹簧1和三个爪2组成的爪头内。然后将灌有食品的瓶子送到旋盖下同一中心线位置并被夹紧，旋盖头的旋转与下降运动经传动轴6传入，通过弹簧4、球铰3、摩擦片7，使胶皮头8紧压在瓶盖上，并靠摩擦力将瓶盖旋紧在瓶口的螺纹上。达到一定的旋紧力后再旋转，则摩擦片打滑，从而防止因旋紧力过大而把瓶盖拧坏。

转动螺钉5可调节旋盖头位置的高低，以适应不同高度的瓶子。

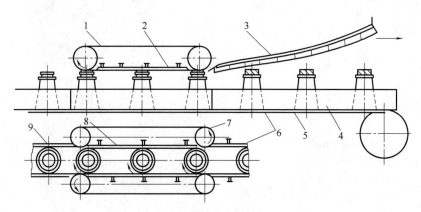

图 11-40   直线行进式旋盖机工作示意图

1—压盖输送机   2—压盖板   3—送盖滑槽   4—输送带   5—托板   6,8—侧导板   7—旋瓶皮带   9—已旋盖瓶子

5. 滚压封口装置

滚压封口是用弹性密封胶圈、金属薄板盖做滚压封口联节。弹性胶圈放置在玻璃罐口凸棱与金属盖之间，以滚压轮对封口接合部位施加滚挤压力，金属盖受到滚挤压，迫使弹性胶圈产生挤压变形，同时把金属盖边缘挤到瓶口外凸棱边之下，构成牢固的机械钩连，变形的弹性胶圈处在瓶口外凸棱与薄与盖卷边钩槽之间，从而保障玻璃瓶罐口的密封性。

图11-42所示为玻璃瓶滚压封口工艺原理图。由输送装置将金属盖板、弹性胶圈和玻璃瓶罐送至上、下压头之间被夹持紧。在传动及径向进给装置作用下，滚压轮一方面绕卷封瓶罐圆周做相对运动，同时又向瓶罐中心做径向进给运动，迫使金属盖板周缘产生向下的卷曲变形，卷曲到瓶口外凸棱之下，形成密封封口。显然，其滚压封口原理与金属罐的卷边封口是基本相同的，前者采用一重压封法，后者采用二重卷边法。因此，所采用的滚压卷封装置也是类似的。图11-43所示为玻璃瓶卷封机机头平面示意图。

6. 压塞封口装置

压塞封口是用一定弹性的瓶塞在机械力作用下压入瓶口，依靠瓶塞与瓶口内表面之间的挤压变形而构成所要求的密封性封口连接。瓶塞的种类、样式很多，就材质来说，有软木、橡胶、塑料等。

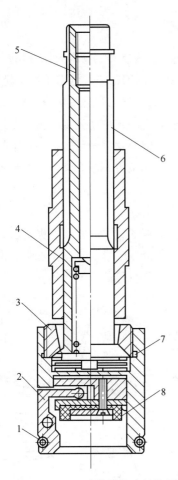

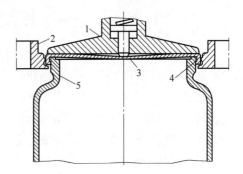

图 11-42　玻璃瓶液压封口工艺原理图

1—上压头　2—滚压轮　3—金属

盖　4—密封胶圈　5—玻璃瓶

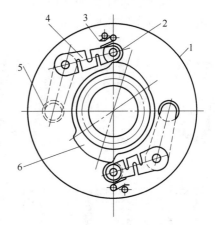

图 11-41　三爪式旋盖机头结构图

1,4—弹簧　2—爪　3—球铰　5—调节螺钉

6—传动轴　7—摩擦片　8—胶皮头

图 11-43　玻璃瓶滚压封口机机头平面示意图

1—转盘　2—压轮　3—弹簧

4—弹性杆臂　5—滚压轮　6—凸轮

压塞封口作业装置一般由瓶塞供给装置和轧压作业部件等组成。瓶塞的供给多用自动料斗和溜送滑道把瓶塞送达加塞工位，再由上塞机构将瓶塞送至轧压头定位环内夹持住，然后由轧压头将瓶塞压入瓶口，完成压塞封口作业。上塞机构可为凸轮机构或曲柄滑块机构，推动轧压头间歇冲击瓶塞于瓶口上，直接完成压塞封口。也可由上塞机构使瓶塞放置瓶口上，而由专门的压塞装置完成瓶塞的进一步压入，达到密封要求。

第五节　多功能包装机

多功能食品包装机是指在一台整机上可以完成两个或两个以上包装工序的机器。这种机器以它所能完成的包装工序联合命名，也有以其主要功能命名的。这一节将介绍袋成型-充填-封口机、热成型-充填-封口机、真空和充气包装机。

一、袋成型-充填-封口机

袋成型-充填-封口包装机是用可热封的柔性包装材料自动完成制袋，物料的计量和充填，排气或充气，封口和切断等多功能的包装机。这类包装机适用范围很广，可用于包装粉状、粒状、片状、块状物料，流体和半流体以及气体物料。所使用的可热封柔性包装材料主要有各种塑料薄膜以及由纸、塑、铝箔等制成的复合材料，它们具有一定的防潮阻气性，良好的热封性和印刷性，还具有质轻、价廉，易于开启使用等优点。因此这类包装机是近几十年发展较快、在食品工业中应用较普遍的包装机种之一，它们的应用范围不断扩大，现在无菌袋包装和蒸煮袋包装都可采用这类包装机进行。

1. 袋形

用袋成型-充填-封口包装机包装食品的袋形，基本上是小袋形式，以适应销售要求。小袋形式有：偏平袋如图 11-44（1）~（6）所示，适用于诸如乳粉、味精、糖果等粉状小颗粒食品包装；自立袋如图 11-44（7）~（12）所示，适用于饮料、牛乳等的液体食品包装。

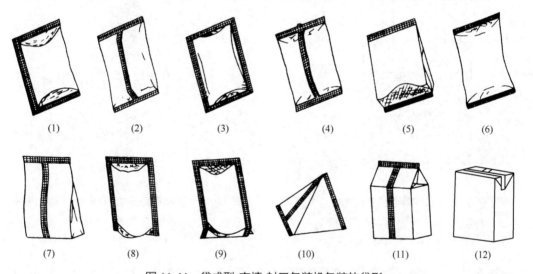

图 11-44　袋成型-充填-封口包装机包装的袋形

（1）三边封口式　（2）纵缝搭接式　（3）四边封口式　（4）纵缝对接式　（5）侧边折叠式　（6）筒袋式
（7）平袋楔形袋　（8）椭圆楔形袋　（9）底撑楔形袋　（10）塔形袋　（11）尖顶柱形袋　（12）立方柱形袋

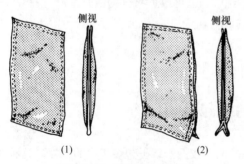

图 11-45　四面封口袋型

（1）侧面无折叠　（2）侧面折叠

2. 袋成型-充填-封口包装机类型

产品、包装材料及包装袋的多种多样，使袋成型-充填-封口包装机类型繁多。

根据包装机总体结构布局分，大致可分成直立式与水平式二类。直立式袋成型-充填-封口包装机可包装成的袋形主要为三边封口袋[图 11-44（1）]、纵缝搭接袋［图 11-44（2）]、纵缝对接袋［图 11-44（4）]、四面封口袋（图 11-45）等，较适应于流动性好的粉粒状或液体类食品的包装。水平式袋成型-充填-封口机包装成的袋形主要为枕形袋（图 11-46），也可包装成三面封口袋、纵缝搭接袋、纵缝对接袋四面封口袋等，适应于包装形状规则或不规则的单件或多件产品，如饼干、点心、鱼、肉类、蔬菜等食品。图 11-47、图 11-48 是水平式与直立式袋成型-充填-封口包装机示意图。

根据包装机运动形式可分为连续式和间隙式。目前连续式袋成型-充填-封口包装机在食品企业广为采用。下面将采用前两种分类方法，介绍袋成型-充填-封口包装机工作原理与结构。

二、热成型-充填-封口机

热成型-充填-封口机是在加热条件下对热塑性片状包装材料进行深冲，形成包装容器，然后进行充填和封口的机器。常用成型材料为任何可热成型及热封合的单片或复合材料，如硬质聚氯乙烯薄片、聚苯

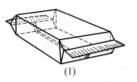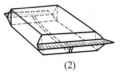

图 11-46 枕形袋型

（1）侧面折叠 （2）侧面无折叠

乙烯薄片、聚丙烯薄片、聚氯乙烯-聚偏二氯乙烯复合膜、聚氯乙烯-聚氟乙烯复合膜、聚氯乙烯-聚乙烯-聚偏二氯乙烯复合膜等。在食品工业中热成型包装所用材料应具有：无毒性、成型性、透明性、对食品保护性、封合性和真空包装的适合性等。

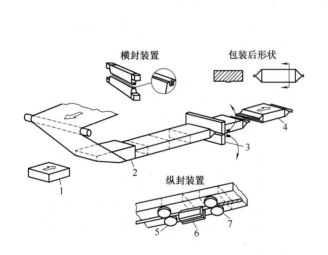

图 11-47 水平式（枕式袋）制袋-
填充-封口包装机示意图

1—块装物料 2—材料成型器 3—横封与切断
4—枕式包装件 5—包装材料牵引轮
6—加热装置 7—纵封压轮

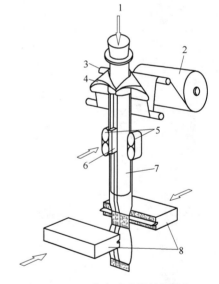

图 11-48 直立式（纵缝搭接）
制袋-充填-封口包装机示意图

1—被包装物料 2—包装用薄膜材料
3—张紧辊 4—翻领成型器 5—包装
材料牵引装置 6—纵封装置 7—圆
筒导管 8—横封与切断器导辊

1. 热成型-充填-封口包装机的包装工艺过程

图 11-49 为热成型-充填-封口包装机包装工艺过程示意图，热成型-充填-封口包装机工序

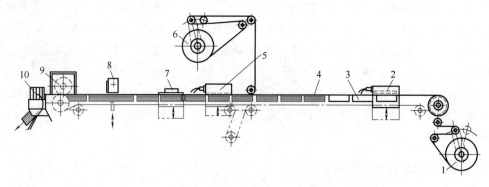

图 11-49 热成型-充填-封口包装机包装工艺过程示意图

1—底膜卷 2—热成型 3—冷却 4—充填 5—热封 6—盖膜卷

7—封口冷却 8—横向切割 9—纵向切割 10—底膜边料引出

即底膜材料加热成型和冷却、产品的充填、成型容器与盖材封合。包装材料热成型是该类机最重要工序之一，图 11-50 为常用热成型方法。图 11-51 为不同热成型方法对容器壁厚影响，由此可见真空成型法对容器壁厚变化，要使容器壁厚一致，应选择有机械辅助的压缩空气成型法。

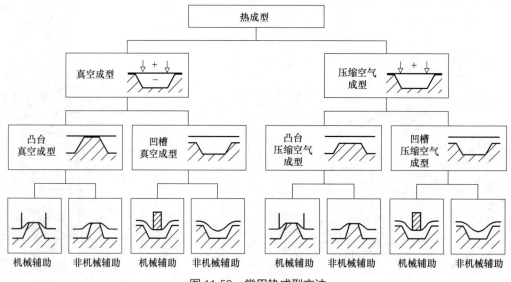

图 11-50 常用热成型方法

2. 常用热成型-充填-封口包装机

（1）立式小型热成型-充填-封口包装机 图 11-52 所示为该机的组成示意图，其工作过程是：底膜材料经加热滚筒 2 加热后，随即被真空成型模 3 的凹模吸入成型，并被冷却定型，随后脱模被拉到料斗 4 的下方，物料便自动充填到已成型容器中。当运行到热封辊 6 处时，被面板（盖材）覆盖、封口。最后由冲裁模 11 冲裁，成品输出，废料则由废料卷辊卷取。

该机的主运动方向为立式，故占地面积小，结构紧凑。

（2）卧式热成型-充填-封口包装机 图 11-53 所示为该机的组成示意图。机器的工作过

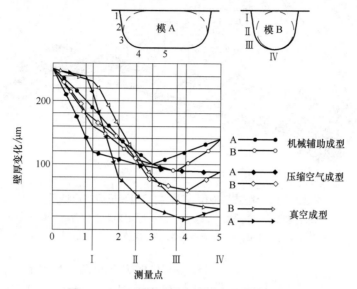

图 11-51 不同热成型方法对容器壁厚影响

程为：底膜从膜卷 7 被输送链夹持步进送入机内，在热成型装置 6 加热软化并向深度方向拉伸成盒型；成型盒在充填部位 5 充填包装物，然后被从盖膜卷 4 引出的盖膜覆盖，再由加热封口装置 8 封口；完成热封的盒步进经封口冷却装置 3、横向切割刀 2 和纵向切割刀 1 将数排盒分割成单件送出机外，同时底膜两侧边料脱离输送链送出机外卷收。

可将该机的加热封口装置 8 改装成图 11-54 所示的真空-充气-热封室，使充填有包装物的容器在热封室内先抽出室内空气，随后以充气管充入惰性气体，热封模将盖膜与容器周边热封。此时，卧式热成型-充填-封口包装机又称热成型-真空-充气封口包装机。

三、真空机和充气包装机

食品真空包装和充气包装都是通过改变包装容器内环境气氛来延长食品保质期。真空包装机是在包装容器内盛装产品后，抽去容器内空气，达到预定真空度并完成封口工序的机器。充气包装机是在真空包装机基础上的进一步发展，它们之间既有相同之处，又有区别，其差别是：在抽真空后，加压封口前增加一个充气工序。

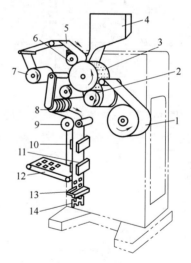

图 11-52 立式小型热成型-充填-封口包装机组成示意图

1—薄膜 2—加热滚筒 3—真空成型模 4—料斗 5—铝箔 6—热封辊 7—铝箔卷辊 8—张紧装置 9—传送辊 10—打印装置 11—冲裁模 12—输送器 13—剪切装置 14—废料

真空包装机主要用于包装易氧化、霉变或受潮变质的产品，如榨菜、腊肠等，现广泛用于各种食品和速冻肉禽食品的包装。充气包装技术（MAP 或 CAP）及设备早期的应用是将包装容器抽真空后充入惰性气体氮以稀释含氧量，进一步延长食品的保质期；然而，单一气体的充气包装还不能满足各种食品的保鲜要求，因此发展了充入混合气体的保鲜包装技术（MA）

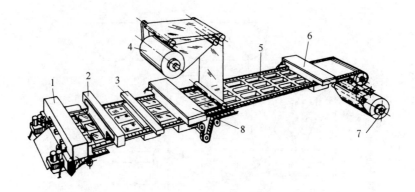

图 11-53 卧式热成型-充填-封口包装机组成示意图

1—纵向切割刀 2—横向切割机构 3—封口冷却装置 4—盖膜卷
5—包装盒充填部位 6—热成型装置 7—底膜卷 8—加热封口装置

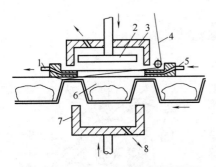

图 11-54 真空-充气-热封室结构图

1、8—抽真空接口 2—压板 3—热封上模
4—盖膜 5—充气嘴 6—容器 7—热封下模

及设备，目前方便食品和新鲜食品（果蔬、鱼类、肉类）包装已开始使用这种包装技术与设备。

1. 真空包装机

真空包装机品种较多。按材料的不同可分为塑料薄膜容器真空包装机、复合材料膜容器真空包装机、金属罐容器真空包装机（真空封罐机）。对于塑料薄膜容器和复合材料膜容器的真空包装机又分为机械挤压式、插管式、腔室式、输送带式、旋转台式。这单元将介绍塑料薄膜容器与复合材料膜容器真空包装机。

（1）机械挤压式真空包装机 图 11-55 所示为机械挤压式真空包装原理图。包装袋充填结束后，在其两侧用海绵等弹性物品将袋内的空气排除，然后进行封口的包装方式，称为机械挤压式。

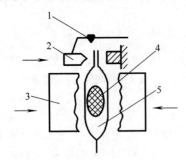

图 11-55 机械挤压式真空包装原理图

1—加热器 2—热封器 3—海绵垫
4—被包装物 5—包装袋

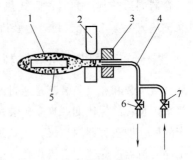

图 11-56 插管式真空包装原理图

1—物品 2—加热器 3—海绵垫 4—抽充气管
5—包装袋 6—真空阀 7—充气阀

（2）插管式真空包装机 图 11-56 所示为插管式真空包装原理图。对已充填物料的袋开口处插入抽充气管 4，开启真空阀 6，真空泵进行抽真空，达到预定真空度后进行封口。此时的包装方式称为插管式抽真空包装。若达到预定真空度后，关闭真空阀 6，开启充气阀 7

进行充气，则为插管式抽真空-充气真空包装方式。图 11-57 所示为无真空室的插管连续封口真空包装机外形图，该机型结构紧凑、操作方便、速度较快。

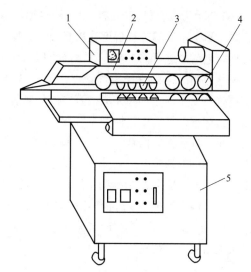

图 11-57　无真空室的插管连续封口真空包装机外形图
1—真空调节器　2—输送带与加压垫
3—封口加热轮　4—抽气管口　5—机座

（3）腔室式真空包装机　腔室式真空包装机应用较广泛。它是按包装物料的情况设置一定大小和形状的腔室，在腔室内抽真空和封口。

① 工作原理和腔室式真空包装机类型：图 11-58 为腔室式真空包装机原理图。充填好物料的容器先不封口，放入包装机的真空室，合上盖使腔室 3 密封。然后打开阀门 2，由真空泵 1 抽气，当真空表 6 所示真空度已达到要求时（一般要求是 0.133kPa，对于食品由于有水蒸气压，腔室内减压至 66.65~106.64Pa 即可），关闭阀门 2，对容器进行封口（多采用脉冲式热封，也可用板块热封）。之后打开阀门 8，导入大气。打开腔室，取出制品，完成一个包装循环。

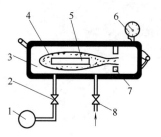

图 11-58　腔室式真空包装机原理图
1—真空泵　2, 8—阀门　3—腔室　4—包装袋　5—被包装物
6—真空表　7—热封器

腔室式真空包装机按结构形式不同，有合式真空包装机、输送带式真空包装机和旋转式真空包装机。

② 合式真空包装机：这种包装机是手工操作，即人工把装好物料的塑料袋放入腔室，并进行抽气封口操作，然后取出封口后的制品。

合式真空包装机的型式有台式、单室式和双室式等。图 11-59 是各种类型合式真空包装机的外形结构。双室真空包装机两个真空室共用一套抽真空系统，双室可交替工作，一个真空室抽真空、封口，另一个真空室可以放置包装袋，即辅助时间与抽真空重合，从而提高了生产能力。单室的生产能力一般为 1.5~2 次/min，双室可达 3~4 次/min。

（1）　　　　　（2）　　　　　（3）　　　　　（4）

图 11-59　各类型合式真空包装机的外形图
（1）合式　（2）单室式　（3）双盖双室室　（4）单盖双室式

图 11-60 所示为真空包装机结构示意图，加热器 4 和真空室盖 6 上的耐热橡胶垫板 7 构成热封装置，真空室后端装有管道连接真空泵，操作时，放下真空室盖即通过限位开关接通真空泵的真空电磁阀进行抽真空，其室内负压而使室盖紧压箱体构成密封的真空室。根据热封杆长度在其内侧配置 2~3 个充气管嘴，供 2~3 个袋在完成抽真空操作同时进行充气。

控制系统按工作程序自动完成抽真空、压紧袋口、加热器加热封口、冷却、真空室解除真空、抬起真空室盖等动作。控制系统由一组电磁阀 10 和真空泵 1 组成，通过控制器程序控制各阀启闭，自动完成抽真空-充气-热封的操作或抽真空-热封操作。国产真空包装机各操作程序大都采用继电器逻辑线路控制，少量产品用微机控制。

图 11-61 是加热器的结构示意图，其封口方法为脉冲热封。聚四氟乙烯垫条起到绝缘与隔热作用，而玻璃布保护膜 12 的作用是防止粘连。电热带采用电阻率大、高温不易氧化的镍基和铁基加热合金。有的热封装置采用双面热封，上下均为热封杆，双面加热有利于较厚薄膜袋口快速熔接而获得良好封口。

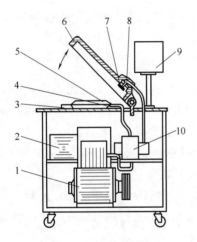

图 11-60   真空包装机结构图
1—真空泵 2—变压器 3—盛物盘 4—加热器
5—包装制品 6—真空室盖 7—垫板 8—小
气室 9—控制箱 10—电磁阀组

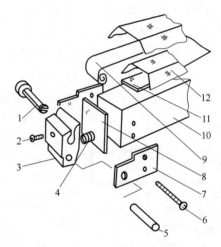

图 11-61   加热器的结构图
1—压紧销 2—压紧螺钉 3—紧压块 4—弹簧 5—销
栓 6—螺钉 7—绝缘支架板 8—绝缘垫 9—电热带
10—热封杆 11—耐热橡胶垫 12—聚四氟乙烯玻璃纤维布

图 11-62 所示为两种压紧器结构示意图。图 11-62（1）所示小气室 9 设在真空室盖 6 上，且与真空室隔断。它与压条 5、缓冲垫条 4、活塞 7 等组成袋口压紧器。图 11-62（2）的工作原理同图 11-62（1）基本一致，不同的是由于前者设有小气室 9，因此活塞 7 的下移是压缩空气推动的，而图 11-62（1）中活塞 7 的下移，是依靠活塞上部的大气压与下部小气室的真空压差而实现的。

（3）带式真空包装机 带式真空包装机型用输送带将包装袋逐步送入真空室自动抽气并热封，然后随输送带送出机外，是一种自动化程度和生产效率较高的腔室式真空包装机。

图 11-63 是输送带式真空包装机的结构简图，包装袋置于输送带的托架 1 上，随输送带进入真空室盖 4 位置停止，室盖 4 自动放下，活动平台 7 在凸轮 6 作用下抬起，与真空室盖构成密闭真空室，随后进行抽真空和热封操作；操作完毕，活动平台降下而真空室盖升起，输送带步进将包装袋送出机外。

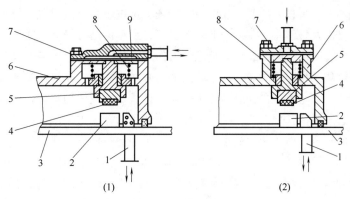

图 11-62　压紧器结构示意图

1—管道　2—加热器　3—台板　4—缓冲垫条　5—压条　6—真空室盖　7—活塞　8—弹簧　9—小气室

带式真空包装机热封杆长度为 650～1000mm，可同时放入几个包装袋抽真空并热封；由于操作处于连续间隙状态，为防止热封杆处于连续高热状态，热封杆采用水冷式结构，操作时用中空铝合金制造的热封杆接通水源进行冷却。

（4）旋转式真空包装机　图 11-64 所示为旋转式真空包装机工作示意图，该机由取袋器、袋子传送机构、充填转台和抽真空转台等构成。两转台之间袋子传送机构为机械手，自动将已充填物料的包装袋送入抽真空转台的真空室。

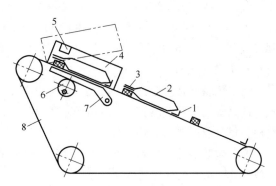

图 11-63　输送带式真空包装机的结构简图

1—托架　2—包装袋　3—耐热橡胶垫　4—真空室盖
5—热封器　6—凸轮　7—活动平台　8—输送带

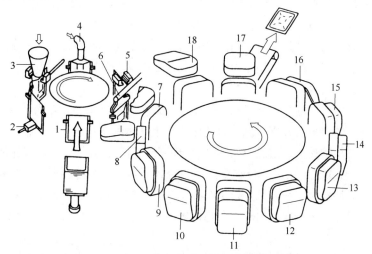

图 11-64　旋转式真空包装机工作示意图

1—吸袋夹持器　2—打印机　3—撑开袋口与定量充填　4—自动灌汤汁工序　5—预封器　6—机械手传送包装袋
7—打开真空盒盖装袋　8—关闭真空盒盖　9—预备抽真空　10—第一次抽真空　11—保持真空　12—第二
次抽真空　13—脉冲加热封袋口　14,15—袋口冷却　16—进气释放真空　17—卸袋　18—准备工位其工作原理如下：吸袋夹持器 1 取出一个袋子，送进定量充填工位，袋子随充填转盘一起逆时针转动。打击式打印器 2 在袋子上印上出厂日期和产品批号等；随后，袋子进入开袋机构，开袋机构共有两个吸头，靠真空负压吸力作用，各吸一边，将袋子吸开，形成一个不规则形状的开口；袋子打开的同时，计量好的物料被送入袋中；如果还需加液体物料，或包装的只是液体物料，则将由在自动灌汤汁工序 4 把计量好的液体物料加入袋中。转盘继续转动，加好物料的袋子脱离开袋吸头，袋口自然闭合；预封器 5 进一步将袋口两边对齐，并实现中间较大尺寸的封合，而留两边的小口完成下一步抽真空操作。完成预封后的袋子经机械手传送包装袋 6 作用，送入工位 7 打开的真空盒，真空盒共有十二个，装在真空密封转盘上，并随其一起顺时针转动。当真空密封转盘转过 30° 时（图中 8 位置），真空盒闭合；再转 30° 到图中 10 所示位置，完成第一次抽真空操作，再转 60°，到图中 12 所示位置，进行第二次抽真空操作，使袋内达到要求的真空度。再转 30°，到 13 所示位置，袋子两边的小口被加热封合，以保证里面的真空度不变；再转 30°，袋子开始被冷却，经 14、15 所示位置的冷却操作后，基本上与环境温度相等；再转 60°，工艺盒打开，已封好口并抽好真空的产品被送到卸袋工位 17 上送出机外；再转 90°，工艺盒又装袋闭合进入下一工作循环。

2. 充气包装机

真空包装与充气包装的工艺过程基本相同，因此，两种机器通常设计成通用的结构形式，使之既用于真空包装，又能用于充气包装。充气包装机与真空包装机不同在于：在抽真空后，封口前增加一个充气工序。

充入包装的混合气体的组成和配比须根据食品品种、保藏要求和包装材料来确定。混合气体配比一般在气体比例混合装置中进行。

气体比例混合装置是将两种或三种气体按预定比例混合后向真空充气包装机供气。国外气体比例混合装置多为配件式单独控制，将储气钢瓶气体混合后向包装机供气。国产气体比例混合装置有两种：一种与插管式真空包装机组成一体，由包装机控制混气、充气并热封，如 DQ 型和 HQ 型插管式真空充气包装机；另一种是由配件式气体比例混合装置单独控制，可与各种真空充气包装机联机操作，如专利 GM 型气体比例混合装置。

气体比例混合方法，国外大都采用流量阀对气体作节流比例混合，如德国 MULTIVAL 的气体比例混合装置；国产的多采用压力法控制气体比例混合，即控制混合气体各气体成分的分压，使气体按比例混合。

根据理想气体混合物的分压定律和分体积定律，在一定容积的容器内，气体混合物的总压力一定时，各气体组分的分压与总压力的比值等于分体积与总体积之比值。任意设定各气体组分的分压与总压的比值，通过控制气体组分的分压就可得到相应的体积比例混合物。

图 11-65 是 GM 型气体比例混合装置，由微机控制器、压力传感器、电磁阀、气体混合桶和真空泵组成。操作时，在微机上设定两种或三种气体比例值，启动真空泵排除气体混合桶的气体，由各电磁阀分别向桶内充气，桶内压力达到预定总压值后由放气阀向真空充气包装机供气。

包装机每次充气后，微机控制器根据桶内剩余总压力，再次启动各充气电磁阀向气体混合桶叠加配气，保持放气电磁阀向包装机连续供气。由于 GM 型气体比例混合装置仅须在第一次气体混合时抽除桶内气体，以保证所混合气体的配气精度，故不需单独配置真空泵，可利用真空充气包装机的真空泵抽气。

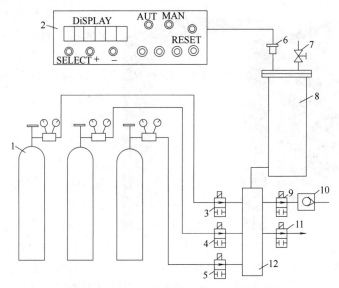

图 11-65 GM 型气体比例混合装置

1—气体钢瓶 2—微机控制器 3，4，5—充气电磁阀 6—压力传感器 7—放气阀
8—气体混合桶 9—真空电磁阀 10—真空泵 11—放气电磁阀 12—连接管件

第六节 无菌包装系统

根据包装袋的来源、包装材料不同，有制袋式利乐包无菌包装机（瑞典利乐公司）、纸匹供给式无菌包装机（SA 系列，美国国际纸业公司）、给袋式康美盒无菌包装系统（德国 PAL 公司）、塑料袋无菌包装机（芬兰伊莱克斯德公司、加拿大杜珀公司）。

一、利乐包无菌包装机

瑞典利乐公司从 1961 年开始就不断开发无菌包装机，现已形成系列有：Tetra 标准型系列（型号 TSA 25、TSA 150、TSA 300、TSA 500），包装形式为菱形、Tetra 砖形系列（型号 TBA 1、TBA 3、TBA 5、TBA 8、TBA 9）包装形式为砖形。随着技术进步，该公司的无菌包装机的包装形式不仅有菱形、砖形，且有屋顶形、利乐冠和利乐王等。目前我国普遍引进的是 Tetra 砖型系列，下面将介绍该系列的 TBA 3、TBA 8 的工作原理与结构。

（1）利乐包包装材料组成 利乐包的包装材料是由纸基与铝箔及塑料复合层压成，厚约 0.350mm，图 11-66 所示为包装材料的复合层次序。纸板 3 由双层组成，一层为漂白纸张；另一层为非漂白纸张，纸板的作用是使利乐包硬挺有一定的刚度；聚乙烯层使盒子紧密不漏、保护纸和铝箔不易受潮和腐蚀，也便于成盒时加热封合；铝箔是阻隔层，使制品不受光线、空气影响，保证包装制品有较长的保质期。

利乐包包装材料已由北京制浆造纸试验厂和佛山华新复合材料有限公司等引进生产线大量供应。

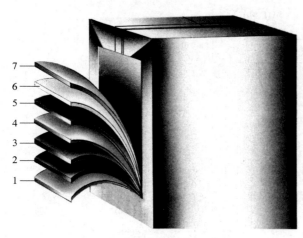

图 11-66　利乐包的包装材料组成

1—聚乙烯（外层）　2—印刷层　3—纸板（双层）
4—聚乙烯（拉伸）　5—铝箔　6—聚乙烯　7—聚乙烯（抗氧化性）

（2）工作原理　图 11-67 为利乐无菌包装机的袋成型-充填-封口过程原理图。包装材料经过挤压辊把多余的 H_2O_2 液挤走后，形成筒状并不断向下进行纵向延伸，最后横封与切分。

利用电阻加热、红外线辐射、加热对流等方法，使 H_2O_2 温度升高，H_2O_2 分解为新生态氧 [O] 和水蒸气，提高了的杀菌效率。

（3）主要系统部件

① 包装材料杀菌系统：在利乐包装机上，包装材料传送过程中，其内表面的聚乙烯层会产生静电荷，来自周围环境的带有电荷的微生物便被吸附在包装材料上。因此，需对包装材料进行杀菌处理。

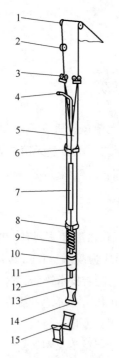

图 11-67　无菌包装机的袋成型-充填-封口过程原理图

1—弯曲辊　2—支承辊　3—导向轮　4—无菌制品充填管　5—纸筒　6—上成型环　7—纵缝加热器
8—下成型环　9—螺旋管辐射加热器（TBA3）
10—液面　11—浮球阀　12—灌注管口
13—横封器　14—纸盒出口　15—半成型包

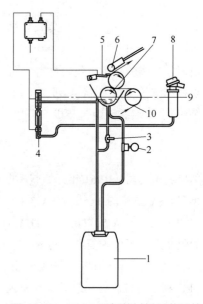

图 11-68　TBA3 型包装材料杀菌系统

1—药剂容器　2—杀菌剂泵　3—排液阀
4—参考电极　5—电极　6—挤压辊
7—浸润轮　8—水位监测器　9—杀菌剂液面　10—包装材料进入轮

对 TBA 3 型采用浸润系统（Wetting-System），见图 11-68。包装材料通过系统后，在其内表面附着一层薄的 H_2O_2（质量分数 15%～35%）膜，利用后续对液膜加热干燥进行杀菌消毒。杀菌效果受浸润、加热干燥过程影响。

对 TBA 8 型采用深双氧水浴系统（Deep-Bath-System），见图 11-69。包装材料进入一盛有 H_2O_2（温度>70℃，质量分数 30%～40%）槽中，利用加热后有一定温度的 H_2O_2 对包装材料进行杀菌。

② 包装机的消毒杀菌：为了满足无菌灌装的要求，需要对所有与食品接触的零部件表面进行消毒杀菌。

图 11-70 为 TBA 3 型的无菌空气系统，利用热空气（最高温度 360℃）对与食品接触的零部件表面进行杀菌。

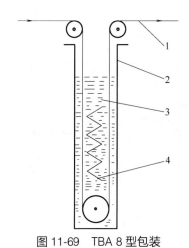

图 11-69　TBA 8 型包装
材料杀菌系统

1—包装材料　2—盛杀菌剂深槽
3—杀菌剂　4—螺旋电加热器

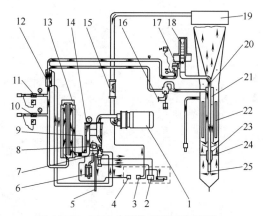

图 11-70　TBA 3 型的无菌空气系统

1—空气压缩机　2,3—电磁阀　4—压力保护阀　5—放水阀
6—溢流阀　7—冷却水阀　8—浮球　9—空气接口（杀菌浴槽）
10—封条粘贴器加热件　11—纵封加热件　12—空气冷却器
13—空气加热器　14—分水器　15—消声器　16—空气接口（气帘）
17—无菌空气阀　18—物料阀　19—空气收集罩　20—制品进料管
21—无菌空气套管　22—环形电热管流阀（与浮子相连）
23—浮子　24—液面　25—节流阀（与浮子相连）

图 11-71 所示为 TBA 8 型的喷雾系统，对与食品接触的零部件表面先用雾化的 H_2O_2 喷射，后加热干燥进行杀菌。

二、纸匹供给式无菌包装机（SA 系列）

纸匹供给式无菌包装机（SA 系列）是美国国际纸业公司制造。SA 系列是一种小巧、投资成本较低的机型。可包装高酸性与低酸性的产品，如牛乳、果蔬汁、饮料、浓缩原汁、茶、食用油、乳制品以及番茄制品。

结构与工作原理如图 11-72 所示。主要由纵向密封机构 6、输送机构 7 和 8、横向封口密封与切割机构 9、横向划线机构 5、成型机构 10、卷筒纸进料及纵向划线机构 1、纸消毒机构 2、卷筒纸折叠塔 3、冠区 4 等组成。

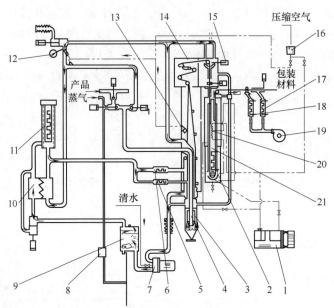

图 11-71　TBA 8 型的喷雾系统

1—杀菌剂泵　2—螺旋电加热器　3—浮子　4—无菌空气套管　5—纵封加热件（辅助）　6—纵封加热件
7—空气压缩机　8—疏水阀　9—分水器　10—分配器　11—空气加热器　12—初杀菌温度　13—H_2O_2 喷嘴
14—包装材料　15—气流调节装置　16—喷雾用塔　17,18—封条粘贴器加热件　19—封条粘贴器风机
20—H_2O_2 喷嘴列　21—盛杀菌剂深槽

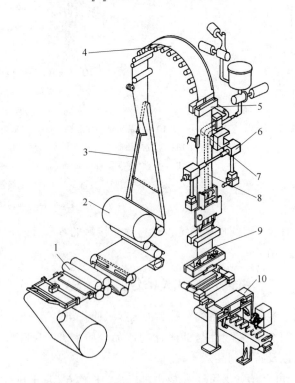

图 11-72　纸匹供给式无菌包装机结构图

1—卷筒纸进料及纵向压线机构　2—纸消毒机构　3—卷筒纸折叠塔　4—冠区　5—横向划线机构
6—纵向密封机构　7—输液管　8—输无菌空气管　9—横向封口密封与切割机构　10—成型机构

其工作原理为：印刷好的纸卷上机架，在卷筒纸进料及纵向压线机构 1 作用下，纸卷展开并纵向压出纸盒的基本形状压痕。纸匹进入纸消毒机构 2，纸匹内层行经 H_2O_2 槽并被浸湿，然后送到一个加热不锈钢圆筒表面（温度 > 85℃），纸内层与圆筒表面接触 7~9s，利用 H_2O_2 在一定温度下分解出新生态氧［O］对包装材料进行化学杀菌，使卷筒纸与食品接触面达到商业无菌。杀菌后的纸匹在折叠塔 3 中被折成帐篷状，经冠区 4、横向划线机构 5 进入纵向密封机构 6，纵向密封机构使纸匹沿纸筒垂直开边进行感应加热纵向密封，形成可灌入已消毒液料的管筒。输送部件 8（较长的管）把已杀菌液料输入包装管筒，输液管 7（较短的管）提供过压无菌空气。产品输入成型管筒后其底边即被感应加热横向密封。卷筒纸向下拉一个包装长度并在横封中间切断，形成一个袋状包装。切离卷筒纸带后的单个包装掉入袋输送装置，通过成形烘压下袋底边的舌片形成包装的一个长边，随后对袋的顶部和底部折叠加热密封处理而最终形成方块砖盒。

把空气加热到 300℃，再通过水冷却到 100℃ 产生的无菌空气，分别吹入折叠塔 3、冠区 4、充填部件区和密封部件区，提供正压灭菌空气，以防止包装纸及产品在包装过程中的染菌，加热无菌空气也起到蒸发消除残留 H_2O_2 的作用。

三、康美盒无菌包装机

德国 PKL 公司的康美盒无菌包装机（Combibloc Aseptic Filling Machine）属于给袋式包装机，是康美盒无菌包装系统（Combibloc Aseptic Packaging System）一部分。作为给袋式康美盒无菌包装机，它具有即能灌装低黏度液料又可灌装含颗粒或不含颗粒的黏度液料、能使内容物与包装盒有一定的顶隙、适合多种大小不同包装盒灌装等特点。

（1）康美盒无菌包装机结构及运行机制 通过康美盒无菌包装机一定的工序，把无已杀菌制品充填到康美盒中并封口成型。图 11-73 为该机结构图，康美盒无菌包装机运行机制如下：

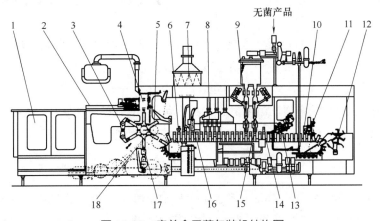

图 11-73 康美盒无菌包装机结构图

1—仪表控制台 2—盒坯输送台 3—盒坯底部加热装置 4—活动吸盘 5—定形轮 6—顶部折纹装置 7—H_2O_2 蒸气收集罩 8—热空气干燥装置 9, 15—灌装机构 10—热印装置 11—顶部压平装置 12—传送轮 13—盒顶部封口装置 14—去沫器 16—喷 H_2O_2 装置 17—盒坯底部密封装置 18—盒坯底部折叠器

① 盒坯输送与成型：已完成纵封的预制盒坯通过输送台 2 依次送到定形轮 5 旁，再由活动吸盘 4 吸牢和拉开成无底、无盖的长方盒，并推送至定形轮中。

长方盒随定形轮转动，进入盒底部加热溶化区，两个热空气喷嘴伸入已张开的无底长方盒内，使盒底四壁的塑料面受热熔化。

当转到底部折叠区时，开口的纸盒即被折叠器 18 纵横两向折压而产生折纹。然后，在封底器压力下将盒底封闭。

当定形轮将已封好底的空盒推出，随即被链式输送带扣住往前移动。

② 包装容器杀菌：在进杀菌区前，包装容器顶部被一折叠器由顶向下折纹，以备最后封口用。

盒顶折纹后即进入无菌区，H_2O_2 在喷雾装置 16、电加热器作用下以成气雾状喷射到空盒内部，同时无菌区的正压无菌空气环境，避免外部的有菌空气进入，聚集在包装盒上的气雾状 H_2O_2 冷凝，由喷雾区下部 H_2O_2 收集槽收集，而其余的气雾状 H_2O_2 则由喷雾区顶部排气罩排出。

在热空气干燥装置 8 作用下，通过多次吹热空操作，使 H_2O_2 分解成新生态氧 [O]，对空盒进行杀菌，并把 H_2O_2 吹走与干燥（要求残留 $H_2O_2 < 0.1mg/kg$）。

③ 无菌制品灌装 在无菌区，已经过杀菌的制品由机构 9，15 完成灌装。不同物料的特性，灌装方法有所不同，对黏度较大的或含颗粒的制品如番茄酱、浓缩汤等需用机械压力灌装法，在待装物料槽底部有柱塞泵，由柱塞往返运动将制品吸入、计量、推出，经输出管注到消毒好的纸盒中；对黏度较小的制品如果（蔬）汁、牛乳等用定时流量法。

灌装易起泡沫的制品，可用去沫器吸取泡沫并送到另一储槽回用。

④ 顶部加热与密封：顶部加热与密封是无菌区最后的工序。灌装完成的盒顶封口处吹热空气，使该处复合材料软化，随后折叠，再用超声波封口装置 13 密封。超声波封口装置是使折叠后复合包装材料产生振动摩擦而发热。本机采用的超声波频率为 20000Hz。

由于康美盒无菌包装机是给袋式，灌装时能实现容器与内容物间有一定的顶隙，因此，用该机热灌装果（蔬）汁是有利的，热蒸气冷凝后顶隙具有真空度这对保持维生素 C 等营养物质能起一定作用。

⑤ 热印与顶部压平：封口后立刻热印上灌装或过期时间。对包装袋四端处的凸翼（耳朵）由顶部压平装置 11，折叠压平，使包装成砖形。

⑥ 送出：通过传送轮 12 及传送带将包装产品送出机外。

（2）康美盒无菌包装机清洗消毒 在灌装开始前，灌装机构及与制品接触零部件的表面均需用就地清洗系统（Clearing In Place，CIP）清洗和用蒸气消毒。

四、塑料袋无菌包装设备

以芬兰伊莱克斯特公司的 FinPak 和加拿大杜珀公司的 PrePak 塑料袋无菌包装设备为代表，二者都为立式制袋充填包装机。我国已引进用于牛乳、果汁、果乳和软质冰淇淋等食品的无菌包装。下面将介绍伊莱克斯特公司的 FPS-2000LL 型塑料袋无菌包装设备。

FPS-2000LL 型塑料袋无菌包装设备结构见图 11-74，由 H_2O_2 槽 1、紫外灯室 7、薄膜牵引和纵封机构 12、折叠器 11、横封与切断机构 14、无菌空气喷嘴 10、定量灌装装置 9、计数器、膜卷终端光电感应器组成。

包装膜是采用 H_2O_2 和紫外线双重灭菌。包装膜经质量分数 1% H_2O_2 水槽浸渍，接着通

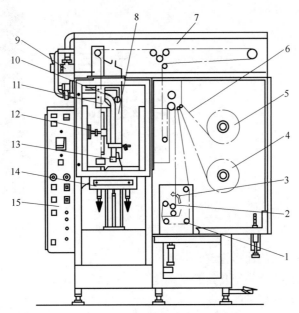

图 11-74　FPS-2000LL 型塑料袋无菌包装设备结构示意图

1—H_2O_2 槽　2—H_2O_2 润湿辊　3—H_2O_2 刮除器　4—备用薄膜　5—包装薄膜卷　6—包装薄膜　7—紫外灯室
8—薄膜筒　9—定量灌装装置　10—无菌空气喷嘴　11—薄膜折叠器　12—薄膜牵引和纵封机构　13—灌装管
14—横封和切断机构　15—控制箱

过刮除器 3 将薄膜表面 H_2O_2 刮除。包装膜被牵引到包装机上的紫外灯室 7，紫外灯室上部纵向并排装有 5 根 40W 的紫外灯管，下部横向并排装有 13 根 15W 紫外灯管。包装膜受 H_2O_2 和紫外线的双重灭菌，然后引入折叠器 11 折成筒形，进行纵向热封、充填、横封切断并打印而成包装袋成品。

　　无菌空气经高温蒸气杀菌和特殊过滤制得，引入无菌包装机后分为两路，一路送入紫外灯灭菌室，另一路送入灌装管上部的膜筒内。无菌空气以 0.15～0.2MPa 压力从喷嘴喷出，使紫外灯室和薄膜筒内构成大于大气压的正压，将外界空气驱出并使之保持无菌空气的环境。

思　考　题

　　1. 到附近的超级商场了解各种常用于食品包装的材料和容器，思考这些包装需包装机用多少工序才能完成。

　　2. 观察各种包装瓶的结构，它们有什么相同点和不同点，对于灌装各有什么要求？

　　3. 试述液体食品灌装常用灌装方法及设备的工作原理、工艺过程、应用范围。

　　4. 灌装机中，最重要的工作部件是什么？为什么说它最重要？

　　5. 试比较立式和卧式制袋方式的优缺点。

　　6. 剖开利乐包、康美盒、国际纸业包，分析它们的材料组成和成型不同点，了解对应的设备工作原理。

　　7. 刚性的食品包装容器的封口有哪些形式？各有何特点？叙述相对应的封口设备的组成及工作原理。

第十二章

输送机械

12

学习目标

1. 了解各种形态物料的输送特点。
2. 掌握输送机械的主要类型及其工作原理。
3. 了解各种主要输送机械的基本结构。
4. 掌握输送机械的基本性能特点。
5. 掌握输送机械的选用和使用要点。

在食品工厂中，存在大量的物料如食品原料、辅料、半成品和成品的运输问题，为了提高生产率，减轻体力劳动，需要采用各式各样输送机械来完成物料的输送任务。食品工厂输送机械的作用是在一台单机中或一条生产线中，将物料按工艺要求从一个工序传送到另一个工序，有时在传送过程中对物料进行工艺操作。输送机械的类型，按传送过程的连续性可分为连续式和间歇式两大类，按传送时的运动方式可分为直线式和回转式，按驱动方式分机械驱动、液压驱动、气压驱动和电磁驱动等形式，按所传送的物料形态可分为固体物料输送机械和流体物料输送机械。为了达到良好的输送效果，应该根据物料性质（如固体物料的组织结构、形状、表面状态、摩擦因数、密度、粒度大小，液体物料的黏度、成分构成）、工艺要求、输送路线及运送位置的不同选择适当形式的输送设备。

第一节　固体物料输送机械

食品工厂中，固体物料可能以个体（如箱、袋、瓶、罐）或群体（如粉、粒）形式进行输送。在输送过程中应能够保持自身稳定的形状，在一定的压力下可不致造成破损，但过大的压力可能会对物料造成损害。目前应用的固体物料输送设备有链带式输送机、斗式提升机、刮板式输送机、螺旋输送机、气力输送设备、振动输送机、辊轴输送机、悬挂输送机等，本节仅介绍其中部分典型设备。

一、链带式输送机

链带式输送机中的带式输送机是食品工厂中应用最广泛的一种连续输送机械，用于块状、颗粒状物料及整件物料的水平方向或倾斜方向的运送，同时还常用作连续分选、检查、包装、清洗和预处理的操作台等。其中输送带使用链条带、钢丝网带等的输送机，又称链式输送机。链式输送机特别适用于托盘，或者是温度高的大型和重型货物的输送，输送能力大，能耗低。

（一）工作原理及类型

链带式输送机是一种具有挠性牵引构件的运输机械，如图12-1所示，它主要由环形输送带6、驱动滚筒8、张紧滚筒1、张紧装置2、装料斗3、卸料装置7、托辊5及机架组成。环形输送带作为牵引及承载构件，绕过并张紧于两滚筒上，输送带依靠其与驱动滚筒之间的摩擦力产生连续运动，同时，依靠其与物料之间的摩擦力和物料的内摩擦力使物料随输送带一起运动，从而完成输送物料的任务。物料从装料斗进入输送带上，通常被运送至输送机的另一端，当需途中卸料时，可在相应位置另设卸料器。

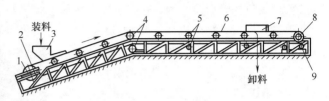

图 12-1　带式输送机

1—张紧滚筒　2—张紧装置　3—装料斗　4—改向滚筒　5—托辊
6—环形输送带　7—卸料装置　8—驱动滚筒　9—驱动装置

链带式输送机结构简单，适应性广；使用方便，工作平稳，不损伤被运输物料；输送过程中物料与输送带间无相对运动，可输送研磨性物料；运输速度范围广（0.02~4.00m/s），输送距离长，输送能力强，能耗低；但输送带易磨损，在输送轻质粉料时易形成飞扬。

（二）主要构件

1. 输送带

作为具有牵引和承载功能的构件，输送带应具有强度高、挠性好、质量轻、延伸率小、吸水性小、耐磨性好的特点。食品工业常用的输送带有橡胶带、纤维编织带、网状钢丝带及塑料带。其中，橡胶带为纤维织品与橡胶构成的复合结构，上下两面为橡胶层，耐磨损，具有良好的摩擦性能，并可防止介质的侵蚀。其工作表面有平面和花纹两种，后者适宜于内摩擦力较小的光滑颗粒物料的输送。食品工业中还常采用不锈钢丝网带，其强度高、耐高温、耐腐蚀，适用于边输送，边清洗、沥水、炸制、通风冻结、干燥的场合。塑料带耐磨、耐酸碱、耐油、耐腐蚀，适用温度变化范围大，一般有单层和多层结构，其中多层结构塑料带与普通型橡胶带相似。链式输送机中的链条带通常由固定于链条节之间的金属条板构成，牵引驱动与钢丝网带类似，也以一对齿轮驱动，适用于处理设备等大型物件的输送。如图12-2为德国某家公司生产的链式输送机。

图 12-2　链式输送机

2. 驱动装置

包括电动机、减速器、驱动滚筒，在倾斜式输送机上还设有制动装置。驱动滚筒是传递动力的主要部件，一般为空心结构，其长度略大于带宽。驱动滚筒呈鼓形结构，即中部直径稍大，用于自动纠正输送带的跑偏。

3. 托辊

用于承托输送带及其上面的物料，避免作业时输送带产生过大的挠曲变形。托辊也可直接输送大型物料，即辊式输送机，见图12-3。托辊分为上托辊（即载运托辊）和下托辊（即空载托辊）两种。上托辊又有单辊式和多辊组合式，见图12-4。平面单辊式支撑的输送带表面平直，物料运送量较少，适合运输成件物品，便于在运输带中间部位卸料。多辊组合式支撑使输送带弯曲呈槽形，运输量大、生产率高，适合运送颗粒状

图 12-3　辊式输送机

物料，但输送带易磨损。为了防止输送带跑偏，每隔5~6组托辊，安装一个调整托辊，即将两侧支撑辊柱沿运动方向往前斜2°~3°安装，使输送带受朝向中间的分力，从而保持在中央位置（图12-5），但输送带磨损较快。下托辊只起承托运输带作用，多为平面单辊。

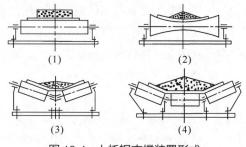

图 12-4　上托辊支撑装置形式

（1）平面单辊　（2）凹面单辊　（3）双辊　（4）三辊

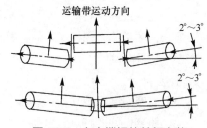

图 12-5　上支撑辊的前倾安装

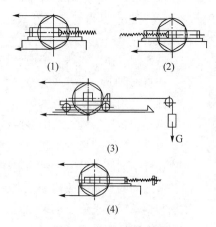

图 12-6　张紧装置简图

（1）拉力螺杆　（2）压力螺杆

（3）重锤式　（4）弹簧和调节螺杆

4. 张紧装置

在带式输送机中，输送带具有一定的延伸性，为稳定传递动力，输送带与滚筒间需要足够的接触压力，避免出现打滑现象。张紧装置的作用就是通过保持输送带足够的张力，从而确保输送带与驱动滚筒间的接触压力。常用的张紧装置有重锤式、螺杆式和压力弹簧式等，其中，螺杆式张紧装置利用拉力螺杆［图12-6（1）］或压力螺杆［图12-6（2）］实现张紧，其结构紧凑，但不能进行自动补偿，必须经常调整。重锤张紧装置［图12-6（3）］由自由悬垂的重物产生拉紧作用，张紧力恒定，但外形尺寸较大。压力弹簧张紧装置［图12-6（4）］是在张紧辊两端的轴承座上各连接一个弹簧和调整

螺钉，其外形尺寸小，有缓冲作用，但结构复杂。

5. 卸料装置

带式输送机有途中和末端抛射两种卸料形式，其中末端抛射卸料只用于松散的物料。途中卸料装置常用犁式卸料挡板（图 12-7），成件物品一般采用单侧卸料挡板［图 12-7（1）］，颗粒物料可采用双侧卸料挡板［图 12-7（2）］。卸料板倾角 $\alpha<90°-\phi$，ϕ 为挡板与物料之间的摩擦角，α 一般为 $30°\sim45°$。

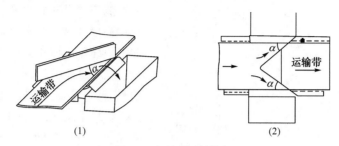

图 12-7　犁式卸料挡板

（1）单侧卸料挡板　（2）双侧卸料挡板

（三）生产能力计算

输送散状物料的输送能力 q_m（t/h）可利用式（12-1）计算：

$$q_m = Kb^2 v \rho C \tag{12-1}$$

式中　v——输送带速度，输送作业时一般取 $0.8\sim2.5\text{m/s}$，分选、检查作业时一般取 $0.05\sim0.1\text{m/s}$，m/s；

　　　b——带宽，m；

　　　C——输送机倾斜度修正系数，其值见表 12-1；

　　　K——断面系数，见表 12-2；

　　　ρ——物料密度，t/m³。

表 12-1　　　　　　　　　　输送机倾斜度修正系数 C

倾斜角度	C	倾斜角度	C
$0°\sim7°$	1.00	$16°\sim20°$	$0.9\sim0.8$
$8°\sim15°$	$0.95\sim0.90$	$21°\sim25°$	$0.8\sim0.75$

表 12-2　　　　　　　　　　断面系数 K

物料在带上的动态堆积角 φ	K		物料在带上的动态堆积角 φ	K	
	槽形输送带	平形输送带		槽形输送带	平形输送带
$10°$	316	67	$30°$	458	209
$20°$	385	135	$35°$	496	249
$25°$	422	172			

注：φ 一般为静态堆积角 φ_0 的 70%。

二、斗式输送机

在食品连续化生产中，将粉状、粒状及块状物料由低处运到高处时大多采用斗式提升机。斗式提升机分为倾斜式和垂直式，从牵引构件划分有带式和链式两种。它的提升高度大，通常为 7～10m，有时高达 30～50m。提升稳定，占地面积小，适宜于颗粒状、粉状和中小块状物料的提升。

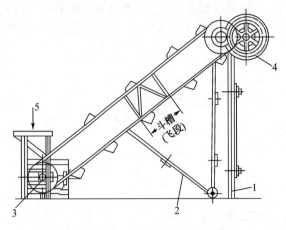

图 12-8　倾斜斗式提升机结构图

1,2—支架　3—张紧装置　4—传动装置　5—装料口

（一）基本类型

1. 倾斜斗式提升机

这种提升机的料斗固定在牵引链带上，属于链带斗式提升机。为改变提升机的高度，机上备有可拆装的链节，使提升机缩短或伸长，以适应不同情况需要。支架也能伸缩，用螺钉固定。支架有垂直的（图 12-8 支架 1），也有倾斜的（支架 2，固定在外壳中部），底下用活动轮子。该提升机机动灵活，便于生产线的调配、组合。

2. 垂直斗式提升机

图 12-9 是垂直皮带斗式提升机结构图。此种提升机由畚斗、牵引带（链）、机筒、驱动装置、张紧装置、进料装置和卸料装置等主要部件组成。其中，畚斗安装在牵引带上随其一起运动。工作时，畚斗在下方装料，于封闭的机筒内提升，当它升至顶部翻转时，靠重力和离心力将物料倾倒出来。垂直斗式提升机适用于输送粉粒状和中小块状物料，对湿度大的物料不宜采用。

（二）主要构件

1. 畚斗

畚斗又称料斗，是升送物料的容器，通常分为三种不同结构形式（图 12-10），即深斗、浅斗及三角斗。

深斗［图 12-10（1）］的底部呈圆柱形，斗口侧缘平缓，呈 65°夹角，深度较大，斗间距离 2.3～2.4h（h 为斗深），适用于流动性好的干燥粒状物料的输送。浅斗［图 12-10（2）］底部、斗间距离与深斗相同。斗口侧缘较为陡峭，呈 45°夹角，每个料斗的装载量少，但容易卸空，多用于潮湿和流动性较差的粒状物料。三角斗［图 12-10（3）］的侧壁延伸至斗底之外，构成卸料时的导向挡板，这种料斗采用无间距布置安装，在食品工厂中，适用于黏稠性大和沉重的块状物料的运送。

2. 牵引构件

斗式升运机的牵引构件有胶带和链条两种结构类型。采用胶带时，畚斗用特种头部的螺钉和弹性垫片固接在带子上，带宽比料斗的宽度大（35～40mm），牵引动力依靠胶带与上部机头内的驱动轮（头轮）间的摩擦力传递。

采用链条时，依靠啮合传动传递动力。常用的链条是板片或

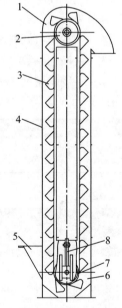

图 12-9　垂直皮带斗式提升机结构图

1—机头　2—头轮　3—畚斗
4—机筒　5—进料斗　6—机
座　7—底轮　8—张紧螺杆

衬套链条。

牵引构件的选择取决于升运机的负荷和运行速度。胶带主要用于高速轻载提升，适合于体积和相对密度小的粉状、小颗粒等物料。链条则可用于低速重载提升。

（三）装料和卸料方式

1. 装料方式

物料装入料斗的方法有挖取法和灌入法两种（图 12-11）。

挖取法［图 12-11（1）］易于充满，可以采用较高的料斗速度（0.8~2m/s），但阻力较大，适用输送中小块度或磨损性小的粒状物料。对于挖取法，根据物料进入机座时的运动方向与该处料斗运动方向的关系，有顺向进料和逆向进料两种喂料方式，其中顺向进料是指二者方向相同，即喂料斗设置于机座的料斗向下运动一侧，更有利于物料的充填，尤其适用于轻质物料。对于一般物料应优先选择逆向进料，避免过大的装料阻力。

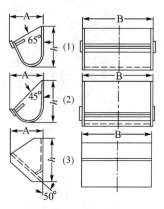

图 12-10　畚斗形式
（1）深斗　（2）浅斗
（3）导槽斗（三角斗）

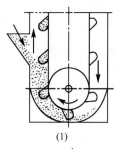

（1）

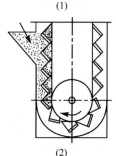

（2）

图 12-11　斗式提升机装料方式
（1）挖取法
（2）灌入法

灌入法［图 12-11（2）］的物料直接装入运动着的料斗中，难以充满，需要采用较低的料斗速度（≤1m/s），采用较为密集的料斗布置，用于块度较大和磨损性大的物料。

2. 卸料方式

根据卸料动力的不同，斗式升送机的卸料方法分为离心式、混合式和重力式三种（图 12-12）。

当料斗升至驱动轮后，料斗绕回转中心（驱动轮轴心）旋转，物料同时受重力 mg 和离心力 $m\omega^2 r$ 的作用，其合力 F 的作用线与驱动轮中心垂直线交于极点 P，P 点到回转中心的距离为极距 h。由几何分析可知，极距 h 的大小只与驱动轮的转速、半径和料斗结构尺寸有关，与料斗的运行位置无关。随转速增大，h 减小，离心力与重力比值增大；反之，h 将增大，离心力与重力的比值就变小。卸料方式可根据极距 h 来判断。

离心式卸料［图 12-12（1）］：$h < r_2$（驱动轮半径）时，极点位于驱动轮圆周内，离心力大于重力，料斗内物料向料斗外缘移动而抛出，适用于运行速度较快（1~3.5m/s）的场合，多用于流动性较差的物料。

重力式卸料［图 12-12（2）］：$h > r_1$（料斗的外缘半径）时，极点位于料斗外缘的外侧，重力大于离心力，物料沿料斗内缘向外卸出，并沿前一个料斗的背部落下，因此料斗应连续紧密布置，多采用三角料斗。它适用于物料提升速度较慢（0.5~0.8m/s）、大块、相对密度大和易碎的物料。

混合式卸料［图 12-12（3）］：$r_2 < h < r_1$，极点位于驱动轮圆周外与料斗外缘之间，接近外壁的物料离心力大于重力，靠离心力抛出，接近内壁的物料，物料重力大于离心力，靠自重卸出。料斗内的物料同时按离心式和重力式的混合方式进行卸料，料斗运行速度一般在 0.6~1.5m/s，适用于流动性不良的散状或潮湿物料。

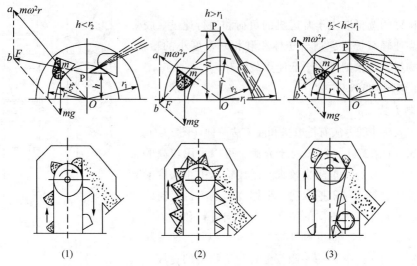

图 12-12　斗式提升机卸料受力分析简图

（1）离心式卸料　（2）重力式卸料　（3）混合式卸料

（四）生产率

斗式升送机的生产率 q_m（t/h）与料斗的容量、运行速度、料斗间距及斗内物料的充满程度有关，按式（12-2）计算：

$$q_m = \frac{3600 V v \varphi \rho}{d} \tag{12-2}$$

式中　V——料斗容积，可从有关手册查取，m^3；

　　　v——料斗线速度，m/s；

　　　φ——料斗中物料充满系数，粉料 $\varphi = 0.75 \sim 0.95$，粒料 $\varphi = 0.75 \sim 0.85$，谷物 $\varphi = 0.70 \sim 0.90$，水果 $\varphi = 0.50 \sim 0.70$；

　　　ρ——物料密度，t/m^3；

　　　d——相邻两料斗的间距，m。

三、刮板式输送机

刮板输送机是借助于牵引构件上刮板的推动力，使散粒物料沿着料槽连续移动的输送机。料槽内料层表面低于刮板上缘的刮板输送机称为普通刮板输送机，而料层表面高于刮板上缘的刮板输送机称为埋刮板输送机。

（一）普通刮板输送机

普通刮板输送机的结构如图 12-13 所示，机架上部固定着敞开的料槽 7，牵引链条 4 由驱动链轮 2 驱动，并被张紧链轮 6 张紧。其中驱动链轮由电动机通过减速器带动旋转，张紧链轮处安装有螺杆张紧装置。刮板 5 按一定间距固定安装在链条上，随链条运动而在料槽内移动。链条销轴 9 的两端装有滚轮 8，用来支撑链条及刮板重量且在导轨 3 上滚动。

所使用的牵引构件还可采用橡胶带，刮板一般采用薄钢板或橡胶板制成，其高度和宽度的比值为 0.25 ~ 0.50。料槽由薄钢板制成，横截面为矩形，刮板与螺槽的侧向间隙为 3~5mm。

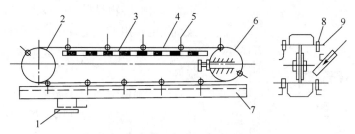

图 12-13　普通刮板输送机结构图

1—卸料口　2—驱动链轮　3—导轮　4—牵引链条　5—刮板　6—张紧链轮　7—料槽　8—滚轮　9—链条销轴

工作时，物料由进料口流入。当物料在运动方向受到的刮板推动力足以克服料槽对物料的摩擦阻力时，物料将随着刮板一起沿着料槽前进。当物料行至卸料口时，在重力作用下由料槽卸出。

该输送机的输送方式有水平、倾斜和水平倾斜三种，食品工业中使用的倾斜输送的倾角<35°。

普通刮板输送机的结构简单，占用空间小，工艺布置灵活，可在中途任意点进料和卸料。但物料在料槽内滑行，运动阻力大，机件磨损快，输送能力较低，适用于轻且短距离输送。

普通刮板输送机的生产率与升运的倾角密切相关，随着倾角的增大而下降。生产率 q_m（t/h）计算公式如下：

$$q_m = 3600bhv\rho\eta C \tag{12-3}$$

式中　b——刮板宽度，m；

　　　h——刮板高度，m；

　　　v——刮板速度，m/s；

　　　ρ——物料密度，t/m；

　　　η——输送效率，一般取 0.5~0.6；

　　　C——输送机倾斜度修正系数，见表 12-3。

表 12-3　　　　　　　　　　　输送机倾斜度修正系数 C

输送机倾角	C	输送机倾角	C
0°	1	30°	0.6
10°	0.9	35°	0.5
20°	0.75		

（二）埋刮板输送机

埋刮板输送机是由普通刮板输送机发展而来的，主要由封闭机筒、刮板链条、驱动链轮、张紧轮、进料口和卸料口等部件组成。其牵引件为链条，承载件为刮板，因刮板通常为链条构件的一部分或为组合结构，故该链条为刮板链条。通过采用不同结构的机筒和刮板，埋刮板输送机可完成散粒物料的水平、倾斜和垂直输送，图 12-14 所示为一可完成水平及垂直输送的埋刮板输送机。

埋刮板输送机在水平输送时，物料受到刮板链条在运动方向上的压力及物料重力的作用，在物料间产生了内摩擦力，这种摩擦力保证了物料之间的稳定状态，并足以克服物料在料槽中移动而产生的外摩擦力，使物料形成连续整体的料流被输送而不致发生翻滚现象。在

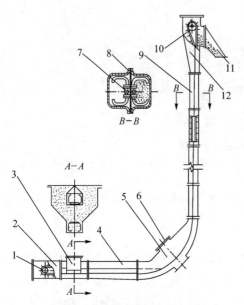

图 12-14　埋刮板输送机结构图

1—张紧轮　2—机尾　3—加料段　4—水平段
5—弯曲段　6—盖板　7—刮板链条　8—机筒
9—垂直段　10—驱动轮　11—卸料口　12—机头

垂直提升时，物料在内摩擦力、刮板支撑与推动及机筒的作用下，克服在料槽中移动而产生的外摩擦力和物料的重力，形成连续整体的料流而被提升。

常见刮板结构形式如图 12-15 所示。准确选择刮板类型直接关系到输送机的工作性能。对于输送性能较好的物料，在水平输送时可选用结构简单的 T 形刮板，在包含有垂直段的输送时可选用 U 形或 O 形刮板，以保证物料内部产生足够的内摩擦力而形成稳定的料层结构。

机筒的横断面通常为矩形，为使输送机具有良好的自清理性能，有些机筒横断面为 U 形，其刮板形状与机筒相应，下缘为弧形，如图 12-16 所示。

埋刮板输送机结构简单、体积小、密封性好、安装维护方便，能在机身任意位置多点装料和卸料，工艺布置灵活。它可以输送粉状、粒状、含水量大、含油量大或含有一定易燃易爆溶剂的多种散粒物料，生产率高而稳定，并容易调节。埋刮板链条工作的条件恶劣，滑动摩擦多，容易磨损，满载时启动负荷大，功率消耗大。不适用于输送黏性大的物料，输送速度低。

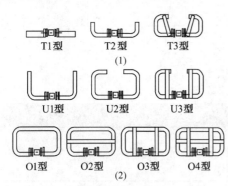

图 12-15　埋刮板输送机常见刮板结构形式

（1）水平输送型　（2）垂直输送型

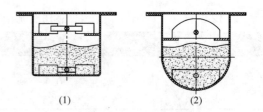

图 12-16　埋刮板输送机自清理功能

（1）无自清理功能的平底机槽
（2）有自清理功能的 U 形机槽

四、螺旋式输送机

螺旋式输送机属于直线型连续输送机械，适用于需要密闭运输之物料，如粉状和颗粒状物料。根据输送形式，螺旋输送机分为水平螺旋输送机和垂直螺旋输送机两大类。

（一）水平螺旋输送机

如图 12-17 所示，水平螺旋输送机由机槽、转轴、螺旋叶片、轴承及传动装置等主要构

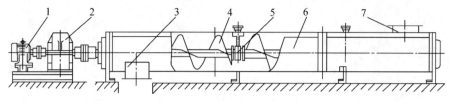

图 12-17 水平螺旋式输送机结构图

1—电动机 2—减速器 3—卸料口 4—螺旋叶片 5—中间轴承 6—机槽 7—进料口

件组成。物料从一端加入，卸料出口可沿机器的长度方向设置多个，用平板闸门启闭，一般只有其中之一卸料，传动装置可装在槽体前方或尾部。

螺旋输送机利用旋转的螺旋，将被输送的物料在封闭的固定槽体内向前推移而进行输送。当螺旋旋转时，由于叶片的推动作用，同时在物料重力、物料与槽内壁间的摩擦力以及物料的内摩擦力作用下，物料以与螺旋叶片和机槽相对滑动的形式在槽体内向前移动。物料的移动方向取决于叶片的旋转方向及转轴的旋转方向。为平稳输送，螺旋转速应小于物料被螺旋叶片抛起的极限转速。

水平螺旋输送机的结构紧凑，便于在中间位置进料和卸料，呈封闭形式输送，可减少物料与环境间的相互污染，除可用于水平输送外，还可倾斜安装，但倾角应<20°。因输送过程中物料与机壳和螺旋间都存在摩擦力，易造成物料的破碎及损伤，不宜输送有机杂质含量多、表面过分粗糙、颗粒大及磨损性强的物料。这种机器功率消耗较大，输送距离不宜太长（一般在 30m 以下），过载能力较差，需要均匀进料，且应空载启动。其主要构件如下：

1. 螺旋叶片

螺旋叶片的旋向通常为右旋，必要时可采用左旋，有时在一根螺旋转轴上一端为右旋，另一端为左旋，用以将物料从中间输送到两端或从两端输送到中间。叶片数量通常为单头结构，特殊场合可采用双头或三头结构。如图 12-18 所示，螺旋叶片形状分为实体、带状、桨叶和齿形等四种。当运送干燥的小颗粒或粉状物料时，宜采用实体螺旋，这是最常用的形式。运送块状的或黏滞性的物料时，宜采用带状螺旋。当运送韧性和可压缩性的物料时，则用桨叶式或齿形的，这两种螺旋往往在运送物料的同时，还可以进行搅拌、揉捏等工艺操作。

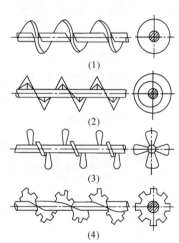

图 12-18 螺旋形状

（1）实体叶片 （2）带状叶片
（3）桨叶叶片 （4）齿形叶片

2. 转轴

转轴有实心和空心两种结构形式（图 12-19），其中空心轴质量轻，而且连接方便。根据总体长度，一般制造成 2~4m 长的节段，利用连接段 3 插入空心轴的衬套 5 内，并以穿透螺钉 2 固定连接装配。

3. 轴承

可分为头部轴承和中间轴承，头部轴承为止推轴承，可承受因推送物料而产生的轴向力。当轴较长时，每一中间节段内安装一吊杆，其上安装对开滑动轴承（图 12-20）。

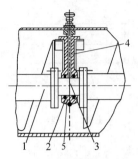 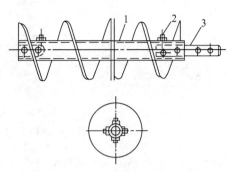

图 12-19　螺旋输送机转轴　　　　　　　图 12-20　轴的连接

1—空心轴　2—螺钉连接　3—连接　　　　1—轴　2—对开式滑动轴承　3—连接轴

段　4—螺旋面　5—衬套

4. 料槽

料槽是由 3~8mm 厚的不锈钢或薄钢板制成的 U 形长槽，覆盖以可拆卸的盖板。料槽的内直径稍大于螺旋直径，间隙一般为 6~9mm。水平螺旋输送机输送能力 q_m（t/h）可利用下式计算：

$$q_m = 60\frac{\pi(D^2-d^2)}{4}sn\varphi\rho C$$

式中　D——螺旋外径，m；

　　　d——转轴外径，m；

　　　s——螺距，m；

　　　n——螺旋转速，m/s；

　　　C——输送机倾斜度修正系数，见表 12-4；

　　　φ——物料充满系数，一般取 0.3~0.5；

　　　ρ——物料的密度，t/m³。

表 12-4　　　　　　　　　　输送机倾斜度修正系数 C

输送机水平倾斜角度	C	输送机水平倾斜角度	C
0°	1.0	15°	0.7
5°	0.9	20°	0.65
10°	0.8		

（二）垂直螺旋输送机

垂直螺旋输送机（图 12-21）依靠较高转速的螺旋向上输送物料。物料在高速旋转垂直螺旋的带动下将获得很大的离心惯性力，其值大于螺旋叶片对物料的摩擦力，物料向叶片边缘移动压向机壳，对机壳形成较大的压力，从而机壳对物料产生较大的摩擦力，此力足以克服物料重力在螺旋面上产生的下滑的分力。同时，在螺旋叶片的推动下，物料克服了对机壳的摩擦力，实现物料的上升运动。因此，离心惯性力所形成的机壳对物料的摩擦力是垂直输送机向上输送物料的前提。螺旋转速越高，其上升也越快。能使物料上升的螺旋最低转速称为临界转速，低于此转速，物料不能上升。临界转速与机筒直径、螺旋升角和物料与螺旋叶片及机筒间的摩擦角有关。垂直螺旋输送机的结构简单，但提升能力较小，机械效率低，物料无法排空而形成残留，同时进料困难。为改善进料能力，通常可进行强制喂料。

五、气力输送机械

运用气流的动压或静压，将物料沿一定的管路从一处输送到另一处，称为气力输送。食品工厂散粒物料种类很多，如面粉、大米、糖、麦芽等，利用气力输送可收到良好效果。

根据物料的流动状态，气力输送按基本原理可分为悬浮输送（利用气流的动能进行输送，输送过程中物料在气流中呈悬浮状态）和推动输送（利用气体的压力进行输送，物料在输送过程中呈栓塞状态）。其中，前者适宜于干燥的、小块状及粉粒状物料，气流速度较高，沿程压力损失较小，但功耗较大，且可能造成物料的破碎；而后者除能输送粉粒状物料外，还能输送潮湿的和黏度不大的物料。在食品加工业中多采用悬浮输送。

与机械输送相比，气力输送的系统结构简单，只有通风机是运动部件，投资成本低；输送路线能随意组合、变更，输送距离大；输送过程中能使物料直接降温，有利于产品质量及物料储存；密封性好，可有效地控制粉尘外扬，减少粉尘爆炸的危险性，保证了安全生产，改善了劳动条件；工艺过程容易实现自动化。同时也存在许多弱点：动力消耗较大，噪声高，弯管等部件易磨损，对物料的粒度、黏度、温度等有一定要求。

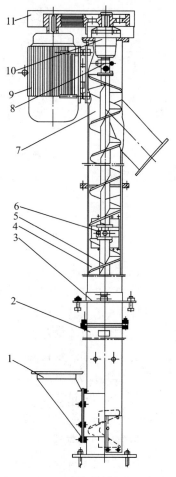

图 12-21　垂直螺旋输送机结构图
1—进料口　2—下部机壳　3—固定圈　4—中间机壳　5—螺旋体　6—中间吊轴承　7—上部机壳　8—端部连接法兰　9—驱动装置　10—推力轴承装置　11—带轮罩

（一）气力输送装置的基本类型

在食品工厂中广泛采用的悬浮气力输送装置基本类型包括吸送式、压送式和混合式。

1. 吸送式气力输送装置

吸送式气力输送装置［图 12-22（1）］是借助于压力<0.1MPa 的空气流来输送物料。工作时，系统的输料段内处于负压状态，物料被气流携带进入吸嘴 1，并沿输料管移动到物料分离器 2 中，在此装置内，物料和空气分离，而后由分离器底部卸出，而空气流被送入除尘器 5，回收其中的粉尘。经过除尘净化的空气排入大气。

吸送式气力输送装置按系统工作压力可分为低真空吸送式（工作压力在-20kPa 以内）和高真空吸送式（工作压力在-50~-20kPa）。

吸送式气力输送装置无尘土飞扬，可以从一处或数处获取物料向一处输送。其供料器简单，但卸料器和除尘器的密封性要求高。

出于对净化排风因素的考虑，有些装置配置成循环式系统，通过在风机出口处设旁通支管，部分空气经过布袋除尘器净化后排入大气，而大部分空气则返回接料器再循环。循环式气力输送系统适用于输送细小、贵重的粉状物料。

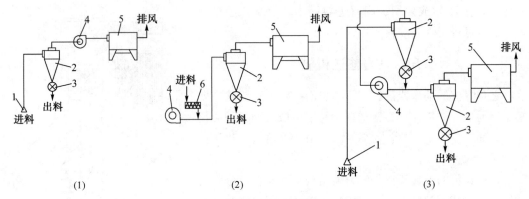

图 12-22　气力输送装置

（1）吸送式　（2）压送式　（3）混合式

1—吸嘴　2—分离器　3—卸料器　4—风机　5—除尘器　6—供料器

2. 压送式气力输送装置

如图 12-22（2），进料端的风机 4 运转时，把具有一定压力的空气压入导管，物料由密闭的供料器 6 输入输料管。空气与物料混合后沿着输料管运动，物料通过分离器 2、卸料器 3 卸出，空气则经过除尘器 5 净化后进入大气中。

压送式气力输送装置按系统工作压力分为低压输送式（工作压力在 50kPa 以下）、中压输送式（工作压力在 0.1MPa 左右）和高压输送式（工作压力在 0.1~0.75MPa）。

压送式气力输送装置便于设置分支管道，可同时将物料从一处向几处输送，适合大流量、长距离输送，生产效率高。但管道磨损较大，密封性要求高，供料器较复杂。

3. 混合式气力输送装置

混合式气力输送装置［图 12-22（3）］由吸送式及压送式两部分组合而成。在吸送段，通过吸嘴 1 将物料由料堆吸入输料管，并送到分离器 2 中，从这里分离出的物料，又被送入压送段的输料管中继续输送。

它综合了吸送式及压送式二者的优点，在使物料不通过风机的情况下，可以从几处吸取物料，又可以将物料同时输送到几处，且输送距离可较长，但带粉尘空气通过风机使工作条件变差，整个装置结构复杂。

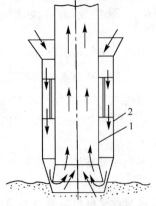

图 12-23　双筒式直吸嘴结构图

1—内筒　2—外筒

（二）气力输送系统的主要构件

该系统主要由供料器、输料管道及管件、分离器、卸料器、除尘器和风机等组成。

1. 供料器

（1）吸送式供料器　用于向负压输送管中供料，常用吸嘴或诱导式接料器。吸嘴：有多种不同形式。图 12-23 所示为常用的双筒式直吸嘴，主要由与输料管连通的内筒和可以上下移动的外筒构成。物料和空气混合物在吸嘴的底部，沿内筒进入输料管，而促进料气混合的补充空气由外筒顶部经两筒环腔后，从底部的环形间隙导入内筒。通过改变环形间隙即可调节补充风量的大小，获得较高的效率。吸嘴适用于输送流动性好的物料,如小麦、豆类、玉米等。

诱导式接料器:这种接料器广泛用于低压吸送系统。如图12-24所示,物料沿矩形截面自流管1下落,经过圆弧淌板的诱导,转向上抛,在接料器底部进入气流的推动下直接向上输送。混合物流先通过气流速度较高的小截面通道,然后进入输料管。在进料管的下端,安装插板活门4以便接料器堵塞时,清除堆积的物料。诱导式接料器具有料、气混合好,阻力小的特点,适宜输送粉状及颗粒状物料。

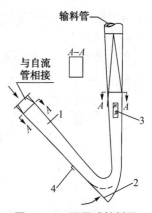

图 12-24　诱导式接料器
结构图

1—自流管　2—进风口
3—观察窗　4—插板活门

(2)压送式供料器　压送式供料器应具有良好的密封性,以避免空气泄漏。按其作用原理可分为叶轮式、喷射式、螺旋输送器式和容积式等。

叶轮式供料器(图12-25):物料由加料斗自流落入叶轮3的上部叶片槽内,当叶片槽转到下部位置时,物料在自重作用下进入输料管中。装置中设有与大气相通的均压管2,使叶片槽在到达装料口前,将槽内高于大气压力的气体排出,降低槽内压力,便于装料。这种供料器气密性好,不损伤物料,可定量供料,供料量可通过叶轮转速调节。这种供料器通常用于粉状和小块物料的中、低压输送。

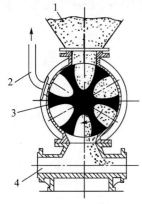

图 12-25　叶轮式供料器
结构图

1—料斗　2—均压管
3—叶轮　4—输送管道

喷射式供料器(图12-26):压缩空气从喷嘴的一端高速喷入,因料斗下方的通道狭窄,气流速度较高,静压低于大气压力,使得料斗内的物料进入供料器。在供料出口端有一段渐扩管,其作用是降低管内气流速度,提高静压,达到输送物料所必需的压力能。喷射式供料器料斗下部处于负压状态,所以没有空气上吹现象,这样料斗可以为敞开式的。

由于气流速度变化而导致能量转换的这部分损失很大,使得整个系统的输送量和输送距离均受影响,该供料器适用于低压短距离输送。

螺旋输送器式供料器:适用于粉料输送,螺旋叶片的螺距沿出料口方向逐渐变小,物料逐渐充满机槽,并被压实而形成气密结构,压实部分一般有3~4个螺距。

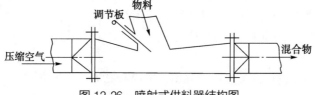

图 12-26　喷射式供料器结构图

2. 输料管

输料管是连接供料器和分离器的管道,并用来输送物料,一般采用圆管。输料管的布置形式及结构尺寸的选择对气力输送装置的生产率、能耗和可靠性等有重要影响。在设计、选择输料管及其管件时,应力求密封质量好、运动阻力小、拆装方便和不污染物料。

气力输送的输料管直径通常为50~200mm,其内径取决于空气流量和所取的气流速度。

输料管的厚度根据被输送物料的物理性质和输送类型选定。

3. 分离器

用于将被运送物料从混合气流中分离出来。分离器的形式很多，包括重力沉降的重力式、冲击沉降的惯性分离式和摩擦沉降的离心式，其中离心式分离器最为常见。

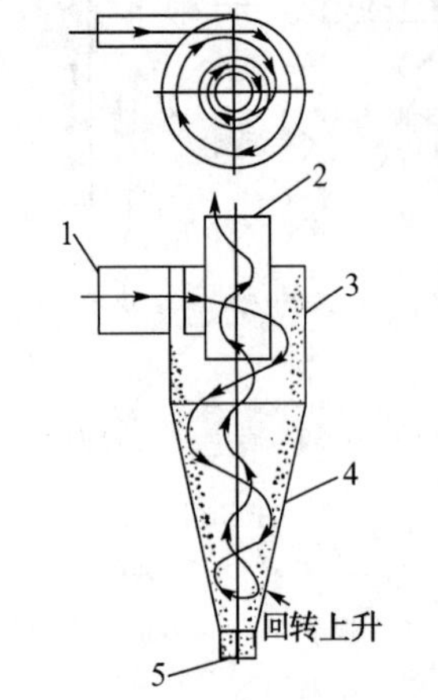

离心式分离器又称旋风分离器，其结构如图 12-27 所示。物料及空气两相流由上部进气口 1 沿切向方向进入，物料在离心力作用下，被抛向筒壁，同壁面撞击、摩擦而逐渐失去速度，并在重力作用下向下做螺旋线运动，最后滑落到圆锥筒下部出口。螺旋向下运动的气流在到达锥体的底部后，沿分离器的轴心转而向上，形成螺旋向上的气流从分离器上部的出气口 2 排出。

进入分离器的物料受离心力 F 和重力 G 的作用，二者之比为分离性能系数 S（$S = F/G = v^2/gr$，其中，v 为颗粒切线速度，r 为颗粒旋转半径，g 为重力加速度）。颗粒越小，越难以与空气分离。对于某粒径能够分离出的颗粒质量占实际含有的颗粒质量的百分比称为旋风分离器的分离效率，S 越大，分离效率越高。

旋风分离器的结构型式有圆柱型和蜗壳型两种，其分离效率如图 12-28 所示。

图 12-27　旋风分离器
结构图
1—进气口　2—出气口　3—筒
体　4—锥体　5—卸料口

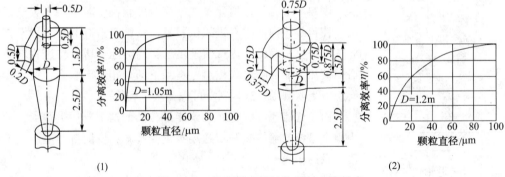

图 12-28　旋风分离器结构及其分离效率
（1）圆柱型　（2）蜗壳型

提高旋风分离器分离效率和处理能力的措施包括提高气流速度或缩小分离器直径（D）。而并联若干个旋风分离器，可在保证分离效率的同时，提高处理能力。

4. 卸料器

用于将物料从分离器中连续或间歇卸出。因同时具有防止空气进入气力输送系统的功能，又称关风器。通常的卸料器有叶轮式、螺旋式、双阀门式等。图 12-29 所示为叶轮式关风器结构。

5. 除尘器

除尘器用于拦截或回收排出的含尘气流中的微细粉粒。气力输送系统中常用的有离心式除尘器、布袋式除尘

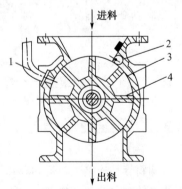

图 12-29　叶轮式关风器结构图
1—均压管　2—防卡挡板
3—壳体　4—转子

器和水浴式除尘器。其中，离心式除尘器的构造及工作原理类似离心式分离器，水浴式除尘器则通过使含尘气流通过淋水空间或水体而将微细粉粒或纤维分离出来。

袋式除尘器是一种利用有机或无机纤维过滤布，将气体中的粉尘过滤出来的净化设备。过滤布多做成布袋形，因此又称布袋除尘器。图 12-30 为脉冲吸气式布袋除尘器，具有完善的清理机构和反吹气流装置，因此除尘效率高达 98% 以上。

6. 风机

风机是气力输送系统的动力源。悬浮输送的气力输送系统需要采用流量较大的离心式风机。风机根据排气压力不同，分为高压（表压 3~5kPa）、中压（表压 1~3kPa）和低压（表压<1kPa）风机。

通风机主要性能参数是流量、压力、功率和效率，它们之间的关系是相互联系又相互制约，可通过试验方法求得。性能曲线是在风机试验标准所规定的条件下测得的风机压力、功率、效率与流量之间的关系曲线（图 12-31）。

通风机的压力有全压 p、静压 p_{st} 和动压 p_d 之分。图中 q_m 和 P 分别代表通风机的流量和功率消耗，η 和 η_{st} 分别为全压效率和静压效率。

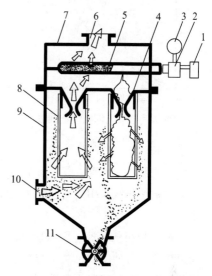

图 12-30　脉冲吸气式布袋除尘器结构图

1—控制阀　2—脉冲阀　3—气包　4—文氏管
5—喷吹管　6—排气口　7—上箱体　8—滤袋
9—下箱体　10—进气口　11—排灰阀

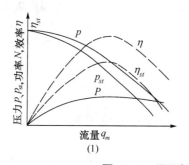 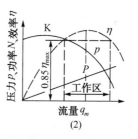

(1)　　　　　　　　　　　(2)

图 12-31　通风机性能曲线

（1）后弯曲叶片离心风机　（2）径向叶片离心风机

图 12-31（2）的压力性能曲线的最高点为 K，K 点左侧区域为不稳定工作区，易产生异常的噪声和较大的振动。为使风机安全稳定运转，应使风机在 K 点右侧稳定工况区运行。通风机还需要在较高的机械效率状态下运行，在实际工作中一般规定在不低于最高效率点的 85% 的工况下运行。

气力系统的工作状况不仅与风机的性能有关，而且还与网路特性有关。网路的性能曲线为抛物线如图 12-32 所示，阻力系数越大，抛物线越陡。

风机在气流输送系统中工作时，必须同时满足风机和网路的性能曲线，二者的交点 A（图 12-33）就是系统中风机的工作点。在 A 点处，网路的流量等于风机的流量 q_{mA}，网路的阻力损失等于风机的静压。因风机的工作点是由上述两条性能曲线来决定的，只要改变其中

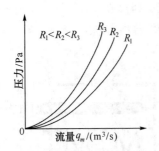

图 12-32　气力系统网路性能曲线

注：R 是网路阻力

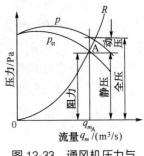

图 12-33　通风机压力与
网路阻力的关系

任意一条性能曲线，就可以改变风机的工作点，以调整风机的风量和风压。

风机的调整通常利用网路性能曲线或风机的工作参数来实现，以满足实际工作需要。具体方法如下：

（1）改变风机的转速　因风量与转速成正比。该调节方法虽无附加的压力损失，但需要有一变速装置，另外电动机功率与转速成三次方变化关系，所以增大转速在经济上不可取，只在调节范围不大的情况下采用。

（2）用节流装置（闸门或孔板）调节风量　在风机出口端节流只改变网路性能曲线，而在进口端调节可同时改变风机及网路的性能曲线。采用节流装置调节时，风机的全压除用于克服网路阻力外，还有一部分用于克服节流装置的阻力。由于该方法简单，故得到普遍应用。

（3）调整网路阻力　当调节幅度过大时需更换合适的风机。否则风机在非工作区运行，动力消耗过大，很不经济。

第二节　流体物料输送机械

按工作原理和结构特征，流体物料输送机械可分为以下基本类型：

1. 叶片式泵

依靠高速旋转叶轮对被泵送液料的动力作用，把能量连续传递给料液而完成输送，又称流量泵。常见叶片式泵有离心泵、旋涡泵、轴流泵等。叶片式泵具有以下基本特点：

（1）静压低、动压高、流量大且稳定。

（2）静压及流量因负载而不同，流量调整一般通过出口开度进行，压力也相应变化，但不会造成压力剧增。

（3）叶片对液料有一定的剪切、搅动作用。

（4）适用于黏度较低的料液输送或供给。

（5）为稳定工作，使用时必须保持不低于某一转速。

（6）只有在泵腔完全充满后才能启动供料，因此其安装位置必须保证这一要求，而且吸料管应尽量短且弯头少，避免存积空气。

2. 容积泵

容积泵（又称正排量泵）通过包容料液的封闭工作空间（泵腔）周期性的容积变化或位置移动，把能量周期性地传递给料液，使料液的压力增加，直至强制排出。根据主要构件的运动形式，常见容积泵又分为：往复式泵（如活塞泵、柱塞泵、隔膜泵）和旋转式泵（如齿轮泵、螺杆泵、滑片泵、挠性泵等）。容积泵具有以下基本特点：

（1）静压高，动压低，流量小，瞬时流量波动较大，可通过顺序安排泵的工作相位减少波动；平均流量稳定、准确，可用于液料的计量。

（2）稳定安全作业时，泵须配置调压阀（用于控制出料所需的最小压力）、安全阀（控制泵安全限制的最高压力）和溢流阀（在正常工作压力下，使多余的排量回流）等组件，使用时必须注意它们处于良好的工作状态。

（3）流量一般只能通过调节泵本身的排量（如调节转速或更换转子）来实现，不可通过出口开度进行调整，否则会造成压力骤增。

（4）搅动作用一般较小，但对于缝隙流阀结构，其剪切作用较强。

（5）适用于静压要求较高（黏度大或管道压力损失大）而流量要求较低且准确的液料输送或供给。

（6）具有较强的自吸能力，故安装位置要求不严格。

（7）需要注意的是，液料在工作过程中起到一定程度的润滑作用，因此不得在无料的情况下空转，以免干磨造成严重的磨损。

以下将叶片式泵（流量泵）与往复式泵、旋转式泵（容积泵）单独具体介绍。

一、叶 片 式 泵

（一）离心泵

离心泵属于流量泵，是使用范围最广泛的液体输送泵。它可以输送中、低黏度的溶液，也可以输送含悬浮物或有腐蚀性的溶液。

如图 12-34 所示，离心泵主要由泵壳、泵盖、叶轮、主轴、轴承、密封部件及支撑架构成，其中泵壳为蜗壳形。

如图 12-35 所示，当电动机带动泵轴和叶轮旋转时，叶片流道中的液体一方面随叶轮一起旋转，做圆周运动，一方面在离心力作用下，从叶轮中心被甩向叶轮外缘。液体从叶轮获得了静压能和速度能，以较高的流速进入蜗壳形泵腔内，并流向排出口而输出。当液体流经蜗壳到排出口时，部分速度能将转变为静压能。而泵的中心部形成低压区，与进料液面的压力形成压力差，使得料液不断从进入口进到泵中。

按液体吸入叶轮的通道，离心泵分为单吸式和双吸式两种。其中，双吸式泵在叶轮两侧都有吸入口，料液从两面进入叶轮，在同样条件下比单吸式泵流量增加 1 倍。

按叶轮级数，离心泵分为单级泵和多级泵。同一根轴上串联两个以上叶轮的泵称为多级泵，叶轮数多可以使液体获得足够的能量达到较高的压头。图 12-36 所示为三级离心泵结构图，该泵最大排液压力为 1.5MPa，流量可达 $70m^3/h$，系统压力可调至 6MPa，可满足一般反渗透系统的需要。其中离心泵的叶轮与轴封装置以下为重要部件。

1. 离心泵的叶轮

叶轮可将原动机的机械能传给液体，以提高液体的静压能和动能。叶轮结构通常有三种

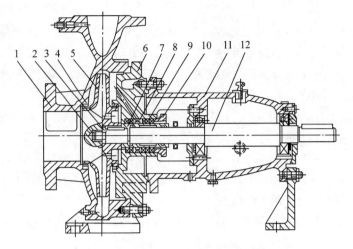

图 12-34　单级单吸离心泵结构图

1—泵体　2—叶轮螺母　3—制动垫片　4—密封环　5—叶轮　6—泵盖　7—轴套

8—填料环　9—填料　10—填料压盖　11—轴承悬架　12—主轴

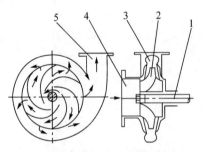

图 12-35　离心泵工作原理简图

1—泵轴　2—叶轮　3—泵壳

4—液体入口　5—液体出口

类型：

（1）封闭式［图 12-37（1）］　叶轮两侧有前盖板和后盖板，液体从叶轮中间入口进入经两盖板与叶轮片之间的流道流向叶轮边缘。该泵效率高，广泛用于输送清洁液体。

（2）半封闭式［图 12-37（2）］　吸口侧无前盖板。

（3）开式［图 12-37（3）］　叶轮两侧不装盖板。叶片少，叶片流道宽，但效率低，适于输送含杂质的液体。

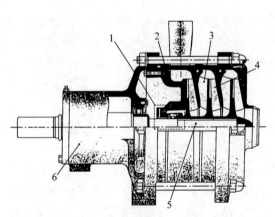

图 12-36　三级离心泵的内部结构图

1—平衡端轴封　2—螺旋面后盖　3—半开式反流叶片

4—叶轮　5—主轴　6—刚性端支座

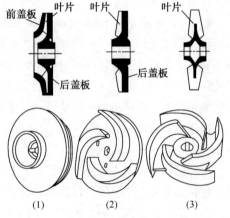

图 12-37　离心泵的叶轮

（1）封闭式　（2）半封闭式　（3）开式

2. 轴封装置

轴封的作用是防止高压液体从泵壳内沿轴向外漏出，或外界空气从相反方向渗入泵壳内。常用的轴封装置有填料密封和机械密封两种。

（1）填料密封（图 12-38）　填料函壳 1 与泵体相连，填料 2 一般为浸油或涂石墨的石棉绳，拧紧螺钉，通过填料压盖 4 将填料压紧在填料涵壳与转轴之间，达到密封的目的。内衬套 5 用于防止将填料挤入泵内。为了防止空气漏入泵内，在填料涵内装有液封圈 3。

（2）机械密封（图 12-39、图 12-40）　又称端面密封。主要密封元件由动环 1、静环 2 组成。密封是靠动环与静环端面间的紧密结合来实现。动环与轴一起旋转，动环的端面紧贴静环，而静环则与静环座固定连接，两端面借助于压紧弹簧通过推环紧密贴合。其紧贴程度可用弹簧来调节。

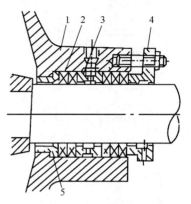

图 12-38　填料密封
1—填料函壳　2—填料
3—液封圈　4—填料压盖
5—内衬套

与填料密封相比，机械密封具有液体泄漏量小、使用寿命长、消耗功率少、结构紧凑、密封性能好的优点，对于输送食品物料的泵，采用机械密封比填料密封更好，但机械加工复杂、精度高，安装的技术严格，成本高。

上述轴封形式还广泛用于其他料液储槽或反应器的轴封。

图 12-41 所示为食品厂常使用的离心式饮料泵，因其泵壳内所有构件都是用不锈钢制作，通常称为卫生泵，在饮料工厂常用于输送原浆、料液等。构造及工作原理与普通离心泵相同。考虑到食品卫生和经常清洗的要求，食品工厂常选用的离心式饮料泵为叶片少的封闭型叶轮，泵盖及叶轮拆装方便，其轴封多采用不透性石墨端面密封装置（图 12-42）。

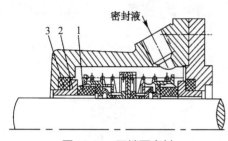

图 12-39　双端面密封
1—动环　2—静环　3—静环密封圈

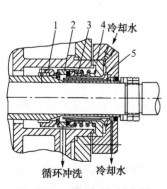

图 12-40　精制式机械密封
1—动环　2—静环　3—弹簧
4—弹簧座　5—挡水套

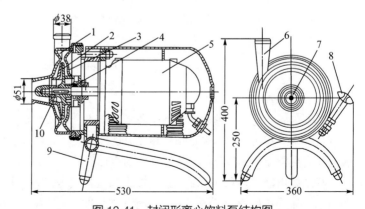

图 12-41　封闭形离心饮料泵结构图
1—前泵管　2—叶轮　3—后泵腔　4—密封装置　5—电动机　6—出料管
7—进料管　8—泵体锁紧装置　9—支撑架　10—主轴

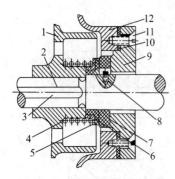

图 12-42　离心乳泵密封装置

1—叶轮　2—主轴　3—键　4—弹簧　5—不锈钢挡圈　6—氯丁橡胶垫圈　7—不透性石墨　8—柱头螺钉　9—压紧盖　10—橡胶垫圈　11—紧固螺钉　12—泵体

（二）旋涡泵

旋涡泵属于流量泵，是一种特殊形式的离心泵。如图 12-43 所示，叶轮外缘开有径向沟槽而形成叶片，泵壳与叶轮为同心圆，吸入口与排出口远端相通，泵壳与叶轮间留有引液道，而近端隔断。叶轮旋转时，液体在离心力作用下被抛入叶轮外缘外较宽的环形流道内，由于叶轮抛出的液体速度高于流道内的液体的速度，两部分液体将进行动量交换，流道内的液体能量增加，液体速度降低，在叶轮处获得的部分动能转化为势能，而后又回到叶片根部流入，再次从叶轮获得能量，依此循环向前流动直至从排出口排出，这种循环流动称为纵向旋涡。旋涡泵主要依靠这种纵向旋涡作用来传递能量。

旋涡泵的主要特点：扬程高，在其他参数相同的情况下，其扬程为离心泵的 2～4 倍；流量小；随着流量的增大，扬程下降较快，因此在启动时需要打开排出管道上的阀门，以降低启动负荷；由于液体多次高速流过叶片，机械效率较低，一般不超过 45%，且易造成叶片磨损，故仅适用于黏度较低、不含颗粒的料液。

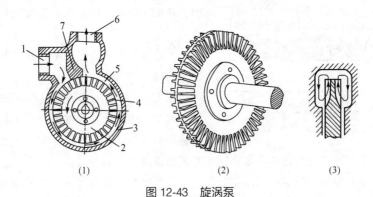

（1）　　　　　　　　　　（2）　　　　　　　　（3）

图 12-43　旋涡泵

（1）构成　（2）叶轮　（3）流道内形成的纵向旋涡

1—吸入口　2—叶轮　3—泵壳　4—叶片　5—环形流道　6—排出口　7—间壁

二、往复式泵

（一）活塞泵

活塞泵属于往复式容积泵，依靠活塞或柱塞（泵腔较小时）在泵缸内做往复运动，将液体定量吸入和排出。活塞泵适用于输送流量较小、压力较高的各种介质，对于流量小、压力大的场合更能显示出较高的效率和良好的运行特性。

活塞泵由液力端和动力端组成，液力端直接输送液体，把机械能转换成液体的压力能，动力端将原动机的能量传给液力端。动力端由曲柄、连杆、十字头、轴承和机架组成。液力端由液缸、活塞（或柱塞）、吸入阀、排出阀、填料函和缸盖组成。

如图 12-44 所示，当曲柄 7 以角速度 ω 逆时针旋转时，活塞自左极限位置向右移动，液

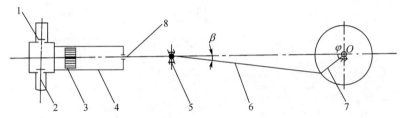

图 12-44　单作用活塞泵示意图

1—排出阀　2—吸入阀　3—活塞　4—液缸　5—十字头　6—连杆　7—曲柄　8—填料函

缸的容积逐渐扩大，压力降低，上方的排出阀 1 关闭，下方的流体在外界与液缸内压差的作用下，顶开吸入阀 2 进入液缸填充活塞移动所留出的空间，直至活塞移动到右极限位置为止，此过程为活塞泵的吸入过程。当曲柄转过 180°以后，活塞开始自右向左移动，液体被挤压，接受了发动机通过活塞而传递的机械能，压力急剧增高。在该压力作用下，吸入阀 2 关闭，排出阀 1 打开，液缸内高压液体便排至排出管，形成活塞泵的压出过程。活塞不断往复运动，吸入和排出液体过程不断交替循环进行，形成了活塞泵的连续工作。

单缸活塞泵的瞬时流量曲线为半叶正弦曲线，脉动较大，当采用多缸结构时，其瞬时流量为所有缸瞬时流量之总和，脉动减小。液缸越多，合成的瞬时流量越均匀。食品工业常用单缸单作用和三缸单作用泵。高压均质机采用的就是三缸单作用柱塞泵。

（二）隔膜泵

隔膜泵属于往复式容积泵，分液压隔膜式计量泵和机械隔膜式计量泵。图 12-45 所示为液压隔膜泵，柱塞与隔膜不接触，液力端包括输液腔和液压腔，其中输液腔连接泵的吸入、排出阀。液压腔内充满液压油（轻质油），并与泵体上端液压油箱（补油箱）相通。当柱塞前后移动时，通过液压油将压力传给隔膜片使其前后挠曲变形引起容积变化，起到输送液体的作用及满足精度计量的要求。这种隔膜泵无动密封、无泄露、维护简单，适用于中等黏度的液体，排液压力可达 35MPa，流量在 10∶1 范围内，计量精度为±1%，压力每升高 6.9MPa，流量下降 5%～10%，价格较高。

图 12-45　液压隔膜泵结构图

1—柱塞　2—填料　3—补油箱　4—隔膜

机械隔膜式计量泵的隔膜与滑动柱塞连接，柱塞的前后移动直接带动隔膜前后挠曲变形，适于输送高黏度液体、腐蚀性浆料。但隔膜承受应力较高，寿命低，出口压力在 2MPa 以下，流量适用范围较小。

三、旋 转 式 泵

（一）螺杆泵

螺杆泵属于旋转式容积泵，有单螺杆、双螺杆和多螺杆等几种。食品工厂中多采用卧式单螺杆泵，适用于高黏度黏稠液体及带有固体物料的酱液的输送，如用于蜂蜜、果肉、淀粉糊、巧克力浆及番茄酱。

如图 12-46 所示，单螺杆泵主要由转子（螺杆）、定子（衬套）、套轴、平行销连杆及泵

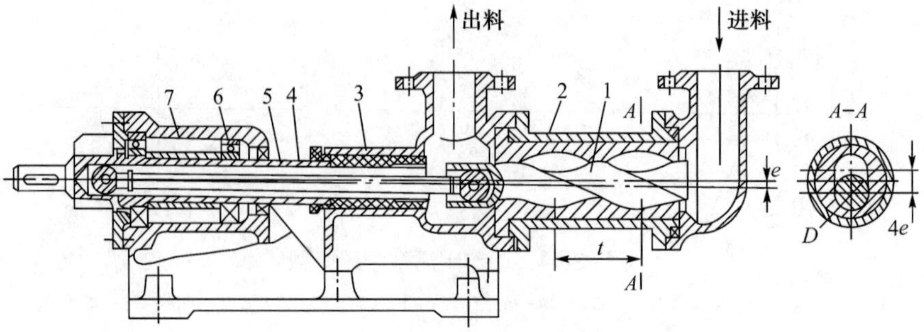

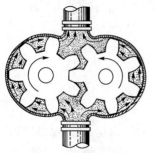

图 12-46　螺杆泵结构图

1—转子（螺杆）　2—定子（衬套）　3—填料函　4—平行销连杆　5—套轴　6—轴承　7—机座

体组成。转子由直径为 D 的圆以螺距 t、半径 e 的螺旋运动形成。螺杆横截面圆心相对轴心的位移量为 e，螺杆轴心相对套轴心的位移量也是 e（图 12-46 A—A 剖面图）。定子在泵体内，是具有双头螺槽的橡胶衬套，衬套螺槽螺距为螺杆螺距的 2 倍。橡胶衬套由长圆形横截面绕轴线转动并做轴向移动而形成，衬套内径略小于螺杆直径，以保证输送料液时起密封作用。

工作时，螺杆在橡皮衬套内做行星运动，随着螺杆在橡胶衬套内旋转，在进料端形成逐渐增大的空间而吸入料液，随后料液由螺杆与橡胶衬套之间形成的数个相互封闭的空间沿衬套螺槽不断向前移动，最后从出料端压出。

这种螺杆泵运转平稳，流量脉动小，无振动和噪声，其吸入压头较高，接近 85kPa，具有良好的自吸性能，排出能力较好，可用于含固体颗粒料液和高黏稠液料；排出压力与螺杆长度及螺距数量有关，一般螺杆的每个螺距可产生压力 200kPa。通常通过改变螺杆转速调节其流量，但螺杆的螺旋面加工工艺较复杂。

在使用时，为保护橡胶衬套，泵不能空转，开泵前需灌满液体，否则会烧坏橡皮衬套。合理的螺杆转速为 750~1500r/min，转速过高易引起螺杆与橡皮套的剧烈摩擦而发热损坏橡皮套，转速过低会影响生产能力。

（二）齿轮泵

齿轮泵属于旋转式容积泵，在食品工厂中主要用来输送不含固体颗粒的各种溶液及黏稠液体，如油类、糖浆等。按齿轮啮合方式齿轮泵可分为外啮合和内啮合两种。

1. 外啮合齿轮泵

一般在食品工厂中采用最多的是外啮合齿轮泵。如图 12-47 所示，它主要由主动齿轮、从动齿轮、泵体及泵盖组成。食品加工用齿轮泵采用耐腐蚀材料如尼龙、不锈钢等制成。

图 12-47　外啮合齿轮泵

在互相啮合的一对齿轮中，主动齿轮由电动机带动旋转，从动齿轮与主动齿轮相啮合而转动。啮合区将工作空间分割成吸入腔和排出腔。当一对齿轮按图示方向转动时，啮合的轮齿在吸入腔逐渐分开使吸入腔的容积逐渐增大，压力降低，形成部分真空。液体在大气压作用下，经吸料管进入吸入腔，直至充满各个齿间。随着齿轮的转动，液体分两路进入齿间，沿泵体的内壁被轮齿挤压送到排出腔。在排出腔两齿轮啮合容积减小，液体压力增大，由排出腔压到出料管。随着主动、从动齿轮不断旋转，泵便能不断吸入和排出液体。

　　这种齿轮泵结构简单、质量轻、具有自吸功能、工作可靠、应用范围较广，但是，所输送的液体必须具有润滑性，否则轮齿极易磨损，甚至发生咬合现象。这种齿轮泵效率低，噪声较大。为了避免液体流损，齿轮与泵体内壁的间隙很小。一般齿轮与泵体腔的径向间隙为 $0.1 \sim 0.15mm$，齿轮侧面与泵体侧壁的端面间隙为 $0.04 \sim 0.1mm$。

　　通常外齿轮泵的流量为 $0.3 \sim 200m^3/h$，出口压力 $\leq 4MPa$。

　　2. 内啮合齿轮泵

　　如图 12-48 所示，内啮合齿轮泵一般由一个内齿轮和一个外齿圈构成，其中内齿轮为主动轮，在其外侧的泵体上有吸入口和压出口。内齿轮与外齿轮之间装有月牙形隔板，将进料端与压出端隔开。因其结构特征，常被称为星月泵。这种泵多作为低压泵应用。通常内齿轮泵的流量 $\leq 341m^3/h$，出口压力 $< 0.7MPa$。

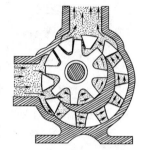

图 12-48　内啮合齿轮泵

　　（三）转子泵

　　转子泵（图 12-49）转子形状简单，一般为两叶或三叶，易于拆卸清洗，对于料液的搅动作用更小，因此对于黏稠料液的适应能力更强，尤其适用于含有颗粒的黏稠料液。普通的三叶转子形状如图 12-49（1）所示，对于含有较大颗粒的黏稠料液，转子还设计成蝴蝶形 [图 12-49（2）]，在所有相互啮合处均可使料液易于排出，避免因夹持颗粒造成其受到挤压破损。由于转子的制造精度要求较高，转子泵的价格较高。

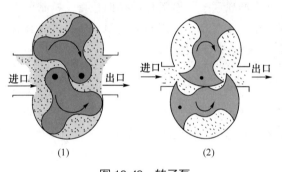

图 12-49　转子泵

（1）普通三叶转子　（2）蝴蝶形转子

　　（四）挠性叶轮泵

　　挠性叶轮泵属于转子泵。如图 12-50 所示，挠性叶轮安装在有一偏心段的泵壳里，偏心段两端分别为出液口和进液口。当叶轮旋转离开泵壳偏心段时，挠性叶轮伸直形成真空，液体被吸入泵内，随着叶轮旋转，液体随之从吸入侧到达排出侧，当叶轮与泵壳偏心段接触发生弯曲时，液体便被平稳地排出泵外。

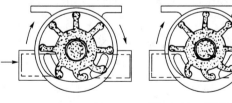

图 12-50　挠性叶轮泵

　　挠性叶轮泵的机械效率低，而且随所输送的液体黏度增大，效率将大大下降；工作压力较低，一般 $< 0.3MPa$，随流量减少压力急剧上升；输送介质的温度受叶轮材料限制，一般料液温度不宜超过 $80℃$，也不适宜干运转，适用于低压、流量 $< 12m^3/h$ 的场合。食品工业中挠性叶轮泵可用于砂糖液、酸性液体、碱性液体、洗涤剂及蒸馏水的输送循环，但不适用于输

送高浓度溶剂和有机酸。

（五）滑片泵

滑片泵属于旋转式容积泵，如图 12-51 所示，它主要由泵体、转子、滑片和两侧盖板等

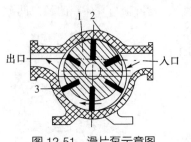

图 12-51 滑片泵示意图
1—转子 2—泵壳 3—滑片

组成。转子为圆柱形，具有径向槽，被偏心安装在泵壳内，转子表面与泵壳内表面构成月牙形空间。滑片置于槽中，既随转子转动，又能沿转子槽径向滑动。滑片靠离心力或槽底的弹簧力作用紧贴泵体内腔。转子在前半转时相邻两滑片所包围的空间逐渐增大，形成真空，吸入液体，而转子在后半转时此空间逐渐减小将液体挤到排出管中。

用于输送酱体及肉糜等黏稠物料时，因阻力较大，不宜采用高速滑片泵。所采用的滑片泵的转速较低，转子内设有中心凸轮，用以控制滑片在随转子转动过程中保持与泵壳间的紧密接触而实现密封。

在新型灌肠机填充用滑片泵上，为实现稳定填充，除设置中心凸轮外，泵壳也采用与中心凸轮相适应的封闭曲线形状。中心凸轮和外壳凸轮联合控制滑片的径向位置，控制可靠，而且两凸轮控制所形成的瞬时流量稳定，但加工制造复杂。采用轴向进料，使得进料容易、拆卸清洗方便，同时，为避免灌肠产品致密，泵腔连接至真空系统。

思 考 题

1. 试述固体物料输送机械的种类、特点及其适用范围。
2. 叙述带式输送机、斗式提升机、螺旋输送机的结构特点及工作原理。
3. 无机壳的螺旋能否进行输送作业？
4. 试述螺旋输送机中螺旋叶片搅动作用的利与弊。
5. 简述气力输送的特点。
6. 简述液体输送泵的种类、特点及其适用范围。
7. 比较离心泵、螺杆泵、齿轮泵的性能特点、工作原理、使用要点。
8. 分析水平及垂直螺旋输送机在工作原理、结构及其性能方面的相似点与差异。
9. 如何调节和控制容积泵的流量及操作压力？有人试图通过调整出料口开度来调整容积泵的流量，试分析评价这一行为。
10. 试从身边任选几种物料，分析其输送特点，并为其选配输送机械的类型。

参 考 文 献

[1] 崔建云. 食品加工机械与设备 [M]. 北京：中国轻工业出版社，2015.

[2] 殷涌光. 食品机械与设备 [M]. 北京：化学工业出版社，2015.

[3] 许学勤. 食品工厂机械与设备 [M]. 北京：中国轻工业出版社，2007.

[4] 涂顺明等. 食品杀菌新技术 [M]. 北京：中国轻工业出版社，2004.

[5] 马海乐. 食品机械与设备 [M]. 北京：中国农业出版社，2011.

[6] 徐怀德，王云阳. 食品杀菌新技术 [M]. 北京：科学技术文献出版社，2004.

[7] 张裕中. 食品加工技术装备 [M]. 2 版. 北京：中国轻工业出版社，2013.

[8] 唐伟强. 食品通用机械与设备 [M]. 广州：华南理工大学出版社，2010.

[9] 顾林，陶玉贵. 食品机械与设备 [M]. 北京：中国纺织出版社，2016.

[10] 高海燕，张军合，曾洁，等. 食品加工机械与设备 [M]. 北京：化学工业出版社，2008.

[11] 李书国，张谦，董振军，等. 食品加工机械与设备手册 [M]. 北京：科学技术文献出版社，2006.

[12] 孙姗，王国扣，丁少辉. 食品机械卫生设计基本要求 [J]. 食品安全导刊，2016，（19）：49-51.

[13] 何正嘉，曹宏瑞，訾艳阳，等. 机械设备运行可靠性评估的发展与思考 [J]. 机械工程学报，2014，50（2）：171-186.

[14] 袁世先. 超声波果蔬清洗机工作参数的试验及优化 [J]. 农机化研究，2014，（7）：190-194.

[15] 李东. 滚筒式果蔬清洗机的设计研究. 机械工程师 [J]. 2015，（8）：154-155.

[16] 秦保振. 洗瓶机的现状及发展趋势：设计研究与设备探讨 [J]. 机电信息，2007，（29）：31-34.

[17] 周文玲，刘安静. 浸冲式洗瓶机进瓶装置的比较研究 [J]. 包装与食品机械，2007，25（3）：9-11.

[18] 陈立定，文玲. 连续浸泡喷冲式洗瓶机的设计关键 [J]. 包装工程，2008，29（6）：84-85.

[19] 赵林林，武涛. 立式超声波洗瓶机原理及结构优化 [J]. 机械工程师，2009，（6）：104-106.

[20] 蒋茂春，郑志为. 洗瓶机同步往复式喷淋装置的改进 [J]. 设备管理与维修，2011，（8）：42-43.

[21] 何东健，吕新民. 山萸去核机的主要工作部件及参数研究 [J]. 西北农业大学学报，1993，21（1）：31-35.

[22] 杨红兵，丁为民. 新型蔬菜清洗机的研制 [J]. 农业工程学报，2005，21（1）：92-96.

[23] 吴燕，金光远. 一种果蔬清洗机数值和实验研究 [J]. 食品与生物技术学报，2015，34（12）：1308-1314.

[24] 高英武，刘毅君. 振动喷淋式蔬菜清洗机的研究. 农业工程学报 [J]. 农业工程学报，2000，16（6）：92-95.

[25] 沈再春. 农产品加工机械与设备 [M]. 北京：中国农业出版社，1993.

[26] 陆振曦，陆守道. 食品机械原理与设计 [M]. 北京：中国轻工业出版社，1995.

[27] 史建新. 6HP-150 型核桃破壳机 [J]. 粮油加工与食品机械，2000，（1）：28-29.

[28] 张艳华. 板栗脱壳设备的研究与开发 [J]. 机械, 2004, 31 (7)：45-47.

[29] 张林泉. 剥壳机具的现状及效果改进方法的探讨 [J]. 食品与机械, 2006, 22 (4)：72-74.

[30] 奉山森. 滚压式核桃破壳机的设计 [J]. 湖北农业科学, 2014, 53 (14)：3398-3401.

[31] 刘贯君. 果蔬淋碱去皮机的改造 [J]. 中外食品加工技术, 2003, (12)：34-35.

[32] 王乐锡. 果蔬去皮新技术 [J]. 农业工程技术：温室园艺, 1986, (5)：29-30.

[33] 金莹. 核果类水果去核机现状的分析 [J]. 农学学报, 2005, (3)：33-34.

[34] 张鹏霞. 红枣去核设备的研制 [J]. 包装与食品机械, 2012, 30 (4)：33-37.

[35] 袁洪燕. 黄桃酶法去皮的技术研究 [J]. 中国食品学报, 2010, 10 (1)：151-155.

[36] 郑甲红. 锯口挤压式核桃破壳机 [J]. 木材加工机械, 2015, (2)：5-7.

[37] 杨芙莲. 利用微波能使板栗脱壳去衣的新工艺新方法研究 [J]. 食品科技, 2006, 31 (9)：80-83.

[38] 宗望远. 马铃薯蒸汽去皮试验研究 [J]. 湖北农业科学, 2002, (3)：18-20.

[39] 李杰. 酶法真空间歇处理脱除脐橙果皮和囊衣的条件优化 [J]. 食品科学, 2014, 35 (2)：18-22.

[40] 王景彬. 试论国内外果蔬脱皮方法及设备 [J]. 食品工业科技, 1991, (1)：17-23.

[41] 朱立学. 小粒径种子碾搓法破壳装置结构参数与破壳效果相关性的研究 [J]. 粮食与饲料工业, 2002, (4)：12-14.

[42] 李宝玉. 新型桃子切瓣挖核机控制系统设计 [J]. 农机化研究, 2015, (10)：232-234.

[43] 丁时锋. 野生坚果通用型剥壳机的设计 [J]. 机械设计与制作, 2011, (11)：21-22.

[44] 张羽静. 蒸汽去皮机 [J]. 食品工业, 1982, (3)：48-49.

[45] 胡永源. 粮油加工技术 [M]. 北京：化学工业出版社, 2006.

[46] 中国食品发酵工业研究院, 中国海诚工程科技股份有限公司, 江南大学. 食品工程全书（第一卷）[M]. 北京：中国轻工业出版社, 2004.

[47] 高福成. 食品分离重组工程技术 [M]. 北京：中国轻工业出版社, 2000.

[48] 肖旭霖. 食品加工机械与设备 [M]. 北京：中国轻工业出版社, 2000.

[49] George D. Saravacos, Athanasios E. Kostaropoulos. Handbook of Food Processing Equipment [M]. 2nd ed. Berlin：Springer, 2015.

[50] Myer Kutz. Handbook of Farm, Dairy and Food Machinery [M]. Berlin：Springer, 2006.

[51] R. P. Singh, D. R. Heldman. Introduction to Food Engineering [M]. 5th ed. Pittsburgh：Academic Press, 2014.

[52] 杨公明, 程玉来. 食品机械与设备 [M]. 北京：中国农业大学出版社, 2015.

[53] 刘春泉, 卓成龙, 李大婧, 等. 不同冻结与解冻方法对毛豆仁品质的影响 [J]. 江苏农业学报, 2012, (01)：176-180.

[54] 谢堃, 陈天及, 徐瑛, 等. 冻结和解冻方式对青鱼切块冻融质量损失的影响 [J]. 食品研究与开发, 2007, (12)：155-158.

[55] 沈月新. 解冻技术的新进展 [J]. 制冷技术, 1998, (04)：15-19.

[56] 张洪臣. 浅谈冻结水产品的解冻 [J]. 河北渔业, 2013, (05)：62-65.

[57] 冯晚平, 胡娟. 冷冻食品解冻技术研究进展 [J]. 农机化研究, 2011, (10)：249-252.

[58] 文静, 梁显菊. 食品的冻结及解冻技术研究进展 [J]. 肉类研究, 2008, (07)：76-80.

[59] 罗健生, 郑元法, 赵建云, 等. 果蔬真空预冷机控制系统的设计 [J]. 时代农机, 2016, (03)：65-66.

[60] 闫静文，王雪芹，刘宝林，等. 基于 S7—300PLC 果蔬真空预冷机控制系统的设计 [J]. 食品工业科技，2010，（03）：320-321，324.

[61] 宋晓燕. 食品真空冷却的传热传质机理研究 [D]. 上海：上海理工大学学报，2015.

[62] 张颜民，徐光，童建民. 食品真空冷冻干燥过程工艺参数分析 [J]. 真空与低温，1999，（03）：58-63.

[63] 郭雪. 高温熟食品真空冷却的理论与实验研究 [D]. 天津：天津商业大学，2013.

[64] 崔诚. 熟食制品快速冷却技术研究与应用 [J]. 中国制冷学会 2009 年学术年会论文集. 中国制冷学会（The Chinese Association of Refrigeration），2009：4.

[65] 陈洁，张娅妮，周根标，等. 熟肉真空冷却技术的最新进展 [J]. 制冷空调与电力机械，2007，（01）：14-17，45.

[66] 李砚明，邹同华，马丽君，等. 水力喷射真空冷却技术在熟食品冷却中的应用 [J]. 食品研究与开发，2010，（12）：259-262.

[67] 董梅. 真空冷却技术在熟食品加工中的应用 [J]. 上海市制冷学会 2009 年学术年会论文集. 上海市制冷学会，2009：5.

[68] 高福成，现代食品工程高新技术 [M]. 北京：中国轻工业出版社，1998.

[69] 张裕中，王景. 食品挤压加工技术 [M]. 北京：中国轻工业出版社，1998.

[70] 许占林. 中国食品与包装工程设备手册 [M]. 北京：中国轻工业出版社，2000.

[71] 陈斌，刘成梅，顾林. 食品加工机械与设备 [M]. 北京：机械工业出版社，2003.

[72] 殷涌光，于庆宇，罗陈，等. 食品加工机械与设备 [M]. 北京：化学工业出版社，2007.

[73] 张国冶，食品加工机械与设备 [M]. 北京：中国轻工业出版社，2011.

[74] 刘晓杰，王维坚. 食品加工机械与设备 [M]. 北京：高等教育出版社，2004.

[75] 吕长鑫，黄广民，宋洪波. 食品机械与设备 [M]. 长沙：中南大学出版社，2015.

[76] 陈从贵，张国治. 食品机械与设备 [M]. 南京：东南大学出版社，2009.

[77] 马荣朝，杨晓清. 食品机械与设备 [M]. 北京：科学出版社，2012.

[78] 陈敏恒等. 化工原理 [M]. 2 版. 北京：化学工业出版社，1999.

[79] 张佰清，李勇. 食品机械与设备 [M]. 郑州：郑州大学出版社，2012.

[80] 桐荣良三. 干燥装置手册 [M]. 秦霁光，王志洁，常国琴译. 上海：上海科学技术出版社，1993.

[81] Mujumdar A. S. Handbook of Industrial Drying [M]. 2nd ed. Los：CRC Press，1995.

[82] Richard Coles. 食品包装技术 [M]. 北京：中国轻工业出版社，2012.

[83] 无锡轻工业大学，天津轻工业学院. 食品工厂机械与设备 [M]. 北京：中国轻工业出版社，1981.

[84] 孙智慧，高德. 包装机械 [M]. 北京：中国轻工业出版社，2010.

[85] 李大鹏. 食品包装学 [M]. 中国纺织出版社，2014.

[86] 崔建云. 食品机械：食品机械与包装机械工程师 [M]. 北京：化学工业出版社，2007.

[87] 沈再春. 农副产品加工机械与设备 [M]. 北京：中国农业出版社，1993.

食品加工机械与设备课程思政学习建议

随着我国经济水平不断提高，食品产业快速发展，成为国民经济发展的重要支柱产业，产值超过 10 万亿，我国也因此成为世界第一的食品生产大国。然而，当前我国面临如下现状：①资源能源、生态束缚。全球人口增长造成对食物需求的大量增加，而气候变暖和农业用水减少等环境变化，使得各类主粮作物未来或将大幅减产。②人口老龄化、劳动力紧缺。我国正逐步向"超老龄社会"发展，劳动人口占比逐渐降低，人口红利渐行渐远，劳动力成本快速上升。此外，年水电煤等资源用量居高不下，加剧了资源压力。③产业利润率下降。食品产业平均利润率不足 7%，原辅材料价格上涨，运输费用上升，能源价格上涨等，均为食品产业带来了严峻挑战。

工欲善其事，必先利其器。食品加工机械与设备为食品产业提供技术支撑和装备支持。当前我国已初步实现了关键成套装备从长期依赖进口到基本国产化并成套出口的跨越，但仍有以下三个方面的瓶颈：①传统产业机械化进程缓慢；②高端装备自动化差距明显；③生产线智能化瓶颈受限。

学习食品加工机械与设备课程的重要性在于，现代食品工业的产品开发与生产过程运行需要合理的加工工艺和完善适用的机械设备两个方面的配合，它们是一个有机的整体。工艺是机械设备的前提，而机械设备是工艺的保证，二者相辅相成，互相促进。在工业化生产中，工艺的最终实现是通过机械与设备完成的，了解机械与设备有助于制定出更为合理的工艺。因此，学习食品加工机械与设备是从事现代食品工业工作所必需的，其重要性不言而喻。

本教材在第一章绪论中阐述了该课程的作用与意义，探讨食品加工机械的社会价值，引导学生理解食品加工机械与设备在国家经济和社会发展中的重要性，培养其责任感和使命感。

第二章清洗与分选机械，探讨清洗与分选在保障食品安全中的角色，培养学生对细节的重视与严谨的工作态度。可以结合实际案例讨论该类型机械的创新在食品加工机械中的重要性。

第三章粉碎切割机械，讨论高效粉碎与切割过程对原料质量和减少浪费的影响，引导学生关注该类先进机械对可持续发展及资源利用效率提升的贡献，树立环保意识。

第四章分离机械，分析分离技术依托机械在食品加工中的应用，强调优化生产工艺和机械设备开发的重要性，培养学生的解决问题能力与创新思维。

第五章混合与成型机械，引导学生认识混合与成型对食品品质的影响，分析混合与成型过程中的技术与机械创新，总结该类机械在我国部分传统食品中的瓶颈难点与突破。

第六章熟制设备与挤压机械，引导学生认识熟制和挤压工艺对食品营养价值的保留，讲解熟制与挤压过程中的安全规范，介绍该领域的先进机械与设备。

第七章浓缩设备，讨论浓缩技术与设备在提高食品安全和利用率中的作用，引导学生理解科技进步与食品工业发展的关系，激发其创新精神。

第八章脱水干燥设备，分析脱水干燥对食品保质期的影响，强调科学实践的重要性。

第九章杀菌设备，讨论杀菌技术与设备在确保食品安全中的关键作用，引导学生树立安全第一的理念，增强社会责任感。

第十章冷却和冷冻设备，探讨冷却与冷冻在食品保存中的应用，结合环境保护讨论相关设备节能减排的重要性，提升学生的环保意识。

第十一章包装机械，分析包装对食品保护与市场营销的双重影响，探讨不同类型食品的包装过程，引导学生关注消费者需求与可持续发展，培养其市场意识。

第十二章输送机械，讨论输送机械在食品加工自动化与效率提升中的作用，培养学生的系统思维能力和对食品现代化生产的理解。

通过课程的学习，引导学生在学习专业知识的同时，增强社会责任感，发展创新思维和团队合作精神，为将来成为综合素质能力强的专业人才奠定基础。

本书数字资源索引